上冊

系統程式設計

陳金追／著

序

　　這本書的英文版近一年前在美國 Amazon 公司出版後，很快在美國，加拿大，德國，和日本都有售出。最近，又獲得美國最權威的書評機構 Bookauthority 的推薦，並評為最佳網路程式設計書籍。今將之譯成中文，以享國內讀者。

　　這本書含有我在美國電腦軟體工業界，橫跨好幾個領域，逾三十幾年的實際寶貴經驗的精華，是任何想成為世界頂尖軟體工程師或總工程師者，所必知的知識與必備的技能。深信讀者會終身受益。許多的留美電腦博士（大多在美國已工作很久）買了與讀了之後都說，這本書的內容既廣泛又深入，他們從中學到了很多從其它書學不到的寶貴實際經驗，知識，與技能。

　　在計算機系統及網路程式設計上，看這本書就對了！但願這是一本您一輩子都想帶在身邊的書！

陳金追　謹上　2022 年 2 月

前言

這本書旨在作為大學部或研究所，系統程式設計課程的教科書（一年的系統程式設計或一學期的系統程式設計加上一學期的網路程式設計），或是已就業之電腦從業人員的參考書或自學指引。

此書的目標在於就如何以 POSIX 標準所規範的作業系統程式界面（APIs），做系統層次之軟體開發，給讀者做個很有系統，既廣泛又深入的介紹。書中涵蓋了讀者從事系統軟體設計所需的基本觀念，常識，技術，技巧，技能，常見基本問題的解決方案，以及優雅的簡單解法。這些知識及技能，都是當今世界系統軟體設計最先進、最前端與最實用的。是任何想成為世界第一流軟體工程師者，所必知的與必備的。也是任何從事諸如作業系統，資料庫管理系統，網路系統，分散式系統，群集（cluster）系統，客戶伺服軟體，以及其它許多應用軟體之開發工程師，所不可或缺的。

只要 POSIX 標準有規範，書中所使用的程式界面都是出自最新的 POSIX 2018 版本。書中的例題程式都是跨平台的。幾乎所有例題程式，都分別在 RedHat Linux，IBM AIX，Oracle/Sun Solaris，HP HP-UX 與 Apple Darwin 等系統上測試過。唯一的例外是第十五章使用 OpenSSL 的網路安全程式，只有在 RedHat Linux 與 Apple Darwin 上測試過。只要微軟視窗系統有支援，幾乎所有網路插口（socket）程式，也都在視窗系統上測試過。

書中所介紹之 POSIX 程式界面，涵蓋檔案作業，信號，程序（process）管理，程序間通信方法（IPC），多程線（multithreading），共時控制，共有記憶，網路插口（socket）程式設計，插口選項，與插口性能調整等各領域。

共時控制（concurrency control）一章同時介紹了系統五與 POSIX 旗誌（semaphore）。為了能達到最快速度，這一章亦教讀者如何以組合語言設計與實作您自己的上鎖函數，以達成比任何其它方法都至少快上 25-80% 的性能。這是幾乎當前所有最廣泛應用之資料庫管理系統，其內部所使用且一般人都不知道的絕技。書中所舉的實際範例，包括 Intel x86，IBM Power PC，Oracle/Sun SPARC，HP PARISC，與 HP/DEC Alpha 等中央處理器。

書中第十五章也介紹了計算機網路安全，並以 OpenSSL 實際舉例說明如何實現信息紋摘（digest），HMAC，加密，解密，PKI，數位簽字，以及 SSL/TLS 等作業。如何產生並建立自簽的 X.509 憑證，如何做不同格式憑證的轉換，如何在 SSL/TLS 作業時驗證一串的憑證，以及如何在 SSL/TLS 上做客戶認證等。

一般系統軟體工程師，工作時經常碰到的許多實際的問題，作者憑其在美國軟體工業界三十幾年，橫跨多領域的世界一流經驗，都提供了最簡單且優雅的解決方案。這些包括更新遺失，跨印地（cross-endian），記憶對位，分散式系統的設計，版本化，往後相容，再進入，互斥（mutual exclusion），各種互斥技術的性能比較，生產消費問題，程線的私有記憶，如何解決吊死的互斥鎖，如何避免鎖死，網路非同步連線與自動再連線，多播（multicast），使用固定或不固定端口號，共有記憶，系統性能調整，錯誤碼的正確設計與處理等等，還有其它。一般許多軟體工程師的錯誤觀念，作者在書中也都一一做了更正。這些實際範例充份顯示了程式設計就是一種以做得最少達成最多的藝術！

此外，書中最後一章也談到什麼是世界一流的軟體，以及如何設計與開發世界一流的軟體。

我為何會寫這本書

作者有幸在美國電腦軟體工業界的許多不同領域工作了三十幾年，有機會親自參與很多不同系統軟體的設計與開發，包括 Unix 作業系統核心（kernel），兩個不同資料庫管理系統的核心，群集系統，網路系統，客戶伺服系統，網路管理，網際網路服務，與應用伺服器等，從中學到了許多。看過諸如 AT&T Unix Svr3 與 Svr4 等一流的系統軟體，但也見過這輩子所看過最爛的系統軟體。

在職業生涯的末期，因在世界馳名的軟體產品中見到無數多餘，人造，不必要的複雜度，挫折感日漸累積。我親自看到了全世界最有名之系統軟體中，無數的不必要複雜。許多很基本的問題都沒做對。使產品的複雜度增加了 50 至 100 倍。例子有一籮筐。譬如，網路插口的非同步連線，總共寫了好幾十個函數，至少超過 1500 行。我將之重寫，總共才很簡單的 25 行，只有兩個函數叫用（是 POSIX 的函數），而且在產品所支援的五個不同平台上，全部都沒問題。

這些人造，多餘，不必要的複雜，讓整個產品變得程式錯蟲一堆，產品經常出問題，客戶日常作業經常必須中斷，整個產品的維護費時又費力，成本高漲，且客戶又不滿意，這讓我深深覺得，非把我所學與所知，與全世界的軟體工程師分享不可！

我親眼看到了世界頂尖的軟體公司中，許多資深工程師所受之教育與訓練的不足，連許多很基本的東西都沒做對。是的，感謝電腦科技的迅速且蓬勃發展，讓許多人都受益了。但是，整個電腦軟體工業界，不論在產品品質，效率，與生產力上，都必須大幅提升。許多軟體產品必須更簡化，更瘦身，更易於使用，錯蟲數更少，且維修與支援的成本更低。軟體的設計與開發工程師，必須擁有更好的訓練，知道的比現在更多，才能開發出設計精良，品質更高，讓使用者更滿意，同時提升軟體商與客戶之總生產力的產品。

此外，從另外兩個不同地方，我也看見了世界電腦軟體品質的危機。首先，從世界幾個最大軟體商所推出之產品品質的低落，以及它們最近所犯的大錯誤，多次整個產品新版推出後，迅速因問題又全部取消。我看到了計算機軟體工業界缺乏真正專家級的工程師、總設計師、及管理人才。這些錯誤，在我眼裡，都是很基本與明顯的。其次，查遍世界最頂尖的近百所大學的電腦課程，我發現，幾乎每一所大學都開 C++ 或 Java 物件導向程式設計，但開設 C 語言系統程式設計課程的卻不多。我們都知道，物件導向雖然在概念上很吸引人，但除了極少數較高層的應用之外，物件導向的本質是僵硬的階級式結構，它與絕大多數待解的實際問題，不僅不吻合，反而是一種障礙與束縛。從物件導向資料庫系統在 1980 年代大量崛起，後來又全部都消失，即可看出，物件導向基本上是不適合系統軟體的。

這就是為何我決定寫這本書的原因。希望透過閱讀像這樣的一本書，所有的電腦軟體工程師，都能擁有更好的教育與訓練，知曉所有必要的基本觀念，熟悉所有可用的技術及工具，基本的軟體組構方塊，以及知道如何很簡單且很優雅地解決許多常見的基本問題。將所有基本與最重要的東西作對，設計與開發出一個很精簡、快速、紮實、千錘百鍊，百攻不破的一流軟體產品。

最重要的是，在讀過這一本書後，由於已經知道了所有必備的知識，相信讀者在設法解決一個問題時，就不會再迷失方向，誤入歧途，把問題解決方案做錯了，這就是一切不必要複雜度的起源。讀者應有足夠的知識與技能，選擇正確的技術與組構方塊，設計與開發出一個堅實的一流產品。

深信當其它人看到您所設計與開發的軟體產品時，都會說，"嗯，這是真正由專家所設計的!"、"這程式很容易讀也很容易懂。"、"這產品很容易使用。"、"這產品沒有錯蟲，很易於維修!"、"這產品很穩定，不需要任何維修。"。

我一直覺得，人生的目的之一，就是留給未來的世代一個更好的環境。這包括把我們這一代所學到的，留傳給下一代。也算是對我們祖先所遺留給我們，讓我們不需從零開始的一種報恩!這就是我所選擇的報恩方式，寫這本書就是我履行這份責任的方法。

寫完這本書算是完成了我這一生最大的願望。我一直希望能幫助其它人與所有的年輕人。希望這本書能對全世界的電腦教育，電腦軟體工業界，以及提升全世界的軟體產品的品質，有些微的貢獻。若是，吾心足矣!

英文是我的第三語言。我真希望我的英文還比這更好。但是，我已盡了最大的努力。因此，萬一您發現有任何不完美之處，還請多包涵。感謝您的支持，希望我在這本書所分享的一切，能對您有所助益。祝閱讀愉快!

陳金追　謹上　2020.12.08

感謝

　　謹將此書獻給我的父母陳順得先生與陳郭寶玉女士，我的內祖父陳漲生先生，以及我的外祖父郭文樹先生。感謝他們的養育之恩，愛，教育和鼓勵。

　　同時，也感謝教導過我的所有老師，對我的啟發以及保留我的興趣和衝勁！

目錄

第 3 章 程式與庫存的建立

第 4 章 檔案輸入／輸出

第 5 章 檔案與檔案夾

第 7 章 程序

第 9 章　共時控制與上鎖

⌖ 線上下載

本書範例程式請至 `http://books.gotop.com.tw/download/ACL064100`
下載，其內容僅供合法持有本書的讀者使用，未經授權不得抄襲、轉載或任意
散佈。

基本計算機概念

這一章介紹一些基本的計算機（俗稱電腦）概念，包括計算機的組成，涵蓋**硬體**（hardware）及**軟體**（software）。

1-1 硬體與軟體，兩者缺一不可

計算機是一種幫人類解決問題的工具。在某種意義上，一部計算機就像一個人，它有記憶，有邏輯，並且能做事。

就像一個活人兼具身體與靈魂一樣，一部動作中的計算機也永遠包括兩部分:硬體與軟體，兩個一起配合動作。

簡言之,計算機在做事就是硬體部分正在執行某種軟體,兩者缺一不可。硬體主要是數位電子電路，很大部分是由半導體組成。軟體則包含一系列的邏輯，引導計算機一小步一小步地達成很複雜的計算。軟體決定計算機正在做什麼。計算機硬體類似一個人的身軀，計算機軟體就像一個人的思想和精神，兩者缺一不可。任何一者，若單獨存在，則毫無作用，萬事無成。

同樣一部計算機，讓它執行不同的軟體，就可以做不同的事。軟體是一系列作業指令，是邏輯，含有一長串精密複雜的邏輯，一步一步地導引計算機達成人類希望它達成的任務。這一長串的指令都寫成計算機可以瞭解的語言，或稱電腦語言，存在計算機裡。

每一系列教計算機達成某一種計算或任務的指令，就叫一個**程式**（program）。軟體是一個通用名詞，泛指計算機所執行的程式。不同的程式達成不同的計算任務。譬如，有做資料庫管理的程式，有教小孩如何學英文的程式，也有讓人能和朋友講電話或傳信息的程式，如 LINE 和 Wechat 等等。計算機軟體工程師就是開發不同的軟體程式，讓計算機幫人類解決不同的問題。

一個計算機正在執行中的程式，就叫一個**程序**（process）。同樣一個程式，在同一部計算機上可能會有多個拷貝（copy）同時在執行。這種情況下，同一個程式就會產生多個不同的程序。

舉例而言，像我在用電腦時，我就經常會啟動好幾個網路瀏覽器（Internet browser），每一個分別瀏覽一個不同的網站（website）。這樣子，我的電腦上就會同時有幾個瀏覽器**程序**在執行，但它們都來自同一個程式。所以，程式是靜態的，而程序則是動態的。

計算機在做事就是計算機硬體正在執行某種計算機軟體，不同的軟體幫人類解決不同的問題。

圖 1-1 計算機的兩個必要組件

1-2 計算機硬體簡介

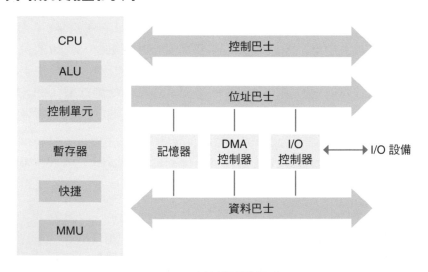

圖 1-2 計算機硬體組成

　　如圖 1-2 所示，簡單地看，一部計算機包括一個或數個**中央處理器**（Central Processing Unit，CPU），或簡稱**處理器**（processor），一些**記憶器**或**記憶體**（memory），幾個輸入/輸出控制器，和一些諸如鍵盤、顯示器，磁碟機（disk drives），網路界面卡，和喇叭等的週邊設備或元件。

　　以下我們分別一一介紹這些組件。

1-2-1　各種硬體組件的功能

　　現在，讓我們更進一步地描述圖 1-2 圖中的每一項硬體元件。

1-2-1-1　處理器

　　處理器或中央處理器就是計算機的大腦，它負責控制整部計算機的運作。基本上，一個處理器內有一個算術邏輯單元（arithmetic and logical unit），一個控制單元，一些**暫存器**（registers），和一個可有可無的**快捷記憶器**（cache）。

1.　ALU

　　每一部計算機的中央處理器都有一個算術邏輯單元（ALU），負責執行加、減、乘、除等算術運算，以及 AND,OR,NOT 等基本的邏輯運算。事實上，很大部分的時間裡，這些就是計算機最常做的運算。

　　算術邏輯單元通常包括一能履行整數（integer）運算的整數執行單元，以及能執行小數（floating-point numbers）運算的小數執行單元。

　　這是最基本的。值得一提的，現代的很多計算機，都還包含一個小數算術處理器（floating-point processor，FPU）作為協同輔助的處理器，以協助改善且加速圖像（graphic or image）的處理，補中央處理器的不足，提升整部計算機的速度和性能。作為電腦遊戲或電腦繪圖用的計算機，最需要這樣的一個**協同處理器**（co-processor）。

2.　控制單元

　　每一中央處理器必有一控制單元，負責產生控制信號，以控制、協調及統合整部計算機的作業。這個單元使得計算機的作業井然有序，一點也不會凌亂。控制單元的角色，就像站在馬路中間，指揮交通的警察，也類似人的大腦的神經中樞。

控制單元包括能將指令從記憶體拿出（fetch），放進中央處理器去執行的**指令提取**（instruction fetching）單元，一能將組合語言指令解碼，轉換成實際控制整個指令之執行的一系列**微碼**（microcode）的指令解碼單元（每一指令通常被轉換成幾個更小步驟的微碼），快捷控制單元，記憶區段控制單元，以及其他等更小的單元。

簡言之，控制單元負責從記憶體提取下一個該執行的組合語言指令，將指令解碼成一系列更細的微碼，並產生控制信號，控制各單元完成每一指令的執行。

3.　暫存器（registers）

除了算術邏輯單元與控制單元之外，一個處理器通常還會有幾個至幾十個，用以暫時儲存各種計算所需之資料或中途運算結果的暫存器（registers）。

舉例而言，一個加法運算所需的兩個運算元（operands），通常會先由記憶體拿進處理器暫存器內，然後再相加。所得結果，有時會存回記憶器，但也會經常儲存在某個暫存器內，以方便進一步使用。

記得，存取位於中央處理器內之暫存器內的資料，速度總比去記憶器拿快上好幾倍。因此，常用的運算資料，或馬上立即要用到的還算資料，只要暫存器夠用，一般都會先放到暫存器內的，以便加快速度。

處理器內的暫存器通常有兩種：一般用途與特殊用途。通用的暫存器就是一般用途。許多不同種類的指令或運算都可以使用這些暫存器，其用途不設限。每一特殊用途暫存器則都有一個固定的功能，不作為它用。這些包括專門作為累加用的累加器（accumulator），程式計數器（program counter），狀態暫存器（status register），索引暫存器（index register），堆疊指標器（stack pointer）等等。每一暫存器都會有個名稱，通常以一或二個英文字母代表，譬如 A,B,C,D 等。

A.通用暫存器

每一處理器通常都會具備一些通用的暫存器，以便所有程式可以使用，以暫時儲存運算資料與中途結果等。

程式設計者（尤其是組合語言的）必須記得的是，**通用暫存器**是所有程式共用的，因此，在寫你的組合語言程式時，倘若你的程式必須要用到某一個暫存器，請您務必要先將那個暫存器的現有內含，暫時先推入（push）堆疊器（stack）中暫時存起。然後等你用完這個暫存器時，再將之前暫時存放在堆疊器中的原有內含取出（pop out），回復原狀。

每一個程式都必須這樣做，這是因為計算機通常同時執行好幾個程式，一個程式執行一下子，中途就會轉換成執行另一個程式。

因為這些暫存器是每一個程式都會用的，所以，要是有程式不守法，沒有遵照我們這裡所講的規矩去做，那它可能就會蓋過且毀掉前一個程式原來所存在那個暫存器的結果，等那個程式被暫停後再恢復執行時，原來的資料就被你的程式所毀了，而且它不知道!這樣就造成錯誤的運算結果。所以寫組合語言程式幾乎一定會用到通用的暫存器，而此一規矩是人人必知的基本常識，請務必遵守。

因此，一個典型的組合語言程式，它的一開始通常就是一系列將程式所須用到的所有暫存器的內含，推入堆疊器中暫時存起的指令，而程式的最後就是一系列將這些暫存器的內含復原的指令。一定要每次都要這樣做。因為，任何程式，在執行中，幾乎任何時刻，都有可能隨時被中斷（interrupt）或被暫停換手（context-switch）的。而這些狀況都是在完全沒有預警的情況下發生的。

B.特殊用途暫存器

(1) **堆疊指標器**（stack pointer，SP）

每一部計算機都會具有一個堆疊器（stack）。堆疊器是一個用以暫時儲存一些臨時資料的特殊記憶區。它的特性是，堆疊器中的資料存入與取出的順序正好是相反的。換言之，它的資料是，最後存入的最先取出（Last In First Out，LIFO）。

堆疊器是程式設計者都可以使用的。對 C 語言程式設計者而言，你的程式中的每一個**函數**（function）或**例行單元**（routine），它的局部變數（local variables）都是被編譯程式（compiler）安排存放在堆疊上的。此外，在一個函數叫用（call）另一個函數時，函數的參數通常也都是利用堆疊來傳遞至被叫用函數的。

對組合語言程式設計者而言，前面我們在介紹通用暫存器的使用時，就已說過，你必須要在使用一個暫存器前，先把它的原有內含，暫時先推入（push）堆疊中暫時存起，然後，在你用完時，再將之由堆疊中取出（pop），完全恢復原狀。但特殊用途暫存器則不必。

記得，就像在任何其他資源一樣，堆疊的容量是有一定的限制的。這容量大小在每一部計算機上都不同，其大小在某些計算機上還是容許調整的。身為程式設計者，了解你所使用之計算機之堆疊的最大容量是你的職責。因為，假設你不知道，而將太多資料存入堆疊，那你的程式就會出現 "堆疊滿溢"（stack overflow）的錯誤。出現這個錯誤時，你的程式就會死掉，中止執行。

(2) **程式計數器**（program counter，**PC**）

每一計算機的處理器一定都會有一個叫做程式計數器（program counter，簡稱 **PC**）的暫存器。有些處理器稱之為**指令指標器**（instruction pointer，**IP**）。一個程式在能被中央處理器執行前都必須先存入計算機的記憶器內。在開始執行一個程式時，處理器內的程式計數器會先指向程式的第一個指令（程式一開始）。程式計數器的功用，就是永遠指向下一個必須被執行的程式指令。換言之，程式計數器的內含（它所儲存的）就是下一個應被執行之程式指令的位址或地址（address）。在執行一個程式時，處理器就是根據程式計數器內含去記憶器中找到下一個該執行的指令，將那指令從記憶器取入處理器內，然後將程式計數器的內含加一，指到下一個該執行的指令，然後再真正執行目前的指令的。這個過程，一直重複，每個指令一次。所以程式計數器幫中央處理器記住或追蹤，目前這個程式已經執行到那裡了。

以上所說的是程式循序執行時的情況，一個指令接一個指令地依序執行。有時，程式會根據不同的計算結果，有跳躍式的執行。

這時，在執行跳躍（jump or branch）指令時，處理器就會將跳躍指令上所指的下一個新指令的位址，存入程式計數器內。如此，下一個被提取且執行的指令，就會換成這跳躍指令上所指引的，而不是原先位在跳躍指令後面的下一個指令，程式的流程因而有了改變。

舉個例子而言，在執行下面的 C 語言程式片段時，

```
goto label1;
```

或

```
if (x == 1)
  x = x + y;
else
  x = x * y;
```

第一個述句（statement）goto 就會被翻譯成一跳躍指令，而下面的 if 述句會被翻譯成一系列指令，其中含有一個跳躍指令。在執行其中的跳躍指令時，處理器會算出下一個該執行指令的實際位址，並將之存入程式計數器內。

記得，程式計數器非常重要，但它並不是給程式設計者直接使用的，它的運用百分之百由處理器所操控。

(3) 累加器

最典型的特殊用途暫存器例子之一，不外乎就是**累加器**（accumulator）了。除了程式計數器之外，每一計算機的處理器也都會有一個累加器。累加器專門用於累加，或一般加法運算。很常見的計算機基本運算之一，就是先把加法的其中一運算元放入累加器內，然後再將另一運算元加上累加器之內含值，結果存在累加器內。

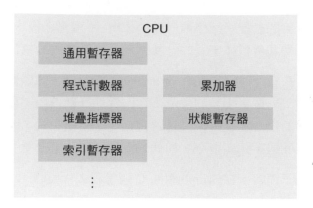

圖 1-3 CPU 的暫存器

(4) 狀態暫存器

每一中央處理器也都會有一**狀態暫存器**（status register），以記錄一些運算所產生的一些特殊狀態。這個暫存器的每一位元（bit）用以記錄一種不同狀態。譬如，其中有一個位元就會記錄剛剛的加法運算是否有產生進位，另一位元會記錄加法運算是否導致滿溢（overflow），以及運算的結果是否為零等。此外，通常還會有一個位元，顯示硬體插斷（interrupt）目前是允許（enabled）還是不允許的（disabled）。狀態暫存器有時又稱**"旗號暫存器"**（flag register）。

使用 C 語言的程式設計者，若你在你的程式中將某一變數宣告成 register 種類，那就是告訴編譯程式，要把那個變數的資料，存放處理器的其中一個暫存器內，以便能迅速存取。

若你是寫組合語言程式的，那知道中央處理器有幾個通用暫存器，名字叫什麼，使用時有無任何限制，以及如何運用它們，就是你的職責。

舉個例子而言，2002 年，當我在 IBM Power 處理器的 AIX 系統上做組合語言程式設計時，我就發現，每次只要我的程式用到某一個暫存器時，整部電腦就馬上當機。事實上，這是一個處理器設計上的瑕疵，也是一個電腦安全的漏洞。

4.　處理器內的快捷記憶器

值得一提的是，每一中央處理器內現在都附有一些快捷記憶器（cache），數量通常在幾個 MB 左右。快捷記憶器是位於處理器內的少量記憶體，它的觀念就是，從處理器內拿資料總是比去記憶器拿快得多。因此，為了提升性能，加快資料處理的速度，現在每一中央處理器內都會有一些快捷記憶器，而且隨著半導體技術的增進，容量愈來愈大。快捷記憶的容量愈大，電腦的資料處理速度就會愈快。

5.　MMU 與其他

除了以上所提的這些主要零件之外，一個處理器通常還會包含**記憶器管理單元**（memory management unit，MMU），用以之支援虛擬記憶所需的**分段化**（segmentation）與**分頁化**（paging）。當然，還有其他一些單元。

MMU 是用來管理計算機記憶器的硬體電路，它讓整個記憶器能為目前計算機所執行中的所有程式，一起共用，而不致彼此混淆。MMU 的功能，讓一個程式，不論擺在記憶器的任何位置，都可以順利執行。也讓一個程式，只要有一部分（不必全部）存在記憶器內，就能開始執行。

在第十章我們會介紹**共有記憶**（shared memory），這個軟體技術就是因為有 MMU，才能實現的。MMU 負責將虛擬的記憶位址轉換成實際位址，這功能不只在不同程序間提供了絕緣與保護的作用，也同時讓在軟體上，共有記憶技術得以實現，真是兩面逢緣，一舉兩得！

6.　多處理器

目前高端或先進的計算機，其中央處理器都不只一個。比方說，假若一部計算機有八個處理器，那它就能在同一時間同時並行（simultaneously）執行八個程式，其速度可能是單一處理器計算機的八倍。

記得，在多處理器的計算機，所有處理器還是共用同一組記憶器及輸入/輸出設備的。也因為如此，為了管理多個處理器同時存取記憶器，多處理器計算機在硬體和作業系統的設計上，就會比一般更複雜，其中一個硬體必須解決的問題，就是**快捷記憶內容一致性**（cache coherency）的問題。亦即，當某一處理器更新了某一筆資料時，其他處理器的快捷記憶中很可能都存有這一筆資料的舊有值，你如何讓其他這些處理器知道，它們所存的這筆資料已過時，必須重新再更新。

當然，往上更複雜的還有多部計算機連結在一起，一起計算的群集電腦（clustered computer），與更鬆散結合的分散式系統等，這些都超出本書的範圍。

7. 多核心處理器

介乎單核心單處理器與多處理器之間，目前很普遍的就是**多核心處理器**（multi-core processor）。多核心處理器是一個中央處理器內不只有一個算術邏輯運算單元（ALU），而是有多個。這種處理器現在最普遍。因每一 ALU 可以執行一個不同指令，所以，多核心的處理器可以同時執行多個指令。若將其用在陣列或多行資料的計算，效果將特別顯著。目前四核心或八核心的處理器都已問世好一陣子了。

當然，腦筋動得快的人馬上就可以想到，一部高端的電腦可以有多個處理器，而且每一個處理器都是多核心處理器。如何有效地利用這樣的一部高端計算機，在作業系統與應用程式上的設計，就必須花點工夫了！

8. 基本字元的大小

每一部計算機，其中央處理器指令典型能運算多大的資料，就是這部計算機或其中央處理器的**字元大小**（word size）。

最早期的微處理器（microprocessor），每一指令通常能運算四位元（bits）的資料，所以稱為四位元的處理器。幾十年來，微處理器已從四位元，八位元，十六位元，三十二位元，進展到目前最流行的六十四位元了。這意謂一個典型的指令，可以運算（譬如，加或減）或搬運六十四位元的資料。當然這並不代表，每一指令都永遠固定只能運算這樣大小的資料。

譬如說，一個六十四位元的處理器，除了大部分指令都一次運算六十四位元外，它同時還會有一次運算三十二位元，十六位元或甚至是八位元的其他指令的。當然，處理器的字元大小越大，其資料處理的速度也就愈快。因為，每一指令所能處理的資料量變大了。

9.　時鐘的頻率

目前計算機之中央處理器，幾乎是每一處理器都做成單一積體電路（IC）包裝的，也就是所謂的微處理器（microprocessor）。這每一片 IC 內，通常含有幾億或幾十億個電晶體（transistor）在內。電晶體是組成電腦的最基本活性元件，每個電晶體就像個開關，可以導電或不導電，亦即，開或關。因此，現在的電腦也都是二進制的數位電腦。

電晶體要運作，必須靠電子信號來驅動，它才能開或關。這個電子信號，就稱**時鐘信號**（clock）。時鐘信號的頻率決定了電晶體開或關的速度，也因此決定了處理器與整部電腦的速度。

微處理器的時鐘信號頻率，已由當初 1980 年代的 1MHz 提升至目前的 3 至 6 GHz，進展了好幾千倍。換言之，在過去三十幾年內，電腦速度進展了數千倍。當然，時鐘信號頻率的進展，近年來已有減緩，因為它或許已接近物理的極限了。速度愈快，產生的熱也愈高，散熱問題一直是一大挑戰。

1-2-1-2 **記憶器（ROM 和 RAM）**

計算機記憶器（memory），有時也稱**主記憶器**（main memory）。

我們都知道，計算機透過執行程式，替人類辦事。計算機目前正在執行的程式，一定得儲存在記憶器內，不一定是全部，但至少是一部分，目前正在被執行的那部分。

每一個程式就是一長串的指令。單一核心的處理器，每次只能執行一個指令。正在被執行的指令，一定得存在處理器內。這意謂，每一指令在執行之前，中央處理器必須把它從記憶器內提取（拷貝一份）存入中央處理器內。由於處理器內部空間有限，存不下整個程式，因此只能每次拿一個，執行它，再去記憶器拿下一個。

最早期的計算機記憶器是磁芯做的，由華裔科學家王安所發明，以五十萬美金賣給 IBM。現在的記憶器，則都是半導體組成的。

計算機記憶器分成兩大類：ROM（唯讀記憶器）與 RAM（隨機存取記憶器）。資料只要一燒（存）進 **ROM** 內，就不能再改了，只能讀取。因此，它是寫一次，但可讀無限次。**RAM** 則不同，其所儲存的資料，是可以隨時任意更改或讀取的，沒有限制。另一個不同是，ROM 所儲存的資料，即使電源拿掉了，其記憶內容還是永久存在的。相對的，若電源消失了，那 RAM 的所有記憶內容也是跟著消失的。所以，ROM 有永久記憶，但 RAM 是完全沒有的。

ROM 的用途是用以儲存每部電腦每次一開機時，必須執行的啟動程式。這程式包括所謂的基本輸入/輸出系統（Basic Input / Output System，BIOS），這就是為何電腦關機後，你每次再開機時，它又會啟動的原故。這啟動程式會啟動電腦的輸入/輸出設備，以及將電腦作業系統程式（如視窗系統或 Linux）由硬碟機（hard disk）讀入記憶器內，並讓電腦開始執行作業系統程式，以開張營業。

由於 RAM 在電源消失後，其記憶內容也跟著消失。因此任何程式的計算結果，若欲保留，就必須把它由記憶器寫出去至硬式磁碟之類的永恆記憶媒體上，才能保留下來，以便下次開機時可以繼續使用。電腦的記憶器主要都是 RAM。

ROM 一般容量比較小，用以儲存電腦一開機時所必須執行的程式。這程式儲存在一個固定位址上，以便電腦知道每次從那兒執行起。這程式會啟動電腦的輸入/輸出設備。其通常稱為「**膠體**」（firmware），意指介於軟、硬體之間。

現代的電腦幾乎都將 ROM 改成可去式的 ROM（Erasable ROM）叫 **EPROM**，以便必要時，使用者可以升級或更新 BIOS 的版本，不再是無法改寫的純 ROM 了。

平常我們稱電腦的記憶器，指的是 RAM 這部分，是可以讀與寫的。

1-2-1-3　巴士

巴士（bus）是計算機的溝通管道。每一個巴士就是介於硬體組件間，一束並行的電線，連接著不同的組件，傳輸資訊。

依不同功能而分，每一部電腦都有三種不同的巴士：位址巴士，資料巴士與控制巴士。

1.　位址巴士

位址巴士用以傳輸位址訊息。每次中央處理器欲讀取或寫入某一個記憶器位置或輸入/輸出暫存器時，它就會透過位址巴士，送出這一個記憶位置或暫存器的位址，選定目標。

位址巴士是單向的，只有從中央處理器到記憶體或輸入/輸出週邊設備。因為，只有中央處理器，才能選取讀/寫資料的位置。

位址巴士上的每一位元，在處理器晶片上都有一支個別的接腳。位址巴士的寬度或大小，決定一部電腦最多能接有多少的記憶器。舉例而言，若一部電腦的位址巴士有 32 位元，（亦即，位址巴士有 32 條平行電線），那這部電腦最多就只能安裝 $2^{32}=4GB$ 的記憶器。當今的電腦幾乎都可以有超過 4GB 的主記憶器，所以其位址巴士都超過 32 位元。

2.　資料巴士

資料巴士負責傳送中央處理器正在讀取或寫入的資料。它是雙向的，意謂著資料可以由中央處理器寫入或存入記憶器或輸入/輸出暫存器，或反向的，處理器由這些位置讀取資料。同樣地，資料巴士上的每一位元在處理器晶片的封裝上，也都有一支個別的接腳。

資料巴士的寬度或大小，等於處理器的**字元大小**。其代表著處理器每一次能讀或寫的最大資料量。但這並不代表處理器每一次都讀寫這麼多。有些指令每次運算的資料會小於字元大小。

3.　控制巴士

連接中央處理器與其他組件的，除了位址巴士與資料巴士之外，還有用以傳輸控制信號的控制巴士。所有的控制信號就組成了所謂的控制巴士。這些控制信號用以協調各電腦硬體組件間的運作。譬如，讓所有硬體組件步伐一致的時鐘信號就是其中之一。時鐘信號宛如一個樂隊中的大鼓，讓所有硬體組件取得同步。

另外一個很重要的控制信號就是插斷（interrupt）信號。中央處理器平時就忙著執行各種程式，當某一輸入/輸出設備有資料要傳送時，它就會透過插斷信號，打斷處理器，跟處理器說，「喂，我有資料要給你」。收到這個插斷信號後，處理器就會暫時停下其目前的程式執行，而是去處理這個輸入/輸出設備的需求。這意謂執行另一段程式。

大多數的控制信號都是單向的，由處理器送出。也有少數是方向正好相反的，如插斷信號。控制信號對硬體的運作非常重要，但一般的軟體工程師是不用知道的，插斷信號或許是例外。

4. **資料巴士與位址巴士的大小**

很多人都把位址巴士的寬度與資料巴士的大小搞混了。記得，這兩個大小是完全不相干的。

譬如，早在 1980 年代，微處理器正在起步時，那時的微處理器的字元大小是 8 位元，亦即資料巴士有八條線。但當時的位址巴士，幾乎都是十六或三十二位元。亦即，其位址巴士有 16 線或 32 條線。後來，微處理器進展到三十二位元時，有好一陣子，位址巴士與資料巴士兩者都一樣是 32 位元。隨後，有一陣子，位址巴士的大小超越了三十二位元的資料巴士。目前，在微處理器又進展到六十四位元時，資料巴士的大小又超越了位址巴士。總之，這兩者的大小是毫無關係的。

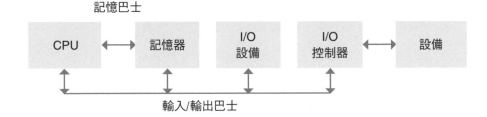

圖 1-4 計算機的巴士

1-2-1-4 輸入/輸出控制器

輸入/輸出控制器也叫週邊控制器，其控制了接在電腦上的輸入/輸出設備。譬如，硬碟控制器控制著硬碟機的輸入與輸出作業，網路卡處理進出電腦網路的網路包裹。

由於不同的輸入/輸出設備，操作速度與方式各有不同。輸入/輸出控制器就用於調節其與處理器之間的作業與速度差異。

誠如先前我們提過的，平時處理器就是忙它的，等到某一輸入/輸出設備有資料必須處理或需要下一筆資料時，它會利用插斷信號告知處理器，此時，處理器就會暫時停下其目前正在執行的程式，然後跳去執行這個設備的**插斷處理程式**（Interrupt Service Routine，ISR）。等處理完這設備的需求時，處理器就會再回到其暫時停下的程式，繼續執行。

1-2-1-5 DMA 控制器

某些電腦輸入/輸出設備，如硬碟機，有很大量的資料需要傳輸。這種資料傳輸，若每一位元組（byte）都需要處理器，一一經手介入，那就太浪費處理器寶貴的時間了。因此，這類大筆資料的傳送，通常以**直接記憶器存取**（Direct Memory Access，**DMA**）的方式處理，以提升速度。

DMA 的方式是，一開始時，由處理器介入，在 DMA 控制器上設定好整批傳輸的起始位址與資料量（位元組數），並且啟動整個傳輸。但實際的傳輸則完全交給 DMA 控制器去負責。在傳輸過程中，處理器可以回去繼續執行它原先在執行的程式。等傳輸完成時，DMA控制器再通知處理器。

有人把 DMA 叫做直接 I/O，因為沒有處理器的介入，直接由輸入/輸出設備，經由DMA控制器的控制，將資料直接存入記憶器或由記憶器寫出。

因此，在 DMA I/O 時，作業系統會在記憶器騰出所需的空間，然後將起始位址與資料量告知 DMA 控制器，在處理器啟動了傳輸後，處理器就放手不管了，等資料傳輸結束時，處理器就會再收到插斷信號，被告知大功告成。

1-2-1-6 基本輸入/輸出設備

就像人有嘴巴，眼睛與耳朵等輸入與輸出器官一樣，電腦也有許多不同的輸入/輸出設備，以便與外界和人溝通。像滑鼠與鍵盤，讓人能把命令與資料輸入至電腦，其他輸入設備還包括麥克風，與遊戲操縱桿等。

典型的電腦輸出設備包括顯示螢幕與印表機，喇叭等，這些輸出設備讓人們能看到計算結果，計算過程與資料。

1-2-1-7 儲存設備

資料儲存設備算是輸入/輸出設備的一部分，不同的是，其兼具了輸入與輸出的功能，而不是單一功能。儲存設備所使用的記憶媒體包括磁碟、磁帶與光碟等，這些都能長期或永久的儲存資料。

計算機不僅能履行極端複雜的計算，亦能儲存大量的資料。誠如你所知的，存在 RAM 記憶器的資訊，電源一關，就全都沒了。因此，欲永久保存，資料就必須放在長久性的儲存媒體上。

最常見的永久性儲存設備，就是硬碟了（hard disk or disk）。資料存在硬碟的好處是，即使電源關掉了，存在硬碟上的資料還是一直都在的。硬式磁碟是一種電磁設備，資料的存取是經由電子電路控制，每部硬碟是由一串平行的磁盤組成。磁盤的表面有若干圓型的磁軌（tracks）。每一磁軌又有若干磁段（sectors），每一磁段上有磁性的媒體，可以儲存記載資訊。整串的磁盤，繞著中間的軸旋轉，讀寫頭進出的移動，找到所要的磁軌後，就貼近接觸磁盤，讀寫資料。磁盤的轉速通常為每分鐘 5400 或 7200 轉（RPM）。

比起記憶器，硬碟的好處是能永久儲存，容量大，價格較便宜。近年來，半導體價格逐漸便宜，所以，固態碟（solid-state disks）也逐漸普遍。

每一部硬碟機通常有兩個連接器，一個電源連接器，另一個則是硬體界面（設備巴士）的連接器。有些硬碟機還配有用於設定主從（master/slave）設備，或 SCSI 編號的接腳（jumper pins）。界面連接器因硬體界面的不同而異，有 IDE，EIDE，ATA，SATA，PAIA 與 SCSI 等。界面連接器，經由界面巴士連接至磁碟機控制器上，界面巴士負責傳送控制信號與資料。

隨著時間的過去，硬式磁碟容量一直在增加，同時價錢跟著下降。1990 年，一個 5.25 英吋大小的硬碟，售價約一千美元，容量只有 300MB。如今（2021 年）一個 3.5 英吋的硬碟容量在 2TB 以上，售價僅約 70-80 美元。

許多公司使用電腦作資料庫應用，這些電腦通常存有極重要的資料，如員工資料，客戶訂單等。這些資料對公司的生意極端重要，不容有任何遺漏。因此，程式的運算一定要確保運算的結果都已安全地存放在硬碟上之後，才算完成與安全。經常還需拷貝一份備存。因此，倘若你是做資料庫處理的，對硬碟可能須多加瞭解一番。

其他的大量資料儲存設備還有 CD、DVD，與磁帶等。磁帶通常用於儲存一份拷貝，存放在另一棟建築，以防火災、地震等意外。

1-2-1-8　**網路卡**

早期的電腦幾乎都是獨立的，沒有連接在網路上。現在的電腦沒有連接到網路上的是少之又少。絕大多數的電腦，不是連接至網際網路（Internet），就是連接在公司的某內部網路上。

為了接上電腦網路，每一部電腦就需要裝有**網路卡**（network adapter 或 network interface controller，NIC）。網路卡大部分是額外的一張界面卡，必須安裝插入電腦主機板上的輸入/輸出界面槽上。但近來愈來愈多的電腦主機板，都把網路界面卡直接設計在主機板上，因此就不需另外再加裝一片網路界面卡了。

網路界面卡連接電腦至電腦網路上，其負責你的電腦與網路上其他電腦之間的通信，網路信息包裹的接收與傳出。

在硬體上，一部電腦，透過電腦網路界面卡，連接至網路的電纜線上，和同一網路上的其他電腦或尋路/路由器（router）接上，可以互送信息。經過路由器的轉接，你的電腦，可以進一步連上通世界的網際網路。在家裡，許多家庭都是透過電視的電纜線或電話線，連接至外界的。由於電視電纜和電話線都只傳輸類比（analog）信號，而非電腦所用的數位（digital）信號。因此，從家裡的電腦上網，一定都要加裝一個**模變器**（modem），負責類比與數位信號之間的轉換。

記得，有些電腦同時接有多個網路界面卡，那是因為有些電腦是同時連接在好幾個不同的電腦網路上的。有些則是為了重複備用（redundancy）的目的，以防萬一其中一個壞掉，可以自動轉用另一個。

1-3　計算機的基本作業

計算機動作時，是硬體與軟體一起作用的。誠如我們所說過的，計算機硬體就像一個人的身軀，而軟體就宛如一個人的精神，思考和靈魂，兩者缺一不可。

您買電腦時隨之而來的軟體，或您事後自己加買或下載的軟體，一般都安裝在電腦的硬碟機上，這包括作業系統軟體。

含作業系統在內，任何軟體程式，在能被計算機所執行前，都必須存在計算機的記憶器上。因此，必須被由硬碟上讀入記憶器內。現代的計算機都採用虛擬記憶（virtual memory）。因此，每一個程式只要目前正在被執行的那一部分，不必全部，存到記憶器上，就可以開始執行了。這也是意含著，即使一個程式大到超過電腦記憶器容量，它還是可以被電腦所執行的。

每個程式就是一系列的指令，執行一個程式時，中央處理器由記憶器提取一個指令，執行那個指令，然後再提取下一個指令，執行它，如此一直重複。指令的執行可能是將某項資料由記憶器載入（load）CPU 的暫存器內，或反之由暫存器存入記憶器（如 store 指令）。也有可能是將某一暫存器的內含，加上另一暫存器或記憶位置的內含，結果存在累加器內（如 ADD 指令）。

此外，處理器也有可能執行輸入或輸出指令，自鍵盤或硬碟讀取一項資料，或將資料輸出至硬碟或顯示器上，亦有可能是從網路接收一網路信息包裹，或由網路送出一網路信息包裹。圖 1-5 所示，即計算機日常所反複執行的一些基本作業。

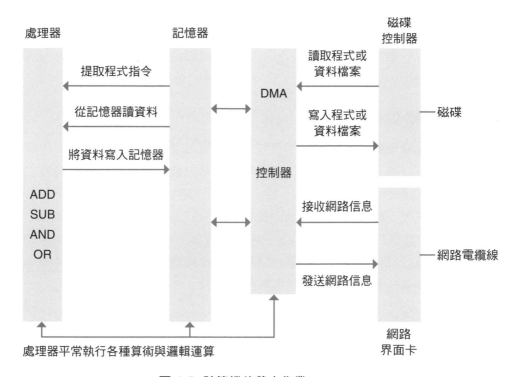

圖 1-5　計算機的基本作業

1-4　計算機軟體

　　一部計算機，若只有硬體而沒有軟體，就像一具屍體，毫無用處。計算機軟體就是一大堆程式，每一個程式就是可以指揮計算機去完成某一件特定工作的一系列指令。計算機所執行的程式有許多不同種類和用途。最基本的，就是能控制整部電腦之運作的**作業系統**（operating system）。

　　作業系統軟體算是最重要與最根本的軟體，沒有作業系統，計算機是無法開張的。每次計算機啟動時，所執行的就是作業系統軟體。執行作業系統，讓你能**登入**（login），然後開始下命令，啟動其他諸如資料庫系統，會計系統，文書處理程式，網路瀏覽器等應用程式。

　　這一章節，我們先對電腦軟體做一般的介紹，然後下一節再介紹作業系統軟體。

1-4-1 不同層次的程式語言

每一個計算機軟體產品都寫成某一種程式語言（programming language）。計算機程式語言有許多種，這一節簡單地介紹一下。

▶ 機器語言

電腦硬體最底層的活性元件，就是電晶體（transistor）。電晶體就像開關，可以導電與不導電，有信號來就導電，沒信號就不導電。換言之，電晶體的作業是二元式（binary）的，導電與不導電，或是 1 與 0。那就是為何今日的電腦不僅是數位式的（digital），更是二進位式的。因此我們說，在最底層，計算機只瞭解機器語言，一連串的 0 與 1。也因為如此，所有電腦程式，在能被計算機所執行之前都必須被翻譯成機器語言。事實上，最早期的計算機，程式設計所使用的就是機器語言。

機器語言是電腦在使用與所瞭解的，但對使用電腦的人類而言，那根本很難瞭解，而且很容易弄錯。所以，計算機科學家們後來就開發了比較適合人類使用的電腦程式語言。

▶ 組合語言

從最底層的電晶體，往上一層，就是能做加、減、乘、除等算術運算，與AND，OR，NOT 等邏輯運算的數位電子電路。計算機程式設計也可以針對這一層次，程式指令針對基本算術與邏輯運算的程式語言，就叫**組合語言**（assembly language）。事實上，在計算機科學家發現機器語言太難用以後，他們所使用的就是稍微高一層的組合語言。組合語言使用易於記憶的符號名稱代表不同的指令。譬如，加法運算就用 ADD，減法用 SUB，乘法是 MUL，除法用 DIV，邏輯"且"運算通常用 AND， "或"運算用 OR， "非"運算用 NOT 等等。這處理起來，就比一長串的 0 與 1，方便多了。

要用組合語言設計程式，程式設計者必須對計算機硬體有稍微的瞭解。因為程式運算與輸入/輸出資料，程式設計者必須親自使用暫存器，堆疊器與記憶器位址等。

以組合語言設計程式的優點是能寫出最有效率，速度最快的程式，因為一切電腦硬體的資源，直接由你控制運用。

▶ 高階程式語言

比起機器語言，組合語言是好多了。但是，對許多人而言還是太低層次了一些。它的層次還是比較接近電腦而非人類。因此，後來就有了像用以解決理工問題的 FORTRAN 語言，用以解決商用問題的 COBOL 語言，以及 PASCAL 語言與 C 語言等高階的程式語言，這些語言就比較接近人們日常所用的。

寫成這些高階語言的程式，必須先透過另一個稱為編譯程式（compiler）的軟體，將之翻譯成機器語言，才能被電腦執行。換言之，假若你使用 C 語言設計程式，那你的電腦上就必須裝有C 語言的編譯程式才行，沒有它，你是無法用 C 語言撰寫程式的。

▶ 編譯式與解譯式語言

根據其翻譯的方式而分，電腦程式語言有兩種：編譯式語言（compiled language）與解譯式語言（interpreted language）。

以**編譯式語言**所寫成的程式，必須先叫用這種語言的編譯程式，把它翻譯成機器語言，並將編譯好的機器語言程式，存在一個檔案上，才能開始執行。

相對地，以解譯式語言所寫成的程式，就不須經過編譯這道程序，就能直接執行。事實上，你是叫用另一種稱為**解譯程式**（interpreter）的程式來執行你所寫的程式的。這個解譯程式是在執行你的程式時當場翻譯或解譯的，亦即，邊解譯邊執行。

一般而言，編譯式的程式，其執行速度快些。因為，它已事先編譯好了，不須當場去解譯。此外，它亦可事先最佳化過（optimized）。

常用的編譯式程式語言包括 C，C++，FORTRAN，COBOL，PASCAL 等。解譯式語言包括BASIC，Perl，Python 等。在應用軟體界常用的 JAVA 與 C#，它們可算是介於兩者之間，但或許比較接近編譯式。譬如，以 JAVA 語言寫的程式，必須先叫用一個叫 javac 的編譯程式先編譯成一種中間碼（intermediate code），叫位元組碼（byte code）。然後再叫用 java 程式，去執行這中間碼或位元組碼。

▶ 第四代語言

　　諸如 C，C++，FORTRAN，COBOL，PASCAL 等程式語言，稱為第三代語言。1980 年代開始又有了所謂第四代（4GL）程式語言的出現。比起第三代言，第四代語言又往上進一階，更接近人類日常所使用的英文。其程式結構使用類似英文的語彙（lexicon），比起第三代語言，程式簡短多了。

　　第四代語言確實有某種程度的成功。一些常見的第四代語言包括 Power Builder，Foxpro，Ingres 4GL，Progress 4GL，Informix 4GL 等。

▶ 自然語言

　　經過許多年的研究，自然語言的計算機界面最近有了一些進展。有些機器人，特殊設備，與手機，開始可以接受自然語言的指令，可以直接接受人類口語的指令下達，幫人們做事。這些自然語言的應用程式，會慢慢日益普遍，發展令人振奮！

▶ 劇本語言

　　談到程式語言不提**劇本語言**（scripting language）不算完整。

　　劇本語言存在已好幾拾年了，幾乎是自從有作業系統就有了。

　　劇本語言將一系列使用者原本下給作業系統的一系列命令，存放在一個檔案裡，然後直接執行這個劇本程式，以執行這一系列命令。這對經常反複執行同一系列命令的使用者而言，是一極為方便的措施。

　　不必經常反覆地每次都必須從鍵盤打入這一長串的命令，只要執行這一個劇本程式就可以了。同樣的作業，經常反複執行，寫成劇本程式最方便。記得劇本程式的每一個指令，就是平常用者下給作業系統的指令。

▶ 摘要

　　顯然，電腦的程式設計能以多種位階不同的語言進行。位階愈高，離人類自然語言愈接近，對人們就越容易。但在系統層次，不論設計作業系統，資料庫管理系統，網路系統，分散式（distributed）系統，或其他的一些應用程式，若欲得到高效率、高性能，精準，可靠與高功力，嚴謹與精簡，C 程式語言還是一枝獨秀。

1-5　作業系統

　　討論計算機軟體，很難不提或許是最重要一份軟體的作業系統。作業系統是一件很精密且複難，控制一部計算機所有日常作業的系統軟體。沒有作業系統，計算機是沒有生命的。

　　每一部計算機所執行的第一件且是最重要的一件軟體，就是作業系統。作業系統管理計算機的所有硬體設備，支援所有程式的執行。

　　譬如，其會讀取使用者自鍵盤所打入的命令，找到使用者欲執行的程式，啟動那程式，也可能將每個程式的執行過程和計算結果，透過顯示器，顯現給用者查看。在啟動程式之前，作業系統亦會自動自硬碟機把程式讀入記憶器內，計算過程中，作業系統亦會幫忙程式自硬碟讀取資料或將計算結果存入硬碟等等。你可看出，作業系統是隨時在聽使用者的指揮和幫忙輔助其他程式的執行、簡易了使用者對電腦的使用。

　　每一部計算機，通常都最少裝有一部硬碟，作業系統軟體平常就存在硬碟上。每部電腦亦都配裝著 ROM，存著每部電腦在一開機時所必須執行的輸入/輸出設備啟動程式（BIOS）。每次電腦一開機，它會先執行 ROM 內的 BIOS。完後，它會從硬碟中找到作業系統軟體，將之取入記憶器，並開始執行作業系統，使電腦完全開張營業。讓使用者能開始執行各式各樣的應用軟體，如資料庫軟體，文書處理程式或網際網路瀏覽器程式等。

1-5-1　分時與多工作業

　　這一節，我們介紹作業系統在硬體的支援下，所提供的兩個很重要的特色。

　　現代的計算機，全都是**分時**（time-sharing）與**多工**（multitasking）的。這個意思是，一部計算機都是能同時執行好幾個程式，並同時服伺好幾個使用者的。你可能記得我們提過，每一部單一處理器的計算機，每一瞬間只能執行一個指令，那它又如何能同時服伺多個使用者呢？

　　沒錯，兩個都正確。關鍵是，計算機是**共時地**（concurrently）在執行多個程式。這成為可能，主要是因為電腦的速度實在太快了，與人的速度相差太大了。

　　典型的現代計算機，其時鐘頻率現在都超過 2GHz。這代表計算機執行一個指令，通常只需一奈秒（nanosecond, ns）亦即 0.000000001 秒，或更短的時間。也就是說，一部計算機每一秒鐘可以執行一億個以上的指令。

　　由於相對於人的反應速度而言，電腦的速度是超快的。因此，假若某部電腦有十個使用者同時在使用，每一用者執行一個程式。那計算機就把這十個不同程式擺在記憶器內，來回依序輪流地執行每一個程式一小片段時間。如此反覆，這十個使用者就會覺得，這部電腦是全時地在服伺他/她的。

　　這是一種人類與計算機速度差異所造成的一種錯覺和感受，所以，一部電腦可以很多人一起使用，就是這樣來的。

　　由於在宏觀，在人的感受上，計算機是 "同時" 在執行多個程式服伺多個使用者，因此，我們說現代的電腦都是**多工的** — 同時執行多個程式，做多件工作。而這是因為電腦速度超快的，能在很短的時間內，把它的時間切割，分給每位使用者一些時間，因此，我們說現代的電腦是**分時的**。

　　換言之，雖然一部單處理器的電腦，每一瞬間只能執行一個程式中的其中一個指令，但這是在微觀，每奈秒的層次上看。在宏觀上，從人類的反應速度看，電腦是幾乎同時在執行好幾個程式的。因此為了精準，我們說，電腦是**共時地**（concurrently）在執行多個程式，而不是同時地（simultaneously）。只有多處理器的電腦，才能真正在同一瞬間，真正同時執行多個程式。

　　另外一個值得一提的觀念是，現代計算機的作業系統，在記憶器管理上，都具有**虛擬記憶**（virtual memory）與**需求取頁**（demand paging）的特色與功能。這些特色讓一個程式，不必全部（只須部分）存在記憶器內就能執行。這也讓電腦可以執行比全部記憶體容量還大的程式。這點讓計算機能共時地執行多個程式，每一個都只部分存在記憶器內。

1-5-2　作業系統的基本組件

曾如我們所說的，作業系統是一件極端複雜的軟體，它管理著整部計算機。在功能上，作業系統包含了下列單元：

- 虛擬記憶
- 檔案系統
- 網路系統
- 輸入/輸出系統與設備驅動程式
- 程序排班（scheduling）
- 安全系統
- 其他

作業系統最重要的部分叫**核心**（kernel）。作業系統核心的主要單元之一，就是負責管理計算機之記憶器的虛擬記憶單元。虛擬記憶單元讓計算機的記憶器能為所有程式所共用，它也讓程式只要有一部分存在記憶器就能執行。萬一目前存在記憶器內的部分都執行過了，緊接必須執行下一個目前不在記憶器內的部分時，**記憶頁不在**（page fault）事件或錯誤就會發生。此時，作業系統的虛擬記憶單元，就會自動再去硬碟上找到程式的下一個片段，並將之取入記憶器內。

計算機記憶器硬體的管理，通常有兩種方式。一種是**分段式**（segmentation），將全部記憶器分成好幾個記憶區段（segments）。另一種方式則將整個記憶器分成好幾個**記憶頁**（pages）。有些則先分段，然後每一段再分頁的也有。

當計算機發現下一個該執行的程式片段並不在記憶器內時，記憶頁不在事件就會發生。此時，虛擬記憶單元就會自動去硬碟中，找到下一個程式該執行的區段記憶頁。這個功能就叫**需求取頁**（demand paging）。意即，需要用到那一個記憶頁時，再當場去硬碟中找出且載入記憶器。

記得虛擬記憶還有另一個很重要的特色是虛擬位址。一個程式，在編譯完成後存在硬碟上時，程式內所有的位址都是虛擬的（亦即，並非真正最後的位址），同時也是**可重新搬動的**（relocatable）。這便是程式可以存入記憶器內的任何位置，不受限制，然後還能正確執行的原故。所有的虛擬位址，都會在最後程式片段真正存入記憶器時，才知道其真正的**實際位址**（physical address）。虛擬記憶單元的工作之一，就是將虛擬位址轉換成實際位址。

作為一個軟體工程師，或電腦的使用者，你所看到的所有位址，全部都是虛擬的。真正的實際位址，只有處理器的記憶器管理單元知道，那是要在程式執行時，看程式片段真正存在記憶器的哪一個實際位置，才會知道的。

作業系統中的檔案系統（file system）單元，就在管理系統所接的所有硬碟機上的所有檔案。它負責幫使用者建立檔案，打開檔案將資料寫入檔案內，更新檔案的內容，或讀取檔案的內含。這本書第四與第五章，就介紹檔案存取及處理的軟體程式界面（APIs）。

檔案系統單元通常有三個層次。最高層是**虛擬檔案系統**（virtual file system），負責執行所有不同檔案系統間共通或共有的功能。這個層次是因應一般作業系統通常都支援（support）多種不同檔案系統而產生的。中間層就是每一種個別檔案系統的實際功能與特色。最底層則是設備驅動程式（device driver），負責硬碟硬體的管理，如何實際讀寫硬碟資料等，跟實際硬碟機有關。

常見的實際檔案系統，在 UNIX 有來自 AT&T System V 的 S5 檔案系統，以及來自 BSD UNIX 的 UFS 檔案系統。在LINUX 作業系統上則有 ext3 與 ext4 等。在微軟視窗上則是 FAT 與 NTFS。像這些都是管理硬碟機直接連接在這部電腦上的**當地**（local）**檔案系統**。至於存取透過電腦網路連接上遠方計算機上的硬碟機上的檔案，Oracle/Sun 所設計的**網路檔案系統**（Network File System，簡稱 **NFS**），則最為常用。

作業系統的網路單元負責電腦網路的管理，它讓你的電腦，能透過電腦網路，和其他的電腦連接，彼此互通資料，相互溝通。網路單元本身也有許多不同層級。本書第十二章就專門介紹這個以及如何設計網路程式。

1-5-2-1　設備驅動程式

　　作業系統核心的大部分組成單元，像程序排班，共時控制，程線（thread）管理，虛擬檔案系統，安全，電腦網路協定（protocol）等，都是一般性且與硬體不相關的。但有些其他的組成單元，則是和硬體有關的。

　　作業系統核心內跟電腦硬體有關，用以和硬體配件直接界面，控制各種硬體設備的程式單元，一般稱做**設備驅動程式**（device driver）。由於驅動與控制硬體設備，不是任何一般的程式都可以做，必須具備特殊的權力。因此，設備驅動程式都存在作業系統核心內，只有核心才有這種權力（privilege）。核心內的軟體，通常擁有超級用戶（super user）的權力。

　　設備驅動程式位於作業系統核心的最底層，離硬體設備最近，可以直接控制與指揮各式各樣的硬體組件。不同的硬體設備有不同的驅動程式，如鍵盤有鍵盤的驅動程式，滑鼠有滑鼠的驅動程式，硬碟有硬碟的驅動程式，網路卡有網路卡的驅動程式，DVD 有 DVD 的驅動程式等等。不同的驅動程式知道它所控制之不同硬體配件的特性。

　　早期的作業系統，在建立時都會把所有各種不同硬體設備的驅動程式都一併建立在作業系統內。這種方式在每次有增加新的或不同的硬體組件時，作業系統核心就必須重建（rebuild）一次，把這個新設備驅動程式建立入作業系統核心內。然後，整部電腦就必須重開機（reboot），以使用這重建過的作業系統核心。近代的作業系統許多都能支援動態載入（dynamically loadable）的驅動程式。當作業系統偵測或發現某一硬體設備的驅動程式不在作業系統核心內時，會自動地在系統上某一特定的檔案夾（directory）找到這硬體設備的驅動程式，當場載入（load）作業系統核心內，繼續作業。整部電腦不須重新啟動。因此，方便多了！

　　這裡我們無法一一介紹作業系統的每一單元，有興趣的讀者請進一步參考作業系統方面的書籍。

　　本書後面的章節，將一一介紹一般作業統在各組成單元所提供的程式設計界面（APIs），包括檔案系統，程序管理，程序間之通信，電路網路，電腦安全等各方面。

1-5-3 作業系統的兩個空間或模式

不論你是初學或已有使用或設計作業系統軟體的經驗，這節我們介紹一個作業系統的基本概念，對您日後的程式設計，將會有所助益。

一個作業系統軟體，通常都很大。安裝以後，你會發現它包含了很多東西。最主要的是有一個作業系統核心，裡面是前一節我們所提到之各單元的程式碼。此外，每一作業系統，也都含有一大堆核心層以外，在使用者空間（user space）的東西，像是很多程式庫存（library）和系統各種不同的常用命令和應用程式。

譬如，像列出目前檔案夾有什麼檔案的 ls 命令，以及列出目前系統上有那些程式在執行的 ps 命令等等。換言之，作業系統軟體，包含了作業系統核心層，以及使用者空間的許多命令、庫存與程式等。當一個使用者或程式設計者使用到作業系統時，他可能同時用到這兩個空間的東西。

另外，當一個應用程式在執行時，一開始，它很可能只做一些平常的運算，沒有叫用到作業系統核心的任何東西，此時，我們就說，這個程式是在使用者空間或**用者模式**（user mode）之下執行。可是，當一個程式叫用到作業系統核心所提供的服務時（譬如，建立一個檔案，讀取一個檔案的資料，傳送一個網路包裹，自鍵盤讀取用者輸入的資料等），程式的執行就必須執行到位於作業系統核心內的程式碼時，一個應用程式就會由用者模式，轉變成執行核心程式碼的**核心模式**（kernel mode）。在核心模式時，程式就有了不同的權力，能做很多一般程式所不能做的事。譬如，與不同的硬體設備溝通等等。在核心模式的作業（如系統叫用）完成時，程式執行又會回到用者模式。就這樣，一個程式的執行，典型上都會進出核心模式許多次。

作業系統用者空間的東西，通常包括各種語言的庫存函數，編譯程式，和所有的作業系統命令（每一命令就是一個不同的獨立程式）等。

1-5-4　作業系統的程式界面

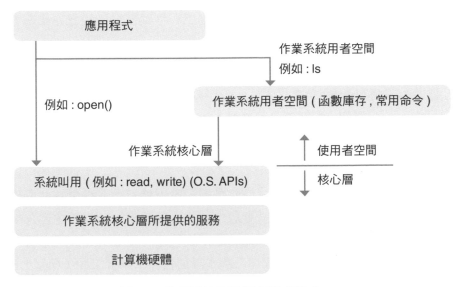

圖 1-6　作業系統的兩個空間或模式

　　對程式設計者而言，最有興趣的莫過於作業系統的應用程式界面（application programming interfaces，APIs）了。作業系統提供使用者與程式設計者很多的功能與服務，這些服務就是經由作業系統程式設計界面達成的。雖然作業系統之用者空間內有許多現成的工具與公用程式（utilities），但最重要的還是能讓軟體工程師用來寫成各種不同應用程式的程式界面了，這正是本書主要欲討論與介紹的。

　　就像作業系統的軟體，在用者空間與核心層兩地都有一樣，作業系統所提供的程式界面，也散佈在核心層與用者空間兩地。作業系統在核心層所提供的程式界面，就稱**系統叫用**（system calls）或系統叫用函數。當應用程式呼叫這些系統叫用時，程式執行立即由用者空間模式轉入核心模式，執行完全位於作業系統核心內的程式碼。舉例而言，打開一個檔案的函數 open()，就是其中一個系統叫用。讀取資料的 read() 函數也是。

　　作業系統在用者空間的程式設計界面，都以**庫存函數**（library function）的形式存在，許多都在函數庫存裡。在系統上，C 語言的函數庫存一般就是 libc.a 與 libc.so 這兩個檔案。此外，電腦網路有關的程式界面，一般都存在名稱為 Iibsocket.a/libsocket.so 或 libnsl.a 檔案內。值得一提的是，有些用者空間的庫存函數，是完全百分之百在用者空間執行的。但也有許多是會進一步叫用其他的系統叫用的，在那種情況下，程式執行最後就亦會進入核心模式。圖 1-6 所示就是我們以上說的。

除了作業系統軟體之外，其他所有的程式，幾乎都必須仰賴作業系統所提供的服務與支援，因此，這些全部都算是作業系統的**應用程式**（application program）。譬如，資料庫管理系統（Oracle，DB2，SQL Server，SYBASE，MYSQL 等），電腦網路系統，網際網路瀏覽器，與文書編輯程式等，都算是（作業系統的）應用程式。

值得注意的是，應用程式有許多層。應用程式之上還會其他更高層的應用程式。譬如，許多會計系統軟體或訂貨管理軟體等，都是建立在某資料庫管理系統上的。這些就是資料庫管理系統的應用程式，在資料庫管理系統的上面跑（執行）。而資料庫管理系統本身則在作業系統上跑（執行）。所以，它又是作業系統的應用程式。從此，你就可看出，光電腦軟體本身，就有許多層次，一層又一層的，互相依賴，堆疊上去。作業系統本身是直接在電腦硬體上跑。是以，它是電腦硬體的應用程式。

記得，在用者模式執行的軟體，並無特權可以存取電腦硬體設備。只有在作業系統核心內的程式碼，才有特權可以直接存取電腦硬體。

應用程式通常透過系統叫用，取得系統核心所提供的各種服務。這包括讀取使用者自鍵盤所打入的輸入資料，打開檔案，讀取檔案資料，將資料寫入檔案，取得與其他程序之間的同步（synchronization），與網路上的其他電腦彼此通信等。

系統叫用位於作業系統核心的最頂層與應用程式的最低層，由於其作業都直接在作業系統核心內進行與完成。因此，速度最快，效率也最高，是設計最高性能軟體所必須採用與必經之途。我們將在本書爾後的篇幅，一一介紹它們。

1-5-5　程式的兩個模式

誠如我們稍微提及的，每一個程序（process）也有兩個模式的情形。當一個程式開始執行時，其所執行的通常就是一般的程式碼（譬如，做兩數的相加）。因此，它是在用者模式下執行。然後，偶而，一個程式多少會用到一些作業系統所提供的服務，例如做一些輸入/輸出的作業或網路通信等。這時，你的程式就會執行一些系統叫用函數，這些系統叫用就在核心模式下進行，因為，每一系統叫用所實際執行的，就是作業系統核心內的程式碼。當系統叫用完成時，程式控制就會回返（return）離開核心模式，回到用者模式。一般而言，在一個程式的執行過程中，程式控制會進出核心模式幾次。

記得，一個程序可以像以上所說的，正常的進入核心模式，執行程式所叫用的系統叫用。此外，它也可能因其他不良的原因，進入核心模式。譬如，程式出錯時。假若一個程式有錯蟲（bug），例如錯誤地存取錯誤的記憶位置。那這個程序就會自動由用者模式，掉進核心模式。因為，作業系統會立即終止這個程序的執行。

當然，為了安全與穩定性，作業系統核心的程式碼都會非常小心，謹慎地檢查系統叫用的每一輸入參數，以防有心人，故意傳送不良或錯誤的參數值，企圖讓作業系統在核心層內出錯，讓整部電腦當掉（crash）。

1-5-6　作業系統的標準界面─POSIX 標準

這本書主要在探討以 C 程式語言，直接利用作業系統的界面設計與撰寫系統與應用程式。

早期，在 1980 年代以前，計算機的作業系統幾乎都是私有的（proprietary），亦即每一家電腦公司的電腦，其所使用的作業系統都與人不同，如程式界面也都是。在 1980 年代電腦工作站（workstation）非常流行。許多公司出廠的電腦工作站幾乎都使用 UNIX，有些用的是 AT&T System V UNIX，有些則使用 BSD UNIX，兩者極端類似，但又有些不同。此外，每一廠商為了與眾不同，通常會擴充增加一些自己獨有的特色。這就造成光 UNIX 就有許多不同的版本。

IBM 的 UNIX 與 Sun 不同，DEC 的 UNIX 與 Data General 的 UNIX 不同，HP 的 UNIX 和 Silicon Graphics 的 UNIX 也不同。因為這樣，應用軟體程式的開發，吃盡苦頭，開發一種應用軟體時，必須分別開發出很多不同的版本，因為，每一家電腦公司的 UNIX 都不一樣。

基於此，計算機工業界在 1980 年代因而有了共識，深感作業系統的應用程式界面必須標準化。這就催生了**POSIX**（Portable Operating System Interfaces）**標準**。一直到現在，POSIX 標準是全世界電腦界唯一的作業系統程式界面標準。只要你的程式是根據 POSIX 標準的界面所寫成，它在所有符合 POSIX 標準的所有作業系統上，不需修改，只要重新編譯了，就都能順利執行。

這本書的主要目的，就是要介紹 POSIX 標準的作業系統程式界面，以便讓您所寫的程式，都能在所有符合 POSIX 標準的不同作業系統上執行。

1-5-6-1 POSIX 標準（與名稱）

誠如上一節所說的，POSIX 標準，是根據UNIX 所訂定的，旨在綜合各種不同的UNIX版本。工業界兩個主要的 UNIX 版本，就是最原始，由 AT&T 貝爾實驗室（Bell Lab）在 1960 年代所開發的 AT&T System V UNIX，以及由美國加州柏克萊大學根據 AT&T UNIX 所改寫成的 BSD UNIX。

第一個 POSIX 標準在 1988 年誕生，叫 POSIX.1 標準。POSIX.1 定義了一個作業系統應提供的核心服務，包括程式建立與控制，信號（signals），檔案與檔案夾作業，標準的 C 庫存函數，導管（pipes），輸入/輸出口界面與控制，與程式觸發等。

後來，下面這些標準又陸續被訂定：

1. POSIX.2 標準。這定義了**命令母殼**（shell），或命令解釋器與作業系統的公共常用程式或命令（utilities），於 1992 年誕生。

2. POSIX.1b 標準，於 1993 年制定。這個標準界定了即時（real-time）作業的擴充，包括優先順序排班（priority scheduling），即時的信號，時鐘，計時器，旗誌（semaphores），共有記憶器，信息傳送，同步的與非同步的 I/O，與記憶器鎖住界面等。

3.　POSIX.lc 標準，於 1995 制定，定義程線（thread）的擴充。

　　由此你可發現，整個 POSIX 標準是包括一群至少四個標準。這些標準一起定義了為了支撐（援）應用程式可移植性（portability）所需的作業系統界面與環境。其中包括系統叫用，庫存函數，與母殼所能接受與執行的命令等。這些都是作業系統與應用程式的開發者所必須用到的。

　　總之，POSIX 標準包括了下面幾個標準：

1.　POSIX.1（1988）：核心服務項目（ANSI C，程式建立，檔案 I/O，信號，錯誤等。）

2.　POSIX.2（1992）：命令母殼與公共常用程式。

3.　POSIX.1b（1993）：即時作業擴充（System V IPC，同步與非同步 I/O，即時排班與信號）。

4.　POSIX.1c（1995）：程線擴充（此即所謂的 POSIX 程線或 pthreads）。

　　於 2001 年，這些所有標準變成 POSIX.1-2001，亦稱作IEEE標準 1003.1-2001。之後，又有了一些更新版本出版，包括 POSIX.1-2004，POSIX.1-2008，POSIX.1 2013，POSIX.1-2016 與 POSIX.1-2017。這本書所討論的 APIs，就是最新的 POSIX.1-2017 版本。

　　IEEE 所對應的版本如下：

　　IEEE 標準 1003.1-2001（對應 POSIX.1-2001）

　　IEEE 標準 1003.1-2004（對應 POSIX.1-2004）

　　IEEE 標準 1003.1-2008（對應 POSIX.1-2008）

　　此標準包括：

- 基礎定義，XBD 一冊，第七卷

- 系統界面，XSH 一冊，（POSIX.1，POSIX.1b，POSIX.1c），第七卷

- 母殼與公共常用命令，XCU 一冊，（POSIX.2），第七卷

- 理由（XRAT）一冊

IEEE 標準 1003.1-2017（對應 POSIX.1-2017）

- IEEE 標準 1003.1-2008 的增修

後來，有一個叫"開放群組"（the Open Group）的機構誕生。

這機構也在 1995 與 1997 年，分別出版了單一 UNIX 規格（Single UNIX Specification，SUS）的第一版與第二版。這些主要是用來追蹤 POSIX 標準的，只是它多包括了一些像網路服務與 X/Open Curses 這些東西。

在這本書撰寫和出版時，最新的 POSIX 版本就是 IEEE 標準 1003.1-2017。那就是這本書所根據的版本。那相當於你從 IEEE 或開放群組都可以獲取的 POSIX 基礎規格，第七卷。

1988 年，一個叫做奧斯汀群組（the Austin Group）或奧斯汀標準增修群組的聯合技術工作小組成立了，以專門負責開發與維修一個 POSIX.1 與單一 UNIX 規格的共同版本。這個群組在 2001 年出版了單一 UNIX 規格的第 3 版，主要是追蹤 POSIX.1-2001，它後來又在 2008 年，出版單一 UNIX 規格第 4 版，追蹤 POSIX.1-2008。所以單一 UNIX 規格有下列版本：

單一 UNIX 規格第一版（1995）- POSIX.1 以及其他

單一 UNIX 規格第二版（1997）- POSIX.1 以及其他

單一 UNIX 規格第三版（2001）- POSIX.1-2001 以及其他

單一 UNIX 規格第四版（2008）- POSIX.1-2008 以及其他

國際標準局（ISO）批准了 1996 年版的 IEEE 標準 1003.1 標準，並稱之為 ISO/IEC 9945-1:1996。後來，於 2009 年九月，又公佈了另一個更新的版本，ISO/IEC 9945-1:2008。因此，國際標準局的對應標準有下面三個：

國際標準 ISO/IEC 9945-1:1996（對應 IEEE 1003.1-1996）

國際標準 ISO/IEC 9945-1:2003（對應 IEEE 1003.1-2003）

國際標準 ISO/IEC 9945-1:2008（對應 IEEE 1003.1-2008，於 2009 年九月出版）

您可看出，原先的 POSIX 標準，後來被許多不同的機構所採用。因此，它有以上所列的至少四種不同名稱。

有許多作業系統都通過了"順從 POSIX"（POSIX-compliant）的認證。這些包括IBM AIX，Oracle/Sun Solaris，HP HP-UX，HP/DEC Tru64 UNIX，Unixware，Silicon Graphics IRIX，Apple macOS（自10.5 以後），INTEGRITY，以及其他。這本書的程式幾乎全都在 RedHat Linux，IBM AIX，Oracle/Sun Solaris，HP HP-UX，Apple Darwin 上測試過。另外，網路程式也在微軟視窗上測試過。

其他有許多作業系統，並沒有正式通過"順從 POSIX"的認證，但卻是絕大部分相容的（compatible）。這包括 Linux，FreeBSD，NetBSD，OpenBSD，Apple Darwin（這是macOS 與iOS 的主要核心），Google Android，VxWorks，MINIX，Xenix，以及其他。

一般而言，順從 POSIX 意指這些作業系統支援 POSIX 標準所訂定的 API。對軟體設計者而言，若所設計的軟體採用了 POSIX 標準所定義的 API，那您的軟體，在所有順從 POSIX 的作業系統上，應該是重新編譯一下，就可執行的。這本書的所有範例程式，除了第 15 章計算機網路安全之外，其他所有程式都是完全符合 POSIX 標準的。第 15 章例外是因為 POSIX 標準並未包括電腦網路安全。

這本書所介紹的是 POSIX 標準所定義，在作業系統程式界面層次的 C 語言應用程式界面。它們分別來自 POSIX.1，POSIX.1b，與 POSIX.1c 三個標準。為了簡單起見，我們在這本書就稱之為 POSIX.1 或 POSIX 標準。

1-6　程式，程序與程線

這一節介紹軟體工程師日常在討論程式執行時，所經常用到的幾個專有名詞。

首先，一個**程式**就是能達成某一件特定工作的一系列指令或敘述/述句（statements）。程式是以可執行檔案的形式存在磁碟上。其檔案內含包括程式的所有指令以及其他一些有關的資訊。一個程式通常就是一份檔案存在硬碟上。一個最常用的程式例子就是 /bin/ls 公共常用程式，其列出目前檔案夾所含的所有檔案與副檔案夾。

一個**程序**（process）就是一個在執行中的程式。程式是靜態的，但程序則是動態的。值得一提的是，在一個系統上，多個使用者很有可能都在執行同一個程式，或同一用者也有可能同時執行同一個程式多次（譬如同時啟動兩個網際網路瀏覽器，查訪不同的網站）。因此，同一個程式在同一部電腦上，可能同時有多個不同的拷貝在執行。所以，就有多個不同的程序存在。例如，有好幾個不同的用者，都同時在跑 ls 命令。

一個**程線**（thread）指的是一個程式內的一個控制流程。通常一個程式就只有一個流程，根據程式中敘述或指令的順序，依序執行。

不過現代的程式，尤其是伺服器（server）程式，為了能同時處理好幾個作業，很多都是**多程線的**（multi-threaded）。由於每一程線可以分別做一件不同的事，因此多程線程式能同時或共時地做多件事。一個程線有時也叫**輕載程序**（light-weight process），因為多個程線同時存在一個程序內，共用了程序的程式碼與資料，因此，就"重量"而言，一個程線是比一個程序"輕"了一些，沒有像一個單程線程序那麼"重"。記得，在一多程線的程序內，雖然程式碼和資料由所有程線共用，但每一程線都各自有各自的堆疊。

在同一程式內，建立或產生多個程線，必須透過特別的函數或程式界面來達成。早期有些作業系統（如 Oracle/Sun Solaris）都有自己私有的程線庫存函數，後來由於 POSIX 標準有制定程線標準，叫 **POSIX 程線**（POSIX thread，簡稱 pthreads 或 pthread）。所以，最常見的就是使用 POSIX 程線了。本書第八章，即介紹如何利用 POSIX 程線寫程式。

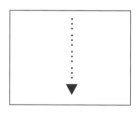

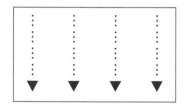

(a) 單程線程式　　　　　　　　(b) 多程線的程式

圖 1-7　單程線與多程線的程式

1-7　電腦的階層

就像人體一樣，計算機是一個極度複雜的系統。就光計算機硬體或軟體而言，本身就極度複雜了。軟體和硬體合起來一起動作，那就更不用說了。

1-7-1　計算機硬體的階層

在硬體方面，計算機由一個或數個處理器，記憶器，多個輸入/輸出控制器，輸入/輸出設備等組成。處理器本身又由算術邏輯單元，控制單元，記憶器管理單元，暫存器，與快捷記憶器等組成。這每一組件又進一步由多個諸如 AND，OR，NOT，NAND 或 NOR 等邏輯閘組成。然後每一個邏輯閘又由多個電晶體組成。每一電晶體最終又由三層半導體材料，PNP 或 NPN，組成。

一個現代的中央處理器，通常由幾億個電晶體組成。

在最底層，現在的計算機是由矽半導體材料組成。矽半導體材料有 P 型與 N 型兩種，將三層的矽半導體材料，以 PNP 或 NPN 的形式放在一起，就是一個電晶體。電晶體是一活性的元件，其功能像開關，只要賦予適當電壓的電子信號，電晶體就能導電。

反之，只要不賦予信號，電晶體就不導電。有信號與無信號，就是 1 與 0。這就是為何今日的計算機，都是二進位的原故。電晶體就是構成現代計算機最基本的活性元件。

將兩個電晶體，以彼此互相回饋的方式，背對背地接在一起，就構成了能記憶一個位元，像蹺蹺板一樣的**搖擺器**（flip-flop）。一個由兩個電晶體組成的搖擺器，就是一個一位元的記憶器。半導體記憶器就是這樣做成的，把八個，十六個，三十二個或六十四個搖擺器放在一起，就是八位元，十六位元，三十二位元或六十四位元的記憶器，可以儲存一個那麼多位元的資料。

此外，利用電晶體，你也可以做出能做 AND，OR，與 NOT 等邏輯運算的數位電子電路。這些就是 AND，OR，NOT 邏輯閘（logic gates）。將 AND，OR，與 NOT 邏輯閘做不同的組合，就能做出能做加、減、乘或除的算術運算或比較運算的電路。這也就是說，就以矽材料與電晶體，就能做出計算機處理器的算術邏輯運算單元。

此外，使用電晶體以及基本的 AND，OR，與 NOT 邏輯閘，也能做出解碼指令與控制處理器各項作業的控制數位電子電路，亦即中央處理器之控制單元。

總之，用電晶體就能做出計算機的中央處理器，記憶器與輸入/輸出處理器。想想人類如何以矽半導體做出電晶體，然後以電晶體做出這麼複雜的電腦，真是無比神奇！圖 1-8 所示，即為電腦硬體結構的層次圖。

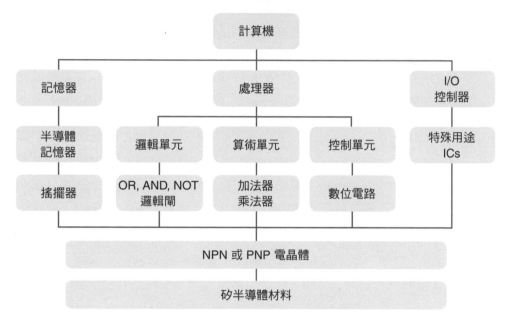

圖 1-8　電腦是如何以矽半導體材料組成

1-7-2　計算機軟體的階層

在計算機軟體上，每一部電腦至少需要一個作業系統，以控制整部計算機的基本作業。作業系統是一部計算機所需的最基本軟體。其包括了控制諸如鍵盤，滑鼠，顯示螢幕，磁碟機，網路卡等硬體組件之作業的程式碼與邏輯。作業系統本身是非常基本且通用的。它讓用者能開機，然後做一些很基本的事。但若要做一些比較複雜的事，就需要應用軟體。

應用軟體在作業系統之上執行，取用作業系統所提供的各種服務。最常見的應用軟體包括像 Oracle，IBM DB2，微軟的 SQL Server，SYBASE，

MYSQL 等資料庫管理系統，或上網用的網際網路瀏覽器（web browser），或文書處理程式等，種類無數。對電腦的作業系統而言，資料庫管理系統就是一種應用程式。可是，一般終端用者所使用的應用程式，如人事，訂貨，會計系統等等，則又是另一種建立在上述所提之資料庫管理系統之上的另一類應用程式。換言之，應用程式之上還有其他更高層的應用程式，這樣有時會有好幾層存在。

圖 1-9、1-10 與 1-11 所示，即一部電腦內的各種不同層次。

有這種各種不同層次的觀念在，對於你完全了解一部計算機的作業，會有很大的幫助。也會對你在檢修與探討某項問題或除錯蟲時，會有所幫助。比較容易能很快的找出出錯的單元或組件。因為，電腦實在很複雜。

通常，您在做軟體時，所開發或使用的，只是屬於某一個階層。在你所面對的層次，往上或往下，可能都有其他的階層在。這些不同階層的軟體，是彼此互相連結，相互支援的。因此，不同階層間的界面與連繫非常重要。在你開發某一階層的軟體時，通常你會用到你的下一層所提供的界面及服務。同時，你也需為將來在你上一層之應用程式的開發提供一些界面，讓它們能享用你所開發之軟體所提供的服務。

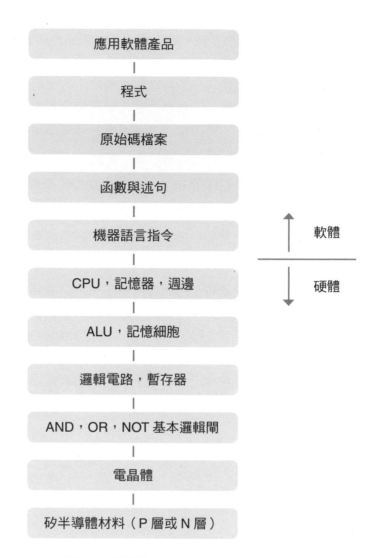

圖 1-9　計算機的不同階層

　　就一個最簡單應用的情況而言，以上所提到的階層，全部都在同一個系統上。但在許多情況下，應用程式是網路式或分散式的，涉及兩部或多部電腦。在這種情況下，網路軟體及硬體就又涉及其中，讓兩個分別在不同電腦上執行的應用程式，能互相通信。你從你的電腦，透過網際網路瀏覽器，去某一個在遠方的網站上，買東西，下載東西，或只瀏覽，就是個最好的例子。

　　圖 1-9 所顯示的，就是其中一個電腦內有各種不同階層的例子。

　　如圖所示，一部電腦通常都會同時執行好幾個不同的應用軟體，每一軟體通常會有多個程式，每一程式由多個原始碼單元（source code modules）所組成。每一原始碼檔案包含多個函數與一些述句（statements）。

　　這些述句最終都必須翻譯成組合語言或機器語言指令。指令先存在記憶器內，然後由處理器一一提取，存入處理器內，並加以執行。實際的執行是在 ALU 單元，但由控制單元控制著。ALU，記憶器，控制單元與其他很多硬體組件，都由 AND，OR，與 NOT 等基本邏輯閘組成。這些邏輯閘由電晶體組成，電晶體又由三層矽半導體材料做成。

軟體	其他更高層應用軟體	
	資料庫應用，網路應用，網際網路伺服器，其他	
	資料庫系統，網路系統等	
	作業系統 核心層	設備驅動程式
硬體	處理器，記憶器，I/O 控制器	
	ALU，控制單元，記憶器模組	
	邏輯閘，記憶細胞（搖擺器）	
	電晶體	
	矽半導體材料	

圖 1-10　計算機不同階層另一觀

　　圖 1-10 所示則是另一觀。在最頂端，計算機執行各種不同應用程式，以解決使用者欲解決的各種不同問題。這些終端使用者應用程式，依賴著下一層的資料庫系統，網路系統，與網際網路伺服器等的支援。然後，這些系統軟體又依靠著再下一層之作業系統所提供的服務。所有軟體直接或間接地依賴著作業系統在執行。

　　作業系統直接控制著處理器，記憶器，輸入/輸出控制器，硬碟機等硬體組件。這些硬體組件大部分由數位邏輯閘與記憶細胞（搖擺器）組成。而這些又進一步由電晶體組成。電晶體則由三層的矽半導體材料所構成。

圖 1-11 計算機內不同的階層

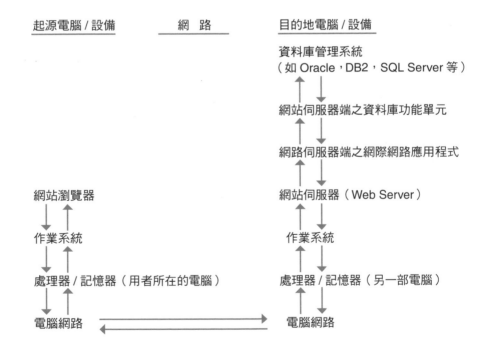

圖 1-12 網際網路瀏覽所經過的電腦不同階層

　　圖 1-11 所示為與圖 1-10 稍微不同的電腦層級觀。圖中強調，所有軟體，不論是透過叫用用者空間之庫存函數或直接引用系統叫用，都使用了作業系統所提供的服務。這本書主要要介紹的，就是這些程式設計界面。

　　圖 1-12 則顯示了當您在您的電腦上，啟動網站瀏覽器（web browser），瀏覽某一個網站時，相關的兩部電腦（亦即，您的電腦與遠方網路伺服器所在的電腦）之間，資訊交流的流程與所經過的階層。當您瀏覽一個網站時，瀏覽器事實上是透過作業系統，送出一個請求網路包裹給在遠方的網站伺服器，請它送來一些資料。這個請求包裹會經由電腦網路，傳輸到該網站之伺服器所在的電腦。此伺服器在收到您的這個請求時，它通常必須去資料庫把您所要的資料取出來。這一般是透過網站伺服器的資料庫處理單元（電腦術語叫 extension，功能擴充單元）去做資料庫存取的作業的。（一般通用網路伺服器的功能並不包括這部分的。）拿到資料（如您所要的網頁資料）後，網站伺服器就建立一個回覆包裹（response packet），將之經由電腦網路，送回至您所用的電腦上，再顯示在您的網站瀏覽器上。

　　網站瀏覽器程式可在您的電腦或手機上執行，只要電腦或手機有連接在電腦網路上就行。它在作業系統上跑（執行），每次您點擊（click）一個網址（link）時，瀏覽器所在的電腦或手機，就會送出一個請求服務的網路包裹給相關的網站伺服器。然後，網站伺服器在收到這個請求後就會加以處理。此時它就會去取出您所要的資料，放在一個回覆包裹內送回。所以，網站瀏覽所遵循的，就是一個 "請求與回覆" 的模式。

　　網站伺服器一般就是一個 HTTP 或 HTTPS 網路協定的伺服器。其通常是用 C 或 JAVA 語言寫成，並容許開發者進一步增加與擴充它的功能。資料庫資料的存取通常就是最普通的擴充單元之一。寫好一個擴充單元後，您就可遵照每一個伺服器的步驟，將之載入伺服器內，就可以開始用了。網路瀏覽就是一個非常典型的客戶伺服應用（client-server application）。

習題

1. 電腦必須有的兩大組件是什麼？

2. 敘述電腦硬體的組成，以及各主要硬體組件的名稱與功能。

3. 計算機處理器內有那些基本單元，每一單元的功能為何？

4. 一個處理器通常會有那些暫存器，其功用何在？

5. 何謂多處理器計算機？何謂多核心處理器？兩者有何不同？

6. 計算機記憶器的角色為何？ROM 與 RAM 有何差別？各作何用？

7. 計算機所正在執行的程式必須位在何處？必須全都在嗎？

8. 什麼是計算機巴士？一部計算機有那三種巴士，其功能與特性為何？

9. 計算機位址巴士的大小與資料巴士的大小有關嗎？為什麼？

10. 何謂 DMA 傳輸？

11. 您如何為軟體，程式，和程序下定義？

12. 什麼是組合語言？

13. 為什麼會有高階程式設計語言？它有那兩大類？

14. 什麼是作業系統？請描述作業系統各主要單元的功能。

15. 敘述一下作業系統的兩個模式或空間。

16. 計算機內，硬體與軟體各有那些階層？

17. 說明單一處理器計算機如何能共時地執行好幾個程式，同時服務多個使用者。它是利用什麼技巧？

18. 描述編譯式與解譯式程式語言的不同。

計畫

參考作業系統的書，然後解釋計算機是如何執行一個僅有部分存在記憶器內的一個程式。它使用了哪些硬體或軟體的技巧？

軟體開發與軟體工程過程

這一章介紹所有軟體工程師每一天都在使用與經歷的軟體開發與軟體工程（software engineering）過程。這些過程存在的主要目的，是在於提升生產力與軟體產品的品質。知道與熟悉這些過程，對於提高每位軟體工程師的生產力與品質，助益良多。

2-1　軟體開發過程

這個主題很重要。因為，從我在美國電腦軟體工業界工作了三十幾年的經驗，幾乎每年，公司都會聘請一些剛從學校畢業的電腦碩士與博士，而這就是他們需要掙扎一陣子的領域。

軟體工程師們每一天的工作，就是開發軟體產品或組件。這一章介紹他們每天經歷的軟體開發與軟體工程過程。

一般而言，軟體開發有下列的步驟：

1. 已知一個問題，需要用軟體解決這個問題。或是在現有產品上增加一個新的特色。

2. 做可行性的探討，與預估大約需要多少時間。

3. 訂出一個高層次的**功能規格**（functional specification），讓大家評論（review）。

4. 訂出一個更詳細的**設計規格**（design specification），讓大家評論。可能做更準確的工作量預估。

5. 開始寫程式（coding）。

6. 從事單元測試。

7. 程式碼評論。

8. 進行是否有退化（regression）的測試。

9. 正式提出並併入你的程式碼（submit or merge code changes）。

10. 整合性測試。

11. 性能測試

12. 壓力測試

　　所有軟體開發計劃都是從有一個問題待解決或現有產品必須增加一個新特色開始的。這個主意可能很大，是開發一個全新的產品，也可能小小的，就在現有產品上增加一個新的特色。觀念可能來自某位大企業家的創業理想和美夢，也可能是和客戶會談時客戶所提出的要求，也有可能是某位經理或工程師對於改進產品功能的一個意見。

　　一旦有個主意在手，最重要的是要先有明確的問題論述（problem statement），清楚地說明有什麼問題要解決，以及需要做些什麼。這第一步最重要。關鍵就在於能真正了解要解決的問題，且能把問題說清楚。

　　緊接第二步就是可行性的探討。這有時需要做點研究才能得知，有時也可能會花很多時間。一般而言，幾乎所有軟體問題，都是可以解決的，只是時間、人力與經驗的問題。有時也必須先試著做出產品簡單的**雛形**（prototype），才能真正知道題解是否可行。在製作雛形的過程中，你會進一步了解，有那些問題必須解決，以及實際會碰上什麼困難等等。根據問題的大小與複雜度的不同，這一步驟可能必須花上幾小時、幾天、幾週、幾個月，或甚至幾年不等的時間。

　　在知道一切可行之後，下一步就是寫出一個高層次的功能規格，闡述待解的問題是什麼，以及擬定的題解是什麼，有包括那些功能單元。功能規格必須維持在高層次，對問題與題解做個很宏觀的概要描述，主要讓公司的高層主管能看懂與了解，進而支持與批准。功能規格必須說明什麼功能包括在內，以及什麼功能不包括在內。功能規格寫好以後，必須經過各方評論（review）與取得批准。

功能規格核准了之後，下一步就是撰寫更詳細的設計規格。設計規格目的是給像總設計師（architect）與其他技術工程師們看的。它應該含有更多且更詳細的技術細節在內。解釋打算如何解決各式各樣的技術問題，畫出題解的主要功能方塊和單元，主要由那些函數達成，包括有那些介面、資料結構、那些階層（layers），以及各階層或單元之間如何溝通等等。說明主要問題在技術上如何解決是功能規格的重點。

功能規格可列出解決問題所必須設計和撰寫的有那些函數, 其名稱,每一函數所必須用到的參數（parameters），所需的資料輸入，以及產生什麼樣的輸出結果或錯誤碼等等。其甚至可列出一些概略的程式碼（pseudo code）。

除了敘述問題在技術上要如何解決之外，設計規格典型還會包括諸如性能、安全、測試、文書（documentation）等方面的計劃，以及甚至是還有那些問題待解。其甚至可以包括必須用到那些資源（包含人力）等。

設計規格經核准後，下一步就是實際撰寫程式碼（coding）了。

程式碼撰寫完成後，就是測試了。作為一個軟體開發的工程師，通常必須做單元測試（unit test）。我一定都有做。每一件軟體產品都需要做很多測試。在設計規格撰寫的同時或之後，一個詳細說明這產品要如何測試的測試計畫書（test plan）也必須出爐。測試計畫書載明產品測試的計畫與執行，是開發自動的測試，或是人工的（manual）測試，抑是兩者兼具。需要多少資源做測試，以便能真正測出產品確實達成了其設計目標，而且沒有錯蟲（bugs）。測試計畫書可以是單獨的文件，也可以併在設計規格內。

一個測試，可以是自動的，也可以是人工的。最好是自動的。自動測試程式寫好後，每次只要需要，就可以執行一次，省時省力多了。很多產品都是每天晚上都自動將所有的自動測試程式跑一遍的。在有些公司，單元測試是要開發軟體的工程師自己寫的。但其他公司則由專門負責測試的部門來寫，兩者都有。

　　單元測試之後，通常就是對手或同事的**程式碼評論**（code review）了。這個步驟非常重要。其所根據的道理就是四隻或八隻眼睛勝於兩隻。多找一些人過目一下，總會比較放心。免得開發者一時有了疏忽。有一點很重要的是，在你正式提交併入你的程式碼與改變之前，最好自己先把退化測試全部跑一遍，確定你所增加或更改的，沒有造成任何退步或退化。

　　對手或同事評論之後，通常就是開發計畫領導者的批准，然後，這些新的程式碼就提交併入**原始程式控制系統**（source control system）內，讓大家都看到見，也變成是產品的一部分。在這時候，若在併入這些新的程式碼之後，產品無法建立（build），那就要解決,看不能建立的問題是出在那兒。

　　在新的程式碼併入之後，除了有時產品建立會有問題，必須解決外，跑退化測試（regression tests）時，有時也會出現問題。這些也都必須要一一去了解和解決。

　　一個產品，幾乎每天都有人在改或增加，為了提早發現問題，確保產品品質的穩定，通常每個產品都會每天晚上重新建立一次，並且執行所有或絕大部分的退化測試一次。這樣，萬一有新的改變造成任何退化，可以及早發現與修復。若退化很嚴重，有時還得必須將造成退化的改變暫時先拿掉。

　　記得，避免造成任何退化至為重要。所以，每一位軟體開發者，都要養成，在正式提交併入你的程式碼或改變之前，一定要將有關的退化測試都先跑一遍，確定你所改或加的東西，沒有造成任何的退化後，才能正式提交併入你所改的。

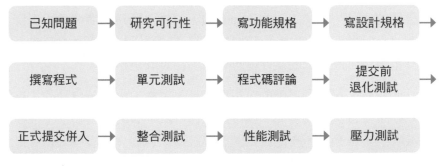

圖 2-1　軟體開發過程

在正式提交併入你的異動後，若沒問題，那最後一步就是整合測試了。除了功能上的整合測試外，很多產品經常還會做性能測試（performance test）與壓力測試（stress test）。

圖 2-1 所示即為一般軟體開發過程所包含的步驟。在現實上，不見得整個開發過程，從頭到尾都會很順利，有時會有進一步退兩步的情形。所以，其中的某些步驟，可能必須來回重複幾次，這並不奇怪。舉例而言，有時在你開始撰寫程式之後，你會發現，原來的設計，某些地方可能出了錯或必須稍作調整。因此，你得再回去更改你的設計規格，有時甚至也必須更改功能規格的也有。在測試時發現問題，必須回頭更改程式的也不是少見。總之一句話，真正做了以後，才會發現有一些從來沒想到的問題。這就是有些步驟必須來回反覆一、兩次的主要緣故。當然，這也和經驗有關，你的經驗愈豐富，出現這種情況的可能性就愈低。

下一節，我們討論一個經常會發生的實務問題。

2-1-1　程式碼評論的忠告

在軟體開發上，同儕間的程式評論（code review）是很稀鬆平常，對軟體品質的提升，也是很有貢獻的。其理論就是兩個或多個腦袋會勝過一個。事實的確是這樣，尤其是當有新手加入時。新手在做東西或更改產品時，若能有舊的，對產品比較熟悉的人稍微看一下，總是會比較放心，至少不會出現太離譜的差錯。此外，有時即使老手上路，但觸及或更改的是其它他比較不熟的領域，也會經常出錯。這時，若有對那一部分比較熟悉的人過目一下，多少總有助益。

所以，整體而言，程式評論絕對是正面的。但是，在工業界這麼多年，我也見識過很多負面的。總是，人有百樣。有些人會抓不到重點，有些人則會想藉機想整人，這些都是不對，也是不好的。

程式評論，最重要的是要能抓住重點，要把目標與重點放在功能上、正確性、性能、安全，與有無錯誤或造成退化上。但我發現有許多工程師，每次評論的都是有關個人的偏好，表面的細節問題，或風格與格調。這很不應該，是走偏了。記得，這些方面及項目對實際產品的品質根本沒有真正的影響。把時間和精力花在這些方面，不僅實際對產品品質的提升沒有幫助，反而經常會造成彼此的爭論，傷害同事彼此之間的感情，很不值得！每個人有自己不同的品味，不可能每人相同。因此，評論必須避開。評論的主要目的，是要藉由更多人的過目，找到錯誤，加以更正。而不是在某些細節或格調上，爭論或爭執。評論者若要做任何評論，千萬要記得是針對功能的改善、正確性、性能與安全的提升、使用的簡易性、可靠度的提升等建言，才有意義。若針對的是小細節、美觀、個人喜好，或格調，就不值得，是在浪費時間。

有些公司總會訂有**寫碼規範**（coding standard），尤其是大公司。我發現這些大公司的寫碼規範，經常有很多過時與不合理的地方，也有很多是上面所提必須加以避免的。我看到了很多值得改進的地方。

2-2 原始碼控制系統

幾乎在任何公司都一樣，電腦軟體產品的開發，幾乎都是很多工程師同時一起努力的。換言之，許多工程師一起同時更改整個產品的程式。因此，兩個或兩個以上的工程師，欲同時更改同一個原始程式模組（source code module）或檔案的情形，經常出現。為了協調這麼多工程師的共同開發，並確保整個產品之原始碼的正確性，幾乎所有的公司都會把產品的原始程式碼，放在某種**原始程式碼控制系統**（source control system）下來管理。

原始程式碼控制系統是一種軟體。它的主要功能是記住每一原始碼檔案每一次更改的內容，協調不同工程師更改同一原始碼檔案的活動，確保彼此不會弄掉對方的更改內容，以及在正式提交併入之前，其他工程師看不見你所更改的內容等等。總之，原始程式碼控制系統讓許多工程師能共用產品的所有原始程式，能共時更新而不致於相互干擾，確保原始程式的正確性。

計算機工業界有許多不同的原始程式控制系統。有些很貴，但有些是開放原始碼（open source），不必用錢買的。有許多公司是專門開發這種產品，出售賺錢的，像 IBM 的 ClearCase 與微軟的 Source Safe 等。不用錢的產品包括 CVS、Perforce、Subversion，還有其他。有些大公司因自己內部所需，自己開發原始碼控制系統，自己用，不賣的也有很多。此外，有些作業系統軟體，買來時就附有原始程式碼控制系統的也有。譬如，AT&T UNIX 上有 SCCS，BSD UNIX 上也有 RCS（Revision Control System）。

不論你所用的是那一原始程式碼控制系統，其基本的功能大致雷同。只是指令的名稱可能都不一樣。因為這沒有工業界標準，因此，彼此之間的功能可能都有些許的差別。這一節，我們會將這些不同系統的共同核心功能以及執行各種常用作業的指令，作一簡單介紹，讓讀者有些許的概念。

原始程式控制系統的使用，通常有幾個步驟，以下我們就介紹這些基本共通的步驟。

1. 建立一個能看到所有原始程式檔案的**視野**（view）或**玩沙盒**（sandbox）。
   這個步驟建立一個能讓你看到你所開發之產品的所有原始程式碼檔案，能自己編譯所有程式碼，以及能建立一份只有你自己看得到的產品的一個環境。它讓你能擁有一個完全屬於自己的空間，可以更改原始程式檔案的內含、建立產品、執行測試等，而完全不會影響到其他人。做這個步驟的命令，有的叫 mkview、createview 或 mksandbox。在 IBM 的 ClearCase 則叫 "ct mkview"。

2. 在原始程式碼控制系統內，建立一個新的原始程式檔案。

   這個命令一般叫 mkelem、create、ct mkelem（在 ClearCase 上）、cvs add（在 CVS 上），或 admin（在 SCCS 上）。

3. **借出**（check out）一個原始程式檔案，以便更改。

   在所有原始程式控制系統上都一樣，你必須先借出一個原始程式檔案，然後才能更改。

   借出檔案有兩個模式，你可將這個檔案加鎖（locked），讓其他人都不能與你同時借出，只有你可以。你也可以借出不加鎖，讓其他人也可以跟你一樣，同時借出。

   借出不加鎖的模式一般人最常用。但這有一點必須注意的是，在多人同時借出同一個檔案時，最先**還入**（check in）的人，比較稍佔便宜，因為，他的還入不會看到其他人更改的內容，不會有更改衝突必須排解。從第二個以後還入的人，就會看到先前還入這同一檔案的人的更改內容，因此，必須將兩人的更改內容，正確地合併（merge）在一起。視兩人更改的內容重疊多少而定，這合併的工作可很簡單，但有時也可能稍微麻煩。

借出原始程式檔案的命令，一般稱之為 checkout、co、ct co（ClearCase）、cvs checkout（CVS），或 get（SCCS）。

4. 使用文書編輯程式（editor），更改你所借出的檔案。你可以用任何你喜歡的文書編輯程式，如 vi 或 emacs 等。

5. 編譯與測試你所改的東西。

6. **還入**你所更改過的檔案。

這個步驟將你所更改的內容，實際紀錄在原始程式控制系統內，也讓其他人可以看得見你所更改的內容。在你正式還入之前，你所改的，別人是完全都看不見的。此外，記得，在你還入之前，你的更改內容，是沒有記載在原始程式控制系統內的。是以，倘若你不慎丟掉了你所改過的原始檔案，那就無法找回的。因此，你最好習慣上，隨時都將你所改過、尚未完成的檔案，自己備存一份，以防萬一弄錯，搞丟了你的更改內容。

還入更改過原始檔案的命令，通常叫 checkin、ci、ct ci（ClearCase）、cvs commit（CVS），或 delta（SCCS）。

7. 事先合併其他工程師在同一檔案上所做的更改。

有時，你會同時借出一個檔案比較長的時間，而那之間其他工程師也更改了同一個檔案，且已還入。這時，你有兩個選擇，一是等到你真正還入時，再做合併。另一則是在正式還入前事先合併。事先合併其他工程師的更改內容，在 CVS 上，這個命令叫 cvs update。

8. 正式的**提交**（submit or merge）你所更改的內容。

這一步驟因控制系統而異，並非所有控制系統都有此一步驟。

在很多控制系統上，有了還入步驟就夠了。但其他的控制系統有加了這一步，這個步驟稱之 submit 或 merge。

9. 取消你的借出。

有時，在你借出一個檔案，想更改之後，因故你又改變了主意。這時，你必須取消你的借出。這個命令叫 uncheckout、unco、ct unco（ClearCase），或 unget（SCCS）。

10. 經常，你會想知道，一個檔案，在某兩個不同版本之間，究竟改了什麼，以查出某人在某時所更改的內容。譬如，找出檔案版本 1.3 與 1.4 之間的變動。

　　這個命令的名稱，一般叫 diff、ct diff（ClearCase）、cvs diff（CVS），sccsdiff 或 delta（SCCS 上）。

11. 除了以上所介紹的這些最主要且最常用的步驟與命令外，每一原始程式控制系統，一般都還會有其他的作業命令。這些就讓讀者在真正需要用到時，再去學了。舉例而言，有一可以列出一個檔案之全部更改版本與歷史的命令，一般叫做 "ct lshistory" 或 "cvs history"。也有一個顯示你目前視野或玩沙盒之配置（configuration）的命令，叫做 "ct catcs" 等等。

　　總之，一般原始程式控制系統的使用，包括了以下這些步驟：

1. 建立一個能看到所有原始程式檔案的視野或玩沙盒。

2. 在原始程式控制系統內，建立一個新的原始程式檔案。此一步驟包含借出在內。

3. 借出一個現有的檔案，以便開始更改。

4. 事先併入他人的更改內容。

5. 還入一個你更改過的檔案，讓其他所有人看得到你所更改的內容。

6. 正式提交你改過的所有檔案。有些控制系統並無此一步驟。

　　圖 2-2 所示，即這些步驟與命令，在 ClearCase、SCCS 與 CVS 上的名稱。至於其他命令的名稱，請直接參考你所使用之控制系統的文書。

圖 2-2　原始程式控制系統的基本命令

原始程式控制軟體			
作業	SCCS	ClearCase	CVS
開創一個視野或玩沙盒		ct mkview	
進入一個視野或玩沙盒		ct setview	
列出所有的視野或玩沙盒		ct lsview	
退出視野或玩沙盒		ct endview	
建立一個新檔案	admin	ct mkelem	cvs add
剔除一個新檔案		ct rmelem	
借出一個檔案	get	ct co	cvs checkout
取消檔案的借出	unget	ct unco	
列出我所借出之檔案		ct lsco ct lscheckout	
還入借出檔案與改變	delta	ct ci	cvs commit
列出不同版本之差異	sccsdiff, delta	ct diff	cvs diff
列出檔案之更改歷史		ct lshistory	cvs history
顯示出視野的規格		ct catcs	

2-3　軟體釋出過程

　　一個電腦軟體，一旦問世之後，一般都會一直不斷地更新，過一陣子就會有更新的版本**釋出**（released）。如第一版、第二版、第三版等等。

　　對軟體開發者而言，每一軟體釋出（或版本），都會有一預計的出廠日期，以及該有的功能與特色。當所有該有的功能都齊全時，整個產品的原始碼樹林（source tree），就會從原始程式控制系統中，拷貝一份**分出**（branch out）作為新版本釋出的候選。這時，程式原始碼系列或樹林，就會一分為二。原來控制系統下的，稱為**主分支**（main branch），會繼續往前行，作為下下個更新版本開發的主幹。主分支上所有的永遠都是最新的版本。另外，在剛分叉出來，作為下一版本候選的，也變成獨立，自己存在，以便能進一步測試、抓錯蟲、除錯蟲，把它穩定下來，直到可以釋出成新的版本為止。在此時，至少就有二個原始碼樹林存在。一個是主分支，另一個是下一新版本的分支。

　　這時，在新版本分支測試上所發現的問題，修復時，工程師除了必須將其修復更改的內容，提交併入新版本分支上之外，也必須同時將之提交併入主分支。如此，這個問題才不至於又出現在下下個版本上。這是品質控制上很重要的一個步驟，確保沒有退步或退化。

　　圖 2-3 所示，即一個軟體產品的釋出過程與分支。你可看出，時間久了，版本多了，原始程式的分支也就不斷地增加。該維護與支援的版本，也愈來愈多。

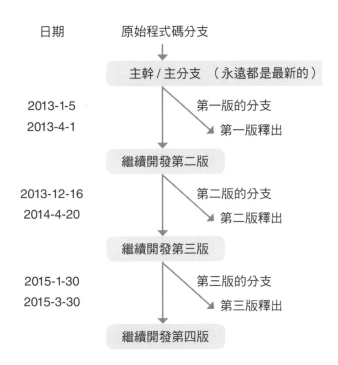

圖 2-3　軟體釋出版本與分支

2-4　產品建立的不同模式

　　一個軟體產品在出版送到客戶手上之前，都必須先建立與測試過。所以，在軟體開發的過程，必須經常建立產品無數次。建立產品就是將所有原始程式模組（source code modules）編譯，並連結成可執行的程式和可叫用的庫存函數。每一軟體產品的組成和建立程序或許會有些許的差異。在小的產品，總計的原始程式檔案並不多，可能只分佈在少數幾個檔案夾。建立整個產品可能只需要幾個指令，幾分鐘即可完成。但在一個大產品上，通常檔案數都有上萬個，分佈在幾十或幾百個不同檔案夾內。不同組成單元之間互相依靠，建立程序有個一定的順序。建立過程也都自動化，經常需要幾個小時才能完成。諸如作業系統、資料庫管理系統、網路系統、群集系統等軟體，幾乎都這樣。

如果你是釋出工程師（Release Engineer），那負責每天建立整個產品，以及檢修各式各樣的建立上的問題，就是你每天的工作。假如你是軟體開發工程師，那你可能平常就只改產品的某一部分。通常你只須重建你所更改的那部分，不需全部重建。但在少數情況下，有時你還是得整個產品全部重建一次。譬如，你改到了某些很多單元都用到的庫存函數或前頭檔案（header files）之類的。每次改了某些東西時，有多少東西必須重建，那就是你的職責要去了解的。最保險的做法是整個產品全部重建，但那通常太費時了。日子久了，你會知道只要重建那一部分就可以的。

▶ 為釋出或除錯而重建

記得，視你重建整個產品之目的的不同而定，重建的方式略有差異。一般公司的做法是，在平常，產品還是處於正在開發與除錯階段時，產品都會建立成**除錯模式**（debugging mode）。這意謂，叫用編譯程式時，人們都會加上 -g **選項**（option），將程式編譯成含有符號名稱表格（symbol tables），可以隨時立即用除錯程式（debugger）加以除錯的形式。

例如，下面就是將一個 C 語言程式編譯成除錯模式的命令：

```
cc -g myprop.c
```

可是，當接近開發完成，或產品要出廠給客戶時，這除錯模式通常就會關掉。取而代之的是改成編譯成**最佳化模式**（optimized mode），以使產品在客戶真正使用時，取得最佳性能。譬如，上述的編譯命令，就會改成：

```
cc -o2 myprop.c
```

這 -o 選項就是將程式的性能最佳化。它通常有不同的層次。在最佳化模式所編譯出來的程式碼，佔用空間會比較小，執行效率會比較高。

2-5　產品建立的工具

　　不同作業系統上所提供的程式建立工具，會有不同。許多公司也都提供專門用以建立軟體產品的**整合開發環境**（Integrated Development Environment, IDE）。這些通常是一圖型介面（GUI-based）的開發環境與工具，讓軟體開發的工程師，能更簡易的建立整個產品與除錯用的。IDE 通常因不同程式語言而異。實際的產品例子，在 C 語言上，有 IBM AIX 上的 VisualAge、Oracle/Sun Solaris 上的 Sun Workbench、微軟之 Windows 系統上的 Visual Studio 等。在 Java 語言上，有 Eclipse、NetBeans、IntelliJ IDEA 等。當然，還有其他許多產品了。C 語言的整合開發環境，通常是要用錢買的。Java 的 IDEs 有一些是免費的。

　　這一節，我們要介紹一個在 UNIX 和 LINUX 作業系統上自動附來的，非常流行的簡單軟體建立工具，那就是 make。跟 IDEs 比較，它不用錢，很簡單，但功能也很強大。

　　Make 這個工具，在 1970 年代在 UNIX 上就有了。現在，所有的 UNIX 與 LINUX 作業系統上，也都有，是附在一起的。另外，GNU 也有自己版本的 make。值得一提的是，make 是包括在 POSIX 標準內。但現在的 make，有許多不同的版本。這一章，我們要介紹的是，make 共通的基本功能。但請你記得，不同的 make 有不同的特色，它們並非是完全一模一樣的。

2-5-1　make

　　在 UNIX 與 LINUX 作業系統上，最常見的軟體建立自動化工具，就是 make 公共常用命令或程式了。Make 可以自動走下你的原始程式樹林，建立你產品的所有庫存檔案與程式。Make 會讀取你在每一檔案夾上所置放的一個叫做 makefile 的規格檔案，從中得知它在目前這個檔案夾必須做些什麼。若你叫它編譯一些檔案，它會照做。若你叫它走到底下的幾個檔案夾，它也會照做。記得，你在 makefile 內規定依照什麼順序建立整個產品，make 就會照著辦。

　　欲用 make 建立你的整個軟體產品，首先你必須將你產品的所有原始程式組織成一個樹的結構，並在每一檔案夾建立一個 makefile。每一個檔案夾內的 makefile，必須清楚地告訴 make，它必須做些什麼，包括在目前這檔案夾內必須做些什麼，以及在底下下一層有幾個檔案夾，也必須處理。

倘若你在 makefile 內規定的都正確無誤，指明建立每一目標（target）的規則，以及各目標間互相依賴的關係與順序，那建立整個產品就很簡單，你只要換到你希望建立之產品或組件所對應的最高檔案夾，然後打入 make 命令，make 就會全自動，把一切建立得好好的。就這麼簡單！

根據你在每一 makefile 中所訂的規則，make 會知道它必須走到再下一階層的那些副檔案夾（subdirectories），建立什麼組件或單元。且遵照你所規定的先後次序進行。建立整個產品可能需要花上幾個小時，但你只須做一件事，那就是跑到產品或組件的最高階檔案夾，下一道 make 命令。一切就會全部自動完成。

以 make 工具將建立軟體產品全部自動化有下列的優點：

1. 很簡單

   就如我們以上所說的，只要你把 makefile 都建立好了，那只要下一道命令，整個產品或組件，就會全部自動建立完成。

2. 全自動

   一切魔術神奇，都在 makefile 內。只要 makefile 建對了，整個產品建立過程，都是自動的。

3. make 是聰明的

   make 程式是有智慧的。它一個很重要的特色，就是能自動比對檔案的時間（timestamp）。找出有那些檔案已經過時，必須重建。然後只重建那些過時的檔案。倘若某些目標檔案沒有過時，不需要更新，那 make 就不會將之重建。譬如，在某一檔案夾內，目標檔案是 myprog.o。myprog.o 是 myprog.c 編譯而成的。在建立的過程中，只要 make 發現 myprog.o 已經存在，而且檔案的時間是在原始程式檔案 myprog.c 之後，那 make 就會自動跳過編譯這個檔案。因為，myprog.o 已經在上一次編譯過了，原始檔案在那之後，沒再更新。因此，不必再重建。

換言之，make 很聰明，它會知道那些原始檔案在上一次建立之後，有更新，並只重建那些檔案。當然，這假設你 makefile 建立得正確無誤。

4. 很容易

在讀完以下幾個章節之後，你會發現，其實學會怎麼寫 makefile，很容易，一點不難。在下面的幾個章節裡，我們會舉例，教你如何撰寫 makefile，讓你能將建立你的產品，全自動化。

至此，你已明白，一切魔術就在 makefile 裡。只要把 makefile 弄對了，make 就會自動走下整個原始程式的樹林，找到那些必須建立或重建的檔案，將之建立。重點是，若目標 A 必須依賴目標 B，那目標 B 就必須在目標 A 之前，先建立。

▶ Makefile 的名稱

在每一檔案夾內的 makefile，可命名為 makefile 或 Makefile。從這兩個名字之中選一個，但不要兩個都有。若你兩個都有，絕大多數的 make 都會優先採用小寫的 makefile。

事實上，makefile 你也是可以使用其他的檔案名稱的。譬如，你的產品可能支援了多種不同的作業系統，而所需的 makefile 在這些作業系統上都有點差異。這時，在同一檔案夾內，你就可以有多個 makefile，並分別採用不同的名稱。譬如，如以下所示的，分別叫做：

Makefile.linux

Makefile.mac

Makefile.aix

　　⋮

當你的 makefile 不叫 makefile 或 Makefile 時，在你下 make 指令時，你就必須在你的 make 指令上，告知 make，你的 makefile 的名稱。舉例而言，你的 make 指令可能就必須改成像下面的樣子：

```
make -f Makefile.linux
```

而不再是只有 make 了。這個命令與純粹只有 make 一樣，只是它以-f 選項告訴了 make，要從檔案 Makefile.linux 中去讀取建立規格。

當然，你也可選擇寫一個適用多種不同作業系統的單一 makefile。

2-5-2 Makefile

一個 makefile，主要就是敘述一些產品建立的規則。每一規則的格式如下：

目標 [目標 2 　 目標 3 …]: 依賴 1 　 依賴 2 …

　　[TAB 鍵]命令 1

　　[TAB 鍵]命令 2

　　　　　⋮

平常，每一個規則就說明如何建立一個目標，因此，它只有一個目標。目標就是你所要建立之檔案的名稱。但有時，同一個規則可以有多個目標。換言之，多個建立目標共用同一個規則。在有多個目標時，彼此之間以空格分開。

目標之後必須有個冒號（:）。然後，若有的話，緊接就是目標所依賴的其他目標，簡稱做**依賴**（dependent）。一個目標可能沒有其他的依賴，也可能有多個依賴。依賴就是目標的**先決必要條件**（pre-requisite），是必須先有不可的。當你在一個規則上，列出目標有依賴時，make 就會自動先去建立依賴。然後，再回來建立目標本身。倘若同時有多個依賴，那 make 會根據所有依賴先後出現的順序，依序建立完所有依賴之後，再回來建立目標。這就是你告訴 make，如何依序一一建立各項目標的方法。以目標與依賴的關係，以及你所列的依賴的順序，井然有序地訂出所有目標的建立順序。

在目標和依賴一行下面，你必須闡明如何去建立一個目標，需要執行那一或那些命令。請記得，如何建立目標的每一個命令之前，必須有一 TAB 鍵。除非每一命令之前都加有一 TAB 鍵，亦即整行以 TAB 鍵開始，否則，make 會變成看不懂你的命令。這時，make 會產生一個類似下面的錯誤訊息：

```
makefile: 10 : *** missing separator. stop.
```

　　就上面我們所列的規則而言，目前這個目標有二個依賴。建立這個目標，必須執行兩個命令。所以，在執行這個規則時，make 會先去建立第一個依賴，完了之後再去建立第二個依賴。在完成建立所有的依賴以後，make 會回來執行命令 1 與命令 2，完成此一目標的建立。在建立每一個依賴時，make 會去找到說明如何建立這個依賴的規則，亦即，找到那個目標就是這個依賴的規則。

　　每個目標的名稱是你所選定的。記得，它最好是一見分明，一看就知道它是什麼。一般的原則，它就是你所須建立之檔案、庫存或程式的名稱。

　　一個 makefile，可以有多個不同的規則在內，每一不同規則建立一個不同的目標。

　　在你引用 make 命令時，在命令上，你可指明你只要建立某一或某幾個目標。例如，

```
make clean prog1 prog2
```

　　這個命令等於教 make 建立 clean，prog1，與 prog2 三個目標。倘若你只打 make，命令上沒指明任何建立目標，那 make 就會去建立在 makefile 上所碰到的第一個目標。一般的習慣是把 makefile 內的第一個目標稱作 all，代表建立全部的意思。然後，這個建立 all 的規則，再告訴 make 如何去建立組成產品全部的每一單元或組件。

　　makefile 中可以加註解（comments）。每一註解的最前面第一個非空白文字，必須是 #。# 之前可以有空白。

　　以下是幾個 makefile 內之規則的例子。

1.　清除規則

```
clean:
  rm -fr *.o
```

　　每一個 makefile，幾乎都包括一個清除（clean）的規則。這個規則就是剔除所有建立的檔案，以便能從頭重新建立一切。這個目標通常去剔除目前已存在，建立過的目的檔案（object files）（亦即 *.o 或 *.obj 檔案），庫存檔案和程式檔案等。

　　在你每次想重新建立一切時，你就可先下一道 "make clean" 的命令，先清除一切，從零開始。有時，為了騰出所需的磁碟空間，你也會做這樣

的清除。平常，為了省時，你就不下這道命令了。因為，這樣可以把上一次所建立的留下，不必要重建的就不需再浪費時間去重建了。

所以，要清除一切時，你就執行以下的命令：

```
make clean
```

在執行時，make 就會去執行

```
rm -fr *.o
```

的命令。這命令指明那些檔案必須清除。

2. 從一個 *.c 檔案建立 *.o 檔案

```
prog1.o : prog1.c
  cc -c prog1.c -o prog1.o
```

這個規則說，目標 prog1.o 依賴著 prog1.c。建立 prog1.o 必須執行以下的命令：

```
cc -c prog1.c -o prog1.o
```

make 程式經由讀取 makefile 中的規則，與執行這些規則，達成產品的建立。

它會先看叫做 makefile 的檔案是否存在目前的檔案夾內，若有，則採用它。若沒有，它會再看叫做 Makefile 的檔案是否存在，若有，則用之。若沒有，那 make 就會出現 "no makefile found" （找不到 makefile）的錯誤。前面說過了，假設你把你的 makefile 稱作 buildlib.mk，那你的命令就應改成

```
make -f buildlib.mk
```

2-5-2-1 典型的 makefile 目標

有幾個目標與建立步驟，是一般 makefile 經常用到的。下面三個就是例子。

make clean

make all

make install

以上所列的三個建立步驟，通常是照著所列順序執行的。

首先，"make clean" 先清除所有舊有建立的檔案。緊接，"make all" 就重新建立一切。最後，"make install" 就是把所建立好的產品，安裝在目前這系統的某個檔案夾上。這個步驟通常將產品必須給客戶的所有庫存、程式和其他相關檔案，全部拷貝一份，存在某一個檔案夾上，或在產品真正安裝（install）時，存在安裝的檔案夾內。所有這些檔案的結構，就像正式安裝以後，產品所有檔案的結構。

2-5-3　Makefile 中的代號

makefile 的**代號**或**巨集**（macros）就像 C 語言程式中的代號或變數一樣。就像你可以在 C 語言程式中，定義你自己想用的代號一樣，你同樣可在 makefile 內，定義並使用你自己的代號。它的功能就像一個變數名稱一樣，以一個字眼或符號，代表某樣東西。使用代號的好處是，萬一你想或必須改它，那就只須改一次（就是定義那裡）就得了。代號的名稱，由你自己選定。習慣上，一般都用大寫字母做代號。

最常見的 makefile 代號，就是用以代表 C 語言編譯程式，連結程式（linker），編譯程式之選項（compiler options）與旗號，以及庫存等等。譬如，下面就是一些例子。

```
CC = cc
LD = ld
CFLAGS = -c -g
LDFLAGS =
LIBS = -lnsl -lpthread
```

這些定義意謂著，在這些定義之後，在 makefile 內，每一個 CC 出現的地方，就等於是 cc，每一個 LIBS 出現的地方，就是代表 "-lnsl -lpthread"。代號在經過像上面這樣定義過後，真正要用它時，必須將之放在 $( ) 之內。譬如，在 makefile 內使用代號 CC 時，您就必須寫 $（CC）。請注意到，每一代號所代表的東西，不必用單括弧或雙括弧括起。

▶ 特殊代號

以上所提的是，你可以自己定義和使用的 makefile 代號。除了這個以外，有一些代號是 make 自己事先已定義好，你可以使用的。這些 makefile 特殊代號包括下列幾項：

1. $@ 這個代號代表目前正要建立的目標。

2. $< 這個代號代表引起目前之建立作業的檔案。例如，目前必須建立的目的檔案，如 prog1.o。

3. $? 這代表自上次建立以後，有更新過，而這次必須重建的依賴。

    這就是時間比目前欲建立之目標還新，且是目前目標所依賴，這次必須重建的東西。譬如說，是目標 prog1 程式所依賴的 prog1.o 與 mylib.o。

4. $* 這就是目標和依賴所共用的檔案名的字首（prefix）。換言之，$* 是目前目標的名字，截去或拿掉尾部（suffix）。例如，在一 .c .a 的建立規則上，$*.o 所代表的，即是相對應於必要條件之 .c 檔案中，所有必須重建的 .o 檔案。

    舉例而言，有了這些特殊代號之後，在 makefile 內，你就可以有以下這些非常通用的規則，不必提及任何特定的檔案名，就能告訴 make，如何將一個 *.c 的檔案，編譯成一個 *.o 的檔案。這些規則，適用於任何檔案名的 *.c 檔案：

```
.c.o:
$(CC) -c $(CFLAGS) $<
```

    或是

```
.c.o:
$(CC) -c $(CFLAGS) $< -o $@
```

    就如我們所說的，這些是通用規則，適用將任何名稱的原始程式檔案翻譯成目的檔案（*.o）。注意，這兩個例子假設 CFLAGS 代號中不含 -c。若有，那命令中的 -c 就不需要了，要剔除。上述兩個命令唯一的不同，就是第二個命令指出了輸出檔案 "-o $@"。由於這是既定的（default），因此，有或沒有寫，結果都一樣。

    注意到，這規則上的目標寫的是 .c.o，它的意思是 "從 *.c 檔案建立 *.o 檔案"。假若需要編譯的原始檔案叫做 file1.c，那這時 $< 代表的就是 file1.c，而 $@ 所代表的就是 file1.o。假若我們把 $* 所代表的也用進來，那上述的規則也可寫成

```
.c.o:
$(CC) -c $(CFLAGS) $*.c
```

由此你可看出，三個不同的規則，其功能事實上都是一樣的。

假若你使用的是 c++ 語言，那規則中的目標就必須改成 .cpp.o，而不再是 .c.o 了。

值得一提的是，以上所提的這個建立規則，是 make 的隱含規則。因此，即使你不明確寫出，make 也是知道的。

▶ 傳統代號

事實上，makefile 所事先定義好的代號，還有其他。你若執行 "make -p" 命令，就可以看到全部事先定義好的代號。這包括下面幾個代號：

CC：C 語言編譯程式。既有值為 cc。

AS：組合語言編譯程式。既有值為 as。

AR：備存（archive）命令。既定值為 ar。

▶ 命令中的代號

記得，代號也是可以不在 makefile 內定義，而直接定義在 make 命令上的，像

```
$make CC=/usr/bin/cc
```

就是一個例子。

2-5-4　命令之前可加的特殊字號

有幾個特殊的字號（special characters），如果你在 makefile 內的命令之前加上這些特殊字號或文字，就可以稍稍改變它們既定或既有的行為。

首先，平常 make 程式在執行一個命令之前，都會將這個命令顯示出在螢幕上，讓你知道它正在執行那一個命令。倘若你在這個命令之前加上 @ 文字，那 make 就會默默地執行命令，但不會將這個命令印出在螢幕上。這可用來減少 make 命令在螢幕上所顯示出的資料量。

make 命令在執行產品建立的作業時，若有碰到錯誤，它通常會立即停止。有時，你會希望 make 不要一碰到錯誤就馬上停止。假若你希望 make 在執行一個命令時，若碰到錯誤不要停止，繼續往下執行，那你就可以在這個命令之前加上一個減號（-）。

平常，若你執行 "make -n" 命令，make 就會印出所有它應執行的命令，但不會真正去執行它們。不過，若你在某一個命令之前加上了一個加號（+），那 "make -n" 就會真正去執行這個命令。

圖 2-4　示範特殊字號功能的 makefile

```
all:
    @echo "  A command starts with @ sign"
    +echo "  A command starts with + sign"
    -echo "  A command starts with - sign
    echo  "  A command after an error"
```

圖 2-4 所示，就是一個很簡單的 makefile，用來示範這些特殊字符的功能。以下是這個 makefile 執行的結果。

```
$ cat makefile
  special:
     @echo "  A command starts with @ sign"
     +echo "  A command starts with + sign"
     -echo "  A command starts with - sign
     echo  "  A command after an error"

$ make -n special
echo "  A command starts with @ sign"
echo "  A command starts with + sign"
  A command starts with + sign
echo "  A command starts with - sign
echo  "  A command after an error"

$ make special
  A command starts with @ sign
echo "  A command starts with + sign"
  A command starts with + sign
echo "  A command starts with - sign
/bin/sh: -c: line 0: unexpected EOF while looking for matching `"'
/bin/sh: -c: line 1: syntax error: unexpected end of file
make: [special] Error 2(ignored)
echo  "  A command after an error"
  A command after an error
```

2-5-5　Makefile 的隱形規則

有一些 makefile 的基本規則，是隱含著，隱形的。這些隱形規則存在 make 內，即使你不特別寫出，make 也是知道的。這其中第一個規則，就是將原始檔案編譯成目的檔案（object file）。這意指，即使你在 makefile 內不明確寫出這個規則，make 還是會自動知道，如何將一 *.c 或 *.cpp 的原始程式檔案，編譯成目的檔案的。

此一隱含規則如下：

C 語言

```
.c.o:
$(CC) -c $(CFLAGS) $*.c
```

或

```
.c.o:
$(CC) -c $(CFLAGS) $<
```

C++ 語言

```
.cpp.o:
$(CC) -c $(CFLAGS) $*.cpp
```

或

```
.cpp.o:
$(CC) -c $(CFLAGS) $<
```

make 所擁有的第二個隱含規則，就是如何由原始檔案，編譯且連結成可執行程式檔案的規則。這隱形規則如下

C 語言

```
.c:
 $(CC) $(CFLAGS) $@.c $(LDFLAGS) -o $@
```

C++ 語言

```
.cpp:
 $(CC) $(CFLAGS) $@.cpp $(LDFLAGS) -o $@
```

值得注意的是，現在由於你所欲建立的是一可執行程式，因此，代號 CFLAGS 就不能再含有 -c 選項了。因為，沒有 -c，make 才會自動叫用連結程式，產生可執行程式，有了 -c，它就只編譯而已，不做連結（linking）。

此外，假若建立你的程式必須連結上除了 libc 以外的其他庫存函數，那你也就不能使用隱含規則。因為，make 不知道你的程式必須連結上其他什麼樣的庫存。

假若你的 makefile，建立 *.o 與建立可執行程式兩個規則都有，切記兩者不要互相矛盾了。

2-5-6　Makefile 的例子

軟體開發計畫有許多不同種類。有些是從大量的原始程式檔案中，只建立出少數幾個程式的。也有是建立一大堆可執行程式，但每一程式僅含少數幾個目的檔案的。有些則介乎兩者之間。

就每一產品或計劃而言，makefile 的建構與撰寫，都有多種不同方式，有多種答案。其中一種 makefile，就是很直接了當的，一一列出建立每一目標的規則，不多也不少。但這也造成 makefile 裡就有很多規則。

另一種撰寫 makefile 的方式，就是著重簡單與通用，規則愈少愈好。這種方式就不用花很多時間和精力，去一一寫出建立每一目標的個別規則。但這很可能就會造成有時 make 就會多做點事，所得之 makefile 並非最佳化。這一節，我們會就這兩種方式各舉一個例子。

為了舉例如何撰寫 makefile，我們所採用的開發計畫極為簡單。整個計畫就是建立兩個可執行程式以及一個共用的庫存。

圖 2-5a 所示，即為一一列出每一建立目標之規則的 makefile。若檔案數量多了，此一 makefile 就需花點時間才能寫完。在我們所舉的例子，將原始檔案（*.c）建成目的檔案（*.o），我們所使用的是隱含規則

```
.c.o:
$(CC)  $(CFLAGS)  $*.c
```

以較省事。高興的話，你也可以一一列出每一 *.o 檔案的建立規則，如

```
prog1.o : prog1.c
cc -c prog1.c -o prog1.o
```

　　記得，建立這兩個可執行程式，實際並不需要連結 pthread 庫存。但我們
在範例中加了它，主要在讓讀者知道，在必須連接其他庫存時，應該怎麼做。

圖 2-5a　Makefile 範例（一一列出每一建立目標的規則）

```
# Makefile for building multiple executables
# Authored by Mr. Jin-Jwei Chen.
# Copyright(c) 1991, 2012-2016, 2020 Mr. Jin-Jwei Chen. All rights reserved.
#

CFLAGS = -c
CC = cc
LD = cc

LDLIBS = -lpthread
MYLIBS  = mylib.o

all: prog1 prog2

# This rule builds *.o from *.c. This rule is optional because it is implicit.
# Both rules work.
.c.o:
#        $(CC) $(CFLAGS) $<
         $(CC) $(CFLAGS) $*.c

prog1: prog1.o $(MYLIBS)
         $(CC) -o $@ $(@).o $(MYLIBS) $(LDLIBS)

prog2: prog2.o $(MYLIBS)
         $(CC) -o $@ $(@).o $(MYLIBS) $(LDLIBS)

clean:
         rm -fr prog1 prog1.o prog2 prog2.o $(MYLIBS)
```

圖 2-5b　Makefile 範例 — 使用多重建立目標（Makefile.ex2）

```
# Makefile for building multiple executables
# Authored by Mr. Jin-Jwei Chen.
# Copyright(c) 1991, 2012-2016, 2020 Mr. Jin-Jwei Chen. All rights reserved.
#

# List of executables to be built
PROGS = prog1 prog2
OBJS = prog1.o prog2.o

CFLAGS = -c
CC = cc
LD = cc
LDLIBS = -lpthread
```

```
MYLIBS  = mylib.o

all: $(MYLIBS) $(PROGS)

# This rule builds each executable target, single or multiple.
$(PROGS): $(OBJS) mylib.c
        $(CC) -o $@ $(@).o $(MYLIBS) $(LDLIBS)

# This rule builds *.o from *.c.
.c.o:
        $(CC) $(CFLAGS) $<

clean:
        rm -fr $(PROGS) $(OBJS) $(MYLIBS)
```

圖 2-5b 所示則為另一採用多重建立目標的 makefile 例子。

這個 makefile 選擇不要一一列出每一件目標的規則。取而代之的是，你必須做的，就是你必須將所有必須建立的目的檔案，加在 **OBJS** 代號上，同時，也把每一必須建立之可執行程式，加在 **PROGS** 代號上。就這樣！其他就採用共通的通用規則。這一種 makefile 唯一的缺點是，它並不是最佳版本。因為，即使只有一個原始程式檔案改了而已，它每次還是會重複連結所有程式一次。亦即，make 多做了一點不必要的工作。可是，整個 makefile 就少了很多規則，簡單多了。尤其檔案多時，差別會更明顯。

圖 2-6 所示即這個例子所使用的三個簡單原始程式

圖 2-6 Makefile 範例所使用的三個原始程式

```
(a) prog1.c

  #include <stdio.h>
  int main(int argc, char *argv[])
  {
    extern void sayHello();
    sayHello();
    return(0);
  }

(b) prog2.c

  #include <stdio.h>
  int main(int argc, char *argv[])
  {
    extern void sayHello2();
    sayHello2();
```

```
    return(0);
  }

(c) mylib.c

  #include <stdio.h>
  void sayHello()
  {
    fprintf(stdout, "Hello, there!\n");
  }

  void sayHello2()
  {
    fprintf(stdout, "Hello, there!!\n");
  }
```

2-5-7　Makefile 指引

2-5-7-1　include 指引

在一個大的開發計畫上，產品通常包括很多組成部分，而且可能也要支援多個不同作業系統。所以 makefile 本身可能變得有點複雜。是以，經常的做法是，把 makefile 一些共同的東西抽出，建成一個共用的 makefile，然後再包含（include）在其他的 makefile 之內。就像 C 語言的前頭檔案（header file）可以包含其他的前頭檔案一樣，一個 makefile 也可以包含其他的 makefile。

當一個 makefile 包含了其他 makefile 時，make 會去讀這些被包含的 makefile。因此，原來的 makefile 就等於擴充成幾個 makefile 在一起。

makefile 的包含指引（include directive）格式如下：

　　　include　makefile 的檔案名稱

譬如，下面就是一個例子：

```
my.mk

   MACRO1 = from my.mk

Makefile

  include my.mk

  test:
       @echo "Testing ..."
```

```
        @echo "MACRO1=" $(MACRO1)

$ make test
Testing ...
MACRO1= from my.mk
```

2-5-7-2　ifdef 與 ifndef 指引

makefile 內也可以有做決策的功能。這就是透過 ifdef 和 ifndef 來達成。ifdef 和 ifndef 分別測試一個東西（如代號）是否有定義或沒定義。譬如，

ifdef X — 即測試 X 是否有定義

ifndef X — 即測試 X 是否沒定義

這兩個指引在建立單獨一個 makefile 以支援多個不同作業系統時，非常有用。譬如說，你的產品在 Linux 與 Windows 上的建立方法可能略有不同。這時，你就可用這兩個指引，偵測出你是在那一個平台（platform），然後再進行不同的作業。

譬如，利用 ifdef 指引，下面的結構就可以在 LINUX 有一套建立方式，而在其他作業系統有不同的建立方式：

```
ifdef LINUX
  ...
else
  ...
endif
```

例如，就下面的 makefile 而言，

```
Makefile

  ifdef LINUX
  OS = Linux
  endif

  test:
      @echo "OS =" $(OS)
```

執行了以後，你就會看到以下的結果。

```
$ make
OS =
$ make LINUX=1
OS = Linux
```

2-5-7-3　ifeq **與** ifneq **指引**

　　ifeq 與 ifneq 指引測試兩樣東西是否相等或不相等。兩樣受測試比較的東西，必須以括弧括起，彼此間以逗點分開。假若測試條件成立，那跟在指引那行下面的程式碼就會被執行。否則，它就會被略過（跳過）。假若（受比較的）任何**引數**（argument）含有變數（variable）在內，那在比較前，變數的值會先求出。

　　以下就是 ifeq 指引述句的結構：

```
ifeq(…,…)
  ...
else
  ...
endif
```

　　欲做不相等的測試，只要將 ifeq 換成 ifneq 就是了。

　　緊接下面就是一個在 makefile 當中，使用 ifeq 指引的例子。

```
Makefile

  ifdef SOLARIS
  CC = gcc
  else
  CC = cc
  endif
  ifeq($(CC),gcc)
  LDLIBS = -lnsl -lsocket -lpthread
  else
  LDLIBS = -lnsl -lpthread
  endif

  test:
      @echo "CC =" $(CC)
      @echo "LDLIBS =" $(LDLIBS)

$ make
CC = cc
LDLIBS = -lnsl -lpthread

$ make SOLARIS=1
CC = gcc
LDLIBS = -lnsl -lsocket -lpthread
```

2-5-8 一些有用的 make 命令選項

1. make -n（顯示出 make 會做些什麼建立步驟）

   有時，你會好奇，想知道若你真正下了 make 命令時，make 會做些什麼，但並非真正想去做。這時，你就可以執行 "make –n" 命令。這個命令會顯示出，若你真正下了 make 命令時，它會做那些事（亦即，那些運作步驟）但不會真正去做。假若你執行 "make -n 目標"，那它就會顯示出在你真正下了 "make 目標" 這個命令時，make 會做那些事。

   就以之前 prog1 與 prog2 兩個程式共用一個庫存的 makefile 做例子，底下就是你打 "make –n"，所得到的結果。

   ```
   $ make -n
   cc -c prog1.c
   cc -c mylib.c
   cc -o prog1 prog1.o mylib.o -lpthread
   cc -c prog2.c
   cc -o prog2 prog2.o mylib.o -lpthread

   $ make -n prog1
   cc -c prog1.c
   cc -c mylib.c
   cc -o prog1 prog1.o mylib.o -lpthread
   ```

2. make -k（碰到錯誤時，不要停）

   平常，若一個建立步驟出了錯，那 make 就會立刻停止。有時，你會希望 make 能忽略其所遇到的錯誤，繼續往下做，能建立愈多愈好。這種情況下，你所應下的命令，就是 "make –k" 而不是 "make"。下面就是一個例子。

   ```
   $ make clean
   rm -fr prog1 prog1.o prog2 prog2.o mylib.o

   $ make -k
   cc -c prog1.c
   prog1.c: In function 'main':
   prog1.c:12: error: 'xxx' undeclared(first use in this function)
   prog1.c:12: error:(Each undeclared identifier is reported only once
   prog1.c:12: error: for each function it appears in.)
   make: *** [prog1.o] Error 1
   cc -c mylib.c
   cc -c prog2.c
   cc -o prog2 prog2.o mylib.o -lpthread
   make: Target `all' not remade because of errors.
   ```

誠如你可以看出的，make 在編譯 prog1.c 時，出現了錯誤。平常，若你下的命令是 make，那 make 在碰上第一個錯誤時，就會立即停止一切。但因現在你下的是 "make -k"，它就沒有一碰到錯誤就停止。反而，它往下繼續做，成功地建立了 prog2。

3.　make -s（安靜模式）

"make -s" 是在安靜（silent）模式下執行 make。這意謂，make 會進行一切所需的建立步驟，但不會像平常那樣，印出它所執行的每一步驟。這目的在減少 make 命令在顯示螢幕上所印出的資訊數量。以下就是一個例子：

```
$ make clean
rm -fr prog1 prog1.o prog2 prog2.o mylib.o
$ make -s
$ ./prog2
Hello, there!!
```

當然，make 命令還有其他的選項（option）。你只要執行一下 "man make"，看看 make 的文書，就可看出其他的選項。

2-5-9　以 make 建立一個小的計畫

這一節，我們舉一個用 make 建立一個很小的軟體開發計畫的例子，讓讀者知道，平常你要如何組構你的原始程式，與打造所需之 makefiles。雖然這個計畫規模很小，但所有的觀念和技巧，卻全都用上了。因此，和大型計畫無異。這個例子也示範了你如何教 make 循序地步下原始程式樹林的每一檔案夾階層。

這個開發計畫只需建立一個庫存，mylib.a，以及一個可執行程式 prog1。我們把建立庫存所需的程式原始碼放在 lib 檔案夾下，且把建立 prog1 程式所需的原始碼放在 prog1 檔案夾裡。

我們總共建了三個 makefile。最頂層的 makefile 含有兩個規則。一個是清除整個產品，另一個則是建立整個產品。規則裡教 make 必須走到下一個檔案夾層次，並做其所該做的作業。在 lib 檔案夾之下的 makefile，同樣有兩個規則，教 make 如何履行在那個檔案夾內的清除與建立作業。在 prog1 檔案夾之下的 makefile 亦然。

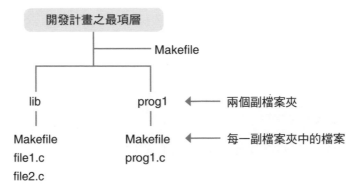

圖 2-7 範例開發計畫之檔案結構

圖 2-8 範例開發計畫之 Makefiles

```
1. 最頂層之 Makefile

   # Top-level makefile to build all.

   DEPEND1 = lib
   DEPEND2 = prog1

   all: $(DEPEND1) $(DEPEND2)
       (cd $(DEPEND1); make)
       (cd $(DEPEND2); make)

   clean:
       (cd $(DEPEND1); make clean)
       (cd $(DEPEND2); make clean)

2. lib 副檔案夾之 Makefile

   # Build the library from source files

   OBJS = file1.o file2.o
   LIB1 = mylib.a

   CC = cc
   CFLAGS = -c

   all: $(OBJS)
       ar rv $(LIB1) $(OBJS)

   .c.o:
       $(CC) $(CFLAGS) $< -o $@

   clean:
       rm -fr $(OBJS) $(LIB1)

3. prog1 副檔案夾中之 Makefile
```

```
# Build the executable program named prog1.

PROG1 = prog1
PROG1OBJ = prog1.o
LIB1 = ../lib/mylib.a

CFLAGS = -c
CC = cc
LD = cc

$(PROG1): $(PROG1OBJ) $(LIB1)
    $(LD) $(LDFLAGS) -o $(PROG1) $(PROG1OBJ) $(LIB1)

.c.o:
    $(CC) $(CFLAGS) $< -o $@

clean:
    rm -fr $(PROG1) $(PROG1OBJ)
```

圖 2-9 列出了這個範例開發計畫的所有程式。

圖 2-9　這個例子的原始程式檔案

```
(a) file1.c

   #include <stdio.h>
   void func1()
   {
     printf("Function func1 was called.\n");
   }

(b) file2.c

   #include <stdio.h>
   void func2()
   {
     printf("Function func2 was called.\n");
   }

(c) prog1.c

   #include <stdio.h>
   int main()
   {
     func1();
     func2();
   }
```

　　想知道整個建立程序如何，你只要換到計畫的最上層的檔案夾，然後執行下面兩個命令，就知道了：

```
make clean
make
```

　　圖 2-10 所示，即為清除與建立步驟的螢幕輸出，以及執行所建程式的結果。

圖 2-10　範例開發計畫，清除、建立與執行所建程式的輸出結果

```
1. Linux

 $ make -n
(cd lib; make)
(cd prog1; make)

 $ make clean
(cd lib; make clean)
make[1]: Entering directory `/root/myprog/make/lib'
rm -fr file1.o file2.o mylib.a
make[1]: Leaving directory `/root/myprog/make/lib'
(cd prog1; make clean)
make[1]: Entering directory `/root/myprog/make/prog1'
rm -fr prog1 prog1.o
make[1]: Leaving directory `/root/myprog/make/prog1'

 $ make
(cd lib; make)
make[1]: Entering directory `/root/myprog/make/lib'
cc -c file1.c -o file1.o
cc -c file2.c -o file2.o
ar rv mylib.a file1.o file2.o
  ar: creating mylib.a
  a - file1.o
  a - file2.o
make[1]: Leaving directory `/root/myprog/make/lib'
(cd prog1; make)
make[1]: Entering directory `/root/myprog/make/prog1'
cc -c prog1.c -o prog1.o
cc  -o prog1  prog1.o ../lib/mylib.a
make[1]: Leaving directory `/root/myprog/make/prog1'

 $ ./prog1/prog1
Function func1 was called.
Function func2 was called.

2. AIX
```

```
$ make clean
(cd lib; make clean)
 rm -fr file1.o file2.o mylib.a
(cd prog1; make clean)
 rm -fr prog1 prog1.o

$ make
(cd lib; make)
cc -c file1.c -o file1.o
cc -c file2.c -o file2.o
ar rv mylib.a file1.o file2.o
   ar: Creating an archive file mylib.a.
 a - file1.o
 a - file2.o
(cd prog1; make)
cc -c prog1.c -o prog1.o
cc  -o prog1  prog1.o ../lib/mylib.a

$ ./prog1/prog1
Function func1 was called.
Function func2 was called.
```

再次提醒一下讀者，make 的基本功能在 POSIX 標準有規範，所以，這部分在所有作業系統都一樣。但是，每一作業系統下的 make，通常也都會有些微的差異。詳細情形，請讀者查看每一作業系統的文書。

這本書幾乎每一章節都有一些程式範例。屆時我們也會提供一個簡單的 makefile，一個是 Linux 作業系統上用的，另一個是 Apple Darwin 上用的。分別叫做 makefile.lin 與 makefile.mac。至於其他的平台，再請讀者拷貝並修改一下。

誠如我們說過的，makefile 有許多不同的建立方式。每一個人所寫的 makefile 可能都稍有不同。這本書裡的 makefiles，旨在簡單、迅速。因此，它們可能並非最佳狀態。但卻簡單又達目的。我們所給的，讀者只要改一下定義 OBJS 和 PROGS 代號兩行，將你所欲建立之目的檔案與可執行程式的名稱換上，就可以了，省時省事。

2-6　退化測試組套

絕大多數軟體產品都是一邊開發，一邊測試的。因此，在最後，都有了一套或一組測試在。在第一版本問世了之後，這套測試就變成了**退化測試組套**（regression suites）。只要產品有進一步的翻修或更改，這一套退化測試組套就可以用來確保新的改變沒有讓整個產品退化。所謂產生退化，就是原來動作（works）的功能，現在反而不動作了。這是很丟臉，很不應該，也絕對不容許發生的。原來動作的，好的，就應該一直好下去。假若因為修了某個錯蟲，或新增了一些新的功能，就造成有退化的現象，那就是不對的。

增加新的功能，或為了修錯蟲而改變時，應該也要增加新的測試。沒有寫測試的缺點是，萬一有人不小心破壞了那一部分的功能，就沒辦法及早發現了。

及早發現產品有錯蟲或退化，至關緊要。若等到客戶用了以後，再發現那就不是很好，會影響產品的品質及聲譽。

測試必須愈完整愈好。所有的每一項重要功能及特色，都要有相關的測試守護著。所有的正常狀況、邊際狀況、非正常狀況，都應該測試到。正面測試絕對必要，負面測試也要盡量齊全。事實上，嚴格說來，該有的測試是幾乎無限量的，寫不完的。重點是，測試愈齊全與完整，測試涵蓋的範圍愈寬廣，你對產品的信心就愈高，產品的品質也相對提高。

總之，一套完整的退化測試組套，是產品必備的組件之一，絕對少不得。

2-7 編譯式與解譯式程式語言

2-7-1 程式語言與執行的型態

電腦程式可以寫成各種不同的語言。這些程式語言包括 C、C++、Java、C#、PASCAL、BASIC、Perl、Python、FORTRAN、COBOL、ADA、組合語言、劇本語言等等，還有其他許多語言。

並不是所有程式語言都一樣或相近的。有些程式語言，如 C 與 C++，就比其他程式語言，如 Java 與 Perl，來的精簡、嚴謹，與高效率。有些程式語言，如 C、C++、Java，就比其他語言，如 COBOL 與 FORTRAN 來的通用。

另外，有些程式語言是編譯式（compiled）的語言，而有些則是解譯式或即譯式的（interpretative）。譬如，C、C++、FORTRAN、COBOL 與 ADA 等，就是編譯式的語言，而 Perl、BASIC 與劇本（script）語言等，即是解譯式的語言。有些語言（如 Java、C#、Python）等則兼具編譯與解譯。其都先編譯成中間碼，再解譯執行。

　　寫成編譯式語言的程式，必須先經編譯成最終機器語言或中間式語言之後，才能正式執行。但寫成解譯式語言的程式，不須事先編譯，就能立即執行，邊解譯，邊執行。執行寫成解譯式語言的程式時，你通常要再叫用另一解譯程式來解釋並執行你的程式，而不是像編譯式程式一樣，直接叫用執行你的程式。

　　解譯式程式語言的優點是，易於除錯，除錯時間通常比較短，程式也比較少行。但它的缺點是，通常比較高階、鬆散、效率比較低。有些甚至非常臃腫累贅，且不夠嚴謹。

　　相對的，編譯式程式語言需要比較多步驟才能抵達執行的階段，而且需要除錯程式（debugger）幫忙除錯。但它們通常低階一些，一般直接叫用作業系統核心的系統叫用（system calls），因此，效率很高，且控制較緊。編譯程式也可以將之性能最佳化。若將 C 語言與 JAVA，Perl 或 Python 相比，C 相對就簡單、精簡、快速、嚴謹與精準多了，功能也強多了。效率與嚴謹度的差別，是相當大的。這就是為何幾乎所有的系統軟體，都是以 C 語言寫成的. 這是未來幾百年不會改變的。

　　上面提到 Java 是一既編譯且解譯的程式語言。所有 Java 語言的程式都必須先經 Java 編譯程式（一稱為 javac 的命令或程式）編譯成一種叫做**位元組碼**（byte code）的中間語言，然後，才能再以另一稱為 java 的解譯程式，加以解釋與執行。Java 語言這樣做，主要目的是希望能將 Java 程式，只要編譯一次，就能在任何不同硬體機器上執行。這是因為，位元組碼是硬體獨立的，它與計算機之硬體（及中央處理器）無關。而實際最後解釋你的 Java 語言程式的 java 命令，才和中央處理器硬體有關。java 解譯程式在每一種不同中央處理器上都不同，它才能將與硬體完全獨立無關的中間語言位元組碼，解釋成每一不同中央處理器的機器語言，執行你的 Java 程式。

所以，用編譯程式編譯

- C 語言程式（將之譯成機器語言）
- Java 語言程式（將之譯成中間語言，稱為位元組碼）

用解譯程式解譯且執行

- 劇本（script）語言程式
- Perl 程式
- Java 程式的位元組碼

　　總之，一般而言，編譯式程式語言，稍微低階一些，但較嚴謹與高效率。解譯式程式語言稍微高階一些，但通常較鬆散、累贅，且沒效率。有些解譯式語言，如 Perl，使用了許多庫存函數進行各種不同的作業，不僅效率很差，還經常在不同作業系統、功能就有所差異。理論上，Perl 語言程式應該是完全可移植的（portable），但其實實情並不是這樣。

2-7-2　程式的編譯過程

　　大部分軟體工程師都使用編譯式程式語言在做軟體開發。圖 2-11 所示，即這種開發方式下，軟體編譯、建立，與執行的步驟及過程。

　　由圖 2-11 可看出，建立與執行一個程式，通常會用到其他的四個程式：編譯程式（compiler）、組合語言編譯程式（assembler）、連結程式（linker），與載入程式（loader）。這個例子牽涉兩個原始程式，myprog.c 與 utils.s。C 編譯程式將 myprog.c 編譯成機器語言，結果存在硬碟上。這個目的檔案在 Unix 上就叫 myprog.o，而在 Windows 上就叫 myprog.obj。組合語言編譯程式將組合語言原始檔案 utils.s 翻譯成機器語言，並將結果存在硬碟上。這目的檔案就要叫 utils.o 或 utils.obj。

　　絕大多數程式都由多個原始程式檔案建立而成。因此，欲形成一個可執行的程式，下一個建立步驟就是要叫用連結程式，將所有這些有關的所有目的檔案，

圖 2-11　編譯式程式的建立與執行過程

以及它們所叫用到的 C 庫存函數,全部連結在一起,以形成一個最終的可執行的程式。這個**連結程式**（linker）在大部分的作業系統,就是 ld 程式或命令。連結程式必須將你的程式所直接或間接叫用到的所有函數,包括庫存函數與你自己所寫的,全部找出並連結在一起,填入每一函數的位址,使程式變成一可以執行的狀態。這一個步驟最常見的錯誤就是有些函數或變數找不到 "unresolved symbols"。遇到這個錯誤時,你就必須自己去找出那些連結程式找不到的函數或變數是定義在那個檔案或庫存內,並將它的名字加在現有的 ld 命令上。連結程式若大功告成,那它就會將可執行程式,存成一個可執行檔案,存至硬碟上。

你知道,每一個要讓中央處理器執行的程式,都必須存在記憶器內。因此,當你打入你所欲執行的程式的名字,企圖執行某個程式時,作業系統的母殼或命令殼（shell）,就會叫用**載入程式**（loader）,將這個程式,由硬碟拷貝一份,存入記憶器內。記得,這個載入程式通常存在作業系統的/sbin 檔案夾內。它與連結程式是兩個完全不同的程式。許多人都將它們搞混了,以為是同一個程式,那是錯的,兩個程式的名稱與功能完全不同。連結程式將一個應用程式有關的所有目的檔案和庫存函數,連結在一起,形成一個可執行檔案，存在硬碟上。而載入程式則將一個可執行檔案，由硬碟上拷貝一份取出，存入記憶器內，以便其能為中央處理器所執行。

2-8 程式語言的選擇

　　幾十年來，電腦科學家所發明與設計的電腦程式語言，可能超過一百種。就在我的學習與工作過程，我就學過與用過將近十二種不同處理器的組合語言，以及 BASIC、PASCAL、FORTRAN、COBOL、C、C++、JAVA、C#、Perl，與腳本（shell scripts）等多種高階語言。隨著時間的過去，其中有些已逐漸褪色。

　　每一程式語言都有其優點與缺點，亦即，長處與短處。就目前而言，C 語言算是所有程式語言中，最精簡、高效率與高性能、最精準、最嚴謹，與功能最強的程式語言。幾乎所有當今最常用與最流行的作業系統（如 Unix 與 Linux），資料庫管理系統（如 Oracle）、網路系統（如 Cisco 的路遊系統程式）、群集（clustered）系統，以及許多其他的伺服系統與應用程式等，都是用 C 語言寫成的。這些軟體，在未來的幾拾年，甚至幾百年，都會一直繼續位處所有軟體的核心，繼續在網際網路的背後，履行幕後核心的處理作業。就功能與重要性而言，目前還未見任何可以取代 C 語言的其他語言出現，特別是在非常重要的系統軟體層次。

　　在應用程式的層次，有些應用軟體還是有用 C 寫的。但很多公司都有傾向採用 Java 的趨勢，追趕物件導向（object-oriented）的流行。在微軟的視窗系統上，C# 就相當於 Java，兩者有很多地方都有一對一的類似語言結構存在。採用 Java 的好處是，它是跨平台的，只要編譯一次，到處都可執行。對支援多平台，會省事許多。但 Java 有兩大弱點。第一是，太累贅了（cumbersome）。很多事情在 C 語言可以簡短幾行很精簡迅速做到的，在 Java 則是老太婆的裹腳布，又臭又長。很不精準又很沒效率。第二是，物件導向有個天生的缺點，那就是它是一切都是階級性的（hierarchical）。在現實的世界裡，並非所有事情都是階級性的。相反地，絕大多數都不是。因此，物件導向只適合於有效地解決某一些問題。對於解決其他問題，物件導向的階級結構反而是一種限制，綁手綁腳。至今無人以 Java 或 C# 開發前述的系統軟體。

　　最近幾年，Perl 與 Python 亦有逐漸流行的趨勢。這些語言相形之下，比較鬆散，不是很嚴謹，效率也較低，也較累贅。作者曾目睹一些本來應該選擇用 C 語言，但卻使用 Perl 與 Python 寫的開發計畫，最後都變得問題一大堆，產品品質挺不如人意。因此，記得任何軟體，想要品質可靠、高效率、高性能、精準，與可值性高，最好還是避開這些流行但鬆散、不夠嚴謹的語言。

　　這些語言通常都必須仰賴很多必須重新寫起的庫存函數，這些庫存函數經常是又臭又長，很沒效率，而且不是百分之百完全可移植的。譬如，Perl 照理說應該是百分之百可移植的，但事實並不然。問題出在它所用的許多庫存函數，在不同作業系統上，其功能就不盡相同。

　　繼續再往更上層的網際網路應用程式，同樣有多種不同的架構與語言可以選擇。但你會發現，這些不同的語言與環境架構，通常壽命都不是很長。過一陣子，你就會發現，不時會有新的語言與架構出來，出來時都擺明一副要取代過去舊有的一切的架勢。但最終你會發現，它們可能是有解決一些問題，但同時卻也帶來了新的問題。

　　總之一句話，選擇使用那一種程式語言來開發你的產品，關係至為重要。它事關你整個產品的品質、開發計畫的成敗，以及全部的成本。作者親自看過很多產品選擇了 Perl 與 Python，最終品質都不如理想。原因是，這些語言都太高階、太鬆散了。嚴謹度不及、效率太差，無法勝任真正嚴肅、嚴格的開發計畫。若你期望的是一個高品質、高性能、效率高、精準度高、可靠性高的軟體產品，記得選用一個嚴謹度與效率都高且不要太高階的語言。一般而言，C 程式語言至今為止還是無接近的對手！

✎ 習題

1. 說明軟體開發過程的階段與步驟。

2. 何謂功能規格？它應包括些什麼？

3. 何謂設計規格？它應包含有什麼？

4. 說出你所使用之原始程式控制系統叫什麼？

   列出進行下述各項作業的命令：

   ● 建立視野或玩沙盒

   ● 如何建立一個新的程式原始檔案

   ● 借出一個現有的檔案

   ● 存回一個你改過的檔案

   ● 把別人改過的東西併入你所借出的檔案

   ● 提交出你所改過的東西，讓其他人看得見。

5. 什麼是原始程式樹林分支？其目的是什麼？

6. 說明程式編譯和執行的整個過程。

7. 創造一個包括幾個原始程式檔案的開發計畫。且建立 makefiles，將整個產品的建立過程自動化。

8. 說明編譯式與解譯式程式語言的優點與缺點。

👆 參考文獻

1. https://www.tutorialspoint.com/makefile/index/htm

程式與庫存的建立

幾乎沒有軟體開發，不用到函數庫存，或簡稱**庫存**（library）的。這一章，我們介紹軟體庫存的種類，與其不同的建立與使用方式。同時，我們也會提到，如何利用不同種類的庫存，建立你的程式。

3-1 何謂庫存

一個軟體庫存，或簡稱庫存，就是一個含有多個已編譯成目的碼，可以立即使用的常用函數或**例行公事**（routine）的檔案。這些庫存所含的常用例行公事或函數，通常就是許多不同程式都會用到的通用程式碼或作業。

庫存的目的是在分享共用，且避免不必要的重複。一旦有人將某一特定的作業，寫成了一個函數或例行公事，那所有程式就可以不必再重複撰寫那同一段的程式碼，只要叫用放在庫存裡的這一個函數或例行公事就可以了。所以，將程式碼寫成庫存函數的好處是，只要一個人寫了一次，其他所有人和所有程式，就可以無數次的叫用（call）。

事實上，計算機界在作業系統層次上，已有許多的程式碼共用。每一作業系統買來時一定都附有一些庫存，就是一個最明顯的例子。標準的 C 函數庫存就是其中一個例子。每一作業系統軟體通常也會包括有網路函數的庫存。像這些都是除作業系統軟體在使用之外，所有程式開發者或使用者也可使用和共用的。

　　此外，在你購買其他的應用或系統軟體產品時，這些產品本身通常也都會有它們自己的函數庫存，除了產品自己使用外，也可讓用者在進一步開發這些產品的應用程式時使用。換言之，就誰提供這些函數庫存而言，至少有兩類。一是作業系統所提供的函數庫存，另一是軟體產品廠商所提供的函數庫存。身為程式開發者的你，也可以提供你自己的庫存。軟體產品的廠商將一些經常用到的功能提煉出，寫成常用例行公事或函數，放在庫存裡，是經常的事。

　　簡言之，一個函數庫存就是一個含有常用函數的檔案。

　　在 C 語言裡，你所定義的每一個函數，除非你在函數之前加上了 static 的字眼，將其可見度（scope）限制在一個檔案內，否則，它都是**全體性**或**全面性**的（global）。一個全面性的函數在編譯成目的碼之後，只要連結上那個目的碼檔案，任何程式都可以看得到那個函數，且加以應用。另外，若這個目的碼檔案存在一個函數庫存內，那只要程式連結上這個庫存，也是同樣看得見並加以運用。

　　一個函數庫存內通常含有兩種函數：輸出的（exported）函數與未輸出的函數。輸出（或對外公佈）的函數，是人人或任何程式可見與使用的。未輸出的函數則是只給庫存內其他的函數所內部使用，不對外公開的。為了讓使用者知道如何應用，每一輸出的庫存函數通常都會有**說明文件**或**文書**（documentation）。換言之，它是一個公開、有文件登載的**應用程式介面**（Application Programming Interface，簡稱 API）。說明文件通常必須記載下列東西：

- 每一庫存函數的名字
- 每一庫存函數所送回的資料的型態（return data type）
- 每一函數之參數的名稱、資料型態，與先後順序。以上這些資訊構成每一函數所謂的 "簽名"（signature）或特徵。
- 每一參數究竟是輸入或輸出參數，或兩者都是。
- 這個函數所有可能的回送資料值，包括錯誤碼。

　　此外，簡單概要地說明一下每一參數在做些什麼也是必要的文件說明之一。甚至要是說明文件能包括如何使用這個函數的範例（example），那就更棒了！

　　例如，標準 C 之庫存函數 strcpy()，一個程式開發者所必須知道的最少資訊，就是如下：

```
char *strcpy (char *dest, const char * src);
```

　　在 Unix 與 Linux 作業系統上，查看應用程式介面或命令的說明文件時，使用者可以打 man 命令。譬如，下面的命令即是欲查看 strcpy 函數的說明文件：

```
$ man strcpy
```

或者，在某些系統上，你必須要打

```
$ man 3 strcpy
```

　　這是因為說明文件內有許多部分，庫存函數一般都放在第 3 部分。系統叫用都登載在第 2 部分。作業系統指令則在第 1 部分。

3-1-1　記得要永遠重用程式碼

　　記得，永遠重用或共用（reuse）程式碼是非常、非常重要的。每當你在寫程式時，只要有那一段程式碼，在整個產品中可能出現一次以上，你就一定要將之寫成例行公事或函數。以便其他單元或程式開發者也可以使用。這是最基本的，也是至為重要的。程式設計的基本守則之一，就是永遠將達成某一特定作業的程式碼，寫成一個個別的例行公事或函數，然後從每一需要的地方叫用此一函數。

　　一個軟體開發計畫下，最糟糕的事是，做同一件事存在很多種不同版本的程式碼，每一個地方或單元，都各自為政，有其不同的做法，毫無統一可言。作者曾在一家很大、世界聞名的軟體公司的其中一個產品做過開發。很驚訝的是：

1. 每次我要做一些很簡單且基本的作業，要找現有的函數來用時，幾乎每一次都找不到、不存在。

2. 有好多次，在修錯蟲時，我都預計在某一地方修改。但幾乎每一次都驚訝的發現，我必須要在整個產品的許多不同地方（最高記錄是 11），都做同樣的修改。

這些就是沒有做到上面所提，要重用程式碼，要將每一特定作業寫成一個函數，然後在所有用到的地方都叫用或重用這一函數的結果。這是完全錯誤的程式設計。真不敢相信，這些擁有電腦學士或碩士的軟體工程師們，竟然連這最基本的都沒做到。

將共同的處理作業提出，寫成一個函數，簡化了整個產品，省時省事。尤其是在這一段程式碼萬一有錯蟲，或必須增減或加上新的功能時，你只須在一個地方，修改一遍，就完全了事了。反之，若不寫成函數，那你可能就有五個、八個，或十個不同地方都需要修改，費時又費力，程式也不必要的變大與變複雜了。

因此，將每一特定作業，或必須在整個產品中出現一次以上的程式片段，永遠寫成一個函數或例行公事，並在每一需要用到的地方叫用此一函數或例行公事，是程式設計最基本且最重要的！這可以讓整個軟體產品更精簡、模組化（modular）、完美，更易於維護，省時省事。

一個寫得好的程式，應該是像下面這樣，整個程式，基本上就是一系列的函數叫用，每一所需的作業步驟，就是叫用一個特定的函數來達成。整個程式看起來簡單明瞭且井然有序。這不只是 main() 主體函數，其他被叫用到的每一個函數，也都應該這樣寫。

```
main()
   {
     ret = func1(...):
     ret = func2(...);
      :
     ret = funcn(...);
   }
```

3-2　存檔庫存與共用庫存

軟體函數庫存有兩種。同一個庫存，可以兩種不同型式存在。

1.　存檔庫存（archive library）

2.　共用庫存（shared library）

存檔庫存又稱**靜態庫存**（static library），而**共用庫存**又稱**動態庫存**（dynamic library）。

在早期，幾乎所有函數庫存都是靜態的。動態庫存是後來才有的，但現在卻非常普遍。

靜態與動態庫存的主要差別，是它們的用法。在建立一個程式時，如果你連結的是一靜態庫存，那麼連結程式會將這個程式所叫用到並且存在靜態庫存中的函數，一一拷貝一份，實際放入這個程式裡。換言之，每一個程式都分別擁有一份，這些被叫用到並且來自靜態庫存的函數，亦即實際擁有一份拷貝。因此，假設某一時刻電腦正在執行十個程式，其中有 5 個用到某一靜態庫存中的函數 A，那此時記憶器中很可能就會同時有 5 份函數 A 的程式碼，每一個程式各擁有一份拷貝。

相對地，動態庫存中被叫用到的函數，連結程式並不會將它拷貝一份，實際存入個別程式檔案內。在程式實際執行時，每一個被用到的動態庫存，都會有一份存入記憶器內。但整個電腦就只有一份存在記憶器內，這一份是所有有用到這個動態庫存的程式共用的，因此又稱為共用庫存。

在 Unix 與 Linux 作業系統上，一個靜態庫存通常叫做 libxyz.a。其中，xyz 是這個庫存的名字，而 .a 就代表它是一個存檔或靜態庫存。相對的，這同一庫存的動態庫存名稱，就是 libxyz.so。其中，.so 就代表動態庫存，so 取自 shared objects 的字首。但這並非所有系統都這樣。譬如，在 HP 的 HP-UX 作業系統上，libxyz.so 就叫 libxyz.sl。.sl 取自 shared library。在微軟視窗系統上，.dll 即相當于 Unix/Linux 上的 .so。

譬如，下面就是一些這本書的範例程式會經常用到的一些函數庫存，在 Linux 和 Unix 作業系統上的名稱：

標準 C 語言庫存：libc.a、libc.so（在微軟視窗上，分別是 msvcrt.lib 與 msvcrt.dll）

標準 C++ 語言庫存：libstdc++.a、libstdc++.so

電腦網路庫存：libnsl.a、libnsl.so

Pthread 庫存：libpthread.a、libpthread.so

在 Unix 與 Linux 系統上，這些庫存通常安裝在 /lib 與 /usr/lib 檔案夾上。有些作業系統會另外將所有動態庫存都集中安裝在 /shlib 檔案夾內。但其他的作業系統則將動態與靜態庫存，混雜在同一檔案夾內。

就如同前面提過的，在微軟視窗系統上，靜態庫存的檔案類別名是 .lib，而動態庫存的檔案類別名是 .dll。庫存通常都安裝在 C:\Windows\System32 檔案夾內。微軟的 Visual C++ 一般都個別安裝在像 C:\Program Files\Microsoft Visual Studio 10.0\ 的檔案夾，而所有庫存會安裝在這個檔案夾之下的 VC\ 副檔案夾（subdirectory）內。

本章稍後，我們會介紹並教你如何自己建立這兩種軟體庫存。不過，在那之前，我們先討論一下一般的程式如何建立。

3-3 建立程式或庫存的兩個階段

編譯與建立一個程式或庫存，通常包括兩個階段：

1. 編譯
2. 連結

不論程式是用 C、C++、Java、組合語言、FORTRAN、COBOL、PASCAL、ADA 或其他語言所寫的，**編譯**主要是將每一個個別的原始程式檔案，翻譯成目的語言或機器語言。**連結**則是將許多已編譯好的目的檔案，連結在一起，變成一個可執行的程式或庫存。

這兩個不同階段，分別由不同的作業系統命令來達成，分別是編譯程式命令與連結程式命令。值得一提的是，當你叫用編譯程式命令時，除非你在編譯命令上加了-c 選項，聲明只做編譯，不做連結。否則，它通常會在編譯步驟成功之時，自動又叫用連接程式，讓兩個步驟一氣呵成的。

編譯程式命令的名稱，因語言與系統而異。譬如，就 C 語言而論，絕大部分系統稱之為 cc（代表 C Complier 之意）。但也因系統而異，例如，GNU 的 C 編譯程式命令即叫 gcc、Intel 的 C 編譯程式叫 icc、IBM 的 AIX 系統則稱其 C 編譯程式命令為 xlc。有時，你也會看到像 C89 與 C99 之類的名稱，其分別代表 ANSI C89 標準與 ISO 99 標準的 C 語言編譯程式。

連結程式的命令名稱則比較一般，絕大多數稱作 ld（link editor）。

有時，在某些系統上，光要找出 C 編譯程式命令的名稱都得費點工夫。在你不熟的系統上，你可試著打入上述所提的不同名稱看看。再不然就 Google 看看。記得，有許多編譯程式產品是單獨安裝在一個獨自不同的檔案夾內的。例如，在有些 Sun Solaris 系統上，C 編譯程式就安裝在 /opt/products/sun/c 檔案夾上。在有些 IBM AIX 上，它會安裝在 /usr/local/ibm/compiler/c 檔案夾內。真正找不到，問問系統管理者應該會知道。

作為一軟體開發者，你可以選擇建立程式一步或分兩步達成。通常，當你叫用執行 C 語言編譯程式的命令時，它會依序將兩個步驟一次達成的。譬如，若你將下面簡短的程式存在一個稱為 myprog.c 的檔案：

```
#include <stdio.h>
int main(int argc, char *argv[])
{
  printf("Hello, world!\n");
}
```

那建立這個程式，就可以下面命令一步達成：

```
cc -o myprog myprog.c
```

或以下面兩個命令，分兩步達成：

```
cc -c myprog.c
ld -o myprog myprog.o
```

其中，"cc -c" 命令教電腦只做編譯，不做連結。而連結步驟則以個別叫用 ld 程式達成。

若你所使用的系統上有安裝 C 編譯程式，那它一定也一併安裝了 C 的庫存。在連結一個 C 語言所寫的程式時，連結程式會自動在系統上找到 C 的函數庫存，並將程式所叫用到的 C 庫存函數，連結進來。此一作業是隱含與自動的。除此之外，倘若你的程式叫用到了位於其他庫存中的函數，那你就必須在連結時，指明那一個庫存的名稱，否則，cc 或 ld 指令是不會知道，自動去那個庫存中找尋被叫用到的函數的。

舉例而言，倘若你開發的是網路應用程式，那網路插口（socket）函數一般都存在 libnsl.a 或 libnsl.so 庫存內。這時，你就必須如下地，以 "-l" 選項，告知連結程式，你的程式也用到了這個庫存：

```
-lnsl
```

這時，前面的程式建立命令，就要分別改成如下：

```
c -o myprog myprog.c -lnsl
```

或

```
cc -c myprog.c
ld -o myprog myprog.o -lnsl
```

記得，僅就這兩個步驟而言，建立庫存與建立程式是幾乎一模一樣的。唯一的不同是，"-o" 選項所指明的檔案名不同。在建立庫存時，"-o myprog" 就會改成 "-o libxyz.a" 或 "-o libxyz.so"。

3-4　靜態連結與動態連結

就像一函數庫存可以兩種不同型式存在一樣，你也有兩種不同方式，可以建立，特別是連結，一個程式。在你建立一個程式時，你可選擇與其所需用到的庫存，靜態或動態連結。這兩種方式，分別叫做**靜態連結**（static linking）與**動態連結**（dynamic linking）。

靜態或動態連結的選擇，是透過連結程式的一個選項達成。這個選項因作業系統的不同而異。但在大部分系統上，使用 "-static" 或 "-non_shared" 選項即選擇作靜態連結，而採用 "-dynamic" 或 "-shared" 即選擇作動態連結。圖 3-1 所示即幾個最常見作業系統上連結程式的選項。

圖 3-1　靜態與動態連結的選項

作業系統	靜態連結	動態連結
Linux	-static	-dynamic
Solaris	-Bstatic	-Bdynamic
AIX	就提供靜態庫存的名稱	就提供動態庫存的名稱
HPUX	就提供靜態庫存的名稱	就提供動態庫存的名稱
Apple Darwin	就提供靜態庫存的名稱	就提供動態庫存的名稱
Windows	就提供靜態庫存的名稱	就提供動態庫存的名稱

在靜態連結時，你的程式所直接或間接叫用到的庫存函數，全部會被拷貝一份，存入你程式的可執行檔案裡。換言之，在使用靜態連結時，每一個程式的可執行檔案內，都擁有一份這些被叫用的函數的程式碼。

在動態連結時，你的程式所直接或間接叫用到的庫存函數，並沒有實際被拷貝入或存在你程式的可執行檔案內。相對地，在程式執行時，這些有關的庫存，會被載入記憶器內，以便所有有用到它們的程式，大家可以共用。沒有任何動態連結的程式，擁有一份私有的拷貝。

◉ 靜態連結

優點：

(1) 一個採用靜態連結的程式是完整且自給自足的。靜態連結的程式一旦建立好後，不論你把它安裝或拷貝到任何機器上，它都可以完全獨立，不需要有它所連結那些庫存的存在，就能順利執行的。

(2) 靜態連結的程式，一旦建立好且測試過後，一直到下次程式再重新建立時，其測試結果就是一直有效的。換言之，除非程式有改變或又重新建立過，否則，測試結果是一直有效的。

(3) 靜態連結的程式，一旦測試好之後，它不論何時都是一定能啟動的。因為，所有它所依賴的東西，在程式的可執行檔案中，都自己含有一份私有的拷貝的。是以，它不會受到在執行時，萬一找不到它所依賴的某些東西，以致不能啟動的危害。就像下一節我們會提到的，在微軟視窗系統上的 "DLL Hell"（DLL 地獄）的情形。

缺點：

(1) 由於自己擁有一份它所叫用到之所有庫存函數的拷貝，因此，靜態連結程式的體積都相對比動態連結大一點。所以，它相對也多佔用了一些硬碟和記憶器的空間。這年代，硬碟與記憶體都是又大又便宜，因此，這就不是問題了。

(2) 在萬一它所叫用到的庫存函數有錯蟲時，若有新的翻修過的庫存新版本出來且安裝在系統上，靜態連結的程式就無法自動受惠。

▶ 動態連結

優點：

(1) 由於程式的可執行檔案並不實際包含其所直接與間接叫用到之庫存函數，因此，動態連結程式的體積相對都比較小，節省硬碟與記憶空間。

(2) 由於每一動態庫存就只有一份載入記憶器內，所有有用到它的程式共用，因此，會比較節省記憶空間。

(3) 若萬一程式用到的某些動態庫存函數有錯蟲，則在翻修過的新的庫存版本出來且安裝在系統上之後，程式就能自動受益，程式本身不需重建，就能享用翻修過的庫存新版本。

缺點：

(1) 動態連結的程式，最大的缺點是，它並不見得隨時都能起得來。亦即，它並不保證永遠都可以啟動。只要程式所動態連結的所有庫存當中，有一個不見了，或故障了，動態連結的程式就會起不來，無法啟動。它們必須全部都存在，而且沒問題才行。

(2) 動態連結的程式，由於其最終真正的行為，是依賴著它在執行時，系統上所安裝之動態庫存而定。所以，要是這些程式用到之動態庫存的版本，與當初實際所測試的版本不同時，結果可能就不見得一樣。換言之，一個動態連結的程式，它在真正執行時，系統上的環境與設定，與當初被測試時的實際環境與設定，可能會稍有不同。

　　因此，它的現有執行結果，與當初的測試結果，有可能會略有不同。這個可能性是存在的。

(3)　刀是兩面的。雖說動態連結的程式，可以自動享用動態庫存新版本上所包括的所有錯蟲檢修，但要是新版本的動態庫存有了新的問題，它同樣也會受害的。

(4)　DLL 地獄

　　那些在 1990 與 2000 年代用過微軟視窗系統 95 和 2000 的人，可能都還記得那所謂的 "DLL 地獄"（DLL Hell）的問題。在微軟視窗上使用動態庫存（DLL）時，偶爾程式就會**鎖死**（deadlock），吊死在那裡。

　　視窗上的這個問題是很複雜的。基本上，在視窗的 .NET 環境下使用動態庫存（DLL）是有些限制與死角的。特別是你的程式有混合同時用到 C++ 與 C# 兩種語言時。假若你建立一個同時含有編譯本地碼（compiled native code）與 MSIL（Microsoft Intermediate Language，微軟中間語言）管理碼（managed code）的動態庫存或程式，那作業系統（並不了解管理碼）與 .NET CLR 執行碼（runtime）（並不了解本地碼）之間的互動，就會出問題，會死鎖。

　　此外，在 DllMain 執行時，此時程序會持有作業系統載入程式（loader）的鎖（lock）。所以，試圖叫用 LoadLibrary() 函數想載入任何東西時，就會造成環型依賴（circular dependency）的狀況，導致鎖死。這個問題就與 MSIL 的管理碼沒關係。

　　除此之外，還有第三個問題是，不同應用軟體廠商都重複安裝它自己所使用之微軟庫存的版本，以致不同軟體廠商之間相互蓋掉它人所安裝之版本的問題。這特別是微軟 C 執行時段庫存（Microsoft C run-time library）。假若你安裝多個不同廠商的軟體，後來安裝的軟體，它所安裝的 C 庫存，可能就會蓋掉前一廠商或產品所安裝之同一庫存的版本，以致造成前一廠商之產品就會不動作。

　　後來，微軟公司試圖以**強式取名**（strong naming）解決 DLL 彼此互蓋的問題，但這個新東西有點複雜零亂，並非想像中美好。

3-5 連結程式如何找到靜態與動態庫存

你知道，在建立一個程式時，連結程式（linker）會將你在連結程式命令上所列之所有目的檔案，以及這些目的檔案所叫用到的所有庫存函數，全部找出並將它們全部連結在一起，變成一個可執行的程式檔案。為了達成此一作業，連接程式必須去一些檔案夾內，找到這些被叫用到的庫存，並找出被程式所叫用到的函數。

連結程式究竟是如何找到這些被用到的庫存的呢？

有幾種方式，可以讓連結程式找到這些被用到的庫存。方法隨作業系統不同而異。以下所列是三種最常見的方式。有些作業系統可能只採用其中一種，有些可能採用兩種，或甚至三種。

1. 利用一個**環境變數**（environment variable）來指出連結程式必須搜索那些檔案夾。

2. 利用連結程式命令的 "-l" 選項，指出庫存的名稱，並在這選項之前加上另一個 "-L" 選項，指出庫存所在的檔案夾名稱。

3. 就在連結程式命令上，指出庫存的全名（full pathname）。

記得，在你決定採用第三種方式，指出庫存的全名時，必須非常小心。倘若這是一個靜態庫存，那沒事。因為，只要在建立時，連結程式能據之找到這個靜態庫存，那你就圓滿達成任務了。使用全名或**絕對路徑名**（absolute pathname）不成問題。可是，假若這是一個動態庫存，那就不一樣了。因為，連結程式會把這個全名記錄下來，並在程式正式執行時，去那一個同樣位置，試圖找到這個動態庫存。萬一當時的執行環境，這個動態庫存不存在那同一個位置（譬如，已被移除，或換了一個不同位置），那程式就會起不來，無法執行。換句話說，在連結程式命令上，使用動態庫存絕對路徑名，就等於把這個動態庫存永遠定死在那兒了，讓它變成不可移動或移植，這是非常不好的，絕對要避免，除非你是私底下在測試，玩玩而已。經常發生的事是，在建立程式的系統上，該動態庫存所在的檔案夾，與客戶所用系統實際安裝的位置不同。這樣，動態連結的程式就會無法啟動。

一般而言，在你建立一個程式時，最好是不論動態庫存實際存在那裡或那個檔案夾，程式都有辦法啟動與執行。尤其是要賣給客戶的軟體產品。讓軟體產品可以安裝到客戶想要的任何檔案夾，而程式都能起得來且正常運作，是絕對必要的。

　　值得一提的是，有些作業系統提供有幫你解套的措施。在這些作業系統上，在你指出動態庫存時，假若你同時又使用連結程式命令的另一選項，那它就會只記錄下動態庫存的**基本名**（base name），而不是全名。如此，這些動態庫存屆時就可以存在不同的檔案夾內了。譬如，IBM AIX 就是這樣。

　　這個路徑名的問題，若所牽涉的動態庫存是作業系統所提供的，那就比較不是問題。因為，作業系統的安裝一般都很固定，不論在那一部電腦上，同一作業系統的庫存，幾乎永遠都是安裝在同一固定的檔案夾的。我們所說的，特別是用在連結你自己或第三者廠商所提供的動態庫存上。總之，記得，在連結程式命令上，最好永遠不要使用一個動態庫存的全名或絕對路徑名。

3-5-1　ldd 命令

　　為了檢查一下並且確定你在建立程式時，正確地連結了你自己的動態庫存，你可以執行一個命令，列出一個程式所依賴的所有動態庫存，確定它們都只含基本名，而沒有任何是全名或絕對路徑名。譬如，當你的程式連結上動態庫存 libtst1.so 時，你所看到的應該是

```
libtst1.so
```

而不是像

```
/myprog/lib/libtst1/libtst1.so
```

這個程式或命令，在包括 Linux，Solaris，AIX 與 HP-UX 等在內的絕大多數作業系統上，都叫 ldd。ldd 顯示出一個程式或動態庫存所依賴且連結上的動態或共用庫存。它告訴你，當一個程式執行時，每一被依賴的動態庫存，應位於何處。以下即為一個例子：

```
$ ldd uselink
    linux-vdso.so.1 =>  (0x00007fffd79ff000)
    libtst1.so => not found
    libc.so.6 => /lib64/libc.so.6 (0x0000003b89a00000)
    /lib64/ld-linux-x86-64.so.2 (0x0000003b89600000)
```

3-5-2 如何讓連結程式找到庫存？

以下即為在每一不同作業系統上，如何教連結程式找到程式所用到的**靜態庫存**檔案：

Linux：-L/庫存所在之檔案夾名稱

（注意，既非 LIBPATH，也非 LD_LIBRARY_PATH 環境變數。兩者都不是。）

例如：

```
cc -static -o uselink uselink.o -L/myproj/lib/libtst1 -ltst1
```

Solaris：

就直接把靜態庫存檔案的全名或絕對路徑名，給在連結程式命令上就對了。

AIX：

直接把靜態庫存的全名給在連結程式命令上，或使用連結程式的選項，"-L/靜態庫存所在的檔案夾名稱 -l 庫存名稱"。

例如：

```
xlc -o uselink uselink.o -L/myproj/lib/libtst1 -ltst1
```

HP-UX：

就把靜態庫存的路徑名給在連結程式命令上就是了。

Apple Darwin：

就把靜態庫存的路徑名（不論是絕對的或是相對的），給在連結程式命令上就是了。

Windows：利用 LIB 環境變數

以下則是在每一不同作業系統上，如何教連結程式找到一個**動態**（共用的）**庫存**：

Linux：使用連結程式的選項 "-L/庫存所在之檔案夾的名字"

（既非 LIBPATH 環境變數，也非 LD_LIBRARY_PATH）

例如：

```
cc -dynamic -o uselink uselink.o -L/myproj/lib/libtst1 -ltst1
```

Solaris：

在連結程式命令上使用 "-Wl,-Bdynamic -l 庫存名稱" 選項。同時，設定 **LD_LIBRARY_PATH** 環境變數，讓連結程式能找到庫存。

AIX：

將共用動態庫存的全部路徑名給在連結程式命令上。不過，要記得同時使用連結程式的 -bnoipath 選項，以便只有庫存的基本名，而不是全名，被記錄下來。這樣，在程式真正執行時，庫存就可以存在任何檔案夾內。用者可以透過 **LIBPATH** 環境變數的設定，告訴連結程式，庫存實際是在那一個檔案夾內。（記得，並不是先設定 **LIBPATH** 或 **LD_LIBRARY_PATH**。）

例如，

```
xlc -bnoipath -o uselink uselink.o  ../../libtst1/libtst1.so
```

HP-UX：

就把動態庫存的路徑名給在連結程式命令上就是了。

Apple Darwin：

就把動態庫存的路徑名，給在連結程式命令上就是了，不論是相對的或絕對的路徑名都可。

Windows：

使用連結程式的選項：**/LIBPATH:\庫存所在檔案夾的名稱**

例如：link **/LIBPATH:C:\mylib**

記得，在微軟視窗上，連結程式並不利用 **LIB** 或 **PATH** 環境變數來找到一個動態庫存。

3-6 應用程式如何找到動態庫存

前面說過，若你將一個程式，與所有它所用到的函數庫存做靜態連結，那只要連結程式找到這每一個庫存，成功地連結了整個程式，那你就大功告成，一切都沒事了。在程式實際執行時，並不需再做任何事的。換言之，以靜態連結所建立的程式，在程式正式執行時，是不需要去找出函數庫存的。

相對的，假如你執行一個以動態連結建立成的程式，不論它是你自己寫的，還是從某軟體公司買來的，你永遠都有責任去設定某些環境變數，好讓程式在執行時能找到它所用到之每一動態庫存。否則，程式就無法執行。這不論程式用什麼語言（如 C 或 Java）寫成的，都是一樣。

記得，一個程式很可能用到許多的函數與庫存，有些庫存可能是作業系統的一部分，有些可能是第三者廠商開發的，有些則可能是你自己的。不論如何，設定好某一特定環境變數，指出程式應去那些地方（檔案夾）找尋這些庫存，以致所有這些動態庫存都能全部被找到，你責無旁貸。在 Unix 或 Linux 上，你最好永遠都把 /lib 與 /usr/lib 兩個檔案夾包括在內，因為，動態共用庫存一般都安裝在這些檔案夾內。在絕大多數系統上，電腦的系統管理者通常都會有全系統共通的基本設定，而這會包括這些環境變數在內。那種情況下，你就只需把你自己的庫存與第三者軟體商之產品所用到的庫存，它們所在的檔案夾名稱，附加（append）在原有設定值的尾巴即可。

在不同作業系統上，為了能讓你所執行之程式，能找到其所用到的動態函數庫存，你所必須設定的環境變數如下：

Linux: LD_LIBRARY_PATH=/lib:/usr/lib:/shlib_dir1:/shlib_dir2

Solaris: LD_LIBRARY_PATH=/lib:/usr/lib:/shlib_dir1:/shlib_dir2

Aix: LIBPATH=/lib:/usr/lib:/shlib_dir1:/shlib_dir2

HP-UX: SHLIB_PATH=/lib:/usr/lib:/shlib_dir1:/shlib_dir2

Apple Darwin:

(a)　執行動態連結之程式前，設定

　　DYLD_LIBRARY_PATH=/lib:/usr/lib:/shlib_dir1:/shlib_dir2

(b)　執行動態載入之程式前，設定

　　LD_LIBRARY_PATH=/lib:/usr/lib:/shlib_dir1:/shlib_dir2

Windows: PATH=C:\Program Files\Microsoft Visual Studio 10.0\Common7 \Tools;\shlib_dir1;\shlib_dir2

注意，在設定環境變數的值時，不同檔案夾名稱之間，在微軟視窗系統上是以分號 "；" 分開，而在其他作業系統上則是以冒號 "：" 分開的。上面例子所顯示的檔案夾名稱，只是一些例子。

記得，正確地設定以上所示之環境變數的值，讓所有必須被搜尋之檔案夾的名稱都在上面，就是你讓一個正在執行的程式，能找到它所使用到之動態庫存的方法。

例如，下面即是在 Linux 系統上，LD_LIBRARY_PATH 環境變數的一個設定例子。這個設定包含了作業系統之動態庫存的檔案夾 /lib 與 /usr/lib、含有我們自己之動態庫存的檔案夾 /myproj/lib、Oracle 資料庫用戶軟體庫存的檔案夾，以及 Java 軟體之動態庫存的檔案夾：

```
LD_LIBRARY_PATH=/lib:/usr/lib:/myproj/lib:/app/oracle/client/12.0.1/lib:
  /java/j2sdk1.6.2_06/jre/lib/i386:
  /java/j2sdk1.6.2_06/jre/lib/i386/native_threads:
```

假若你也管理或跑 Oracle 伺服器軟體，那這個環境變數的值就必須再加上 $ORACLE_HOME/lib 檔案夾（例如，/oracle/product/12.1/lib）。

在 Linux 與 Unix 作業系統上，如何設定一個環境變數因你所使用之命令母殼（command shell）不同而異。下面就是一個例子。

```
C shell (csh):
  $ setenv LD_LIBRARY_PATH /lib:/usr/lib:/myproj/lib:/oracle/product/12.1/lib

Bourne shell (sh), Korn shell (ksh) and bash shell:

  $ LD_LIBRARY_PATH=/lib:/usr/lib:/myproj/lib:/oracle/product/12.1/lib
  $ export LD_LIBRARY_PATH
```

3-7 動態載入 — 不連結

到目前為止，我們一直說，將程式與其所用到之庫存函數連結在一起，有兩種不同方式：靜態連結與動態連結。事實上，我們並未透露全部實情。事實上，還有第三種方式，那就是不連結。這就叫**動態載入**（dynamic loading）。

是的，建立一個程式，不見得一定要在建立時，實際將程式和它所須用到的庫存，正式連結在一起的。這就有點像，新郎一直到了洞房花燭夜時，才第一次知道新娘是誰，長相如何一樣。使用動態載入時，一個程式在建立時，並不需要知道它所真正要用到的庫存是那一個，叫什麼名字。事實上，這個將被用到的庫存根本完全不需要存在或出現在你建立程式的系統上。程式是在已經開始執行了之後，再自己親自實際將這個動態函數庫存，由硬碟上載入記憶器內，並開始使用的。

使用動態載入時，程式設計師只要在程式實際寫碼時，知道庫存檔案的名字，以及程式所要叫用之函數的名稱，並將之寫入程式內即可。程式會在執行時，當場臨時載入這個庫存，以所用到之函數的名稱，查取欲叫用函數的位址，將之存入一函數指標（function pointer）型態的變數，再**反向參考**（dereference）這函數指標變數，達到叫用一個函數的目標。

由於在整個程式內，程式從未明白地直接叫用這個動態庫存中的函數，因此，在程式建立時，從未有必要需要和那動態庫存做連結。這就是為何利用動態載入技巧，叫用一個動態庫存中的函數時，不需跟那個庫存做連結的原因。

動態載入是比動態連結更進了一步。使用動態載入，程式擁有了動態連結的所有優點，包括體積小與自動獲得動態庫存新版本上的錯蟲修復等。除此之外，它亦有了動態庫存在程式建立時，根本不需存在或出現的優點。後面這個優點可能替公司省下一筆可觀的執照費（license fee）。

譬如，有許多軟體廠商，它們利用 Oracle 公司所提供的客戶庫存（client library），開發 Oracle 資料庫系統的應用程式。其中有一動態庫存的檔案名就叫 libclntsh.so。平常，倘若你開發時所使用的是動態連結的技巧，那在開發、建立與測試你的應用程式時，這個動態庫存是一定必須存在所有開發、建立與測試的系統上的。這意謂你的公司必須支付一筆執照費給 Oracle，才能把這一動態庫存檔案放在你的開發、建立與測試的系統上。可是，你若改成採用動態載入，那所有的開發與建立產品的系統上，你就不必再有這個庫存的存在，因此，就可以省下一筆職照費。唯一有必要放這個庫存的機器，就是少數幾個用作測試的系統而已。在應用程式開發時，你唯一需要的，就是這個庫存的文書，看看它有那些應用程式介面，怎麼用而已。

3-7-1　動態載入的程式設計

欲透過動態載入技巧使用一個庫存，你的程式就必須執行下列的步驟：

1. 載入（load）這個庫存

2. 查取符號（如函數名）的位址

3. 使用剛查出的位址（譬如，以之叫用一個函數）

4. 關閉庫存

履行這些作業有特別的程式介面可用。首先，載入且打開一個庫存，在 Unix 與 Linux 上必須叫用 dlopen() 函數。這函數在微軟視窗系統上叫 LoadLibrary()。dlopen() 或 LoadLibrary() 函數，將一個庫存或目的單元，載入叫用程式的位址空間內，然後送回這個庫存或單元的實際位址或把手（handle），以便程式稍後可進一步使用。若這是這個庫存的第一次載入，則庫存的初始函數（initialization function）就會被執行一次。

在庫存實際載入之後，程式即可查取各種符號（如函數名或全面性變數名）的位址。這個程式介面在 Unix 與 Linux 上叫 dlsym()，在微軟視窗上則叫 GetProcAddress()。叫用這個函數時，你必須傳入庫存的把手與欲查取之函數的名稱，回返時，這個函數就會送回這個符號的位址。從此之後，一切就跟平常的函數叫用沒有兩樣。

在使用完一個庫存後，程式必須記得將之關閉。這個界面在 Unix 與 Linux 上叫 dlclose()，在微軟視窗上則叫 FreeLibrary()。這個函數會將載入的庫存，自記憶器中剔除。叫用它時，你必須傳入庫存的把手。若忘了關閉庫存，則會造成記憶流失（memory leak）。

倘若作業有出現錯誤，在 Unix 與 Linux 上，程式可以叫用 dlerror() 函數，查出真正的錯誤。這個函數不需任何引數。回返時，它會傳回一個說明上一個錯誤是什麼的字串（string）。

以上是 C 語言程式的動態載入程式介面。在 Java 語言，程式可以叫用 System.loadLibrary（"xx"）載入一個庫存，其中，"xx" 是庫存的名字。你也可以利用 ClassLoader 物件，動態地載入一個 Java 物類（class）。

請讀者進一步參考閱讀以上這些程式介面的文書資料，以了解更進一步的細節。

3-8 編譯、載入與執行時段

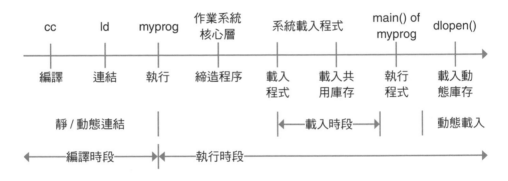

圖 3-2 程式建立與執行的整個過程

這一節我們討論一個程式從建立到執行的整個過程，相信它會對讀者有一定的幫助。

圖 3-2 所示，即程式建立與執行的整個過程。圖中最底部一行顯示了編譯與執行兩個不同階段。中間一行顯示的是，整個過程中，在不同階段所發生的不同動作與作業。圖中最頂端的一行則顯示出在每一不同時間，究竟是那一程式、命令，或函數正在執行。

誠如你從圖中可以看出的，一個程式由建立到執行，經過了許多不同的階段和步驟。第一階段是編譯階段，它主要包含編譯與連結兩個步驟。分別由編譯程式命令（cc）與連結程式命令（ld）所擔綱。編譯程式將程式或原始程式碼，翻譯成機器語言。連結程式則將可能是多個目的碼單元，與其所用到的庫存函數，連結在一起，變成一個可執行的程式，並將之存在一個輸出檔案裡。連結時段最重要的是解決所有的符號（symbol resolution）。舉凡程式所用到的所有函數與全面性變數，都必須在這個時刻找到，且將其位址填入（若採動態連結），或將程式碼實際拷貝一份載入程式裡。這一步將整個程式的所有組成單元，實際結合在一起，變成一個可執行的狀態。

程式在建好之後，即可執行。當你在作業系統的命令母殼打入一個程式之名稱時，你就啟動了程式的執行階段。在 Unix/Linux 上，執行一個程式的第一個步驟是，作業系統核心締造一個程序（process）。作業系統基本上執行了 fork() 與 exec() 兩個系統叫用步驟。fork() 是由目前的母程序，生出一個子程序（child process）。exec() 則將你所要執行的程式，完全取代子程序。就這樣，你所要執行程式正式誕生，而且擁有自己的身份。

在你的程式能真正被執行前，它必須存在記憶器內。是以，此時作業系統會自動啟動系統的載入程式（loader），將你的程式，由硬碟中讀取，拷貝一份，存入記憶器內。若你欲執行的程式有用到動態庫存，它也會在此時被載入記憶器內，除非它先前已被載入過了。在載入完成後，程式控制即會被轉移至你所執行的程式。這時計算機的處理器才正式執行你 C 語言程式之 main() 函數的第一個述句，程式執行正式開始。

誠如你可看出的，一般人們常說的程式執行，細看的話，還包括了載入程式的執行，將你的程式與其所用到的動態庫存，實際載入記憶器內。這些作業都完成了之後，才真正輪到執行你的程式的第一道指令！程式若有用到動態載入，也在此刻之後才發生。

3-9 混合式連結

一個程式建立時，通常都會連結上多個函數庫存的。典型上，除非那做不到，否則，所有庫存都會一致做同樣的連結模式的。亦即，不是全部靜態，就是全部動態。

這一節我們欲介紹的是，清一色靜態或動態並非必要。事實上，你也可以選擇做混合型的連結。將有些庫存做靜態連結，有些做動態連結。

每個系統的連結程式通常備有一個開關或選項，讓你放在每一個庫存前面，以指明你究竟要將一個庫存做靜態或動的連結。在很多系統上，這個選項的設計是一個兩位開關（toggle switch）。亦即，一旦這個開關被換至某一個型態後，它就會一直停留在那個型態，並將隨後的所有庫存都做那一型態的連結，一直到開關位置再變換時，才會換成另一種模式的連結。

舉例而言，在 Oracle/Sun Solaris 上，-Bstatic 與 -Bdynamic 連結程式選項，就是這樣。這兩個選項，分別將庫存的連結型式，設定成靜態與動態。倘若某個庫存靜態版與動態版都有，那連結程式在一看到 -Bstatic 選項後，就會自動優先選用每一庫存的靜態版。

在 IBM AIX 上，-bstatic 與 -bdynamic 的連結程式選項，功能完全類似。這些選項的功能就像兩位開關。在同一連結程式命令上，你都可以自由地多次使用這兩個選項。在看到 -bdynamic 後，動態庫存就會被當作動態庫存用。但在看到 -bstatic 後，動態庫存就會被當成是一般的目的碼檔案，以靜態的方式連結上。

舉個例子而言，在執行下面的命令時，

```
xlc -o myprog myprog.o -bstatic -L/myproj/lib/libtst1 -ltst1 -bdynamic
```

連結程式會連結入 libtst1.a。因為，這個庫存之前出現的是 -bstatic 選項。不過，由於隨後 -bdynamic 選項又出現了。因此，連結程式就會選擇連結入 libc.so。萬一你的系統上沒有 libc.so，只有 libc.a，那 libc.a 就會被連結程式當成是共用庫存處理。

下面是 Linux 上，混合式連結命令的兩個例子。

```
$ cc -o uselink uselink.c -static  -L../../../libtst1  -ltst1 -dynamic
$ cc -o uselink uselink.c -dynamic -L../../../libtst1  -ltst1 -static
```

3-10　建立與應用你自己的庫存

　　這節，我們舉一個開發與建立你自己的庫存，然後再開發一個使用這個自己庫存之應用程式的例子。我們會舉實例說明庫存應用的所有三種方式—靜態連結，動態連結，與動態載入。記得，動態載入是載入你自建之庫存的動態（共用）版本。

　　我們即將建立的庫存，含有三個庫存函數，包括在兩個原始程式檔案裡。這些原始程式檔案與函數的名稱如下：

```
tripleIt.c:
  int tripleIt(int x);

echoMsg.c:
  int echoMsg(char *msg);
  int echoMsg2(char *msg);
```

　　這些原始程式的程式碼，如圖 3-3 所示。

圖 3-3　組成我們的庫存的原始程式碼

```
    (a) tripleIt.c

/*
 * Library functions - source file #1.
 * Authored by Mr. Jin-Jwei Chen
 * Copyright (c) 1991-2013 Mr. Jin-Jwei Chen  All rights reserved.
 */

#include <stdio.h>

/*
 * Compute and return the triple of the input integer value.
 */

#if WINDOWS
__declspec(dllexport) int __cdecl  tripleIt(int x)
#else
int tripleIt(int x)
#endif
{
  printf("The library function tripleIt() was called.\n");
  return (3*x);
}

    (b) echoMsg.c

/*
```

```
 * Library functions - source file #2.
 * These functions demonstrate that one library function can call another
 * library function and a library function can take input arguments and
 * return a value.
 * Authored by Mr. Jin-Jwei Chen
 * Copyright (c) 1991-2013 Mr. Jin-Jwei Chen  All rights reserved.
 */

#include <stdio.h>
#include <string.h>

/*
 * Call another library function to echo the input message.
 * Return the length of the input message.
 */

#if WINDOWS
__declspec(dllexport) int __cdecl  echoMsg(char *msg)
#else
int echoMsg(char *msg)
#endif
{
  int echoMsg2(char *msg);

  printf("The library function echoMsg() was called.\n");
  return(echoMsg2(msg));
}

/*
 * Echo the input message and return its length.
 */

int echoMsg2(char *msg)
{
  int  len = 0;

  printf("The library function echoMsg2() was called.\n");
  if (msg != NULL) {
    len = strlen(msg);
    printf("*** Your message is: %s\n", msg);
  }
  return(len);
}
```

　　tripleIt() 函數接受一個整數作為輸入，將之放大三倍，然後送回結果。
echoMsg() 函數則簡單的顯示出你所傳入的信息。為了示範一個庫存函數可
以叫用另一個庫存函數，我們讓 echoMsg() 叫用 echoMsg2()，由其實際印出
這信息。同時，也叫 echoMsg2() 算出且送回這信息的長度。為了讓讀者知道
每一個函數都實際被叫用了，我們在每一函數都印出一個信息。

　　現在，我們就開始將這個函數庫存，分別建立成靜態與動態兩種型式。
然後，再開發一個應用程式，依三種不同方式，應用這個庫存。

3-10-1 建立自己的靜態庫存（libtst1.a/libtst1.lib）

　　建立你自己的庫存其實很容易。有兩個步驟。首先，你將庫存所含的所
有原始程式翻譯成目的碼。其次，將所有編譯好的目的碼檔案，放在靜態或
動態庫存裡。

　　以下即如何在各個平台上建立你自己的靜態庫存：

Linux

```
cc -c tripleIt.c echoMsg.c
ar rv libtst1.a tripleIt.o echoMsg.o
```

Solaris

```
gcc -c -fPIC -m64 tripleIt.c -o tripleIt.o
gcc -c -fPIC -m64 echoMsg.c -o echoMsg.o
ar rv -S libtst1.a  tripleIt.o echoMsg.o
```

AIX

```
xlc -c tripleIt.c echoMsg.c
ar -rv libtst1.a tripleIt.o echoMsg.o
```

HP-UX

```
cc -c  tripleIt.c -o tripleIt.o
cc -c  echoMsg.c -o echoMsg.o
ar rv libtst1.a  tripleIt.o echoMsg.o
```

Apple Darwin

```
cc -c -fPIC tripleIt.c -o tripleIt.o
cc -c -fPIC echoMsg.c -o echoMsg.o
ar rv libtst1.a tripleIt.o echoMsg.o
```

Windows

```
cl -c -DWINDOWS tripleIt.c echoMsg.c
lib tripleIt.obj echoMsg.obj -out:libtst1.lib
```

在微軟視窗上，建立一靜態庫存用的是 lib.exe 命令。在編譯程式命令（cl）
上我們加了 "-DWINDOWS"。因為，在原始程式上，我們用了 "#if
WINDOWS"。其它平台則以 ar 命令建立靜態庫存。

3-10-2 建立你自己的動態庫存（libtst1.so/libtst1.dll）

建立你自己的動態或共用庫存的兩個步驟如下：

1. 將組成庫存之所有原始程式檔案編譯成目的碼（cc -c 命令）。

2. 將所有編譯好的目的碼檔案，放入動態庫存檔案裡（多以 ld 或 cc 命令）。

請記得前面我們說過，在將程式與庫存動態連結時，一定要讓它只記錄
下動態庫存檔案的基本名，而非全名。否則，程式可能起不來。

以下所列即如何在各作業系統上，建立你自己的動態庫存的命令。

Linux

```
cc -fPIC -c tripleIt.c echoMsg.c
ld -shared -o libtst1.so tripleIt.o echoMsg.o
```

（連結程式的 -shared 選項建立共用（動態）庫存。ld 命令上是否加上
-fPIC 選項都無所謂。）

或

```
gcc -fPIC -c tripleIt.c echoMsg.c
gcc -shared -Wl,-soname,libtst1.so -o libtst1.so tripleIt.o echoMsg.o -lc
```

Solaris

```
gcc -c -fPIC -m64 tripleIt.c -o tripleIt.o
gcc -c -fPIC -m64 echoMsg.c -o echoMsg.o
gcc -G -m64 -o libtst1.so tripleIt.o echoMsg.o -lc
```

AIX

用文書編輯程式建立一個庫存的輸出檔案，libtst1.exp。圖 3-4 所示即是。

圖 3-4　AIX 上所需的動態庫存輸出檔案（libtst1.exp）

```
xlc -c tripleIt.c echoMsg.c
xlc -o libtst1.so tripleIt.o echoMsg.o -bE:libtst1.exp -bM:SRE -bnoentry
#! /myproj/lib/libtst1/libtst1.so
*
* Above is the full pathname to the shared library object file.
* Below is the list of symbols to be exported in the library:
*
tripleIt
echoMsg
```

HP-UX

```
cc -c +Z tripleIt.c
cc -c +Z echoMsg.c
ld -b -o libtst1.so tripleIt.o echoMsg.o -lc
```

Apple Darwin on MacBook

```
cc -c -fPIC tripleIt.c -o tripleIt.o
cc -c -fPIC echoMsg.c -o echoMsg.o
ld -dylib -o libtst1.so tripleIt.o echoMsg.o -lc
```

Windows（視窗系統）

```
cl -c -DWINDOWS tripleIt.c echoMsg.c
link.exe -dll -out:libtst1.dll -nologo -map:libtst1.map
tripleIt.obj echoMsg.obj
```

注意，（1）在 HP-UX，+z 旗號是必要的。在 Linux，-fPIC 旗號也是。（2）在視窗系統上，每一對外輸出的函數都需要作特殊的宣告。否則，你會發現，庫存建立沒問題，載入也沒問題，但查取每一函數的位址時就會出錯，且 errno=0。

在微軟視窗上，你以 link.exe 命令建立一個動態庫存。因為，原始程式檔案中有 "#if WINDOWS"，因此，我們在編譯命令上也加了 "-DWINDOWS"。此外，注意到，在視窗上，建立動態庫存產生了一個 *.lib 檔案。當你在建立你的應用程式時，你將之與此 *.lib 檔案，而非 *.dll 檔案連結。就我們的例子而言，你將程式與 libtst1.lib 連結。

記得，程式與動態庫存連結時，動態庫存一定不能使用絕對路徑名。如此，在程式真正執行時，動態庫存才能放在任何用者所想要的其他檔案夾內，然後再以 PATH 環境變數指出它的實際所在位置。

3-10-3 以你自己的庫存開發應用程式

這一節，我們開發一個叫用我們自己的庫存中的兩個函數的程式。沒有什麼很特別的。叫用我們自己的庫存中的函數，就像叫用其他的庫存中的函數一樣。目的旨在展示如何建立使用自己庫存的程式，以及這一切都是可行且沒錯的。

圖 3-5 所示即為我們將以之示範如何應用你自己所建立之靜態與動態庫存的 C 語言程式。

圖 3-5　展示靜態與動態連結的應用程式（uselink.c）

```
/*
 * This program demonstrates calling functions in libraries of our own
 * via static or dynamic linking.
 * Authored by Mr. Jin-Jwei Chen
 * Copyright (c) 1991-2013 Mr. Jin-Jwei Chen. All rights reserved.
 */

#include <stdio.h>
#include <errno.h>

int main(int argc, char **argv)
{
  int  ret;
  int  x = 22;
  char *mymsg = "Hello, there!";

  /* Pass in an integer and get back another */
  ret = tripleIt(x);
  printf("Triple of %d is %d.\n", x, ret);

  /* Pass in a string and get back an integer */
  ret = echoMsg(mymsg);
  printf("There are %d characters in the string '%s'.\n", ret, mymsg);

  return(0);
}
```

3-10-4 建立與自己的靜態庫存連結的程式

不論它是作業系統提供，或是你自己建的，使用靜態庫存的方法就是在建立程式時，把它加在連結命令上就對了。譬如，欲將程式與我們自建的靜態庫存 libtst1.a 連結，就在連結命令中加上 "-ltst1" 就是了。除此之外，為

了告知連結程式，你想做靜態連結，你還得加上 "-static" 或類似的選項。還
有，為了告知連結程式，到那裡去找到這個庫存，你可能又必須在 -ltst1 之前，
加上 "-L 庫存所在檔案夾的名稱" 之連結程式選項。若沒有特別指明，連結
程式通常會自動在 /lib 和 /usr/lib 檔案夾中搜尋。

下面是我們自己建立之 uselink 應用程式的執行結果。

```
$ uselink
The library function tripleIt() was called.
Triple of 22 is 66
The library function echoMsg() was called.
The library function echoMsg2() was called.
*** Your message is: Hello, there!
There are 13 characters in the string 'Hello, there!'.
```

以下則是在各作業系統上，將此一應用程式與我們自建之靜態庫存相互
連結的命令：

Linux

```
cc -c uselink.c -o uselink.o
cc -static -o uselink uselink.o -L/myproj/lib/libtst1 -ltst1
```

或

```
gcc -static -o uselink uselink.c -L/myproj/lib/libtst1 -ltst1
```

（注意，-static 連結程式選項防止連結程式選用了這個庫存的動態（共
用）版本。）

Solaris

```
gcc -c uselink.c -o uselink.o
gcc -m64 -Bstatic -o uselink uselink.o ../../libtst1/libtst1.a
```

（是否加上 -Bstatic 選項似乎沒什麼差別）

AIX

以靜態連結建立程式

```
xlc -c  uselink.c -o uselink.o
xlc -o uselink uselink.o -L/myproj/lib/libtst1 -ltst1
```

或

```
xlc -o uselink uselink.o -bstatic -L/myproj/lib/libtst1 -ltst1 -
bdynamic
```

（這個連結命令將 libtst1.a 作靜態連結，但將其他的庫存做動態連結。記得，除非你想要與所有庫存都做靜態連接，否則，若你指明了 -bstatic 選項，一定要記得在那之後再加上 -bdynamic，以恢復動態連結。）

HP-UX

```
cc -c +Z uselink.c -o uselink.o
cc  -o uselink uselink.o   ../libtst1/libtst1.a
```

Apple Darwin

```
cc -c uselink.c
cc -o uselink uselink.o  ../../libtst1/libtst1.a
```

Windows

在微軟視窗上，連結程式靠 LIB 環境變數的設定值找到所要的靜態庫存。因此，為了讓連結程式找到你自有的庫存，千萬記得把你的庫存所在的檔案夾名稱加在 LIB 環境變數上。例如：

```
C:\> set LIB=C:\myproj\lib\libtst1;%LIB%
```

這假設我們自己的庫存的路徑名是如下：

```
C:\myproj\lib\libtst1\static\win\libtst1.lib.
```

然後，在視窗上，以下列的命令將程式與我們自建的庫存做靜態連結：

```
C:\> cl -DWINDOWS uselink.c libtst1.lib
```

3-10-5　建立與自己之動態庫存連結的程式

這一節我們討論如何將我們的應用程式，與我們自建的庫存，做動態的連結。

視你在那一個作業系統而定，你使用平台之連結程式的動態連結選項，將程式與庫存作動態連結。譬如，在 Linux 上，你就是以 "-L 庫存所在之檔案夾名 -l 庫存名" 選項，指出你欲與這個庫存做動態連結。當然，同時指出 -dynamic 選項也是必要的。在程式建好了之後，欲實際執行程式時，記得將動態庫存所在的檔案夾名稱，加至每一作業系統所使用的環境變數上，以便載入程式能在系統上找到這個動態庫存檔案。

　　記得，一般人最常犯的錯誤，就是在連結時，使用了動態庫存的絕對路徑名，以致連結程式在應用程式的載入部分紀錄了這個絕對的路徑名。客戶安裝產品之後，欲執行這個應用程式時，這個動態庫存通常不會在那同樣的絕對路徑名上。這樣，程式就會起不來。因此，千萬記得你在程式連結時，一定要只使用動態庫存的基本名。或者像在 AIX 系統上，在你使用絕對路徑名時，一定要記得加上另一連結選項，-bnoipath，讓它只記下動態庫存的基本名，而非全名。

　　以下即在各作業系統上，應用程式如何與動態庫存連結：

Linux

```
cc -fPIC -c uselink.c
cc -dynamic -o uselink uselink.o -L/myproj/lib/libtst1 -ltst1
```

或

```
gcc -dynamic -o uselink uselink.c -L/myproj/lib/libtst1 -ltst1
```

Solaris

```
gcc -c -fPIC -m64 uselink.c -o uselink.o
gcc -m64 -Bdynamic -o uselink uselink.o -Wl,-Bdynamic -ltst1
```

記得設定 **LD_LIBRARY_PATH** 環境變數，好讓連結程式能找到你自建的 libtst1.so，順利完成連結。

AIX

用動態連結建立程式

```
xlc -c uselink.c -o uselink.o
xlc -o uselink uselink.o -bnoipath /myproj/lib/libtst1/libtst1.so
```

（不要使用 '-L/myproj/lib/libtst1 -ltst1'）

HP-UX

```
cc -c +Z uselink.c -o uselink.o
cc -dynamic -o uselink uselink.o   -L../libtst1/  -ltst1
```

Apple Darwin on Mac

```
cc -c uselink.c
cc -o uselink uselink.o  ../../libtst1/libtst1.so
```

Windows

```
cc -c -DWINDOWS uselink.c
link uselink.obj /LIBPATH:C:\myproj\lib\libtst1  libtst1.lib
```

3-10-6 開發與建立動態載入自己庫存的應用程式

經由動態載入叫用庫存函數，比靜態連結與動態連結，要多費點工夫。這是因為，應用程式在建立階段，並不與庫存作任何連結。事實上，應用程式在建立時，是完全不提到這個庫存的，也不需這個庫存存在或出現在系統上的。

這意謂，你的程式要多做點事。首先，應用程式必須知道這個庫存的名字。其次，應用程式必須親自將這庫存，由硬碟載入記憶器內，並將之打開。第三，應用程式必須查取它所欲叫用之函數的位址，再以之叫用那個函數。

圖 3-6 所示，即一透過動態載入，叫用我們自建庫存中的兩個函數的應用程式。在功能上，它與 uselink.c 一樣，但它是以第三種方式達成目的。因此，結構上有很大的差異。

圖 3-6 使用動態載入的應用程式（useload.c）

```c
/*
 * This program demonstrates how to dynamically load a shared library.
 * This same program works on all of these platforms: Windows XP,
 * Solaris 9, AIX 5.2, HP-UX 11.11, Linux 2.6.9 and Apple darwin 19.3 and on.
 * Use "cc -DWINDOWS" when you compile this program on Windows.
 * Authored by Jin-Jwei Chen.
 * Copyright (C) 2007, 2013 by Jin-Jwei Chen. All rights reserved.
 */

#include <stdio.h>
#include <stdlib.h>
#include <errno.h>

#if WINDOWS
#include <windows.h>
#else
#include <dlfcn.h>
#endif

#if WINDOWS
#define  FUNCPTR   FARPROC
#define  SHLIBHDL  HMODULE
#else
```

```
typedef int (*FUNCPTR)();    /* define FUNCPTR as type of ptr-to-function */
#define  SHLIBHDL  void *
#endif

struct funcPtrEle {
    FUNCPTR *funcPtr;    /* pointer to (i.e. address of) the ptr-to-function */
    char    *funcName;   /* Name of the function */
};

typedef struct funcPtrEle FUNCPTRELE;

/* Declare the variables that will hold pointer to the functions. */
int (*FPechoMsg)();
int (*FPtripleIt)();

/* Set it up for symbol address lookup after loading the library.
 * First column gives address of the ptr-to-func variable. Second column
 * gives the name of the corresponding function.
 * The lookup will use the string value (the function name) in the second
 * column as input and fill in the pointer value in the first column.
 */
FUNCPTRELE funcPtrTbl[] = {
    /* FPechoMsg is a variable holding the ptr to the echoMsg() function */
    (FUNCPTR *)&FPechoMsg,    "echoMsg",
    (FUNCPTR *)&FPtripleIt,   "tripleIt",
    (FUNCPTR *)NULL,          (char *)NULL
};

SHLIBHDL load_shlib(char *libname, FUNCPTRELE *fptbl);

/*
 * Name of the shared library to load. Assuming most platforms use the .so
 * file name extension. Change the name accordingly to suit your system.
 */
#if WINDOWS
char SHLIBNAME[64] = "libtst1.dll";
#elif HPUX
char SHLIBNAME[64] = "libtst1.sl";
#else
char SHLIBNAME[64] = "libtst1.so";
#endif

/*
 * Start of main() function.
 */

int main(int argc, char **argv)
{
  int  ret;
  int  x = 22;
  char *mymsg = "Hello, there!";
```

```
    SHLIBHDL  hdl;

    /* Dynamically load the library and look up address of each function. */
    hdl = load_shlib(SHLIBNAME, funcPtrTbl);
    if (hdl == NULL) {
      fprintf(stderr, "Failed to load the library %s\n", SHLIBNAME);
      return(1);
    }

    /* Use the pointer-to-function to call each function. */

    /* Pass in an integer and get back another */
    ret = FPtripleIt(x);
    printf("Triple of %d is %d.\n", x, ret);

    /* Pass in a string and get back an integer */
    ret = FPechoMsg(mymsg);
    printf("There are %d characters in the string '%s'.\n", ret, mymsg);

    return(0);
}

/*
 * This function loads the shared library whose name specified by the
 * libname parameter. It then looks up the address of each function
 * whose name is specified by the second field of each element in the
 * array given in the fptbl parameter. The address obtained is returned
 * to the caller in the first field of each element in the array given
 * in the fptbl parameter.
 *
 * INPUT parameter: libname - name of the library to load
 * INPUT and OUTPUT parameter: fptbl - array of function pointers and
 *    function names.
 */

SHLIBHDL load_shlib(char *libname, FUNCPTRELE *fptbl)
{

    SHLIBHDL  hdl = NULL;

    if (libname == NULL || fptbl == NULL)
      return(NULL);

    /* Load the library */
#if WINDOWS
    hdl = LoadLibrary(libname);
#else
    hdl = dlopen(libname, RTLD_NOW | RTLD_GLOBAL);
#endif
    if (hdl == NULL) {
```

```
          fprintf(stderr, "Loading library %s failed.\n", libname);
#ifndef WINDOWS
          fprintf(stderr, "%s\n", dlerror());
#endif
          return(hdl);
      }

#ifndef WINDOWS
      /* Clear any existing error */
      dlerror();
#endif
      /* Look up symbols */
      while (fptbl->funcName != (char *)NULL)
      {
#if WINDOWS
          if ((*(fptbl->funcPtr) = GetProcAddress(hdl,
                               fptbl->funcName)) == (FARPROC)NULL)
          {
            fprintf(stderr, "Looking up symbol %s failed\n", fptbl->funcName);
            FreeLibrary(hdl);
            return (SHLIBHDL) NULL;
          }
#else
          if ((*(fptbl->funcPtr) = (FUNCPTR)dlsym(hdl, fptbl->funcName)) == NULL)
          {
            fprintf(stderr, "Looking up symbol %s failed\n", fptbl->funcName);
            dlclose(hdl);
            return (SHLIBHDL) NULL;
          }

#endif
          fptbl++;
      }
      return (hdl);
}
```

　　圖 3-6 的程式，使用了四個在 Unix 與 Linux 上的四個函數或程式介面，達成了任務。這四個函數的名稱如下：

　　dlopen()

　　dlsym()

　　dlclose()

　　dlerror()

記得，這四個函數實際存在 libdl.so 庫存內。這意謂，在你建立應用動態載入的程式時，在 Linux、AIX、Solaris 與 Apple Darwin 上，你的連結命令上必須加上 -ldl 選項。但在 HP-UX 上，就不必。

dlopen() 函數將一個庫存，自硬碟載入記憶器內，並將之打開。dlsym() 函數則自你所載入的庫存，查取一個函數的位址，以致程式能以之叫用這個函數。dlclose() 則在使用完之後，關閉且移除動態載入的庫存。dlerror() 則用以查出前一個錯誤是什麼。

在微軟視窗上，這些函數的前三個名稱改成如下所示：

LoadLibrary()

GetProcAddress()

FreeLibrary()

記得，使用動態載入時，程式建立完全不須提到這個庫存的名字。那庫存也完全不必出現在你建立程式所用的系統上。

但是，庫存得存在應用程式執行時所在的系統上。不僅如此，使用者還必須設定每一作業系統所用的環境變數，將這個庫存所在之檔案夾的名稱，加在那個環境變數裡，好讓作業系統能找到這個庫存。這個環境變數，一般就是與如何讓應用程式找到動態庫存一樣的。唯一的例外就是 Apple Darwin。在 Darwin 上，這兩種情況所採用的環境變數，名稱不同。

以下是動態載入應用程式建好之後，實際的執行結果：

```
$ useload
The library function tripleIt() was called.
Triple of 22 is 66
The library function echoMsg() was called.
The library function echoMsg2() was called.
*** Your message is: Hello, there!
There are 13 characters in the string 'Hello, there!'.
```

下面則是在各個不同作業系統上，建立這個動態載入的應用程式所必須用到的命令：

Linux

記得，在 Linux 上，庫存出現在 ld 命令上的順序是有影響的。因此，使用 cc 或 gcc 簡單些，ld 有點古怪。

```
cc -c -fPIC -g useload.c -o useload.o
cc -o useload useload.o -lc -ldl
```

或

```
gcc -c useload.c
gcc -rdynamic -o useload useload.o -ldl
```

執行程式前，必須先設定：

```
LD_LIBRARY_PATH=/lib:/usr/lib:/myproj/lib/libtst1; export
LD_LIBRARY_PATH
```

Solaris

```
gcc -c fPIC -m64 useload.c -o useload.o
gcc -m64 -o useload useload.o
```

實際執行 useload 程式之前，請先設定 **LD_LIBRARY_PATH** 環境變數，將動態庫存所在之檔案夾的名字包括在內。

AIX

```
xlc -c useload.c -o useload.o
xlc -o useload useload.o
```

執行 useload 程式前，請設定 **LIBPATH** 環境變數，將動態庫存所在之檔案夾的名稱包括在內。

HP-UX

```
cc -c +Z useload.c -o useload.o
cc -dynamic -o useload useload.o   -L../libtst1/  -ltst1
```

執行 useload 程式前，請設定 **SHLIB_PATH** 環境變數，將動態庫存之檔案夾的名稱包括在內。

Apple Darwin

程式如平常一樣地建立，不須提到那動態庫存：

```
cc -m64 -o useload useload.c
```

設定 **LD_LIBRARY_PATH**，將動態庫存之檔案夾的名稱加上去：

```
LD_LIBRARY_PATH=/lib:/usr/lib:/myproj/lib/libtst1; export
LD_LIBRARY_PATH
```

Windows

以動態載入建立程式

```
C:\> cl -DWINDOWS useload.c
```

執行應用程式

```
C:\> PATH=C:\myproj\mybk1\lib\libtst1;%PATH%
C:\> useload.exe
```

3-11 作業指令摘要

這一節將各作業系統上，以三種不同方式建立應用程式所需的命令，摘要列出，以便讀者查閱參考。

Linux

建立靜態庫存

```
cc -fPIC -c tripleIt.c -o tripleIt.o
cc -fPIC -c echoMsg.c -o echoMsg.o
ar rv libtst1.a tripleIt.o echoMsg.o
```

建立動態庫存

```
cc -fPIC -c tripleIt.c -o tripleIt.o
cc -fPIC -c echoMsg.c -o echoMsg.o
ld -shared -o libtst1.so tripleIt.o echoMsg.o
```

以靜態連結建立程式

```
cc -c uselink.c -o uselink.o
cc -static -o uselink uselink.o -L/myproj/lib/libtst1 -ltst1
```

以動態連結建立程式

```
cc -c -fPIC uselink.c -o uselink.o
cc -dynamic -o uselink uselink.o -L/myproj/lib/libtst1 -ltst1
```

建立做動態載入的程式

```
cc -o useload useload.o -lc -ldl
```

執行動態連結或動態載入程式前，請先設定

```
LD_LIBRARY_PATH=/lib:/usr/lib:/myproj/lib/libtst1; export
LD_LIBRARY_PATH
```

建立 32 位元的程式

```
cc -m32 -o myprog myprog.c
```

建立 64 位元的程式

```
cc -m64 -o myprog myprog.c
```

Solaris

建立靜態庫存

```
gcc -c -fPIC -m64 tripleIt.c -o tripleIt.o
gcc -c -fPIC -m64 echoMsg.c -o echoMsg.o
ar rv -S libtst1.a tripleIt.o echoMsg.o
```

建立動態庫存

```
gcc -c -fPIC -m64 tripleIt.c -o tripleIt.o
gcc -c -fPIC -m64 echoMsg.c -o echoMsg.o
gcc -G -m64 -o libtst1.so tripleIt.o echoMsg.o -lc
```

以靜態連結建立程式

```
gcc -c -fPIC -m64 uselink.c -o uselink.o
gcc -m64 -Bstatic -o uselink uselink.o ../../libtst1/libtst1.a
```

-Bstatic 連結命令選項告訴連結程式，只用靜態庫存。

以動態連結建立程式

```
gcc -c -fPIC -m64 uselink.c -o uselink.o
gcc -m64 -Bdynamic -o uselink uselink.o -Wl,-Bdynamic -ltst1
```

-Bdynamic 連結命令選項，告訴連結程式，只要可能，就優先與動態庫存連結。

在程式連結之前，事先設定好 **LD_LIBRARY_PATH** 環境變數，以便連結程式能找到有關的動態庫存。

建立做動態載入的程式

```
cc -c fPIC -m64 useload.c -o useload.o
cc -m64 -o useload useload.o
```

在執行動態連結或動態載入之程式前，先設定

```
LD_LIBRARY_PATH=/lib:/usr/lib:/myproj/lib/libtst1; export
LD_LIBRARY_PATH
```

建立 32 位元的程式

```
gcc -m32 -o myprog myprog.c
```

建立 64 位元的程式

```
gcc -m64 -o myprog myprog.c
```

注意，在某些系統上，舊的 64 位元選項，-xarch=v9，已經不再能用了。

AIX

建立靜態庫存

```
xlc -c tripleIt.c -o tripleIt.o
xlc -c echoMsg.c -o echoMsg.o
ar rv libtst1.a  tripleIt.o echoMsg.o
```

建立動態庫存

建立一個名叫 libtst1.exp，含有下面內容的輸出檔案：

```
#! /myproj/lib/libtst1/libtst1.so
*
* Above is the full pathname to the shared library object file.
* Below is the list of symbols to be exported in the library:
*
tripleIt
echoMsg

xlc -c tripleIt.c -o tripleIt.o
xlc -c echoMsg.c -o echoMsg.o
xlc -bE:libtst1.exp -bM:SRE -bnoentry -o libtst1.so tripleIt.o
echoMsg.o
```

以靜態連結建立程式

```
xlc -c uselink.c -o uselink.o
xlc -o uselink uselink.o -L/myproj/lib/libtst1 -ltst1
```

或

```
xlc -o uselink uselink.o -bstatic -L/myproj/lib/libtst1 -ltst1 -bdynamic
```

（這命令與 libtst1.a 作靜態連結，並與其他庫存作動態連結。記得，當
你使用 -bstatic 時，別忘了在命令最後加上 -bdynamic，以便其他庫存能
動態連結。）

以動態連結建立程式

```
xlc -c uselink.c -o uselink.o
xlc -o uselink uselink.o -bnoipath /myproj/lib/libtst1/libtst1.so
```

（這裡不需用 '-L/myproj/lib/libtst1 -ltst1'）

建立做動態載入的程式

```
xlc -c useload.c -o useload.o
xlc -o useload useload.o
```

執行動態連結或動態載入程式前，先設定

```
LIBPATH=/lib:/usr/lib:/myproj/lib/libtst1; export LIBPATH
```

建立 32 位元的程式

```
cc -q32 -o myprog myprog.c
```

建立 64 位元的程式

```
cc -q64 -o myprog myprog.c
```

HPUX

建立靜態庫存

```
cc -c tripleIt.c -o tripleIt.o
cc -c echoMsg.c -o echoMsg.o
ar rv libtst1.a  tripleIt.o echoMsg.o
```

建立動態庫存

```
cc -c tripleIt.c -o tripleIt.o
cc -c echoMsg.c -o echoMsg.o
ld -dynamic  -o libtst1.so tripleIt.o echoMsg.o -lc
```

或

```
cc -c +Z file1.c; cc -c +Z file2.c; cc -c +Z file3.c
cc -b -o libtst1.sl file1.o file2.o file3.o
```

以靜態連結建立程式

```
cc -c +Z uselink.c -o uselink.o
cc -o uselink uselink.o   ../libtst1/libtst1.a
```

以動態連結建立程式

```
cc -c +Z uselink.c -o uselink.o
cc -dynamic -o uselink uselink.o   -L../libtst1/  -ltst1
```

建立做動態載入的程式

```
cc -dynamic -o useload useload.o
```

在執行動態連結或動態載入程式之前，先設定

```
SHLIB_PATH=/lib:/usr/lib:/myproj/lib/libtst1; export SHLIB_PATH
```

建立 32 位元的程式

```
cc +DD32 -o myprog myprog.c
```

建立 64 位元的程式

```
cc +DD64 -o myprog myprog.c
```

Apple Darwin (MacBook)

建立靜態庫存

```
cc -c -fPIC tripleIt.c -o tripleIt.o
cc -c -fPIC echoMsg.c -o echoMsg.o
ar rv libtst1.a tripleIt.o echoMsg.o
```

建立動態庫存

```
cc -c -fPIC tripleIt.c -o tripleIt.o
cc -c -fPIC echoMsg.c -o echoMsg.o
ld -dylib -o libtst1.so tripleIt.o echoMsg.o -lc
```

以靜態連結建立程式

```
cc -c uselink.c
cc -o uselink uselink.o  ../../libtst1/libtst1.a
```

以動態連結建立程式

```
cc -c uselink.c
cc -o uselink uselink.o  ../../libtst1/libtst1.so
```

建立做動態載入的程式就以平常的方式建立程式，不必提到程式執行時欲動態載入的動態庫存。

執行動態連結之程式前，先設定

```
DYLD_LIBRARY_PATH=/lib:/usr/lib:/myproj/lib/libtst1; export
DYLD_LIBRARY_PATH
```

執行動態載入動態庫存之程式前，先設定

```
LD_LIBRARY_PATH=/lib:/usr/lib:/myproj/lib/libtst1; export
LD_LIBRARY_PATH
```

建立 32 位元的程式

```
cc -m32 -o myprog myprog.c
```

建立 64 位元的程式

```
cc -m64 -o myprog myprog.c
```

Windows

建立靜態庫存

```
cl -c -DWINDOWS tripleIt.c echoMsg.c
lib tripleIt.obj echoMsg.obj -out:libtst1.lib
```

建立動態庫存

```
cl -c -DWINDOWS tripleIt.c echoMsg.c
link.exe -dll -out:libtst1.dll -nologo -map:libtst1.map
tripleIt.obj echoMsg.obj
```

以靜態連結建立程式

```
set LIB=C:\myproj\lib\libtst1;%LIB%
cl -DWINDOWS uselink.c libtst1.lib
```

以動態連結建立程式

```
cc -c -DWINDOWS uselink.c
link uselink.obj /LIBPATH:C:\myproj\lib\libtst1  libtst1.lib
```

建立做動態載入的程式

```
cl -DWINDOWS useload.c
```

執行動態連結之程式前，先設定

```
set PATH=C:\myproj\lib\libtst1;%PATH%
```

建立 32 位元的程式

```
cl -DWINDOWS -DWIN32 useload.c
```

建立 64 位元的程式

```
cl -DWINDOWS -DWIN64 useload.c
```

✎ 習題

1.　(a) 何謂軟體庫存（library）？

　　(b) 函數庫存的目的何在？為什麼要使用庫存？

　　(c) 就誰提供的而言，軟體庫存有那兩類？

　　(d) 就連結的方式而言，軟體庫存有那兩類？其庫存檔案型態的名稱為何？

(e) 在你所用的作業系統上，軟體庫存安裝在那裡？

(f) 說明為什麼程式碼重用或共用非常重要。

2.　建立一個可執行程式或庫存，有那兩個步驟？真正履行這些步驟的命令或程式叫什麼？

3.　何謂靜態連結？何謂動態連結？

4.　(a) 說明靜態連結、動態連結，與動態載入的優點及缺點。

　　(b) 動態連結與動態載入的區別何在？

5.　說明在靜態連結、動態連結，與動態載入三種不同方式上，程式對外叫用（external references）所指及的函數，是在何時真正解決（連上）的。

6.　連結程式（linker）與載入程式（loader）有何區別？

7.　在你所使用的作業系統上，你如何建立自己的靜態與動態庫存？

8.　在你所使用的系統上，你用什麼命令建立一個靜態或動態連結的程式？

9.　在你所使用的系統上，你如何建立一個 32 位元的程式？或一 64 位元的程式？

10.　所謂的 "DLL 地獄" 指的是什麼？

11.　說明在你所使用的系統上，建立與執行程式的全部過程。有那些程式或命令牽涉其中。

📚 開發計畫

設計一個你自己的軟體庫存。建立靜態與動態庫存兩個版本。然後，開發一個應用程式，叫用這庫存中的函數。以靜態連結與動態連結兩種不同方式，分別建立你的應用程式。最後，再開發一個以動態載入方式，叫用同樣庫存函數的應用程式。

檔案輸入／輸出

4

在你開發軟體時，經常你會需要讀取或寫入檔案。譬如，在你開發資料庫管理系統時，你會發現，一天到晚都是在讀取或寫出檔案。即使你開發的是其他的軟體，很可能你還是得讀寫資料檔案，配置檔案（configuration file），臨時檔案等等。

這一章討論如何在 C 語言程式內操作一個檔案，包括打開，建立，讀取與寫入。同時，我們也介紹檔案的各種不同操作方式，包括循序 I/O，隨機 I/O，同步 I/O，緩衝 I/O（buffered I/O），與直接 I/O。

除了這些之外，POSIX 標準也界定了許多其他處理有關檔案之**權限許可**或簡稱**權限**（permission），名稱，檔案夾，與其他許多方面的程式界面（APIs）。這些我們將在下一章討論。

值得一提的是，我曾在一家世界知名的公司做過，讓我非常驚訝的是，我發現這家公司的軟體工程師，竟然捨這些 POSIX 所定義之檔案程式界面不用，而自己重新寫了有關處理各種檔案之基本作業的函數。結果錯蟲一大堆，連設定檔案之權限許可都有錯蟲要修，軟體也變得完全不必要的格外複雜，這是非常不應該犯的錯。

記得，POSIX 標準所定義的檔案處理程式界面，都已存在了幾十年，我所知道的作業系統（如這本書所有程式例題所測試過的平台），全部都有支援。這些基本的檔案作業，存在已幾十年，幾乎都到了沒有錯蟲的境界，更是 POSIX 標準所界定，可以移植至其他的作業系統，為何不用？實在想不出有任何必須另起爐灶的理由。所以，希望讀者千萬不要犯了這種同樣的錯誤，就使用 POSIX 所定義的 APIs 就對了。既簡單，省事，這些現有的程式界面又很有效率，很堅固可靠，又可移植（portable）。

4-1 磁碟的結構

4-1-1 磁碟的實際結構

　　有幾個理由，計算機絕大部分時間都將資料存在磁碟（disks）或硬碟上。第一，磁碟記憶是永久性的。電源消失後，磁碟上所儲存的資訊繼續存在。相對地，儲存在記憶器中的資訊，只要電源一消失，它就不見了。第二，磁碟是大量記憶，其容量遠大於記憶器。第三，磁碟價格相對較低。

　　當程式在做檔案輸入／輸出或讀寫時，由於一般都是讀寫磁碟，因此，在進一步介紹磁碟檔案界面之前，若能對磁碟的結構有一些了解，會很有幫助的。

　　現代的計算機，買來時幾乎都附有磁碟機，以儲存作業系統等必需的軟體以及其他某些應用程式有關的大量資料。這些一般都以檔案（file）的型式存在。軟體工程師開發軟體時，也都需要用到檔案。因此，對磁碟實際的硬體構造有些許的了解，是必要的。這節即簡單地介紹一下磁碟的實際構造。

　　如圖 4-1 所示，一部磁碟機或一個硬碟，通常由幾個平行，表面鑲有磁性物質的平面磁盤，在中間由一轉軸串在一起而組成。運作時，轉軸做快速的旋轉，通常每分鐘 5400 或 7200 轉（Rotation Per Minute，RPM，每分鐘轉速）。

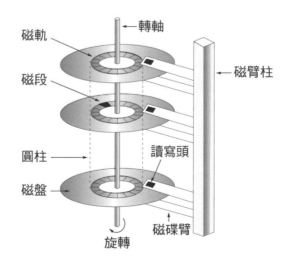

圖 4-1　磁碟的實際構造

每一個別磁盤有兩面，每一面上有若干同心圓型的環，每一同心圓環就是一個**磁軌**（track）。磁軌的寬度就正好足以記錄一個位元的資訊。每一磁軌又分成若干段落或**磁段**（sectors），每一段落就是一個**實際的磁段**（physical block）。每一磁段通常可以儲存512位元組（bytes）的資訊。在這本書中，我們會交互使用磁段與實際磁段兩個名詞，指的是一樣的東西。

垂直上，距離中心軸等距的所有磁軌，就形成一個**圓柱**（cylinder）。

讀寫資料的讀寫頭（read/write heads）附在磁碟臂（disk arm）上。每一磁碟表面都有其自己的讀寫頭。磁碟臂進出地移動，先找到所要的磁軌後，讀寫頭再小心地貼近磁盤上的磁軌，實際讀取或寫入資料。

基本上，磁碟機是一種電機設備，包含了電子零件與機械零件。電子電路控制著磁碟的作業，做為電腦之中央處理器與磁碟機之間的界面。機械部分則包括兩部分。主要轉軸含有一串的磁盤，高速旋轉，每一磁盤上記載著資訊。含有讀寫頭的磁碟臂移進與移出，找到所要的磁面圓柱，磁軌，與磁段，在電子電路的控制下，讀寫資訊。

值得注意的是，在同一個磁盤上有許多磁軌，這些磁軌的長度不一。靠中間軸的內部磁軌，長度較短。而靠外圍的磁軌，長度較長。

由於轉一圈的時間相同，是以，外圍磁軌速度必須快些。由於每一外圍磁軌上的長度較長，因此，它可以比內部磁軌儲存更多資訊。

也由於外圍的磁軌轉速比內部磁軌快，所以，為了達到最佳的性能，檔案系統最好都將最常用到的資料，存放在靠外圍的磁軌上。

4-1-2 區分與檔案系統

平常一部計算機最少都會裝有至少一部磁碟機，以儲存作業系統軟體。當你打開計算機的電源時，計算機會自動將作業系統由磁碟機讀入記憶器，並加以執行，以控制計算機的作業。其實，裝有多部磁碟機的計算機也是很常見的。其他的磁碟就用以儲存其他的應用軟體及資料。

　　裝作業系統軟體的磁碟，有時會稱為系統磁碟（system disk or root disk），通常會化分成好幾部分，每一部分就叫一個**區分**（partition），每一區分有各自不同的用途。

　　例如，傳統上，系統磁碟上都會有一個儲存整個作業系統軟體的系統或**根部區分**（system or root partition）。另外，也會有一個專門儲存使用者之**住戶檔案夾**（home directories）的區分。甚至可能還有一個第三區分用以儲存其他應用軟體。

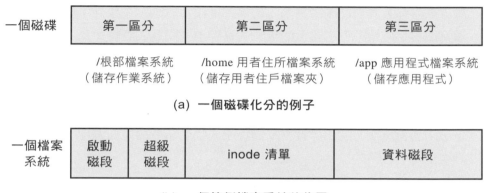

(a) 一個磁碟化分的例子

(b) 一個範例檔案系統的佈置

圖 4-2　磁碟區分與檔案系統之佈置

　　一個全新的磁碟，在正式使用之前，通常都須要經過幾個步驟。首先，就是做**磁碟區分**（disk partitioning）。磁碟區分主要是把整個磁碟化分成幾個部分，或整部磁碟就是一個區分。這通常經由 fdisk 命令達成。

　　第二步就是將每一區分**格式化**（formatting）。格式化清除原有的資料，將整個區分變成空白。記得，一旦經格式化後，原來舊有的資料就完全消失，永遠找不回來了。第三步驟是**建立檔案系統**。每一區分必須分別建立你所想要的檔案系統。不同的區分可以建立不同的檔案系統。一旦建立了檔案系統，一個磁碟區分就可以正常使用了。第四步，就是**上架**（mount）一個檔案系統，讓它真正上線（online）可以開始使用。上架之前，你必須先在根部檔案系統上開創一個空白的檔案夾，以作為這個新的檔案系統的**上架點**（mount point）。檔案系統上架就是把這個檔案系統，放置在它的上架點上，以致所有程式與用者能存取它。

值得一提的是，雖然平常每一磁碟區分都會先在上面建立了某一種檔案系統之後，再上架加以使用。但在很少數的情況下，有些資料庫系統會將整個磁碟區分，赤裸地使用，不必先建立檔案系統的。那種情況下，這些軟體所要的就是一大片磁段，它們知道要怎麼用它。因此，不必先建立檔案系統，再由檔案系統來代為管理存在上面的所有檔案或檔案夾。

許久以來，不同作業系統與廠家都各自開發與設計出許多種不同的檔案系統，以管理存在每一磁碟區分上的檔案與檔案夾。這些包括，在 UNIX 作業系統上，有最原先的 AT&T UNIX 上的 S5（System V file system），BSD UNIX 上的 UFS（Unified File System）檔案系統。AT&T UNIX 後來同時支援了 S5 與 UFS。還有，Linux 自己的 ext2，ext3，ext4 檔案系統，以及 JFS，XFS，Btrfs 等等許多。微軟視窗上有 FAT 與 NTFS。

▶ 檔案系統佈置

不同的檔案系統型態，在每一區分上的佈置（layout）也不同。同時，每一不同檔案系統，所使用的**邏輯磁段**（logical block）的大小也不同。

一個磁碟或磁碟區分，可以看成就是一連串 512 位元組大小的實際磁段。一個 512 位元組的實際磁段，是一部磁碟機每次讀寫的最小單元。當檔案系統建立在一個磁碟區分上時，檔案系統會把整個磁碟區分割分成很多邏輯磁段。每一邏輯磁段通常包含幾個實際磁段，其大小是 512 的整數倍。譬如，很多檔案系統都採用 2048 或 4096 位元組的邏輯磁段。為了減低讀寫的次數，以改善性能，當作業系統由磁碟讀寫資料時，它一次就是讀寫一個或數個邏輯磁段的。

使用大一點的邏輯磁段，可以改善磁碟與記憶器間的資料傳輸率，因而增進性能，因為，這樣每次能讀寫更多資訊。不過，這樣也可能比較容易浪費磁碟空間。因為，並不見得所有檔案都會那麼大。因此，最後沒用完的空隙，就浪費了。邏輯磁段愈大，浪費的可能性就越大。

圖 4-2(b) 所示即一典型檔案系統的佈置。誠如你可以看出的，每一檔案系統在最開頭通常都會有一**啟動磁段**（boot block）。若此一檔案系統所存的是一作業系統，那啟動磁段就用以儲存這個作業系統的啟動程式。其次，是一**超級磁段**（super block），用以儲存這檔案系統最重要且不可或缺的最關

鍵資料。之後就是 **inode清單**（inode list），這我們在 4-4 節會介紹，目前就記得，inode 是作業系統核心，用來管理系統中所含之每一個檔案的一個資料結構。在最後，才是檔案中的實際資料。換言之，在檔案實際資料之前，每一磁區分都必須騰出一些磁碟空間，以便儲存管理整個檔案系統必須用到的一些管理用資料。

這些管理資料，通常稱為檔案系統**宏觀資料**（meta data）。你知道，這些宏觀資料，嚴格說來都是一種冗員或浪費（overhead），但卻又非它不可。

提到啟動磁段，值得順便一提的是，即使一部計算機，只有一個磁碟機，你還是可以將之劃分成多個不同區分，且在不同區分上安裝不同的作業系統，以致你可在不同時刻，選擇啟動並使用不同的作業系統。

許多電腦工程師，都在其手提電腦上同時安裝 Windows 與 Linux 兩種不同的作業系統，有時使用 Linux，有時使用 Windows，就是最好的例子。這時電腦上唯一的磁碟，就最好至少有兩個區分，一個區分安裝 Windows，區分的啟動磁段安裝 Windows 的啟動程式，而另一個區分則安裝 Linux 作業系統，那一個區分的啟動磁段安裝 Linux 的啟動程式。

超級磁段用以儲存整個檔案系統最高層次之有關整體狀況的資料。譬如，這個檔案系統的型態（或類別），整個檔案系統的大小，範圍到哪裡，檔案系統可以儲存多少檔案，還有剩下多少磁碟空間可用，等等。由於這些資料對檔案系統的正常作業與正確性，至為重要。因此，為了怕萬一這些資料被毀了之後，整個檔案系統就起不來，超級磁段所存的資料通常都會存有二份，有時甚至三份的情形。前面說過了，超級磁段與 inode 清單，一般就叫檔案系統的宏觀資料。

4-2　檔案的一些觀念

4-2-1　檔案的兩種看法

每一個檔案，通常有兩種不同的看法。

在邏輯或抽象上看，每一檔案可看成就是一連串，連續的位元組或磁段（blocks）。這是一般應用程式的看法。應用程式每次就是讀、寫，或更新一個檔案中的資料。一個程式在最少時，可能只更動一個檔案的其中一個文字，或一個位元組，例如，更改檔案中的第 501 個位元組。

在實體上，亦即實際存在磁碟上的樣子，每一個檔案就是一系列的磁段。這些磁段在磁碟上，可能是相鄰的磁段上，也可能不相鄰，分散在各處。作業系統負責管理這些磁段，知道它們座落在何處，而且每次都讀、寫，或更新至少一整個磁段。

|AbCh28fYeKKp091GHmcXvJqrt;+-@e%hjbnYr4052:=XFlM .... |

(a)　檔案的邏輯觀 (應用程式的看法)

| 第 1 磁段　第 2 磁段 | 第 6 磁段 | 第 3 磁段 | 第 4 磁段 | 第 5 磁段 |

(b)　檔案的實體觀 (檔案系統軟體的看法)

圖 4-3　檔案的邏輯觀與實體觀

總之，對一個程式而言，一個檔案就只是一大串連續的文字或位元組。但就實際管理檔案的作業系統或檔案系統而言，一個檔案就是分佈在磁碟各處角落的一組磁段。程式每次讀寫或更新檔案中的若干位元組，而作業或檔案系統每次就是讀、寫、或更新若干磁段。

4-2-2　操作檔案的步驟

操作檔案有一定的步驟。就最簡單的情況而言，它含有三個步驟：

- 打開檔案（以便讀，寫或讀與寫）
- 讀取或寫入檔案
- 關閉檔案

欲讀取或寫入檔案之前，一定得先打開。萬一打開檔案的作業失敗，那程式便無法使用這個檔案。唯有在檔案成功的打開之後，讀取或寫入作業才得以進行。

通常，檔案打開時，都必須聲明程式是要讀，寫或讀與寫。平常，大多數的程式都只讀或寫，但資料庫管理程式則例外，它們一般都是打開檔案，讀取某些資料，將這些資料更新，然後再寫回，因此，它們都是打開做讀與寫的較多。

有開就有關，一個打開的檔案，在用完之時就必須關閉。忘了關閉檔案有時會有意料不到的不良後果。首先，檔案輸入／輸出通常都是有緩衝（buffered）或暫時存在快捷記憶器內的情形。這可能發生在作業系統層次，或應用程式層次，或兩者都有。因此，資料在更動後，一直到檔案關閉之前，可能都只是暫時存在緩衝器或快捷記憶之內，而沒有正式寫入磁碟。因此，倘若此時系統當機或停電，那存在緩衝器或快捷記憶器內的更新資料就會不見，造成資料遺失。

其次，倘若有多個程式共用一個檔案，假若某個程式沒有關閉檔案，那這個程式所做的更動，其他程式可能就看不見。第三，有些檔案打開時，程式可能會擁有鎖（lock）在。這個鎖經常會到你的程式關閉檔案時才會放開。因此，在你的程式正式關閉這個檔案之前，其他所有的程式就無法使用這個檔案。所以，你忘了關閉一個檔案，就造成其他的程式無法使用同一個檔案，或檔案所在的檔案系統無法關閉等情形。

在絕大多數的作業系統上，當一個程序終了時，不論是正常順利地結束，或意外的死掉，作業系統通常會自動幫忙把這個程序所打開的所有檔案關掉。但一個好的程式，不應該依賴這個不正常的幫忙擦屁股措施。一個好的程式，一定永遠記得，在自己結束之前，把所有自己打開過的所有檔案，都全部關閉。當然，要是執行到一半中途死掉了，那就沒辦法了。

4-2-3 目前的檔案位置

在檔案輸入／輸出時，就每個打開的檔案而言，你的程序總有一個隱含的**現有檔案位置**（current file offset）。你可能沒有察覺或不知道，但它實際是存在的，而且作業系統會追蹤它的。

現有檔案位置，有時又稱**現有檔案指標**，代表的是，你的程式緊接著要讀或寫入的檔案位元組位置。亦即，下一個輸入（讀取）或輸出（寫入）

動作，就是從那個位置開始。記得，那是一個位元組的位置，一個由檔案開頭算起的位元組數目。

在程序一打開一個檔案時，目前的檔案位置會自動指至檔案的最前端。換言之，在一打開檔案時，程序都自動由一個檔案的最前面讀取或寫入資料的。在每一讀取或寫入作業之後，這個檔案位置就會自動跟著往後移。它移動的位置數（或位元組數）就正好等於讀取或寫入作業實際所讀寫的位元組數。例如，在檔案一打開時，檔案位置是 0，在寫入或讀取 50 位元組後，檔案位置就自動增加，變成 50。

在觀念上，你可以將這些檔案位置想像成一個整數變數，該變數的值永遠大於或等於零。每次檔案一打開，這個整數變數的值就被歸零。然後，每次程式寫入或讀取檔案，這個變數的值就會一直累增。每次增加的值就是正好等於程式之讀取或寫入作業所讀得或寫入的位元組數。

譬如，假若程式在一打開檔案後，自檔案讀了 512 個位元組，那此時，檔案位置就會變成 512。倘若程式緊接再讀取 60 個位元組，那檔案位置就會再更新為 512+60=572。

目前檔案位置追蹤且記住了目前程式已讀或寫到檔案中的哪裡了，這個資料是因每個程序且每個檔案而異的。倘若有多個程序同時共用同一個檔案，那每一個程序在這個檔案上的現有檔案位置，是完全獨立互不相干的。每一個程序的檔案位置可能都不同。

4-3　兩種程式界面

在你用 C 語言寫程式時，你有兩個不同的程式界面可以使用。

第一個是標準 C 的界面，這只和 C 標準有關，和任何作業系統無關。第二個則是作業系統的界面，和作業系統有關。

標準 C 的界面是規範在 ANSI C 的標準內，只要你所使用的作業系統支援標準 C 語言，你的系統裝有 C 語言的編譯程式，你就可以使用這一個界面。程式透過叫用 C 的庫存函數，達成各項所需之作業。不論在任何作業系統上，只要那個作業系統支援 ANSI C，你就沒事。

第二個界面則規範在 POSIX 標準上。記得，POSIX 標準規範的是作業系統的界面，POSIX 標準上有關檔案處理的程式界面，幾乎都全部製作成系統叫用。假若你所使用的作業系統不支援 POSIX 標準，那它的這個界面就是私有的，可能與人不同。

每一系統叫用都直接執行作業系統核心層內的程式碼，而不是用者空間的庫存函數。這些使用 POSIX 標準下之作業系統程式界面的應用程式，只能在支援 POSIX 標準的作業系統上執行，跟 ANSI C 沒關係。

值得一提的是，標準 C 界面所叫用的 C 庫存函數，比較高階，這些 C 庫存函數最終幾乎都得叫用作業系統的程式界面。因為，像檔案處理的作業，是屬於輸入／輸出的作業，一般只有作業系統核心才有那種權限可以處理。

顯然，你可以看出，使用標準 C 之庫存函數的程式，其可移植性最高。因為，它並沒有直接叫用作業系統的任何程式界面，與作業系統無關。只跟 C 語言有關。但是，這些程式也相對比較沒有那麼有效率。因為，它沒有辦法直接使用一些作業系統所提供，比較高等且有效率的界面。

相對地，使用作業系統程式界面的程式，雖然可移植性不及那些使用 C 語言界面的，但是卻效率較高，性能較快。另外，這些程式還有其他諸如功能較多，控制較緊與較老練等優點。就檔案處理作業而言，這些程式還能使用像向量（vectored）I/O，非同步 I/O，與直接 I/O 等，由作業系統直接提供之較高等的特色。這些都是 C 語言界面所沒有的。

由於這緣故，為了功能較多，性能較快，一般的軟體開發都會選擇直接採用 POSIX 標準所規範的作業系統界面。這樣寫成的程式，在所有支援 POSIX 標準的作業系統上，都可以編譯執行。這也是這一章以及這本書所要介紹和討論的。

幾乎所有的 Unix 和 Linux 系統，都支援 POSIX 標準。這些作業系統包括 AIX，Solaris，HPUX，Tru64 Unix，Unixware，多種不同品味的 Linux，Apple Darwin 等，還有其他。

以下，我們將兩種檔案 I/O 的界面，作個簡短的，概括性的介紹。記得，雖然你可以自由地在同一個程式內將這兩種不同程式界面混著一起用，但一般很少人這樣做。

為了能讓兩種不同程式界面共存，這兩種界面所使用的函數名稱都不一樣。在標準 C 庫存函數，絕大多數檔案 I/O 函數的名稱，都由 f 開頭，而在作業系統界面則不。舉例而言，打開，讀取與寫入檔案之函數的名稱，在標準 C 界面分別稱之 fopen，fread 與 fwrite，但在作業系統界面，則分別稱為 open，read，與 write。

另外一個差別則是**檔案把手**（file handle），檔案把手在程式裡代表一個打開的檔案。一個程式在打開一個檔案之後，它會拿回一個檔案把手。然後每次再以這個檔案把手，存取檔案。在標準 C 庫存界面上，一個檔案把手是一 FILE 資料結構的指標。

```
FILE  *fp;
```

相對地，在作業系統界面上，它叫做**檔案描述**（file descriptor）。而其資料型態則是一個整數：

```
int  fd;
```

圖 4-4　檔案作業之兩種不同界面的初窺

檔案 I/O 之程式界面	三個基本函數的名稱	檔案把手
標準 C 庫存界面	fopen fread fwrite	FILE *fp
作業系統界面	open read write	int fd

圖 4-5 所示即兩種不同界面下，最常用之檔案 I/O 函數。

值得一提的是，POSIX.1 標準所定義的檔案輸入／輸出函數中，絕大部分都是直接寫成系統叫用，直接在作業系統的核心層內實現的，所以，它們的效率非常高，速度非常快。

圖 4-5　兩種不同程式界面下的檔案作業函數

作業系統界面	標準 C 庫存界面
open	fopen
read	fread fgetc fgets fgetw fscanf
write	fwrite fputc fputs fputw fprintf
close	fclose
fsync	fflush
lseek	fseek ftell fsetpos fgetpos
readv	N/A
writev	N/A
aio_read	N/A
aio_write	N/A
fcntl	N/A
ioctl	N/A
pwrite	N/A
select	N/A
direct I/O	N/A

N/A：不存在

在 Unix 和 Linux 上，系統叫用的文書都列在第二節，而用者空間的庫存函數都列在第三節，是以，查看文書說明時，你有時必須加上這個號碼。例如，下面就是查看打開檔案之文書的例子：

```
$ man open
```
或
```
$ man 2 open
```

```
$ man fopen
```
或
```
$ man 3  fopen
```

這一章的隨後幾節，我們會逐一介紹檔案 I/O 的作業系統程式界面。

4-4　檔案描述與相關之核心層資料結構

4-4-1　inode（索引節點）

　　一個檔案系統，一般都存有至少幾萬或幾十萬個檔案。為了管理這麼大量的檔案，檔案系統軟體都會建立與使用一些特有的管理資料結構，這些也是儲存在磁碟上，通常擺在檔案實際資料之前（如圖 4-2 所示）。這一節，我們簡短地介紹一下這些資料結構的核心。

　　在作業系統內部，每一個檔案都以一個稱為 **inode**（代表 index node，**索引節點**）的資料結構表示。每一個 inode 包含了諸如擁有者，許可權限，上次存取的時間，等有關檔案的資訊。記得，一個檔案夾也相當於是一個檔案似的。

　　每一個檔案都有一個相對應的 inode 代表著。即使有時一個檔案會有好幾個不同名稱代表，它同樣也只有一個 inode。每一個 inode 都有一個獨一無二的號碼（inode number），這個號碼在你詳細列出一個檔案時（ls -1）可看得見。換言之，一個檔案系統內的每一個檔案，都有一個 inode資料結構描述它，同時也有一個獨一無二的號碼代表它。作業系統的核心層就負責建立與維護這些資料。

　　在一個檔案最初建立時，作業系統核心會在核心層的記憶位置裡建立一個 inode 資料結構，同時也會將這 inode 儲存在檔案系統的磁碟空間上，確保電腦重新開機後，這檔案還在，完美無缺。在電腦重新開機後，當有程式第一次打開某個檔案時，作業系統核心即會自磁碟，將這個檔案的 inode 讀入記憶器內，放在核心層記憶空間的 inode 表格上。電腦運作時，會同時打開很多檔案的，這些打開的所有檔案之 inode，讀入記憶器內就都放在一起，形成所謂的 **inode 表格**（inode table）。檔案一打開後，檔案的所有存取（包括讀與寫）作業，都是經過此一記憶器中的 inode 進行的。有些檔案作業甚至還會涉及更動 inode 資料結構上的資料。你可想見，一直確保磁碟上與記憶器內兩個 inode 版本保持一致，是挺重要的。這是作業系統核心層內的檔案系統單元的責任。

　　注意到，使用者與程式在用到一檔案時，是直接使用檔案的路徑名（pathname）的。但是，為了提高效率，作業系統是把檔案的路徑名，轉換成 inode 號碼，藉以能迅速存取到檔案的 inode 與實際檔案的。在原始的 AT&T UNIX 上，這個轉換的核心層函數，即叫做 namei() 函數。

　　你知道，inode 是同時存在磁碟與記憶器內的，至少那些現在打開的檔案是如此。檔案系統中所有檔案的 inode 資料，在磁碟上都存在檔案實際資料之前，在一個稱為 inode 清單（list）的區域上。那些現在打開，正在使用中之檔案的 inode，讀入記憶器後，也都存在一起，形成所謂的 inode 表格。所以，存在磁碟上的叫做 **inode 清單**，而存在記憶器中的，則稱之 **inode 表格**。

　　當然，inode 是額外的管理資訊，這是在檔案實際資料之外，作業系統為了有效地管理所有檔案所建立，儲存，與維護的額外負擔（overhead）。存在磁碟上的 inode 清單，佔用了磁碟空間，其所需之磁碟空間是在一檔案系統在建立時，事先預留下來的。因此，一旦檔案系統建立了，預留 inode 清單的空間固定了，一個檔案系統所能支援或儲存的最多檔案數也就決定了。只要把預留給 inode 清單的空間，除以每 inode 資料結構所佔有的位元組數，就知道答案了。

　　由於檔案系統有許多不同的型態，有些作業系統為了能支援多種不同檔案型態，特別將檔案系統的設計一般化與抽象化。將所有不同檔案系統型態的共同特徵抽出，稱之為**虛擬檔案系統**（virtual file system）。而一般檔案系統中的 inode，在虛擬檔案系統就變成了 vnode。

4-4-2　inode 表格

　　我們之前已稍微提過，在檔案被打開時，作業系統核心會把這些檔案的 inode 資料，由磁碟上讀入記憶器內，形成 inode 表格。在程式存取這些檔案時，作業系統就利用這些在 inode 表格上的 inode，找到每個檔案，並且存取檔案。有時甚至更新 inode 上所含的資訊。Inode 的維護，是作業系統核心層內的檔案系統單元的職責。對 inode 的進一步細節有興趣的讀者，可進一步參考作業系統或檔案系統的書籍。

4-4-3　系統打開檔案表格

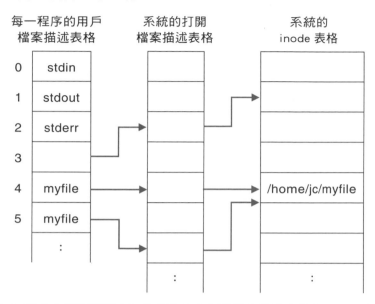

圖 4-6　程序之檔案描述表格與全系統之打開檔案描述表格和 inode 表格

　　作業系統核心除了維護 inode 表格之外，也維護了一些其他的表格。其中之一就是**打開檔案的描述表格**（open file descriptor table）。

　　每當一個用者或程式打開一個檔案時，作業系統也會在系統的打開檔案之描述表格上增加一個項目。這個項目含有一個指標，指向 inode 表格中，這個檔案的 inode。假若同一個程式打開同一個檔案兩次，或有兩個不同的程序打開了同一檔案，那打開檔案描述表格中，就會有兩個項目，指向 inode 表格的同一項目。因為它們是同一檔案，同一 inode。打開檔案表格需要兩個不同的項目，因為，兩次打開會對檔案做不同的作業與處理，因此，需要分開。但因它們都是使用同一檔案，檔案的有關基本資料是一樣的。因此，打開檔案表格的兩個項目指向同一個 inode。譬如，兩個打開檔案的程序有一個可能會只做讀取，而另一個做寫入。兩者之目前檔案位置或位移，可能完全不同，毫不相干。（你可想像，目前檔案位置的值是存在打開檔案表格中，而非在 inode 資料結構上的。）

如圖 4-6 所示，你可看出，同一個程序打開同一個檔案 /home/jc/myfile 兩次，所以，在系統的打開檔案表格上，它有兩個項目，但兩者都指向同一個 inode。

4-4-4 用者檔案描述表格

在觀念上，每當一個程式打開一個檔案時，它會拿回一個 "檔案把手"。然後再以之辨認檔案，從事各項作業。這檔案把手的實際表示是因界面之不同而異的。在標準 C 之庫存界面，它是一個 FILE 結構指標（pointer）。而在 POSIX 標準的作業系統界面，它是一個整數。以下，你就可以看出為什麼它是一個整數。

在 POSIX 標準所定義的檔案 I/O 裡，每一個打開的檔案就以一個**檔案描述**或**檔案描述符**（file descriptor）代表。每一檔案描述事實上就是一個非負的整數，因為，它事實上就是每一程序自己所有的打開檔案描述表格的索引（因此，可以是零但不能是負數）。當一個程序在執行時，作業系統會為每一程序建立一個屬於每一程序自己所有的**用者打開檔案表格**（user file descriptor table），用以儲存記錄，與追蹤每一程序所打開的所有檔案。

注意，用者打開檔案描述表格與上一節所說的整個系統之打開檔案描述表格是不一樣的。上一節所介紹的系統打開檔案描述表格，整個系統只有一個，由系統上的所有程序共用。而用者打開檔案描述表格，是每一個程序都有一個，是每一程序自己擁有的，和別的程序不相干。

用者打開檔案描述表格上的每一個項目或元素，代表程序所打開的一個檔案。譬如，假若一個程序總共打開了十個檔案，那這個程序的用者打開檔案描述表格，就會有十個元素或項目，每一項目指至一個程序所打開的檔案。另一個程序若只有打開六個檔案，那它的用者打開檔案表格就會只有六個項目。

在 C 語言程式裡，每一程式基本上都會永遠打開三個標準文字流（text stream）：標準輸入，標準輸出，與標準錯誤。在程式中分別以 stdin，stdout，與 stderr 代表。這三個標準的文字流與使用者的終端機有關，目的是在讓使用者與計算機進行即時溝通與交流。標準輸入代表使用者所使用的鍵盤，它是輸入設備。標準輸出代表使用者所使用的顯示螢幕，它是一輸出設備。輸準錯誤也是顯示螢幕，程式錯誤顯現在螢幕上，讓使用者知道。由於每一 C 語

言程式都有這三種文字流，因此，它們固定就是每一 C 語言程式最先打開的
三個檔案。也因此 stdin 的打開檔案描述值永遠是 0。stdout 永遠是 1，而 stderr
永遠是 2。分別指向用者打開檔案描述表格的前三個項目。記得，作業系統永
遠是從最小的數目開始，依序逐一指定每一個打開檔案的檔案描述值（亦即，
表格索引值）的：0，1，2，3，4，……。所以，你會發現程式第一個所自己
打開的檔案，其檔案描述值（亦即，表格索引值）一定是 3，就是這緣故。

檔案或 I/O 設備	每程序的檔案描述表格
stdin	檔案描述 0
stdout	檔案描述 1
stderr	檔案描述 2
第一個打開檔案	檔案描述 3
第二個打開檔案	檔案描述 4
第三個打開檔案	檔案描述 5
:	

　　記得，用者打開檔案描述表格上的項目，會進一步指向全系統的打開檔
案描述表格，然後再指向全系統共用的 inode 表格，再從那兒找到實際的檔案。

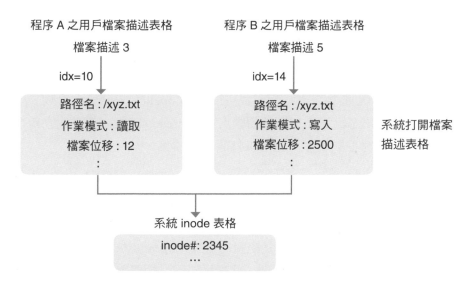

圖 4-7　兩個不同程序共用同一個檔案

如圖 4-7 所示的，當有兩個或兩個以上的程序，都打開同一個檔案時，這些程序自己的打開檔案表格就會各自多了一個項目，彼此的實際索引值可能不同，但這些項目會先各自指向系統打開檔案表格中不同的項目，然後，那兩個或多個不同項目，再指向記憶器中之 inode 表格的同一項目，因為它們都是同一個檔案。

圖 4-7 所舉例說明的，就是作業系統如何處置與管理不同程序共用同一個檔案的情形。這個觀念，在任何作業系統上都是類似的。

總之，作業系統核心層建立與維護了 inode 表格，表格中的每一項目用以追蹤一個打開的檔案。同時，它也建立與維護著打開檔案表格，藉以管理不同程序間如何共用同一個檔案，或同一個程序打開同一個檔案兩次或兩次以上。這兩個表格都是全系統只有一個，系統上的所有程序大家共用的。此外，系統上的每一個程序自己又有一個私有的用者打開檔案表格，每一項目追蹤程序自己所打開的每一個檔案。這個項目會指向系統打開檔案表格中所對應的項目。然後，從那兒，再指向相對的 inode 表格中的項目。每一檔案打開時，程序拿回一個檔案描述值，這個值就是用者打開檔案表格的索引值。程序固定用它找到用者檔案表格中所對應的項目。這就是作業系統如何管理使用者使用檔案的最精簡的概述。

4-5 打開與建立檔案

有好幾種不同方式可以建立一個檔案。而一個程式至少有兩個函數可以使用。在 POSIX 標準下，一個程式可以叫用 open() 或 creat() 函數，以建立（create）一個檔案。這兩個函數的差別在於 creat() 函數永遠是建立新檔案，但 open() 可以建立新檔案，也可以打開舊有檔案。

```
int open(const char *pathname, int flags, mode_t mode);
int open(const char *pathname, int flags);
int creat(const char *pathname, mode_t mode);
```

其中，引數 pathname 就是你想建立之檔案的路徑名。這個路徑名，可以是相對的（像 myfile.txt），或是絕對的（像 /tmp/myfile.txt）。路徑名若是以 "/" 開頭，那就是絕對的。否則，就是相對的。相對路徑名是相對於程序的**現有工作檔案夾**（current working directory）。

　　你可看出，open() 函數有兩種不同的風味。其中一個版本有三個參數，另一個版本則只有兩個。第一個參數指出你所想建立之檔案的路徑名稱。第二個參數則是一些旗號（flags）的組合。這個參數每次一定至少要指明 O_RDONLY，O_WRONLY，或 O_RDWR 三者其中的一個。這三個值分別代表你打開這個檔案是要 "只做讀取"，"只做寫入" 或 "既讀又寫"。

　　open() 函數的第三個參數則是可有可無。若有，它就指出你建立這個檔案時，檔案的權限許可（permission）要設定成什麼。譬如，若你聲明八進位數 0644，那就代表檔案的擁有者（owner）有權利讀取與寫入這個檔案，群組的成員有權利讀取，以及其他所有人也可以讀取。

　　若執行成功，open() 函數會送回（return）一個非負的整數值。這個值就是所謂的檔案描述值（file descriptor）。之後，程式即可以這個值代表這個檔案。若有錯誤，open() 函數會送回 -1，這時，全面變數 errno 的值，就會指出究竟發生了什麼樣的錯誤。這些可能發生的錯誤，一般都是定義在前頭檔案（header file）errno.h 上。譬如，若錯誤值是 2，那就代表找不到這個檔案。

　　注意到建立一個檔案有幾種可能的下場。這檔案可能已經存在，也可能不存在。若程式欲建立的檔案已存在，你可以選擇因錯誤而停止，也可以選擇將原有檔案歸零（truncate）或將新的資料附加（append）在檔案的最後。

　　為了應付這些不同的可能情況，open() 函數提供了許多旗號供程式選用，這些旗號包括下面這些：

O_WRONLY

　　這個旗號表示程式只想將資料寫入檔案

O_RDONLY

　　這個旗號表示程式只想從檔案讀取資料

O_RDWR

　　這個旗號表示程式想讀取與寫入。對 FIFO 而言，實際效果未定。

O_CREAT

　　這個旗號顯示，若檔案目前不存在，程式欲建立這個檔案。

由於 open() 可用於打開一既有的檔案，因此，除非你使用這個旗號，否則在檔案目前不存在時，open() 就會出錯退出，送回錯誤號碼 2，表示"找不到這個檔案"。因此，若檔案不存在時，你欲建立新的檔案，那你一定要在 open() 函數叫用時，加上這個旗號。

O_EXCL

在與 O_CREAT 旗號一起使用時，這個旗號表示，程式希望只有檔案目前不存在時，才建立新的檔案。若檔案已經存在了，就錯誤退出。因此若你叫用 open() 函數時，同時指明了這三個旗號。O_WRONLY | O_CREAT | O_EXCL，那就表示，程式欲打開這個檔案以便寫入資料，而且在檔案目前不存在的情況下，程式欲建立新的檔案。所以，要是檔案已經存在，那這個叫用就會因錯誤而退出，錯誤號碼會是 17（檔案已經存在）。

O_TRUNC

這個旗號意指，若這個檔案是一般的正規（regular）檔案，而且已經存在，那只要函數叫用時有指明 O_RDWR 或 O_WRONLY 旗號，而且檔案打開作業成功，那就把檔案刪減成空白，從頭開始。

O_APPEND

打開檔案，置於在最後延伸（append）的狀況。新寫入資料附加在檔案最後。

O_SYNC

打開檔案，置於同步 I/O 的模式。在同步 I/O 的模式裡，檔案的寫入作業（譬如，叫用write() 函數時），會等到所寫入的資料，實際已經存入磁碟之後，才會回返。這旨在確保資料不會因當機或停電而遺失。

O_NONBLOCK

在讀寫區段或文字特殊檔案（block or character special file）（如磁碟，鍵盤，或顯示幕）時，指明這個旗號等於告訴作業系統，不論相關設備狀態如何，有沒有準備好，都不必等，直接回返。

在面對 FIFO 檔案時，指明這個旗號表示，打開只做讀取的 open() 函數叫用，應立即回返。假若沒有其他程式已打開這個檔案準備好做讀取，那一個欲打開此檔案只做寫入的 open() 函數叫用，也應立即回返，錯誤退出。

注意到，以上這些都是單一位元的旗號（bit flag）。所以，你可以一次同時指明好幾個，它們用 "或"（|）演算子連結在一起。例如，同時指明 O_WRONLY|O_CREAT|O_TRUNC 三個旗號，表示程式欲打開這個檔案只做寫入，若檔案不存在時要建立新的檔案（不要錯誤退出），若檔案已經存在，那就剔除其所有既有的內容，歸零重新開始。換言之，程式欲第一次建立或重新建立一個從零開始的新檔案。

顯然，假若程式只想打開一個現成的檔案，並只做資料讀取，那以上所示的這些旗號，絕大多數是用不上的。open() 函數叫用，唯一只需要一個旗號，那就是 O_RDONLY 就夠了，簡單極了！或者，假若程式想做讀取與寫入，那就是 O_RDWR 一個旗號也足了。

在程式欲開創一個檔案時，這個檔案有可能已經存在。若檔案已經存在，而你的 open() 叫用又指明了 O_CREAT 旗號，那此時的結果就視你有無指明 O_EXCL 旗號而定。若沒有 O_EXCL 旗號，那 open() 叫用會成功。若有指明 O_EXCL，則叫用就錯誤退出。

O_TRUNC 旗號是把既有檔案歸零，等於剔除檔案既有的所有內含。這個旗號只適用於檔案是正規檔案，而且 open() 函數叫用有指明寫入的旗號，亦即，O_RDWR 或 O_WRONLY 時。

O_APPEND 旗號指明叫用者想擴充既有的檔案，將新寫入的資料附加在檔案最後。

O_SYNC 旗號則是用於同步 I/O。平常為了提高速度，檔案系統都會加有 "暫存在快捷"（caching）措施。這意指，程式在將資料寫入磁碟時，檔案系統並不會當場將那筆資料立即寫入磁碟裡，而是會暫時先存放在作業系統核心層所屬的記憶器裡，然後，函數叫用即成功回返。因此，若萬一碰到停電或當機，有些資料可能就會遺失。因為，程式以為那資料已寫入磁碟上，但事實是沒有。因此，假若有重要資料，程式無法容忍這種狀況發生時，那程式就可透過此 O_SYNC 旗號，告訴作業系統，將資料立即寫入磁碟，成功了以後函數叫用才回返。

open() 函數叫用還有一些其他的旗號可以使用，詳細請參考該函數的文書。（執行 man open 或 man 2 open 命令，即可得知。）

記得，在你的程式欲用到 open() 函數時，你必須在你的程式加入以下這些前頭檔案（header files），取得相關的定義與宣告，程式編譯才不致有錯誤：

```
#include <sys/types.h>
#include <sys/stat.h>
#include <fcntl.h>
```

▶ creat() 函數

倘若你選擇使用 creat() 函數開創檔案，那你就不必管以上這些旗號了。creat() 函數的兩個參數和 open() 函數類似。不過，記得，一般人很少用 creat()，因為，與 open() 相比，creat() 的功能受限較多，它只能用於開創或建立檔案，open() 相對多才多藝多了。使用 open() 你可以打開一既有檔案，只做讀取，只做寫入，或既讀又寫。它也可以不論檔案已存在與否都建立，只在檔案不存在時才建立，或在檔案已存在時建立等。

以下是 creat() 函數的格式：

```
creat(pathname, mode)
```

這就相當於下面的 open() 函數叫用：

```
open(pathname, O_WRONLY|O_CREAT|O_TRUNC, mode)
```

4-6 寫入檔案

截至目前為止，我們知道一個程式能以 open() 或 creat() 函數，建立一個檔案。但那若是程式唯一做的，則所得僅是一個空白的檔案而已，假設檔案原來不存在的話。程式必須將資料寫入檔案內，檔案才會有東西。

程式透過叫用寫入函數 write()，將資料寫入檔案。這函數的規範如下：

```
ssize_t write(int fd, const void *buf, size_t count);
```

第一個參數指出檔案的描述（file descriptor）。這個值就是前面所介紹之 open() 或 creat() 函數，在成功地建立或打開檔案時，所送回的值，它就代表著目前打開的檔案。第二個參數指明含有欲寫出之資料的緩衝器（buffer）的起始記憶位址。第三個參數指明欲寫出之資料有多長，有幾個位元組。

有碰到錯誤時，write() 函數送回 -1，且 errno 會存有錯誤號碼。在執行成功時，write() 函數會送回實際被寫出的資料量（位元組數）。

圖 4-8 所示即一建立一個檔案，並寫入資料的程式。這個程式叫 gendataf。它將某一數量的資料區段寫入檔案內，每一資料區段有 512 位元組。為了易於區分，每一區段的內含分別設定成 0,1……,a,b…,A,B……等不同文字。若總區段數超過 62（10+26+26），則內容就從頭又重複。執行這個程式時，你可以打入一個輸入引數，教它寫入你所要的區段數。若你不指明既定的區段數是 62。

圖 4-8　建立與寫入檔案的程式 (gendataf.c)

```
/*
 * gendataf.c
 * This program opens a file and writes a number of 512-byte blocks to a file.
 * It can be used to create data files for testing.
 * Copyright (c) 2013, 2014, 2020 Mr. Jin-Jwei Chen.  All rights reserved.
 */

#include <stdio.h>
#include <errno.h>
#include <sys/types.h>
#include <sys/stat.h>
#include <fcntl.h>
#include <unistd.h>
#include <string.h>  /* memset() */
#include <stdlib.h>  /* atoi() */

#define  BUFSZ        512
#define  DEFBLKCNT     62

int main(int argc, char *argv[])
{
  char *fname;
  int  fd;
  ssize_t  bytes;
  size_t   count;
  char     buf[BUFSZ];
  int      blocks=DEFBLKCNT;  /* number of blocks to write */
  char     ch;                /* byte content of each block */
  int      i, j, k;
  char     *bufadr;
```

```c
/* Expect to get the file name from user */
if (argc > 1)
  fname = argv[1];
else
{
  fprintf(stderr, "Usage: %s filename [blocks]\n", argv[0]);
  return(-1);
}
if (argc > 2)
{
  blocks = atoi(argv[2]);
  if (blocks <= 0)
    blocks = DEFBLKCNT;
}
fprintf(stdout, "Writing %u blocks to file %s\n", blocks, fname);

/* Open the output file. Create it if it does not exist.
 * Truncate the file to zero length if it already exists.
 */
fd = open(fname, O_WRONLY|O_CREAT|O_TRUNC, 0644);
if (fd == -1)
{
  fprintf(stderr, "open() failed, errno=%d\n", errno);
  return(-2);
}

/* Write the number of blocks specified */
for (k = 0; k < blocks; k++)
{
  i = k % 62;   /* make i be 0-61 */
  if (i < 10)
    ch = '0' + i;
  else if (i < 36)
    ch = 'a' + (i - 10);
  else if (i >= 36)
    ch = 'A' + (i - 36);

  /* Fill the buffer with message to write */
  for (j = 0; j < BUFSZ; j++)
    buf[j] = ch;

  /* Write the contents of the buffer to the file. */
  count = BUFSZ;
  bufadr = buf;
  while (count > 0)
  {
    bytes = write(fd, bufadr, count);
    if (bytes == -1)
    {
      fprintf(stderr, "write() failed, errno=%d\n", errno);
      close(fd);
```

```
        return(-3);
      }
      count = count - bytes;
      bufadr = bufadr + bytes;
    }
  }

  /* Close the file */
  close(fd);
  return(0);
}
```

　　請注意，不管是人們看得懂的文字（text）或人們看不懂的二進位（binary）資料，程式的作業是完全一模一樣的，沒有任何區別。不管是那一種，欲寫入的資料就是一系列的位元組罷了。

4-7　撰寫健全牢固從事 I/O 的軟體

　　記得，當一個程式要求欲讀取或寫入資料時，其所叫用的函數不見得永遠都能輸入或輸出正好那麼多資料。造成這種結果的原因有許多，最常見的有資料來源或資料接收端的速度太慢，磁碟空間已滿了，所剩的磁碟空間不夠，資料沒了，已經沒有更多的資料可讀了，程式執行到一半時被像如信號（signal）等打斷，或硬體（如磁碟機或網路）出問題等。在某些情況下，輸入／輸出作業也很可能就吊（hang）在那裡。

　　由於有這麼多不良的情況可能發生，在寫程式時，你就必須把各種不同的可能都考慮在內。以確保你寫的程式，不論在那一種狀況下，都能正確地執行，或至少做了最妥當的處置，使你的程式變得很健全牢固（robust）。這裡，我們就提出幾項你所能做到的。

　　首先，記得永遠要檢查每一你所叫用之函數的回返狀態（return status），並做正確或最適當之處置。

　　舉例而言，當你在讀資料時，就必須考量到 "檔案終了"（end of file）的情況。若碰到檔案終了，沒有進一步資料可讀了，那讀取函數 read() 通常都會送回一個零。

　　此外，為了預防萬一讀取或寫入沒有辦法一氣呵成，最穩當的作法，是把讀取或寫入作業放在一個迴路（loop）裡，萬一無法一次到位時，再重複一次或幾次。這個迴路一般就是一直重複至所有資料都完成了，或出現錯誤時為止。圖 4-8 的程式中，我們就是這樣做的，你可看出，在寫入時，我們不是只單獨一次叫用 write() 函數，而是把它置於一個 while 迴路內，一直到全部資料都寫出或出現錯誤為止。

4-8 讀取檔案

在能自一個檔案讀取資料之前，一個程式必須先打開這個檔案。

欲打開一個檔案，只做讀取時，程式用 open() 函數，並在其第一個引數（argument）中指出檔案的路徑名，且在第二個引數中指明 O_RDONLY 旗號。

在打開輸入檔案後，程式即可以用 read() 函數，自檔案中讀取資料。read() 函數的格式如下：

```
#include <unistd.h>
ssize_t read(int fd, void *buf, size_t count);
```

注意到，叫用 read() 函數的程式，必須包括了前頭檔案 unistd.h，程式才能編譯成功。叫用 read() 函數時，第一個引數是放輸入檔案的檔案描述。第二個引數是用以接收輸入資料之緩衝器的起始位址，而第三個引數則是緩衝器的最大容量或是函數叫用所欲讀取的資料量（位元組數）。記得，叫用程式必須負責將緩衝器的記憶空間事先安置或分配（allocate）好，並確定它有足夠的容量，足以接收欲輸入的資料。

在執行成功時，read() 會送回其實際所讀取的資料量（位元組數）。若萬一出錯，那 read() 會送回 -1，且 errno 會存放錯誤的號碼。若已碰上了檔案的盡頭，不再有資料可讀，read() 會送回 0。

記得，讀取文字或二進資料，作業是完全一樣的。你只要指明你想讀多少位元組，read() 就會把它自檔案中讀取並放入緩衝器內。對 read() 而言，是毫無差別的。文字或二進資料，只是讀取後，資料的處理會有點些不同罷了。譬如若所讀得的是文字資料，而且你想把它印出，那你就得在資料的最後加入一個 "\0" 位元組，將字串結束。因為，在 C 語言程式裡，所有文字資料或字串，規定都要以一個零值位元組結束。

圖 4-9 所示，即為一自一個檔案，讀取並印出檔案之最前面 30 個位元組
的程式。

圖 4-9　讀取檔案的程式（read.c）

```
/*
 * This program opens a file and reads the first few bytes from it.
 * Copyright (c) 2013, 2014, 2020 Mr. Jin-Jwei Chen.  All rights reserved.
 */

#include <stdio.h>
#include <errno.h>
#include <sys/types.h>
#include <sys/stat.h>
#include <fcntl.h>
#include <unistd.h>
#include <string.h>  /* memset() */

#define  BUFSZ             30
#define  READER_WAIT_TIME  1
#define  LOOPCNT           5

int main(int argc, char *argv[])
{
  char *fname;
  int   fd;
  ssize_t  bytes;
  char     buf[BUFSZ+1];
  size_t   i, j;

  /* Expect to get the file name from user */
  if (argc > 1)
    fname = argv[1];
  else
  {
    fprintf(stderr, "Usage: %s filename\n", argv[0]);
    return(-1);
  }

  /* Open the file for read only. */
  fd = open(fname, O_RDONLY);
  if (fd == -1)
  {
    fprintf(stderr, "open() failed, errno=%d\n", errno);
    return(-2);
  }

  /* Read some data from the file */
  bytes = read(fd, buf, BUFSZ);
  if (bytes == -1)
```

```
  {
    fprintf(stderr, "read() failed, errno=%d\n", errno);
    close(fd);
    return(-3);
  }
  buf[bytes] = '\0';
  fprintf(stdout, "Just read the following %ld bytes from the file %s:\n%s\n",
    bytes, fname, buf);

  /* Close the file */
  close(fd);
  return(0);
}
```

4-9 循序 I/O

一個程式可以對一個檔案做許多不同的處理，其中，幾乎最常見的兩個，就是循序讀取與循序寫入（sequential read and write）。

這一節，我們就舉一個這樣的例子。這個例子就是將一個檔案拷貝一份。要拷貝一個檔案，程式必須打開原始檔案，只做讀取。同時，它也必須打開目的檔案，指明 O_CREAT 與 O_TRUNC 兩個旗號，建立或重新建立這個目的檔案。假設兩個 open() 叫用都成功，那緊接著就是循序地從頭到尾讀取整個原始檔案，並將所讀得的資料，一一循序寫入目標檔案內就是了。整個拷貝作業在讀取碰上了檔案終點時結束。最後，就是把兩個檔案都關閉。

在我們的程式裡，我們選擇每一次讀取與寫入的資料量是 2048 位元組。這是隨便選的。一般而言，為了得到最佳性能，程式應該選擇檔案所在之檔案系統的邏輯磁區大小（logical block size），與之相符。有興趣的讀者可以做做實驗，改變這個值，並測量一下它對性能有什麼樣的影響。

圖 4-10 所示，即為將一個檔案拷貝一份的例題程式。

圖 4-10 拷貝檔案（copy.c）

```
/*
 * This program makes a copy of an existing file.
 * It demonstrates sequential read and sequential write of files.
 * Copyright (c) 2013, 2014, 2020 Mr. Jin-Jwei Chen.  All rights reserved.
 */

#include <stdio.h>
#include <errno.h>
```

```c
#include <sys/types.h>
#include <sys/stat.h>
#include <fcntl.h>
#include <unistd.h>
#include <string.h>  /* memset() */

#define  BUFSZ        2048

int main(int argc, char *argv[])
{
  char *infname, *outfname;  /* names of input and output files */
  int  infd, outfd;  /* input and output file descriptors */
  int  ret = 0;        /* return code of this program */
  ssize_t  bytes_rd, bytes_wr;  /* number of bytes read or written */
  size_t   count;
  int      done = 0;
  char     buf[BUFSZ];  /* input and output buffer */
  char     *bufadr;

  /* Expect to get the file names from user */
  if (argc > 2)
  {
    infname = argv[1];
    outfname = argv[2];
  }
  else
  {
    fprintf(stderr, "Usage: %s input_file output_file\n", argv[0]);
    return(-1);
  }

  /* Open the input file for read only. */
  infd = open(infname, O_RDONLY);
  if (infd == -1)
  {
    fprintf(stderr, "opening input file failed, errno=%d\n", errno);
    return(-2);
  }

  /* Open the output file for write only. Create it if it does not already
   * exist. Truncate the file (erase old contents) if it already exists.
   */
  outfd = open(outfname, O_WRONLY|O_CREAT|O_TRUNC, 0644);
  if (outfd == -1)
  {
    fprintf(stderr, "opening output file failed, errno=%d\n", errno);
    close(infd);
    return(-3);
  }

  /* Read from the input file and write to the output file. Loop until done. */
```

```
    while (!done)
    {
      /* Read the next chunk from the input file */
      bytes_rd = read(infd, buf, BUFSZ);
      if (bytes_rd == -1)
      {
        fprintf(stderr, "failed to read input file, errno=%d\n", errno);
        ret = (-4);
        break;
      }
      else if (bytes_rd == 0)   /* End Of File */
        break;

      /* Write the file contents we just read to the output file */
      count = bytes_rd;
      bufadr = buf;
      while (count > 0)
      {
        bytes_wr = write(outfd, bufadr, count);
        if (bytes_wr == -1)
        {
          fprintf(stderr, "failed to write output file, errno=%d\n", errno);
          ret = (-5);
          break;
        }
        count = count - bytes_wr;
        bufadr = bufadr + bytes_wr;
      }  /* inner while */
    }  /* outer while */

    /* Close the files */
    close(infd);
    close(outfd);
    return(ret);
}
```

　　注意到在這個例題程式上，我們將 write() 函數放在一個迴路內，確保每次所讀得的資料，都全部寫出。但我們卻沒有將 read() 叫用也同樣放進迴路裡。原因是，我們並不在乎是否每次都正好讀到 2048 個位元組。每次實際讀到多少都無所謂。只要在最後，整個原始檔案全都讀了，同時，所讀的也都全部寫入目標檔案內就行了。

　　在讀取作業碰上了原始檔案的盡頭時，read() 函數會送回 0。整個讀取作業就一直進行到碰上這種狀況或出現錯誤時停止。因此，我們照顧到了所有的狀況。

1.　　我們確定讀取作業一直持續到碰上檔案終了或出了錯誤時才停止。

2. 我們確保每次所讀得的資料，一定全部寫出，除非有出現錯誤。

3. 以上兩個條件加在一起，確保整個檔案會被全部拷貝，除非有出錯。

4-10　共時程序間共用檔案

現實生活中，不只資料庫，有許多應用程式都牽涉到在多個共時或同時執行的程序之間，共用檔案。例如，可能某一個或某幾個程序正在建立檔案，而同時間也有好幾個程序正在讀取相同的檔案。在程式間共用檔案其實不難，唯一的是，在有兩個或兩個以上的程式同時或共時寫入檔案時，共時控制（concurrency control）必須做對。

這一節，我們就舉一個兩個程序共用一個檔案的例子。其中，寫入程序不停地寫入檔案，一次一個磁段，而讀取程式則在同時間讀取檔案。為了能讓你看出兩者間的互動，我們讓寫入程序在每次寫入之後，稍微暫停一下。同時，我們也令兩個程序每次讀寫等量的資料。平常，並不需要有這些限制的。

在分別編譯完兩個程式後，我們依序如下地執行這兩個程式：

```
$ writer filename
$ reader filename
```

記得，先啟動寫入程式，否則，在讀取程序啟動時，它會找不到檔案。

圖 4-11 所示即為這兩個例題程式。誠如你可以看出的，只要寫入程式一打開且寫入這共用檔案，讀取程式即立即看得見這檔案的內含。假設它知道這個檔案的路徑名，而且有權限可以讀寫。此外，寫入程序不須把檔案關閉，讀取程序即能看見檔案的內含。所以，美妙的是這兩個程序能即時（real-time）地共用同一個檔案。事實上，絕大部分時間裡，在讀取程序讀取檔案資料時，檔案的內含可能都還存在作業系統核心之檔案系統的記憶空間裡，還沒真正寫入磁碟。

圖 4-11　兩程序共用一檔案（writer.c 與 reader.c）

```
  (a) writer.c

/*
 * writer.c
 * This program creates a file and writes a block to it every few seconds.
 * It serves as the writer in the example of demonstrating
```

```
 * sharing a file between multiple concurrent processes.
 * Copyright (c) 2013, 2014, 2020 Mr. Jin-Jwei Chen.  All rights reserved.
 */

#include <stdio.h>
#include <errno.h>
#include <sys/types.h>
#include <sys/stat.h>
#include <fcntl.h>
#include <unistd.h>
#include <string.h>  /* memset() */

#define  BUFSZ            512
#define  WRITER_WAIT_TIME 4
#define  LOOPCNT          5

int main(int argc, char *argv[])
{
  char *fname;
  int  fd;
  ssize_t  bytes;
  char     buf[BUFSZ];
  size_t   i, j;

  /* Expect to get the file name from user */
  if (argc > 1)
    fname = argv[1];
  else
  {
    fprintf(stderr, "Usage: %s filename\n", argv[0]);
    return(-1);
  }

  /* Open a file for write only. Create it if it does not already exist.
   * Truncate the file (erase old contents) if it already exists.
   */
  fd = open(fname, O_WRONLY|O_CREAT|O_TRUNC, 0644);
  if (fd == -1)
  {
    fprintf(stderr, "open() failed, errno=%d\n", errno);
    return(-2);
  }

  /* The write and wait loop. */
  for (i = 1; i < LOOPCNT; i++)
  {
    /* Fill the buffer with the block number */
    for (j = 0; j < BUFSZ; j++)
      buf[j] = i + '0';
```

```
      /* Write the contents of the buffer to the file. */
      bytes = write(fd, buf, BUFSZ);
      if (bytes == -1)
      {
        fprintf(stderr, "write() failed, errno=%d\n", errno);
        close(fd);
        return(-3);
      }
      fprintf(stdout, "%ld bytes were written into the file\n", bytes);

      /* Wait for a few seconds so the reader has a chance to read it */
      sleep(WRITER_WAIT_TIME);
    }

  /* Close the file */
  close(fd);
  return(0);
}



  (b) reader.c

/*
 * This program opens a file and reads a block from it every time.
 * It serves as the reader in the example of demonstrating
 * sharing a file between multiple concurrent processes.
 * Copyright (c) 2013, 2014, 2020 Mr. Jin-Jwei Chen.  All rights reserved.
 */

#include <stdio.h>
#include <errno.h>
#include <sys/types.h>
#include <sys/stat.h>
#include <fcntl.h>
#include <unistd.h>
#include <string.h>  /* memset() */

#define  BUFSZ            512
#define  READER_WAIT_TIME  1
#define  LOOPCNT           5

int main(int argc, char *argv[])
{
  char *fname;
  int  fd;
  ssize_t  bytes;
  size_t   count;
  char     buf[BUFSZ+1];
```

```
    size_t    i, j;
    char      *bufadr;

    /* Expect to get the file name from user */
    if (argc > 1)
      fname = argv[1];
    else
    {
      fprintf(stderr, "Usage: %s filename\n", argv[0]);
      return(-1);
    }

    /* Open the file for read only. */
    fd = open(fname, O_RDONLY);
    if (fd == -1)
    {
      fprintf(stderr, "open() failed, errno=%d\n", errno);
      return(-2);
    }

    /* The read loop. */
    for (i = 1; i < LOOPCNT; i++)
    {
      /* Read a block at each iteration */
      count = BUFSZ;
      bufadr = buf;
      while (count > 0)
      {
        bytes = read(fd, bufadr, count);
        if (bytes == -1)
        {
          fprintf(stderr, "read() failed, errno=%d\n", errno);
          close(fd);
          return(-3);
        }
        count = count - bytes;
        bufadr = bufadr + bytes;
      }
      buf[BUFSZ] = '\0';
      fprintf(stdout, "Just read the following block:\n%s\n", buf);
    }

    /* Close the file */
    close(fd);
    return(0);
}
```

4-11　隨機 I/O

除了循序讀寫檔案外，程式還能隨機（randomly）讀寫一個檔案。

還記得之前我們介紹過現有檔案位置或檔案指標的觀念。循序讀寫時，檔案現有位置是在幕後自動跟著讀寫動作，持續往前移動的。這由作業系統在執行讀寫作業時，自動達成。循序讀寫與隨機讀寫主要差別在於檔案現有位置的操縱。就這點而言，循序讀寫相對簡單些。因為，應用程式本身不需另外操控檔案的現有位置，它自動地移動（順移）了。隨機讀寫則不同，程式必須實際設定每次欲隨機讀或寫的檔案位置。原因是，隨機讀寫並不是循序地讀或寫，它每次要讀取或寫入的位置，隨便跳來跳去，並不是目前檔案位置的下一個位元組。

換言之，在隨機讀寫時，程式必須自己知道下一個讀或寫的檔案位置在那裡，且事先明確地設定好了現有檔案位置之後，才能進行實際讀取或寫入的作業。

打個比方，循序存取就像你用刷子在粉刷牆壁一樣，只要把刷子由左至右自然的刷一下，刷子所刷過部分就自動刷好了，程式本身甚至完全不知幕後現有檔案位置是一直在自動跟著變動的。

相對地，隨機讀寫時，下一次讀或寫的位置，並不一定。通常並非正好是現有檔案位置的下一個位元組位置。因此，程式就必須知道那下一個位置，並特別地把現有檔案位置設定在那，才能讀寫。換言之，隨機讀寫主要多了一個步驟，那就是每次讀或寫之前，必須先把下一個檔案位置設定好。

這個設定好現有檔案位置的步驟，就是由叫用 lseek() 函數達成。程式經由 lseek()，把現有檔案位置移動至下一個應該讀取或寫入的檔案位置。因為這樣，所以你可以隨意地將之移動至檔案的任意位置，並從那兒起開始讀取或寫入，這就是隨機讀寫名稱的由來。

資料庫應用程式即是隨機讀寫的最佳例子。每一個公司都有某種資料存在，不論是員工資料，客戶資料，或訂貨資料。每次有客戶打電話來要訂貨或查詢某項資料時，這資料實際存在資料庫的那裡，都是不可預知的，也通常不會正好是上一通電話所用到的資料錄的下一個的。所以，位置非常隨機，並不固定。換言之，每一資料庫更新或查詢的作業，其資料座落位置都是很隨機，不固定的。

圖 4-12 所示即為一從事隨機讀寫的程式例子。

圖 4-12 隨機檔案讀寫（randomwr.c）

```c
/*
 * Random write.
 * This program opens an existing file, writes 5 bytes starting at offset 512,
 * and then writes another 5 bytes starting at offset 1024.
 * To test, use the output file from the writer program as the input file.
 * Copyright (c) 2013, 2014, 2020 Mr. Jin-Jwei Chen.  All rights reserved.
 */

#include <stdio.h>
#include <errno.h>
#include <sys/types.h>
#include <sys/stat.h>
#include <fcntl.h>
#include <unistd.h>
#include <string.h>  /* memset() */

#define  BUFSZ        512

int main(int argc, char *argv[])
{
  char *fname;
  int  fd;
  off_t  offset, offset_ret;
  ssize_t  bytes;
  size_t   count;
  char     buf[BUFSZ];

  /* Expect to get the file name from user */
  if (argc > 1)
    fname = argv[1];
  else
  {
    fprintf(stderr, "Usage: %s filename\n", argv[0]);
    return(-1);
  }

  /* Open a file for write only. This open() will fail with errno=2
     if the file does not exist. */
  fd = open(fname, O_WRONLY, 0644);
  if (fd == -1)
  {
    fprintf(stderr, "open() failed, errno=%d\n", errno);
    return(-2);
```

```
  }

  /* Write 5 bytes starting at file offset 512 */
  offset = 512;
  offset_ret = lseek(fd, offset, SEEK_CUR);
  if (offset_ret == -1)
  {
    fprintf(stderr, "lseek() failed, errno=%d\n", errno);
    close(fd);
    return(-3);
  }
  fprintf(stdout, "offset_ret = %lld \n", offset_ret);

  for (count=0; count < 5; count++)
    buf[count] = 'A';

  bytes = write(fd, buf, 5);
  if (bytes == -1)
  {
    fprintf(stderr, "write() failed, errno=%d\n", errno);
    close(fd);
    return(-4);
  }

  /* Write another 5 bytes starting at file offset 1024 */
  offset = 1024;
  offset_ret = lseek(fd, offset, SEEK_SET);
  if (offset_ret == -1)
  {
    fprintf(stderr, "lseek() failed, errno=%d\n", errno);
    close(fd);
    return(-5);
  }
  fprintf(stdout, "offset_ret = %lld \n", offset_ret);

  for (count=0; count < 5; count++)
    buf[count] = 'B';

  bytes = write(fd, buf, 5);
  if (bytes == -1)
  {
    fprintf(stderr, "write() failed, errno=%d\n", errno);
    close(fd);
    return(-6);
  }

  /* Close the file */
  close(fd);
  return(0);
}
```

　　請注意，在隨機讀寫之前，程式會先移動且設定下一個新的檔案位置，這個位置是邏輯性的，是相對檔案開頭的位置值。

　　在處理一個檔案時，應用程式使用的是檔案的邏輯結構與位置。程式完全不知道檔案是存在磁碟上的什麼實際位置的。只有作業系統的檔案系統知道檔案在磁碟上的實際位置。換言之，當一個程式說，我要把這資料寫在檔案上的這個位置時，它事實上是說，我要把資料寫在這個邏輯位置上，由檔案開頭算起，第 X 位元組位置上。作業系統實際會將整個檔案，細分成某一固定位元組數的區段（blocks）。然後再將這些邏輯區段，存入磁碟的實際磁區或磁段上。檔案系統會記住並知道所有邏輯區段是存在那些實際的磁段上。記住兩者之間的對應關係，並在檔案存取時，利用這對應關係，找到實際的磁段。

　　亦即，作業系統中的檔案系統程式碼，會記住邏輯磁段與實際磁段之間的對應關係，並在檔案存取時使用它。譬如，當程式說，把這筆資料寫在離檔案開頭第 2078 個位元組的位置上時，檔案系統會自動算出，並將之解釋成，將之寫在第三磁面之第十圓柱的第二磁段的第 30 位元組上。

應用程式	作業系統之檔案系統單元
使用檔案之邏輯位置 （例如，檔案的第 2078 位元組位置）	使用檔案之實際位置 （例如，磁碟之第三磁面上的第十圓柱之第二磁段的第 30 位元組）

　　除了邏輯位置與實體位置之差別外，另一個不同是，應用程式一次讀寫若干位元組，而檔案系統每次則會讀寫若干個磁區（sectors）。亦即，實際的磁碟 I/O 作業，每次都是讀取或寫入若干的實際區段的。每次至少一個實際的磁區，但為了提高速度，事實上，每一次讀或寫，都是好幾個實際磁區一起的。

　　總之，視你是開發作業系統中的檔案系統或一般的應用程式而定，你會從不同的觀點看檔案。當你開發的是應用程式時，你所用的都是邏輯的結構，而非實體的。只有作業系統中的檔案系統，才必須處理檔案的實際結構。事實上，它是兩種都用。處理邏輯與實體間的對應。

記得，一個程式可以既循序讀寫，也做隨機讀寫。譬如一個程式可以先將某些資料寫入第二磁段，再將檔案位置改至第 40 磁段，讀取一些資料，然後，再跑到第 1000 磁段，再從那兒起，以循序 I/O，寫入 10MB 的資料。這只是舉個例子而言，重點是，只要知道自己在做什麼，一個程式可以隨意地讀取及寫入一個檔案上，任何地方的任何資料。

▶ lseek() 函數

上面說過，程式在做隨機讀寫前，必須先將目前的檔案位置變換到下一個要讀取或寫入的檔案位置上，這個變換或設定檔案新位置的 lseek() 函數，其格式如下：

```
#include <sys/types.h>
#include <unistd.h>
off_t lseek(int fd, off_t offset, int whence);
```

利用 lseek() 函數，程式有三種不同方式可以設定新的現有檔案位置。

不論哪一種，叫用 lseek() 時，第一個引數永遠都是指出代表檔案的檔案描述。第二個引數則指出一個**位移**（offset）數。第三個引數則指出這個位移數要作何種解釋。假若第三個引數的值是 SEEK_SET，那表示第二個引數的位移數是絕對的。亦即，請將現有檔案位置改至離檔案開頭那麼多位移數（位元組數）的新位置上。假若第三個引數的值是 SEEK_CUR，那位移數是從目前檔案位置算起，而非從檔案開頭。假若第三個引數的值是 SEEK_END，那第二個引數所指出的位移數，是要從檔案最後面算起，亦即，要在檔案的最後面再加上那麼多位元組數，才是新的檔案位置。

記得，除非位移數是零，否則，使用 SEEK_END，等於是在檔案的最後開個洞。這樣做，在實際有資料寫入前，並不立即影響檔案的大小。若程式在資料未寫入前就自這個空隙讀取資料，那所讀得的將全是空的（null）位元組。某些作業系統甚至還會傳回 EBADF 的錯誤。

▶ 循序 I/O 與隨機 I/O

此時你已知道，基本上檔案 I/O 有循序 I/O 與隨機 I/O 兩種。循序 I/O 時，程式不必特別變換或更動檔案位置，資料就是自動由目前檔案位置循序讀或寫起。目前檔案位置也自動在幕後隨之移動調整。隨機 I/O 時，程式必須先明確地變換檔案位置，將目前的檔案位置變換至某一個新的位置上，資料再從那兒讀或寫起。檔案位置的變換或設定，由 lseek() 函數達成。

所以，你可能要問，那我使用那種 I/O 呢？事實上，這由不得你，一切由程式的應用邏輯來決定。有些應用（如拷貝檔案）必須使用循序 I/O，而有些應用（如資料庫的資料更新）則必須採用隨機 I/O。

假若磁碟空間足夠，而且作業系統的檔案系統能將連續的邏輯磁段安置分配在也是連續的實際磁段上，即循序 I/O 的速度肯定是會較快。這主要是因為磁碟機的磁臂與讀寫頭，相對地就不必動得那麼多。這些機械式的組件，比起電子式的電路，速度相對慢多了。假若你所開發的軟體必須兩種都支援（通常是這樣），那或許你可考慮設立一些可微調的旋鈕（knob），讓用者可以視需要調整，以得最佳性能。

4-12　向量式 I/O

4-12-1　什麼是向量式 I/O？

這一節介紹 POSIX 標準的另一個檔案 I/O 特色，那就是向量式或陣列式 I/O（vectored I/O）。

何謂向量式 I/O？向量式或陣列式 I/O，讓程式能將多個讀取作業合併在一起，以一個讀取函數叫用完成，或將數個寫入作業合併在一起，以一個寫入叫用達成。這主要目的是增進效率，提高速度。透過向量 I/O，程式可以將好幾個 I/O，合併成一個。

向量 I/O 主要用於程式同時向好幾個資料來源收集資料，或將資料分佈給多個目的地。在讀取應用上，假若沒有向量 I/O，那程式則必須讀取資料，然後再將所讀得的資料分成幾部分，每一部分放在一個不同的緩衝器上，以後再個別處理，就像 **"散開讀取"**（scatter read）一樣。就寫入應用而言，若沒有向量 I/O，程式就得先自多個不同的資料來源，收集幾個資料片段，然後再將資料合併，一次寫出，就像一個 **"收集寫入"**（gather write）一樣。也因此，向量 I/O 又稱為 **"散開／收集 I/O"**（scatter/ gather I/O）。

注意到，向量 I/O 可行，主要是因為這些緩衝器讀取或寫入的順序不要緊，或應用程式知道它們彼此間的順序而且已把它安排得好好的了。

記得，向量 I/O 實際上是循序 I/O。它實際上是將來自多個緩衝器之資料，依序地寫出，或將資料循序讀取，再將之分段，放進多個不同的緩衝器內。

從某個觀點而言，若無向量 I/O，那程式就得自己先將好幾個緩衝器中的資料合併，放在一個單一連續的緩衝器上，然後再一次叫用 read() 或 write() 函數，一次寫出或讀取。有了向量 I/O，這個工作等於就讓向量 I/O 的 read() 與 write() 函數，在幕後幫忙完成了。

向量 I/O 的性能效益，視不同應用而定。你自己應先做性能的測試與比較，然後看看是否有助益之後，再決定是否採用向量 I/O。

在網際網路應用上，若有關的讀寫是牽涉到讀寫 HTTP 網路協定所傳遞的 HTTP 文件，那向量 I/O 通常對改善性能是會有助益的。

- 讀取（散開）作業：

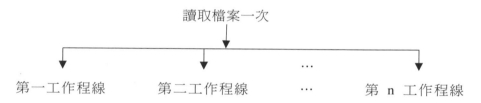

自檔案讀取資料一次，再將讀得之資料，散開分佈在多個不同的緩衝器內，每一個由一個不同的工作程線去處理。

- 寫入（收集）作業：

自多個資料來源收集資料，然後以單一 writev() 函數叫用，將所收集成的所有資料，一次寫出。

圖 4-13　散開／集成 I/O

4-12-2 如何做向量 I/O？

使用向量 I/O 時，你的程式必須包括前頭檔案 sys/uio.h：

```
#include <sys/uio.h>
```

然後以下列函數，從事向量式讀取與寫入：

```
ssize_t readv(int fd, const struct iovec *vector, int count);
ssize_t writev(int fd, const struct iovec *vector, int count);
```

注意到向量 I/O 所使用的是 readv() 與 writev() 函數，而不是 read() 與 write()。

readv() 與 writev() 的第一個參數是代表欲讀寫檔案的檔案描述。它必須是以 open() 函數打開這個檔案所送回的值。

第二個參數則指明儲存欲讀取或寫出之資料的幾個緩衝器。它是一個陣列（array），每一陣列元素則是一個 iovec 結構的起始位址。換言之，第二個引數的值，是一個含有幾個下列之資料結構的元素的陣列：

```
struct iovec
{
  void *iov_base;        /* 這緩衝器的起始位址   */
  size_t iov_len;        /* 這緩衝器的大小(位元組數)  */
};
```

其中，iov_base 含有一緩衝器之起始位址，而 iov_len 則含一緩衝器的大小。第三個參數則指出陣列總共有幾個元素。

你可看出向量 I/O 是一次幾個 I/O 同時做。函數之第二個引數所指明的陣列，每一個陣列元素就是原先其中一個 I/O 的資料。而第三個引數則指明總共有幾個 I/O 的資料。實際從事 I/O 時，作業系統會根據每一陣列元素中的起始位址與位元組數，達成恰恰好的資料讀取或寫入。注意到，作業系統會依序，從第一個，第二個，第三個…等等的 iovec 結構，逐一執行每一讀取或寫入作業。因此你要記得把順序先排列好，排對。

例如，圖 4-14 即是一個向量式讀取的例子，readv.c。這個例子使用三個緩衝器，buf1、buf2 與 buf3，它們大小不一。程式首先騰出一個包括三個 iovec 結構的陣列，然後分別把三個起始位址和資料量填入。最後叫用 readv() 函數，指出共有三個緩衝器在，你可看出，三個緩衝器的內含一次都裝滿了。

執行這個 readv() 叫用時，作業系統會從目前的檔案位置，循序讀取 1344（=256+512+576）位元組的檔案資料，並把其最前頭的 256 位元組放入第一個緩衝器，把緊接的 512 位元組放入第二個緩衝器，再把最後的 576 位元組存入第三個緩衝器內，一次 readv() 叫用，就讀得了三個緩衝器的所有資料。

圖 4-14 為一向量式讀取的例子（readv），而圖 4-15 則為另一向量式寫入的例子（writev）。

圖 4-14　向量式讀取（readv.c）

```
/*
 * This program demonstrates vectored I/O. It uses the readv() function to
 * perform a read into multiple buffers from a file.
 * Copyright (c) 2013, 2014, 2020 Mr. Jin-Jwei Chen.  All rights reserved.
 */

#include <stdio.h>
#include <errno.h>
#include <sys/types.h>
#include <sys/stat.h>
#include <fcntl.h>
#include <unistd.h>
#include <string.h>    /* memset() */
#include <sys/uio.h>   /* readv()/writev() */

#define  BUFSZ1  256
#define  BUFSZ2  512
#define  BUFSZ3  576

int main(int argc, char *argv[])
{
  char *fname;
  int  fd;
  ssize_t  bytes;
  struct   iovec  iov[3];  /* the I/O vector */
  char     buf1[BUFSZ1+1], buf2[BUFSZ2+1], buf3[BUFSZ3+1];

  /* Expect to get the file name from user */
  if (argc > 1)
    fname = argv[1];
  else
  {
    fprintf(stderr, "Usage: %s filename\n", argv[0]);
    return(-1);
  }

  /* Open the file for read only. */
  fd = open(fname, O_RDONLY);
```

```
   if (fd == -1)
   {
     fprintf(stderr, "open() failed, errno=%d\n", errno);
     return(-2);
   }

   /* Empty the input buffers */
   memset(buf1, 0, BUFSZ1);
   memset(buf2, 0, BUFSZ2);
   memset(buf3, 0, BUFSZ3);

   /* Set up the I/O vector */
   iov[0].iov_base = buf1;
   iov[0].iov_len = BUFSZ1;
   iov[1].iov_base = buf2;
   iov[1].iov_len = BUFSZ2;
   iov[2].iov_base = buf3;
   iov[2].iov_len = BUFSZ3;

   /* Perform the vectored I/O */
   bytes = readv(fd, iov, 3);
   if (bytes == -1)
   {
     fprintf(stderr, "readv() failed, errno=%d\n", errno);
     close(fd);
     return(-3);
   }
   fprintf(stdout, "%ld bytes were read\n", bytes);

   /* Null terminate the buffers so that we can print the strings */
   buf1[BUFSZ1] = '\0';
   buf2[BUFSZ2] = '\0';
   buf3[BUFSZ3] = '\0';

   /* Print the data read on screen */
   fprintf(stdout, "buf1:%s\n", buf1);
   fprintf(stdout, "buf2:%s\n", buf2);
   fprintf(stdout, "buf3:%s\n", buf3);

   /* Close the file */
   close(fd);
   return(0);
}
```

圖 4-15　向量式寫入（writev.c）

```
/*
 * This program demonstrates vectored I/O. It uses the writev() function to
 * perform a write from multiple buffers into a file.
 * Copyright (c) 2013, 2014, 2020 Mr. Jin-Jwei Chen.  All rights reserved.
```

```
      */

      #include <stdio.h>
      #include <errno.h>
      #include <sys/types.h>
      #include <sys/stat.h>
      #include <fcntl.h>
      #include <unistd.h>
      #include <string.h>    /* memset() */
      #include <sys/uio.h>   /* readv()/writev() */

      #define  BUFSZ1  256  /* size of buffer 1 */
      #define  BUFSZ2  512  /* size of buffer 2 */
      #define  BUFSZ3  128  /* size of buffer 3 */

      int main(int argc, char *argv[])
      {
        char *fname;
        int  fd;
        ssize_t  bytes;
        struct   iovec iov[3];  /* the I/O vector */
        char     buf1[BUFSZ1], buf2[BUFSZ2], buf3[BUFSZ3];
        size_t   i;

        /* Expect to get the file name from user */
        if (argc > 1)
          fname = argv[1];
        else
        {
          fprintf(stderr, "Usage: %s filename\n", argv[0]);
          return(-1);
        }

        /* Open the output file. Create it if it does not exist. */
        fd = open(fname, O_WRONLY|O_CREAT|O_TRUNC, 0644);
        if (fd == -1)
        {
          fprintf(stderr, "open() failed, errno=%d\n", errno);
          return(-2);
        }

        /* Fill in the output buffers */
        for (i = 0; i < BUFSZ1; i++)
          buf1[i] = '1';
        for (i = 0; i < BUFSZ2; i++)
          buf2[i] = '2';
        for (i = 0; i < BUFSZ3; i++)
          buf3[i] = '3';

        /* Set up the I/O vector */
        iov[0].iov_base = buf1;
```

```
    iov[0].iov_len = BUFSZ1;
    iov[1].iov_base = buf2;
    iov[1].iov_len = BUFSZ2;
    iov[2].iov_base = buf3;
    iov[2].iov_len = BUFSZ3;

    /* Perform the vectored I/O */
    bytes = writev(fd, iov, 3);
    if (bytes == -1)
    {
      fprintf(stderr, "writev() failed, errno=%d\n", errno);
      close(fd);
      return(-3);
    }
    fprintf(stdout, "%ld bytes were written\n", bytes);

    /* Close the file */
    close(fd);
    return(0);
}
```

4-13　非同步 I/O

4-13-1　何謂非同步 I/O？

截至目前為止，我們所用過的每一 I/O 函數，都是同步性的（synchronous）。

這意謂，在程式叫用 read() 或 write() 函數進行讀取或寫入作業時，程式是暫時停下來，在那兒等著讀取或寫入作業，實際完成了且回返之後，程式才會繼續執行下一行的程式碼的。換言之，在輸入／輸出作業正在進行之際，程式或程線就是等著什麼事都不做的。這種同步式作業，也叫作**阻擋式**（blocking）。因為，程式暫時是被讀取或寫入作業擋著，無法持續前進，進行下一個步驟的。

由於許多輸入／輸出設備都含有機械組件，一個輸入或輸出作業，很可能都要耗時幾個毫秒（milliseconds）或甚至更久。因此，相形於處理器一般在處理資料的速度，輸入／輸出作業相對就慢了很多。

因此，為了增進速度，程式就可以考慮改用另一種輸入／輸出的方式，那就是**非同步 I/O**（asynchronous I/O）或**非阻擋式 I/O**（non-blocking I/O）。使用非同步或非阻擋式 I/O 時，程式在叫用一輸入或輸出函數時，控制會立即回返，不會等到輸入／輸出作業完成後再回返的。因此，於輸入或輸出作業正在進行之際，程式可以同時進行其他的處理，以善用時間，增進速度。唯一的代價就是，程式必須回頭去檢查，看看輸入或輸出作業究竟完成了沒。

記得，非同步 I/O 時，只要程式所要求的輸入或輸出作業，一被加至等候隊伍（queue）中，程式控制就會立刻回返。因此，當控制回返時，實際的作業很可能正在進行中，尚未完成。不同的是，你的程式拿回了程式控制，可以做任何它想做的事，而不是就等在那裡，什麼事都不能做。

非同步 I/O 是另一種不同的程式設計型態（paradigm）。程式叫用另一組不同的函數，程式的結構也稍有變化與不同。主要差異是，在非同步 I/O，程式所叫用的輸入或輸出函數回返後，程式還要另外再回頭，進一步測試看看真正的輸入／輸出作業完成了嗎？以及有沒有碰到錯誤等。不像同步 I/O 時，函數一回返，結果如何都已知曉。但非同步 I/O 的優點是，程式控制立即回返，讓你可以做其他任何程式想做的平行處理。這個優點尤其在若輸入／輸出作業正好會吊掛（hang）在那裏時，最管用了。

4-13-2　如何做非同步 I/O？

在 POSIX 標準下，非同步 I/O 使用的函數如下：

aio_read()　　— 做非同步讀取

aio_write()　　— 做非同步寫入

aio_return()　　— 取得非同步輸入或輸出作業的回返狀態

aio_error()　　— 取得非同步輸入／輸出作業的錯誤碼

aio_cancel()　— 取消尚未完成之非同步輸入／輸出作業

aio_fsync()　　— 針對所指的檔案（描述），將非同步輸入／輸出作業的　　　　　　　　　　資料，實際寫出至設備上，取得一致。

aio_suspend()— 將叫用程式暫緩，以等待非同步輸入／輸出作業完成或　　　　　　　　　　時間到

　　值得一提的是，同步的輸入／輸出函數，一般都直接寫成系統叫用。相對的，以上之非同步叫用函數，通常都寫成用者空間的庫存函數。當然，在實際要做 I/O 時，這些庫存函數最後還是會叫用到系統叫用的。但你知道，在實際的系統叫用之外，這些非同步 I/O 函數，在用者空間的庫存函數內，又多做了一些處理。其中一個例子是，這些庫存函數會做的事之一，就是把真正的系統叫用步驟放在一個迴路裡，以確保每次用者所要求的資料量，都有真正全部讀取或寫入。

　　由於非同步輸入／輸出函數寫成用者空間的庫存函數，因此，它們的文書放在第三節，而不是第二節，所以查看 aio_read 之文書的命令是 "man 3 aio_read"。此外，非同步 I/O 函數一般都個別放在另一個不同的庫存，而不是 libc。因此，在程式連結時，你必須知道它們被放在哪一個庫存內，並在連結命令上附上這個庫存的名字。在大部分作業系統上，包括 Linux，非同步 I/O 函數是存放在 **/lib/librt.so**。

　　以下我們分別簡短介紹每一個非同步 I/O 函數。

▶ aio_write()

```
#include <aio.h>
int aio_write(struct aiocb *aiocbp);
```

　　幾乎所有的非同步 I/O 函數，都需要一個指向 "struct aiocb" 資料結構的指標（起始位址）作為參數，這個資料結構如下：

非同步 I/O 控制區段

```
struct aiocb
{
  int aio_fildes;              /* 檔案描述 File descriptor.  */
  int aio_lio_opcode;          /* 欲執行的作業 Operation to be performed.  */
  int aio_reqprio;             /* 請求優先順序的位移 Request priority offset.  */
  volatile void *aio_buf;      /* 緩衝器的位址 Location of buffer.  */
  size_t aio_nbytes;           /* 資料長度 Length of transfer.  */
  struct sigevent aio_sigevent; /* 信號的號碼 Signal number and value.  */
  __off_t aio_offset;          /* 檔案位置的位移 File offset.  */
  :
}
```

就參數或引數的傳送而言，aio_write() 與 write() 的主要差異是，叫用 write() 時，程式分別輸入檔案描述，緩衝器起始位址，與資料長度三個引數。而在叫用 aio_write() 時，程式是將這些值先放入非同步 I/O 的控制區段（control block）的個別資料欄內。然後再將這個資料結構的起始位址送給被叫用函數。

值得一提的是，非同步 I/O 控制區段（亦即，struct aiocb）內有個資料欄叫做 aio_offset，它讓你能設定 aio_write() 或 aio_read() 應該從那一個檔案位置做起。記得，只有在程式欲做隨機讀取或寫入時，才需要設定或輸入這個值。假若程式欲做循序讀寫，請不要設定這個資料欄的值。設定這個值就等於在讀或寫之前，先叫用 lseek() 函數，移動現有檔案位置一樣。

假若檔案打開時，O_APPEND 旗號沒有設定，則讀取或寫入的作業，就會從 aio_offset 欄所指定的那個檔案位置開始，就像讀寫之前程式叫用了 lseek() 且把位移值設定為 aio_offset 的值，而從那裏之引數值為 SEEK_SET 一樣。倘若 O_APPEND 旗號有設定，或是 aio_fildes 所指的檔案無法從事 lseek 作業，那寫入作業就會將資料附加在檔案最後。

在非同步寫入作業的請求被放上排隊（queue）時，aio_write() 函數叫用即會返回，並送回 0。假若作業請求無法放上排隊隊伍，aio_write() 就會送回 -1，errno 變數就會存有錯誤號碼。

在 aio_write() 送回 0 時，叫用程式或程線，緊接應該叫用 aio_return()，進一步詢問並取得 aio_write() 的執行結果。平常，aio_return() 會送回 aio_write() 已實際寫出之資料的位元組數。倘若 aio_write() 出了錯誤，那 aio_return() 就會送回 -1。這時，叫用程式或程線緊接就必須叫用 aio_error() 函數，以取得錯誤的號碼。

▶ aio_error()

```
#include <aio.h>
int aio_error(const struct aiocb *aiocbp);
```

假若函數引數 aiocbp 所指的有關輸入／輸出作業已成功地完成，那 aio_error() 函數就會送回 0。假若有關作業還未完成，尚在進行中，那 aio_error() 會送回 EINPROGRESS。假若有關作業已被取消，則 aio_error()

會送回 ECANCELED。否則，這個函數叫用會送回錯誤號碼。這錯誤號碼即相當於同步 I/O 的 errno 值。

▶ **aio_return()**

```
#include <aio.h>
ssize_t aio_return(struct aiocb *aiocbp);
```

請注意，就每一非同步輸入／輸出作業而言，程式應只叫用 aio_return() 函數一次，而且它也應該在非同步 I/O 作業正式完成後，才叫用。要知道一個非同步 I/O 作業是否已完成，程式或程線應該先叫用 aio_error() 函數，一直到這函數送回的值不是 EINPROGRESS 為止。

在正確使用時，aio_return() 函數會送回實際已讀取或寫入資料的長度（亦即位元組數）。

▶ **aio_read()**

```
#include <aio.h>
int aio_read(struct aiocb *aiocbp);
```

aio_read() 函數的使用方法與動作情形，與 aio_write() 完全類似，只是資料移動的方向相反罷了。

▶ **aiocb 資料結構中其他的資料欄**

非同步 I/O 之控制區段資料結構內，還有其他幾個資料欄。譬如，若 _POSIX_PRIORITIZED_IO 有定義，那此時你就可以設定 aio_reqprio 資料欄，將一個非同步輸入／輸出作業的優先順序，設定成叫用程式的優先順序減去 aio_reqprio 的值。

▶ **例題程式**

圖 4-16 所示即為示範非同步寫入作業的程式。圖 4-17 所示則為一示範非同步讀取作業的程式。

圖 4-16　非同步寫入作業（aiowrite.c）

```
/*
 * This program opens a file and writes a number of KBs to it using
 * asynchronous I/O.
 * $ cc -o aiowrite aiowrite.c -lrtkaio -lrt
```

```
 * Copyright (c) 2013, 2014, 2020 Mr. Jin-Jwei Chen.  All rights reserved.
 */

#include <stdio.h>
#include <errno.h>
#include <sys/types.h>
#include <sys/stat.h>
#include <fcntl.h>
#include <unistd.h>
#include <string.h>  /* memset() */
#include <stdlib.h>  /* atoi() */
#include <aio.h>

#define  BUFSZ         (100*1024)
char      buf[BUFSZ];

int main(int argc, char *argv[])
{
  char *fname;
  int  fd;
  ssize_t  bytes;
  size_t   count;
  int      status;
  int      nkbs=20;
  struct aiocb  aiocb;
  size_t   i;

  /* Expect to get the file name from user */
  if (argc > 1)
    fname = argv[1];
  else
  {
    fprintf(stderr, "Usage: %s filename [KBs(1-100)]\n", argv[0]);
    return(-1);
  }
  if (argc > 2)
  {
    nkbs = atoi(argv[2]);
    if (nkbs <= 0 || nkbs > 100)
      nkbs = 1;
  }
  fprintf(stdout, "Writing %u KBs to file %s\n", nkbs, fname);

  /* Open a file for write only. */
  fd = open(fname, O_WRONLY|O_CREAT|O_TRUNC, 0644);
  if (fd == -1)
  {
    fprintf(stderr, "open() failed, errno=%d\n", errno);
    return(-2);
  }
```

```c
/* Initialize the entire buffer with letter 'A' */
memset(buf, 65, BUFSZ);
count = nkbs * 1024;

/* Fill in the aio control block */
memset((void *)&aiocb, 0, sizeof(aiocb));
aiocb.aio_fildes = fd;
aiocb.aio_buf = buf;
aiocb.aio_nbytes = count;

/* Write the amount specified to the file */
status = aio_write(&aiocb);
if (status == 0)
  fprintf(stdout, "The aio write request has been enqueued.\n");
else if (status == -1)
{
  fprintf(stderr, "aio_write() call failed, errno=%d\n", errno);
  close(fd);
  return(-3);
}

/* Do some other processing here. Otherwise, we wouldn't need async I/O. */

/* Wait for the async I/O operation to complete */
status = EINPROGRESS;
while (status == EINPROGRESS)
  status = aio_error(&aiocb);
fprintf(stdout, "The async I/O operation completed. aio_error returned %d\n",
  status);
switch (status)
{
  case 0:
    fprintf(stdout, "The async I/O operation completed successfully.\n");
  break;
  case ECANCELED:
    fprintf(stdout, "The async I/O operation was cancelled.\n");
  break;
  default:
    fprintf(stdout, "The async I/O operation encountered error %d\n", status);
  break;
}

/* Get the final return value of the async I/O call */
bytes = aio_return(&aiocb);
if (status == -1)
{
  fprintf(stderr, "Async write operation failed, errno=%d\n", errno);
  close(fd);
  return(-4);
}
```

```
    fprintf(stdout, "%ld bytes were written into the file.\n", bytes);

    /* Close the file */
    close(fd);
    return(0);
}
```

圖 4-17 非同步讀取作業（aioread.c）

```
/*
 * This program opens a file and reads a couple of blocks from it using
 * asynchronous I/O. The user can specify a starting offset to read from.
 * $ cc -o aioread aioread.c -lrtkaio -lrt
 * Copyright (c) 2013, 2014, 2020 Mr. Jin-Jwei Chen.  All rights reserved.
 */

#include <stdio.h>
#include <errno.h>
#include <sys/types.h>
#include <sys/stat.h>
#include <fcntl.h>
#include <unistd.h>
#include <string.h>  /* memset() */
#include <stdlib.h>  /* atoi() */
#include <aio.h>

#define  BUFSZ        (1024)

int main(int argc, char *argv[])
{
  char *fname;
  int  fd;
  ssize_t  bytes;
  size_t   count;
  int      status;
  int      offset=0;
  struct aiocb  aiocb;
  char      buf[BUFSZ+1];

  /* Expect to get the file name from user */
  if (argc > 1)
    fname = argv[1];
  else
  {
    fprintf(stderr, "Usage: %s filename [offset]\n", argv[0]);
    return(-1);
  }
  if (argc > 2)
  {
    offset = atoi(argv[2]);
```

```
    if (offset < 0)
      offset = 0;
}

/* Open a file for read only. */
fd = open(fname, O_RDONLY);
if (fd == -1)
{
  fprintf(stderr, "open() failed, errno=%d\n", errno);
  return(-2);
}

/* Clear the entire buffer */
memset(buf, 0, BUFSZ);
count =  BUFSZ;

/* Fill in the aio control block */
memset((void *)&aiocb, 0, sizeof(aiocb));
aiocb.aio_fildes = fd;
aiocb.aio_buf = buf;
aiocb.aio_nbytes = count;
if (offset > 0)
  aiocb.aio_offset = offset;

/* Read the amount specified from the file */
status = aio_read(&aiocb);
if (status == 0)
  fprintf(stdout, "The aio read request has been enqueued.\n");
else if (status == -1)
{
  fprintf(stderr, "aio_read() call failed, errno=%d\n", errno);
  close(fd);
  return(-3);
}

/* Do some other processing here. Otherwise, we wouldn't need async I/O. */

/* Wait for the async I/O operation to complete */
status = EINPROGRESS;
while (status == EINPROGRESS)
  status = aio_error(&aiocb);
fprintf(stdout, "The async I/O operation completed. aio_error returned %d\n",
  status);
switch (status)
{
  case 0:
    fprintf(stdout, "The async I/O operation completed successfully.\n");
  break;
  case ECANCELED:
    fprintf(stdout, "The async I/O operation was cancelled.\n");
  break;
```

```
    default:
      fprintf(stdout, "The async I/O operation encountered error %d\n", status);
    break;
  }

  /* Get the final return value of the async I/O call */
  bytes = aio_return(&aiocb);
  if (status == -1)
  {
    fprintf(stderr, "Async read operation failed, errno=%d\n", errno);
    close(fd);
    return(-4);
  }
  buf[BUFSZ] = '\0';
  fprintf(stdout, "%ld bytes were read from the file.\n", bytes);
  fprintf(stdout, "%s\n", buf);

  /* Close the file */
  close(fd);
  return(0);
}
```

4-13-3　不同的程式設計型態

　　從上述的程式例題，你可看出，在使用非同步 I/O 時，你不必再像同步 I/O 時，必須把 read() 或 write() 函數都置於迴路內，以確保所有資料都有被讀取或寫入。相對的，在非同步 I/O 裡，不論資料量有多少，你都只叫用 aio_read() 或 aio_write() 一次，然後就等著作業結束。若真正要做，那就要把 aio_read() 或 aio_write()，aio_error() 與 aio_return() 等三個函數，全部放進一個外圍的大迴路裡，以在萬一全部資料沒有一次讀或寫完時，再全部重複一次。

　　使用非同步 I/O，同樣可以做循序與隨機讀寫。關鍵在於，在以非同步 I/O 做循序讀寫時，你不動控制區段中的 aiocb.aio_offset 資料欄，而只在隨機讀寫時，叫用 aio_read() 或 aio_write() 前設定這個資料欄的值。這效用就相當於在叫用 read()/write() 前，先叫用 lseek() 移動且設定現有檔案位置一樣。

▶ **注意**

　　以上所有非同步 I/O 例題程式，在 Linux，AIX，Solaris，HPUX IA64，與 Apple Darwin 上都順利地編譯與執行。

平常若你想知道一個程式是否有用到非同步 I/O 的特色，那你只需看看這個程式的符號表格中，是否含有 aio_開頭的函數名稱就知道了。若沒有，那就表示程式沒有用到非同步 I/O，做這檢查的命令如下：

```
$ nm myprogram | grep aio_
```

倘若你在輸出中看不見 aio_read 或 aio_write，那就表示這個 myprogram 程式，根本沒有用到非同步 I/O。

4-13-4 使用同步或非同步 I/O 呢？

你或許要問，那我應該使用同步或非同步 I/O 呢？

同步或非同步 I/O 都各有優缺點。首先，就同步 I/O 而言，在 I/O 進行中，叫用程序或程線是完全被擋著的，無法同時進行其他的作業。由於一般 I/O 作業都比較慢，因此要是程式能同時作一些其他處理，可以改進處理的速度。

其次，由於各種理由，如硬體設備壞了，或網路電纜脫落了等，從事輸入／輸出作業的程式偶而也會吊死在那兒。若使用非同步 I/O，程式就有可能做一些更好的處置或結束。若使用同步 I/O，那只能把程式給殺死。

不過，同步 I/O 的優點是簡單，不須 aio_error() 與 aio_return() 兩個額外的叫用。程式很容易寫，每一 I/O 作業就只需一行即可。當被叫用的函數回返時，一切都在那兒了。成功時有結果，出錯時有錯誤號碼。不需再做其他的叫用，去取得這兩項資料。

此外，同步 I/O 的程式，一次只做一件事，在 I/O 進行時，沒有進行同時的並行作業，因此，簡單，單純。另一個問題是，究竟有多少時刻，程式會有同時必須在 I/O 時並行處理的作業要做。倘若真的有，程式也可以開創另一個程線去處理它，而不一定非得改用非同步 I/O 不可。

相對地，採用非同步 I/O，程式可能同時有兩個不同作業在進行，一個是 I/O 本身，另一個則是同時間進行的作業，有時容易搞混。

此外，就 I/O 作業本身而言，非同步 I/O 也變得較複雜。一個步驟變三個。第一，叫用 I/O 函數只是讓 I/O 作業排隊而已。程式必須再額外叫用 aio_error()，以檢查 I/O 作業是否已經完成。若是，則必須另外叫用 aio_return()，以取得結果。

所以你若是喜歡簡單，那就採用同步 I/O。但若你覺得能優雅地處理不是那麼常發生的吊死狀況很重要，同時也有一些並行作業可以處理，且真正可以改善速度，那就選用非同步 I/O 吧！

傳統上，大部分程式都採用同步 I/O，一來是簡單，二是它先出來。現在，非同步 I/O 幾乎在任何平臺都有。而它在沒有多程線的情況下，於某些狀況下也真能派上用場。不過，由於現在多程線也是到處都有，若在真有平行作業必須處理時，也可以另開一個程線去處理。因此，一定要用非同步 I/O 的情況，就相對減少了。

4-14　直接 I/O

4-14-1　何謂直接 I/O？

前面提過，在一般程式做磁碟檔案輸入／輸出時，這 I/O 作業通常是經過檔案系統，而一般的檔案系統都具備將資料經過且存放在快捷記憶區（cache）的特色。換言之，在程式讀取一個磁碟檔案的資料時，這讀取可能讀得的是檔案系統早已預料到並提前將之先讀入快捷記憶區的資料。因此，速度就變得很快。同樣地，在程式將資料寫入磁碟時，檔案系統可能只是將資料，由用者應用程式的緩衝區，拷貝一份存在檔案系統自己的快捷記憶區內，然後就令程式控制回返，沒有真正實際將資料寫出至磁碟上的。因此，速度也相當快，這都是快捷記憶的功勞。一般的檔案系統也都是這樣做的。速度快，用者喜歡。但唯一的缺點是若萬一有停電或當機，則有些資料可能就會有遺失的情形發生。

在少數一些很特殊的情況下，程式不需要這種快捷效應。程式想直接由程式直接寫入磁碟，避開檔案系統的快捷記憶。這種由程式將資料直接寫入磁碟，沒有檔案系統的快捷記憶效應牽扯其中，略過快捷效應的 I/O，即叫**直接 I/O**（direct I/O）。

至少有兩種情況下，某些應用程式會需要做直接 I/O。首先，有某些應用軟體（如 Oracle資料庫管理系統），它們本身都具備快捷記憶特色。因此，若又再經過檔案系統的快捷記憶，那就重複了，也變得不易控制。所以，這些應用軟體就選擇做直接 I/O。

另外，有些應用程式想做性能測試，它們也不願意見到有檔案系統的快捷記憶效應牽涉其中，因此，選擇做直接 I/O。

記得，直接 I/O 是由應用程式直接讀取或寫入磁碟，跳過檔案系統的快捷記憶效應。因此，速度是讀寫磁碟的原有速度。每次讀或寫的速度通常是幾個 ms（milliseconds）。比起經過檔案系統快捷記憶的存取速度顯然會慢很多，這是正常的。不過，由於資料在讀寫時，少了一道自應用程式之緩衝器拷貝一份至檔案系統的記憶區內，或反方向。所以，程式執行時，相對地使用 CPU 的時間也減少了。

總之，直接 I/O 是由應用程式直接將資料寫入磁碟或自磁碟讀取，跳過檔案系統的快捷記憶，其速度也因而較慢。

4-14-2 如何做直接 I/O？

直接 I/O 可以在兩個層次達成。首先，有些作業系統的檔案系統上架（mount）命令，有一個選項，可以讓系統管理者，在將一個檔案系統上架時，打開直接 I/O 的特色。這個選項在有些作業系統上稱為 -forcedirectio（強制直接 I/O）。其次，應用程式也可以選擇針對一個檔案作直接 I/O。

直接 I/O 的程式設計依作業系統與檔案系統而異。譬如，在 2000 年代早期，當時 IBM AIX，SUN/Oracle Solaris，與 DEC/HP Tru64 Unix 等作業系統都有支援直接 I/O，但 HP HPUX 與 Linux 就沒有。後來，在 Linux 開始支援直接 I/O 後，一些早期的檔案系統型態還是都沒有支援的。

除此之外，如何在一個 C 語言程式內履行直接 I/O，也是幾乎每個作業系統都不一樣的。AIX 與 Linux 使用 open() 系統叫用的 O_DIRECT 旗號來啟動直接 I/O。但 Solaris 透過 directio() 庫存函數，讓程式能在使用一個檔案時啟動或關閉直接 I/O。最近，Solaris 又增加了第二種方式，透過 open() 系統叫用的 O_DSYNC 旗號也能做直接 I/O，這就與 AIX 和 Linux 類似。

還有，在有些 Linux 上，直接 I/O 並不是隨時自動都在的。為了能讓程式能成功地編譯，在程式最前面，在所有前頭檔案之前，你必須加上下面一行：

```
#define  _GNU_SOURCE
```

這樣，open() 函數的 O_DIRECT 旗號才會有定義，程式才能順利地編譯成功。

圖 4-18 所示，即一能做直接 I/O 的程式，directiowr.c。這個程式將多個 4096 位元組的檔案資料區塊，用直接 I/O 的方式，寫入一個檔案內。檔案名稱來自用者，是命令上的第一個引數（放在程式名之後），用者可以利用命令的第二個引數，指明希望程式寫入多少個 4096 位元組的區塊。

命令的第三個引數用以指明使用直接 I/O，或不。1 代表使用直接 I/O，0 代表不用直接 I/O。第二與第三個引數是可有可無。若未指明，程式就用直接 I/O，寫入 24 個檔案區段。

圖 4-18　以直接 I/O 寫入檔案的程式（directiowr.c）

```
/*
 * This program opens a file and writes a number of 4096-byte blocks into it
 * using direct I/O.
 * Linux requires buffer address and write size be 512-byte aligned.
 * To compile:
 *   cc -DLINUX -o directiowr directiowr.c
 *   gcc -DSOLARIS -o directiowr directiowr.c
 * Copyright (c) 2013-4, 2020 Mr. Jin-Jwei Chen.  All rights reserved.
 */

#ifndef SOLARIS
#define _GNU_SOURCE     /* need this to get O_DIRECT on some Linux */
#endif

#include <stdio.h>
#include <errno.h>
#include <sys/types.h>
#include <sys/stat.h>
#include <fcntl.h>
#include <unistd.h>
#include <string.h>    /* memset() */
#include <stdlib.h>    /* atoi(), posix_memalign() */
#include <sys/time.h>  /* gettimeofday() */
#ifdef SOLARIS
#include <sys/fcntl.h>
#endif

#define  BUFSZ         (4*1024)
#define  DEFBLKCNT     24

#ifdef LINUX
char     *buf=NULL;
#else
char     buf[BUFSZ];    /* the output buffer */
#endif
```

```c
int main(int argc, char *argv[])
{
  char      *fname;
  int        fd;
  ssize_t    bytes;
  size_t     count;
  int        isdirectio = 1;      /* 1 - use direct I/O, 0 - no direct I/O */
  int        blocks=DEFBLKCNT;    /* number of blocks to write */
  int        oflags;             /* flags to the open() function */
  char       ch;                 /* byte content of each block */
  int        i, j, k;
  struct timeval  tm1, tm2;
  int        ret;
  char      *bufadr;

  /* Expect to get the file name from user */
  if (argc > 1)
    fname = argv[1];
  else
  {
    fprintf(stderr, "Usage: %s filename [0|1 (direct I/O)] [blocks]\n", argv[0]);
    return(-1);
  }
  if (argc > 2)
  {
    isdirectio = atoi(argv[2]);
    if (isdirectio != 1)
      isdirectio = 0;
  }
  if (argc > 3)
  {
    blocks = atoi(argv[3]);
    if (blocks <= 0)
      blocks = DEFBLKCNT;
  }
  fprintf(stdout, "Writing %u %4u-byte blocks to file %s, directio=%d\n",
    blocks, BUFSZ, fname, isdirectio);

  /* If on Linux, allocate aligned memory for the buffer */
#ifdef LINUX
#define _XOPEN_SOURCE 600
  ret = posix_memalign((void **)&buf, 512, BUFSZ);
  if (ret != 0)
  {
    fprintf(stderr, "posix_memalign() failed, ret=%d\n", ret);
    return(-2);
  }
#endif
```

```
    /* Open the output file. Create it if it does not exist. */
#ifdef SOLARIS
  /* For Solaris */
  if (isdirectio)
    oflags = (O_WRONLY|O_CREAT|O_TRUNC|O_DSYNC);
  else
    oflags = (O_WRONLY|O_CREAT|O_TRUNC);
#else
#ifdef __APPLE__
    oflags = (O_WRONLY|O_CREAT|O_TRUNC);
#else
  /* For Linux, AIX and others */
  if (isdirectio)
    oflags = (O_WRONLY|O_CREAT|O_TRUNC|O_DIRECT);
  else
    oflags = (O_WRONLY|O_CREAT|O_TRUNC);
#endif
#endif

  fd = open(fname, oflags, 0644);
  if (fd == -1)
  {
    fprintf(stderr, "open() failed, errno=%d\n", errno);
    return(-3);
  }

#ifdef SOLARIS
  if (isdirectio)
    ret = directio(fd, DIRECTIO_ON);
  else
    ret = directio(fd, DIRECTIO_OFF);
  if (ret != 0)
  {
    fprintf(stderr, "directio() failed, errno=%d\n", errno);
    close(fd);
    return(-4);
  }
#endif
#ifdef __APPLE__
  if (isdirectio)
    ret = fcntl(fd, F_NOCACHE, 1);  /* turns data caching off */
  else
    ret = fcntl(fd, F_NOCACHE, 0);  /* turns data caching on */
  if (ret == -1)
  {
    fprintf(stderr, "fcntl() failed, errno=%d\n", errno);
    close(fd);
    return(-4);
```

```
    }
#endif

  ret = gettimeofday(&tm1, (void *)NULL);

  /* Write the number of blocks specified */
  for (k = 0; k < blocks; k++)
  {
    i = k % 26;  /* make i be 0-25 */
    ch = 'A' + i;

    /* Fill the buffer with message to write */
    for (j = 0; j < BUFSZ; j++)
      buf[j] = ch;

    /* Write the contents of the buffer to the file.
     * This will overwrite the beginning of the file if it already exists.
     */
    count = BUFSZ;
    bufadr = buf;
    while (count > 0)
    {
      errno = 0;
      bytes = write(fd, bufadr, count);
      if (bytes == -1)
      {
        fprintf(stderr, "write() failed, errno=%d\n", errno);
        close(fd);
        return(-5);
      }
      count = count - bytes;
      bufadr = bufadr + bytes;
    }
  }

  /* Report the time taken to write the file */
  ret = gettimeofday(&tm2, (void *)NULL);
  printf("Start time: %010ld:%010u\n", tm1.tv_sec, tm1.tv_usec);
  printf("End   time: %010ld:%010u\n", tm2.tv_sec, tm2.tv_usec);

  /* Close the file */
  close(fd);
  return(0);
}
```

誠如我們前面提過的，假如應用程式本身沒有提供額外的快捷記憶，那使用直接 I/O，可以避免或至少降低在當機或停電時，遺失資料的可能。但是，相對的，程式的執行速度也慢了。我測試這個程式時，在我使用的系統上，寫出 20 個 4096 位元組的資料，使用直接 I/O 費時 20-23ms，不用直接 I/O 只需 0.3-1ms。

此刻（2020 年）這個例題程式在 AIX，Solaris，與 Linux 上執行都毫無問題。HP-UX IA64 似乎不支援直接 I/O。在 Apple Darwin 上，直接 I/O 是如下所示地，經由叫用 fcntl() 函數，將資料的快捷記憶特色關閉達成的。

```
ret = fcntl(fd, F_NOCACHE, 1);   /* 將快捷記憶特色關閉 */
```

另外值得一提的是，在 Linux 上，直接 I/O 有一個很特別的要件，那就是，資料緩衝器的起始位址，資料的長度，與檔案之現有檔案位置等三個值，都必須要有**對位**（aligned）才行。RedHat Linux 文件上說，這些值都必須正好是 512 位元組的整數倍數，與 512 **對齊**。這就是為何你可看到，我們在騰出緩衝器的記憶空間時，在程式中叫用了 posix_memalign() 函數。目的是在確保其起始位址，正好與 512 對齊。若少了這一步，執行程式時，20 次中可能只有一次會成功，因為，位址沒有和 512 正好對齊就會出現下述的錯誤：

```
write() failed, errno=22
```

錯誤號碼 22 意指引數不對（EINVAL）。在這，它指的是前述三項資料中，至少有一個沒有正好是對齊，不是 512 的倍數。加上了 posix _memalign() 叫用後，這個錯誤就不見了。

4-14-3　直接 I/O 的注意事項

雖然絕大多數作業系統都有支援，但直接 I/O 並未包括在 POSIX 標準上。有支援直接 I/O 的作業系統包括 Linux，AIX，Solaris，HP-UX，Apple Darwin，HP/DEC Tru64 UNIX 與 SGI IRIX。

絕大多數作業系統是透過 open() 函數的 **O_DIRECT** 旗號支援直接 I/O 的。但有些系統則透過不同的 API。雖然絕大多數作業系統都是在以每一檔案的基礎上，支援直接 I/O。但也有少數作業系統，透過檔案系統的上架命令，整個檔案系統都支援直接 I/O 的。

譬如，Oracle/Sun 的 Solaris 特別設置了 directio() 函數，在每一個別檔案的基礎上，支援直接 I/O。但它也同時在上架命令設有 "-o directio" 選項，讓整個檔案系統全部支援或不支援直接 I/O。

Linux 是從 2.4.10 版本起，開始經由 open() 函數的 O_DIRECT 旗號支援直接 I/O 的。這個旗號在舊的版本會被忽略。在某些不支持直接 I/O 的檔案系統上，在 open() 函數叫用時使用 O_DIRECT 旗號會產生 EINVAL 的錯誤。

在諸如 DEC/HP Tru64 UNIX 等少數作業系統上，經由 mmap 共用的檔案（我們將在第十一章介紹這個特色），是不支援直接 I/O 的。

其他有些檔案系統，對直接 I/O 也有特別的要求。譬如，在 Symantec 的 VxFS 檔案系統上，直接 I/O 時，檔案的大小，檔案的起始與終止檔案位移，都必須是 512 的整數倍數，與 512 對齊。且記憶緩衝器的起始位址也必須與 8 對齊。是 8 的整數倍數。SGI IRIX 與 RedHat Linux 也都有對齊（正）的要求。

在 RedHat Enterprise Linux 4 上，ext3 檔案系統是直接 I/O 與非同步 I/O，兩者都同時支援的。

前面我們提過，Oracle 的 RDBMS 資料庫管理系統，自己設有自己的記憶快捷特色，其快捷記憶區稱之為 SGA（System Global Area）。因此，假若你使用 Oracle RDBMS，請記得在作業系統以及在 Oracle 兩個層次上，都將直接 I/O 特色打開，以達最佳性能。

Oracle RDBMS 以一個 init.ora 檔案所含的參數操控直接 I/O。這個參數叫作 filesystemio_options。Oracle 的建議是，將這個參數的值設定成 "SetAll" 或 "DirectIO"。SetAll 意指打開直接 I/O 與非同步 I/O。使用直接 I/O 讓 Oracle RDBMS 能將資料直接在磁碟與 Oracle 的 SGA 之間直接輸入與輸出，跳過作業系統之檔案系統。

4-15　輸入／輸出緩衝

　　記得，電腦的輸入／輸出作業總是加有緩衝（buffering），因此也稱作**緩衝 IO**（buffered I/O）。有兩個地方或層次加有緩衝。第一個加有緩衝的地方是，標準 C 的庫存函數裡。另一個則在作業系統內。

　　第一層的輸入／輸出資料緩衝可能出現在用者空間的標準 C 庫存函數裡。例如，當程式將資料輸出，寫在顯示螢幕上時，代表顯示幕的檔案 stdout 是加有緩衝的。換言之，程式可能以 putc() 函數或 putchar() 函數，一次寫出一個文字。但你可能會發現，輸出資料會等到有下行（newline）的文字出現時，才會一整行一次顯現，而不是每次一個字一個字地顯現的。在下一行文字出現前，資料是暫時儲存在緩衝器內，暫時未立即輸出至輸出設備上的。另一個例子是，有些人打字速度很快，一下子連續就自鍵盤打入了好幾個作業系統命令，當作業系統還在執行前面某一個命令時，使用者就已經又隨後打入了好幾個命令了。這些命令最後還是一個一個先後會被執行的，一個也沒漏掉。為什麼？因為雖然作業系統來不及立刻執行它們，但它們都會被暫時儲存在輸入／輸出的緩衝器內，完好無缺，沒有被遺失掉的。

　　要是沒有加有輸入／輸出的緩衝器暫時把某些資料存起，那這些使用者迅速打入，電腦還來不及執行的指令，就會遺失不見了的。

　　第二層次的緩衝發生在程式經過作業系統的檔案系統做磁碟資料讀寫時。同樣的道理，計算機中央處理器的速度比磁碟機速度快了許多許多倍的。假若處理器就不停地一直寫或一直讀，磁碟機的速度肯定是跟不上的。這時，若沒有加有緩衝器，將部分資料先暫時儲存在核心層內的檔案系統的緩衝器內，有些資料肯定是會遺失的。為了加快輸入／輸出的速度與增進性能，一般的檔案系統都會做**提前讀取**（read ahead）與**延遲寫入**（delayed write）。這些預先自磁碟讀入記憶器內與程式輸出但檔案系統將之延遲寫入的資料，就是暫時存在核心層內的檔案系統的緩衝器，或快捷記憶內的。

　　由於計算機的記憶器是一停電其所儲存的資料就不見了，是以，檔案系統所做的預先讀入並不會造成問題，但延遲寫入可能就會造成資料遺失的。若在停電或當機時，檔案系統未將所有用者更新資料完全寫入磁碟內，那仍尚未寫出的資料就會遺失不見的。寫入或更新這些資料的程式可能會以為資料已完全都實際寫入磁碟了，但事實上並非如此。

　　因為檔案系統快捷記憶的特色，在停電或當機的情況下可能會造成資料遺失。因此，為了避免發生這種狀況，你最好養成習慣，在資料寫入磁碟時，在寫入之後，都加上一個強迫檔案系統立即將資料寫出的步驟，讓磁碟上的資料，與存在檔案系統快捷記憶區上的資料取得一致。下一節我們就討論在程式內，你可以叫用，以讓磁碟與檔案系統取得一致的函數。

4-15-1　sync()，fsync()，fdatasync() 函數

　　有幾個函數，程式可以叫用，以清出（flush）程式已寫入或更動過，但卻還停留在記憶器中，尚未實際寫入磁碟的資料。若程式使用的是標準 C 作業系統界面，那 flush() 函數就是程式可以叫用，以清出還暫時停留在緩衝器內的資料。若程式採用的是作業系統界面，那程式即有下列幾個選擇。

▶ fsync(int fd)

　　fsync() 函數將其引數 fd 所指之檔案，所有更動過但還留在記憶器中的檔案內含，以及有關的宏觀管理資料（meta data）全部清出，寫入輸出設備上。這個函數叫用是同步性的，意即在所有上述全部資料都寫入有關的硬體設備後，程式控制才會回返。

　　fsync() 函數在程式知道那一個檔案所更動過的內含必須立即寫出時，非常好用。在這個函數成功地回返時，檔案的所有更動內含，已安穩地存入硬體設備上。

▶ sync() 函數

　　這個函數不需任何參數。sync() 函數要求作業系統，將檔案系統之快捷記憶中所含的所有更動過的檔案內含與檔案系統的宏觀管理資料，全部寫入儲存硬體設備內。這些資料包括 inode 清單，超級磁區，間接磁區，與檔案資料磁區。這個函數的叫用不只牽涉一個檔案，它涉及範圍較廣，也較一般性。它同時涵蓋所有檔案系統，而非只有一個檔案系統。由於這緣故，sync() 函數叫用，會在所有寫出作業都排好班了，就立即回返，而非等到所有寫出作業都完成了再回返。sync() 函數叫用也不送回任何值。

sync() 函數最常用在 fsck 與 df 兩個作業系統命令上。這兩個作業系統命令，原則上在一開始時都先叫用 sync()，以取得檔案系統的一致性。然後再開始檢查檔案系統。

▶ fdatasync(int fd)

fdatasync() 函數迫使檔案描述 fd 所指之檔案有關的所有還在排隊中的輸入／輸出作業，達到完成的狀態。

fdatasync() 的功能等於 fsync() 在 _POSIX_SYNCHRONIED_IO 有定義時的功能，唯一的例外是，所有的 I/O 作業都必須依照同步 I/O 資料完整性的定義完成。注意到，即使 fdatasync() 所指檔案描述，不是打開作為寫入的，只要這檔案描述所指的背後真正檔案，還有未完成的寫入作業，則 fdatasync() 還是會等到這些作業都完成後才回返。

在成功時，這函數送回 0。在出錯時，這函數送回 -1，且 errno 含錯誤號碼。

▶ 將一打開檔案之某一特定範圍內的改變寫入磁碟

這個特色並非很標準化。不同作業系統所使用的名稱也不同。以下是一些例子：

- 在 Linux 上叫做 sync_file_range(fd, offset, bytes, flags) 函數
- 在 AIX 上稱做 fsync_range(fd, how, start, length) 函數

這些函數讓程式能清出檔案的某個範圍內的異動資料。詳情請參閱個別作業系統之文書。

總之，輸入／輸出的緩衝改進了速度，但在停電或當機時，亦可能造成資料的遺失。作為軟體工程師，你必須熟悉有關的風險，並做最適當的防範。

叫用以上所列這些函數，可以防止或減少資料的遺失。但相對的，執行速度也會受影響。這是一個可靠性與速度之間的取捨的課題。

4-16　檔案的共時更新

當有多個程序或程線共時地更新同一個檔案時，最重要的課題就是要做共時控制，協調彼此，以致沒有互相蓋掉彼此之異動，資料遺失，或導致不正確結果的情形發生。

在檔案的層次，至少有兩種方法讓多個共時程序或程線彼此取得協調與同步，以不至於踩到彼此。第一個方式就是使用將檔案上鎖的界面（如 fcntl() 函數），把某個程序或程線想要更動的檔案區域上鎖。這樣可以保證每一時刻，只有一個程序或程線在異動那個檔案區域。假若多個程序或程線所加鎖的區域不互相重疊，那這些異動就能同時進行，若有重疊，那就一次只能有一個做更動，以確保資料的正確性。下一章我們就會討論這個。

另一種方式則是採用一種通用，並不專屬於檔案的共時控制方法，以達成多個異動程序或程線間的互斥（mutual exclusion）。這也能確保每次只有一個程序或程線，能異動共用的資料。這種方式在資料庫管理系統中極為常用。我們將在稍後第九章中探討這個。屆時，我們會同時介紹並比較兩種不同的共時控制方法，一是採用作業系統所提供的特色，另一則是設計與開發你自己的上鎖函數，並將之寫成組合語言，以達更高之速度。

🎯 問題

1. 描述一個硬式磁碟的實際結構。

2. 何謂邏輯磁段？何謂實際磁段？

   你所使用之檔案系統上的邏輯磁段大小是多少位元組呢？

3. 磁碟區分與檔案系統的差別在那裡？

   在你所使用的電腦上，根部磁碟上有幾個磁碟區分與幾個檔案系統呢？

4. 檔案的邏輯觀指的是什麼？誰在用？

   檔案的實際觀是什麼？誰在使用？

5. 使用檔案時有那三個主要步驟，指出一個履行每一步驟的函數。

6. 說明現有檔案位置（或檔案指標）的概念。

7. 就 C 語言程式而言，檔案 I/O 的程式界面有幾種？

   簡短說明各種界面，且做個比較。

8. 什麼是檔案把手？它在每一種程式界面下是如何實現的？

9. 何謂檔案描述？它是程序私有的，還是程序間共用的？

   系統打開檔案表格又是什麼？它是程序私有的嗎？

10. 什麼是 inode？它存在哪裡？什麼是 inode 清單？它存在哪裡？

    什麼是 inode 表格？它存在哪裡？它是程序私有的還是共用的？

11. 何謂循序 I/O？何謂隨機 I/O？兩者有何不同？

12. 何謂向量 I/O？它在何時使用？向量 I/O 如何做程式設計？何謂散開與集成 I/O？

13. 何謂同步 I/O？它有何優、缺點？

    何謂非同步 I/O？它有何優、缺點？

14. 同步讀取與寫入的函數為何？非同步讀取和寫入函數是什麼？

15. 何謂直接 I/O？它有何用？在你使用的系統上，直接 I/O 怎麼做？

✎ 程式設計習題

1. 寫一個程式，將一檔案的內容新增一倍。亦即把檔案的內含，拷貝一份存在檔案後面。

2. 寫一個程式，將一現有檔案拷貝一份，但內容順序正好顛倒。

3. 寫一個能建立各種不同大小（如 10MB，200MB，1GB）之檔案的程式。然後測量看看它們需要多少時間執行，分別做兩個測試，一個是沒有寫入任何資料，一個是檔案寫滿資料。

4. 重複上一個練習（程式設計習題 3），但改用直接 I/O。

5. 設計一個程式，建立一個大檔案（如 40GB）。寫兩個版本，一個用 write()，另一個用 writev()。比較兩者的速度。

6. 設計一個程式，讀取一個大檔案。共寫兩個版本，一個用 read()，而另一個用 readv()，比較兩者的速度。

7. 設計一個程式，建立一個大檔案，共寫兩個版本，一個用 write()，而另一個用 fwrite()，比較兩者的速度。

8. 設計一個程式，讀取一個大檔案，分別使用 read() 與 fread()，各寫一個版本，比較兩者的速度。

參考資料

1.　The Open Group Base Specifications Issue 7, 2018 edition

　　IEEE Std 1003.1-2017 (Revision of IEEE Std 1003.1-2008)

　　http://pubs.opengroup.org/onlinepubs/9699919799/

2.　The Design of The UNIX Operating System, by Maurice J. Bach, Prentice-Hall

3.　Symantec Veritas VxFS documentation

　　https://sort.veritas.com/public/documents/sf/5.0/aix/html/fs_admin/ag_ch_interface_fs4.html

4.　Oracle Direct I/O tips, Oracle Tips by Burleson Consulting

　　http://www.dba-oracle.com/oracle_tips_direct_io.htm

5.　Advanced Programming in the UNIX Environment by W. Richard Stevens, Addison Wesley

6.　https://en.wikipedia.org/wiki/POSIX

7.　https://en.wikipedia.org/wiki/Single_UNIX_Specification

8.　http://pubs.opengroup.org/onlinepubs/9699919799/

9.　http://www.opengroup.org/austin/papers/posix_faq.html

10.　https://en.wikipedia.org/wiki/Austin_Group

11.　https://www.iso.org/standard/50516.html

📝 **筆記**

檔案與檔案夾

在前一章，我們介紹了檔案輸入／輸出的基本概念，什麼是檔案描述，如何打開一個檔案，自檔案讀取資料，與將資料寫入檔案。我們也討論了各種檔案 I/O 的方式，包括循序 I/O，隨機 I/O，同步 I/O，非同步 I/O，向量 I/O 與直接 I/O。

這一章，我們將介紹能對**檔案**（file）或**檔案夾**（directory，有時又稱目錄）從事各種不同管理作業的函數。這些作業包括改變檔案或檔案夾的名稱。剔除檔案或檔案夾，變更擁有者，改變權限許可，複製檔案描述，取得檔案與檔案夾之屬性（attributes），將一檔案片段上鎖，執行檔案控制作業等等。

5-1　檔案的種類與權限

在我們正式討論檔案與檔案夾的各種程式界面與作業之前，我們先介紹一些基本的觀念。

5-1-1　檔案的種類

在像 UNIX 與 LINUX 之類的作業系統，為了簡單起見，幾乎每一樣東西都可以看成是一個檔案。這個概念，讓程式設計簡化了許多。譬如檔案夾是一個檔案，輸入／輸出設備是一個檔案，網路的插口（socket）是一個檔案，等等。話雖如此，但這些檔案之間，又有點差別。

這節，我們就介紹各種不同的檔案。

POSIX 標準規定，檔案的不同種類，必須定義在 <sys/stat.h> 前頭檔案（header file）裡。表格 5-1 即代表各種不同檔案類別的常數符號。

表格 5-1　檔案的不同種類

常數符號	檔案的類別
S_IFBLK	區段特殊檔案
S_IFCHR	文字特殊檔案
S_IFIFO	FIFO 特殊檔案
S_IFREG	正規檔案，普通檔案，一般檔案
S_IFDIR	檔案夾
S_IFLNK	象徵連結(symbolic link)
S_IFSOCK	網路插口(socket)

1.　正規（一般）檔案（S_IFREG）

正規檔案（或稱正常或一般檔案），就是最平常的檔案，它就是一個含有資料的檔案。檔案所含的資料，可以是人眼看得懂的文字（text），也可以是人們看不懂的二進制（binary）檔案（如程式機器碼檔案等）。所以，資料檔案，程式原始碼檔案，程式目的碼檔案，與含可執行程式的檔案，都算是一般正規檔案。對作業系統或程式而言，一個正規檔案，就是一連串的位元組，不論它是人們可看得懂的文字或是看不懂的機器碼。

在你執行列出檔案夾的 "ls -1" 命令時，其所顯示出之內容的第一個文字，若是 "_"，它就是一個正規的檔案。例如，

```
-rw-r--r-- 1 jchen oinstall    87 May 19 14:51 readme
```

2.　檔案夾（S_IFDIR）

檔案夾含有檔案或其他的檔案夾。在 "ls -1" 命令的輸出資訊中，檔案夾是以 "d" 代表。例如：

```
drwxr-xr-x 2 jchen oinstall   4096 Sep  6 10:24 sav
```

3. 象徵連結（S_IFLNK）

   象徵連結（symbolic link）是一個指向另一個檔案或檔案夾的指標或別名（alias）。在 "ls -l" 命令的輸出中，倘若第一個文字是 "l" ，那它就是象徵連結。

   ```
   lrwxrwxrwx 1 jchen oinstall  16 Sep  4 15:50 mysymlink -> symlinktestfile1
   ```

4. FIFO（S_IFIFO）

   FIFO 是一種先進先出（First In First Out）的特殊檔案，在 "ls -l" 命令的輸出上，若開頭第一個文字是 "p" ，那它就是 FIFO 型態的檔案。

   ```
   prw-r--r-- 1 jchen oinstall    0 Sep  6 10:21 myfifo1
   ```

5. 文字設備特殊檔案（S_IFCHR）

   一個每次只讀取或寫入一個文字，或一行文字的輸入／輸出設備，在系統上就以一個文字設備特殊檔案（character device special file）代表。諸如鍵盤，列表機，顯示螢幕都是。

   代表輸入／輸出設備的特殊檔案，一般都存放在系統的 /dev 檔案夾內。譬如，一個終端機通常就以一文字設備檔案代表，如 /dev/tty。

   在 "ls -l" 命令的輸出顯示中，若第一個字是 "c" ，那它就是一個文字設備特殊檔案。例如：

   ```
   $ cd /dev
   $ ls -l tty*
   crw-rw-rw- 1 root tty     5,   0 Sep  7 09:56 tty
   crw-rw---- 1 root tty     4,   0 Sep  7 09:55 tty0
   crw------- 1 root root    4,   1 Sep  7 09:57 tty1
   ```

6. 區段設備特殊檔案（S_IFBLK）

   每次讀寫一個資料區段（block）的輸入／輸出硬體設備，在系統中就以一個區段設備特殊檔案（block device special file）代表。這些設備包括磁碟機與磁帶機和其他。

   同樣地，這些特殊檔案通常存在於系統的 /dev 檔案夾內。代表磁碟的特殊檔案，有時會放在諸如 /dev/dsk 或 /dev/disk 等檔案夾上。若設備是磁碟，那每一區分會有自己的特殊檔案代表。

在 "ls -1" 命令的輸出中，若第一個文字是 "b"，那就是區段設備的特殊檔案名，例如：

```
$ ls -l /dev/sd*
brw-r----- 1 root disk 8, 0 Sep  7 09:55 /dev/sda
brw-r----- 1 root disk 8, 1 Sep  7 09:56 /dev/sda1
brw-r----- 1 root disk 8, 2 Sep  7 09:56 /dev/sda2
brw-r----- 1 root disk 8, 3 Sep  7 09:55 /dev/sda3
```

7. 插口（S_IFSOCK）

網路插口，或插口（socket）是用於做電腦網路溝通用的。每一插口代表一網路通信的其中一個端點（endpoint）。一個網路通信平常至少有兩個端點，各代表從事於通信溝通中的其中一個個體。本書在第 12 章專門討論如何設計插口通信的程式。

在 "ls -1" 的輸出，若開頭第一個文字是 "s"，那就代表那個檔案是代表著網路插口的檔案。例如：

```
$ ls -l tmp/.udssrv_name
srwxr-xr-x 1 jchen oinstall 0 Apr  7  2018 tmp/.udssrv_name
```

注意到，一個檔案可能是上述七種不同檔案之間的任一種。在一個程式上，它們通常都一樣地處理，可讀或可寫，或兩者都可。在泛指檔案或檔案夾時，本書會稱**檔案元素**（file entry）。

5-1-2　檔案權限許可

在 UNIX，LINUX 與 POSIX 標準上，每一檔案或檔案夾都有一個擁有者（owner）與一擁有群組（group）。誰有權利存取某一個檔案或檔案夾，是透過每一檔案元素的**權限許可**（permission）或**權限許可位元**（permission bits），或簡稱**權限**決定的。換言之，每一檔案元素都有一個稱為權限許可或權限的屬性（attribute），用以規定誰有權利或沒有權利，存取一個檔案元素。

在一個作業系統上，每一個使用者都有其自己的名稱與識別號碼，也屬於一個或多個群組。每一群組當然也有其自己的名稱與識別號碼。每一檔案元素可以有三種不同的存取作業：讀取，寫入，或執行。就檔案元素的權限而言，整個系統上的所有用者共分為三類：擁有者，群組成員，或其他。

　　一個檔案元素的權限許可，就是表明對這個檔案元素而言，哪一種使用者有那一種權利。因此，基本上一個檔案元素的權限，就至少有九個（3x3）位元，每一位元指出某一種使用者，是否有權進行某種作業。位元值是 1，表示有權，位元值是 0 表示無權利或不允許。換言之，一個檔案元素的權限，至少有九位元表示。最前面三個位元分別是這檔案元素的擁有者是否有權利讀取，寫入，或執行這個檔案元素。中間三個位元顯示群組成員的權限，最後面三個位元代表 "其他" 所有使用者的權限。

　　舉例而言，下面這個檔案 myprog，以 "ls -1" 列出的結果如下：

```
-rwxr-x--- 1 jchen oinstall  62864 Jan 20  2010 myprog
```

　　最開頭顯示的 -rwxr-x---，第一個文字 "-" 顯示這個檔案是一個普通的正規檔案，緊接的 rwx 顯示的就是這個檔案擁有者（圖中所示檔案的擁有者就是名叫 jchen 的使用者）的權限。這個權限值是 rwx，表示三個位元的值都是 1。若寫成八進位數，權限值即為 7。其中 r 代表擁有者有權讀取這個檔案，w 表示擁有者有權寫入（亦即，改變）這個檔案，x 表示擁有者也有權執行這個檔案。

　　緊接三個位元的值，r-x，顯示同群組的使用者的權限。如果你往右看一下，這個檔案的擁有群組是 oinstall。這意謂，屬於 oinstall 這個群組的所有成員，在這個檔案上的權限是 r-x，值是二進位 101，等於八進位數 5，意指 oinstall 群組的每一成員，都可以讀取（r）或執行（x）這個檔案，但不能寫入（改變）。最後，再往右的最後三個權限位元的值是 ---，表示 000，八進位值是 0。這表示屬於 "其他" 的所有使用者，在這檔案上完全沒有權利，既不能讀寫，也不能執行。所以這個檔案的權限，若寫成八進位數，就是 750。

　　事實上，一個檔案元素的權限值，除了上述的九個位元外，最前面還有其他三個位元，分別是用者 ID 位元（set-user-ID, SUID），群組 ID 位元（set-group-ID, SGID）與黏著位元（sticky bit）。

　　我們會在這一章稍後介紹它們。因此總共有 12 個位元，代表一個檔案元素的權限。

　　每一權限位元在程式中可以用一個符號常數（symbolic constant）代表。表格 5-2 所示，即這些符號常數位元。

表格 5-2 檔案元素之權限的符號常數位元

符號常數	八進位值	意義
S_ISUID	04000	執行時有 SUID 權限
S_ISGID	02000	執行時有 SGID 權限
S_ISVTX	01000	黏著位元 sticky bit
S_IRUSR	00400	擁有者可以讀取
S_IWUSR	00200	擁有者可以寫入（改變）
S_IXUSR	00100	擁有者可以執行或搜尋檔案夾
S_IRGRP	00040	群組成員可以讀取
S_IWGRP	00020	群組成員可以寫入
S_IXGRP	00010	群組成員可以執行或搜尋檔案夾
S_IROTH	00004	其他成員可以讀取
S_IWOTH	00002	其他成員可以寫入
S_IXOTH	00001	其他成員可以執行或搜尋檔案夾

這個表格最左邊第一欄上是程式可以使用的符號名。第二欄是相對應的權限八進位值，程式若不願一一使用第一欄的符號名，可使用這八進位值。最右邊第三欄就是每一位元的意義。

注意到，若是檔案，則權限是，可讀，可寫與可執行。但若檔案元素是一個檔案夾，那權限就變成可讀，可寫，與可搜尋這個檔案夾，而非執行了。

可執行與否，通常只對可執行的程式檔案或劇本檔案而設的。就一般正規檔案而言，其所含的就是一般的資料，執行這樣的檔案是沒有意義的。雖然不違法，但毫無意義可言。因此最好不要賦予執行的權限。

記得，為了安全起見，平常在設定一個檔案或檔案夾的權限時，原則是給予每一組最低的權限。換言之，除非必要，否則就不要給出任何權限，這樣的權限設定最安全。設定針對一個檔案元素的權限，是檔案元素擁有者的權利。當然，系統的超級用戶（super user）或 root 用者，也有權利。

5-2 開創或剔除檔案夾

這一節介紹開創或建立（create）檔案夾與剔除檔案夾的函數。

5-2-1 mkdir() 與 mkdirat() 函數

下列兩個函數可以建立一個檔案夾：

```
#include <sys/stat.h>
int mkdir(const char *newdirname, mode_t mode);
int mkdirat(int fd, const char *newdirname, mode_t mode);
```

mkdir() 函數建立一個新的檔案夾。其第一個引數 newdirname 指出這新檔案夾的名稱。第二個引數 mode 指出這新檔案夾的權限許可。新檔案夾的擁有者就是目前這個程序的有效用者（effective user ID）。新檔案夾的群組會自動被定為這檔案夾之母檔案夾的群組。或是，如果沒有的話，就是目前這個程序的有效群組。

mkdirat() 函數與 mkdir() 函數一樣，唯一的不同是在 newdirname 參數指出一相對路徑名時。這時新檔案夾名稱是相對路徑名，但是相對於函數的第一引數，fd 所指之檔案描述的檔案夾，而非目前程序的現有工作檔案夾（current working directory）。

在成功時，mkdir() 與 mkdirat() 均送回 0。而在失敗時，兩者都送回 -1。在失敗時，新檔案夾不建立，且 errno 含真正的錯誤號碼。

5-2-2 rmdir() 函數

下面的函數去除一個現有的檔案夾：

```
#include <unistd.h>
int rmdir(const char *path);
```

rmdir() 函數剔除 path 參數所指的檔案夾。假若 path 所指的是程序目前所在的現有工作檔案夾或是其母檔案夾，則這函數會出錯失敗。倘若欲去除之檔案夾內還有東西，不是空的，這函數叫用也會失敗。

假若檔案夾是空的，其連結數（link count）會降為 0，且現有程序有權去除，那檔案夾就會被剔除。其所佔用之空間會被釋回（freed）。然後，這個檔案夾就會消失，無法再存取。

rmdir() 函數在成功時送回 0，出錯時送回 -1。發生錯誤時，檔案夾不會被剔除，且 errno 含有真正的錯誤號碼。

5-3 建立連結

5-3-1 何謂連結？

一個**連結**（link）就是另一個檔案的別名（alias）。連結本身是一個檔案，但它所指的是一個不同名的另一個檔案。連結有時又稱**硬性連結**（hard link），因為，它與另一個不同名的檔案，事實上是同一個檔案。亦即，連結與檔案兩者為一，有兩個或甚至多個不同名稱，但背後只有一個檔案實體。

這意謂，若你改變了連結，則檔案亦是跟著改的。同樣的若你改了檔案，連結也是跟著改。因為，連結就是檔案，兩者是一體的。

為了支援連結，作業系統對每一個檔案都存有一個叫**連結數**（link count）的屬性。檔案剛建立時，其連結數是 1（只有一個名字）。每次一有連結建立時，檔案的連結數就自動加一。每次一有連結被剔除時，檔案的連結數就自動減一，代表別名又少一個了。最後，在檔案被剔除時，作業系統會檢查看檔案的連結數是否是 0。若是，即將檔案剔除。若不，則會繼續將檔案留著，因為連結數非 0，代表還有其他的別名或真名存在著。

在作業系統的命令層次，用者可以執行 ln 命令，開創檔案的連結。若你執行 "ls -1" 命令，在輸出的第二欄，你會看到一個數目。這個數目就是檔案目前的連結數。這個值要是 1，就代表這個檔案目前無別名存在，若這個值是 3，那就代表這個檔案除了本名外，另外還有其他兩個別名存在。

圖 5-1　檔案的連結數

```
$ ls -l file1
-rw-r--r-- 1 jchen oinstall 28 Sep  4 00:05 file1
$ ln file1 file1link1
$ ls -l file1*
```

```
-rw-r--r-- 2 jchen oinstall 28 Sep  4 00:05 file1
-rw-r--r-- 2 jchen oinstall 28 Sep  4 00:05 file1link1
$ ln file1 file1link2
$ ls -l file1*
-rw-r--r-- 3 jchen oinstall 28 Sep  4 00:05 file1
-rw-r--r-- 3 jchen oinstall 28 Sep  4 00:05 file1link1
-rw-r--r-- 3 jchen oinstall 28 Sep  4 00:05 file1link2
$ rm file1link1
$ ls -l file1*
-rw-r--r-- 2 jchen oinstall 28 Sep  4 00:05 file1
-rw-r--r-- 2 jchen oinstall 28 Sep  4 00:05 file1link2
```

5-3-2　link() 與 linkat() 函數

從一個 C 語言程式內，你可以用 link() 函數，建立一個檔案的連結：

```
#include <unistd.h>
int link(const char *path1, const char *path2);
int linkat(int fd1, const char *path1, int fd2,
           const char *path2, int flag);
```

link() 函數建立 path1 參數所指出之現有檔案的新連結，這新連結的名稱就是 path2 參數所指出的。在成功地執行這個函數後，path1 所指之檔案的連結數即加一。

假若 path1 所指的現有檔案，本身就是一象徵連結，則實際結果因作業系統而異。有些系統會實際走下（follow）連結，有些則不會。

linkat() 函數與 link() 類似，唯一的是有兩點不同。首先，象徵連結的處理依據 flag（旗號）參數的指示進行。第二，當 path1 是一相對路徑名時，實際現有檔案是針對 fd1 檔案描述所指的檔案夾而定的，而非現有工作檔案夾。同樣地，當 path2 所指出的是一相對路徑名時。新連結的名稱是根據 fd2 檔案描述所指的檔案夾（而非現有工作檔案夾）而定的。

旗號參數 flag 可以指明以下的旗號：

AT_SYMLINK_FOLLOW

假若 path1 參數的值指的是一象徵連結，而且旗號參數 flag 有指出 AT_SYMLINK_FOLLOW 旗號，則函數會建立一象徵連結之目標（非象徵連結本身）的新連結。

請注意，這個旗號才誕生不久，因此，並非所有作業系統或所有版本都支援。

另外記得，假設 fd1 或 fd2 的實際值是 AT_FDCWD，那 path1 或 path2 所指的相對路徑名，就是相對於現有工作檔案夾。

在成功時，link() 與 linkat() 函數都會送回 0。在失敗時，它們都會送回 -1，且錯誤號碼會在 errno 上。

圖 5-2（a）所示，即為建立兩個連結的程式，linkat.c。程式叫用 link() 函數建立第一個連結，然後叫用 linkat() 函數建立第二個連結。

叫用 linkat() 時，程式使用了 AT_SYMLINK_FOLLOW 旗號。

圖 5-2（a）　叫用 link() 與 linkat() 函數的程式（linkat.c）

```
/*
 * link() and linkat() with AT_SYMLINK_FOLLOW flag
 * Pass in the name of an existing file when running this program.
 * Copyright (c) 2019 Mr. Jin-Jwei Chen. All rights reserved.
 */

#include <stdio.h>
#include <errno.h>
#include <sys/types.h>
#include <unistd.h>        /* link() */
#include <fcntl.h>         /* open(), AT_FDCWD */
#include <sys/stat.h>
#include <string.h>        /* strcat() */

int main(int argc, char *argv[])
{
  int    ret;
  int    fd;
  int    flags = AT_SYMLINK_FOLLOW;
  char   *fname = NULL;
  char   linkname[128];

  /* Get the names of the existing file */
  if (argc <= 1)
  {
    fprintf(stdout, "Usage: %s existing_file_name\n", argv[0]);
    return(-1);
  }
  fname = argv[1];
  fprintf(stdout, "Creating two links to the file %s...\n", fname);
```

```
  /* Open current directory */
  fd = open(".", 0);
  if (fd < 0)
  {
    fprintf(stderr, "open() failed, errno=%d\n", errno);
    return(-2);
  }

  /* Create the first link */
  strcpy(linkname, fname);
  strcat(linkname, "_link1");
  ret = link(fname, linkname);
  if (ret < 0)
  {
    fprintf(stderr, "First link() failed, errno=%d\n", errno);
    return(-3);
  }

  strcat(linkname, "_link2");
  ret = linkat(fd, fname, fd, linkname, flags);
  if (ret == -1)
  {
    fprintf(stderr, "linkat() failed, errno=%d\n", errno);
    return(-4);
  }

  return(0);
}
```

圖 5-2（b）　執行 linkat 與 linkat2 的輸出結果

```
$ uname -a
Linux jchenvm 4.1.12-124.27.1.el7.x86_64 #2 SMP Mon May 13 08:56:17 PDT
2019 x86_64 x86_64 x86_64 GNU/Linux
$ touch tt
$ ln -s tt ttsymlink
$ ls -l tt*
-rw-r--r--+ 1 jchen dba 0 Sep 15 11:10 tt
lrwxrwxrwx  1 jchen dba 2 Sep 15 11:10 ttsymlink -> tt
$ ./linkat2.lin64 tt
Creating two links to the file tt...
$ ls -l tt*
-rw-r--r--+ 3 jchen dba 0 Sep 15 11:10 tt
-rw-r--r--+ 3 jchen dba 0 Sep 15 11:10 tt_link1
-rw-r--r--+ 3 jchen dba 0 Sep 15 11:10 tt_link1_link2
lrwxrwxrwx  1 jchen dba 2 Sep 15 11:10 ttsymlink -> tt
$ ./linkat2.lin64 ttsymlink
Creating two links to the file ttsymlink...
```

```
$ ls -l tt*
-rw-r--r--+ 3 jchen dba 0 Sep 15 11:10 tt
-rw-r--r--+ 3 jchen dba 0 Sep 15 11:10 tt_link1
-rw-r--r--+ 3 jchen dba 0 Sep 15 11:10 tt_link1_link2
lrwxrwxrwx  3 jchen dba 2 Sep 15 11:10 ttsymlink -> tt
lrwxrwxrwx  3 jchen dba 2 Sep 15 11:10 ttsymlink_link1 -> tt
lrwxrwxrwx  3 jchen dba 2 Sep 15 11:10 ttsymlink_link1_link2 -> tt
$ rm tt_link1 tt_link1_link2 ttsymlink_link1 ttsymlink_link1_link2
$ ./linkat.lin64 tt
Creating two links to the file tt...
$ ls -l tt*
-rw-r--r--+ 3 jchen dba 0 Sep 15 11:10 tt
-rw-r--r--+ 3 jchen dba 0 Sep 15 11:10 tt_link1
-rw-r--r--+ 3 jchen dba 0 Sep 15 11:10 tt_link1_link2
lrwxrwxrwx  1 jchen dba 2 Sep 15 11:10 ttsymlink -> tt
$ ./linkat.lin64 ttsymlink
Creating two links to the file ttsymlink...
$ ls -l tt*
-rw-r--r--+ 4 jchen dba 0 Sep 15 11:10 tt
-rw-r--r--+ 4 jchen dba 0 Sep 15 11:10 tt_link1
-rw-r--r--+ 4 jchen dba 0 Sep 15 11:10 tt_link1_link2
lrwxrwxrwx  2 jchen dba 2 Sep 15 11:10 ttsymlink -> tt
lrwxrwxrwx  2 jchen dba 2 Sep 15 11:10 ttsymlink_link1 -> tt
-rw-r--r--+ 4 jchen dba 0 Sep 15 11:10 ttsymlink_link1_link2
```

為了彰顯不同，我們私下另外又建立了另一個稱為 linkat2.c 的程式。這個程式與 linkat.c 一模一樣。唯一不同是，linkat2.c 在叫用 linkat() 函數時，不指明 AT_SYMLINK_FOLLOW 旗號。亦即，將這旗號的值設為 0：

```
int    flags = 0;
```

為了做測試用，我們另外開創了一個叫 tt 的正規檔案，以及稱為 ttsymlink 的象徵連結。執行 linkat 與 linkat2 兩個程式時，就使用這兩個檔案。圖 5-2（b）所示即為執行結果。

誠如你可看出的，以 linkat() 函數建立一現有檔案的連結時，若此一現有檔案正好是一象徵連結，而 linkat() 又有指出 AT_SYMLINK_FOLLOW 旗號，那它就會先走下象徵連結，到達目標時，才會建立那目標的連結。相反地，若不指明此一旗號，那 linkat() 函數就會建立象徵連結的新連結。

linkat() 函數在早期的作業系統版本：如 Linux 2.6，AIX 6.1，與 HP-UX B.11.31 都沒有支援。但在版本 Linux 4.1.12 與 AIX 7.1 上，就有支援。

5-4　建立象徵連結

5-4-1　何謂象徵連結？

　　象徵連結（symbolic link，或 symlink）是一個檔案內容就含另一檔案或檔案夾之路徑名的檔案。換言之，象徵連結檔案的內含就是一個文字串，指的就是另一檔案或檔案夾的路徑名。這另一檔案或檔案夾就稱是象徵連結的**目標**（target）。在程式或用者使用一個象徵連結時，作業系統就會由檔案型態知道這是一個象徵連結，且會自動走下這象徵連結到達其目標，然後實際存取目標所代表的檔案或檔案夾。

　　記得，不像在硬性連結，連結與實際的檔案兩者是一體。象徵連結本身是另外一個獨立的檔案，與其目標是分開的兩個個別的檔案。是以，假若你剔除了一象徵連結，那這象徵連結的目標是完全不受影響的。同樣地，假若象徵連結的目標或目的物本身被剔除，改名或移走了，那也是不影響象徵連結本身的。只不過，在這種情況下，象徵連結實際所指的目標，會變成不存在就是了。

　　連結本身是硬性連結。相對地，象徵連結則是**軟性連結**（soft link），象徵連結和它的目標並非綁在一起的。說穿了，象徵連結只是提供了另一個可以抵達目標的路徑或通路罷了。

　　在作業系統的命令層次，用以建立一象徵連結的命令是 "ln -s"。以下即是以 "ln -s" 建立一象徵連結的例子：

```
$ ls -l symlinktestfile1 mysymlink
ls: mysymlink: No such file or directory
-rw-r--r-- 1 jchen oinstall 28 Sep  3 21:34 symlinktestfile1
$ ln -s symlinktestfile1 mysymlink
$ ls -l symlinktestfile1 mysymlink
lrwxrwxrwx 1 jchen oinstall 16 Sep  4 15:50 mysymlink -> symlinktestfile1
-rw-r--r-- 1 jchen oinstall 28 Sep  3 21:34 symlinktestfile1
```

　　注意到，象徵連結檔案，mysymlink 的大小是 16，這正好是其所指之目標，symlinktestfile1 檔案名的長度，16 個文字。

　　硬式連結與象徵連結還有另一個很重要的差別是，硬性連結無法超出目前的檔案系統，它只能連結到同一檔案系統內的另一個檔案。但是，象徵連結就可以跨越檔案系統。

　　換言之，一個象徵連結可以指至存在另一個不同檔案系統中的檔案或檔案夾。因此功能更強。硬性連結則不能。此外，硬性連結永遠必須指到實際存在的東西，但象徵連結則可指至不存在的目標。

5-4-2　symlink() 與 symlinkat() 函數

```
#include <unistd.h>
int symlink(const char *path1, const char *path2);
int symlinkat(const char *path1, int fd, const char *path2);
```

　　symlink() 函數開創一個象徵連結，第一引數 path1 指出連結的目標，可能是一檔案，檔案夾或另一象徵連結。第二引數則指出欲建立之新象徵連結的名稱。這個叫用實際建立一個新檔案，檔案的名稱就是第二引數 path2 所指出的。這檔案所含的內容，就是第一引數 path1 所指出的值，一路徑名，是目標的路徑名。

　　在有一使用者或程式指及（reference）一象徵連結時，作業系統會知道那是一個象徵連結（由檔案的類別得知），因此，會自動地將檔案的內容，解釋成一路徑名，實際存取這路徑所指的檔案或檔案夾。

　　圖 5-3 所示即一叫用 symlink() 函數的程式。

圖 5-3　建立一象徵連結的程式（symlink.c）

```
/*
 * symlink()
 * Copyright (c) 2019 Mr. Jin-Jwei Chen. All rights reserved.
 */

#include <stdio.h>
#include <errno.h>
#include <sys/types.h>
#include <unistd.h>         /* symlink() */

int main(int argc, char *argv[])
{
  int    ret;
  char   *filename, *symlinkname;
```

```
  /* Get the names of the two files */
  if (argc > 2)
  {
    filename = argv[1];
    symlinkname = argv[2];
  }
  else
  {
    fprintf(stderr, "Usage: %s filename symlinkname\n", argv[0]);
    return(-1);
  }

  /* Create the symlink */
  ret = symlink(filename, symlinkname);
  if (ret == -1)
  {
    fprintf(stderr, "symlink() failed, errno=%d\n", errno);
    return(-2);
  }

  return(0);
}
```

5-5　剔除或改名一個檔案或檔案夾

這一節介紹剔除一檔案元素的函數。

5-5-1　unlink() 與 unlinkat() 函數

unlink() 與 unlinkat() 函數剔除檔案夾內的一個元素，它可以是一個元素，它可以是一個檔案，硬性連結，象徵連結，或有時甚至是一個檔案夾。要用 unlink() 去除一個檔案夾，必須要看那些作業系統有沒有支援。

```
#include <unistd.h>
int unlink(const char *pathname);
int unlinkat(int fd, const char *pathname, int flag);
```

unlink() 函數去除其引數 pathname 所指的檔案，硬性連結或象徵連結。成功時，unlink() 送回 0。否則，其送回 -1，而 errno 存錯誤號碼。

在功能上 unlinkat() 與 unlink() 或 rmdir() 函數相同，唯一不同的是當引數 pathname 指出一相對路徑時。在那種情況下，被剔除的元素是相對 fd 引數所指之檔案夾，而非程序之現有工作檔案夾。若檔案描述所指的檔案夾在打開時沒有指明 O_SEARCH 旗號，則函數會檢查看檔案夾搜尋是否被 fd 所指之檔案夾的權限所允許。若檔案描述在打開時有指明 O_SEARCH 旗號，那函數就不會檢查。

第三個引數 flag 上能指明的旗號，都定義在 fcntl.h 上。譬如，若作業系統有支援，則指明 AT_REMOVEDIR 旗號，將使 unlinkat() 函數剔除 fd 與 path 聯合所指出的檔案夾。

成功時，unlink() 與 unlinkat() 送回 0。出錯時送回 -1，且 errno 含錯誤號碼。在出錯時，函數剔除不生效，其所指檔案元素保持不變。

圖 5-4 所示即為一使用 unlink() 函數的例子。

圖 5-4 剔除一個檔案，硬性連結或象徵連結（unlink.c）

```
/*
 * Remove a file, symlink or hard link using the unlink() function.
 * Copyright (c) 2013, 2014 Mr. Jin-Jwei Chen. All rights reserved.
 */

#include <stdio.h>
#include <errno.h>
#include <unistd.h>     /* unlink() */

int main(int argc, char *argv[])
{
  int       ret;

  /* Get the file or link name */
  if (argc <= 1)
  {
    fprintf(stdout, "Usage: %s pathname\n", argv[0]);
    return(-1);
  }

  /* Remove the file or link */
  ret = unlink(argv[1]);
  if (ret == -1)
  {
    fprintf(stderr, "unlink() failed, errno=%d\n", errno);
    return(-2);
  }

  return(0);
}
```

5-5-2　remove() 函數

remove() 函數，去除一個檔案，硬式連結，象徵連結或檔案夾。這是一個去除檔案或檔案夾，最通用的函數。

```
#include <stdio.h>
int remove(const char *pathname);
```

若 remove() 函數之引數 pathname 所指的是一個檔案夾，那 remove() 函數的功能與 rmdir() 相同。若引數所指的是一檔案，硬性連結，或象徵連結，則 remove() 就等於 unlink() 函數。

成功時，remove() 函數送回 0。錯誤時，其送回 -1，且錯誤號碼存在 errno 裡。

這裡所描述的功能，同時也存在 ISO C 標準的擴充版裡。圖 5-5 所示即為一使用 remove() 函數的一很簡單程式。

圖 5-5　去除一檔案或檔案夾（remove.c）

```c
/*
 * Remove a file, symlink, hard link or directory using the remove() function.
 * Copyright (c) 2013, 2014, 2019 Mr. Jin-Jwei Chen. All rights reserved.
 */

#include <stdio.h>
#include <errno.h>

int main(int argc, char *argv[])
{
  int       ret;

  /* Get the name of the file, link, symlink or directory */
  if (argc <= 1)
  {
    fprintf(stdout, "Usage: %s pathname\n", argv[0]);
    return(-1);
  }

  /* Remove the file, link, symlink or directory */
  ret = remove(argv[1]);
  if (ret == -1)
  {
    fprintf(stderr, "remove() failed, errno=%d\n", errno);
    return(-2);
  }

  return(0);
}
```

5-5-3 rename() 與 renameat() 函數

rename() 函數改變一個檔案，硬性連結，象徵連結或檔案夾的名稱。

```
#include <stdio.h>
int rename(const char *oldpath, const char *newpath);
int renameat(int olddirfd, const char *oldpath,
             int newdirfd, const char *newpath);
```

這函數需要兩個引數，第一引數指出檔案或檔案夾現有名字，第二個引數則指出它的新名稱。假若引數 newpath 指的是一硬性或象徵連結，則改名之後那連結會不見。

假若 oldpath 指的是一檔案，而 newpath 指的是一現存檔案夾，那 rename() 會失敗，錯誤號碼是 EISDIR。反之，若 oldpath 指的是一檔案夾，而 newpath 指的是一現有檔案，則 rename() 也會失敗，錯誤號碼則為 ENOTDIR（不是檔案夾）。

假若 oldpath 與 newpath 兩者指的都是檔案夾，而且 newpath 所指的檔案夾是空的，那這個現有的空檔案夾就會被剔除，改名會成功。不過，若這個現有檔案夾不是空的，那 rename() 就會失敗，錯誤是 ENOTEMPTY。

成功時，rename() 函數會送回 0。錯誤時，它會回送 -1，且 errno 會含錯誤號碼。

圖 5-6 所示即應用 rename() 函數的例題程式。

圖 5-6 將檔案或檔案夾改名（rename.c）

```
/*
 * Rename a file, symlink, hard link or directory using the rename() function.
 * Copyright (c) 2013, 2014, 2019  Mr. Jin-Jwei Chen. All rights reserved.
 */

#include <stdio.h>
#include <errno.h>

int main(int argc, char *argv[])
{
  int      ret;
  char     *oldpath, *newpath;

  /* Get the old and new names */
  if (argc <= 2)
  {
    fprintf(stdout, "Usage: %s old_pathname new_pathname\n", argv[0]);
    return(-1);
```

```
  }
  oldpath = argv[1];
  newpath.= argv[2];

  /* Change the name */
  ret = rename(oldpath, newpath);
  if (ret == -1)
  {
    fprintf(stderr, "rename() failed, errno=%d\n", errno);
    return(-2);
  }

  return(0);
}
```

renameat() 函數與 rename() 類似。唯一的差別如下所述。

假若 oldpath 所指的路徑名是相對的，那它是相對於檔案描述 olddirfd 所指的檔案夾，而不是程序的現有工作檔案夾。引數 newpath 也是一樣。若 newpath 所指的路徑名是相對的，那它就相對於檔案描述 newdirfd 所指的檔案夾，而非程序之現有工作檔案夾。

不過若 olddirfd 或 newdirfd 的值是 AT_FDCWD，那決定最終路徑名時，則改為以現有工作檔案夾作基礎。

倘若引數 oldpath 所含是一絕對路徑名，則 olddirfd 就會被忽略，引數 newpath 也一樣。

5-6 獲取配置參數的值

5-6-1 pathconf() 與 fpathconf() 函數

```
#include <unistd.h>
long pathconf(const char *pathname, int name);
long fpathconf(int fildes, int name);
```

pathconf() 與 fpathconf() 函數讀取和檔案或檔案夾有關之配置參數或極限（configurable parameters or limits）的現有值。

pathconf() 的 pathname 引數，指出一個檔案或檔案夾的路徑名。

記得，不論是 pathconf() 中的路徑名，或 fpathconf() 的檔案描述，它們都可以是一正規檔案，一檔案夾，FIFO，終極檔案，或連結。引數 name 則指出配置選項或極限的名稱。圖 5-7 所示即 POSIX 標準所定義的檔案或檔案夾的配置極限與選項。

圖 5-7 檔案或檔案夾之配置極限或選項的變數與名稱

變數	名稱 (說明)
{FILESIZEBITS}	_PC_FILESIZEBITS
{LINK_MAX}	_PC_LINK_MAX (檔案的最多連結個數)
{MAX_CANON}	_PC_MAX_CANON (一行格式化輸入的最大長度)
{MAX_INPUT}	_PC_MAX_INPUT (一行輸入的最大長度)
{NAME_MAX}	_PC_NAME_MAX (檔案名稱的最大長度)
{PATH_MAX}	_PC_PATH_MAX (一相對路徑名的最大長度)
{PIPE_BUF}	_PC_PIPE_BUF (導管緩衝器的大小)
{POSIX2_SYMLINKS}	_PC_2_SYMLINKS
{POSIX_ALLOC_SIZE_MIN}	_PC_ALLOC_SIZE_MIN
{POSIX_REC_INCR_XFER_SIZE}	_PC_REC_INCR_XFER_SIZE
{POSIX_REC_MAX_XFER_SIZE}	_PC_REC_MAX_XFER_SIZE
{POSIX_REC_MIN_XFER_SIZE}	_PC_REC_MIN_XFER_SIZE
{POSIX_REC_XFER_ALIGN}	_PC_REC_XFER_ALIGN
{SYMLINK_MAX}	_PC_SYMLINK_MAX
_POSIX_CHOWN_RESTRICTED	_PC_CHOWN_RESTRICTED (非零值指 chown() 不能用在這檔案或這檔案夾的檔案)
_POSIX_NO_TRUNC	_PC_NO_TRUNC
_POSIX_VDISABLE	_PC_VDISABLE
_POSIX_ASYNC_IO	_PC_ASYNC_IO
_POSIX_PRIO_IO	_PC_PRIO_IO
_POSIX_SYNC_IO	_PC_SYNC_IO
_POSIX_TIMESTAMP_RESOLUTION	_PC_TIMESTAMP_RESOLUTION

fpathconf() 函數與 pathconf() 函數類似，唯一不同的是，其第一個參數是檔案描述，而非路徑名。

成功時，這兩個函數都送回函數所指明之配置參數的現有配置（設定）值。失敗時，兩個函數都送回 -1，且 errno 含錯誤號碼。

圖 5-8 所示即為一讀取程序之現有工作檔案夾之所有配置參數的現有值的程式。

圖 5-8 讀取一檔案夾之所有配置參數之現有值（pathconf.c）

```
/*
 * Example Program for pathconf()
```

```c
 * Get the current values of all configurable limits of a file or directory.
 * Copyright (c) 2013, 2014, 2020 Mr. Jin-Jwei Chen. All rights reserved.
 */

#include <stdio.h>
#include <errno.h>
#include <unistd.h>    /* pathconf() */
#include <limits.h>

#define  MYPATH  "."   /* use current directory */

int main(int argc, char *argv[])
{
   int    ret;
   long   val;

   /* Get the current values of all configurable limits of a file or
directory */
   fprintf(stdout, "FILESIZEBITS = %ld\n", pathconf(MYPATH,
_PC_FILESIZEBITS));
   fprintf(stdout, "LINK_MAX = %ld\n", pathconf(MYPATH, _PC_LINK_MAX));
   fprintf(stdout, "MAX_CANON = %ld\n", pathconf(MYPATH,
_PC_MAX_CANON));
   fprintf(stdout, "MAX_INPUT = %ld\n", pathconf(MYPATH,
_PC_MAX_INPUT));
   fprintf(stdout, "NAME_MAX = %ld\n", pathconf(MYPATH, _PC_NAME_MAX));
   fprintf(stdout, "PATH_MAX = %ld\n", pathconf(MYPATH, _PC_PATH_MAX));
   fprintf(stdout, "PIPE_BUF = %ld\n", pathconf(MYPATH, _PC_PIPE_BUF));
   fprintf(stdout, "POSIX2_SYMLINKS = %ld\n", pathconf(MYPATH,
_PC_2_SYMLINKS));
   fprintf(stdout, "POSIX_ALLOC_SIZE_MIN = %ld\n", pathconf(MYPATH,
_PC_ALLOC_SIZE_MIN));
   fprintf(stdout, "POSIX_REC_INCR_XFER_SIZE = %ld\n", pathconf(MYPATH,
_PC_REC_INCR_XFER_SIZE));
   fprintf(stdout, "POSIX_REC_MAX_XFER_SIZE = %ld\n", pathconf(MYPATH,
_PC_REC_MAX_XFER_SIZE));
   fprintf(stdout, "POSIX_REC_MIN_XFER_SIZE = %ld\n", pathconf(MYPATH,
_PC_REC_MIN_XFER_SIZE));
   fprintf(stdout, "POSIX_REC_XFER_ALIGN = %ld\n", pathconf(MYPATH,
_PC_REC_XFER_ALIGN));
   fprintf(stdout, "SYMLINK_MAX = %ld\n", pathconf(MYPATH,
_PC_SYMLINK_MAX));
   fprintf(stdout, "_POSIX_CHOWN_RESTRICTED = %ld\n", pathconf(MYPATH,
_PC_CHOWN_RESTRICTED));
   fprintf(stdout, "_POSIX_NO_TRUNC = %ld\n", pathconf(MYPATH,
_PC_NO_TRUNC));
   fprintf(stdout, "_POSIX_VDISABLE = %ld\n", pathconf(MYPATH,
_PC_VDISABLE));
   fprintf(stdout, "_POSIX_ASYNC_IO = %ld\n", pathconf(MYPATH,
_PC_ASYNC_IO));
```

```
    fprintf(stdout, "_POSIX_PRIO_IO = %ld\n", pathconf(MYPATH,
_PC_PRIO_IO));
    fprintf(stdout, "_POSIX_SYNC_IO = %ld\n", pathconf(MYPATH,
_PC_SYNC_IO));
    /*
    fprintf(stdout, "_POSIX_TIMESTAMP_RESOLUTION = %ld\n",
pathconf(MYPATH, _PC_TIMESTAMP_RESOLUTION));
    */
    return(0);
}
```

以下所示即為 pathconf 例題程式的一個樣本輸出結果：

```
$ ./pathconf
FILESIZEBITS = 64
LINK_MAX = 32000
MAX_CANON = 255
MAX_INPUT = 255
NAME_MAX = 255
PATH_MAX = 4096
PIPE_BUF = 4096
POSIX2_SYMLINKS = 1
POSIX_ALLOC_SIZE_MIN = 4096
POSIX_REC_INCR_XFER_SIZE = -1
POSIX_REC_MAX_XFER_SIZE = -1
POSIX_REC_MIN_XFER_SIZE = 4096
POSIX_REC_XFER_ALIGN = 4096
SYMLINK_MAX = -1
_POSIX_CHOWN_RESTRICTED = 1
_POSIX_NO_TRUNC = 1
_POSIX_VDISABLE = 0
_POSIX_ASYNC_IO = -1
_POSIX_PRIO_IO = -1
_POSIX_SYNC_IO = -1
```

5-7 取得或改變現有工作檔案夾

偶而，程序會需要找出目前的工作檔案夾是什麼，或者需要變換現有工作檔案夾。這一節介紹這些程式界面。

5-7-1 getcwd()函數

getcwd() 函數取得程序之現有工作檔案夾的路徑名。

```
#include <unistd.h>
char *getcwd(char *buf, size_t size);
```

　　getcwd() 函數查取程序之現有工作檔案夾的絕對路徑名。結果會被存在第一個引數 buf 所指的緩衝器送回。函數的第二個引數 size 是輸入引數，它指出函數第一引數的緩衝器有多長，即有多少容量（位元組數）。

　　成功時，getcwd() 函數回送第一引數 buf 的起始位址。失敗時，它送回空指標（null pointer），且 errno 存有錯誤碼。

5-7-2　chdir() 與 fchdir() 函數

　　chdir() 函數變換現有工作檔案夾。

```
#include <unistd.h>
 int chdir(const char *path);
 int fchdir(int fd);
```

　　成功執行後，chdir() 函數將程序的現有工作檔案，變換至其引數 path 所指的檔案夾上。

　　fchdir() 函數與 chdir() 函數相同，唯一的不同是新的現有工作檔案夾由檔案描述 fd 指出，而非路徑名。

　　成功執行後，chdir() 與 fchdir() 都送回 0。否則，它們就送回 -1，而錯誤號碼就存在 errno 內。

　　圖 5-9 所示即為一使用 getcwd() 與 chdir() 函數的程式例子。

圖 5-9　取得與變更現有工作檔案夾（chdir.c）

```
/*
 * chdir(), getcwd() and pathconf().
 * Copyright (c) 2013, 2014, 2019-2020 Mr. Jin-Jwei Chen. All rights reserved.
 */

#include <stdio.h>
#include <errno.h>
#include <unistd.h>      /* chdir() */
#include <stdlib.h>      /* malloc() */
#include <string.h>      /* memset() */

#define  NEW_WORK_DIR  "/tmp"    /* new working directory */

int main(int argc, char *argv[])
{
  int    ret;
  long   len;
```

```
char  *buf=NULL;  /* buffer to hold the new pathname */
char  *path;      /* pointer to the new pathname */

/* Get the maximum length of a pathname */
len = pathconf(".", _PC_PATH_MAX);
if (len == (long)(-1))
{
  fprintf(stderr, "pathconf() failed, errno=%d\n", errno);
  return(-1);
}

fprintf(stdout, "Maximum length of a pathname returned by pathconf() = %ld\n",
  len);

/* Allocate memory for holding the pathname */
buf = (char *)malloc((size_t)len);
if (buf == NULL)
{
  fprintf(stderr, "malloc() failed, errno=%d\n", errno);
  return(-2);
}
memset((void *)buf, 0, len);

/* Get and print the current working directory */
path = getcwd(buf, len);
if (path == NULL)
{
  fprintf(stderr, "getcwd() failed, errno=%d\n", errno);
  free(buf);
  return(-3);
}
else
  fprintf(stdout, "Current working directory: %s\n", path);

/* Change the current working directory of this process */
fprintf(stdout, "Trying to change current directory to %s\n", NEW_WORK_DIR);
ret = chdir(NEW_WORK_DIR);
if (ret == -1)
{
  fprintf(stderr, "chdir() failed, errno=%d\n", errno);
  return(-4);
}

/* Get and print the current working directory */
path = getcwd(buf, len);
if (path == NULL)
{
  fprintf(stderr, "getcwd() failed, errno=%d\n", errno);
  free(buf);
  return(-5);
}
```

```
        else
          fprintf(stdout, "Current working directory: %s\n", path);

        /* Free the dynamically allocated memory and return success */
        free(buf);
        return(0);
    }
```

　　這個例題程式首先印出現有的工作檔案夾，然後變換現有工作檔案夾至 /tmp 上。為了得知要儲存回送之路徑名的緩衝器需要多大，程式叫用了 pathconf() 函數，查取 _PC_PATH_MAX 配置參數的值。

5-8　讀取檔案夾元素的狀態資訊

　　經常，一個程式會需要知道一些有關一個檔案或檔案夾的資訊或狀態。譬如，查看一個檔案或檔案夾是否已經存在，擁有者是誰，等等。這一節介紹這些函數。

5-8-1　stat()，fstat()，與 lstat() 函數

```
#include <sys/types.h>
#include <sys/stat.h>
#include <unistd.h>

int stat(const char *path, struct stat *buf);
int fstat(int filedes, struct stat *buf);
int lstat(const char *path, struct stat *buf);
```

　　stat() 與 fstat() 函數讀取有關一個檔案或檔案夾的資訊。

　　兩個函數的第二個引數，都需要指出一個能接收 "struct stat" 資料結構之值的緩衝器（的起始位址）。

　　stat() 與 fstat() 兩個函數的主要差別在於，stat() 以名稱（即路徑名）辨認這個檔案或檔案夾，而 fstat() 則以檔案描述辨認（這意謂它必須先打開）。必須先打開可能會有影響的。舉例而言，假若叫用程序無權存取或讀取這個檔案或檔案夾，那它就無法打開，因而 fstat() 也就無法獲取它所想要之資訊。（打開時會得到 EACCES 的錯誤）。

　　不過，使用 stat() 就沒有這個問題。因此，在叫用程式可能無權時，你最好使用 stat()，而非 fstat()。

"struct stat" 資料結構定義在 <sys/stat.h> 前頭檔案上，它至少應包括下列的資料欄：

```
struct stat
{
  :
  dev_t st_dev          /* 含檔案之設備的設備號碼 */
  ino_t st_ino          /* inode 號碼 */
  mode_t st_mode        /* 保護 */
  nlink_t st_nlink      /* 檔案的硬性連結個數 */
  uid_t st_uid          /* 擁有這檔案之用戶的號碼 */
  gid_t st_gid          /* 擁有者的群組號碼 */
  dev_t st_rdev         /* 設備號碼(若是文字或區塊特殊檔案的話) */
  off_t st_size         /* 若是正規檔案, 則為檔案的大小(位元組數).
                           若是象徵連結, 則為連結所含之路徑名的長度(位元組數).
                           若是共有記憶, 則為其大小(位元組數).
                           若是有型態的記憶物件, 則為其大小(位元組數).
                           若是其他檔案型態, 則此欄的用途未定. */
  blksize_t st_blksize  /* 這物件所偏好的 I/O 區段大小, 隨檔案系統而異. 在其些
                           檔案系統型態上, 這可能隨檔案不同而異. */
  blkcnt_t st_blocks    /* 騰出給這物件的區段數目. */


  struct timespec st_atim    /* 資料最後的存取時間 */
  struct timespec st_mtim    /* 資料最後更改的時間 */
  struct timespec st_ctim    /* 檔案狀態最後改變的時間 */
  :
};
```

注意到，"struct stat" 中的有些資料欄，如 st_ino, st_size 等，在有些作業系統（如 Linux）上是定為 "unsigned long"，而在有些作業系統上（如 Apple Darwin）則定義為 "unsigned long long"。因此，你在編譯例題程式 fstat.c 與 lstat.c 時，可能會有編譯警告出現。

成功時，fstat() 與 stat() 都送回 0。失敗時，它們回送 -1，而且 errno 含錯誤號碼。

lstat() 函數與 stat() 同，唯一的例外是當 path 引數所指的是一象徵連結時。在那種情況下，lstat() 送回的是象徵連結的資訊，但 stat() 或 fstat() 所送回的卻是象徵連結所指之目標的資訊。

圖 5-10 所示即為一以兩種不同方式，獲取一個檔案之資訊的例題程式。兩種方法做一樣的事。第一種方法叫用 stat() 函數，以檔案名取得檔案之資訊。第二種方法則使用檔案描述。注意到，為了有檔案描述，程式得先打開檔案。

一個檔案的最後存取時間，改變時間，與檔案狀態的改變時刻，都儲存在一個表示時間（timestamp）的 "struct timespec" 資料結構上。這個時間值事實上是自 1970 年 1 月 1 日 GMT 零時算起的秒數和納秒（nanoseconds）數。timespec 資料結構與 tm 結構類似：

```
struct timespec
{
  time_t tv_sec;
   long tv_nsec;
};
```

欲將這樣格式的一個時間值，轉換成一個含有月日和時間的文字字串，首先你必須引用 localtime() 函數，將那時間值轉換成分列開之當地時間的時間格式，存在 tm 結構裡。然後再叫用 strftime() 函數，將日期與時間值分別格式化。

圖 5-10 所示即為一讀取檔案或檔案夾之有關資訊的程式：

圖 5-10　讀取檔案或檔案夾的資訊（fstat.c）

```c
/*
 * Obtain information about a file using stat() and fstat() function.
 * Copyright (c) 2013, 2014, 2020 Mr. Jin-Jwei Chen. All rights reserved.
 */

#include <stdio.h>
#include <errno.h>
#include <sys/types.h>
#include <sys/stat.h>
#include <unistd.h>        /* stat(), fstat() */
#include <string.h>        /* memset() */
#include <sys/stat.h>
#include <fcntl.h>         /* open() */
#include <time.h>          /* localtime() */
#include <langinfo.h>      /* nl_langinfo() */

#define  MYFILE  "./myfile"     /* default file name */
#define  DATE_BUFSZ    64        /* size of buffer for date string */
/*
 * Get localized date string.
 * This function converts a time from type time_t to a date string.
 * The input time is a value of type time_t representing calendar time.
 * The output is string of date and time in the following format:
 *    Fri Apr  4 13:20:12 2014
 */
int cvt_time_to_date(time_t *time, char *date, unsigned int len)
{
  size_t      nchars;
  struct tm   *tm;
```

```
    if (time == NULL || date == NULL || len <= 0)
      return(-4);

    /* Convert the calendar time to a localized broken-down time */
    tm = localtime(time);

    /* Format the broken-down time tm */
    memset(date, 0, len);
    nchars = strftime(date, len, nl_langinfo(D_T_FMT), tm);
    if (nchars == 0)
      return(-5);
    else
      return(0);
}

int main(int argc, char *argv[])
{
  int   ret;
  struct stat  finfo;      /* information about a file */
  char         *fname;     /* file name */
  int          fd;         /* file descriptor of the opened file */
  char         date[DATE_BUFSZ];

  /* Get the file name from the user, if any */
  if (argc > 1)
    fname = argv[1];
  else
    fname = MYFILE;

  /* Obtain information about the file using stat() */
  ret = stat(fname, &finfo);
  if (ret != 0)
  {
    fprintf(stderr, "stat() failed, errno=%d\n", errno);
    return(-1);
  }

  fprintf(stdout, "Information about file %s obtained via stat():\n", fname);
  fprintf(stdout, "device ID = %u\n", finfo.st_dev);
  fprintf(stdout, "inode number = %lu\n", finfo.st_ino);
  fprintf(stdout, "access mode = o%o\n", finfo.st_mode);
  fprintf(stdout, "number of hard links = %u\n", finfo.st_nlink);
  fprintf(stdout, "owner's user ID = %u\n", finfo.st_uid);
  fprintf(stdout, "owner's group ID = %u\n", finfo.st_gid);
  fprintf(stdout, "device ID (if special file)= %u\n", finfo.st_rdev);
  fprintf(stdout, "total size in bytes = %ld\n", finfo.st_size);
  fprintf(stdout, "filesystem block size = %u\n", finfo.st_blksize);
  fprintf(stdout, "number of blocks allocated = %ld\n", finfo.st_blocks);
  fprintf(stdout, "time of last access = %ld\n", finfo.st_atime);
  ret = cvt_time_to_date(&finfo.st_atime, date, DATE_BUFSZ);
```

```
    fprintf(stdout, "time of last access = %s\n", date);
    fprintf(stdout, "time of last modification = %ld\n", finfo.st_mtime);
    ret = cvt_time_to_date(&finfo.st_mtime, date, DATE_BUFSZ);
    fprintf(stdout, "time of last modification = %s\n", date);
    fprintf(stdout, "time of last status change = %ld\n", finfo.st_ctime);
    ret = cvt_time_to_date(&finfo.st_ctime, date, DATE_BUFSZ);
    fprintf(stdout, "time of last status change = %s\n", date);

    /* Need to open the file first when using fstat() */
    fd = open(fname, O_RDONLY);
    if (fd == -1)
    {
      fprintf(stderr, "open() failed, errno=%d\n", errno);
      return(-2);
    }

    /* Obtain information about the file using fstat() */
    memset(&finfo, 0, sizeof(finfo));
    ret = fstat(fd, &finfo);
    if (ret != 0)
    {
      fprintf(stderr, "fstat() failed, errno=%d\n", errno);
      return(-3);
    }

    fprintf(stdout, "\nInformation about file %s obtained via fstat():\n", fname);
    fprintf(stdout, "device ID = %u\n", finfo.st_dev);
    fprintf(stdout, "inode number = %lu\n", finfo.st_ino);
    fprintf(stdout, "access mode = o%o\n", finfo.st_mode);
    fprintf(stdout, "number of hard links = %u\n", finfo.st_nlink);
    fprintf(stdout, "owner's user ID = %u\n", finfo.st_uid);
    fprintf(stdout, "owner's group ID = %u\n", finfo.st_gid);
    fprintf(stdout, "device ID (if special file)= %u\n", finfo.st_rdev);
    fprintf(stdout, "total size in bytes = %ld\n", finfo.st_size);
    fprintf(stdout, "filesystem block size = %u\n", finfo.st_blksize);
    fprintf(stdout, "number of blocks allocated = %ld\n", finfo.st_blocks);
    fprintf(stdout, "time of last access = %ld\n", finfo.st_atime);
    ret = cvt_time_to_date(&finfo.st_atime, date, DATE_BUFSZ);
    fprintf(stdout, "time of last access = %s\n", date);
    fprintf(stdout, "time of last modification = %ld\n", finfo.st_mtime);
    ret = cvt_time_to_date(&finfo.st_mtime, date, DATE_BUFSZ);
    fprintf(stdout, "time of last modification = %s\n", date);
    fprintf(stdout, "time of last status change = %ld\n", finfo.st_ctime);
    ret = cvt_time_to_date(&finfo.st_ctime, date, DATE_BUFSZ);
    fprintf(stdout, "time of last status change = %s\n", date);

    return(0);
}
```

5-9　打開與讀取檔案夾

這一節討論如何打開一個檔案夾，並讀取檔案夾內之元素。

5-9-1　opendir()，fdopendir()，closedir()函數

opendir() 與 fdopendir() 函數打開一個檔案夾。

```
#include <dirent.h>
DIR *opendir(const char *dirname);
DIR *fdopendir(int fd);
int closedir(DIR *dirp);
```

opendir() 函數打開引數 dirname 所指明的檔案夾。打開時，檔案夾源流（directory stream）的位置指在檔案夾的第一個元素上。

fdopendir() 函數的功能與opendir() 相同，唯一的差異是檔案夾改由檔案描述指出，而不是路徑名。

成功時，這兩個函數都送回一描述一個檔案夾之 DIR 型態資料結構的指標（即起始位址）。失敗時，它們則送回一空指標，且 errno 會有錯誤號碼。

檔案夾用完後，程式即應叫用closedir() 函數，將之關閉。

5-9-2　readdir()與readdir_r()函數

```
#include <dirent.h>
struct dirent *readdir(DIR *dirp);
int readdir_r(DIR *restrict dirp, struct dirent *restrict entry,
    struct dirent **restrict result);
```

一檔案夾在經由 opendir() 函數打開後，程式即可叫用 readdir() 函數，讀取檔案夾內所含的元素，一次讀一個。注意到，程式在能叫用 readdir() 之前，通常必須先變換至那個目標檔案夾上。這可以 chdir() 函數達成。程式通常將 readdir() 放置在一迴路內，以便能讀取多個檔案夾的元素。

readdir() 函數需要一個引數，那就是一個是 "DIR *" 型態的指標，指至目標檔案夾。DIR 資料型態定義在 <dirent.h> 前頭檔案上。

每一 DIR 資料型態代表一個檔案夾源流，亦即一檔案夾所含之所有元素的依序排列。一檔案夾所含的元素可包括檔案，其它檔案夾，連結，象徵連結，還有其他。

　　readdir() 函數送回一在由引數 dirp 所指之檔案夾源流目前位置上，指至某一檔案夾元素（以 struct dirent 表示）之指標，並將檔案夾源流之現有位置移至下一個檔案元素。在碰到檔案夾源流的盡頭時，這函數會送回一個空指標。回送的檔案夾元素的名稱，則存在 dirent 資料結構的 d_name 資料欄上。

　　這時，程式即可叫用 stat() 函數，送上這檔案元素的名稱，讀取這檔案元素的有關資訊。

　　記得，在你的程式執行時，整個檔案系統有可能是一直在變的。readdir() 函數所讀得的檔案元素，是你的程式在執行 opendir() 或 rewinddir() 時，當時瞬間的狀況。在那之後，檔案夾所做的改變，是否會反映在 readdir() 叫用上，就因作業系統不同而異。此外，有些作業系統的 readdir() 函數會一次讀取超過一個檔案元素，把它存在緩衝器內。在這種情況下，那就不是每次 readdir() 叫用，都有實際去讀取那個檔案夾了。

　　假若叫用 readdir() 函數的程式做了（叫用了）fork() 函數，那在那之後，就只有母程序或子程序其中一者可以繼續用 readdir() 去處理這個檔案夾，不能兩者都來。

　　readdir() 函數並不能保證程線安全性（thread-safe）。要保證程線安全，程式必須叫用 readdir_r() 函數才行。

　　成功時，readdir() 函數會送回一指至 "struct dirent" 的指標，指至被讀取與送回的檔案夾元素。失敗時，它會送回一空指標，且 errno 會含有函數所碰到之錯誤的號碼。

　　readdir_r() 函數需要兩個引數：entry（元素）與 result（結果）。其中，它們所指的緩衝器，應能容下一個 dirent 資料結構，其中的 d_name 資料欄至少應有 {NAME_MAX}+1 個位元組，可容納檔案元素的名稱。

　　執行成功後回返時，引數 result 所送回的指標，應該等於 entry 緩衝器的起始位址。

　　圖 5-11 所示，即為一應用 opendir()，readdir_r() 與 stat() 三個函數，做出一個 "ls -1" 作業的程式。該程式定義且使用一個叫 get_permstr() 的函數，將每一檔案夾元素的權限，由數目轉換成字串。

圖 5-11 對一檔案夾執行 "ls -l" 作業的程式（readdir_r.c）

```c
/*
 * This program does a 'ls -l' type of operation on a directory
 * by using the opendir(), readdir_r() and other functions.
 * Copyright (c) 2013, 2014, 2020 Mr. Jin-Jwei Chen. All rights reserved.
 */

#include <stdio.h>
#include <errno.h>
#include <sys/types.h>
#include <dirent.h>        /* readdir(3) */
#include <sys/stat.h>      /* stat(), fstat() */
#include <fcntl.h>
#include <time.h>
#include <pwd.h>
#include <grp.h>
#include <locale.h>
#include <stdint.h>
#include <langinfo.h>
#include <string.h>        /* memset() */
#include <unistd.h>        /* chdir() */

#define  DEFFAULT_DIR  "."     /* to get status info of this directory */
#define  PERMBUFSZ     32      /* length of permission string buffer */
#define  DATEBUFSZ     64      /* length of date string buffer */

/*
 * Convert a file/directory entry's permission value from type mode_t to string.
 * INPUT:
 *   mode - permission value in type of mode_t
 *   permstr - buffer to hold the output permission string
 *   len - length, in bytes, of the output string buffer
 * RETURN: 0 for success, EINVAL for failure.
 */
int get_permstr(mode_t mode, char *permstr, unsigned int len)
{
  char filetype = '?';  /* Set type of file entry to unknown */

  /* Return if we get invalid input arguments */
  if (permstr == NULL || len < 15)
    return(EINVAL);

  /* Determine the type of the file entry */
  if (S_ISDIR(mode))  filetype = 'd';    /* directory */
  if (S_ISREG(mode))  filetype = '-';    /* regular file */
  if (S_ISLNK(mode))  filetype = 'l';    /* symbolic link */
  if (S_ISCHR(mode))  filetype = 'c';    /* character device */
  if (S_ISBLK(mode))  filetype = 'b';    /* block device */
  if (S_ISFIFO(mode)) filetype = '|';    /* FIFO */
```

```c
    /* Convert the read-write-execute permission bits */
    sprintf(permstr, "%c%c%c%c%c%c%c%c%c%c %c%c%c", filetype,
      mode & S_IRUSR ? 'r' : '-',
      mode & S_IWUSR ? 'w' : '-',
      mode & S_IXUSR ? 'x' : '-',
      mode & S_IRGRP ? 'r' : '-',
      mode & S_IWGRP ? 'w' : '-',
      mode & S_IXGRP ? 'x' : '-',
      mode & S_IROTH ? 'r' : '-',
      mode & S_IWOTH ? 'w' : '-',
      mode & S_IXOTH ? 'x' : '-',
      mode & S_ISUID ? 'U' : '-',
      mode & S_ISGID ? 'G' : '-',
      mode & S_ISVTX ? 'S' : '-');

    return(0);
}

int list_dir_long(char *dirname)
{
  DIR    *thisdir;               /* directory stream pointer */
  char   date[DATEBUFSZ];        /* buffer for date string */
  char   permstr[PERMBUFSZ];     /* buffer for permission string */
  struct dirent entry;           /* directory entry */
  struct dirent *dp=&entry;      /* directory entry pointer */
  struct dirent *result;         /* results return by readdir_r() */
  struct stat   statinfo;        /* status information */
  struct passwd *pwd;            /* password file entry */
  struct group  *grp;            /* group file entry */
  struct tm     *tm;             /* pointer to broken-down time structure */
  int           ret;

  if (dirname == NULL)
    return(EINVAL);

  /* Open the directory */
  errno = 0;
  thisdir = opendir(dirname);

  if (thisdir == NULL)
  {
    fprintf(stderr, "opendir() failed, errno=%d\n", errno);
    return(errno);
  }

  /* Change to that directory */
  ret = chdir(dirname);
  if (ret < 0)
  {
    fprintf(stderr, "chdir() failed, errno=%d\n", errno);
    return(errno);
```

```
    }

    /* Loop through all the entries that exist in the directory */
    errno = 0;
    for (ret = readdir_r(thisdir, &entry, &result);
         result != NULL && ret == 0; ret = readdir_r(thisdir, &entry, &result))
    {
      /* Get information of the next entry. Stop if we're done. */
      memset(&statinfo, 0, sizeof(statinfo));
      if (stat(dp->d_name, &statinfo) == -1)
      {
        fprintf(stderr, "stat() failed, errno=%d\n", errno);
        break;
      }

      /* Print the type, permissions, and number of links */
      memset(permstr, 0, PERMBUFSZ);
      if ((get_permstr(statinfo.st_mode, permstr, PERMBUFSZ)) == 0)
        fprintf(stdout, "%10.10s", permstr);
      fprintf(stdout, "%4d", statinfo.st_nlink);

      /* Print the owner name */
      if ((pwd = getpwuid(statinfo.st_uid)) != NULL)
        fprintf(stdout, " %-8.8s", pwd->pw_name);
      else
        fprintf(stdout, " %-8d", statinfo.st_uid);

      /* Print the group name */
      if ((grp = getgrgid(statinfo.st_gid)) != NULL)
        fprintf(stdout, " %-8.8s", grp->gr_name);
      else
        fprintf(stdout, " %-8d", statinfo.st_gid);

      /* Print the size of the file */
      fprintf(stdout, " %10jd", (intmax_t)statinfo.st_size);

      /* Convert the time to date in string */
      tm = localtime(&statinfo.st_mtime);
      strftime(date, sizeof(date), nl_langinfo(D_T_FMT), tm);

      /* Print the date/time string and entry name */
      fprintf(stdout, " %s %s\n", date, dp->d_name);
      errno = 0;
    }  /* while */

    closedir(thisdir);
    return(errno);
}

/*
 * List the directory specified or the current directory in long form.
```

```
  */
int main(int argc, char *argv[])
{
  int    ret = 0;
  char   *dirname = DEFFAULT_DIR;  /* directory to operate on */

  if (argc > 1)
    dirname = argv[1];

  ret = list_dir_long(dirname);

  return(ret);
}

To use readdir() instead of readdir_r(), replace the for statement in
the list_dir_long() function with the while statement shown below:

int list_dir_long(char *dirname)
{
  struct dirent *dp;               /* directory entry pointer */

    :
  /* Loop through all the entries that exist in the directory */
  errno = 0;

  while ((dp = readdir(thisdir)) != NULL)
  {
    :
  }
}
```

5-10　改變權限

5-10-1　chmod()，fchmod()，與 fchmodat() 函數

chmod()，fchmod()，與 fchmodat() 函數讓一個程式能變更一個檔案系統元素的權限許可，不論這檔案系統元素是一個檔案，檔案夾，象徵連結，等等。

```
#include <sys/types.h>
#include <sys/stat.h>

int chmod(const char *path, mode_t mode);
int fchmod(int fildes, mode_t mode);
int fchmodat(int fd, const char *path, mode_t mode, int flag);
```

chmod 一字代表 change mode（改變模式）。在電腦程式裡，模式（mode）通常指的就是權限許可值。

　　chmod() 函數設定或變更一個檔案系統元素的權限。其第一個參數指出權限欲變更的檔案系統元素。在 chmod() 函數，這是一個路徑名。這路徑名可以是絕對的或相對的。若是相對的，那就是相對於叫用這函數之程序的現有工作檔案夾。函數的第二個參數，則指出檔案元素的新的權限許可值。

　　欲成功地設定或變更權限值，叫用程序的有效 UID（用者 ID），必須等於這檔案系統元素之擁有者的 UID，或者是超級用者（root）。否則，設定或變更作業就會失敗。

　　成功時，chmod() 會送回 0。失敗時，它會送回 -1，這時錯誤號碼會存在 errno 裡。

　　在以 chmod() 變更檔案系統元素的權限時。記得要非常小心，除非你非常肯定，你所指出的值一定正確。否則，一般最好的方法是，先取得現有的權限值，再增加或剔除你想異動的權限值。利用增減權限的加減作業，是最穩當而不致搞混弄錯的。

　　chmod() 函數有二種不同版本。若程式知道檔案或檔案夾的路徑名，那使用 chmod() 最直接。否則，若程式已有檔案或檔案夾的檔案描述，那叫用 fchmod() 函數則較合適。除了第一個引數是不同資料型態外，chmod() 與 fchmod() 是完全一樣的。

　　fchmodat() 函數的功能與 chmod() 一樣。唯一的不同是當引數 path 所指出的是一相對路徑名時，權限欲變更的檔案或檔案夾，是相對於第一引數 fd 所指的檔案夾，而不是程序的現有工作檔案夾。第四引數 flag 能指出一些旗號，彼此以 |（或）運算元結合在一起。這些旗號定義在 <fcntl.h> 前頭檔案裡。現在有支援的旗號及意義如下：

AT_SYMLINK_NOFOLLOW

　　指出這個旗號時，要是 path 引數所指的檔案系統元素是一象徵連結，那函數就不走下連結。換言之，函數變更的是象徵連結本身的權限。

　　圖 5-12 所示，即為一變更一檔案之權限，讓群組以及其他成員，變成都有權寫入或改變這個檔案之內容的程式。

圖 5-12 變更一檔案系統元素之權限（chmod.c）

```c
/*
 * Change the permissions of a file system entry.
 * Copyright (c) 2013, 2014 Mr. Jin-Jwei Chen. All rights reserved.
 */

#include <stdio.h>
#include <errno.h>
#include <sys/types.h>
#include <sys/stat.h>
#include <unistd.h>          /* stat(), fstat() */

#define  MYFILE  "./mychmodfile"    /* default file name */

int main(int argc, char *argv[])
{
  int  ret;
  struct stat  finfo;          /* information about a file/directory */
  char         *pathname;    /* file/directory name */

  /* Get the file/directory name provided by the user, if there is one. */
  if (argc > 1)
    pathname = argv[1];
  else
    pathname = MYFILE;

  /* Obtain and report the existing permissions */
  ret = stat(pathname, &finfo);
  if (ret != 0)
  {
    fprintf(stderr, "stat() failed, errno=%d\n", errno);
    return(-1);
  }
  fprintf(stdout, "access mode = o%o\n", finfo.st_mode);

  /* Alter the permissions using chmod(). Add write permission for group
     and others. */
  ret = chmod(pathname, finfo.st_mode | S_IWGRP | S_IWOTH);
  if (ret == -1)
  {
    fprintf(stderr, "chmod() failed, errno=%d\n", errno);
    return(-2);
  }

  /* Obtain and report the existing permissions again */
  ret = stat(pathname, &finfo);
  if (ret != 0)
  {
    fprintf(stderr, "stat() failed, errno=%d\n", errno);
    return(-3);
```

```
    }
    fprintf(stdout, "access mode = o%o\n", finfo.st_mode);

    return(0);
}
```

5-11 改變擁有者

5-11-1 chown()，fchown()，fchownat()與lchown()函數

```
#include <unistd.h>

int chown(const char *pathname, uid_t owner, gid_t group);
int fchown(int fd, uid_t owner, gid_t group);
int fchownat(int fd, const char *path, uid_t owner, gid_t group,
        int flag);
int lchown(const char *path, uid_t owner, gid_t group);
```

chown() 函數改變一個檔案系統元素的擁有者（owner）與群組（group）。其第個一個引數指出這個檔案系統元素的路徑名。第二引數 owner 指出新擁有者的名稱。第三引數 group 指出擁有此一元素之新群組的名稱。

若無意改變現有的擁有者或群組，那叫用程式可以傳入 -1，作為擁有者或群組引數的值。

若函數叫用成功順利地執行，則該檔案系統元素的最後檔案狀態更改時間，就會更動成現在（函數叫用時）的時間。

注意到，只有有特殊權限者，亦即，超級用戶（root），才有權利變更一檔案系統元素的擁有者。這元素的現在或原始擁有者都無權。一定要這樣，否則就會形成安全漏洞（security hole）。譬如，一有惡意的病毒程式，就可以藉之建立一些有害的病毒程式，然後將這些病毒檔案的擁有者變更成別人，以嫁禍他人。

同樣的，除非擁有者也是新群組的會員之一，否則，一個檔案系統元素的擁有者，也不能變動這個元素的群組。

假若叫用程序沒有權限變更一檔案系統元素的擁有者或群組，那 chown() 函數叫用就會失敗，且 errno 的值會是 EPERM(1)。

圖 5-13 所示即一示範 chown() 函數之應用的程式。這個程式另外叫用 system() 函數，執行一作業系統命令，顯示出檔案的權限，讓你看得更清楚程式做了什麼。

若擁有者還屬於有次要補充群組，則這個程式就把檔案系統元素的群組改成那次要補充群組。否則，若無，程式把群組改成主要補充群組。

圖 5-13 變更檔案系統元素的擁有者與群組（chown.c）

```c
/*
 * Change the group ownership of a file system entry.
 * Copyright (c) 2013, 2014 Mr. Jin-Jwei Chen. All rights reserved.
 */

#include <stdio.h>
#include <errno.h>
#include <sys/types.h>
#include <sys/stat.h>
#include <unistd.h>          /* chown(), stat(), fstat() */
#include <stdlib.h>          /* system() */
#include <string.h>          /* memset() */

#define  MYFILE  "./mychownfile"     /* default file name */

int main(int argc, char *argv[])
{
  int     ret;
  char    *pathname;         /* file/directory name */
  uid_t   newuid = -1;       /* no intention to change the user ID */
  gid_t   newgid;            /* ID of the new group */
  gid_t   *supgids=NULL;     /* array of IDs of supplementary groups */
  size_t  ngrps;             /* number of supplementary groups */
  char    mycmd[256];        /* buffer of a command to be executed */

  /* Get the file/directory name provided by the user, if there is one. */
  if (argc > 1)
    pathname = argv[1];
  else
    pathname = MYFILE;

  /* Get the number of supplementary groups. In some implementation
     this number may also include the effective group ID as well. */
  ngrps = getgroups(0, supgids);
  if (ngrps == -1)
  {
    fprintf(stderr, "getgroups() failed, errno=%d\n", errno);
    return(-1);
  }
```

```
    if (ngrps >= 1)
    {
      supgids = (gid_t *)malloc(sizeof(gid_t) * ngrps);
      if (supgids == NULL)
      {
        fprintf(stderr, "malloc() failed, errno=%d\n", errno);
        return(-2);
      }
      memset((void *)supgids, 0, (sizeof(gid_t) * ngrps));

      /* Get the IDs of the supplementary groups. Note that in some implementation
         the effective group ID may also be returned in the output list. */
      ret = getgroups(ngrps, supgids);
      if (ret == -1)
      {
        fprintf(stderr, "getgroups() failed, errno=%d\n", errno);
        return(-3);
      }

      /* Pick the second supplementary group if there is one */
      if (ngrps >= 2)
        newgid = supgids[1];
      else
        newgid = supgids[0];
    }
    else
    {
      /* Use the effective group ID if there is no supplementary group ID */
      newgid = getegid();
    }

    /* List the current user and group ownership before chown() */
    sprintf(mycmd, "ls -l %s", pathname);
    ret = system(mycmd);
    if (ret == -1)
    {
      fprintf(stderr, "system() failed, errno=%d\n", errno);
      if (supgids != NULL)
        free(supgids);
      return(-4);
    }

    /* Change the ownership of user and group */
    ret = chown(pathname, newuid, newgid);
    if (ret == -1)
    {
      fprintf(stderr, "chown() failed, errno=%d\n", errno);
      if (supgids != NULL)
        free(supgids);
      return(-5);
```

```
    }

    /* List the current user and group ownership after chown() */
    ret = system(mycmd);
    if (ret == -1)
    {
      fprintf(stderr, "system() failed, errno=%d\n", errno);
      if (supgids != NULL)
        free(supgids);
      return(-6);
    }

    /* Free the memory that we have allocated */
    if (supgids != NULL)
      free(supgids);

    return(0);
}
```

　　fchown() 函數如同 chown()。唯一的不同是，擁有者或群組要變更的檔案系統元素，以檔案描述 fd 指出。

　　fchownat() 函數也是類似 chown() 函數，唯一的不同是參數 path，指出的是一相對路徑名時。在這種情況下，欲變更的檔案是以相對於 fd 所指之檔案夾決定，而非現有工作檔案夾。若 fd 打開時的存取模式不是 O_SEARCH，那函數就會檢查檔案描述所對應之檔案夾的權限是否容許檔案夾搜尋。若存取模式是 O_SEARCH，那函數就不做此檢查。

　　lchown() 函數也等同 chown()，唯一的例外是欲變更的檔案是一象徵連結時。在這種情況下，lchown() 函數會變更象徵連結本身，而不像 chown()，是變更象徵連結實際所指的目標檔案或檔案夾。

5-12　複製檔案描述

5-12-1　dup() 與 dup2() 函數

　　dup() 與 dup2() 函數複製一個檔案描述，讓第二個（新的）檔案描述也指到跟第一個（舊的）檔案描述一樣的打開檔案，且兩者共用同樣的檔案位置與檔案狀態旗號。

```
#include <unistd.h>
int dup(int oldfd);
int dup2(int oldfd, int newfd);
```

這兩個函數都要求叫用程序傳入一代表著一已打開之檔案的現有檔案描述。

dup2() 函數則另外要求第二個新的檔案描述也被傳入。dup() 函數永遠會送回用者打開檔案之描述表格中，現在空出沒用到，數目最小的檔案描述值。

dup2() 函數執行的結果，將造成 newfd 引數所指之新的檔案描述，也指到引數 oldfd 所指之打開檔案，且兩者共用檔案的鎖（locks）。函數會送回 newfd。倘若 newfd 原來已是一有效的打開檔案描述，那作業系統會將之關閉，除非 oldfd 等於 newfd。在這種情況下，dup2() 還是會送回 newfd，但不會先將之關閉。

在這兩個函數其中一個成功執行後，兩個檔案描述會指到同一個打開的檔案，並且兩個檔案描述共用相同的檔案位置，檔案鎖，與檔案狀態旗號。唯一的就是，新的檔案描述的 FD_CLOEXEC 旗號會自動被清除（設定成 0）。

若有必要，叫用程式本身應該先將新的檔案描述關閉，然後再叫用 dup() 或 dup2() 函數。如以上所提的，若新的檔案描述是一有效的已打開檔案，則 dup2() 函數會試圖將之關閉。

在成功時，dup() 與 dup2() 函數會送回新的檔案描述值。在失敗時，它們會送回 -1，且 errno 會含錯誤的號碼。

倘若舊的檔案描述（oldfd）不是一個有效的檔案描述，那 dup2() 會送回 -1，而且函數不會關閉新的檔案描述。倘若新的檔案描述（newfd）小於 0，或大於或等於 {OPEN_MAX}，則 dup2() 會送回 -1，且 errno 會含 EBADF。假若在試圖關閉新的檔案描述時，出了錯無法達成，那 dup2() 會送回 -1，並且不會改變那檔案描述。

值得一提的是，Unix 與 Linux 作業系統在許多地方用到了 dup() 與 dup2() 函數。例如，在 I/O 轉向或**改向**（redirection），以及將某一命令之輸出連接至另一命令之輸入的**管接或接管作業**（piping）。

舉例而言，下面將 ls 命令的輸出，轉向一個檔案的例子：

```
$ ls > ls.out
```

或下面的管接的例子：

```
$ ls | grep my
```

兩者都使用這兩個函數達成的。

注意到，dup() 函數的功用，與 fcntl() 的 F_DUPFD 命令一樣。（fcntl() 我們會緊接在下一節介紹）。換言之，下面的函數叫用：

```
dup(fd);
```

即等於

```
fcntl(fd, F_DUPFD, 0);
```

圖 5-14 所示即為應用 dup2() 函數的例子。這程式打開一個檔案讀取最前面 10 個位元組，然後叫用 dup2()，將此一打開檔案的檔案描述，複製成檔案描述 6。之後，再從檔案描述 6，讀取 26 個位元組。它正好讀得緊接的 26 位元組。由此你可看出，dup2() 送回新的檔案描述，且其現有檔案位置正好是原來檔案描述的現有檔案位置。

圖 5-14　應用 dup2() 函數的程式（dup2.c）

```c
/*
 * Open a data file, read the first few bytes from it.
 * Then duplicate the file descriptor using dup2() and read the next few bytes.
 * Copyright (c) 2019 Mr. Jin-Jwei Chen. All rights reserved.
 */

#include <stdio.h>
#include <errno.h>
#include <stdlib.h>
#include <sys/types.h>
#include <sys/stat.h>
#include <fcntl.h>
#include <unistd.h>     /* dup() and dup2() */

#define BYTECNT1   10
#define BYTECNT2   26
#define BUFLEN     128

int main(int argc, char *argv[])
{
  int    ret;
  int    fd, fd2, newfd;     /* file descriptors */
  char   buf[BUFLEN] = "";
  char   *fname;             /* name of input data file */
```

```c
    /* Expect to get the file name from user */
    if (argc > 1)
      fname = argv[1];
    else
    {
      fprintf(stderr, "Usage: %s filename\n", argv[0]);
      return(-1);
    }

    /* Open the data file for read only. */
    fd = open(fname, O_RDONLY, 0644);
    if (fd == -1)
    {
      fprintf(stderr, "open() failed, errno=%d\n", errno);
      return(-2);
    }

    /* Read the first few bytes from the file. */
    ret = read(fd, buf, BYTECNT1);
    if (ret > 0 && ret < BUFLEN)
      buf[ret] = '\0';
    else
    {
      fprintf(stderr, "read() failed, ret = %d\n", ret);
      return(-1);
    }
    fprintf(stdout, "The first %u bytes in the dada file are %s.\n", BYTECNT1, buf);

    /* Duplicate the file descriptor using dup2() */
    fd2 = 6;
    newfd = dup2(fd, fd2);
    fprintf(stdout, "dup2() returned newfd=%d\n", newfd);

    /* Read the next few bytes */
    ret = read(fd, buf, BYTECNT2);
    if (ret > 0 && ret < BUFLEN)
      buf[ret] = '\0';
    else
    {
      fprintf(stderr, "read() failed, ret = %d\n", ret);
      return(-1);
    }
    fprintf(stdout, "The next %u bytes in the dada file are %s.\n", BYTECNT2, buf);

    close(newfd);
    return(0);
}
```

5-13　fcntl() 函數

　　fcntl() 函數用於針對一打開檔案，進行各種不同的控制作業。如下所示，它有三種格式：

```
#include <unistd.h>
#include <fcntl.h>

   int fcntl(int fd, int cmd);
   int fcntl(int fd, int cmd, long arg);
   int fcntl(int fd, int cmd, struct flock *lock);
```

　　全部三種格式都需要一檔案描述參數 fd 與一命令參數（cmd）。第三種格式則需要第三個引數，lock（鎖）。

　　成功時，fcntl() 函數所送回的值，視第二引數 cmd 而定。在失敗時，函數會送回 -1，且 errno 會含錯誤的號碼。

　　以下是 fcntl() 函數，能針對檔案描述 fd 所指的打開檔案，所做的各項作業：

1.　複製檔案描述（cmd=F_DUPFD 或 F_DUPFD_CLOEXEC）

　　一個程式若叫用 fcntl() 函數，指明 F_DUPFD 命令，也可以複製檔案描述。執行這個函數叫用時，作業系統會找出用者打開檔案表格中，等於或大於第三引數 arg 的值中，還沒被用到的最小的檔案描述值，作為 fd 的拷貝。在成功時，函數會送回這個新的檔案描述值。

　　換言之，

```
   newfd = fcntl(fd, F_DUPFD, 0);
```

相當於

```
   newfd = dup(fd);
```

同時，下面兩行

```
   close(fd2);
   newfd = fcntl(fd, F_DUPFD, fd2);
```

等於

```
   newfd = dup2(fd, fd2);
```

fcntl() 的 F_DUPFD_CLOEXEC 命令與 F_DUPFD 相同。唯一不同的是，新的檔案描述的 FD_CLOEXEC 旗號值會被設定（為 1）。

2. 取得或設定檔案描述的旗號（cmd=F_GETFD 或 F_SETFD）

叫用 fcntl() 的 F_GETFD 命令時，函數的第三個引數就不需要了。這個命令會讀取並送回檔案描述的旗號值。不過，在執行 F_SETFD 命令時，第三個引數就需要了，它必須指明新的旗號值。

檔案描述有下列這些旗號：

FD_CLOEXEC

設定這個旗號表示，在一執行 exec 族系的函數（這我們會在第七章介紹）時，應將這個檔案描述關閉。也就是說，若第三個引數的值顯示 FD_CLOEXEC 旗號的值是 0，那在執行 exec() 函數之後，這個檔案描述可以繼續保持打開。否則，在執行任何一個 exec 族系的函數之後，此一檔案描述即應關閉。

若 F_SETFD 命令執行成功，那 fcntl() 函數就會送回一個不是 -1 的值。

3. 取得或設定檔案狀態旗號以及檔案存取模式（cmd=F_GETFL 或 F_SETFL）

F_GETFL 命令讀取檔案之狀態旗號與存取模式（access modes）。在成功執行此一命令後，fcntl() 函數會送回檔案之旗號值與存取模式的值。取出檔案之存取模式值的方法，是將函數的送回值，加上 O_ACCMODE 的過濾面罩。回送的旗號中，可能會有程式並無設定的非標準檔案狀態旗號在內。

檔案狀態旗號包括下列：

O_APPEND — 設定成附加模式

O_NONBLOCK — 設定成不等，不阻擋模式

F_SETFL 命令則設定檔案狀態旗號的值，新值隨第三引數所指。第三引數之值若有設定檔案存取模式與檔案建立旗號的值，那那些位元值會被忽略。

成功執行 F_SETFL 命令時，fcntl() 函數會送回一個不是 -1 的值。以下是兩個 fcntl() 函數之 F_GETFL 命令所送回之值的例子：

```
flags=0x8001  (O_WRONLY)
flags=0x8401  (O_WRONLY | O_APEEND)
```

4.　讀取或設定檔案段落的鎖（cmd=F_GETLK，F_SETLK，或 F_SETLKW）
這使用第三種叫用格式。

F_GETLK：

獲得那一個或第一個，阻擋著叫用程式取得第三個引數所指之鎖的鎖。

回返時，那一個擋在路中間的鎖的資訊，就會存在第三個引數 flock 上送回，蓋過原先的輸入資料。假若沒有其他任何鎖防止叫用程式取得第三引數所指明的鎖，那回返時，第三個引數的值保持不變。唯一的就是鎖的類別會改成 F_UNLCK。

F_SETLK：

設定或清除第三個引數所指的檔案段落鎖。

F_SETLKW：

這個命令與 F_SETLK 同，唯一不同的是，在函數叫用所指的鎖已被人拿走了時，叫用程式就在那兒停留等著。

在 F_GETLK，F_SETLK 與 F_SETLKW 命令成功執行時，fcntl() 函數送回一個不是 -1 的值。-1 代表失敗。

5.　獲取或設定網路插口的擁有者（cmd=F_GETOWN 或 F_SETOWN）

F_GETOWN：

若函數之第一引數 fd 指的是一網路插口（socket），則這個命令即獲取在脫隊資料（out-of-band data）抵達時，將接獲 SIGURG 信號的程序或程序群組的 ID。正的值指的是程序 ID，不是 -1 的負值代表程序群組的 ID。若檔案描述 fd 指的不是插口，則結果未定。

F_SETOWN：

若函數之第一引數 fd 指的是一網路插口，那這個命令即設定在脫隊資料抵達時，會收到 SIGURG 信號的程序或程序群組的 ID。正的值指的是程序 ID；非 -1 的負值代表程序群組的 ID。若檔案描述所指的不是網路插口，則結果未定。

在 F_GETOWN 命令執行成功時，fcntl() 函數送回插口之擁有者或擁有群組的 ID。在 F_SETOWN 成功地執行時，函數回送一個不等於 -1 的值。

5-13-1 以 fcntl() 函數鎖住檔案

fcntl() 函數最有用的特色之一，就是用於將某一檔案區段上鎖（file region locking）。這個函數讓程式能將檔案的某一段落上鎖，以便多個程序能同時讀寫同一個檔案，而不致踩到彼此的腳，造成檔案資料錯誤。

在以 fcntl() 函數將檔案的某一部分上鎖時，叫用程式可以指出它要從那一檔案位移位置開始，並總共上鎖多少位元組。上鎖作業所需的資訊以一如下所示的 "struct flock" 資料結構指明：

```
struct flock {
    :
  short   l_type;    /* 鎖的型態：F_RDLCK，F_WRLCK，F_UNLCK */
  off_t   l_start;   /* 欲加鎖的檔案起始位移 */
  short   l_whence;  /* 如何解釋 l_start：SEEK_SET，SEEK_CUR，SEEK_END */
  off_t   l_len;     /* 欲上鎖的總位元組數 */
  pid_t   l_pid;     /* 目前擁有這一檔案部分之鎖的程序的 ID。F_GETLK 命令用 */
}
```

這個資料結構的資料欄如下：

l_type： 輸入值。指出叫用程序欲獲得之鎖的類別。這個值可以是 F_RDLCK（讀取或共用鎖），F_WRLCK（寫入或獨有鎖），或 F_UNLCK（打開鎖或解鎖）。

l_start： 輸入值。指出叫用程序欲上鎖或開鎖之檔案區域的起始位移。

l_whence：輸入值。指出 l_start 該做何解釋。SEEK_SET：起始位移是從檔案開頭算起。SEEK_CUR：起始位移值是從目前之檔案位置算起。SEEK_END：起始位置是從檔案最後算起。

l_len： 輸入值。指出欲上鎖或開鎖之檔案區域的大小（多少位元組）。

l_pid： 輸出值。送回目前擁有這一個鎖之程序的 ID。僅用於 F_GETLK。

　　圖 5-15 所示，即為一利用 fcntl() 將檔案的某一區域上鎖並加以更動的程式。兩個程序同時更新同一個檔案，且它們所上鎖的檔案區域互相重疊，程序將檔案的第三與第四磁區（每一磁區是 1024 位元組）上鎖。上鎖後，第一個程序更動第三磁區，而第二程序則更動第四磁區。

　　測試時，你須執行同樣的程式兩次，第一次加上引數 1，第二次加上引數 2。這時，兩個程式會都試圖將檔案的第三與第四區段上鎖。

　　一旦拿到鎖了，第一程序會在第三磁區寫上 512 個 "A"，第二程序會在第四磁區寫上 512 個 "B"。

　　為了能讓你看得更清楚，程序在拿到鎖之後，選擇睡覺十秒鐘，讓你可看出另一個程序必須在那兒等著。

　　測試資料是一稱作 fcntl.data 的檔案，它必須先存在，事先建立。且至少應有 2048 位元組或更大。

　　注意到，這個程式加鎖的檔案區域正好是 512 的倍數，並沒有說一定要如此。程式可以從任何一個位元組位置開始加鎖，或將加鎖範圍停在任何位元組位置上。

圖 15-15　以 fcntl() 將檔案區域上鎖（fcntl.c）

```
/*
 * Locking a file segment using the fcntl() function.
 * Case 1: File regions locked by two processes overlap.
 * This program locks 3rd and 4th blocks of the file. The first instance of
 * this program (with an argument of 1 or no argument) updates the 3rd block
 * and the second program instance (with an argument of 2) updates the
 * 4th block. The two program instances coordinate via a write lock on
 * the shared file region.
 * Note that the data file fcntl.data must pre-exist with at least 2048 bytes
 * of data before you run this program.
 * Copyright (c) 2013, 2014 Mr. Jin-Jwei Chen. All rights reserved.
 */

#include <stdio.h>
#include <errno.h>
#include <sys/types.h>
#include <unistd.h>        /* fcntl() */
#include <fcntl.h>         /* open() */
#include <sys/stat.h>
#include <string.h>        /* memset() */
#include <stdlib.h>        /* atoi() */
```

```c
#define   FILENAME   "./fcntl.data"    /* name of data file to be updated */
#define   OFFSET2LOCK       (1024)     /* file offset to lock */
#define   SIZE2LOCK         (1024)     /* number of bytes to lock */
#define   MY_UPD_OFFSET     (1024)     /* starting offset of my update */
#define   MY_UPD_SIZE       (512)      /* size of my update */

int main(int argc, char *argv[])
{
  int     fd;
  struct flock  flock;
  char    buf[MY_UPD_SIZE];
  off_t   offset_ret, upd_offset;
  ssize_t  bytes;
  int       ret;
  int       instance = 1;    /* program instance */

  /* Get the program instance number */
  if (argc > 1)
    instance = atoi(argv[1]);
  if (instance < 1 || instance > 2)
  {
    fprintf(stderr, "Usage: %s [ 1 or 2 ]\n", argv[0]);
    return(-1);
  }

  /* Open the file */
  fd = open(FILENAME, O_WRONLY);
  if (fd == -1)
  {
    fprintf(stderr, "open() failed on %s, errno=%d\n", FILENAME, errno);
    return(-2);
  }

  /* Set up the flock structure */
  flock.l_type = F_WRLCK;            /* to obtain a write lock */
  flock.l_whence = SEEK_SET;         /* offset relative to start of file */
  flock.l_start = OFFSET2LOCK;       /* relative offset to lock */
  flock.l_len = SIZE2LOCK;           /* number of bytes to lock */

  /* Acquire the lock on the file segment. Wait if lock not available */
  ret = fcntl(fd, F_SETLKW, &flock);
  if (ret == -1)
  {
    fprintf(stderr, "fcntl() failed to lock, errno=%d\n", errno);
    close(fd);
    return(-3);
  }

  /* Update one block of the file */
  fprintf(stdout, "Program instance %d got the file lock.\n", instance);
```

```
    if (instance == 1)
      upd_offset = MY_UPD_OFFSET;
    else
      upd_offset = MY_UPD_OFFSET + 512;
    offset_ret = lseek(fd, upd_offset, SEEK_SET);
    if (offset_ret == -1)
    {
      fprintf(stderr, "lseek() failed, errno=%d\n", errno);
      close(fd);
      return(-4);
    }

    memset((void *)buf, 'A'+(instance-1), MY_UPD_SIZE);
    bytes = write(fd, buf, MY_UPD_SIZE);
    if (bytes == -1)
    {
      fprintf(stderr, "write() failed, errno=%d\n", errno);
      close(fd);
      return(-5);
    }

    fprintf(stdout, "Program instance %d updated one block of the file "
      "but still holding lock.\n", instance);
    sleep(10);  /* Just to make the other process wait */

    /* Release the file lock */
    fprintf(stdout, "Program instance %d releases the lock.\n", instance);
    flock.l_type = F_UNLCK;         /* to release the lock I acquired */
    ret = fcntl(fd, F_SETLK, &flock);
    if (ret == -1)
    {
      fprintf(stderr, "fcntl() failed to unlock, errno=%d\n", errno);
      close(fd);
      return(-6);
    }
    fprintf(stdout, "Program instance %d exiting.\n", instance);

    /* Close the file and return */
    close(fd);
    return(0);
}
```

假若你試圖以 fcntl() 函數的 F_SETLK 命令，將檔案的某一區域上鎖，而這個鎖已事先被其他的程序或程線拿走了，那函數叫用會立即回返，並將 errno 的錯誤號碼設成 EAGAIN(11)。若你不希望函數立即回返，希望一直耐心地等在那兒，直到可以拿到鎖為止，那你就必須改成用 F_SETLKW 命令。

注意到，就檔案的每一個位元組而言，每一瞬間最多只能有一種鎖在。一個程序若在某一檔案區域已有一種鎖在，它可以將之換成另一種不同的鎖。

在程序結束，或程序關閉檔案時，程序在檔案上所擁的所有鎖，應全部被解鎖且釋放開。

假若一個程序已經鎖住了檔案的某些部分，然後又試圖對另一區域上鎖，而那一部分已被其他程序上了鎖，若這個程式因而進入睡覺等待狀態，那發生死鎖（deadlock）的狀況是有可能的。

假若作業系統可以偵測出某一上鎖/加鎖作業可能導致鎖死，那 fcntl() 函數叫用會失敗回返，錯誤值是 EDEADLK。

5-13-2　其他例子

圖 5-16 是另一以 fcntl() 函數的 F_SETFL 命令，打開 O_APPEND 檔案狀態旗號的例子。其彰顯了設定 O_APPEND 檔案狀態旗號與在 open() 函數上使用這個旗號的結果是一樣的。換言之，以下面的 fcntl() 函數設定 O_APPEND 旗號：

fcntl(fd, F_SETFL, flags | O_APPEND)

與在 open() 函數上使用同一旗號：

open(filename, flags | O_APPEND)

結果是一樣的。

圖 5-16　以 fcntl() 函數設定檔案狀態旗號（fcntl2.c）

```
/*
 * This program opens a file for writing and then uses the fcntl() function
 * to set the append mode and write a message to it.
 * Copyright (c) 2013, 2014, 2020 Mr. Jin-Jwei Chen.  All rights reserved.
 */

#include <stdio.h>
#include <errno.h>
#include <sys/types.h>
#include <sys/stat.h>
#include <fcntl.h>
#include <unistd.h>
#include <string.h>   /* memset() */

#define  BUFSZ       512
```

```c
int main(int argc, char *argv[])
{
  char *fname;
  int  fd;
  ssize_t  bytes;
  size_t   count;
  char     buf[BUFSZ];
  int      flags;         /* file status flags */
  int      ret;

  /* Expect to get the file name from user */
  if (argc > 1)
    fname = argv[1];
  else
  {
    fprintf(stderr, "Usage: %s filename\n", argv[0]);
    return(-1);
  }

  /* Open a file for write only. This open() will fail with errno=2
     if the file does not exist. */
  fd = open(fname, O_WRONLY, 0644);
  if (fd == -1)
  {
    fprintf(stderr, "open() failed, errno=%d\n", errno);
    return(-2);
  }

  /* Fill the buffer with message to write */
  sprintf(buf, "%s", "This is a new string.");
  count = strlen(buf);

  /* Use fcntl() to turn on the APPEND mode */
  flags = fcntl(fd, F_GETFL, 0);
  if (flags == -1)
  {
   fprintf(stderr, "fcntl(F_GETFL) failed, errno=%d\n", errno);
   close(fd);
   return(-3);
  }

  flags = flags | O_APPEND;  /* turn on the APPEND mode */

  ret = fcntl(fd, F_SETFL, flags);
  if (ret == -1)
  {
   fprintf(stderr, "fcntl(F_SETFL) failed, errno=%d\n", errno);
   close(fd);
   return(-4);
  }
```

```
   /* Write the contents of the buffer to the file.
    * This will get written to the end of the file due to O_APPEND.
    */
   bytes = write(fd, buf, count);
   if (bytes == -1)
   {
     fprintf(stderr, "write() failed, errno=%d\n", errno);
     close(fd);
     return(-5);
   }
   fprintf(stdout, "%ld bytes were written into the file\n", bytes);

   /* Close the file */
   close(fd);
   return(0);
}
```

圖 5-17 所示則為另一個舉例說明如何以 fcntl() 的獲取命令取得一些資訊的例子。

F_GETFD ── 讀取定義在（fcntl.h）的檔案描述旗號

F_GETFL ── 讀取檔案狀態旗號與檔案存取模式

F_GETOWN ── 若檔案描述 fd 所指是一網路插口，則讀取在脫隊資料抵達時，將收到 SIGURG 信號之程序或程序群組的 ID，正值代表程序 ID。非 -1 的負值代表程序群組 ID。零值表示不會有 SIGURG 信號送出。若 fd 指的不是網路插口，則結果不定。例如 fcntl() 可能會送回錯誤號碼 25。

圖 5-17　使用 fcntl() 函數的讀取命令（fcntl3.c）

```
/*
 * fcntl() get commands
 * Copyright (c) 2013, 2014 Mr. Jin-Jwei Chen. All rights reserved.
 */

#include <stdio.h>
#include <errno.h>

#include <sys/types.h>
#include <unistd.h>        /* fcntl() */
#include <fcntl.h>         /* open() */
#include <sys/stat.h>

int main(int argc, char *argv[])
{
  int   flags, ret;
```

```
int    fd;
char   *fname=NULL;

/* Get the name of the file */
if (argc <= 1)
{
  fprintf(stderr, "Usage: %s filename\n", argv[0]);
  return(-1);
}
fname = argv[1];

/* Open the file */
fd = open(fname, O_RDONLY);
if (fd == -1)
{
  fprintf(stderr, "open() failed, errno=%d\n", errno);
  return(-1);
}

/* Find file descriptor flags */
flags = fcntl(fd, F_GETFD);
if (flags == -1)
{
  fprintf(stderr, "fcntl() failed, errno=%d\n", errno);
  close(fd);
  return(-2);
}
fprintf(stdout, "File descriptor flags: 0x%x\n", flags);

/* Find file's status flags */
flags = fcntl(fd, F_GETFL);
if (flags == -1)
{
  fprintf(stderr, "fcntl() failed, errno=%d\n", errno);
  close(fd);
  return(-3);
}
fprintf(stdout, "File status flags and access modes: 0x%x\n", flags);

/* Print the file access modes. Note that we do it this way because
   O_RDONLY is defined to be 0, O_WRONLY 1, O_RDWR 2 */
if ((flags & O_ACCMODE) & O_RDWR)
  fprintf(stdout, "File access mode: O_RDWR\n");
else if ((flags & O_ACCMODE) & O_WRONLY)
  fprintf(stdout, "File access mode: O_WRONLY\n");
else
  fprintf(stdout, "File access mode: O_RDONLY\n");

/* Find file descriptor owner */
ret = fcntl(fd, F_GETOWN);
if (ret == -1)
```

```
{
  fprintf(stderr, "fcntl() failed, errno=%d\n", errno);
  close(fd);
  return(-4);
}
fprintf(stdout, "Socket file descriptor owner: %d\n", ret);

close(fd);
return(0);
}
```

5-14 ioctl() 函數

ioctl() 函數用以控制電腦系統中的硬體設備。它對各種輸入/輸出設備，執行各種不同的控制功能。在 UNIX 或 LINUX 作業系統，所有硬體設備都以某種設備特殊檔案代表。這些檔案通常儲存在 /dev 檔案夾下。系統與應用軟體，可以經由以 open() 打開這些檔案，再以 read() 或 write() 函數讀取或寫入這些硬體設備。此外，它們也可使用 ioctl() 函數，進行不同的控制作業。

ioctl() 有一點低層次且隨作業系統之不同而有點差異。但它在作業系統，檔案系統，網路系統，某些資料庫系統，群集系統與設備驅動程式（device driver）等系統軟體，與某些應用程式的開發上，都非常有用。

換言之，ioctl() 函數是軟體欲控制硬體設備最典型常用的管道。這些控制作業包括變更代表任何正規或設備特殊檔案之檔案描述的設定（settings）。這些檔案描述可代表網路插口，終端機，磁碟機，磁帶機，或任何其他硬體設備。記得，設備啟動程式也可以是控制虛擬設備（pseudo device）的。

許多作業系統核心層或設備啟動程式的開發工程師，就專門開發在作業系統核心層內執行的核心副系統（kernel subsystems）或設備驅動程式，然後再開發在用者空間執行的應用或工具程式，讓它們經由 ioctl() 函數叫用，與核心層內的核心副系統或設備驅動程式溝通的。由於 ioctl() 用以操控硬體設備，它一般都是做成直接的系統叫用。此外，它的功能也因作業系統而略有不同。

```
#include <sys/ioctl.h>
int ioctl(int d, int request, ...);
```

在最高層級，ioctl() 函數有二至三個參數。第一個參數永遠是一檔案描述，與 /dev 檔案夾下，代表某一硬體設備或核心副系統，或甚至虛擬設備之特殊設備檔案有關。第二個參數則指出一核心層副系統或設備驅動程式所瞭解的命令。這些命令就隨副系統或設備而異。

第三個參數則可有可無，視需要而定。若有，則其資料型態也依實際命令之不同而異，有時可能是一整數，有時可能是一記憶緩衝器的指標。

POSIX 標準包含了一控制 STREAMS 設備的 ioctl() 函數。STREAMS 是 AT&T UNIX System V 所定義與使用的，用以開發網路與文字設備的模組結構。

圖 5-18 所示即 ioctl() 函數的宏觀。

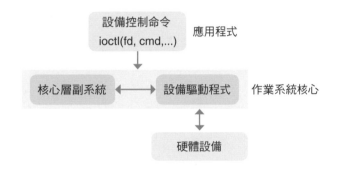

圖 5-18　ioctl() 函數的宏觀環境

不過，記得，ioctl() 函數可以用在任何硬體設備，或通用的核心層副系統上，不見得一定要有實際的硬體設備在後。只要在核心層內的設備驅動程式或核心層副系統，認得 ioctl() 系統叫用所送來的指令，加以支援，就沒問題。即使用者空間應用程式，透過 ioctl() 所欲溝通的對象是一通用的核心副系統，背後無真正的硬體設備，也都沒問題。事實上，很多應用程式也只是把 ioctl 當成是一進入核心層的管道罷了。作者本身就曾多次在不同作業系統上，利用這種大環境的結構，開發多種不同的核心層副系統與需求式地即時將設備驅動程式載入核心層等軟體，一切美極了！

圖 5-19 即一示範 ioctl() 函數之應用的程式。這個程式自終端機的標準輸入讀取一個訊息。它會教用者打入一個訊息，讀取這個訊息，並將之顯示出。在既有模式上，I/O 是阻擋式（blocking）的。因此，在程式叫用到 read() 函數時，它會暫停，等著用者打入信息，一切沒問題。

　　倘若在執行這個程式時，在命令上加上一個額外的引數，那程式就會叫用 ioctl() 函數，打開非阻擋式（non-blocking）I/O。由於是非阻擋式 I/O，因此在執行到 read() 函數時，程式就不會暫停等在那兒，假若當時已有資料可讀，那 read() 即將之讀取然後回返。倘若沒有資料可讀，那程式就不會等在那兒，read() 叫用會立即回返。因此，你就會看到在你打入信息之前，read() 函數已經回返了。這個 ioctl() 叫用的功能，就類似於設定了 O_NONBLOCK 檔案狀態旗號的 fcntl() 函數叫用一樣。

圖 5-19　以ioctl() 函數，設定非阻擋式 I/O（ioctl.c）

```
/*
 * Read from terminal.
 * Enables nonblocking I/O using the ioctl() function.
 * By default, blocking I/O is used when reading from terminal.
 * Pass in an argument to turn on nonblocking I/O.
 * Copyright (c) 2013, 2014 Mr. Jin-Jwei Chen. All rights reserved.
 */

#include <stdio.h>
#include <errno.h>
#include <unistd.h>     /* read() */
#include <sys/ioctl.h>
#include <sys/types.h>
#include <unistd.h>

#define  BUFSZ  256

int main(int argc, char *argv[])
{
  int    ret;
  char   buf[BUFSZ];
  ssize_t  nbytes;
  int    fd=0;    /* standard input (stdin) is the default file descriptor */
  int    flags;
  int    nbio = 0;  /* by default, nonblocking I/O is off */

  /* User can turn on nonblocking I/O by passing in an argument */
  if (argc > 1)
  {
    nbio = 1;
    fprintf(stdout, "Nonblocking I/O is on\n");
  }
  else
    fprintf(stdout, "Nonblocking I/O is off\n");
```

```
    fprintf(stdout, "Enter a message:\n");

    /* Enables nonblocking I/O if the user says so */
    if (nbio)
    {
      flags = 1;
      ret = ioctl(fd, FIONBIO, &flags);
      if (ret == -1)
      {
        fprintf(stderr, "ioctl() failed, errno=%d\n", errno);
        return(-1);
      }
    }

    /* Read the input message */
    nbytes = read(fd, buf, BUFSZ);
    fprintf(stdout, "\nJust read this from terminal:\n%s\n", buf);

    return(0);
}
```

　　圖 5-20 所示為另一應用 ioctl() 函數的程式。該程式以 ioctl() 函數叫用，先偷窺看有多少資料可以讀取。為了能讓你順利測試這程式，我們在叫用 ioctl() 之前加了一個先睡覺 3 秒鐘的步驟。這只是為了測試目的才這樣做的。

圖 5-20　以 ioctl() 函數先偷窺有無資料可讀取（ioctl2.c）

```
/*
 * Read from terminal.
 * Enables nonblocking I/O using the ioctl() function.
 * Also peek into how many bytes are available for read with ioctl().
 * By default, blocking I/O is used when reading from terminal.
 * Pass in an argument to turn on nonblocking I/O.
 * Copyright (c) 2013, 2014, 2020 Mr. Jin-Jwei Chen. All rights reserved.
 */

#include <stdio.h>
#include <errno.h>
#include <unistd.h>    /* read() */
#include <sys/ioctl.h>
#include <sys/types.h>
#include <unistd.h>

#define  BUFSZ   256

int main(int argc, char *argv[])
{
    int   ret;
    char  buf[BUFSZ];
```

```
      ssize_t  nbytes=0;
      int    fd=0;    /* standard input (stdin) is the default file descriptor */
      int    flags;
      int    nbio = 0;  /* by default, nonblocking I/O is off */

      /* User can turn on nonblocking I/O by passing in an argument */
      if (argc > 1)
      {
        nbio = 1;
        fprintf(stdout, "Nonblocking I/O is on\n");
      }
      else
        fprintf(stdout, "Nonblocking I/O is off\n");

      fprintf(stdout, "Enter a message:\n");

      /* Enables nonblocking I/O if the user says so */
      if (nbio)
      {
        flags = 1;
        ret = ioctl(fd, FIONBIO, &flags);
        if (ret == -1)
        {
          fprintf(stderr, "ioctl(FIONBIO) failed, errno=%d\n", errno);
          return(-1);
        }
      }

      /* Sleep a few seconds so the user has time to type */
      sleep(3);

      /* Peek into how many bytes are available for read with ioctl() */
      ret = ioctl(fd, FIONREAD, &nbytes);
      if (ret == -1)
        fprintf(stderr, "ioctl(FIONREAD) failed, errno=%d\n", errno);
      fprintf(stdout, "ioctl() found %ld bytes are available for read\n", nbytes);

      /* Read the input message */
      nbytes = read(fd, buf, BUFSZ);
      buf[nbytes] = '\0';
      fprintf(stdout, "\nJust read this from terminal:\n%s\n", buf);

      return(0);
    }
```

一般 ioctl() 函數都還會有其他一些不同的指令。詳細請閱讀你所使用之作業系統上的文書。如：

```
$ man ioctl
```

5-15　檔案與檔案夾之權限面罩

在像 Unix 與 Linux 等順從 POSIX 標準的作業系統上，當一個程序開建一個檔案或檔案夾時，這個檔案或檔案夾的權限許可，是根據用者之檔案建立面罩（mask）與實際建立檔案系統元素之命令或程式界面上所指出的模式（mode）參數值，兩者一起決定的。亦即，

權限許可值 = 存取模式 & ~ 面罩（& 0777）

一個使用者的檔案權限面罩，是以 umask 作業系統命令設定在使用者的環境，或在程式內以叫用 umask() 程式界面設定的。

5-15-1　權限面罩環境變數

平常，檔案權限的面罩，是設定在環境內。絕大多數用者都在登入（login）時，在其登入母殼（login shell）的啟動檔案內，設定此一 umask 環境變數的。

在 Unix 與 Linux 作業系統上，一個使用者的住戶檔案夾（home directory）與登入母殼都設定在系統的 /etc/passwd 檔案內。

系統管理者在系統上增加一個新的使用者時，/etc/passwd 檔案就會增加一行資料，登載著這新用者的名字，住戶檔案夾，與登入命令母殼。當然，一個用者的命令母殼是隨時可以更改的。只要有超級用者權限，任何人都可以直接在 /etc/passwd 檔案上做此變更。

每一登入命令母殼，都有一啟動檔案（startup file）。每次用者登入系統時，其登入命令母殼的啟動檔案就會被執行一次，檔案內部所含的命令也會被執行一次。這啟動檔案都存在用者的住戶檔案夾內。用者一般都是在這母殼啟動檔案內設定各種環境變數的。檔案的權限面罩環境變數 umask，一般也都是在這裡設定的。

值得一提的是，在一使用者登入時，在執行用者母殼的啟動檔案之前，系統通常會先執行另一個共通的登入啟動檔案。系統上對所有使用者都共同的環境變數，如 HOSTNAME 與 PATH 等，就會在此一啟動檔案內設定。這共通的登入啟動檔案就是 /etc/profile。

所以，系統共通的登入啟動檔案先執行，然後再執行每一用者之登入母殼的啟動檔案。

假若一個使用者未曾設定他的 umask 環境變數，那他就得到這個環境變數的既定值，那就是 0022。在作業系統的命令層執行 umask 命令，它就會印出你現在檔案面罩的設定值。

Unix 與 Linux 作業系統上有多種不同的登入命令母殼。這些不同母殼的啟動檔案名稱也不同。表格 5-3 所示即是這些不同母殼，與其啟動檔案的名稱。

表格 5-3　不同命令母殼與其啟動檔案的名稱

命令母殼	啟動檔案的名稱
bash	.bashrc　.bash_profile
csh	.cshrc
sh	.profile

5-15-2　umask() 函數

上面說過，在諸如 Unix 或 Linux 等順從 POSIX 標準的作業系統上，當一程序開建一個檔案或檔案夾時，這檔案或檔案夾的權限是由用者之檔案權限面罩 umask 與建立檔案或檔案夾的函數上所指的存取模式（mode）值，一起共同決定的，

在程式建立一檔案或檔案夾時，它可以指明一存取模式的值，這個模式參數所指的權限值，會進一步經過程序之 umask 面罩（若有設定的話）的調整。

不論用者之環境有無設定權限面罩，一個程式永遠可以叫用 umask() 函數，以設定或改變其權限面罩的值。當然，這個設定只在程式執行時有效。

umask() 函數的格式如下所示。這個函數設定或改變現有程序執行期間，程序的檔案權限面罩值。函數回返時會送回面罩原先的值。

```
#include <sys/types.h>
#include <sys/stat.h>
mode_t umask(mode_t mask);
```

　　若無設定，則一個程式的權限面罩既定值是 0022(S_IWGRP | S_IWOTH)，意指要罩掉群組與其他成員的寫入權限。所以，假若你在建立檔案與檔案夾時，分別指出存取模式是 0644 與 0755，則你所建立的檔案與檔案夾它的權限就會分別是 0644 與 0755。因為，mask=0022，~mask=0755，(0644 & 0755)=0644，且 (0755 & 0755)=0755。

　　假若你在程式中用 umask() 函數，改寫了程式的權限面罩的值，那它所建立之檔案或檔案夾的最終權限值，也會跟著改變。

　　舉例而言，假若你在程式內叫用 umask() 函數，將 umask 改成 026，然後在建立檔案時，一樣指出存取模式值是 0644，那這個新建立的檔案，它的權限值就會變成 0640。因為，

```
umask=026
存取模式=0644
檔案之權限=0644 &(~026)=0644&0751=0640
```

　　同樣地，假若在建立一新檔案夾時，你先叫用 umask() 函數，將 umask 改成 026，然後實際建立檔案夾時，程式設定存取模式為 0755，那這個新檔案夾的權限即會變成 0751。因為，

```
umask=026
存取模式=0755
檔案之權限=0755 &(~026)=0755&0751=0751
```

以下所示即為這個檔案及檔案夾的權限：

```
rw-r----- 1 jim  devgrp      0 Jul 27 09:57 umask_file
drwxr-x--x 2 jim  devgrp   4096 Jul 27 09:58 umask_dir
```

注意到，umask() 函數叫用保證永遠成功。它會送回原先的面罩值。

圖 5-21 所示即為一叫用 umask() 函數的程式例子。

圖 5-21　設定或改變程序的權限面罩（umask.c）

```c
/*
 * The parameter 'mode' to umask() specifies the permissions to use.
 * It is modified by the process' umask in the usual way: the permissions
 * of the created directory or file are (mode & ~umask & 0777).
 * Copyright (c) 2013, 2014, 2020 Mr. Jin-Jwei Chen. All rights reserved.
 */

#include <stdio.h>
#include <errno.h>
```

```c
#include <sys/types.h>
#include <sys/stat.h>
#include <fcntl.h>
#include <unistd.h>

#define  UMASK_FILE  "./umask_file"
#define  UMASK_DIR   "./umask_dir"

int main(int argc, char *argv[])
{
  int   ret;
  int   fd;
  mode_t  newmask = 026;
  mode_t  oldmask;
  mode_t  mode1=0644, mode2=0755;


  /* Set new mask */
  oldmask = umask(newmask);
  fprintf(stdout, "old mask=%o new mask=%o\n", oldmask, newmask);

  /* Create a new file */
  fd = open(UMASK_FILE, O_CREAT|O_WRONLY, mode1);
  if (fd == -1)
  {
    fprintf(stderr, "open() failed, errno=%d\n", errno);
    return(-1);
  }
  close(fd);

  /* Create a new directory */
  ret = mkdir(UMASK_DIR, mode2);
  if (ret == -1)
  {
    fprintf(stderr, "mkdir() failed, errno=%d\n", errno);
    return(-2);
  }

  return(0);
}
```

　　注意到，在一個程式設定或改變其檔案建立的權限面罩時，這絲毫並不影響其母程序的設定。所受影響的就是程序本身而已。當程序結束時，它的設定與改變也跟著結束了，一點都不會影響其母殼的設定的。不過，一個程序的設定，由於子女程序會自動獲得遺傳，所以這影響是向下，單方向的。母程序的設定會影響到子程序。

平常，使用者是不必擔心必須要設定或更改權限面罩的。只要在你登入母殼之啟動檔案加上下面一行

```
umask 022
```

或就使用系統所設之既定值，就可以了。記得，在任何時刻，假若你發現你或你的程式所建立的檔案或檔案夾的權限許可值不對，那第一個要檢查的，就是 umask 權限面罩的值。

5-16　SUID，SGID，與黏著位元

每一檔案都有一用者與群組擁有者。平常在檔案是一可執行檔案且用者或程式執行這檔案時，執行程序的有效用者 ID 是執行這檔案之使用者的 ID。這通常也是使用者的真正 ID。同時，執行程序的有效群組 ID，也等於使用者的真正群組 ID。

不過，Unix 與 Linux 有一個特色，那就是假若一個檔案，它的權限的設定用者 ID（SUID）位元是 1，亦即，是有設定的，則在用者執行這個檔案時，執行程序的有效 ID，將變成這檔案的擁有者，而非使用者的真正 ID。

這非常管用。因為，假若我們讓某一可執行檔案由超級用戶 root 所擁有，同時將這檔案之權限的 SUID 位元設為 1，那不論任何用者執行這個檔案，他的有效用者 ID 就是 root（超級用戶）。這在某些作業必須擁有超級用戶 root 之權限，而又不願讓其他人知道 root 用戶的密碼，實際變成超級用戶時，就非常好用。換言之，這讓一般的用戶可以不必變成超級用戶，但卻又能執行某些需要超級用戶特權的作業。可謂兩全其美。

不過，刀是兩面的，因此，使用這特色時也要小心。記得千萬勿讓這特色演變成一個安全漏洞。所以，記得這種檔案的內容，不可做出任何可能傷害到系統的作業。此外，很重要的是，這種檔案的權限許可，應該是只有超級用戶（root）才有權更改（寫入）檔案的內含。

SUID 位元在 "ls -1" 命令的輸出結果上，所顯示的是 "s"，而非 "x"。譬如，下面即是一有設定 SUID 位元之可執行檔案的例子：

```
-rwsr-xr-x 1 root     sys       7453 Sep  8 17:22 access
```

就如同用者一樣，檔案的群組權限也可以有設定群組（set-group-ID,SGID）位元。假若一可執行檔案的 SGID 位元是 1，亦即，是設定的，那在執行這檔案時，執行程序的有效群組 ID 即變成這檔案之擁有群組，而非用戶的真正群組。

檔案的 SUID 與 SGID 位元值，是儲存在檔案的 st_mode 資料欄裡。在叫用 stat() 函數，讀得檔案的有關資訊後，程式可以 S_ISUID 與 S_ISGID 兩個符號常數，分別測試這兩個位元的值。

▶ 黏著位元

在早期，黏著位元（sticky bit）是用來做改進速度用的。這位元並不在 POSIX 標準上。

現在你知道，一程式在能被執行前，必須先自磁碟機被讀入記憶器內。在程式執行結束後，它會被自記憶器中剔除。假若這程式稍後又再度被執行，那它就必須再度被載入一次，浪費時間。

因此，為了避免反覆地重複載入，假若一可執行程式檔案的黏著位元是 1（設定的），那它在第一次被載入記憶器後，檔案之程式碼（text）部分，在程式執行結束後，就會被暫時存入**磁碟交換區**（swap area）內，以便下次再執行時，可以很快地再載入。

有許多應用程式會經常用到，一直被執行。若將這些可執行程式檔案的黏著位元設定為 1，那一定可以節省不少時間，增進速度。例如，編譯程式以及文書編輯程式（text editor）等都是很好的例子。

注意到，唯有超級用戶，才有權利將一個正規檔案的黏著位元設定為 1。

5-17 access() 與 faccessat() 函數

access() 函數讓程式可以測試某一檔案系統元素是否已存在，以及/或現有程序的真正 UID 或 GID（非有效 UID 或 GID）是否有權存取它。這函數的格式如下：

```
#include <unistd.h>
int access(const char *pathname, int mode);
int faccessat(int fd, const char *pathname, int amode, int flag);
```

就如上所示的，access() 函數需要兩個引數。第一引數 pathname 指出程式欲測試或檢查的檔案系統元素。第二引數則為 R_OK，W_OK，X_OK 與 F_OK 的組合，這些值分別檢查目前這用戶是否有權可讀取，可寫入，或可執行此一檔案系統元素，或者這元素是否存在。換言之，access() 函數讓程式可檢查一個檔案或檔案夾，目前這個真正用戶 ID 是否有權讀取，寫入或執行，以及它是否存在。

假若你所欲檢查的全部項目，目前之真正用戶 ID 都有權限可做，那 access() 函數即送回 0。否則，只要某一權限不存在，或有其他錯誤，函數叫用即送回 -1。錯誤時，errno 會存有錯誤號碼。

倘若被測試或檢查的檔案系統元素不存在，則 access() 函數會送回 -1，且錯誤碼會是 ENOENT(2)。假若元素存在，但用戶沒有其中的一個或多個權限，那 access() 也會回送 -1，但錯誤號碼會是 EACCESS(13)，意指沒有權限。

faccessat() 函數與 access() 類似，唯一不同是在 pathname 引數指出的是一相對路徑名時。在這種情況下，檔案的位置是相對於檔案描述 fd 所指的檔案夾，而非現有工作檔案夾。假若檔案描述引數 fd 的值是 AT_FDCWD，那檔案的位置就會變成是相對於現有工作檔案夾。這時，一切就都和 access() 函數完全一樣。

旗號引數 flag 可以指出一些彼此以"或"（OR）運算子連結在一起的旗號，這包括下面的旗號：

AT_EACCESS

這旗號表示，檢查用戶是否有權存取時，要使用用戶的有效用戶 ID，而不是像在 access() 函數叫用時，使用用戶的與群組的真正 ID。

access() 函數遠自 POSIX 標準一開始就有了，但 faccessat() 函數則是後來才加上的。它讓叫用程式可以檢查與測試現有工作檔案夾之外的檔案夾內的檔案。

access() 函數的用途之一，就是應用在 SUID 與 SGID 有設定的程式內。有時候，即使一個可執行程式已經由 SUID 位元設定成有超級用戶的權限，但它還是想知道，用戶的真正 UID 或 GID 是什麼，以及他是否有權存取這檔案系統元素。

　　圖 5-22a 是一應用 access() 函數的程式例子。在執行程式時，你可以給予一個引數，指出一個檔案或檔案夾，程式便會測試這檔案或檔案夾是否存在，以及目前之真正用戶 ID 是否有權讀取與寫入。假若該檔案或檔案夾不存在，或現有真正用戶無權讀寫，它就會報告錯誤。當元素不存在時，錯誤會是 ENOENT（不存在）。若真正用戶無權讀寫，則錯誤就會是 EACCES（無權限）。

圖 5-22a 以 access() 函數檢查檔案是否存在以及用戶是否有權讀寫（access.c）

```c
/*
 * Test if a file system entry (a directory or file) exists and whether
 * the current user has Read and Write permission to it.
 * Copyright (c) 2013, 2014, 2019 Mr. Jin-Jwei Chen. All rights reserved.
 */

#include <stdio.h>
#include <errno.h>
#include <unistd.h>

#define   PATHNAME   "./sav1"

int main(int argc, char *argv[])
{
  int    ret;
  char   *pathname = NULL;

  /* Get the name of the file system entry supplied by the user */
  if (argc <= 1)
  {
    fprintf(stderr, "Usage: %s file_or_directory_name\n", argv[0]);
    return(-1);
  }
  pathname = argv[1];

  /* Test if the file system entry exists and is Readable and Writeable */
  ret = access(pathname, F_OK|R_OK|W_OK);
  if (ret == -1)
  {
    fprintf(stderr, "access() failed, errno=%d\n", errno);
    return(-2);
  }

  fprintf(stdout, "The entry %s exists and R/W permissions granted for this"
    " user.\n", pathname);

  return(0);
}
```

圖 5-22b　執行 access 例題程式的輸出

```
$ id
uid=1000(jchen) gid=500(oinstall) groups=500(oinstall),501(dba),507(asmdba)
$ ls -ls access testfile?
8 -rwsr-xr-x 1 root    sys 7453 Sep  8 17:22 access
0 -rw-r--r-- 1 jchen  sys     0 Sep  8 19:01 testfile1
0 -rw-r--r-- 1 jchen1 sys     0 Sep  8 19:03 testfile2
$ ./access testfile1
The entry testfile1 exists and R/W permissions granted for this user.
$ ./access testfile2
access() failed, errno=13
```

圖 5-22b 所示即執行 access 例題程式的輸出，你可看出，access() 函數所使用的是用戶真正的 ID，而非有效 ID。名叫 access 程式的擁有者是 root，執行時，其有效用戶 ID 是 root。但由於真正用戶是 jchen，所以 access 程式成功地測試了 testfile1 檔案，但在測試 testfile2 檔案時卻失敗了，因為，testfile2 的擁有者不是 jchen，而是 jchen1。

5-18　更改存取與異動時間

5-18-1　utime()函數

utime() 函數改變一個檔案的存取與異動時間。

```
#include <utime.h>
int utime(const char *path, const struct utimbuf *times);
```

utime() 函數設定 path 引數所指之檔案的存取與異動時間。

倘若函數的第二引數 times 的值不是 NULL，則檔案的存取與異動時間，即會被設定成指標 times 所指之資料結構內所含的時間值。假若 times 指標的值是 NULL，那檔案的存取與異動時間，即會被設定成現在的時間。

在成功執行時，utime() 會送回 0。否則，它會送回 -1，且 errno 會含錯誤號碼，這時，檔案的時間不會有任何更改。

前頭檔案（utime.h）定義了 utimbuf 結構，包括下列資料欄：

```
time_t    actime    -- 存取時間
time_t    modtime   -- 異動時間
```

時間的值是以秒數表示，自新紀元（Epoch）算起。

　　圖 5-23 所示即為改變一檔案的存取與異動時間的程式。該程式將檔案的時間倒退了一分鐘。程式先以 stat() 函數取得檔案的各種時間值，將檔案之存取與異動時間各減掉 60 秒，然後再以 utime() 函數，將檔案的兩個時間，設定成新的時間 — 倒退一分鐘。

圖 5-23 改變檔案之存取與異動時間（utime.c）

```
/*
 * Change access and modification times of a file (setting it backward).
 * Copyright (c) 2019, 2020 Mr. Jin-Jwei Chen. All rights reserved.
 */

#include <stdio.h>
#include <errno.h>
#include <sys/types.h>
#include <sys/stat.h>
#include <unistd.h>         /* stat(), fstat() */
#include <string.h>         /* memset() */
#include <sys/stat.h>
#include <fcntl.h>          /* open() */
#include <time.h>           /* localtime() */
#include <langinfo.h>       /* nl_langinfo(), D_T_FMT */
#include <utime.h>          /* utime() */

#define  DATE_BUFSZ    64       /* size of buffer for date string */

/*
 * Get localized date string.
 * This function converts a time from type time_t to a date string.
 * The input time is a value of type time_t representing calendar time.
 * The output is string of date and time in the following format:
 *    Fri Apr  4 13:20:12 2014
 */
int cvt_time_to_date(time_t *time, char *date, unsigned int len)
{
  size_t       nchars;
  struct tm    *tm;

  if (time == NULL || date == NULL || len <= 0)
    return(-4);

  /* Convert the calendar time to a localized broken-down time */
  tm = localtime(time);

  /* Format the broken-down time tm */
  memset(date, 0, len);
  nchars = strftime(date, len, nl_langinfo(D_T_FMT), tm);
```

```
    if (nchars == 0)
      return(-5);
    else
      return(0);
}

int main(int argc, char *argv[])
{
    int     ret;
    char    *fname;         /* file name */
    struct  stat  finfo;    /* file information */
    char    date[DATE_BUFSZ];
    struct utimbuf newtime;       /* new access & modification times */

    /* Get the file name from the user */

    if (argc > 1)
      fname = argv[1];
    else
    {
      fprintf(stderr, "Usage: %s filename\n", argv[0]);
      return(-1);
    }

    /* Obtain information about the file using stat() */
    ret = stat(fname, &finfo);
    if (ret != 0)
    {
      fprintf(stderr, "stat() failed, errno=%d\n", errno);
      return(-2);
    }
    fprintf(stdout, "time of last access = %ld\n", finfo.st_atime);
    ret = cvt_time_to_date(&finfo.st_atime, date, DATE_BUFSZ);
    fprintf(stdout, "time of last access = %s\n", date);
    fprintf(stdout, "time of last modification = %ld\n", finfo.st_mtime);
    ret = cvt_time_to_date(&finfo.st_mtime, date, DATE_BUFSZ);
    fprintf(stdout, "time of last modification = %s\n", date);

    /* Set the file's access & modification times backward by one minute */
    newtime.actime = finfo.st_atime -60;
    newtime.modtime = finfo.st_mtime - 60;
    ret = utime(fname, &newtime);
    if (ret < 0)
    {
      fprintf(stderr, "utime() failed, errno=%d\n", errno);
      return(-3);
    }
    fprintf(stdout, "Setting new access and modification times was successful.\n");
```

```
    /* Obtain and print the new times of the file */
    ret = stat(fname, &finfo);
    if (ret != 0)
    {
      fprintf(stderr, "stat() failed, errno=%d\n", errno);
      return(-4);
    }
    fprintf(stdout, "time of last access = %ld\n", finfo.st_atime);
    ret = cvt_time_to_date(&finfo.st_atime, date, DATE_BUFSZ);
    fprintf(stdout, "time of last access = %s\n", date);
    fprintf(stdout, "time of last modification = %ld\n", finfo.st_mtime);
    ret = cvt_time_to_date(&finfo.st_mtime, date, DATE_BUFSZ);
    fprintf(stdout, "time of last modification = %s\n", date);

    return(0);
}
```

🔍 進一步閱讀資料

有關 POSIX 標準之系統程式界面的進一步細節，請參考：

http://pubs.opengroup.org/onlinepubs/9699919799/

💡 問題

1. 何謂連結？何謂象徵連結？兩者有何差別？

2. 列出一個 C 語言程式能測試一個檔案是否存在的各種方式？你有找出至少三種嗎？

3. 一個 C 語言程式，有幾種不同方式可以剔除一個檔案夾？

✎ 習題

1.　寫一個程式，以 unlinkat() 函數，剔除一檔案系統元素。執行這個程式，試圖剔除一個檔案，檔案夾，硬式連結，與象徵連結。

2.　寫一個程式，以 symlinkat() 函數，建立一個象徵連結。

3.　寫一個程式，以 open() 函數測試一個檔案或檔案夾是否存在。
若是，則程式應送回 1，若不，則程式送回 0。若遇錯誤，程式則送回 -1。

4.　寫一個程式，以 lstat() 函數印出一象徵連結的有關資訊。

5.　更改 chmod.c 例題程式，改用 fchmod() 函數。

6.　更改 chown.c 例題程式，以 fchown() 函數，更改一檔案系統元素的擁有群組。

7.　更改 fcntl.c 例題程式，致使兩個程序加鎖與更新的檔案內容不重疊。第一個程序還阻擋著第二個程序嗎？

8.　更改 ioctl.c 例題程式，以 fcntl() 函數打開非阻擋式 I/O。

9.　查看你所使用系統的文書，選擇一個 ioctl 命令，寫一個程式叫用那個命令。

☞ 參考資料

1.　The Open Group Base Specifications Issue 7, 2018 edition
IEEE Std 1003.1 -2017 (Revision of IEEE Std 1003.1-2008)
Copyright © 2001-2018 IEEE and The Open Group
http://pubs.opengroup.org/onlinepubs/9699919799/

2.　AT&T UNIX System V Release 4 Programmer's Guide: System Services
Prentice-Hall, Inc.

3.　Advanced Programming in the UNIX Environment by W. Richard Stevens,
Addison Wesley publishing Company

4.　The Design of The UNIX Operating System, by Maurice J. Bach, Prentice-Hall

📋 筆記

信號 6

順從 POSIX 標準的作業系統,包括 Linux 與 Unix,都支援信號(signals),作為一種傳達同步性的硬體與軟體狀況,以及程式在執行時可能發生之非同步事件的方式。

信號已經存在很久了,在 Unix 作業系統,信號自 1984 以來,就存在 AT&T Unix 上。不過,由於早期的信號,做得不是很穩定可靠,POSIX 標準採用跟 4.2 BSD 與 4.3 BSD Unix 很相近的信號。

這一章介紹 POSIX 標準所定義的信號。

6-1 信號簡介

6-1-1 信號的種類

信號代表事件。根據信號如何以及從何處產生,信號總共分為三類。

有些信號是從內部產生,並與程序的執行同步。亦即,這些信號是從程序本身因執行某些指令而導致錯誤狀況,被硬體或作業系統發現而產生的。換言之,這些信號是程序錯誤所造成的。這一類型的信號又稱**同步信號**(synchronous signals)。

程序內部自己產生的錯誤信號包括(但並不止於)下列信號:

1. 非法指令。中央處理器執行到不合法的指令。亦即，指令的運算碼（opcode）或運算元（operand）不符規定，是錯誤的。

2. 算術運算指令出了錯。譬如，算術運算結果滿溢（overflow），或除法運算之除數是零。

3. **節段錯誤**（segmentation fault）或**不良位址**（illegal address）。程序指令所使用的記憶位址不合法。

第二種信號起源於程序之外，與程序的執行不同步。這些信號主要是其他程序欲告知本程序有某些外在事件發生而送來的。這些信號屬於**非同步信號**。程序可透過叫用一些特定的函數，產生信號，送給其他程序。

以下是幾個非同步事件信號的例子：

1. 用者在執行某個程式的中途，臨時決定要打斷並中止程式的執行，在鍵盤上打了 Ctrl-C 鍵。

2. 用者在幕後（background）執行一個程式，但臨時決定終止執行那個程式。

3. 系統管理者發現有脫韁馬或亡命者 （runaway）程序在執行，因此，用 KILL 信號把它殺了。

第三種信號則是一個程序也可以用信號產生函數，送給自己一個信號。

總之，有些信號是電腦硬體偵測到程序正在執行一非法的指令，或合法指令但指令出了差錯造成的同步信號，其他的信號則是其他程序，或甚至是程序本身，叫用了信號產生函數所造成的。由其他程序產生且送來的信號，即為非同步信號。

一個程序所收到並處理的信號，絕大多數是非同步信號。

6-1-2 POSIX 所定義的信號

POSIX.1 標準規定有幾個信號，作業系統永遠一定要支援。否則就不能算是符合 POSIX 標準的作業系統。除了這些信號之外，作業系統可以另外訂定其他的信號。

每一作業系統所支援的信號，都定義在前頭檔案 signal.h 內。所有有用到信號的程式，都必須包含下面的前頭檔案。

```
#include <signal.h>
```

每一信號都有一與眾不同的號碼代表。為了提高程式可讀性,每一信號同時有一符號名稱代表。亦即,每一信號都有它獨特的名稱與號碼。符號名稱主要是在程式內使用的,號碼主要是在命令上用的。但事實上兩者在兩處都可以用。注意到,POSIX 規定 POSIX 標準所定的信號,其號碼必須與眾不同,不能重疊。但對其他作業系統自己所定義的信號,就沒有這種限制,它們就可重疊。

表格 6-1 所列即為 POSIX 標準所規定一定要有的信號。

表格 6-1　POSIX 標準必有的信號

信號	說明
SIGABRT	非正常終止的信號（由 abort()函數所產生）
SIGALRM	時間到信號（timeout）（由 alarm()函數產出）
SIGFPE	算術運算錯誤（例如,滿溢或除數是零）。FPE 代表小數例外（Floating-Point Exception）。注意這信號亦代表整數運算的錯誤。
SIGHUP	掛斷了信號
SIGILL	不合法指令
SIGINT	互動時中斷信號
SIGKILL	必死信號。這信號不能被忽略或被攔接（caught）。
SIGPIPE	導管信號（寫入導管但沒有讀者）
SIGQUIT	來自控制終端機的停止（Quit）信號
SIGSEGV	違反存取規定,試圖存取非法的記憶位址
SIGTERM	終止信號（kill 命令所送的既定信號）
SIGUSR1	留給應用程式自己定義的信號
SIGUSR2	留給應用程式自己定義的信號

以下我們分別介紹 POSIX 標準所規定一定要有的信號。

SIGABRT

這個信號代表中斷（abort）程序。這信號非正常地中止一個程序。一個 C 語言程式可以經由叫用 abort() 函數,將自己中途終止。

叫用 abort() 函數等於是送給自己一個 SIGABRT 信號,此一信號也可是另一程序送來的。

假若程序已安排好忽略或阻擋 SIGABRT 信號，abort() 函數叫用還是會照樣得逞，壓過那設定。即令程序也有攔截（catch）SIGABRT 信號的安排，在執行過**信號處置函數**（signal handler function）後，程序照樣中止執行。

SIGALRM

時間到信號。這是叫用 alarm() 函數產生的信號。程序在叫用 alarm()（鬧鐘）函數時，可以設定一個時間，在那時間到時，系統就會自動送這一個 SIGALRM 信號給程序。

SIGFPE

FPE 代表算術運算錯誤。事實上，這個信號代表整數與小數運算的錯誤，這些錯誤情況包括滿溢，除數是零，與其他。

SIGHUP

HUP 代表 HANGUP（掛斷了）。在一個程序的控制終端機消失了時，程序就會收到這樣的信號。在早期，像模變器（modem）等通信設備都透過一單一連線（serial line）與計算機溝通。每當這通信線斷了或掉了，系統就會產生並送出一 SIGHUP 信號。

SIGILL

ILL 代表 illegal（不合法）。在電腦的中央處理器執行到一個非法的指令時，譬如，這指令的運算碼或運算元不合規定，它就會產生並送出 SIGILL 信號。

SIGINT

INT 代表 interrupt（中斷）。SIGINT 信號代表用者打斷／中斷了程序的執行。當用者以現場互動（interactively）的方式執行一個程式時，假若他/她也在鍵盤上按下 Ctrl-c，那程序就會收到一 SIGINT 信號。例如：

```
$ ./myjob
^C
$
```

SIGKILL

SIGKILL 就是殺死或必死信號。目的就是一定要殺死收到信號的程序。注意到，SIGKILL 信號是無法被忽略，攔接，或阻擋的。只要發送此信號者有權限，SIGKILL 信號一定會殺死（終止）收到此一信號的程序。

SIGPIPE

若程序企圖寫入一導管（pipe），但導管的另一端卻無人讀取資料，那該程序就會獲得這個信號。

SIGQUIT

若用者在鍵盤上同時按下 Ctrl 鍵與 \ 鍵，要求終止一現場互動式執行的程式，那該程序即會收到一 SIGQUIT 信號。

```
$ ./myjob
^\
Quit
$
```

SIGQUIT 信號與 SIGINT 相似。差別在於按鍵的不同。

另外，SIGQUIT 信號會造成程序會有**記憶傾倒**（core dump）產生。

SIGSEGV

SEGV 代表 segmentation violation。它代表程式試圖存取一個非法（超出記憶區段）的記憶位址。這通常是程式使用了空的或不存在的記憶位址。這通常是指標變數的值是不良的記憶位址所引起的。最常見的是，程式使用了從未曾設定過（uninitialized）的指標變數。

SIGTERM

TERM 代表 termination（終止）。欲終止一個程序的執行時，就送 SIGTERM 信號。在你執行 kill 命令，送信號給一程序時，假若你在命令上沒有指明那個信號，那既定上它就送 SIGTERM 信號。

注意到，SIGTERM 信號並不如 SIGKILL，不見得一定致死。

譬如，一個程序可以事先設定並安排好，以攔接並處置 SIGTERM 信號，但 SIGKILL 就不行。因此 SIGTERM 可以造成比較優雅的致死，它讓接收此一信號的程序，可以攔接並做一些必要處置。

SIGUSR1 與 SIGUSR2

USR 代表 user（用者）。SIGUSR1 與 SIGUSR2 信號是預留給用者自己去定義，它們要做什麼用的。每一個程式可以將之應用於不同用途，賦予不同的含意。

6-1-3 工作控制

6-1-3-1 工作控制的基本觀念

在我們正式討論**工作控制**（job control）的信號前，我們必須先討論一下有關工作控制的基本觀念。

工作控制是很多作業系統的命令解釋母殼（command shell）都有的特色。它讓使用者可以操控一個正在執行中的程序，譬如將之暫時停止（suspending），將之恢復執行，將之放在幕後執行，將之叫回幕前執行，或讓多個程序同時共用一個終端機（multiplexing）等。

就一個終端機（terminal）而言，每一時刻只能有一個工作（job）或程序組（process group）能讀取與寫入此一終端機。只有終端機的幕前（foreground）程序組可以讀寫終端機。工作控制與程序組，**會期**（session）與信號有關。其僅限於屬於同一會期與這互動期間所屬之終端機的所有程序。

在使用者使用電腦時，其通常在連至電腦的某一終端機登入。用者登入時，作業系統會給予一新的登入母殼。這母殼是一作業系統命令的解釋程序。它讓用者能打入並執行各種作業系統命令。每當用者打入一個作業系統命令或程式名稱時，命令母殼會生出一個新的母殼（經由 fork() 函數叫用），然後叫用其中一個 exec() 函數，在這新母殼內執行這個命令或程式。

用者通常是現場互動式地執行一個命令或程式，也因此將用者的登入母殼與終端機，跟這個現場執行的命令或程式，彼此綁在一起，讓它們不能別作它用。是以，在命令或程式還在執行時，用者就看不到也無法取回母殼的命令指示（command prompt），不能再又執行下一個命令或程式。

假若用者希望能立即取回命令母殼的指示，能馬上立即平行地執行其他命令或程式，那他就必須在命令或程式之後加個 &，讓這命令或程式在幕後（background）執行。一個在幕後執行的命令或程式，即稱為一個**工作**（job）。在幕後執行一個命令或程式，讓用者能立即取回母殼的指示，可以立刻繼續執行其他的命令或程式。

當你有程式在幕後執行時，你即可以母殼指令 fg，把它叫回至幕前。

一個在幕前執行的命令或程式，你也可以藉著打入 Ctrl-z 將之暫時放到幕後去執行，以下就是一個例子：

```
$ ./mytask
^z
Suspended
$ ps -ef|grep mytask
jinjche   362 17730   0 14:14 pts/9    00:00:00 ./mytask
```

注意到，在將一命令或程式執行置於幕後時，有些作業系統會顯示出 stopped，但有些會顯示出 suspended（暫時擱置或停止）。

按鍵 Ctrl-z 會送出一個 SIGTSTP 信號給程序（或程序組），然後控制將回至母殼。

在你停止一個工作後，你可以以命令母殼的內建指令 fg 把它叫回幕前繼續執行，或以母殼的內建指令 bg，把它放在幕後繼續執行。這兩種狀況下，母殼都會送一個 SIGCONT 信號給程序。

```
$ ./mytask
^z
Suspended
$ bg
[1]    ./mytask &
$ ps -ef|grep mytask
jinjche    593 17730   0 14:20 pts/9    00:00:00 ./mytask

$ ./mytask
^z
Suspended
$ fg
./mytask
```

（這工作現在在幕前執行）

　　當一個工作被暫緩或停止後它會一直停留在那種狀態，直到它收到一個 SIGCONT（繼續）信號為止。

6-1-3-2　工作控制信號

　　POSIX 標準定義了六個工作控制的信號：SIGTSTP，SIGSTOP，SIGTTIN，SIGTTOU，SIGCONT，與 SIGCHLD。表 6-2 所列即這些工作控制信號。

表格 6-2　POSIX 標準所定義的工作控制信號

信號	說明
SIGTSTP	互動停止信號，用者由終號機打入 Ctrl-z 鍵。
SIGSTOP	非互動式的停止信號，以 kill()函數或 kill 命令送出。
SIGTTIN	一幕後程序試圖自終端機讀取。
SIGTTOU	一幕後程序試圖寫入終端機。
SIGCONT	繼續執行。
SIGCHLD	一子女程序（child process）已停止執行。

　　這些工作控制信號的意義如下所述。

SIGTSTP

　　TSTP代表終端機停止。

　　當你自終端機，以現場互動方式執行一個程式時，若你自鍵盤打入 Ctrl-z 按鍵（兩鍵同時按），那就會送出一個 SIGTSTP 信號給那程序。試圖叫它停止，這時，控制會立刻回返，且螢幕會出現一行訊息：

```
$ ./myjob
^Z
[1]+  Stopped
```

　　有些作業系統會印出 suspended（暫時停止），而不是 stopped（停止）。SIGTSTP 信號就是互動停止信號。SIGTSTP 可以被忽略或攔截／接住。

SIGSTOP

　　不像 SIGTSTP，SIGSTOP 是無法以按鍵，互動式地產生的。SIGSTOP 信號只能以 kill() 函數或 kill 命令送出。

SIGSTOP 信號無法被忽略，攔接或阻擋。所以，SIGSTOP 信號永遠停止收到這信號的程序。當一個程序被停止時，以 ps 命令列出的程序輸出上，STAT 欄上的值是"T"。

SIGTTIN

SIGTTIN信號意指終端機輸入。一個在幕後執行的程序無法自終端機讀取資料，假若它試圖這樣做，那它就會收到一個 SIGTTIN 信號。收到 SIGTTIN 信號時，程序的既定動作是停止。

SIGTTOU

SIGTTOU 信號意指終端機輸出。當一在幕後執行的程序試圖寫入終端機時，它就會收到 SIGTTOU 信號。程序必須在幕前執行，才能寫入終端機。

當一幕後程序試圖以一 ioctl() 函數叫用更改終端機的狀態時，它也會收到一 SIGTTOU 信號。收到 SIGTTOU 信號時，程序的既定動作是停止執行。

誠如以上所述，POSIX 標準在工作控制定義了四個停止信號：SIGSTOP，SIGTSTP，SIGTTIN，與 SIGTTOU。除了 SIGSTOP 外，它們都是跟終端機有關。SIGSTOP 信號只能由 kill() 函數或 kill 命令送出。

程序收到停止信號的既定動作或行動是停止。若信號抵達，程序原先就已經在停止狀態，那信號等於沒影響。假若已停止的程序阻擋了停止信號，那這停止信號就永遠不會被送達。因為，程序必須先收到一 SIGCONT 信號才能繼續執行，而 SIGCONT 信號丟棄所有現在等著寄發的停止信號。

SIGCONT

有四個信號可以停止一個程序，但只有一個信號可以令一停止程序繼續，那就是 SIGCONT 信號。

當一程序收到一 SIGCONT 信號時，若它現在是停止的，那它便會繼續，即令 SIGCONT 信號是被阻擋著或忽略亦然。否則，假若程序目前不是停止的，那這信號就會被忽略。

換言之，即使程序設定好，阻擋或忽略 SIGCONT 信號，但只要程序本身是處於停止狀態，則在收到一 SIGCONT 信號時，程序一定會繼續執行。但是，假若程序已設定好攔接 SIGCONT 信號，則信號的處理函數將會在信號不再被阻擋時，才會被叫用。

在一程序有停止信號產生時，該程序的任何未處置的 SIGCONT 信號都會被丟棄。同樣地，當一程序有 SIGCONT 信號產生時，該程序的所有未處理信號也會被丟棄。

SIGCHLD

每一次有子程序（child process）終止或停止時，其母程序就會收到一 SIGCHLD(17) 信號。收到 SIGCHLD 信號的既定反應動作就是加以忽略。

SIGCHLD 信號主要是在讓工作控制的母殼，能得知其正在執行一個工作的子女程序是否已結束，或停止。POSIX 標準下的 SIGCHLD 信號與 4.2 BSD Unix 下的這個信號非常相近。傳統 AT&T 系統五 UNIX 也有一類似信號叫 SIGCLD。但其行為就與 POSIX 較不吻合。因此你最好使用 SIGCHLD，不要用 SIGCLD。

POSIX 標準規定 SIGCHLD 信號的既是行動就是忽視這個信號。因此，應用程式應將此信號的行動設為 SIG_DFL。一個程序，在它還有子女程序還活著時，不應試圖改變 SIGCHLD 信號的行動或動作。

圖 6-1 所示即一個印出 POSIX 標準所要求之全部信號的符號名與信號號碼的程式。此外，它同時也印出幾個 POSIX 標準沒有要求的信號。

圖 6-1 POSIX 標準所要求的信號（sig_numbers.c）

```
/*
 * Signal numbers of required signals.
 * Copyright (c) 2014, 2020 Mr. Jin-Jwei Chen.  All rights reserved.
 */

#include <stdio.h>
#include <signal.h>

/*
 * The main program.
 */
```

```
int main(int argc, char *argv[])
{
  printf("Signals required by the POSIX.1 and ISO/IEC 9945 Standards:\n");
  printf("SIGABRT =    %u\n", SIGABRT);
  printf("SIGALRM =    %u\n", SIGALRM);
  printf("SIGFPE  =    %u\n", SIGFPE);
  printf("SIGHUP  =    %u\n", SIGHUP);
  printf("SIGILL  =    %u\n", SIGILL);
  printf("SIGINT  =    %u\n", SIGINT);
  printf("SIGKILL =    %u\n", SIGKILL);
  printf("SIGPIPE =    %u\n", SIGPIPE);
  printf("SIGQUIT =    %u\n", SIGQUIT);
  printf("SIGSEGV =    %u\n", SIGSEGV);
  printf("SIGTERM =    %u\n", SIGTERM);
  printf("SIGUSR1 =    %u\n", SIGUSR1);
  printf("SIGUSR2 =    %u\n", SIGUSR2);

  printf("\nJob control signals defined by the POSIX.1 and ISO/IEC
9945 Standards:\n");
  printf("SIGCHLD =    %u\n", SIGCHLD);
  printf("SIGCONT =    %u\n", SIGCONT);
  printf("SIGSTOP =    %u\n", SIGSTOP);
  printf("SIGTSTP =    %u\n", SIGTSTP);
  printf("SIGTTIN =    %u\n", SIGTTIN);
  printf("SIGTTOU =    %u\n", SIGTTOU);

  printf("\nSome optional signals:\n");
  printf("SIGBUS  =    %u\n", SIGBUS);
  printf("SIGIOT  =    %u\n", SIGIOT);
#ifndef __APPLE__
  printf("SIGPOLL =    %u\n", SIGPOLL);
#endif
  printf("SIGTRAP =    %u\n", SIGTRAP);
  printf("SIGSYS  =    %u\n", SIGSYS);
  return(0);
}
```

▶ 工作控制信號與孤兒程序

一個母程序已終止的程序，叫做**孤兒程序**（orphaned process）。

孤兒程序不再受父母母殼之工作控制的控制。因此，倘若一個孤兒程序停止了，它通常就無法再繼續。因此，為了避免這樣一個孤兒程序永遠流浪，一個收到終端機相關信號的孤兒程序就不應被容許停止。這意指作業系統應丟棄送給它的停止信號。

當一個程序變成孤兒程序時，假若這孤兒程序群組的任何成員被停止了，則系統就會送出一個 SIGHUP 與一個 SIGCONT 信號給這個孤兒程序群組。假若這樣一個程序攔接或忽略 SIGHUP 信號，那它就能在變成孤兒程序後，繼續執行。

6-1-4 如何發送信號？

一個用者或程序如何送出一個信號給一個程序呢？

一個程序可以經由叫用 kill() 函數，送出一個信號給自己或其他程序。一個用者，則可經由執行 kill 命令，送出一個信號給一個程序。注意到，這個函數或命令的名稱有點誤導，因為，以之送出一個信號的目的，並不是每次都要把這個目標程序殺死（終止）的。

舉例而言，若真要把目標程序給宰了，則送出 SIGKILL（9 號）信號肯定達到目的。在 Unix 與 Linux 作業系統上，這個命令即是像

```
$ kill -9 4325
```

這個作業系統命令，送出 9 號信號（SIGKILL）給程序號碼是 4325 的程序，試圖殺死（終止）（即一槍斃命）這個程序。記得，為了安全原故，只有超級用戶或有效或真正用戶號碼與目標程序相同的程序，才有權這樣做。其他無權的用戶或程序，是沒權利隨便送信號給其他程序的，做了也等於白做。

再次提醒一下，送出 9 號（SIGKILL）信號給一個程序，是永遠保證一槍斃命，把目標程序給殺了的。因此，絕對要非常小心，不能隨便使用9號信號。SIGKILL 信號是任何程序都沒辦法攔接住或忽略的，所以，它一定致死！

若你執行 kill 命令但沒指明那個信號，那既定值是 SIGTERM。

稍後我們會介紹，如何在程式內叫用 kill() 函數，送出信號。

6-2　處置信號的行動

　　一個信號代表一個事件或狀況，當一個事件或狀況發生時，其所對應的信號就會產生。針對一個程序所產生的信號，並非永遠立即送發或送交（deliver）給一個程序。一個信號的生命期自信號產生開始，直至其被發送給程序時結束。在這兩個時間點之間，我們說信號**懸之未決**（pending）。

　　在一個信號實際送交給一個程序時，程序可以對這個信號採取幾個可能行動中的其中一個。這些可能行動（action）包括下三個：

1.　**忽略**這個信號。

2.　採取這個信號的**既定**（default）行動。

3.　**攔接**或**接住**（catch）這個信號並加以處置。

　　除此之外，一個程序也可選擇**阻擋**（block）一個信號，不讓它送交給程序。

　　換言之，一個程序可以選擇阻擋一個信號，讓它不會被送交給程序，相當於永遠收不到它。或者不阻擋，讓信號實際被送發至程序。而在一個信號被送交到程序時，程序可以選擇採取三個可能行動其中一個。

　　記得，每一個信號都有一個既有或既定的行動。倘若一個程序什麼事都沒做，亦即，並未設定它要對信號採取三個可能行動中的那一個，那在一個信號實際被送達給程序時，系統就會自動替之採取這個信號的既定行動。值得注意的是，幾乎所有信號的既定行動都是終止/結束整個程序。這是非常不好的結果。所以，程序一定要表明且設定它對一個信號的行動是什麼！是忽略或接住，或甚至阻擋。完全不採取任何措施，或是採用每一信號的既定行動，讓程序死掉，是絕對不應該的！

　　一個程式可選擇忽略一個信號。那樣，那個信號對程式就毫無作用。

　　另外，一個程式也可選擇攔接或接住（catch）一個信號。欲接住一個信號時，程式必須先定義一個**信號處置函數**（signal handler function），然後聲明它要用這個信號處置函數，攔接這個信號。這樣，在這個程序真正收到此一信號時，程式控制就會自動轉而執行這個信號處置函數。在這函數中，程序即可對信號所代表的事件或狀況作適當的處理。然後，程序可選擇終止執行，或回返（return）。若選擇從信號處置函數回返，則程序執行就會從剛剛收到信號的那一點，繼續往下執行。

誠如你可看出的，攔接信號讓一個程序能針對信號做出一些適當處置，然後再繼續執行或選擇終止。

注意到，SIGKILL 與 SIGSTOP 兩個信號是永遠沒有被攔接或接住的。在 Linux 上，若程式試圖設定要攔接 SIGKILL 或 SIGSTOP 信號，則那函數叫用會失敗，錯誤號碼是 EINVAL(22)。

另外注意到，一個程序的信號行動是在信號實際送交給程序時，而非在信號產生時決定的，這意謂著，程序對信號的行動，即使在信號產生後，還是可以改變的。

在一個信號產生後，假若它沒被阻擋住，則它會被儘快地送交給程序。不過，實際並沒有規定一個信號，必須在多少時間內送交給程序。

因此在有其他更高優先順序的程序必須執行時，信號的送交可能就會有些許的延遲。程序無法得知信號產生至信號送交總共費時多久。

根據 POSIX 標準，若一信號懸而未決，然後同一信號又再度產生，那究竟信號是要發送一次或二次給程序，這是任作業系統自己決定的。此外 POSIX 標準也沒規定，要是同時有多個懸而未決的信號存在，它們之間的送交順序為何，這也是任由作業系統決定的。

▶ 信號的效用

在有信號送交給程序時，當時正在執行的函數會暫時停止。假若信號的行動是終止程序的執行，那整個程序即會立即終止，執行被打斷的函數，就沒有機會再恢復執行了。若信號的行動是停止程序，那程序執行即會暫停，直到其再繼續或終止為止。若此刻是停止，那再來一個 SIGCONT 信號，程序的執行即會再從停止處繼續往下執行下去。

倘若信號的行動是接住信號，則在信號被實際送達時，信號處置函數即會被叫用。在信號處置函數回返後，原先被信號打斷的函數，就會從被打斷處，往下繼續執行。

　　假如信號的行動是忽略，則信號就等於毫無作用。最後，若信號被程序所阻擋了，則除非稍後這阻檔行動變更了，否則，信號也是毫無作用的。

6-2-1　既定行動

表 6-3　POSIX 必備信號的既定行動

信號	既定行動
SIGABRT	非正常地終止程序與執行
SIGALRM	非正常地終止程序與執行
SIGFPE	非正常地終止程序與執行
SIGHUP	非正常地終止程序與執行
SIGILL	非正常地終止程序與執行
SIGINT	非正常地終止程序與執行
SIGKILL	非正常地終止程序與執行
SIGPIPE	非正常地終止程序與執行
SIGQUIT	非正常地終止程序與執行
SIGSEGV	非正常地終止程序與執行
SIGTERM	非正常地終止程序與執行
SIGUSR1	非正常地終止程序與執行
SIGUSR2	非正常地終止程序與執行

表 6-4　POSIX 標準之工作控制信號的既定行動

信號	既定行動
SIGSTOP	停止程序執行
SIGTSTP	停止程序執行
SIGTTIN	停止程序執行
SIGTTOU	停止程序執行
SIGCONT	若程序目前是停止的，就繼續執行。否則就忽略這個信號
SIGCHLD	忽略這個信號

　　表格 6-3 與 6-4 所示，即分別為 POSIX 與 ISO/IEC 9945 標準下的必備信號與工作控制信號的既定行動。

在收到工作控制信號時，若既定行動是停止程序執行，那該程序的執行即會暫時停止。在一個程序是處於停止狀態時，除了 SIGKILL 信號外，任何其他送給程序的信號，在程序又被繼續之前，都不應該實際送交給程序的。

除非父母程序在叫用 sigaction() 函數時，在sigaction 資料結構中之 sa_flags 資料欄設定了 SA_NOCLDSTOP 旗號，否則，在一程序是處於停止狀態時，系統應為父母程序產生一 SIGCHLD 信號。這讓無意知道子女程序已被停止的程序，得以經由設定此一旗號，省略了設置一攔接 SIGCHLD 信號的信號處置函數的麻煩。

6-2-2 忽略行動

藉著將一信號的行動設定成 SIG_IGN（忽略），一程序或程線可讓一個信號的發送變成毫無作用。由於 SIGKILL 與 SIGSTOP 信號永遠不能被忽略，因此，將這兩信號的行動設定成 SIG_IGN，不是會失敗，就是毫不起作用。

前面說過，有些信號是硬體所偵測到的錯誤狀況。這些信號包括 SIGILL，SIGSEGV 與 SIGFPE。POSIX 標準說，將這些信號的行動設定成 SIG_IGN，結果是未定的。不過，絕大多數的作業系統實際上都不會讓程式忽略這些信號的。譬如，即使我將 SIGFPE 信號的行動設定成忽視，SIG_IGN，但進行一個除數是零的算術作業時，還是讓整個程式終止死掉了。

此外，不論信號是否被阻擋著，將一懸而未決之信號的行動設定成 SIG_IGN，應讓這信號被丟棄。為了一致性，POSIX 標準也要求，一個信號的既定行動若是忽略，且將信號行動設定成 SIG_DFL，結果也應一樣。

記得，忽略一個信號，與攔接一個信號然後什麼事都不做，兩者是不同的。

6-2-3 攔接信號

就一個信號而言，一個程序所能採取的最主動的應對方式，就是攔接這個信號，並做一些處置了。

攔接一個信號，意指程序特別定義好一個信號處置函數（signal handler），且明確地設定好，讓系統在實際送交這個信號給程序時，能叫用這個函數。這信號處置函數的程序碼，就實現程序對這個信號的實際處置與反應。

設立一個信號的處置函數，最主要有兩個目的。第一個目的是避免系統採取既定行動，讓程序死掉。第二個目的是，能實際做點處置。

POSIX 所規定的信號處置函數的格式如下：

```
void func_name(int sig);
```

函數的名稱由你自取。函數一定有一個引數，是信號號碼。在信號送交時，系統會自動叫用這個函數，並將信號的號碼傳入，讓函數知道現在正被送交的是那一個信號。

在做了適當處置後，信號處置函數有兩個選擇。第一個選擇是直接回返，這會讓程序繼續自剛被信號所打斷處，往下繼續執行。另一個選擇則是叫用 exit() 或 _exit() 函數，終止整個程序的執行。這時，你可送回一個特殊的值，讓父母程序知道程序在那裡結束以及為何終止。或是，要是你希望讓父母程序覺得程序是成功地終止的話，你也可以讓這函數送回零。再次提醒，SIGKILL 與 SIGSTOP 是永遠無法被攔接的。

6-2-4　從信號處置函數叫用其他函數

一個程序透過在信號處置函數中的處理，做出了對這個信號的反應。典型上，信號處置函數都做最少的必要處理作業。這最主要的原因是，沒有太多函數可以安全地從信號處置函數中叫用。

值得注意的是，由於信號是一種外來，不同步的事件。因此並非任何函數都可以從信號處理函數加以叫用的。所以，為了確保程序的正確，你必須確定，你從信號處理函數所叫用的每一個函數，對信號而言，都是安全的。換言之，這些被叫用到的函數，對信號而言，都是**可以重新進入的**（reentrant）。因為，當一個程序正在執行一個從信號處置函數中所叫用的函數時，很有可能另一信號又會來到。而程序必須中途再度進入信號處置函數。在這情況下，程序只執行到那函數的中途就被打斷，然後，還要再度再叫用那同一函數一次，亦即，從那函數的中途，再一次地叫用那函數，這就是重新進入。所以那函數必須是要能**安全地重新進入**（reentranable）才行。

記得，一個函數對信號而言可重新進入，只是代表這函數可從一信號處置函數中叫用。那並不代表你就應該加以叫用。因為，除此之外，還有其他一些問題也必須考量的。譬如，存取共用的資料結構，打開檔案，鎖，與全面變數等。有些可安全重進入的函數可能會改變 errno 的值。在那種狀況下，你就必須將原值先存起，然後之後再恢復。

此外，由一信號處置函數叫用 longjmp() 與 siglongjmp() 函數有可能也是危險的（注意到，這兩個函數並不在安全名單內）。

假若你的程式非叫用重進入不安全的函數不可，那為了確保正確結果，你最好在它執行期間，把適當的信號給阻擋著。謹記著，從信號處置函數中叫用任何函數，都要非常小心。

表 6-5 所示，即為一些從信號處理函數中叫用時，可以安全地重新進入的函數。

表格 6-5　從信號處置函數，可以安全地重新進入的函數

_exit() access() alarm(), cfgetispeed(), cfgetospeed(), cfgsetispeed(),

cfgsetospeed(), chdir(), chmod(), chown(), close(), create(), dup2(),

dup(), execle(), execve(), fcntl(), fork(), fstat(), getegid(), geteuid(),

getgid(), getgroups(), getpgrp(), getpid(), getppid(), getuid(),

kill(), link(), lseek(), mkdir(), mkfifo(), open(), pathconf(), pause(),

pipe(), read(), rename(), rmdir(), setgid(), setpgid(), setsid(),

setuid(), sigaction(), sigaddset(), sigdelset(), sigemptyset(),

sigfillset(), sigismember(), sigpending(), sigprocmask(), sigsuspend(),

sleep(), stat(), sysconf(), tcdrain(), tcflow(), tcflush(), tcgetattr(),

tcgetpgrp(), tcsendbreak(), tcsetaatr(), tcsetpgrp(), time(), times(),

umask(), uname(), unlink(), utime(), wait(), waitpid(), write()

在有些作業系統上（包含 AIX），下面這些函數對非同步信號而言，也是可安全地重新進入的：

```
accept()   readv()   recv()   recvfrom()   recvmsg()
select()   send()   sendmsg()   sendto()
```

有關最完整的名單，請參考每一作業系統的文書。

6-2-5　以 sigaction() 設定信號行動

你已經知道，對一個信號採取既定行動並不是好主意，因為，那就是終止程序的執行。這一節，我們介紹一個程序如何設定一個比較理想的信號行動（signal action）。

一個程式有兩種方式可以設定它對一個信號的意向是什麼。首先，傳統上就是透過叫用 signal() 函數。

```
sighandler_t signal(int signum, sighandler_t handler);
```

不過，在過去，C 語言標準所定義的 signal() 函數，會在控制進入用者所定義之信號處理函數之前，又把信號行動自動又重新設定成 SIG_DFL。這並不是很理想。理想上，信號在處理執行期間，應該是要被阻擋的才對。因此，POSIX 標準建議，程序最好使用 sigaction() 函數：

```
int  sigaction(int  signum,  const struct sigaction *act, struct sigaction *oldact);
```

sigaction() 函數可以設定，改變，或讀取一個信號的行動。

sigaction() 函數有三個引數。第一引數指出那個信號。假若不是 NULL，第二個引數則透過 sigaction 資料結構，指出程式對信號的新行動。假若不是空白（NULL），第三個引數則會送回原先的行動。

假若第二個引數是空白（NULL），而第三個引數不是空白，那函數就是讀取這個信號目前的行動，只要第二個引數是空白，信號的行動就維持不變。

因此，sigaction() 函數叫用可以用來讀取一個信號目前的行動或處置。記得，在使用 sigaction() 函數時，SIGKILL 與 SIGSTOP 兩個信號都不應包括在內，亦即，不應該被加至信號面罩（signal mask）上。作業系統內部應該強制做到這一點，而且不應該造成或回返錯誤號碼。

注意到，POSIX 標準規定，假若第二引數是空白，那即使是不可能忽略或攔接的信號，sigaction() 函數的叫用還是應該要成功地執行。

sigaction 的資料結構如下：

```
struct sigaction {
    void (*sa_handler)(int);
    sigset_t  sa_mask;
    int       sa_flags;
    void (*sa_sigaction)(int, siginfo_t *, void *);
}
```

sa_handler 資料欄指出信號的行動。行動的值可以是 SIG_IGN（忽略），SIG_DFL（採取既定行動），或是一信號處置函數的名稱或位址（欲攔接信號）。上面我們提過了，一信號處置函數的格式如下：

```
void sig_handler(int sig);
```

當所指信號實際被送交給程序時，這個處置函數就會自動被叫用，且信號的號碼會自動自引數傳入，讓程序知道現在收到的是那一個信號。此時，信號處理函數即會執行它的程序碼，對這個信號反應與處理。處理函數回返後，程序即會自被信號中斷處往下繼續執行。

sa_mask 資料欄指出一組額外的信號，這些信號在信號處置函數被叫用前，應該被加至程序的信號面罩上。其所指的信號，在信號處置函數執行期間，都會被阻擋著。

sa_flags 資料欄可指明一些旗號，以改變信號的處置行為。譬如，指明 SA_RESTART 旗號即表示若有系統叫用中途被信號打斷，那在信號處理後，這系統叫用應重新再開始，以符合 BSD UNIX 的信號意涵（semantics）。指明 SA_ONSTACK 旗號，則會使信號處理函數的執行，使用 sigaltstack() 函數所指出的另外一個信號堆疊。指出 SA_NOCLDSTOP 旗號則表明，假若子女程序停止時，信號是 SIGCHLD，則程序不願收到通知。

倘若 sa_flags 資料欄指明 SA_SIGINFO 旗號，則 sa_sigaction 資料欄所指的，才是真正的信號處置函數，而非 sa_handler 資料欄。這個參數/引數在 Linux 上有，但並不見得所有作業系統上都有。

在成功時，sigaction() 函數會送回 0。失敗時，函數叫用會送回 -1，而 errno 會含錯誤號碼。

一旦一個信號的行動在經由 sigaction() 函數叫用設定後，它就會維持不變，直到程序又再度叫用 sigaction() 函數，或叫用了其中一個 exec() 函數。

圖 6-2、6-3 與 6-4 是三個 sigaction() 函數應用的程式例子。

這些程式分別將 SIGQUIT(3) 信號的行動設定成 SIG_DFL，SIG_IGN，與攔接信號。在測試這些程式時，你必須在一個視窗上執行，同時在另一視窗（window）上執行 "ps -ef" 命令，找出程序的號碼，然後從那再執行一個

kill 命令，送一個 SIGQUIT 信號給這個程序：「kill -3 pid」或「kill –SIGQUIT pid」。其中，pid 代表程序的號碼。

誠如你可看出，在採取既定行動時，程式在一收到 SIGQUIT 信號時就馬上死掉。若行動設定成 SIG_IGN，那信號對程序毫無影響。在行動是攔接時，每次一有 SIGQUIT 信號抵達，信號處置函數就會自動被叫用與執行一次。

圖 6-2 對一信號採用既定行動（sig_default.c）

```c
/*
 * Signal -- taking the default action for SIGQUIT signal.
 * Copyright (c) 2014, 2019-2020 Mr. Jin-Jwei Chen.  All rights reserved.
 */

#include <stdio.h>
#include <errno.h>
#include <signal.h>

/*
 * The main program.
 */
int main(int argc, char *argv[])
{
  int          ret;
  struct sigaction  oldact, newact;

  /* Set sa_mask such that all signals are to be blocked during execution
     of the signal handler. */
  sigfillset(&newact.sa_mask);
  newact.sa_flags = 0;
  /* Specify to the default action for the signal */
  newact.sa_handler = SIG_DFL;
  ret = sigaction(SIGQUIT, &newact, &oldact);
  if (ret != 0)
  {
    fprintf(stderr, "sigaction failed, errno=%d\n", errno);
    return(-1);
  }

  fprintf(stderr, "Please send me a SIGQUIT signal (kill -3 pid) ...\n");

  while (1 == 1)
  {
    /* Hang around to receive signals */
  }

}
```

以下所示是圖 6-2 程式的執行結果。

```
$ ./sig_default.lin32
Please send me a SIGQUIT signal (kill -3 pid) ...
Quit

$ kill -SIGQUIT 14182
```

圖 6-3　對一信號採用忽略行動（sig_ignore.c）

```
/*
 * Signal -- ignoring the SIGQUIT signal.
 * Copyright (c) 2014, 2019-2020 Mr. Jin-Jwei Chen.  All rights reserved.
 */

#include <stdio.h>
#include <errno.h>
#include <signal.h>

/*
 * The main program.
 */
int main(int argc, char *argv[])
{
  int        ret;
  struct sigaction  oldact, newact;

  /* Set sa_mask such that all signals are to be blocked during execution
     of the signal handler. */
  sigfillset(&newact.sa_mask);
  newact.sa_flags = 0;
  /* Specify to ignore the signal as the action */
  newact.sa_handler = SIG_IGN;
  ret = sigaction(SIGQUIT, &newact, &oldact);
  if (ret != 0)
  {
    fprintf(stderr, "sigaction failed, errno=%d\n", errno);
    return(-1);
  }

  fprintf(stderr, "Please send me a SIGQUIT signal (kill -3 pid) ...\n");

  while (1 == 1)
  {
    /* Hang around to receive signals */
  }

}
```

以下所示是圖 6-3 程式的執行結果。

```
$ ./sig_ignore.lin32
Please send me a SIGQUIT signal (kill -3 pid) ...

$ kill -SIGQUIT 14199
$ kill -SIGQUIT 14199
$ kill -3 14199
$ kill -3 14199
$
```

（程序一直活著！）

你可看出，即使連續寄送 SIGQUIT 信號四次，程序還是屹立不搖，因為程序設定的行動是完全忽略這信號。

圖 6-4　攔接信號（sig_handler.c）

```c
/*
 * Signal -- to catch a signal by specifying a signal handler.
 * Copyright (c) 2013-4, 2019-2020  Mr. Jin-Jwei Chen. All rights reserved.
 */

#include <stdio.h>
#include <errno.h>
#include <signal.h>

/*
 * Signal handler.
 */
void signal_handler(int sig)
{
  fprintf(stdout, "This process received a signal %d.\n", sig);
  /* We cannot invoke pthread_exit() here. */
  return;
}

/*
 * The main program.
 */
int main(int argc, char *argv[])
{
  int          ret;
  struct sigaction  oldact, newact;

  /* Set sa_mask such that all signals are to be blocked during execution
     of the signal handler. */
  sigfillset(&newact.sa_mask);
  newact.sa_flags = 0;
  /* Specify my signal handler function */
  newact.sa_handler = signal_handler;
  ret = sigaction(SIGQUIT, &newact, &oldact);
```

```
    if (ret != 0)
    {
      fprintf(stderr, "sigaction() failed, errno=%d\n", errno);
      return(-1);
    }

    fprintf(stderr, "Please send me a SIGQUIT signal (kill -3 pid) ...\n");

    while (1 == 1)
    {
      /* Hang around to receive signals */
    }
}
```

以下所示是圖 6-4 程式的執行結果。

第一視窗

```
$ ./sig_handler.lin64
Please send me a SIGQUIT signal (kill -3 pid) ...
Received a signal 3
Received a signal 3
Killed
```

第二視窗

```
$ kill -SIGQUIT 7402
$ kill -SIGQUIT 7402
$ kill -SIGKILL 7402
$
```

注意到，這程序只攔接一個信號，使程序在收到那個信號時，免得一死。假若程式接收到其他信號，而且沒有做任何設定，那程式還是會死掉的。

你可看出，只要信號處置函數一安裝上去了，它就是一直存在那兒，可以無數次地叫用。在早期，有些版本要求每次程式控制一進入信號處置函數時，就必須再將之重新設定安裝一次。這很麻煩。POSIX 標準的信號規定，是不需這樣做的。

總之，記得不要再使用 C 標準所定義的 signal() 函數了。直接使用 POSIX 標準所定義的 sigaction() 函數，設定程序對信號的行動。而且記得，千萬不要在同一程序內同時使用這兩個函數。

注意到，對信號的處置或行動設定，是整個程序都一致共用的。即使在一多程線（multithreaded）的程序裡，即令每一程線可以有自己的信號面罩，這些信號設定也是所有程線都共用的。這意謂著，即使個別的程線可以選擇阻擋不同的信號，但是當有某一個程線改變了對某一信號的行動時，它是影響到程序內所有的程線的。

6-2-6　得知某一選項信號有否被支援

POSIX 標準規定了一種在不同的作業系統上，程式都可以得知某一選項信號（optional signal）是否有被系統所支援的方式。這個方法就是透過叫用 sigaction() 函數，並將函數的第二引數（act）與第三引數（oldact）都空白（NULL）。假若這樣的函數叫用成功回返，那該信號就是系統有支援的。

我們將這一個程式留作為讀者的作業。

6-2-7　信號行動摘要

總之，在某一信號發生時，這信號會被加至程序的未決信號裡。假若程序目前阻擋著這信號，那信號就會暫時先留在那兒。倘若程序沒有阻擋這信號，那這信號就會被送交給程序。要是程序沒有事先設定好攔接這信號或變更其既定行動，那系統就會認為程序欲採取既定行動。這通常就是立即終止程序的執行，殺掉這程序。

倘若程序有事先設定要忽略這信號，那這信號就會被丟棄，對程序毫無影響。假若程序已設定好要攔接這信號，那這信號以及其他被信號處置函數所阻擋的信號，就會一起被算入程序的阻擋信號內。此時系統會把程序現有的狀態存起，然後叫用信號處置函數。

假若信號處置函數回返，則系統將程序的阻擋信號恢復至先前（信號送交前）的樣子，然後，程序由剛剛被信號打斷之處，繼續往下執行。這就是程序收到一個信號時所發生的狀況。

6-3 以 kill() 函數發送信號

一個程序，如何發送信號給別人或甚至是自己呢？很簡單，就利用 kill() 函數。

kill() 函數發送一個信號給一個程序或一組程序。

```
int kill(pid_t pid, int sig);
```

函數需要兩個引數。第一個引數 pid 指出應該收到這個信號之程序的號碼（process id，或簡稱 pid）。第二個引數指出程序想發送的信號。在 POSIX，倘若一個程序欲發送信號給自己，那它只要叫用另一 getpid() 函數，即可取得自己的程序號碼。因此，下面就是送一個信號給自己的函數叫用：

```
kill(getpid(), sig);
```

當一個程序欲送出一個信號給別的程序時，發送程序的實際或有效用者 ID 必須與接收程序相同，否則，發送程序就必須要有超級用戶的權限，這是基本的安全防護。

假若發送的信號號碼是 0，那函數叫用就不實際送出任何信號。不過，系統還是會做其他的錯誤檢查。因此，許多工程師都藉著這個特色，對一個程序發出 0 號的信號，藉以測試那一個目標程序是否還活著。

視著第一引數 pid 之值的不同而定，收到信號的程序也不同。

假若 pid 的值大於零，則信號就會送給程序號碼即為 pid 之值的程序。假若 pid 的值是零，則信號會給程序組號碼和發送程序之程序組號碼相同的所有程序。這意謂，與發送程序在同一程序組的所有程序，都是接收此一信號的目標。

假若 pid 的值是負的，但不是 -1，則信號會送給程序組號碼，等於 pid 之值的絕對值的所有程序。不過，POSIX 標準也說，作業系統可以在送出零號信號上做限制，也可以在 pid 所能實際送到的程序上做限制。因此在你所使用的作業系統上，情況可能會有些許不同。

假若至少有送出一個信號，那 kill() 函數叫用即會送回 0，顯示成功。否則，在 kill() 函數失敗時，其會回送 -1。在那種情況下，errno 會含錯誤號碼，且沒有任何信號送出。

圖 6-5 所示即為一藉著送出一個零號信號，測試一個程序是否還活著的例題程式。

圖 6-5 測試一個程序是否還活著（sig_isalive.c）

```c
/*
 * Signal -- test if a process is still alive using kill()
 * Copyright (c) 2014, 2020 Mr. Jin-Jwei Chen.  All rights reserved.
 */

#include <stdio.h>
#include <errno.h>
#include <sys/types.h>
#include <unistd.h>
#include <signal.h>
#include <sys/wait.h>

int main(int argc, char *argv[])
{
  pid_t  pid;
  int    stat;   /* child's exit value */
  int    ret;

  /* Create a child process */
  pid = fork();

  if (pid == -1)
  {
    fprintf(stderr, "fork() failed, errno=%d\n", errno);
    return(-1);
  }
  else if (pid == 0)
  {
    /* This is the child process. */
    fprintf(stdout, "Child: I'm a new born child.\n");
    /* Perform the child process' task here */
    sleep(2);
    return(0);
  }
  else
  {
    /* This is the parent process. */
    fprintf(stdout, "Parent: I've just spawned a child.\n");

    /* Test to see if the child is still alive. It must be. */
    ret = kill(pid, 0);
    if (ret == 0)
      fprintf(stdout, "Parent: My child is still alive.\n");
    else
      fprintf(stdout, "Parent: My child is dead.\n");
```

```
    /* Wait for the child to exit */
    pid = wait(&stat);
    if (pid > 0)
    {
      fprintf(stdout, "My child has exited.\n");

      /* Test to see if the child is still alive again. It should be dead. */
      ret = kill(pid, 0);
      if (ret == 0)
        fprintf(stdout, "Parent: My child is still alive.\n");
      else
        fprintf(stdout, "Parent: My child is dead.\n");
    }

    return(0);
  }
}
```

　　我們必須指出，雖然 POSIX 標準認為一個程序的生命週期包括程式是亡魂（defunct）的時間，（**亡魂程序**指的是程序已經終止了，死了，但還尚未被其母程序收屍或等去）但發送一個零號信號給一亡魂程序的實際結果，可能因作業系統不同而異。在這種情況下，在有些作業系統上，這個函數叫用回報成功，但在有些作業系統上，函數會回送錯誤，例如送回錯誤 ESRCH（查無此程序）。

　　因此，為了提高你的應用程式的可移植性，假若兩個程序之間有父母和子女的關係，那父母程序檢查看子女程序是否還活著最可靠的方式，就是叫用 waitpid() 函數。不過，這有一個缺點，那就是叫用程序會被阻擋到子女程序結束為止。記得，一個在那裏等著的 waitpid() 函數叫用，是有可能被信號打斷而回返的。另外，假若兩程序之間沒父母與子女關係，那這就用不上了。

　　注意到，SIGUSR1，SIGUSR2，SIGKILL，與 SIGTERM 等信號，通常是一定要經由叫用 kill() 函數或執行 kill 命令，才能送出的。

　　記得，發送信號的方式，是在程式內叫用 kill() 函數，或在作業系統登入母殼執行 kill 命令。假若不特別指明，kill 命令送出的既有信號是 SIGTERM。

6-3-1 殺掉自己

理想上，在一個程序以 kill() 函數送出一個信號給自己時，假若那信號沒有被阻擋著，那在 kill() 函數回返之前，這個信號應先送達給程序，這樣 kill() 函數就不會回返了。在老的，只提供 signal() 函數但沒有 sigaction() 的作業系統上，由於每次一程序的執行進入核心模式時，它只能送達一個信號，所以，它們無法保證是這樣的結果。

為了支援 sigaction() 函數，每次在自信號處理函數回返後，為了將程序之信號面罩復原，作業系統通常還需再進入核心層一次。所以，這正好讓 sigaction() 界面，能達到這最理想的結果。

6-3-2 信號對其他函數的影響

在程序收到一個信號時，亦即，當一個信號真正被送達一個程序時，程序經常會正好在執行其他的函數。若程序有攔接這信號，則信號處置函數會被叫用，然後在處置函數回返後，程序會自被打斷處往下繼續執行。這時，許多被叫用的函數會回送 EINTR（被中斷了）錯誤。有些函數作業系統會將之重新執行，有些則不。

注意到，在 POSIX 標準下，有極少數的函數，如 getuid() 與 getpid()，永遠成功，從不送回錯誤。

此外，也有許多 POSIX 函數是無法被信號打斷的。當程序正在執行這些函數時，若有程序的信號，則這些信號的送達就會被延緩。若函數很快就結束，那這不成問題。可是，若函數需要一些時間才能執行完，那它就應該讓自己變成可以被信號打斷的。這些函數包括 read()，write() 等輸入/輸出函數，以及那些諸如 sleep()，pause()，wait() 與 suspend() 等，可能讓叫用程序等上一陣子的函數。

6-4 信號面罩—被阻擋著的信號

一個信號可以故意地被罩住或阻擋著，讓它無法被送達。在一個信號產生後，若它是被罩住或阻擋的，則在這信號的罩住或阻擋被清除或移開前，它是不會被送達給程序的。在一個信號產生後，到它被送達前，我們就稱該信號是處於**懸而未決**（pending）的狀態。

你記得SIGKILL 與 SIGSTOP 是永遠無法被罩住或阻擋的。這也意指，它們是不能被加至信號面罩的。不論程式是使用 sigaction() 或 sigprocmask()（我們將立即介紹這函數）函數改變信號面罩，都是一樣。若程式試圖阻擋 SIGKILL 或 SIGSTOP 信號，系統通常會默默地將之忽略。

例如，在 Linux 上，若程序試圖以sigprocmask() 函數，將 SIGKILL 或 SIGSTOP 信號加至程序的信號面罩上，函數叫用將成功回返，但結果會是程序的信號面罩並不包括這兩個信號。

每一程序或一個程序內的每一程線，都有它自己的信號面罩。信號面罩上記載著那些信號目前是被程序或程線所阻擋，不能送達給程序或程線的。因為這樣，所以信號面罩的資料型態是 sigset_t — 信號組（一群信號）。實際資料型態是一個非負數的整數陣列（array）。

6-4-1 信號組函數

一個程序或程線可以對一信號面罩，進行五種不同的作業。

首先，一個程序或程線可經由叫用 sigemptyset() 或 sigfillset()，賦予信號面罩一個初值。sigemptyset() 函數將一信號面罩清空，使面罩不含任何信號。相反地，sigfillset() 函數則將一信號面罩填滿，亦即，將系統所支援的每一信號，都放入面罩內。POSIX 標準要求這兩個函數涵蓋 POSIX 所定義的所有信號。標準也建議作業系統所額外支援的信號，也應包括在內。

一旦一個**信號組**(signal set)經由sigemptyset() 或 sigfillset() 賦予初值後，程式即可分別以sigaddset() 與 sigdelset() 函數，增加或減少個別的信號。

程式也可以叫用 sigismember() 函數，測試一個信號是否已包含在一信號組內。若是（已存在信號組內），則該函數會送回 1。否則，它就會送回 0。

這五個信號組的函數如下：

```
int sigemptyset(sigset_t *set);
int sigfillset(sigset_t *set);
int sigaddset(sigset_t *set, int signum);
int sigdelset(sigset_t *set, int signum);
int sigismember(const sigset_t *set, int signum);
```

sigemptyset() 函數將引數 set 所指的信號組清除，致使 POSIX.1 標準所定義的所有信號都不在這個信號組內。

sigfillset() 函數將其 set 引數所指的信號組填滿，以致 POSIX.1 標準所定義的所有信號，都在這個信號組內。

sigaddset() 函數將第二引數 signum 所指的信號，加入第一引數 set 所指的信號組內。

sigdelset() 函數將其第二引數 signum 所指的信號，自第一引數 set 所指的信號組中剔除。

在成功地結束執行時，這些函數都送回 0。否則，它們會送回 -1，且 errno 會含錯誤號碼。

圖 6-6 所示即為示範如何應用這些函數的程式例子。

圖 6-6　信號面罩（sig_sigset.c）

```c
/*
 * Signal set.
 * Copyright (c) 2014, 2019-2020 Mr. Jin-Jwei Chen.  All rights reserved.
 */

#include <stdio.h>
#include <errno.h>
#include <signal.h>

/*
 * Display sample contents of a signal set.
 */
void display_signal_set(sigset_t *sigset)
{
  int     ret;

  if (sigset == (sigset_t *)NULL)
    return;

  fprintf(stdout, "\nSampling current contents of the signal set:\n");
```

```
    ret = sigismember(sigset, SIGINT);
    if (ret == 1)
      fprintf(stdout, "  SIGINT is a member of the current signal set.\n");
    else
      fprintf(stdout, "  SIGINT is not a member of the current signal set.\n");

    ret = sigismember(sigset, SIGQUIT);
    if (ret == 1)
      fprintf(stdout, "  SIGQUIT is a member of the current signal set.\n");
    else
      fprintf(stdout, "  SIGQUIT is not a member of the current signal set.\n");

    ret = sigismember(sigset, SIGPIPE);
    if (ret == 1)
      fprintf(stdout, "  SIGPIPE is a member of the current signal set.\n");
    else
      fprintf(stdout, "  SIGPIPE is not a member of the current signal set.\n");

    ret = sigismember(sigset, SIGKILL);
    if (ret == 1)
      fprintf(stdout, "  SIGKILL is a member of the current signal set.\n");
    else
      fprintf(stdout, "  SIGKILL is not a member of the current signal set.\n");

    ret = sigismember(sigset, SIGTERM);
    if (ret == 1)
      fprintf(stdout, "  SIGTERM is a member of the current signal set.\n");
    else
      fprintf(stdout, "  SIGTERM is not a member of the current signal set.\n");
    fprintf(stdout,"\n");
}

/*
 * The main program.
 */
int main(int argc, char *argv[])
{
  sigset_t    sigset;
  int         ret;

  /* Fill a signal set */
  ret = sigfillset(&sigset);
  if (ret != 0)
  {
    fprintf(stderr, "Failed to fill the signal set, errno=%d\n", errno);
    return(-1);
  }
  fprintf(stdout, "The signal set is just being filled now.\n");
  display_signal_set(&sigset);

  /* Delete a couple of signals from the signal set */
```

```
    ret = sigdelset(&sigset, SIGINT);
    if (ret != 0)
    {
      fprintf(stderr, "Failed to delete SIGINT from the signal set, errno=%d\n",
        errno);
      return(-2);
    }
    fprintf(stdout, "SIGINT has been successfully deleted from the signal set.\n");

    ret = sigdelset(&sigset, SIGQUIT);
    if (ret != 0)
    {
      fprintf(stderr, "Failed to delete SIGQUIT from the signal set, errno=%d\n",
        errno);
      return(-3);
    }
    fprintf(stdout, "SIGQUIT has been successfully deleted from the signal set.\n");
    display_signal_set(&sigset);

    /* Empty a signal set */
    ret = sigemptyset(&sigset);
    if (ret != 0)
    {
      fprintf(stderr, "Failed to empty the signal set, errno=%d\n", errno);
      return(-4);
    }
    fprintf(stdout, "The signal set is empty now.\n");
    display_signal_set(&sigset);

    /* Add a couple of signals to the signal set */
    ret = sigaddset(&sigset, SIGPIPE);
    if (ret != 0)
    {
      fprintf(stderr, "Failed to add SIGPIPE to the signal set, errno=%d\n", errno);
      return(-5);
    }
    fprintf(stdout, "SIGPIPE has been successfully added to the signal set.\n");

    ret = sigaddset(&sigset, SIGTERM);
    if (ret != 0)
    {
      fprintf(stderr, "Failed to add SIGTERM to the signal set, errno=%d\n", errno);
      return(-6);
    }
    fprintf(stdout, "SIGTERM has been successfully added to the signal set.\n");
    display_signal_set(&sigset);

    return(0);
}
```

6-4-2 以 sigprocmask() 函數更改信號面罩

記得我們說過，每一程序或程線都有一個屬於自己的信號面罩。這個面罩含有目前被阻擋住，不會送交給這個程序或程線的所有信號。程序可以 sigprocmask() 函數在一既有的信號面罩上增減信號，而在一個多程線的程序裡，每一程線可以 pthread_sigmask() 函數達成相同的目的。

記得，若一個信號出現在信號面罩上，那代表這個信號是被罩住，或阻擋住的。sigprocmask() 或 pthread_sigmask() 函數可以用來阻擋多個信號，或除了 SIGKILL 與 SIGSTOP 之外的所有信號。

sigprocmask() 函數改變或讀取叫用程序的信號面罩。

```
int sigprocmask(int how, const sigset_t *set, sigset_t *oldset);
```

如示，這函數需要三個引數。

第二個引數指出一個新的信號組。假若這引數是 NULL，則現有的信號面罩就維持不變。假若第二個引數是 NULL 而第三個不是 NULL，則 sigprocmask() 函數叫用即只讀取現有信號面罩的值，並不加以更動。

第一引數 how 決定第二引數所指的信號組，會如何影響現有的信號面罩。整個 sigprocmask() 函數的作用，就看這第一個引數而定。

1. 假若第一引數的值是 SIG_BLOCK，則第二個引數所指的所有信號，就會被加至既有已被阻擋的信號組內。

    這是一個集合成員的聯合（set union）作業。最後結果是現有信號面罩與第二引數所指之信號的聯集。

2. 若第一引數的值是 SIG_UNBLOCK，則第二個引數所指的所有信號，就會被自現有信號面罩中剔除，等於不再阻擋第二引數所指的這些信號了。

3. 若第一引數是 SIG_SETMASK，則第二個引數所指的所有信號，就取代現有的信號面罩，成為新的被阻擋著信號組。

    倘若函數的第三個引數不是 NULL，那在函數回返時，原先的信號面罩就會經由這第三引數傳回。這讓程式可以在一函數叫用中，能設定或改變信號面罩的值，同時又取回其原先的值。

sigprocmask() 函數在成功時送回 0，失敗時送回 -1。

　　圖 6-7 所示即為一先將 SIGINT 與 SIGQUIT 信號加至程序的信號面罩，然後再將 SIGINT 信號自信號面罩中剔除的程式。執行這程式時你會發現，假若某一信號存在程序的信號面罩內，那送這個信號給程序就毫無作用。是以，程式在收到 SIGINT 與 SIGQUIT 信號後，都存活下來。注意到，在程式最後，經剔除後，信號組是空的。

圖 6-7　改變信號面罩（sig_procmask.c）

```c
/*
 * Signal -- the sigprocmask() function.
 * Copyright (c) 2014, 2019, 2020 Mr. Jin-Jwei Chen.  All rights reserved.
 */

#include <stdio.h>
#include <errno.h>
#include <signal.h>
#include <unistd.h>

/*
 * Check to see if SIGINT and SIGQUIT are in a signal set/mask.
 */
void check_two(sigset_t sigset)
{
  int        ret;

  ret = sigismember(&sigset, SIGINT);
  if (ret == 1)
    fprintf(stdout, "  SIGINT is a member of the current signal mask.\n");
  else
    fprintf(stdout, "  SIGINT is not a member of the current signal mask.\n");

  ret = sigismember(&sigset, SIGQUIT);
  if (ret == 1)
    fprintf(stdout, "  SIGQUIT is a member of the current signal mask.\n");
  else
    fprintf(stdout, "  SIGQUIT is not a member of the current signal mask.\n");
}

/*
 * The main program.
 */
int main(int argc, char *argv[])
{
  int        ret;
  sigset_t   newset, oldset;

  /* Get the current signal mask */
  ret = sigprocmask(SIG_SETMASK, NULL, &oldset);
```

```
    if (ret != 0)
    {
      fprintf(stderr, "Failed to get the current signal mask, errno=%d\n", errno);
      return(-1);
    }
    fprintf(stdout, "This is what we started with:\n");
    check_two(oldset);

    /* Construct a signal set containing SIGINT and SIGQUIT */
    ret = sigemptyset(&newset);
    if (ret != 0)
    {
      fprintf(stderr, "Failed to empty the signal set, errno=%d\n", errno);
      return(-2);
    }
    ret = sigaddset(&newset, SIGINT);
    if (ret != 0)
    {
      fprintf(stderr, " Failed to add SIGINT to the signal set, errno=%d\n", errno);
      return(-3);
    }
    ret = sigaddset(&newset, SIGQUIT);
    if (ret != 0)
    {
      fprintf(stderr, " Failed to add SIGQUIT to the signal set, errno=%d\n", errno);
      return(-4);
    }

    /* Set the signal mask to the new set */
    fprintf(stdout, "Adding SIGINT and SIGQUIT to the current signal mask\n");
    ret = sigprocmask(SIG_BLOCK, &newset, &oldset);
    if (ret != 0)
    {
      fprintf(stderr, "Failed to change the current signal mask, errno=%d\n", errno);
      return(-5);
    }

    /* Retrieve the current signal mask */
    ret = sigprocmask(SIG_SETMASK, NULL, &oldset);
    if (ret != 0)
    {
      fprintf(stderr, "Failed to get the current signal mask, errno=%d\n", errno);
      return(-6);
    }
    check_two(oldset);

    /* Test getting a signal in the signal mask. Notice this does not kill. */
    fprintf(stdout, "Sending myself a SIGINT signal and see if we stay alive\n");
    kill(getpid(), SIGINT);
    fprintf(stdout, "Sending myself a SIGQUIT signal and see if we stay alive\n");
    kill(getpid(), SIGQUIT);
```

```
    fprintf(stdout, "Yes, we survived!\n");

    /* Make sure the SIGINT signal is the only thing in the newset */
    ret = sigdelset(&newset, SIGQUIT);
    if (ret != 0)
    {
      fprintf(stderr, " Failed to drop SIGQUIT from the signal set, errno=%d\n", errno);
      return(-7);
    }

    /* Remove the SIGINT signal from the current signal mask */
    fprintf(stdout, "Removing SIGINT from the current signal mask\n");
    ret = sigprocmask(SIG_UNBLOCK, &newset, &oldset);
    if (ret != 0)
    {
      fprintf(stderr, "Failed to change the current signal mask, errno=%d\n", errno);
      return(-8);
    }

    /* Retrieve the current signal mask */
    ret = sigprocmask(SIG_SETMASK, NULL, &oldset);
    if (ret != 0)
    {
      fprintf(stderr, "Failed to get the current signal mask, errno=%d\n", errno);
      return(-9);
    }
    check_two(oldset);

    return(0);
}
```

sigprocmask() 函數在程式的**關鍵**或**危險片段**（critical section）之前最常用。一個程式的關鍵片段通常在執行時都不希望被信號打斷，因此程式通常會在一關鍵片段之前，叫用 sigprocmask() 函數將某一或某些信號加至程序的信號面罩，以防止這些信號打斷關鍵片段的執行。

注意，若程序的信號面罩在 sigaction 函數所安置的信號處置函數內被改變了。那這個改變在控制由信號處置函數回返時，就會自動不見了。這是因為一個程序的信號面罩，每次在控制自信號處置函數回返時，就會被復原。

POSIX 標準說，那些無法被忽視的信號，就不應該被加至信號面罩上。

倘若某一信號被阻擋住，而其行動是忽略，則實際的結果則視作業系統而定。POSIX 標準並未指明結果應該如何。有些作業系統會在信號一產生時即將之丟棄，其他的作業系統則會讓它保持懸而未決。

請注意，阻擋一個信號與將信號忽略是不相同的。在程式阻擋一個信號時，這信號會被加至懸而未決信號的排隊中，等到這信號不再被阻擋時，它就會被送達給程序。因此和忽略不同。

欲停止阻擋信號，可以下述的程式片段達成：

```
#include <signal.h>
sigset_t  mask;
sigemptyset(&mask);
sigprocmask(SIG_SETMASK, &mask, NULL);
```

6-4-3 忽略信號

正如我們剛剛說過的，忽略一個信號與阻擋這個信號是不同的。雖然，在某些情況下，兩者最後的結果可能一樣。一個程式要如何忽略一個信號呢？

至少有兩種方式可以忽略一個信號。首先，程式可以叫用 sigaction() 函數，指明這個信號，並在 sigaction 資料結構的 sa_handler 資料欄上，指明行動是 SIG_IGN。這樣系統就會幫這個程序忽略這個信號。

其次，程式也可以安置一個信號處置函數，攔接這個信號，然後在信號處置函數內什麼事都不做，直接回返。

所有信號都可以被忽略嗎？當然不。已經說過了，SIGKILL 與 SIGSTOP 兩個信號是永遠無法被忽略的。SIGKILL 永遠殺掉一個程序，連讓它反應的機會都沒。SIGSTOP 也是永遠暫停一個程序的執行。同樣也是連讓程序反應的機會都沒。

6-4-4 阻擋 SIGILL，SIGSEGV 與 SIGFPE 信號

POSIX 標準說，若在它們被阻擋時，有 SIGILL，SIGSEGV，或 SIGFPE 信號產生，那結果如何是不確定的。除非，這信號是經由叫用 kill() 或 raise() 函數所產生的。（附註：raise() 函數就像 kill() 函數，只不過它是 ISO C 標準所定義的。）

這幾個信號有兩種不同的方式產生。

通常，SIGILL，SIGSEGV，SIGFPE 或 SIGBUS 信號，是因為程式有錯誤產生的。所以，它們與程式執行是同步的。同時，也代表程式有毛病，因此，它們是無法阻擋的。因為它們顯示著實際問題的存在。所以，一般而言，這些信號是無法忽略，阻擋或攔接的。

不過，由於程式也可以經由用 kill() 或 raise() 函數，故意送出這些信號。所以，在這種狀況下，容許它們被阻擋也是合理的。

在 Linux 上，因程式有錯蟲而產生的 SIGILL，SIGSEGV，SIGFPE 或 SIGBUS 信號，是無法加以阻擋的。即使阻擋了這些信號，程式還是照樣立刻陣亡的。但是，若這些信號是經由程式叫用 kill() 或 raise() 函數產生的，那它們就可以被阻擋。

除了 SIGILL，SIGSEGV，與 SIGFPE 之外，其他由程式錯誤所造成的信號，還包括 SIGBUS，SIGSYS，SIGTRAP，SIGIOT，與 SIGEMT。不過，這些並不在 POSIX 標準內，且其結果因作業系統而異。

6-5　接收被擋住，懸而未決的信號

程式阻擋某些信號的理由之一，就是必須執行一關鍵程式片段，而這關鍵程式片段的執行，不能被信號所中斷。若此，那在關鍵片段執行過後，若程序有懸而未決的信號，該怎麼辦呢？當然是收受並加以處置了！要不然，幹嘛要阻擋它們，乾脆忽略它們，不就得了。

這一節探討如何接收懸而未決的信號。

6-5-1　sigpending() 函數

在一個程序正式接收懸而未決信號之前，最好是先測試看看究竟有沒有這樣的信號。這主要是因為用以接收信號的函數也是阻擋式的。換言之，要是沒有信號可以立即接收，程式控制就會在那兒等著的。最好的情況是，若有信號在，那就接收。若無，那就不接收，程序可轉而做其他的事。sigpending() 函數就是正好是這樣。

```
int sigpending(sigset_t *set);
```

sigpending() 函數送回被目前程序所阻擋著，仍懸而未決的信號組（所有信號）。譬如若一個程序阻擋了 SIGQUIT 信號，而有其他程序送了這個信號給這個程序，那叫用 sigpending() 函數，即會送回一個含有這信號的信號組。

sigpending() 函數在成功時送回 0，在失敗時送回 -1。

圖 6-8 所示即為一應用 sigpending() 函數的程式。

圖 6-8 接收被阻擋著的懸而未決信號（sig_sigpending.c）

```
/*
 * Signal -- the sigpending() function.
 * Copyright (c) 2014, 2020 Mr. Jin-Jwei Chen.  All rights reserved.
 */

#include <stdio.h>
#include <errno.h>
#include <signal.h>
#include <unistd.h>

/*
 * Check to see if a signal is pending.
 */
void check_pending(int sig)
{
  sigset_t sigset;
  int       ret;

  ret = sigpending(&sigset);
  if (ret != 0)
  {
    fprintf(stderr, "Calling sigpending() failed, errno=%d\n", errno);
    return;
  }

  ret = sigismember(&sigset, sig);
  if (ret == 1)
    fprintf(stdout, "A signal %d is pending.\n", sig);
  else
    fprintf(stdout, "No signal %d is pending.\n", sig);
}

/*
 * The main program.
 */
int main(int argc, char *argv[])
{
  int       ret;
  sigset_t   newset, oldset;
```

```
       /* Set up to block the SIGQUIT signal */

       /* Construct a signal set containing SIGQUIT */
       ret = sigemptyset(&newset);
       if (ret != 0)
       {
         fprintf(stderr, "Failed to empty the signal set, errno=%d\n", errno);
         return(-1);
       }
       ret = sigaddset(&newset, SIGQUIT);
       if (ret != 0)
       {
         fprintf(stderr, " Failed to add SIGQUIT to the signal set, errno=%d\n", errno);
         return(-2);
       }

       /* Add the SIGQUIT signal to the current signal mask */
       fprintf(stdout, "Adding SIGQUIT to the current signal mask\n");
       ret = sigprocmask(SIG_BLOCK, &newset, &oldset);
       if (ret != 0)
       {
         fprintf(stderr, "Failed to change the current signal mask, errno=%d\n", errno);
         return(-3);
       }

       /* See if blocking the signal works by calling sigpending() */
       check_pending(SIGQUIT);
       fprintf(stdout, "Sending myself a SIGQUIT signal\n");
       kill(getpid(), SIGQUIT);
       check_pending(SIGQUIT);

       return(0);
     }
```

　　有兩種方式可以接收被阻擋著的懸而未決信號。下面兩節我們就介紹這兩種方式。

6-5-2　sigsuspend()函數

　　程序接收被阻擋著，懸而未決信號的第一種方法，就是叫用 sigsuspend() 函數。

　　sigsuspend() 函數無限期地暫緩叫用程式的執行，直到有一個行動是要終止程序的執行或攔接這信號的信號被送達為止。若這送達信號的行動是終止程序的執行，那 sigsuspend() 函數就永不回返。若這送達信號的行動是攔接，則在信號送達時，該信號的信號處置函數就會被叫用。在信號處置函數回返後，sigsuspend() 函數就會送回 -1，且 errno 會含 EINTR(4)，顯示這 sigsuspend() 函數的叫用被信號打斷了。當 sigsuspend() 函數叫用回返時，程序的信號面罩即會恢復成叫用 sigsuspend 之前的狀態。

```
int sigsuspend(const sigset_t *mask);
```

sigsuspend() 函數需要有一資料型態是信號組的引數。這引數會暫時取代程序的信號面罩，直到 sigsuspend() 函數回返為止。

圖 6-9 所示即為一先設定好以阻擋一個信號，然後於稍後方便時再接收這個信號的程式。

平常，要是程式有關鍵片段必須執行，不能被信號打斷，那它就會在執行關鍵片段之前，先將信號阻擋著。然後，依關鍵片段執行完後，再檢查看有否懸而未決的信號。若有，再於那時接收這些信號。為了不讓 sigsuspend() 在沒信號可接收時，就等在那邊，我們先以 sigpending() 叫用檢查看是否有懸而未決的信號在。

圖 6-9　在方便時刻時才接收信號的程式（sig_sigsuspend.c）

```
/*
 * Signal -- to block a signal and receive it at convenient time
 * using the sigsuspend() function.
 * Copyright (c) 2014, 2020 Mr. Jin-Jwei Chen.  All rights reserved.
 */

#include <stdio.h>
#include <errno.h>
#include <signal.h>
#include <unistd.h>

/*
 * Signal handler.
 */
void signal_handler(int sig)
{
  fprintf(stdout, "Received a signal %d\n", sig);
  /* We cannot invoke pthread_exit() here. */
  return;
}

/*
 * Check to see if a signal is pending.
 */
```

```
int check_pending(int sig)
{
  sigset_t sigset;
  int      ret;

  ret = sigpending(&sigset);
  if (ret != 0)
  {
    fprintf(stderr, "Calling sigpending() failed, errno=%d\n", errno);
    return(ret);
  }

  ret = sigismember(&sigset, sig);
  if (ret == 1)
    fprintf(stdout, "A signal %d is pending.\n", sig);
  else
    fprintf(stdout, "No signal %d is pending.\n", sig);

  return(ret);
}

/*
 * The main program.
 */
int main(int argc, char *argv[])
{
  int       ret, ret2, ret3;
  sigset_t  newset, oldset, blkset;
  int       done=0;
  int       sig;
  struct sigaction sigact;

  /* Set up to block the SIGQUIT signal */

  /* Construct a signal set containing SIGQUIT */
  ret = sigemptyset(&newset);
  if (ret != 0)
  {
    fprintf(stderr, "Failed to empty the signal set, errno=%d\n", errno);
    return(-1);
  }
  ret = sigaddset(&newset, SIGQUIT);
  if (ret != 0)
  {
    fprintf(stderr, " Failed to add SIGQUIT to the signal set, errno=%d\n",
      errno);
    return(-2);
  }

  /* Add the SIGQUIT signal to the current signal mask */
  fprintf(stdout, "Adding SIGQUIT to the current signal mask\n");
```

```
  ret = sigprocmask(SIG_BLOCK, &newset, &oldset);
  if (ret != 0)
  {
    fprintf(stderr, "Failed to change the current signal mask, errno=%d\n",
      errno);
    return(-3);
  }

  /* After the signal is blocked, the critical section code can start here */

  /* Send myself the SIGQUIT signal twice. Typically, this is done by some
     other process. */
  fprintf(stdout, "Sending myself a SIGQUIT signal\n");
  kill(getpid(), SIGQUIT);
  fprintf(stdout, "Sending myself a SIGQUIT signal\n");
  kill(getpid(), SIGQUIT);

  /* The critical section ends here */

  /* Set up to catch the signal that we are about to receive.
   * We need to do so because otherwise the default action is to terminate.
   */
  sigfillset(&blkset);
  sigdelset(&blkset, SIGQUIT);
  sigemptyset(&sigact.sa_mask);
  sigact.sa_flags = 0;
  sigact.sa_handler = signal_handler;
  ret = sigaction(SIGQUIT, &sigact, NULL);
  if (ret != 0)
  {
    fprintf(stderr, "sigaction() failed, errno=%d\n", errno);
    return(-4);
  }

  /* Check if we have a pending SIGQUIT signal. Receive it if yes. */
  while (!done)
  {
    ret2 = check_pending(SIGQUIT);
    if (ret2)
    {
      /* Receive the pending signal */
      errno = 0;
      ret3 = sigsuspend(&blkset);
      fprintf(stdout, "sigsuspend() returned %d, errno=%d\n", ret3, errno);
    }
    else
      done = 1;  /* Done if no pending SIGQUIT signal */
  }

  return(0);
}
```

誠如你可由圖 6-9 的程式看出，程序收到了 SIGQUIT 信號兩次，但最後只有一次送達。POSIX 標準說，同一懸而未決信號若重複出現，則究竟要送達一次或多次，由作業系統決定。假若有多個信號，其送達的先後順序也未定。此外，多個信號一次同時送達，或一次只有一個，也是由作業系統決定。

6-5-3　sigwait() 函數

注意到，有了 sigsuspend() 函數，雖然程式可以在方便的時候才接收信號，但程式還是需要有一信號處置函數。事實上，程式不僅可以選擇在它方便的時刻才接收信號，也可以選擇不必用到信號處置函數，同步式地接收信號。sigwait() 函數就能這樣做。

```
int sigwait( const sigset_t *set, int *sig );
```

sigwait() 函數從它的第一引數所指的信號組當中，選擇一個懸而未決的信號，將之自程序或程線的懸而未決信號中剔除，然後將信號的號碼，經由函數的第二引數送回。假若在叫用時，第一引數所指的信號組當中，沒有任何一個信號懸而未快，則 sigwait() 函數就會等在那兒。叫用程式會一直等到信號組中有一個或多個信號懸而未決時，才會再繼續執行。注意到，第一引數所指的信號必須是被阻擋著的信號。

成功時，sigwait() 函數會送回 0。失敗或出錯時會送回 -1，且 errno 會含錯誤號碼。

sigwait() 函數對程線而言是安全的。

注意到，Oracle/Sun Solaris 支援兩個 sigwait() 的版本。第一個 sigwait() 版本並不使用第二個引數。原本應由第二引數送回的信號號碼，就變成由函數送回。第二個版本則是標準版，和我們以上所介紹的相同。為了能夠使用第二個版本，在 C 程式的編譯程式命令上，你必須加上 -D_POSIX_PTHREAD_SEMANTICS（採用 POSIX 標準的意涵）。

圖 6-10 所示，即為不用信號處置函數，而以叫用 sigwait() 函數，同步接收信號的程式。

圖 6-10 以 sigwait() 函數同步接收信號（sig_sigwait.c）

```c
/*
 * Signal -- to synchronously receive a signal with the sigwait() function.
 * On Solaris, compile like this:
 *   cc -D_POSIX_PTHREAD_SEMANTICS  -o sig_sigwait sig_sigwait.c
 * Copyright (c) 2014, 2019, 2020 Mr. Jin-Jwei Chen.  All rights reserved.
 */

#include <stdio.h>
#include <errno.h>
#include <signal.h>
#include <unistd.h>

/*
 * Check to see if a signal is pending.
 */
int check_pending(int sig)
{
  sigset_t sigset;
  int         ret;

  ret = sigpending(&sigset);
  if (ret != 0)
  {
    fprintf(stderr, "Calling sigpending() failed, errno=%d\n", errno);
    return(ret);
  }

  ret = sigismember(&sigset, sig);
  if (ret == 1)
    fprintf(stdout, "A signal %d is pending.\n", sig);
  else
    fprintf(stdout, "No signal %d is pending.\n", sig);

  return(ret);
}

/*
 * The main program.
 */
int main(int argc, char *argv[])
{
  int         ret, ret2, ret3;
  sigset_t    newset, oldset;
  int         done=0;
  int         sig;

  /* Set up to block the SIGQUIT signal */

  /* Construct a signal set containing SIGQUIT */
```

```
    ret = sigemptyset(&newset);
    if (ret != 0)
    {
      fprintf(stderr, "Failed to empty the signal set, errno=%d\n", errno);
      return(-1);
    }
    ret = sigaddset(&newset, SIGQUIT);
    if (ret != 0)
    {
      fprintf(stderr, "  Failed to add SIGQUIT to the signal set, errno=%d\n", errno);
      return(-2);
    }

    /* Add the SIGQUIT signal to the current signal mask */
    fprintf(stdout, "Adding SIGQUIT to the current signal mask\n");
    ret = sigprocmask(SIG_BLOCK, &newset, &oldset);
    if (ret != 0)
    {
      fprintf(stderr, "Failed to change the current signal mask, errno=%d\n", errno);
      return(-3);
    }

    /* Send myself the SIGQUIT signal twice */
    fprintf(stdout, "Sending myself a SIGQUIT signal\n");
    kill(getpid(), SIGQUIT);
    fprintf(stdout, "Sending myself a SIGQUIT signal\n");
    kill(getpid(), SIGQUIT);

    /* Wait and process the pending signals */
    while (!done)
    {
      ret2 = check_pending(SIGQUIT);
      if (ret2)
      {
        /* Wait for a signal and process it */
        ret3 = sigwait(&newset, &sig);
        if (ret3 == 0)
        {
          fprintf(stdout, "sigwait() returned signal %d\n", sig);
          fprintf(stdout, "Handling signal %d here ...\n", sig);
        }
      }
      else
        done = 1;
    }

    return(0);
}
```

6-5-4 sigtimedwait() 與 sigwaitinfo() 函數

這一節我們介紹與 sigwait() 有關的兩個函數。

事實上，總共有三個函數，都可以用來等候同步的信號。除了以上所介紹的 sigwait() 函數之外，另外兩個如下：

```
int sigtimedwait(const sigset_t *restrict set, siginfo_t *restrict info,
    const struct timespec *restrict timeout);
int sigwaitinfo(const sigset_t *restrict set, siginfo_t *restrict info);
```

sigwaitinfo() 函數從第一個引數 set 所指的信號組當中，選擇一個懸而未決的信號。假若有一個以上的信號懸而未決，那函數會先選擇信號號碼最小的信號。POSIX 標準並未規定究竟是即時（real time）或非即時信號要先選。假若此信號組當中，在程式叫用時，沒有信號懸而未決，則叫用程序或程線即會等在那兒，一直等到信號組當中有一個或多個信號懸而未決，或到了被另一沒被阻擋但被攔接的信號所打斷為止。

sigwaitinfo() 函數與 sigwait() 函數類似。唯一不同的兩點是，回返值與錯誤報告的方式不同，且若第二引數 info 不是 NULL，則 sigwaitinfo() 函數也會送回信號的有關資訊。假若第二引數 info 不是 NULL，則 siginfo_t 資料結構的 si_signo 資料欄會送回信號的號碼，而且造成這信號的原因也會在同一結構的 si_code 資料欄中送回。

sigtimedwait() 函數則與 sigwaitinfo() 類似，唯一不同的是，倘若第一引數 set 所指的信號組當中，沒有任何一個信號懸而未決，則 sigtimedwait() 函數會在等候其第三引數所指定的那麼多時間後回返，不會無限期的等下去。假若第三引數的時間值零，而信號組又沒任何信號懸而未決，那 sigtimedwait() 就會立刻回返，並送回一錯誤號碼。假若第三引數的值是 NULL，那結果就未定不知。

在成功結束時，這兩個函數都會送回被選上之信號的號碼。否則，它們就會送回 -1。

值得一提的是，絕大部分和信號有關的函數，都定義在 POSIX.1 標準內。只有 sigtimedwait()，sigwaitinfo()，與 sigqueue() 三個函數是定義在 POSIX.1b 內。

6-6 保留給應用程式的信號

POSIX 標準保留了兩個信號給應用程式去界定與使用：SIGUSR1 與 SIGUSR2，這兩個信號可以經由叫用 kill() 函數或執行 kill 命令產生。POSIX 標準建議作業系統或庫存函數不應產生這兩個信號，而應百分之百留給應用程式去定義與使用。絕大多數的工程師都發覺兩個信號很有用。

舉例而言，這兩個信號的用途之一，就是把每一信號當成是一特別命令。譬如，一個應用軟體可能使用了一個管理者程序，監督著好幾個工作者程序。每次這監督者要一個工作者做事時，就送給 SIGUSR1 信號，要它停止時就送個 SIGUSR2。或者，送 SIGUSR1 信號就代表執行作業 A，送 SIGUSR2 信號時，就代表執行作業 B，等等。

這兩個信號另一用途就是將之用成關掉（shutdown）命令。經常應用程式會涉及使用一群程序，有時會需要叫某一程序結束掉自己。與其送給這個程序一個 SIGKILL 信號，倒不如使用 SIGUSR1 或 SIGUSR2。這樣接收到此一信號的程序，可以進行所有必要的處置，如關閉打開的檔案，釋回所有的鎖，釋放動態記憶等，從容且井然有序地完成了所有結束前必要的清除作業之後，然後才結束整個程序，乾淨俐落地結束。

圖 6-11 以 SIGUSR1信號作為乾淨的結束命令（sig_sigusr.c）

```c
/*
 * Signal -- using the SIGUSR1 signal as a command to do a clean shutdown.
 * Use two (parent and child) processes.
 * Copyright (c) 1997, 2014, 2019-2020 Mr. Jin-Jwei Chen.  All rights reserved.
 */

#include <stdio.h>
#include <errno.h>
#include <sys/types.h>
#include <unistd.h>
#include <stdlib.h>        /* exit() */
#include <signal.h>

/*
 * Signal handler.
 */
int signal_handler(int sig)
{
  /* Do a cleanup and release all resources held by this process */
  fprintf(stdout, "In signal_handler(), this process received a signal %d.\n",
```

```
        sig);
      fprintf(stdout, "In signal_handler(), this process is doing a cleanup and"
        " releasing all resources ...\n");
      /* Release all resources this process holds here */
      fprintf(stdout, "In signal_handler(), cleaning up is done. This
process is shutting down. Bye!\n");
      /* Shut down this process */
      exit(0);
   }

   int main(int argc, char *argv[])
   {
     pid_t  pid;
     int    stat;   /* child's exit value */
     int    ret;

     /* Create a child process */
     pid = fork();

     if (pid == -1)
     {
       fprintf(stderr, "fork() failed, errno=%d\n", errno);
       return(-1);
     }
     else if (pid == 0)
     {
       /* This is the child process. */
       struct sigaction  newact, oldact;

       fprintf(stdout, "Child: I'm a new born child.\n");
       /* Specify an action for a signal */
       sigfillset(&newact.sa_mask);
       newact.sa_flags = 0;
       /* Specify (i.e. install) my own signal handler function */
       newact.sa_handler =  (void (*)(int))signal_handler;
       ret = sigaction(SIGUSR1, &newact, &oldact);
       if (ret != 0)
       {
         fprintf(stderr, "Child: sigaction() failed on SIGUSR1, errno=%d\n", errno);
         return(-2);
       }
       fprintf(stdout, "Child: A signal handler was successfully installed for "
         "signal SIGUSR1.\n");

       /* Perform the child process' task here and wait for shutdown signal */
       while (1)
         sleep(1);
       return(0);
     }
     else
     {
```

```
        /* This is the parent process. */
        fprintf(stdout, "Parent: I've just spawned a child.\n");

        /* Let child get on its feet first before sending it a signal */
        sleep(2);

        /* Test to see if the child is still alive. It must be. */
        ret = kill(pid, SIGUSR1);
        if (ret == 0)
          fprintf(stdout, "Parent: A SIGUSR1 signal was successfully sent to child.\n");
        else
          fprintf(stderr, "Parent: Sending a SIGUSR1 signal to child failed, "
            "errno = %d\n", errno);

        /* Wait for the child to exit */
        pid = wait(&stat);
        if (pid > 0)
        {
          fprintf(stdout, "Parent: My child has exited.\n");

          /* Test to see if the child is still alive again. It should be dead. */
          ret = kill(pid, 0);
          if (ret == 0)
            fprintf(stdout, "Parent: My child is still alive.\n");
          else
            fprintf(stdout, "Parent: My child is dead.\n");
        }

        return(0);
      }
}
```

　　圖 6-11 所示即為一以 SIGUSR1 信號，作為叫另一程序乾淨地結束自己的關閉命令的程式。這個例題程式是一個兩個程序的例子，讀者可以試著將之改成叫自己關閉的情形（亦即將信號送給自己）。

　　記得，收到 SIGUSR1 或 SIGUSR2 信號的既定行動也是終止程序。因此，應用程式一定要先安裝一信號處置函數才行。

　　值得注意的是，在這例題程式中，母程序送給子程序的信號，很可能在子程序實際安置好信號處理函數之前，就已被送達。為了避免發生這種狀況，我們在母程序中加入了睡覺休息兩秒鐘的步驟，讓子程序有機會先執行，安置好它的信號處理函數。另一種避免發生這種情形的方法，就是在母程序中，在生出子程序前，先將所有信號給阻擋著。這樣做會此較正式與可靠些。

為了讓整個程序結束掉，信號處置函數在最後並非回返，而是叫用了exit()函數。注意到，因為這緣故，我們特地將信號處置函數的回返資料型態，由平常的 void，改成 int。這也讓我們必須將信號處置函數的資料型態，做了轉換（cast）。

由於這個程式很簡單，沒有什麼真正的資源是必須釋開或釋回。所以，我們就只象徵性地印出 "程序正在釋放其所有資源" 的信息做代表。在實際的應用程式上，關掉檔案，釋放動態記憶，釋回程序所擁有的所有鎖等等，都是應該做的。

有些讀者可能會想到，要是能多定義幾個像這樣的信號，應該很好。是的。不過，在大部分作業系統上，sigset_t 資料型態一般都定成一整數陣列，容量很小，因此，有實際的限制。在 Linux，這個極限是 64。亦即，系統最多只能有 64 個不同的信號。舉例而言，在叫用 sigaction() 函數時，若你所使用的信號號碼超過最大極限，那函數叫用就會出現 EINVAL 錯誤。

6-7　作業系統所定義的非必要信號

前面提過，POSIX 標準允許作業系統，在 POSIX 所要求的所有必要信號之外，自己定義額外的信號。這雖然給足了彈性，但同時也讓使用這些非標準信號的應用程式的可移植性（portability）降低。

有些人會說，一個應用程式假若能處置所有的信號，包括那些非標準的信號，可靠性可提高。但是，並沒有簡易的方式，讓程式能忽略或攔接這些標準外的信號。程式也必須知道這些總共有幾個，以及是做什麼用的。所以，在使用這些作業系統自己所加的，POSIX 標準外的信號時，要再三考量清楚。

6-8　信號對 sleep() 函數的影響

sleep() 函數讓叫用程序睡覺其引數所指出的實際秒數。函數的執行會造成叫用程序的暫停執行，一直到引數所指出的時間秒數過了（這種情況下，函數會送回零），或程序收到一信號為止（程序可能進而執行信號處置函數或終止執行）。

圖 6-12 信號對 sleep() 函數的影響（sig_sleep.c）

```c
/*
 * Signal -- catching a signal during the sleep() call.
 * Copyright (c) 2014, 2020 Mr. Jin-Jwei Chen.  All rights reserved.
 */

#include <stdio.h>
#include <errno.h>
#include <sys/types.h>
#include <unistd.h>
#include <signal.h>
#include <sys/wait.h>

/*
 * Signal handler.
 */
void signal_handler(int sig)
{
  fprintf(stdout, "Received a signal %d\n", sig);
  /* We cannot invoke pthread_exit() here. */
  return;
}

int main(int argc, char *argv[])
{
  pid_t  pid;
  int    stat;    /* child's exit value */
  int    ret;
  unsigned int  ret2;
  struct sigaction  oldact, newact;

  /* Set it up to catch the SIGQUIT signal */
  /* Set sa_mask such that all signals are to be blocked during execution
     of the signal handler */
  sigfillset(&newact.sa_mask);
  newact.sa_flags = 0;
  /* Specify my signal handler function */
  newact.sa_handler = signal_handler;
  ret = sigaction(SIGQUIT, &newact, &oldact);
  if (ret != 0)
  {
    fprintf(stderr, "sigaction failed, errno=%d\n", errno);
    return(-1);
  }

  /* Create a child process */
  pid = fork();

  if (pid == -1)
  {
```

```
        fprintf(stderr, "fork() failed, errno=%d\n", errno);
        return(-2);
    }
    else if (pid == 0)
    {
        /* This is the child process. */
        fprintf(stdout, "Child: I'm a new born child.\n");

        /* Perform the child process' task here */
        fprintf(stdout, "Child: Go to sleep for a few seconds.\n");
        ret2 = sleep(5);
        fprintf(stdout, "Child: sleep() return %u\n", ret2);
        return(ret2);
    }
    else
    {
        /* This is the parent process. */
        fprintf(stdout, "Parent: I've just spawned a child.\n");

        /* Test to see if the child is still alive. It must be. */
        ret = kill(pid, 0);
        if (ret == 0)
            fprintf(stdout, "Parent: My child is still alive.\n");
        else
            fprintf(stdout, "Parent: My child is dead.\n");

        /* Send the child a signal */
        sleep(1);  /* comment this out to see what effect it has */
        fprintf(stdout, "Parent: Send my child a signal.\n");
        kill(pid, SIGQUIT);

        /* Wait for the child to exit */
        pid = wait(&stat);
        if (pid > 0)
        {
            fprintf(stdout, "My child has exited.\n");

            /* Test to see if the child is still alive again. It should be dead. */
            ret = kill(pid, 0);
            if (ret == 0)
                fprintf(stdout, "Parent: My child is still alive.\n");
            else
                fprintf(stdout, "Parent: My child is dead.\n");
        }

        return(0);
    }
}
```

圖 6-12 所示即為一母程序生出一子程序，然後送出一個 SIGQUIT 信號給子程序的例子。為了確保子程序在收到信號之前，能有機會執行並先安頓好，母程序在發送信號之前，先叫用 sleep() 函數，睡覺一秒鐘。你可看出，在母程序睡覺時，子程序啟動了，子程序緊接也睡覺，然後母程序就醒來，發送一個信號給子程序。這信號送達了子程序，打斷了子程序的睡覺。子程序的信號處理函數緊接被叫用，完後，子程序提早自 sleep() 函數回返，並送回 EINTR(4)（被中途打斷）。EINTR 意指系統叫用被信號中途打斷了。

為了實驗的目的，你可試著將母程序在發送信號之前的 sleep() 函數叫用拿掉。你可能會發現，程式執行的結果很可能是子程序都還沒機會執行，信號就已抵達。在那種情況下，子程序的信號處理函數會先被叫用。之後，子程序才真正開始執行。由於信號早已送達且處理過了，在子程序開始執行時，它就一路執行到底，未被信號所打斷。

記得，在叫用 sleep() 函數進入睡眠時，假若程序收到一個信號，而這信號沒被攔接，而且信號的行動不是忽略（SIG_IGN），那這 sleep() 函數叫用很可能會提早結束。

▶ SIGALRM 信號對 sleep() 函數的效用

在執行 sleep() 函數時，假若有人送了一個 SIGALRM 信號給程序，而且

1. 假若程序忽略或阻擋了這信號，則在信號被送達時，sleep() 函數是否會回返並不確定。

2. 假若程序沒有忽略或阻擋這信號，則該信號將會使 sleep() 叫用回返。除此之外，這 SIGALRM 信號是否有任何效應則不知。

6-9　信號的警訊

信號很方便，而且很容易使用。它們確實有用，但是，它們也有它們的**警訊**（caveats）。

信號的第一個警訊是，既定上，程序收到一個信號的結局是，終止執行。亦即，死亡。

第二個警訊是，當一個程序因收到一信號而陣亡時，並沒有任何方法，可以讓程序先清理戰場，進而死得乾乾淨淨。

第三，由於信號比程線更早存在，換言之，信號主要是針對程序而設計的，因此，信號與程線有時就無法水乳交融。譬如，假若一個信號造成一個程線的終止，那整個程序（以及其他所有程線）都會跟著陪葬。

話雖如此，在許多情況下，信號還是很有用而且很好用的。唯一的就是，記得要把它用對，而且用得安全！

6-10 信號摘要

信號基本上可分兩類。同步信號是因執行現有的程序或程線所造成的，例子包括程式進行了除數是零的運算，或試圖讀寫錯誤的記憶位址（譬如，用了一個空指標，null pointer），或試圖執行非法的指令。當這些事件發生時，作業系統或硬體會發現，進而產生一對應的信號，送給程序。程序一般會因此立即終止執行。這一類信號通常是無法忽略，阻擋或攔接的。

另一種信號則是來自現有程序或程線之外的非同步事件。這些信號是當程序或程線正在執行時，由其他程序或程線所送來的。這一章所討論的，主要是這些非同步信號。

一個程序或程線可以發送許多不同的信號給其他程序，或自己。倘若一個程序什麼準備都沒做，那既定上，它在收到一個信號時，是會立刻陣亡，終止執行的。

因此為了保護自己，一個程序可以經由叫用 sigprocmask() 函數，阻擋著除了 SIGKILL 與 SIGSTOP 之外的所有信號，讓這些信號不致被送達，或是藉著叫用 sigaction() 函數，設定一個在每一信號抵達時，程序所欲採取的行動（如忽略或攔接）。程線則透過叫用 pthread_sigmask() 阻擋著信號。

在一個信號被送達時，一個接收信號的程序可採取三種可能的行動。可以選擇採取既定（SIG_DFL）的行動，這就是立即終止程序的執行，因此一般都不這樣做。也可以選擇採取忽略（SIG_IGN）的行動，讓信號絲毫不影響程序。或者，它也可以選擇採取攔接（catch）的行動。欲攔接一個信號時，程序必須定義並安置（install）一個信號處置函數，以便在信號送達時，系統可以自動叫用此一函數，然後，在處置完畢後，此一處置函數可以決定程序的命運，是繼續執行或終止程序。

　　一個程式可以個別地或集體地設定它欲對某一或某些信號採取的行動，集體的方式就是透過使用信號組（signal set）參數。一個程序可經由叫用 sigprocmask() 函數，設定它對一組信號所採取的行動。例如，叫用這個函數一次，程序可以一次阻擋或不阻擋某一組信號，或全部信號。

　　一個程序可以藉著叫用 sigsuspend() 與 sigwait() 函數，選擇在最方便的時刻，接收被阻擋著的信號。

　　稍後在第八章討論 pthreads 程線時，我們還會介紹另一種方法，那就是先阻擋住所有的信號，然後再設定且使用一信號處理程線，專門負責攔接所有的信號。那種方式簡易了在多程線程式內對信號的處置。

　　簡言之，為了保護自己，免於一收到一個信號時就立即陣亡，一個程序必須設定好，看是否要阻擋或忽略每一信號，或安置一個信號處置函數來捕捉它們。

　　在程序的模式下，每一程序有自己的信號處理函數，信號行動，與阻擋信號用的信號面罩。每一程序可藉著叫用 kill() 函數，發送信號給其他程序。一個程序也可能收到來自其他程序的信號。在程序收到信號時，若行動是終止，則整個程序便終止執行。

　　在多程線的模式下，每一程線可以有自己的信號面罩。但信號配置（disposition）則是程序內的所有程線共用的。

6-11　其他的信號函數

　　除了以上我們所介紹的函數之外，還有一些其他的跟信號有關的函數，由於篇幅限制，我們無法一一介紹。請讀者直接參考 POSIX 標準。這本書所根據的 POSIX 版本，它的網址如下：

　　https://pubs.opengroup.org/onlinepubs/9699919799/

　　當你上了這個網頁後，點擊 "System Interfaces" Volume（系統界面一冊），然後在系統界面一欄上，再點擊 "3. System Interfaces" 一次，你就會看到 POSIX 標準的所有函數。

💡 問題

1. 什麼是信號？根據其產生之方式，信號有那兩大類，各舉出幾個信號作例子。

2. 從程式內，如何送出一個信號？從作業系統命令層次，你用那一個命令發送信號？

3. 何謂懸而未決的信號？

4. 在收到一個信號時，一個程序可以採取那些行動？這些行動又如何影響程序？

5. POSIX 信號與工作控制信號的既定行動分別是什麼？

6. 何謂攔接一個信號？如何攔接？攔接到一個信號時，程序執行如何？

7. 有那些信號永遠無法加以攔接？

8. 程式可以忽略所有信號嗎？有那些信號無法被忽略？

9. 一個程序要如何忽略信號？

10. 當一個信號處置函數，叫用其他函數時，有那些顧慮在？

11. 程序如何設定或變更對一個信號的行動？程式如何讀得它對一個信號的行動？

12. 信號的行動一旦設定後，它會繼續維持到何時？

13. 何謂信號面罩？它是做何用的？

14. 為何程序會想阻擋某些信號？

15. 有那些信號永遠無法被阻擋？

16. 一個程序如何更改它的信號面罩？一個程序如何取得它的現有信號面罩？

17. 若你在程序內阻擋著 SIGFPE 信號，然後再送一個這樣的信號給程式，結果會如何？倘若你在程序阻擋了 SIGFPE 信號後，又在程式內執行一個 x=x/0 的運算，結果又如何？和前面一樣嗎？

18. 從一個程式內，你如何測試某一程序是否還活著？

19. 一個程式，有幾種方式可以接收被阻擋的懸而未決信號？它們之間有何不同？

20. 信號接收函數都是阻擋式的。假若在沒有信號可以接收時，你不想讓叫用程序等在那兒，那你會怎麼做？

21. 解釋你可以用 SIGUSR1 與 SIGUSR2 做些什麼事？

22. 是任何人或任何程序都可以隨便發送信號給任何程序嗎？

23. 那些信號永遠都無法被忽略，阻擋或攔接？

✎ 習題

1. 在 sig_procmask.c 例題程式最後加一行 sleep(60)。重新編譯這程式。用一個窗口執行這程式，然後用另一窗口找出這個程序的號碼（pid），然後連續送三個 SIGQUIT 信號以及一個 SIGINT 信號給這程序。

   ```
   $ kill -3 pid
   $ kill -3 pid
   $ kill -3 pid
   $ kill -2 pid
   ```

   結果怎麼啦？為什麼會那樣呢？

2. 寫一個能阻擋所有信號的程式。

3. 寫一個在收到 SIGUSR1 信號時，會清理一切，然後終止程序的執行的程式。

   測試時，用 kill 命令送出一 SIGUSR1 信號給這個程序。

4. 更改例題程式 sig_sigusr.c。剔除母程式的睡覺步驟，改成在生出子程序前阻擋著信號，以便子程序能在收到信號前，先安裝好信號處置函數。

5. 寫一個能測知作業系統是否支援某一信號的程式。程式應能接收一個信號號碼，然後報告這個信號在目前的作業系統是否有支援。

6. 寫一個能印出你所使用之作業系統所支援之所有信號的程式。

7. 寫一個能測知某一可有可無（非必須）信號是否有支援的程式。

8. 在你所使用的作業系統上，當 SIGALRM 信號被忽略或阻擋著時，它對 sleep() 函數的效應是什麼，寫一個程式示範一下。
   在這信號沒被忽略或阻擋著時，結果又如何？

9.　寫一個程式，讓母程序產生一個子程序，但母程序不等子程序。讓子程序先結束終止。讓母程序睡覺或連續執行一段時間，以致你可以觀察實際結果。然後更改程式，讓母程序攔接 SIGCHLD 信號。以 ps 命令觀察，子程序何時變成了亡魂程序，以及子程序在何時自系統消失了。

10.　更改前一題的程式，讓母程序將 SIGCHLD 信號的行動改成 SIG_IGN。確保母程序沒有叫用任何的 wait() 函數。你有發現任何不一樣的結果嗎？子程序還有變成亡魂程序嗎？

11.　繼續改變上一題的程式，讓母程序設定並安置一信號處置函數，以攔接 SIGCHLD 信號。同時，也在 sigaction 資料結構的 sa_flags 資料欄上設定 SA_NOCLDWAIT 旗號。確認母程序並無叫用任何 wait() 函數在等待子程序。

　　這次結果又如何？子程序在結束後，有變成亡魂程序嗎？

參考資料

1.　The Open Group Base Specifications Issue 7, 2018 edition

　　IEEE Std 1003.1 -2017 (Revision of IEEE Std 1003.1-2008)

　　Copyright © 2001-2018 IEEE and The Open Group

　　http://pubs.opengroup.org/onlinepubs/9699919799/

2.　AT&T UNIX System V Release 4 Programmer's Guide: System Services

　　Prentice-Hall, Inc. 1990

程序

在一大的伺服（server）系統上，每一部計算機通常會有幾百或甚至幾千個程序（processes）同時在執行時，它是如何有這麼多程序的呢？

在像 Linux 與 Unix 作業系統上，當系統一開機，作業系統核心層的**接力啟動**（bootstrap）程式部分會先執行，將系統的各部分逐一啟動。完後，當整個系統各部位都就緒後，作業系統核心會啟動系統的第一個程序，叫 init。這個 init 程序的程序號碼就是 1，代表是整個系統的第一個程序，其母程序號碼會是 0。init 程序的擁有者通常是超級用戶 root。它擁有特殊的最高權限。

init程序緊接會開創或產生（create）作業系統基本作業所需的其他多個程序。這些包括安排各程式給中央處理器執行的排班程序（scheduler）。虛擬記憶的管理程序，檔案系統的**背景**或**幕後伺服器/程序**（daemons），輸入／輸出幕後伺服器，網路幕後伺服器，登入幕後伺服器等等。各作業系統內部單元所必須的幕後伺服器，在整個作業系統完全起來時，系統通常會有十幾個作業系統層次的程序在執行。

在系統完全啟動之後，用者可以開始登入（login）。每一登入至少又會增加一個命令母殼（login or command shell）程序。然後，有人可能也會啟動某些大型軟體，如資料庫管理系統等。這些軟體產品，每一個都會有數目不等的程序在執行。然後，像資料庫管理系統軟體，通常又會有更上層的應用程式在跑，形成一個或多個階層性的程序結構。一下子很快可能就會有上百個程序同時存在。顯然，作業系統的基本能力之一，就是能開創或生出一個又一個的新的程序。

這一章，我們主要欲介紹如何從一個程序中，開創或生出（spawn）另一個新的程序，以及如何執行另一個程式。此外，我們也探討一些與程序之建立，管理和相互通信有關的概念與函數。

7-1 程序有關的觀念與函數

在深入探討如何開創新的程序與執行新的程式之前，我們先介紹一些與程序有關的觀念，以及一些取得與設定有關用者與群組之資訊的函數。

這一節所介紹的觀念包括程序，程序組，會期（session），真正用者號碼（ID），有效用者號碼，真正群組號碼，有效群組號碼，存起的 SUID，存起的 SGID 等。

7-1-1 何謂程序？

一個程序（process）就是一個正在執行中的程式（program）。同一個程式很可能同時有好幾正在執行的實例（instance），因而有多個程序在。

當你在作業系統的命令層打入一個命令或程式的名稱，執行它時，你就啟動了一個程序（至少一個，有可能是多個）。這一節，我們就解釋程序像什麼。

每一程序有自己的虛擬位址空間（virtual address space），這在你建立程式時，由編譯程式所產生。典型上，如圖 7-1 所示，一個程序的虛擬記憶空間包含程式碼節段（code or text segment），資料節段，堆疊（stack），與堆積（heap）等幾個部分。此外，它還包含了共用庫存程式碼，共用庫存資料，載入程式的程式碼，載入程式的資料等。所以虛擬記憶空間含的幾乎是程式的全部，動態資料除外。

圖 7-1　程式的虛擬位址空間

　　這每一節段都座落於某一固定虛擬位址上。但實際上的虛擬位址因作業系統不同而異。每一節段以及整個虛擬位址空間，其大小都有限制的。有些作業系統會讓用者調整某些節段的起始位址與大小，但並非所有作業系統都是這樣。堆疊與堆積是可以成長的，它們通常往反方向成長。

程式碼節段含的就是程式編譯過的實際程式碼。程式在執行時，中央處理器每次提取一個程式指令加以執行，就是來自此一節段的。你已知道，這個節段的內含，必須先由磁碟被讀入記憶器內，程式才能執行的。程式碼節段的內含，通常只能讀取，不能改變的。除非你是在除錯，以除錯程式（debugger）在執行這個程式。那是唯一程式碼節段的內含可以被改變的時刻。

虛擬記憶空間內的資料節段，包括程式所用到，已有初值設定的資料（initialized data）以及尚無初值設定的資料（又稱 BSS）。

已有設定初值的資料，編譯程式會把這些初值存放在可執行程式的檔案內。所以，在程式執行時會由磁碟讀入記憶器內。無設定初值的資料（BSS），則是程式中，採用靜態記憶分配，而且尚未設定初值的變數資料。這些包括宣告在任何函數之外的變數與常數，以及那些宣告在函數之內，但加有 static 關鍵字的靜態局部變數（static local variables）。

通常，只有 BSS 部分的大小會儲存在可執行程式檔案內，沒有資料。載入程式（loader）在將程式由磁碟讀入記憶器內時，會實際騰出（allocate）這些記憶。有些作業系統會自動把 BSS 記憶區全部清除為零，有些則不會。你的程式千萬不能依賴作業系統會將這部分記憶清除為零。

堆疊節段就是程式的堆疊記憶。那是作為儲存所有宣告在函數內的局部變數，以及函數叫用時傳遞引數資料用的。

堆積（heap）則是動態分配或騰出的記憶，有時又稱**動態記憶**。一個 C 程式透過叫用malloc()，realloc()，或 calloc() 函數所取得的動態記憶，都存在堆積節段內。注意到，動態記憶一旦經騰出後，會一直存在堆積內，直到程式明確地將之釋回（freed）或程式終止為止。假若程式一直騰出動態記憶但都不釋回，則存在堆積中的動態記憶就會一直成長。若有動態記憶已經不用了但卻未被釋回，或甚至還繼續重複騰出，則這就會造成所謂的**記憶流失**（memory leak）。

所謂記憶流失即經騰出的動態記憶，已經沒有在用了，可是也沒被釋回。造成不用的記憶佔用記憶空間，不必要地增加了程式對記憶器的使用量。記得，所有動態記憶，在騰出後，只要用完了，不會再用到了，就應該立刻釋回。否則，就會造成記憶流失。

　　一個常見的程式錯誤是，一個函數騰出了一些動態記憶以儲存某些資料，但最後用完這些資料的函數卻忘了將動態記憶釋回。因此造成每次這函數被叫用時，都有重新騰出這動態記憶一次，但卻從未有函數將之釋回。以致程序的記憶器使用量不必要地一直上升，造成記憶流失。

　　值得一提的是，我碰到過少數工程師，在動態記憶上化簡為繁，花了太多不必要的工夫，開創了太多叫用 malloc() 函數的巨集（macros）與函數。僅一個單元就定義了六十幾個這樣的巨集。不僅很難瞭解，還在這些巨集上生出了許多錯蟲。非常不應該，浪費自己時間，也浪費他人的時間。請記得勿犯這種錯誤。畢竟，在 C 語言程式上，最終就是一個 malloc() 函數，用以騰出動態記憶。這個函數，簡單又清楚，直接叫用就是了，沒有必要在它之上疊床架屋，搞得異常複雅。定義那麼叫用 malloc() 函數的巨集，還在巨集中製造了多個錯蟲，真是太過頭，走火入魔，弄出笑話了。

　　圖 7-1 所示即為一程序之虛擬記憶空間之記憶分布的例子。請記得，這個分佈情況在每一作業系統可能不盡相同，但應大同小異。

　　除了圖 7-1 所示的程序虛擬位址空間外，在一個程序產生時，作業系統核心也會產生一些諸如程序的狀態，程序的排班，與收費資訊等用以追蹤與管理每一程序的核心層資料結構。作業系統核心內會有一程序表格，用以追蹤目前系統上還活著的所有程序。每次一有一個新的程序誕生時，系統即會在這表格上增加一個元素。在 Unix 作業系統上，系統會建立一個稱為 "U 區域"（U area）的資料結構，用以追蹤與控制系統上的每一程序。

　　注意，程序虛擬位址空間上的所有記憶位址，都是虛擬而且是相對的位址。真正在執行時，程式真正所佔用的記憶位址會是完全不同的。這就是為何虛擬位址空間內的所有位址都是相對的，而不是絕對。在執行時，視程式被載入記憶器內的那一實際位置（址）而定，中央處理器內的記憶器管理硬體部分，會將編譯程式所產生之所有虛擬位址，翻譯轉換成實際的位址。是以，用者是看不到實際的位址的。

7-1-2 getpid() 與 getppid() 函數

每一程序有一些屬性（attributes）。首先就是**程序的識別號碼**（identifier，或 id）。為了便於管理與指認，系統上的每一個程序，都被賦予一與眾不同的號碼。程序號碼是一個整數。在很多系統上，一個程序號碼就是該程序在核心層內之程序表格的索引（index）。在程式上，程序號碼的資料型態就是 pid_t。pid_t 一般就是一個整數。記得每一程序都有一母程序，母程序的號碼也會被記錄在程序表格裡。

getpid() 函數送回目前這程序（即叫用程序）的程序號碼。getppid() 則送回母程序的程序號碼。這兩個函數都非常簡單，它們都沒有任何參數，也都送回一個資料型態是 pid_t 的值，即一個程序號碼。如下所示的，叫用這兩個函數永遠成功，不會失敗。

```
#include <sys/types.h>
#include <unistd.h>
pid_t getpid(void);
pid_t getppid(void);
```

7-1-3 getuid() 與 geteuid() 函數

每一活著的程序的另一個屬性是都有一個擁有者（owner）。這主要作為存取控制與算帳（是的，除個人電腦之外使用電腦是要算錢）用的。一個程序的擁有者決定該程序有權存取那些檔案及資源。在 POSIX 標準，權限是根據用者與群組訂定的。

系統的每一用者都有一與眾不同的用戶名稱。每一用戶根據他的用戶名稱來登入（login）系統。除了符號名稱外，每一用戶也被賦予一用者號碼，這號碼也是整數。用戶名稱給人使用，用戶號碼給軟體程式使用以增進效率。事實上，每一程序都有兩個用戶號碼：**真正用戶號碼**（real user id）與**有效用戶號碼**（effective user id）。

有時，一個程序要是有額外的權限，執行起來會方便多了。因此，POSIX 作業系統還有類似第三種用戶號碼，那就是 SUID（set-user-identifier）位元。一個可執行程式，要是它的 SUID 權限位元是設定（是 1）的話，那執行這個程式或檔案時，程序就會自動擁有這檔案之擁有者的權限。同樣的，每一可執行程式也有一個 SGID（群組）位元。在執行 SUID 設定的程式檔案時，程序的有效用戶號碼，就與它原來的真正用戶號碼不同了。這時，程序的有效用戶號碼即為那可執行檔案的擁有者，非用戶本身。同樣地，在執行 SGID 設定的程式檔案時，程序的有效群組號碼也會變成那可執行檔案的擁有群組的號碼。

　　一個程式叫用 getuid() 函數取得程序的真正用戶號碼（真正的自己），而以叫用 geteuid() 函數取得程序的有效用戶號碼。這兩個函數規格如下：

```
#include <unistd.h>
#include <sys/types.h>
uid_t getuid(void);
uid_t geteuid(void);
```

　　記得，這兩個函數是永不失敗的。

7-1-4　getgid() 與 getegid() 函數

　　跟用戶號碼類似的，getgid() 與 getegid() 函數分別取得叫用程序的真正群組號碼與有效群組號碼。這兩個函數格式如下：

```
#include <unistd.h>
#include <sys/types.h>
gid_t getgid(void);
gid_t getegid(void);
```

　　這兩個函數也是永遠都是成功的。

7-1-5　setuid() 與 setgid() 函數

　　在 POSIX 標準下，一個程序可以有第三個用戶與群組號碼。那就是**存起的設定用戶號碼**（saved set-user-id）與**存起的設定群組號碼**（saved set-group-id）。在程式編譯時，倘若符號常數 _POSIX_SAVED_IDS 有定義，那每一程序就會有存起的設定用戶號碼與存起的設定群組號碼。

　　setuid() 函數設定叫用程序的真正與有效用戶號碼，也可能包括存起設定用戶號碼。

```
#include <sys/types.h>
#include <unistd.h>
int setuid(uid_t uid);
int setgid(gid_t gid);
```

假若叫用程序有適當的權限，則 setuid() 函數將現有程序的真正與有效用戶號碼設定成引數 uid 所含的值。若編譯符號常數 _POSIX_SAVED_IDS 有定義，則存起的設定用戶號碼也會同時被設定成 uid 引數所含的值。

假若叫用程序沒有適當的權限（譬如，它不是超級用戶），但是 uid 引數的值與程序的真正用戶號碼相同，則 setuid() 函數會將有效用戶號碼設定成 uid 所含的值，真正用戶號碼則保持不變。假若符號常數 _POSIX_SAVED_IDS 有定義，而且 uid 的值與存起的設定用戶號碼相同，則有效用戶號碼會被設定成 uid 引數的值，而真正用戶號碼與存起設定用戶號碼則保持不變。

setgid() 函數與 setuid() 函數類似，唯一的不同是，它設定的是群組號碼，而非用戶號碼。亦即，它設定的是真正群組號碼，有效群組號碼，與存起的設定群組號碼。

7-1-6　程序群組與會期

▶ 程序群組

在順從 POSIX 的作業系統，程序組織成**程序群組**（process group）。一個程序群組即是擁有同一**程序群組號碼**的一群相關的程序。

程序群組主要用於控制對終端機的讀寫以及信號發送上。

程序群組通常是依遺傳產生的，一個程序的程序群組來自它的母程序。當一母程序產生子程序時，它事實上產生了一個新的程序群組，該程序群組的號碼，即是母程序的程序號碼。一個程序群組內的所有程序，通常叫一個**工作**（job）。

典型上，一個用戶自他的終端機的登入命令母殼啟動一個程序或工作。因此，一個工作是從命令母殼以及其所相關的終端機，稱為控制終端機，加以控制的。每一終端機在任何時刻都有一程序群組號碼，擁有此一相同程序群組號碼的所有程序，即是此一終端機的幕前程序，這些程序有權讀取該終端機。

一個工作控制母殼可以產生多個程序群組，全都屬於同一終端機。在做輸入／輸出時，一個程序只有在其程序群組號碼與終端機的程序群組號碼相同時，才可以讀取終端機。假若一程序試圖由終端機讀取資料，但其程序群組號碼與終端機的不同，那該程序就會被阻擋住。藉著變更一終端機的程序群組號碼，一母殼即可將同一終端機用在多個不同工作上。

例如，下面就是一個程序群組的例子，在整個程序的家譜上，登入母殼是最早的祖先，在例子中它的程序號碼是 7441。這母殼執行了一個 mkprocgrp 程式，其程序號碼為 8551。這個程序的程序群組號碼也是 8551，寫在括弧內。這個程序產生了一個子程序，其程序號碼為 8552，且程序群組號碼也是 8551。這個子程序進一步生出了兩個子程序，第一個的程序號碼 8553，程序群組為 8551。第二個的程序號碼為 8554，程序群組為 8551。由圖可看出，mkprocgrp 程序產生了一個含有四個程序的程序群組，所有這些程序的程序群組號碼都是 8551。

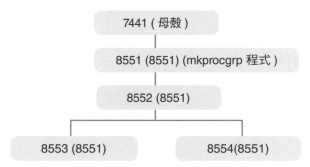

▶ 會期

一個**會期**或**互動期間**（session）包含一個或多個程序群組。一個會期也可以與一個終端機設備相連。會期有兩個主要用途，一個是將一用者登入母殼與這母殼所產生的所有工作組合在一起。另一個則是為一個幕後或背景伺服程序與它的所有子程序形成一個隔絕的環境。

會期可以經由叫用 setsid() 函數產生，只要目前不是一個程序群組的領袖，一個程序即可開創一個會期，並成為該會期的領袖。在這之後，這會期領袖所產生的所有程序，以及這些程序的子孫程序，就全部變成這會期的成員。

若會期需與用者溝通，則會期可以有一相關的控制終端機。一個會期的終端機，由會期領袖產生。在產生終端機之後，會期領袖即變成這會期的控制程序。注意，在每一時刻一個終端機設備只能作為一個會期的控制終端機。這意謂，只有一個程序群組可以是一控制終端機的幕前程序群組，而有權讀寫該終端機。會期內的其他程序群組都在幕後，無權存取終端機。

7-1-7 getpgid()，setpgid()，getpgrp()，與 setpgrp() 函數

下面四個函數取得或設定一個程序的程序群組號碼。欲使用這些函數時，程式必須包含前頭檔案 unistd.h。

```
#include <unistd.h>
pid_t getpgrp(void);
int   setpgrp(void);
pid_t  getpgid(pid_t pid);
int    setpgid(pid_t pid,  pid_t pgid);
```

getpgrp() 函數取得並送回目前這程序的程序群組號碼。

getpgid() 函數取得並送回引數 pid 所指之程序的程序群組號碼。

getpgrp() 即等於 getpgid(0)。

setpgrp() 函數設定叫用程序之程序群組號碼。setpgid() 函數則將 pid 引數所指的程序之程序群組號碼設定成 pgid 引數的值。setpgrp() 等於 setpgid(0,0)。

在成功時，setpgid() 與 setpgrp() 都送回 0。在錯誤時，它們都送回 -1，且 errno 會含錯誤號碼。

一個程序可以經由叫用 setpgid() 函數，產生一個新的程序群組，進而改變它自己的程序群組，或一子程序的。同一函數亦可用於將某一程序移入一現有的程序群組。

圖 7-2 所示即為一顯示出一程序之程序號碼，母程序之程序號碼，以及程序群組號碼的程式。

圖 7-2　getpid()，getppid()，getpgrp()，與 getpgid()（getpid.c）

```
/*
 * Example on getpid(), getppid(), getpgrp(), and getpgid().
 * Copyright (c) 2013, 2014 Mr. Jin-Jwei Chen. All rights reserved.
 */

#include <stdio.h>
#include <errno.h>
#include <unistd.h>

int main(int argc, char *argv[])
{
  pid_t  pid;

  fprintf(stdout, "My process id, pid=%u\n", getpid());
  fprintf(stdout, "My parent's process id, ppid=%u\n", getppid());
  fprintf(stdout, "My process group id, pgrp=%u\n", getpgrp());
  fprintf(stdout, "My process group id, pgid=%u\n", getpgid(0));
}
```

7-1-8　setsid() 函數

```
#include <unistd.h>
pid_t setsid(void);
```

　　假若叫用程序目前不是程序群組領袖，則叫用 setsid() 函數會產生一個新的會期，將叫用程序變成這新會期的領袖，以及一新的程序群組的領袖。這程序沒有控制終端機。叫用程序的程序群組號碼與會期號碼會被設定成叫用程序的程序號碼。叫用程序本身變成這新程序群組與新會期中唯一的程序。

　　成功時，setsid() 函數送回叫用程序的程序群組號碼。出錯時函數送回 -1，且 errno 會含錯誤號碼。假若叫用程序的程序號碼等於某其他程序的程序群組號碼，或叫用程序已經是一程序群組的領袖，則函數會送回 EPERM 的錯誤。

7-2　以 fork() 產生一新程序

　　在 POSIX 標準下，一程序透過叫用fork() 函數，產生或生出另一個新的程序。fork() 函數其實是將程序自己複製一份。

　　成功執行後，原來一個程序變成兩個程序，叫用 fork() 的程序變成母程序（parent process），而新誕生的程序則稱為**子程序**（child process）。兩個程序擁有父母與子女（或母子）的關係。

fork() 函數的格式如下：

```
#include <sys/types.h>
#include <unistd.h>
pid_t fork(void);
```

這函數不需任何參數，它送回一資料型態為 pid_t（通常是一整數）的值。使用 fork() 函數時，你的程式必須包含以上所示的兩個前頭檔案。

當剛剛被 fork() 函數所生出時，一個子程序與它的母程序可說是一模一樣。唯一不同的是，子程序有它自己與眾不同的程序號碼，同時，兩個程序的母程序號碼也不同。此外，子程序也有一份專屬於它自己的打開檔案描述，這些檔案描述指向與母程序之打開檔案描述指的相同檔案。不過，母程序所擁有的檔案鎖，子程序並未得到任何遺傳，因此，並無那些檔案鎖。母程序的懸而未決信號也完全沒有遺傳給子程序。

在 fork() 之後，母程序與子程序分開，個別獨立執行。雖然程式碼節段還是共用，但堆疊節段則不共用，各有各的堆疊。

假若 fork() 函數成功地生出子程序，則它在母程序中會送回子程序的程序號碼，但在子程序裡，fork() 函數會送回零。這是你的程式可以用以辨別自己到底是在母程序還是子程序的方法。

倘若 fork() 函數失敗了，無法生出新的子程序，則它會送回 -1，且 errno 會含錯誤號碼。

fork() 函數叫用可能會失敗。例如，假若系統所剩的記憶容量不多，那 fork() 函數叫用可能就會因無法騰出新的子程序所需的核心層資料結構（如 proc 與 task 資料結構，或記憶頁表格等）所需的記憶空間而失敗。此外，系統的總程序數目都有一定的限制，若增加新的子程序會讓系統的總程序數目超出極限，那 fork() 函數叫用也會失敗。

圖 7-3 所示即為示範如何使用 fork() 函數的程式例子。

圖 7-3　產生一新的程序（fork.c）

```
/*
 * Create a child process.
 * Copyright (c) 2013, 2014 Mr. Jin-Jwei Chen. All rights reserved.
 */
```

```
#include <stdio.h>
#include <errno.h>
#include <sys/types.h>
#include <unistd.h>

int main(int argc, char *argv[])
{
  pid_t  pid;

  /* Create a child process */
  pid = fork();

  if (pid == -1)
  {
    fprintf(stderr, "fork() failed, errno=%d\n", errno);
    return(1);
  }
  else if (pid == 0)
  {
    /* This is the child process. */
    fprintf(stdout, "Child: I'm a new born child, my pid=%u\n", getpid());
    fprintf(stdout, "Child: my parent is pid=%u\n", getppid());
    /* Perform the child process' task here */
    return(0);
  }
  else
  {
    /* This is the parent process. */
    sleep(2);
    fprintf(stdout, "Parent: I've just spawned a child, its pid=%u\n", pid);
    /* Perform the parent process' task here */
    return(0);
  }
}
```

▶ 何時用fork()？

你或許會問，為何要用 fork()？答案是，這就像生小孩一樣，在作業系統一開始時，它會啟動一些履行作業系統各項基本作業的程序，如檔案系統管理，記憶器管理，程序排班等等。這些程序都是經由 fork() 產生的。當系統有用者登入時，每一用者會得到一個登入母殼程序，這也是經由 fork() 產生的。在用者登入後，每次執行一個命令或程式時，系統也是經由叫用 fork() 函數，產生一個新的程序，去執行這個命令或程式的。

所以，以 fork() 函數產生新的程序，在系統上幾乎無時無刻都在發生。程序來來去去，就像人生中有生生死死一樣。至此，你已知道一個新的程序是如何產生的了。

7-2-1 fork() 函數之後

在 fork() 函數叫用成功之後，以下是所發生的事。

在 fork() 函數叫用成功之後，子程序與母程序幾乎是一模一樣的。以下是兩個程序間的差別：

1. 新的子程序有其自己與眾不同的程序號碼。這個程序號碼與任何現有的程序群組號碼絕不相同。

2. 子程序的母程序號碼被設定成母程序的程序號碼，與母程序的不同。

3. 子程序有它自己的一份打開檔案描述拷貝，這是由母程序拷貝而來的。所以，子程序此時與母程序共用所有打開的檔案。

4. 母程式的打開檔案夾，子程式也有它自己的一份拷貝。

5. 子程序的懸而未決信號全被清除一空。

6. 子程序的懸而未決鬧鐘也全被清除。

7. 母程序所擁有的所有檔案鎖，子程序完全沒有得到任何遺傳。

8. 子程序的 tms_utime，tms_stime，tms_cutime，與 tms_cstime 等時間值，全被設定為 0。

7-3 母程序等候子程序

當一母程序產生一子程序時，有三種可能情況。首先母程序可選擇結束自己，就讓子程序去執行。第二，母程序與子程序可以兩者同時存在，各做各的事。第三，母程序可以就等在那兒，什麼事都不做，等著子程序結束。

欲等待子程序結束，然後讀取它的結束狀態（exit status）時，母程序可以叫用下列的 wait() 或 waitpid() 函數。

```
#include <sys/types.h>
#include <sys/wait.h>
pid_t wait(int *status);
pid_t waitpid(pid_t pid, int *status, int options);
```

如上所示的，欲叫用 wait() 或 waitpid() 函數時，程式必須包含 sys/type.h 與 sys/wait.h 兩個前頭檔案。

在回返時，wait() 與 waitpid() 都會送回剛剛結束之子程序的程序號碼。

一般而言，這兩個函數是類似的，兩者主要的差別在於，wait() 函數等待任何一個子程序，而 waitpid() 函數只能等候一個特定的子程序 — 那個程序號碼等於第一引數 pid 之值的子程式。不過，倘若 pid 引數的值是 -1，而且引數 option 的值是零，那 waitpid() 函數的功能與 wait() 函數完全一樣。

在這兩個函數裡，若引數 status 不是 NULL，則在函數回返時，終止的子程序的結束狀態值（亦即，子程序所送回的回返值），就會被存在這個引數中送回。子程序可透過這個結束狀態值告知母程序一些訊息。注意到，雖然這個值宣告成 int 資料型態，但是只有最低的位元組（八位元）送回到母程序。這意謂，子程序的回返值只能是 0 至 255。舉例而言，若子程序實際送回 260，那母程序所實際得到的值是（260 % 256）= 4

下面即是一些為了母程序檢查子程序之結束狀態值所設定的符號：

WIFEXITED（status）

假若子程序已正常地終止，那這個符號的值即是一非零的值。正常終止意指子程序是正式地叫用了 return() 或 exit() 而結束的。若這符號的值是零，那代表子程序尚未結束。

WEXITSTATUS（status）

倘若 WEXITSTATUS（status）的值不是零，則這個符號的值，即等於子程序所送回之值的最低位元組的值。子程序的結束狀態值即子程序叫用 return() 或 exit() 函數終止時，所傳送給這函數的值。

WIFSIGNALED（status）

假若子程序是因為收到未攔接的信號而終止的，則這個符號的值即不是零。

WTERMSIG（status）

假若 WIFSIGNALED（status）的值不是零，則這個符號的值，即為讓子程序終止之信號的號碼。

WIFSTOPPED（status）

假若送回狀態 status 值的子程序現在是停止的，則這個符號的值即不會是零。

WSTOPSIG（status）

若 WIFSTOPPED（status）的值不是零，則這個符號的值即會是讓子程序暫停之信號的號碼。

圖 7-4 所示即為一產生兩個子程序，等待兩個子程序結束，然後以上述的符號得知子程序是為何結束的程式。這個例子包括了正常結束與不正常結束。第一個子程序是在 main() 函數叫用 return 結束的。所以是正常結束。第二個子程序則是因為收到 SIGKILL 信號，被殺死而結束的。所以是不正常結束。誠如你可看出的，WIFEXITED（status）或 WIFSIGNALED（status）其中有一個不是零，但不會兩者都不是零。

圖 7-4　以 wait() 函數等待子程序結束（wait.c）

```
/*
 * Create child processes and wait for them to exit using wait.
 * The parent sends a SIGKILL signal to the second child.
 * Copyright (c) 2013, 2014 Mr. Jin-Jwei Chen. All rights reserved.
 */

#include <stdio.h>
#include <errno.h>
#include <sys/types.h>
#include <signal.h>        /* kill() */
#include <unistd.h>
#include <sys/wait.h>

#define NPROCS  2      /* number of child processes to create */

int main(int argc, char *argv[])
{
  pid_t  pid;
  int    i;
  int    stat;   /* child's exit value */
```

```c
/* Create the child processes */
fprintf(stdout, "Parent: to create %u child processes\n", NPROCS);
for (i = 0; i < NPROCS; i++)
{
  pid = fork();

  if (pid == -1)
  {
    fprintf(stderr, "fork() failed, errno=%d\n", errno);
    return(1);
  }
  else if (pid == 0)
  {
    /* This is the child process. */
    fprintf(stdout, "Child: I'm a new born child, my pid=%u\n", getpid());
    fprintf(stdout, "Child: my parent is pid=%u\n", getppid());
    sleep(2);
    return(0);
  }
}

/* This is the parent */

/* Send a signal to the last child */
kill(pid, SIGKILL);

/* Wait for all child processes to exit */
for (i = 0; i < NPROCS; i++)
{
  pid = wait(&stat);
  fprintf(stdout, "Child %u has terminated\n", pid);

  /* See if the child terminated normally.
   * WIFEXITED(stat) evaluates to non-zero if a child has terminated normally,
   * whether it returned zero or non-zero.
   */
  if (WIFEXITED(stat))
  {
    fprintf(stdout, "Child %u has terminated normally\n", pid);
    if (WEXITSTATUS(stat))
      fprintf(stdout, "The lowest byte of exit value for child %u is %d\n",
        pid, WEXITSTATUS(stat) );
    else
      fprintf(stdout, "Child %d has returned a value of 0\n", pid);
  }

  /* See if the child terminated due to a signal */
  if (WIFSIGNALED(stat) != 0)
  {
    /* Child terminated due to a signal */
```

```
        fprintf(stdout, "Child %d terminated due to a signal\n", pid);
        fprintf(stdout, "Child %d terminated due to getting signal %d\n",
            pid, WTERMSIG(stat));
    }
  }
  return(0);
}
```

7-3-1 waitpid() 函數

經由 pid 引數，waitpid() 可以用以等候一個或一群子程序的結束。

1. 假若 pid 引數的值大於零，則函數即等待某一特定子程序的結束，程序 號碼等於引數 pid 之值的那個子程序。

2. 若 pid 引數的值是 -1，那函數會等候任何子程序結束。這種情況就與 wait() 無異。

3. 若 pid 引數的值是 0，那函數會等待任何程序群組號碼與叫用程式之程序 群組號碼相同之子程序的結束。

4. 若 pid 引數的值小於 -1，則函數會等待程序群組號碼等於 pid 引數之值 的絕對值的任何子程序。

waitpid() 函數之第三引數 options，可以是零或是下面旗號的 OR 組合。

1. **WNOHANG**

   在 options 引數設定 WNOHANG 旗號，讓 waitpid() 函數變成非阻擋式 的（non-blocking）。換言之，假若沒有任何子程序結束，則叫用程序不 會被暫停執行等在那兒。函數會立刻回返且送回一個是零的值。換言之， 子程序還是繼續執行，但 waitpid() 函數叫用則回返，送回 0。

2. **WUNTRACED**

   若子程序已經處於停止狀態，則設定這個旗號讓 waitpid() 函數回返。

   圖 7-5 所示即為一舉例說明如何應用設定 WUNTRACED 旗號之 waitpid() 函數，以及 WIFSTOPPED（status）與 WSTOPSIG（status）兩個符號的程式。 誠如你可看出的，設定 WUNTRACED 旗號，在子程序停止時，讓 waitpid() 函數立即回返。

圖 7-5 以waitpid() 函數等候子程序結束（waitpid.c）

```
/*
 * Create two child processes and wait for them using waitpid() with
 * WUNTRACED flag.
 * The parent sends the second child a SIGSTOP signal.
 * The parent sleeps for one second to let the children get a chance to start.
 * Copyright (c) 2013, 2014, 2020 Mr. Jin-Jwei Chen. All rights reserved.
 */

#include <stdio.h>
#include <errno.h>
#include <sys/types.h>
#include <signal.h>        /* kill() */
#include <unistd.h>
#include <sys/wait.h>

#define NPROCS      2     /* number of child processes to create */
#define SLEEPTIME  20     /* number of seconds a child sleeps */

int main(int argc, char *argv[])
{
  pid_t  pid;
  int    i;
  int    stat;   /* child's exit value */
  int    options = (WUNTRACED);  /* options for waitpid() */

  /* Create the child processes */
  fprintf(stdout, "Parent: to create %u child processes\n", NPROCS);
  for (i = 0; i < NPROCS; i++)
  {
    pid = fork();

    if (pid == -1)
    {
      fprintf(stderr, "fork() failed, errno=%d\n", errno);
      return(1);
    }
    else if (pid == 0)
    {
      /* This is the child process. */
      fprintf(stdout, "Child: I'm a new born child, my pid=%u\n", getpid());
      fprintf(stdout, "Child: my parent is pid=%u\n", getppid());
      sleep(SLEEPTIME);
      return(0);
    }
  }

  /* This is the parent */
```

```c
    /* Send a signal to the last child */
    sleep(1);
    kill(pid, SIGSTOP);

    /* Wait for all child processes to exit */
    for (i = 0; i < NPROCS; i++)
    {
      pid = waitpid(-1, &stat, options);
      fprintf(stdout, "waitpid() has returned with pid = %d\n", pid);

      /* See if the child terminated normally.
       * WIFEXITED(stat) evaluates to non-zero if a child has terminated normally,
       * whether it returned zero or non-zero.
       */
      if (WIFEXITED(stat))
      {
        fprintf(stdout, "Child %u has terminated normally\n", pid);
        if (WEXITSTATUS(stat))
          fprintf(stdout, "The lowest byte of exit value for child %u is %d\n",
            pid, WEXITSTATUS(stat) );
        else
          fprintf(stdout, "Child %d has returned a value of 0\n", pid);
      }

      /* See if the child terminated due to a signal */
      if (WIFSIGNALED(stat) != 0)
      {
        /* Child terminated due to a signal */
        fprintf(stdout, "Child %d terminated due to a signal\n", pid);
        fprintf(stdout, "Child %d terminated due to getting signal %d\n",
          pid, WTERMSIG(stat));
      }

      /* See if the child was stopped. */
      if (WIFSTOPPED(stat) != 0)
      {
        /* Child was stopped */
        fprintf(stdout, "Child was stopped.\n");
        fprintf(stdout, "Child was stopped by signal %d.\n", WSTOPSIG(stat));
      }
    }
    return(0);
}
```

7-4　產生新程序以執行不同的程式

前面說過，在 fork() 函數叫用後，子程序就是母程序的一份拷貝。這意指子程序和母程序執行的是一樣的程式，只不過，它們可能分別執行程式的不同部分。偶而，你會讓兩者執行完全一樣的程式。不過，大部分時間，母程序之所以會生出一個新的子程序，目的就在於想執行不同的程式。亦即，欲讓子程序變成是一個完全不同的程式。因此，產生一個子程序通常是兩個步驟：

第一，母程序叫用 fork() 函數，產生一個新的子程序。

第二，子程序叫用 exec 函數，以另一個不同程式取代現有的程式。此一步驟是將一新的程式，完全蓋過取代了現有的程式。這等於是讓子程序變成是另一個完全不同的程式。也因此，倘若這一步驟成功，那 exec() 函數的叫用本身是永遠不再回返了。

這一節，我們討論在 fork() 成功叫用後，如何執行一個新的程式。

7-4-1　exec() 函數

誠如下面所列的，總共有六個不同 exec() 函數，可以用以執行一個新的程式。欲使用這其中任何一個，你的程式都必須包括 unistd.h 前頭檔案。

```
#include <unistd.h>

extern char **environ;

int execl(const char *path, const char *arg, ...);
int execlp(const char *file, const char *arg, ...);
int execle(const char *path, const char *arg,  ...,  char * const envp[]);
int execv(const char *path, char *const argv[]);
int execvp(const char *file, char *const argv[]);
int execve(const char *filename, char *const argv[],  char *const envp[]);
```

在一個程序試圖執行一個新程式時，它基本需要四種資訊：

1. 程式的名稱為何？
2. 程式在那裡？
3. 程式需要那些引數？
4. 新程式的環境變數為何？

就去那裡找到即將執行的程式而言（上述第二項），基本上有兩種方式：

1. 由 exec() 函數指出程式在那裡。譬如，指出程式檔案的路徑名。
2. 作業系統搜尋 PATH 環境變數所指明的一系列檔案夾。

注意，在像 Linux 與 Unix 等許多作業系統上，PATH 環境變數指出一系列作業系統可以搜尋以找到欲執行之程式的檔案夾。身為軟體工程師，確保你的程式所在的檔案夾有在 PATH 所列的一系列檔案夾內是你責無旁貸的責任。若不在，那更新 PATH 環境變數的值，是你的責任。

這就是為何基本上，exec() 函數有兩大類。亦即，execl() 與 execlp()，以及execv() 與 execvp()。函數名稱中有 p 字母的，代表它是根據 PATH 環境變數來找尋欲執行的程式的。因為這樣，所以這類函數的第一引數只要是一簡單檔案名（譬如，myprog）即可。那些函數名稱最後一個字母不是 p 的函數，是利用第一個引數指出欲執行程式的路徑名的（譬如 /home/john/bin/myprog）。這就是為何這些函數的第一引數為 path，而不是像名稱有 p 之函數的第一引數，是 file。

一般而言，以 PATH 環境變數所定義的值，去尋找欲執行程式的方法較有彈性。因為，它讓你能將程式擺在任何你想要的檔案夾，只要在程式執行前調整 PATH 變數的值就行了。使用這種方法時，每次只要系統找不到欲執行的程式，你第一個要檢查的，就是看你的程式所在的檔案夾，是否有在 PATH 的值所列的一系列檔案夾內。若沒，就要把它加上去。

以下列命令印出 PATH 的現有值。

```
$ echo $PATH
/sbin:/bin:/usr/sbin:/usr/bin:/usr/local/bin
```

若你的程式所在的檔案夾不在上面，重新設定 PATH，把它加上。

值得一提的是，在叫用 execlp() 與 execvp() 函數時，若你在叫用時在 file 引數上指出了程式的絕對路徑名，它還是可以的。在這種情況下，程式就會直接使用那絕對路徑名，而省略再去一系列檔案夾中搜尋。

　　此外，在所有 exec() 函數，不論是 path 或 file 引數，你也可以指出一相對的路徑名。但相對路徑名是相對於現有工作檔案夾的。此時，不管現有工作檔案夾（以 · 代表），有無在 PATH 環境變數所列的檔案夾系列中，都無所謂。

　　exec() 函數所需的第三類引數是執行新程式時，那程式所需的引數。這通常就是一系列的字串，或字串的指標（string pointers）。其中，第一個字串一定要永遠是欲執行之程式的名稱。這主要是因為，在 C 語言程式，每個程式都是由 main() 函數開始執行，而 main() 函數第一個引數，argv[0]，永遠一定要是程式名。因此，至少要有一個程式名。除此之外，新程式的引數系列，一定要以 NULL 指標結尾。由於每一程式所需的引數數目不一，所以，這是唯一能讓系統知道程式的引數系列到那裡結束的方法。假若你忘了這結尾的 NULL 指標，exec() 函數就會出錯，送回 -1，且 errno=EFAULT(14)。

　　第三類 exec() 函數則為新程式重新定義環境變數。這類函數包括 execle() 與 execve()，函數名稱最後一個字母都是 e。

　　那些名稱最後一個字母不是 e 的 exec() 函數，是無法為新程式重新定義環境變數的。使用那些函數時，新程式的環境變數就由母程序遺傳而來。

　　execle() 與 execve() 函數，讓你能經由函數的最後一個引數 envp，賦予新程式一些新的環境變數。envp 引數是一字串指標的陣列（array），這個陣列必須以一 NULL 指標結尾。其中每一字串就指明一個環境變數的定義，其格式為：

　　　　環境變數名稱 = 環境變數的值

　　例如：

　　　　TERM=xterm

　　這些經由 envp 引數所傳進給新程式的環境變數，在新程式內，就會自動出現在外部變數 "environ" 上。新程式可藉著讀取 environ 的值，取得這些環境變數。environ 也是一個字串陣列，以 NULL 指標結尾。

　　在下面幾節，我們就舉一些如何應用 exec() 函數的例子。

7-4-2 execl() 函數

首先，我們介紹 execl() 函數。

```
int execl(const char *path, const char *arg, ...);
```

前面說過，引數 path 必須指出欲執行之新程式的路徑名。第二個引數必須永遠是一個字串，其值必須是新程式的名字。緊接的其他引數，就是你要傳給新程式的引數。每一引數必須是一個字串。而最後應以一 NULL 指標結束。

若 execl() 函數執行成功，那這函數將永不回返，程式控制跑進新程式去了。若 execl() 叫用失敗，則函數會送回 -1，且 errno 會含錯誤號碼。

圖 7-6 所示即為一叫用 execl() 函數，執行一叫 myprog 之新程式的例子。

圖 7-6 以 execl() 函數執行一新程式（execl.c）

```c
/*
 * Create a child process to run a new program with the execl() function.
 * Copyright (c) 2013, 2014 Mr. Jin-Jwei Chen. All rights reserved.
 */

#include <stdio.h>
#include <errno.h>
#include <sys/types.h>
#include <unistd.h>

#define   PROG_NAME   "myprog"  /* name of my program */
#define   PROG_PATH   "./myprog"  /* path of my program */

int main(int argc, char *argv[])
{
  pid_t   pid;                /* process id */
  int     ret;

  /* Create a child process */
  pid = fork();

  if (pid == -1)
  {
    fprintf(stderr, "fork() failed, errno=%d\n", errno);
    return(1);
  }
  else if (pid == 0)
  {
    char  arg1[8] = "2";  /* first real argument to the child process */

    /* This is the child process. */
    fprintf(stdout, "Child: I'm a new born child.\n");
```

```
  /* Run a new program in the child process */
  ret = execl(PROG_PATH, PROG_NAME, (char *)arg1, (char *)NULL);
  fprintf(stdout, "Child: execl() returned %d, errno=%d\n", ret, errno);
  return(0);
}
else
{
  /* This is the parent process. */
  fprintf(stdout, "Parent: I've just spawned a child.\n");

  /* Perform the parent process' task here */
  fprintf(stdout, "Parent: exited\n");
  return(0);
}
}
```

7-4-3　execlp() 函數

execlp() 函數與 execl() 類似，唯一不同的是，其第一個引數只需指出一檔案名 — 欲執行之程式檔案的名稱。只要檔案名，不需路徑名。不過，若你指出一絕對路徑名，也沒問題。誠如前面提過的，execlp() 函數仰賴著你設定好 PATH 環境變數，讓系統能找到 execlp() 所欲執行的程式。

```
int execlp(const char *file, const char *arg, ...);
```

在你使用 execlp() 時，記得將它所欲執行之新程式所在的檔案夾名稱，加至 PATH 環境變數的值裡。

圖 7-7　以 execlp() 函數執行一新程式（execlp.c）

```
/*
 * Create a child process to run a new program with the execlp() function.
 * Copyright (c) 2013, 2014 Mr. Jin-Jwei Chen. All rights reserved.
 */

#include <stdio.h>
#include <errno.h>
#include <sys/types.h>
#include <unistd.h>

#define  PROG_NAME  "myprog"  /* name of my program */

int main(int argc, char *argv[])
{
  pid_t  pid;                 /* process id */
  int    ret;
```

```
    /* Create a child process */
    pid = fork();

    if (pid == -1)
    {
      fprintf(stderr, "fork() failed, errno=%d\n", errno);
      return(1);
    }
    else if (pid == 0)
    {
      char  arg1[8] = "2";  /* first real argument to the child process */

      /* This is the child process. */
      fprintf(stdout, "Child: I'm a new born child.\n");

      /* Run a new program in the child process */
      ret = execlp(PROG_NAME, PROG_NAME, (char *)arg1, (char *)NULL);
      fprintf(stdout, "Child: execlp() returned %d, errno=%d\n", ret, errno);
      return(0);
    }
    else
    {
      /* This is the parent process. */
      fprintf(stdout, "Parent: I've just spawned a child.\n");

      /* Perform the parent process' task here */
      fprintf(stdout, "Parent: exited\n");
      return(0);
    }
  }
```

　　圖 7-7 所示即為一應用 execlp() 函數的程式，注意到第一引數的值現在只要 "myprog" 即可。

　　以下所示即是這個例題程式的執行結果，它示範了 execlp() 如何根據 PATH 環境變數找到欲執行的程式。首先，一開始時，execlp 與 myprog 兩個程式都在同一檔案夾上—現有工作檔案夾。由於現有工作檔案夾（·）在 PATH 環境變數所指的檔案夾系列中，所以，execlp 程式中的 execlp() 函數叫用，找到了 myprog 程式，並加以執行。緊接，我們將 myprog 程式移開，放至一稱為 tmp 的副檔案夾內。這時，execlp() 函數就找不到它了。因此 execlp() 叫用錯誤回返，錯誤號碼是 2（找不到這檔案）。

　　最後我們將 myprog 所在的副檔案夾 tmp 的全名加至 PATH 環境變數的現有值。之後再執行 execlp 程式。這次，execlp() 函數就又找到了 myprog 程式，將之成功地執行了。

```
$ pwd
/home/oracle/mybk1/proc/lin
$ echo $PATH
/usr/kerberos/bin:/usr/local/bin:/bin:/usr/bin:.::/home/oracle/bin
$ ls -l execlp myprog
-rwxr-xr-x 1 oracle oinstall 7811 Mar 13 18:18 execlp
-rwxr-xr-x 1 oracle oinstall 7480 Mar 13 15:15 myprog
$ ./execlp
Parent: I've just spawned a child.
Parent: exited
Child: I'm a new born child.
Entered my program
My program is going to sleep for 2 seconds.
Exited my program

$ mv myprog tmp/
$ ./execlp
Parent: I've just spawned a child.
Parent: exited
Child: I'm a new born child.
Child: execlp() returned -1, errno=2

$ ls -l myprog
ls: myprog: No such file or directory
$ ls -l tmp/myprog
-rwxr-xr-x 1 oracle oinstall 7480 Mar 13 15:15 tmp/myprog

$ PATH=$PATH:/home/oracle/mybk1/proc/lin/tmp; export PATH
$ ./execlp
Parent: I've just spawned a child.
Parent: exited
Child: I'm a new born child.
Entered my program
My program is going to sleep for 2 seconds.
Exited my program
```

7-4-4　execv() 與 execvp() 函數

execv() 與 execvp() 函數功用與 execl() 與 execlp() 函數相同,唯一的不同是,欲送給新程式的引數,不再一一列出在函數叫用內,而是把它們先放進一字串指標陣列內,再將這指標陣列,經由函數第二引數 argv 傳出。記得,這指標陣列也是以 NULL 指標結束的,而其第一個字串必須是欲執行之新程式的名字。

　　execv() 與 execvp() 是類似的，兩者的不同是，execvp() 是根據 PATH 環境變數所指的檔案夾找到欲執行之程式的。那也是為何 execvp() 的第一個引數只需是個檔案名，而不像是 execv() 需要一個路徑名。不過，即使你在只需檔案名時指出了絕對路徑名，程式還是照樣執行就是了。

　　圖 7-8 所示即為一應用 execv() 函數的程式例子。

圖 7-8 以 execv() 函數執行一新程式（execv.c）

```
/*
 * Create a child process to run a new program with the execv() function.
 * Copyright (c) 2013, 2014 Mr. Jin-Jwei Chen. All rights reserved.
 */

#include <stdio.h>
#include <errno.h>
#include <sys/types.h>
#include <unistd.h>

#define PROG_PATH  "./myprog" /* path of my program */
#define PROG_NAME  "myprog"  /* name of my program */

int main(int argc, char *argv[])
{
  pid_t  pid;              /* process id */
  int    ret;

  /* Create a child process */
  pid = fork();

  if (pid == -1)
  {
    fprintf(stderr, "fork() failed, errno=%d\n", errno);
    return(1);
  }
  else if (pid == 0)
  {
    char *arglst[]= {PROG_NAME, "2", NULL};  /* argument list */

    /* This is the child process. */
    fprintf(stdout, "Child: I'm a new born child.\n");

    /* Run a new program in the child process */
    ret = execv(PROG_PATH, arglst);
    fprintf(stdout, "Child: execv() returned %d, errno=%d\n", ret, errno);
    return(0);
  }
  else
```

```
    {
      /* This is the parent process. */
      fprintf(stdout, "Parent: I've just spawned a child.\n");

      /* Perform the parent process' task here */
      fprintf(stdout, "Parent: exited\n");
      return(0);
    }
}
```

7-4-5 execle() 與 execve 函數

圖 7-9 所示即為一示範如何應用 execve() 函數的程式。誠如你可以看出
的，被執行的新程式可以從外部變數 environ，讀得 execve() 函數叫用所送給
它的環境變數的值。

圖 7-9 以 execve() 函數執行一新程式（execve.c）

```
/*
 * Create a child process to run a new program with the execve() function.
 * Copyright (c) 2013, 2014 Mr. Jin-Jwei Chen. All rights reserved.
 */

#include <stdio.h>
#include <errno.h>
#include <sys/types.h>
#include <unistd.h>

#define PROG_PATH  "./myprog2" /* path of my program */
#define PROG_NAME  "myprog2"  /* name of my program */

int main(int argc, char *argv[])
{
  pid_t  pid;              /* process id */
  int    ret;

  /* Create a child process */
  pid = fork();

  if (pid == -1)
  {
    fprintf(stderr, "fork() failed, errno=%d\n", errno);
    return(1);
  }
  else if (pid == 0)
  {
    char *arglst[]= {PROG_NAME, "2", NULL};  /* argument list */
    char *envp[]= {"TERM=chen", NULL};
```

```
        /* This is the child process. */
        fprintf(stdout, "Child: I'm a new born child.\n");

        /* Run a new program in the child process */
        ret = execve(PROG_PATH, arglst, envp);
        fprintf(stdout, "Child: execve() returned %d, errno=%d\n", ret, errno);
        return(0);
    }
    else
    {
        /* This is the parent process. */
        fprintf(stdout, "Parent: I've just spawned a child.\n");

        /* Perform the parent process' task here */
        fprintf(stdout, "Parent: exited\n");
        return(0);
    }
}
```

7-4-6 在 exec()函數之後

以下是在上述其中任一個 exec() 函數成功執行過後的情形：

1. 在母程序中打開的檔案，在子程序中還是持續打開。不過，那些有設定 exec 時就關閉旗號 FD_CLOEXEC 者例外，它們會關閉。打開著的檔案的屬性保持不變。

2. 在母程序中打開著的檔案夾源流（directory stream），在子程序中是關閉的。

3. 在母程序中，設定成要攔接的信號，在子程序中，全部改成設定成採取既定的行動。那些設定成採取既定行動（SIG_DFL）或忽略行動（SIG_IGN）的信號，在子程序中則保持不變。

4. 母程序的信號面罩遺傳給子程序。

5. 母程序的現有工作檔案夾，根部檔案夾，以及檔案模式產生面罩也遺傳給子程序。

6. 若新程式檔案的 SUID 位元有設定，則在 exec() 函數叫用之後，子程序的有效用戶號碼將變成新程式檔案的擁有者。同樣地，若 SGID 位元有設定，有效群組號碼也作類似的改變。否則，若這些位元沒有設定，那子程序的有效用戶號碼與有效群組號碼就跟母程序一樣。

子程序的真正用者號碼，真正群組號碼，與補充群組號碼，則與母程序同。

若 {POSIX_SAVED_IDS} 有定義，則子程序的有效用戶號碼與有效群組號碼，會被存起，以讓 setuid() 函數使用。

7. 鬧鐘上所剩時間，子程序也是得到母程序的遺傳。

8. 新程式檔案被認為已打開，致其 st_atime（最後存取時間）會更新。

7-5 母程序與子程序之溝通

一個母程序與子程序之間有多種不同的溝通方式，其中絕大多數的溝通方式不需兩者有父母與子女的關係存在。我們討論過了一些，如信號。這一節以及在後面幾章中，我們會再介紹更多。這一節，我們介紹一種只能在父母與子女程序間使用的溝通方式。

有人可能會問，父母與子女程序間能以全面變數（global variable）溝通嗎？答案是不行。因為，全面變數的有效範圍是無法超越程序的界限的。此外，母程序與子程序各有一份自己的全面變數。

7-5-1 何謂導管？

就像一條日常生活中的水管一樣，一個導管（pipe）是一個單向的資訊流通管道。一個導管有兩端，資訊可由一端寫入，由另一端讀出。

寫入一導管的資訊，讀出的順序是**先進先出**（First-In-First-Out, **FIFO**）。因此導管有時也稱 FIFO。

在許多作業系統上，導管通常都製作成 FIFO 型態的檔案，每一導管在檔案系統中有一與眾不同的 inode 號碼加以辨認。

圖 7-10　導管

導管是一無名的溝通管道。通常用在一母程序與一子程序之間的溝通上。亦可用在經由 dup() 函數相連在一起的兩個程序上。

記得我們說過，一個子程序可以和其母程序共用打開的檔案。是以，假若一個母程序在叫用 fork() 生出一個子程序之前，先產生一個導管。然後，在 fork() 之後，假如母程序打開此一導管的寫入端並且關閉其讀出端。而子程序正好相反，打開導管讀取端且關閉其寫入端，則這兩個程序就擁有一條，由母程序流向子程序的單向資訊流通管道。

假若母程序在 fork() 之前產生一對導管，然後在 fork() 之後，母程序與子程序對第一導管做了我們剛剛所述的動作，而且對第二導管也做了類似但與第一導管正好相反方向的動作，則兩個程序間便有了雙向的溝通管道了。母程序可透過第一導管向子程序傳遞資訊，而子程序也可透過第二導管，向母程序傳遞訊息。這個溝通管道是兩個程序所獨有的。圖 7-11 所示，即是這樣。

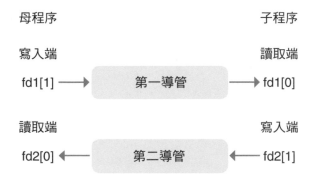

圖 7-11　母程序與子程序間的雙向溝通管道

7-5-2　導管的產生與應用

一個程式經由叫用 pipe() 函數而產生一個導管。

```
#include <unistd.h>
int pipe(int fd[2]);
```

pipe() 函數開創一個導管，並送回兩個檔案描述，每一引數一個。導管讀取端的檔案描述放在 fd[0]，寫入端的檔案描述存在 fd[1]。

圖 7-12a 即是一舉例說明，母程序與一子程序如何利用一導管以及檔案描述複製溝通的例子。程式首先產生一導管，然後生出一子程序，讓母程序與子程序共有一導管。

圖 7-12a　母程序與子程序以一導管溝通（pipe.c）

```c
/*
 * Parent and child processes communication using a pipe.
 * The parent process sends a message to the child process using a pipe.
 * Copyright (c) 2013, 2014, 2019-2020 Mr. Jin-Jwei Chen. All rights reserved.
 */

#include <stdio.h>
#include <errno.h>
#include <unistd.h>      /* pipe(), read(), write() */
#include <string.h>      /* strlen() */
#include <sys/types.h>
#include <sys/wait.h>

#define  BUFSIZE  128
#define  MYMSG  "This is a message from the parent."

int main(int argc, char *argv[])
{
  pid_t  pid;           /* process id */
  int    pfd[2];        /* pipe file descriptors */
  int    ret = 0;
  ssize_t  bytes;       /* number of bytes read or written */
  char   buf[BUFSIZE];  /* message buffer */
  int    status;        /* child's exit status */

  /* Create a pipe */
  ret = pipe(pfd);
  if (ret != 0)
  {
    fprintf(stderr, "pipe() failed, errno=%d\n", errno);
    return(1);
  }

  /* Create a child process */
  pid = fork();
  if (pid == (pid_t)-1)
  {
    fprintf(stderr, "fork() failed, errno=%d\n", errno);
    close(pfd[0]);
    close(pfd[1]);
    return(2);
  }
  else if (pid == 0)
```

```
{     /* The child process */
  close(pfd[1]);          /* Close the write end of the pipe */
  bytes = read(pfd[0], buf, BUFSIZE);   /* Read from the pipe */
  if (bytes < 0)
  {
    fprintf(stderr, "Child: read() failed, errno=%d\n", errno);
    return(1);
  }
  if (bytes < BUFSIZE)
    buf[bytes] = '\0';
  else
    buf[BUFSIZE-1] = '\0';
  fprintf(stdout, "Child received below messages from parent:\n%s\n", buf);

  close(pfd[0]);
  return(ret);
}
else
{     /* The parent process */
  close(pfd[0]);          /* Close the read end of the pipe */
  sprintf(buf, "%s", MYMSG);
  bytes = write(pfd[1], buf, strlen(buf));  /* Write message to the pipe */
  if (bytes < 0)
  {
    fprintf(stderr, "Parent: write() failed, errno=%d\n", errno);
    ret = 3;
  }
  close(pfd[1]);              /* The reader will see EOF after this. */
  pid = wait(&status);     /* Wait for the child */
  return(ret);
}
}
```

記得，為了讓子程序能透過遺傳也擁有同一導管，母程序應在叫用 fork() 之前，先產生導管。

在 fork() 之後，母程序關閉導管的讀取端，而子程序關閉導管的寫入端。母程序藉著將資料寫入 pfd[1] 端將資訊傳給子程序，然後子程序藉著讀取導管的 pfd[0]，而取得母程序所送的資料。

雖然在例子中，母程序送的是文字資料，但任何資料型態的資料都可，也都一樣。在送完信息之後，母程序關閉寫入端，且結束。子程序在讀取且印出其所讀得之資料後，也關閉讀取端且結束。

假如母程序也產生了第二導管，則母程序與子程序之間，就可以進行雙向的溝通。

當有多個程序同時寫入導管的寫入端時，可以自動寫入一導管之寫入端的最大量資訊，是由配置參數 PIPE_BUF 所界定。這由叫用 pathconf() 函數得知。我們已在 5-6-1 一節介紹過這函數。

圖 7-12a的例子還有另一種方式可達成，那就是利用 dup() 函數。這就是平常 Linux 與 Unix 之命令管接（piping）的作法。

在這利用管接的方式，導管的寫入者關閉其標準輸出檔案 stdout（檔案描述為 1），空出那個檔案描述。然後，叫用 dup() 函數，複製導管之寫入端的檔案描述。在這之後，寫入 stdout 標準輸出，就等於寫入導管的寫入端。

同樣的，導管的讀取者關閉其標準輸入 stdin（檔案描述 0），然後用 dup() 函數，將導管的讀取端檔案描述複製一份。這就讓讀取者在讀取標準輸入 stdin 時，等於自導管的讀取端讀取。因為，經過檔案描述複製後，讀取者的 stdin 和導管的讀取端，兩者等於是同一個檔案描述了。

圖 7-12b 所示即為一個這樣的例子。

圖 7-12b　將 pipe() 與 dup() 一起使用（pipedup.c）

```
/*
 * Parent and child processes communication using a pipe with dup().
 * The parent process sends a message to the child process using a pipe.
 * Copyright (c) 2013, 2014, 2019-2020 Mr. Jin-Jwei Chen. All rights reserved.
 */

#include <stdio.h>
#include <errno.h>
#include <unistd.h>        /* pipe(), read(), write() */
#include <string.h>        /* strlen() */
#include <sys/types.h>
#include <sys/wait.h>

#define  BUFSIZE  128
#define  MYMSG   "This is a message from the parent."

int main(int argc, char *argv[])
{
  pid_t  pid;            /* process id */
  int    pfd[2];         /* pipe file descriptors */
  int    ret = 0;
  ssize_t  bytes;        /* number of bytes read or written */
  char   buf[BUFSIZE];   /* message buffer */
  int    status;         /* child's exit status */
```

```
/* Create a pipe */
ret = pipe(pfd);
if (ret != 0)
{
  fprintf(stderr, "pipe() failed, errno=%d\n", errno);
  return(1);
}

/* Create a child process */
pid = fork();
if (pid == (pid_t)-1)
{
  fprintf(stderr, "fork() failed, errno=%d\n", errno);
  close(pfd[0]);
  close(pfd[1]);
  return(2);
}
else if (pid == 0)
{    /* The child process */
  close(pfd[1]);          /* Close the write end of the pipe */

  /* Close stdin, duplicate pipe read end fd and read from stdin */
  close(0);
  if (dup(pfd[0]) == -1)
  {
    fprintf(stderr, "Child: dup() failed, errno=%d\n", errno);
    return(errno);
  }

  bytes = read(0, buf, BUFSIZE);  /* Read from the pipe */
  if (bytes < 0)
  {
    fprintf(stderr, "Child: read() failed, errno=%d\n", errno);
    return(1);
  }
  if (bytes < BUFSIZE)
    buf[bytes] = '\0';
  else
    buf[BUFSIZE-1] = '\0';
  fprintf(stdout, "Child received below messages from parent:\n%s\n", buf);

  close(pfd[0]);
  return(ret);
}
else
{    /* The parent process */
  close(pfd[0]);          /* Close the read end of the pipe */

  /* Close stdout, duplicate pipe write end fd and write to stdout */
  close(1);
  if (dup(pfd[1]) == -1)
```

```
    {
      fprintf(stderr, "Parent: dup() failed, errno=%d\n", errno);
      return(errno);
    }

    sprintf(buf, "%s", MYMSG);
    bytes = write(1, buf, strlen(buf));  /* Write message to the pipe */
    if (bytes < 0)
    {
      fprintf(stderr, "Parent: write() failed, errno=%d\n", errno);
      ret = 3;
    }

    close(pfd[1]);            /* The reader will see EOF after this */
    pid = wait(&status);      /* Wait for the child */
    return(ret);
  }
}
```

值得一提的是，將某一命令輸出連接至另一個命令的輸入的管接（piping），在 Unix 與 Linux 作業系統上是非常普遍的。例如，下面的指令。

```
$ ls | tee ls.out
```

即是一管接的例子。在這例子裡，ls 與 tee 兩個命令是透過管接（|符號）相互連接在一起，使得 ls 命令的標準輸出，連接至 tee 命令的標準輸入。這讓 tee 命令能將 ls 命令的輸出收藏在 ls.out 檔案裡，同時又顯示在螢幕上。

在這一章最後的習題裡，有一個習題是讓讀者改變 pipedup.c，以進一步瞭解如何將管接應用在兩個程式之間。

7-6 孤兒與亡魂程序

這一節介紹兩個跟程序有關的名詞。

▶ 孤兒程序

孤兒程序（orphaned process）是自己還活著，但其母程序已死亡的程序。在許多作業系統裡，包括 Unix 與 Linux，孤兒程序都會被 init 程序（程序號碼是 1）所領養。由於 init 程序都會等著它的小孩，所以，孤兒程序最後都會從系統中消失。

◐ 亡魂程序

　　亡魂程序（zomble or defunct process）是自己已經結束了，但它的母程序尚未將之等回或認屍的程序。在 Uinx 或 Linux 作業系統上，當你用 ps 命令（如 ps -efs）列出系統的程序時，在 STAT（狀態）一欄上，亡魂程序都用 z 代表的。

　　一直到它的母程序叫用其中一個 wait() 函數，將之等回，讀取它的結束狀態之前，亡魂程序雖然已經結束了，但還是會繼續佔用作業系統核心層內所維護之程序表格的其中一個位置。在經母程序等回了之後，這個程序表格的位置才會被釋放，可以重新運用。

　　由於系統核心層之程序表格空間有限。因此，假若有許多亡魂程序存在系統，那很多程序表格的位置就會被它們所佔用。最終，假若整個程序表格都滿了，系統無法再產生任何新的程序，那就會是個問題。在你的系統出現這個無法再開創或產生新程序的問題時，第一個要檢查的，就是看系統是否有很多亡魂程序存在，若不，再著手真正提高系統之總程序數目的上限。

　　跟平常一般程序不一樣的是，你無法用 kill 命令殺掉一個亡魂程序。即便是 "kill -9" 也不行。在母程序結束了之後，亡魂子程序即會變成孤兒程序，然後就會自動被 init 程序所認領。由於 init 程序會經常地等待它的小孩，因此，亡魂孤兒在新的父母叫用了 wait() 函數時，就會從系統中消失。

　　因此，為了避免讓已結束了的子程序造成亡魂程序，母程序必須記得叫用其中一個 wait() 函數，收回子程序的結束狀態。好讓已終止的子程序自系統中消失，不再佔用程序表格的位置。母程序可以在其主要的程式路徑上做這件事，或者事先設定好攔接 SIGCHLD 信號，並在信號處置函數中叫用 wait() 函數，為子程序收屍。第二種方式一般比較好，因為它不致阻擋著母程序，讓它一直等在那兒，直至子程序終止時才回返。

　　記得，有亡魂程序一直停留在系統中，是一個程序的錯誤。為終止的子程序收屍，是一個程序的責任。

　　值得一提的是，在許多順從單一 UNIX 規格第 3 版的作業系統中，假若一母程序明確地（而非既定地）將 SIGCHLD 信號的行動設定成忽略（SIG_IGN），則當一個子程序終止時，其終止狀態即會自動被丟棄，這樣，這個終止的子程序就不會變成亡魂程序。假若不這樣做，母程序也可以設定好，用一信號處置函數攔接 SIGCHLD 信號，但在這個叫用時，同時設定或指明 SA_NOCLDWAIT 旗號。這樣也是會有同樣的效果，防止一終止的子程序變成亡魂。

7-7　程序終止

有兩種不同的程序終止（termination）。

1.　正常終止。一個程序，若是因在 main() 函數中，叫用執行了 return() 述句，或在任何地方叫用了 exit() 或 _exit() 函數而終止的，那就算是正常終止。

2.　不正常終止。一個程序，若是因為它叫用了 abort() 函數，或因為接到信號而終止，那就算不正常終止。

除了可以從 main() 函數中叫用 return() 之外，一個程序還可以經由在任何地方叫用exit()，_exit()，_Exit()，與 abort() 其中一個函數而終止。這一節，我們就介紹這些讓程序終止的函數。

7-7-1　exit() 函數

叫用 exit() 函數，讓叫用程序正常地終止。

```
#include <stdlib.h>
void exit(int status);
```

如上所示地，使用 exit() 函數時，程式必須包括 stdlib.h 前頭檔案。exit() 函數並不返回任何值。因為，它終上了整個程式的執行，因此，它永不回返。

程序叫用 exit() 函數時，可以傳送一個整數值作為引數。這個值即會變成整個程序的回返值。倘若這程序的母程序有等候它的子程序，那這個值即會被送回給母程序。程序可藉著這個回返值，讓它的母程序知道自己是因何而結束的。習慣上，回返值零代表成功，非零的值代表失敗。程序可以以不同的值，代表不同的失敗原因。記得，雖然這個回返值的資料型態是整數（int），但真正回返時，只有最低的八位元會送回給母程序。所以，不要使用超過 255 的回返值。譬如，假若你的終止回返述句是：

```
exit(356);
```

那母程序實際收到的回返值，會是 (356 % 256)=100，而不是 356。

以下是 exit() 函數執行時所發生的事：

1. 所有的緩衝器輸入／輸出都會清空（flushed）。

2. 所有打開的檔案與源流（streams）都會關閉。

3. 程序先前通過叫用 atexit() 函數所註冊的所有的函數，都會被依註冊的相反順序，一一被叫用與執行。在這一節的最後，我們會討論 atexit() 函數。

4. exit() 函數會叫用 _exit() 函數，完成程序的終止。_exit() 函數從不回返。

7-7-2 _exit() 與 _Exit() 函數

_exit() 與 _Exit() 函數終止叫用的程序。使用 _exit() 函數時，程序必須包含前頭檔案 unistd.h，而使用 _Exit() 時，程式必須包含 stdlib.h。

```
#include <unistd.h>
void _exit(int status);

#include <stdlib.h>
void _Exit(int status);
```

_Exit() 與 _exit() 函數，在功能上是一樣的。_exit() 函數和 exit() 相同，但它並不叫用以 atexit() 所註冊的函數。

叫用 _exit() 函數的結果如下：

1. 屬於叫用程序之打開檔案與檔案夾源流全部關閉。

   標準輸入／輸出緩衝器是否清空，視作業系統而定。

2. 若作業系統有支援SIGCHLD 信號，則系統會送一個信號給母程序。

3. 假若叫用 _exit() 函數之程序的母程序有經由叫用 wait() 或 waitpid() 在等著小孩，而且它沒有設定 SA_NOCLDWAIT 旗號，亦無將 SIGCHLD 的行動設定成 SIG_IGN，那它就會收到此一子程序終止的通知，且結束狀態的最低八位元也會送給它。叫用程序會立即終止並被從系統中剔除。

   假若母程序在 sigaction 資料結構的 sa_flags 資料欄中設定了 SA_NOCLDWAIT 旗號，或它在 SIGCHLD 的處理函數上設定了忽略行動（SIG_IGN），則叫用程序的終止狀態值即會被丟棄。叫用程序會終止，並立刻被從系統中剔除。

倘若叫用 _exit() 函數之程序的母程序並沒在等，而且也沒有說對其子程序的終止狀態沒興趣（亦即，既未設定 SA_NOCLDWAIT 旗號，並未將 SIGCHLD 信號的行動設定成 SIG_IGN），那此一終止的程序，即會變成亡魂程序。程序的終止狀態會在稍後母程序叫用 wait() 或 waitpid() 時，送回。

4. 假若叫用 exit() 或 _exit() 函數的程序為一會期領袖，而且其控制終端機即為會期的控制終端機，則系統即會送出一 SIGHUP 信號，給此一控制終端機之幕前程序組的每一個程序。此外，控制終端機會和會期分開，以便其他新的控制程序可以獲得它。

注意到，一個程序的終上並不會直接終止它的子程序，但送出 SIGHUP 信號，可能會間接地讓有些子程序變成終止。

5. 叫用 _exit() 函數之程序的孤兒程序，將被其他程序（如 init 程序）所領養，而它們的母程序號碼也會跟著變更。

6. 假若目前程序的終止會造成某一程序組變成孤兒，而且這個新的孤兒程序組有任何成員被暫停了，則系統會送出一個 SIGHUP 信號，緊接再送出一個 SIGCONT 信號給這個新孤兒程序組中的每一個程序。

7. 叫用程序所做的記憶映入（memory mapping）會被解除。

記得，在大部分系統上，叫用 _exit() 或 _Exit() 函數時，先前程序以 atexit() 或 on_exit() 所註冊登記的函數，都不會被叫用。因此，你的程式不應直接叫用這些函數。

7-7-3 atexit() 函數

為了應某些程式之需要，在結束前能從事清除的動作，程式可以透過叫用 atexit() 函數，登記與註冊一些大清掃函數，在程式結束時，由系統自動叫用執行這些大清掃函數。

換言之，atexit() 函數讓程式能註冊登記一些在程式結束時，自動被叫用執行的大清掃函數，這函數的格式如下：

```
#include <stdlib.h>
int atexit(void (*function)(void));
```

如上所示的，欲叫用 atexit() 函數，程式必須包括 stdlib.h 前頭檔案。

登記一個清掃函數時，你只要叫用 atexit() 函數並將那個清掃函數的指標，當作引數送入即可。這個被登記的函數應已事先定義好。

記得，每一如此註冊登記的函數，都務必要回返，這樣才能確保所有註冊登記的函數都會被執行到。

經由 atexit() 函數所註冊的函數，在程序因叫用 exit() 函數或在 main() 函數中叫用 return() 而終止時，都會自動被叫用且執行。若有二個或三個以上的函數被註冊，則它們會依登記的相反順序，一一被執行。注意到，這些被登記的函數都是沒有引數的。

記得，在程序叫用 _exit() 或 _Exit() 而終止時，這些登記註冊的函數並不會被自動執行。因此，切記，你的程序最好是以叫用 exit() 函數或在 main() 函數中叫用 return() 來結束。

圖 7-13 所示即為一示範以四種不同方式結束一個程序的程式。

圖 7-13 以不同的方式結束程式（atexit.c）

```
/*
 * Test which exit function calls the registered cleanup at program termination.
 * Copyright (c) 2013, 2014 Mr. Jin-Jwei Chen. All rights reserved.
 */

#include <stdio.h>
#include <unistd.h>     /* _exit() */
#include <stdlib.h>     /* _Exit(), atexit(), atoi() */

#define  USE_RETURN  1

/* My cleanup function */
void my_cleanup()
{
  fprintf(stdout, "My cleanup function at termination was executed.\n");
}
```

```c
int main(int argc, char *argv[])
{
  int  ret;
  int  how2exit = USE_RETURN;  /* by default use return() to exit the program */

  fprintf(stdout, "Entered main()\n");

  /* Get the input argument */
  if (argc > 1)
  {
    how2exit = atoi(argv[1]);
    if (how2exit <= 0)
      how2exit = USE_RETURN;
  }

  /* Register the cleanup function */
  ret = atexit(my_cleanup);
  if (ret != 0)
    fprintf(stderr, "atexit() failed, returned value = %d\n", ret);
  else
    fprintf(stdout, "My cleanup function was successfully registered.\n");

  /* Terminate the program in the way the user wants it */
  switch (how2exit)
  {
    case 2:
      fprintf(stdout, "To leave main() via exit()\n");
      exit(ret);
      break;
    case 3:
      fprintf(stdout, "To leave main() via _exit()\n");
      _exit(ret);
      fflush(stdout);
      break;
    case 4:
      fprintf(stdout, "To leave main() via _Exit()\n");
      _Exit(ret);
      fflush(stdout);
      break;
    case 5:
      fprintf(stdout, "To leave main() via abort()\n");
      abort();
      break;
    default:
      fprintf(stdout, "To leave main() via return()\n");
      return(ret);
  }
}
```

7-7-4 abort()函數

abort() 函數不正常地終止一個程序，其格式如下：

```
#include <stdlib.h>
void abort(void);
```

注意到，abort() 函數是永不回返的。它保證非正常地終止叫用程序。除非，程序攔接了 SIGABRT 信號而且信號處置函數不回返。

abort() 函數主要是送出一個 SIGABRT信號給叫用程序。

假若程序對這個信號的行動是 SIG_DFL 或 SIG_IGN，則程序會毫無問題地終止。倘若程序攔接了 SIGABRT 信號，則在信號處置函數回返時，程序會終止。信號處置函數只執行一次，等待這程序之程序所收到的終止狀態，會和因收到一 SIGABRT 信號而終止的程序相同。

7-7-5 assert()函數

```
#include <assert.h>
void assert(scalar expression);
```

assert() 函數是專作程序除錯用的，它事實上是一個巨集（macro）。

assert() 函數讓程式的開發者，在程式中加入一些除錯的述句，以便能在產品出廠前，逮到程式的錯誤和錯蟲。使用 assert() 時，程式設計者必須指明一個條件。當程序執行時，假若這條件不成立（false），亦即整個式子（expression）的值是零，那 assert 就會爆發，將這不成立的條件寫至標準錯誤檔案 stderr 上，然後叫用 abort() 函數，將程序不正常地終止。

譬如，若當程式執行到某一點時，假若你確定某一變數的值絕對不可以是 NULL，那你就可以在那裡加上以下的述句：

```
assert(pointer != NULL);
```

這個述句聲明，此時此刻，變數 pointer 的值絕對不可以是 NULL。若是，則程式應立刻死掉，不正常地終止。

圖 7-14 所示，即為這樣的一個程式。

圖 7-14　以 assert() 做程式除錯（assert.c）

```
/*
 * A very simple program demonstrating assert().
 * Copyright (c) 2019  Mr. Jin-Jwei Chen. All rights reserved.
 */

#include <stdio.h>
#include <assert.h>

int main(int argc, char *argv[])
{
  char  *ptr = NULL;

  assert(ptr != NULL);

  printf("Program terminates normally.\n");
}
```

以下即為當 assert 爆發時，這個例題程式的執行結果。

```
$ ./assert
assert: assert.c:9: main: Assertion `ptr != ((void *)0)' failed.
Aborted
$
```

注意到，每次 assert() 函數所列的條件不成立時，亦即其式子的值是零時，叫用程序將立即不正常的終止，像自殺一樣。

記得，千萬不要誤用了 assert()。assert() 主要是用在程式的除錯階段，幫軟體工程師找出程式的錯蟲用的。它不應該存在軟體的量產（production）（即正式）版本上的。一旦除錯階段過了，產品正式推出了，assert() 就應該拿掉的。

我曾看過某公司的產品，大量地使用 assert()。這很不應該。在產品的正式量產版本中放置 assert()，讓產品在客戶使用時，動不動就死掉，是彰顯著該軟體的工程師的無能。軟體工程師的工作與責任，就是在設計與開發一個永不當掉的軟體。在正式產品中放置 assert()，讓產品在出現問題時就死掉，就等於有問題時就跪地舉雙手投降認輸似的。

一個一流的軟體，是應該永遠**屹立不搖**，子彈穿不透的。而不是動不動就跪地投降（assert）死掉的。所以，希望讀者你所設計或開發的軟體，是永遠不必也不會在量產版本時使用 assert() 的。我做了三十幾年的系統與應用軟體開發，做過包括作業系統核心，資料庫管理系統，群集系統，與分散式系統，一輩子從來沒用過 assert()，即使在除錯階段我所開發的程式從不會死掉，也幾乎沒有錯蟲。

所以，在開發測試階段，放入 assert() 來抓錯蟲，情有可原，但在量產版本，應該拿掉。

7-8 getenv() 與 sysconf() 函數

7-8-1 getenv() 函數

有時候，一個程式可能需要得知某一環境變數的值。getenv() 函數就是作這用的。

```
#include <stdlib.h>
char *getenv(const char *name);
```

使用 getenv() 函數時，程式必須包含 stdlib.h。取得一環境變數之值的方法，就是叫用 getenv() 函數，並將環境變數的名稱藉引數傳入。函數即會送回這環境變數的值。假若該環境變數沒定義或找不到，getenv() 函數即會送回 NULL。

圖 7-15 所示即為一 getenv() 的例題程式。

圖 7-15 讀取環境變數的值（getenv.c）

```
/*
 * Get environment variables via getenv().
 * Copyright (c) 2013, 2014 Mr. Jin-Jwei Chen. All rights reserved.
 */

#include <stdio.h>
#include <stdlib.h>    /* getenv() */

int main(int argc, char *argv[])
{
  int  ret;

  fprintf(stdout, "Environment variable HOSTNAME = %s\n", getenv("HOSTNAME"));
  fprintf(stdout, "Environment variable SHELL = %s\n", getenv("SHELL"));
  fprintf(stdout, "Environment variable TERM = %s\n", getenv("TERM"));
  fprintf(stdout, "Environment variable USER = %s\n", getenv("USER"));
```

```
      return(0);
}
```

7-8-2　sysconf()函數

每一作業系統都有一些配置參數（configurable parameters）。程式或管理者經常會需要知道某些配置參數的極限值。POSIX 標準訂有一查詢系統之配置參數之值的方式，那就是 sysconf() 函數。

```
#include <unistd.h>
long sysconf(int name);
```

每一配置參數都有一名稱與值。每一名稱都有一符號（本身是一整數）。在 POSIX，這些名稱都叫 _SC_XYZ，其中 XYZ 就是每一配置參數。若程式叫用 sysconf() 函數，在引數上指出一參數的符號，函數就會送回該配置參數的值。注意，參數值的資料型態是 long int。

若函數叫用指出的配置參數不對，sysconf() 即會送回 -1，且 errno 會含 EINVAL（參數值不對）。倘若函數指出的參數，系統沒有支援，則 sysconf() 就會送回 -1，而 errno 不設定。

圖 7-16 即為一查詢所有可配置參數之值的程式。

圖 7-16　查詢所有可配置參數的值（sysconf.c）

```
/*
 * Print system configurable parameters using sysconf()
 * Copyright (c) 2013, 2014 Mr. Jin-Jwei Chen. All rights reserved.
 */
#include <stdio.h>
#include <unistd.h>

int main(int argc, char *argv[])
{
  long  val;

  fprintf(stdout, "AIO_LISTIO_MAX = %ld\n", sysconf(_SC_AIO_LISTIO_MAX));
  fprintf(stdout, "AIO_MAX = %ld\n", sysconf(_SC_AIO_MAX));
  fprintf(stdout, "ASYNCHRONOUS_IO = %ld\n", sysconf(_SC_ASYNCHRONOUS_IO));
  fprintf(stdout, "ARG_MAX = %ld\n", sysconf(_SC_ARG_MAX));
  fprintf(stdout, "BC_BASE_MAX = %ld\n", sysconf(_SC_BC_BASE_MAX));
  fprintf(stdout, "BC_DIM_MAX = %ld\n", sysconf(_SC_BC_DIM_MAX));
  fprintf(stdout, "BC_SCALE_MAX = %ld\n", sysconf(_SC_BC_SCALE_MAX));
  fprintf(stdout, "BC_STRING_MAX = %ld\n", sysconf(_SC_BC_STRING_MAX));
```

```
        fprintf(stdout, "CHILD_MAX = %ld\n", sysconf(_SC_CHILD_MAX));
        fprintf(stdout, "CLK_TCK = %ld\n", sysconf(_SC_CLK_TCK));
        fprintf(stdout, "COLL_WEIGHTS_MAX = %ld\n", sysconf(_SC_COLL_WEIGHTS_MAX));
        fprintf(stdout, "DELAYTIMER_MAX = %ld\n", sysconf(_SC_DELAYTIMER_MAX));
        fprintf(stdout, "EXPR_NEST_MAX = %ld\n", sysconf(_SC_EXPR_NEST_MAX));
        fprintf(stdout, "JOB_CONTROL = %ld\n", sysconf(_SC_JOB_CONTROL));
        fprintf(stdout, "IOV_MAX = %ld\n", sysconf(_SC_IOV_MAX));
    #ifdef AIX
        fprintf(stdout, "LARGE_PAGESIZE = %ld\n", sysconf(_SC_LARGE_PAGESIZE));
    #endif
        fprintf(stdout, "LINE_MAX = %ld\n", sysconf(_SC_LINE_MAX));
        fprintf(stdout, "LOGIN_NAME_MAX = %ld\n", sysconf(_SC_LOGIN_NAME_MAX));
        fprintf(stdout, "MQ_OPEN_MAX = %ld\n", sysconf(_SC_MQ_OPEN_MAX));
        fprintf(stdout, "MQ_PRIO_MAX = %ld\n", sysconf(_SC_MQ_PRIO_MAX));
        fprintf(stdout, "MEMLOCK = %ld\n", sysconf(_SC_MEMLOCK));
        fprintf(stdout, "MEMLOCK_RANGE = %ld\n", sysconf(_SC_MEMLOCK_RANGE));
        fprintf(stdout, "MEMORY_PROTECTION = %ld\n", sysconf(_SC_MEMORY_PROTECTION));
        fprintf(stdout, "MESSAGE_PASSING = %ld\n", sysconf(_SC_MESSAGE_PASSING));
        fprintf(stdout, "NGROUPS_MAX = %ld\n", sysconf(_SC_NGROUPS_MAX));
        fprintf(stdout, "OPEN_MAX = %ld\n", sysconf(_SC_OPEN_MAX));
        fprintf(stdout, "PASS_MAX = %ld\n", sysconf(_SC_PASS_MAX));
        fprintf(stdout, "PAGESIZE = %ld\n", sysconf(_SC_PAGESIZE));
        fprintf(stdout, "PAGE_SIZE = %ld\n", sysconf(_SC_PAGE_SIZE));
        fprintf(stdout, "PRIORITIZED_IO = %ld\n", sysconf(_SC_PRIORITIZED_IO));
        fprintf(stdout, "PRIORITY_SCHEDULING = %ld\n", sysconf(_SC_PRIORITY_SCHEDULING));
        fprintf(stdout, "RE_DUP_MAX = %ld\n", sysconf(_SC_RE_DUP_MAX));
        fprintf(stdout, "RTSIG_MAX = %ld\n", sysconf(_SC_RTSIG_MAX));
        fprintf(stdout, "REALTIME_SIGNALS = %ld\n", sysconf(_SC_REALTIME_SIGNALS));
        fprintf(stdout, "SAVED_IDS = %ld\n", sysconf(_SC_SAVED_IDS));
        fprintf(stdout, "SEM_NSEMS_MAX = %ld\n", sysconf(_SC_SEM_NSEMS_MAX));
        fprintf(stdout, "SEM_VALUE_MAX = %ld\n", sysconf(_SC_SEM_VALUE_MAX));
        fprintf(stdout, "SEMAPHORES = %ld\n", sysconf(_SC_SEMAPHORES));
        fprintf(stdout, "SHARED_MEMORY_OBJECTS = %ld\n",
sysconf(_SC_SHARED_MEMORY_OBJECTS));
        fprintf(stdout, "SIGQUEUE_MAX = %ld\n", sysconf(_SC_SIGQUEUE_MAX));
        fprintf(stdout, "STREAM_MAX = %ld\n", sysconf(_SC_STREAM_MAX));
        fprintf(stdout, "SYNCHRONIZED_IO = %ld\n", sysconf(_SC_SYNCHRONIZED_IO));
        fprintf(stdout, "TIMER_MAX = %ld\n", sysconf(_SC_TIMER_MAX));
        fprintf(stdout, "TIMERS = %ld\n", sysconf(_SC_TIMERS));
        fprintf(stdout, "TZNAME_MAX = %ld\n", sysconf(_SC_TZNAME_MAX));
        fprintf(stdout, "VERSION = %ld\n", sysconf(_SC_VERSION));
        fprintf(stdout, "XBS5_ILP32_OFF32 = %ld\n", sysconf(_SC_XBS5_ILP32_OFF32));
        fprintf(stdout, "XBS5_ILP32_OFFBIG = %ld\n", sysconf(_SC_XBS5_ILP32_OFFBIG));
        fprintf(stdout, "XBS5_LP64_OFF64 = %ld\n", sysconf(_SC_XBS5_LP64_OFF64));
        fprintf(stdout, "XBS5_LPBIG_OFFBIG = %ld\n", sysconf(_SC_XBS5_LPBIG_OFFBIG));
        fprintf(stdout, "XOPEN_CRYPT = %ld\n", sysconf(_SC_XOPEN_CRYPT));
        fprintf(stdout, "XOPEN_LEGACY = %ld\n", sysconf(_SC_XOPEN_LEGACY));
        fprintf(stdout, "XOPEN_REALTIME = %ld\n", sysconf(_SC_XOPEN_REALTIME));
```

```
        fprintf(stdout, "XOPEN_REALTIME_THREADS = %ld\n",
sysconf(_SC_XOPEN_REALTIME_THREADS));
        fprintf(stdout, "XOPEN_ENH_I18N = %ld\n", sysconf(_SC_XOPEN_ENH_I18N));
        fprintf(stdout, "XOPEN_SHM = %ld\n", sysconf(_SC_XOPEN_SHM));
        fprintf(stdout, "XOPEN_VERSION = %ld\n", sysconf(_SC_XOPEN_VERSION));
    #ifndef HPUX
        fprintf(stdout, "XOPEN_XCU_VERSION = %ld\n", sysconf(_SC_XOPEN_XCU_VERSION));
    #endif
        fprintf(stdout, "ATEXIT_MAX = %ld\n", sysconf(_SC_ATEXIT_MAX));
        fprintf(stdout, "PAGE_SIZE = %ld\n", sysconf(_SC_PAGE_SIZE));
    #ifdef AIX
        fprintf(stdout, "AES_OS_VERSION = %ld\n", sysconf(_SC_AES_OS_VERSION));
    #endif
        fprintf(stdout, "2_VERSION = %ld\n", sysconf(_SC_2_VERSION));
        fprintf(stdout, "2_C_BIND = %ld\n", sysconf(_SC_2_C_BIND));
        fprintf(stdout, "2_C_DEV = %ld\n", sysconf(_SC_2_C_DEV));
    #ifndef __APPLE__
        fprintf(stdout, "2_C_VERSION = %ld\n", sysconf(_SC_2_C_VERSION));
    #endif
        fprintf(stdout, "2_FORT_DEV = %ld\n", sysconf(_SC_2_FORT_DEV));
        fprintf(stdout, "2_FORT_RUN = %ld\n", sysconf(_SC_2_FORT_RUN));
        fprintf(stdout, "2_LOCALEDEF = %ld\n", sysconf(_SC_2_LOCALEDEF));
        fprintf(stdout, "2_SW_DEV = %ld\n", sysconf(_SC_2_SW_DEV));
        fprintf(stdout, "2_UPE = %ld\n", sysconf(_SC_2_UPE));
    #ifndef HPUX
        fprintf(stdout, "NPROCESSORS_CONF = %ld\n", sysconf(_SC_NPROCESSORS_CONF));
        fprintf(stdout, "NPROCESSORS_ONLN = %ld\n", sysconf(_SC_NPROCESSORS_ONLN));
    #endif
    #ifdef AIX
        fprintf(stdout, "THREAD_DATAKEYS_MAX = %ld\n", sysconf(_SC_THREAD_DATAKEYS_MAX));
    #endif
        fprintf(stdout, "THREAD_DESTRUCTOR_ITERATIONS = %ld\n",
sysconf(_SC_THREAD_DESTRUCTOR_ITERATIONS));
        fprintf(stdout, "THREAD_KEYS_MAX = %ld\n", sysconf(_SC_THREAD_KEYS_MAX));
        fprintf(stdout, "THREAD_STACK_MIN = %ld\n", sysconf(_SC_THREAD_STACK_MIN));
        fprintf(stdout, "THREAD_THREADS_MAX = %ld\n", sysconf(_SC_THREAD_THREADS_MAX));
    #ifdef AIX
        fprintf(stdout, "REENTRANT_FUNCTIONS = %ld\n",
sysconf(_SC_REENTRANT_FUNCTIONS));
    #endif
        fprintf(stdout, "THREADS = %ld\n", sysconf(_SC_THREADS));
        fprintf(stdout, "THREAD_ATTR_STACKADDR = %ld\n",
sysconf(_SC_THREAD_ATTR_STACKADDR));
        fprintf(stdout, "THREAD_ATTR_STACKSIZE = %ld\n",
sysconf(_SC_THREAD_ATTR_STACKSIZE));
        fprintf(stdout, "THREAD_PRIORITY_SCHEDULING = %ld\n",
sysconf(_SC_THREAD_PRIORITY_SCHEDULING));
        fprintf(stdout, "THREAD_PRIO_INHERIT = %ld\n", sysconf(_SC_THREAD_PRIO_INHERIT));
        fprintf(stdout, "THREAD_PRIO_PROTECT = %ld\n", sysconf(_SC_THREAD_PRIO_PROTECT));
```

```
        fprintf(stdout, "THREAD_PROCESS_SHARED = %ld\n", sysconf(_SC_THREAD_PROCESS_SHARED));
        fprintf(stdout, "TTY_NAME_MAX = %ld\n", sysconf(_SC_TTY_NAME_MAX));
        fprintf(stdout, "SYNCHRONIZED_IO = %ld\n", sysconf(_SC_SYNCHRONIZED_IO));
        fprintf(stdout, "FSYNC = %ld\n", sysconf(_SC_FSYNC));
        fprintf(stdout, "MAPPED_FILES = %ld\n", sysconf(_SC_MAPPED_FILES));
#ifdef AIX
        fprintf(stdout, "LPAR_ENABLED = %ld\n", sysconf(_SC_LPAR_ENABLED));
        fprintf(stdout, "AIX_KERNEL_BITMODE = %ld\n", sysconf(_SC_AIX_KERNEL_BITMODE));
        fprintf(stdout, "AIX_REALMEM = %ld\n", sysconf(_SC_AIX_REALMEM));
        fprintf(stdout, "AIX_HARDWARE_BITMODE = %ld\n", sysconf(_SC_AIX_HARDWARE_BITMODE));
        fprintf(stdout, "AIX_UKEYS = %ld\n", sysconf(_SC_AIX_UKEYS));
        /* root user only */
        fprintf(stdout, "AIX_MP_CAPABLE = %ld\n", sysconf(_SC_AIX_MP_CAPABLE));
#endif
}
```

7-9 system() 函數

這一章的主要主題之一，即如何產生一個新程序以執行另一個程式。基於完整起見，我們必須說，程式還有一種執行一個新程式的方式，那就是叫用 system() 函數。這種方法簡單些，但相對地，控制也較少。

system() 函數讓你能自一個程式內，叫用與執行一個作業系統命令或程式。該函數會以**邦氏母殼**（Bourne shell）（/bin/sh 或/usr/bin/sh）執行那個命令或程式。system() 函數的格式如下：

```
#include <stdlib.h>
int system(const char *command);
```

函數只需一個引數，那就是程式欲執行的另一命令或程式，它可以是一作業系統命令，一腳本程式，或任何可執行的程式。

system() 函數會首先叫用 fork() 函數產生一新的程序，之後再以其中一個 exec() 函數執行 sh 母殼，然後這 sh 母殼再執行函數引數所指的命令或程式。叫用程序會等在那兒，直到新的程式執行完畢，母殼回返。母殼會送回新程式所送回的終止狀態。母殼所送回的終止狀態，與叫用 wait() 或 waitpid() 函數所送回之值的格式相似。是以，讀取這送回的終止狀態值時，叫用程序應使用 WEXITSTATUS（status）巨集。

sh 母殼所執行之新命令或程式的輸出，會顯示在現有的終端機上。system() 函數叫用在出錯時會送回 -1，譬如，fork() 函數叫用失敗了。假若新命令或程式因某種理由無法執行，system() 函數在 Linux 上會送回 127。若新命令或程式有執行，那 system() 函數就會送回它的終止狀態值。

圖 7-17 所示即為一使用 system() 函數的例子。你可看到，程式以 WEXITSTATUS（status）巨集取得新程式的回返值。

圖 7-17　以 system() 函數執行一個程式（system.c）

```
/*
 * Run a new program using the system() function.
 * Copyright (c) 2013, 2014, 2019  Mr. Jin-Jwei Chen. All rights reserved.
 */

#include <stdio.h>
#include <errno.h>
#include <stdlib.h>
#include <sys/types.h>
#include <sys/wait.h>

#define  MYCMD  "/bin/echo 'Hello, there!'"  /* the command to run by default */

int main(int argc, char *argv[])
{
  int     ret = 0;
  char    *cmd = MYCMD;  /* the command to run */

  /* Get the command from the user if there is one */
  if (argc > 1)
    cmd = argv[1];

  /* Run the command */
  ret = system(cmd);
  if (ret == -1)
  {
    /* The first fork() failed */
    fprintf(stderr, "Calling system() failed, errno=%d\n", errno);
    return(1);
  }
  else
    /* The shell was up */
    fprintf(stdout, "Running the command %s returned %d\n", cmd, WEXITSTATUS(ret));

  return(0);
}
```

7-10 程序的資源極限

在使用各種系統的資源上，每一程式都有一個極限（limit）。這些資源包括一個程序可以打開的最多檔案數目，程序能使用處理器的最高時間，程序之堆疊的最大容量，等等。

在 POSIX 標準上，查詢資源的極限是使用 getrlimit() 函數，而改變或設定資源的極限值則是用 setrlimit() 函數。

```
#include <sys/resource.h>
int getrlimit(int resource, struct rlimit *rlp);
int setrlimit(int resource, const struct rlimit *rlp); [Option End]
```

每一資源有兩個極限值：硬極限與軟極限。**軟極限**是資源的現有極限值。**硬極限**則是軟極限可以上調的最終極限值。

資源極限以一 rlimit 資料結構表示，其 rlim_cur 成員代表現有極限或軟極限，rlim_max 成員則代表硬極限或真正最大極限值。

```
struct rlimit {
    rlim_t rlim_cur;  /* Soft limit */
    rlim_t rlim_max;  /* Hard limit (ceiling for rlim_cur) */
};
```

假若一個資源沒有極限限制，那它就以 RLIM_INFINITY 表示。getrlimit() 有可能會送回這個值。setrlimit() 也可以以這個值作為輸入值，它代表作業系統對這個資源的使用，並不設限。

7-10-1 讀取資源之極限值

POSIX 標準訂定了下面的資源。

RLIMIT_CORE

記憶傾倒檔案（core file）的最大容量，單位是位元組。

將此值設定為 0 等於禁止產生記憶傾倒檔案。倘若在產生一記憶傾倒檔案途中超越了這個極限制，記憶傾倒就會中途終止。

RLIMIT_CPU

一個程序可以使用處理器的最高時間。若程序使用處理器的時間超出這極限，則系統會送出一 SIGXCPU 信號給程序。萬一程序設定好以忽略或攔接 SIGXCPU 信號，或程序之所有程線都阻擋這信號，結果會如何則未定。

RLIMIT_DATA

程序之資料節段的最大容量，單位為位元組。這個容量是無初值設定資料，有初值設定的資料，與堆積，全部加在一起。

假若超越了這個極限，那 malloc() 與類似的函數叫用，即會出現 ENOMEM 的錯誤。

RLIMIT_FSIZE

程序可以建立之檔案的最大容量，單位是位元組。假若檔案的寫入或截去（truncate）超越此一極限值，那系統就會送出一 SIGXFSZ 信號給程線或程序。倘若程線阻擋了此信號，或程序攔接或忽略此信號，一直持續試圖在檔案最後讓檔案超越此一極限值，都會失敗，且 errno 會是 EFBIG。

RLIMIT_NOFILE

一個程序可以同時打開的最高檔案數目。程序之打開檔案描述的最大值，即為此一極限值減一。此一極限值限定了一個程序能同時打開的最多檔案數目。若超出此一極限，則程序在叫用的函數，必須增加一個打開檔案描述時，就會出錯，且錯誤號碼是 EMFILE。假若程序試圖將 RLIMIT_NOFILE 的軟極限或硬極限設定成一個小於 {_POSIX_OPEN_MAX}（定義在 <limits.h> 內）的值，則可能會有無法預期的結果。

假若程序試圖將 RLIMIT_NOFILE 的軟極限或硬極限設定成一個比（現有打開檔案描述 +1）還小的值，結果也是無法預期的。

RLIMIT_STACK

程序的第一個程線之堆疊的最大容量，以位元組數計。程序之任何程線的堆疊，不能超越此一極限。若超出了此一極限，則系統即會發出一 SIGSEGV 信號給程線。假若程線阻擋 SIGSEGV 信號，或程序忽略或攔接 SIGSEGV 信號而且並未安排使用另外的堆疊，則在 SIGSEGV 信號產生前，系統會把 SIGSEGV 信號的行動設定成 SIG_DFL。

注意到，RLIMIT_STACK 至少會對程序的第一個程線造成影響。

RLIMIT_AS

程序可使用的全部記憶的最大容量，以位元組計。若超越了此一極限，則malloc() 或mmap() 函數會叫用失敗，且錯誤為 ENOMEM。此外，堆疊的自動成長也會失敗。

許多作業系統所支援的資源，並不僅限於上述 POSIX 標準所界定的。欲得知每一作業系統所支援之所有資源，請使用 "man getrlimit" 命令。以下是一小撮 POSIX 標準之外，有些作業系統支援的配置參數例子。

RLIMIT_NPROC

叫用程序之真正用戶號碼所能產生或開創之程序或程線的最大數目。

在超越此一極限時，程序叫用 fork() 函數即會失敗，且錯誤是 EAGAIN。

RLIMIT_NICE

程序可以透過 setpriority() 或 nice() 函數去設定之**排班優先順序**（scheduling priority，又稱 nice）的最大值。

RLIMIT_RSS

程序之記憶頁數（resident set），亦即，程序目前實際存在記憶器內的記憶頁數的極限（以記憶頁數計）。

getrlimit() 函數在成功時送回零，在錯誤時，其送回 -1 且 errno 含錯誤號碼。

在程序叫用 getrlimit() 函數時，若資源的極限可以正確地以 rlim_t 的資料型態表示，那函數就送回一此一資料型態的資料。否則，假若資源極限的值等於其所對應之存起的硬極限的值，則函數就送回 RLIM_SAVED_MAX，再不然，所送回的值即是 RLIM_SAVED_CUR。exec() 族系的函數會造成資訊極限被存起。

圖 7-18 所示，即為一查詢程序之資源極限的程式。

圖 7-18 查詢程序的資源極限（getrlimit.c）

```
/*
 * Get resource limits of a process.
 * Copyright (c) 2019, 2020  Mr. Jin-Jwei Chen. All rights reserved.
 */

#include <stdio.h>
#include <errno.h>
#include <stdlib.h>
#include <sys/types.h>
#include <sys/resource.h>

#define RSCNAME_LEN  24
#define NUM_RSCNAMES 16

struct rscname
{
  unsigned int  idx;
  char          rscname[RSCNAME_LEN+1];
};

struct rscname  names[NUM_RSCNAMES] =
{
  0,  "RLIMIT_CPU",
  1,  "RLIMIT_FSIZE",
  2,  "RLIMIT_DATA",
  3,  "RLIMIT_STACK",
  4,  "RLIMIT_CORE",
  5,  "__RLIMIT_RSS",
  6,  "__RLIMIT_NPROC",
  7,  "RLIMIT_NOFILE",
  8,  "__RLIMIT_MEMLOCK",
  9,  "RLIMIT_AS",
  10,  "__RLIMIT_LOCKS",
  11,  "__RLIMIT_SIGPENDING",
  12,  "__RLIMIT_MSGQUEUE",
  13,  "__RLIMIT_NICE",
  14,  "__RLIMIT_RTPRIO",
  15,  "__RLIMIT_NLIMITS"
};

void print_resrc_limit(unsigned int idx, struct rlimit *limit)
{
  if (limit == NULL)
    return;
  fprintf(stdout, "The limit of %s is \n", names[idx].rscname);
  fprintf(stdout, "  Soft limit: ");
  if (limit->rlim_cur == RLIM_INFINITY)
```

```c
          fprintf(stdout, "unlimited.\n");
      else
          fprintf(stdout, "%lu.\n", limit->rlim_cur);
      fprintf(stdout, "  Hard limit: ");
      if (limit->rlim_max == RLIM_INFINITY)
          fprintf(stdout, "unlimited.\n");
      else
          fprintf(stdout, "%lu.\n", limit->rlim_max);
}


int main(int argc, char *argv[])
{
    int    ret = 0;
    struct rlimit  limit;  /* limit of resource */

    /* Get current limit of the RLIMIT_NOFILE resource */
    ret = getrlimit(RLIMIT_NOFILE, &limit);
    if (ret < 0)
    {
        fprintf(stderr, "getrlimit(RLIMIT_NOFILE) failed , errno=%d\n", errno);
        return(1);
    }
    print_resrc_limit(RLIMIT_NOFILE, &limit);

    /* Get current limit of the RLIMIT_STACK resource */
    ret = getrlimit(RLIMIT_STACK, &limit);
    if (ret < 0)
    {
        fprintf(stderr, "getrlimit(RLIMIT_STACK) failed , errno=%d\n", errno);
        return(1);
    }
    print_resrc_limit(RLIMIT_STACK, &limit);

    /* Get current limit of the RLIMIT_CPU resource */
    ret = getrlimit(RLIMIT_CPU, &limit);
    if (ret < 0)
    {
        fprintf(stderr, "getrlimit(RLIMIT_CPU) failed , errno=%d\n", errno);
        return(1);
    }
    print_resrc_limit(RLIMIT_CPU, &limit);

    /* Get current limit of the RLIMIT_FSIZE resource */
    ret = getrlimit(RLIMIT_FSIZE, &limit);
    if (ret < 0)
    {
        fprintf(stderr, "getrlimit(RLIMIT_FSIZE) failed , errno=%d\n", errno);
        return(1);
    }
```

```
    print_resrc_limit(RLIMIT_FSIZE, &limit);

    /* Get current limit of the RLIMIT_DATA resource */
    ret = getrlimit(RLIMIT_DATA, &limit);
    if (ret < 0)
    {
      fprintf(stderr, "getrlimit(RLIMIT_DATA) failed , errno=%d\n", errno);
      return(1);
    }
    print_resrc_limit(RLIMIT_DATA, &limit);

    /* Get current limit of the RLIMIT_AS resource */
    ret = getrlimit(RLIMIT_AS, &limit);
    if (ret < 0)
    {
      fprintf(stderr, "getrlimit(RLIMIT_AS) failed , errno=%d\n", errno);
      return(1);
    }
    print_resrc_limit(RLIMIT_AS, &limit);

    /* Get current limit of the RLIMIT_CORE resource */
    ret = getrlimit(RLIMIT_CORE, &limit);
    if (ret < 0)
    {
      fprintf(stderr, "getrlimit(RLIMIT_CORE) failed , errno=%d\n", errno);
      return(1);
    }
    print_resrc_limit(RLIMIT_CORE, &limit);

    return(0);
}
```

7-10-2　設定程序的資源極限

　　一個沒有超級用戶權限的程序，可以將程序之某一資源的極限，更改或設定成一介於 0 與硬極限間的值。不過，更改一資源之硬極限，一般都須要有超級用戶的權限，只有一種情況例外。那就是，一個程序可以將一個資源的硬極限，更改或降低至一等於或小於現有硬極限的新值，而不需任何超級用戶權限。不過注意到，這種降低更改是無法再改回原來更高的值的。換句話說，若沒有超級用戶或適當權限，不論何時，提高硬極限都是不允許的。只有擁有適當權限的程序，才能提高一個資源的硬極限。

　　單一個 setrlimit() 函數叫用，可以同時更改硬極限與軟極限。

　　圖 7-19 所示即為一改變某一資源之硬極限與軟極限的例子。

圖 7-19 設定程序的資源極限（setrlimit.c）

```c
/*
 * Set resource limits of a process.
 * Changing the hard limit of a resource requires super user privilege.
 * Copyright (c) 2019, 2020  Mr. Jin-Jwei Chen. All rights reserved.
 */

#include <stdio.h>
#include <errno.h>
#include <stdlib.h>
#include <sys/types.h>
#include <sys/resource.h>

#define RSCNAME_LEN  24
#define NUM_RSCNAMES 16

struct rscname
{
  unsigned int  idx;
  char          rscname[RSCNAME_LEN+1];
};

struct rscname  names[NUM_RSCNAMES] =
{
  0,  "RLIMIT_CPU",
  1,  "RLIMIT_FSIZE",
  2,  "RLIMIT_DATA",
  3,  "RLIMIT_STACK",
  4,  "RLIMIT_CORE",
  5,  "__RLIMIT_RSS",
  6,  "__RLIMIT_NPROC",
  7,  "RLIMIT_NOFILE",
  8,  "__RLIMIT_MEMLOCK",
  9,  "RLIMIT_AS",
  10, "__RLIMIT_LOCKS",
  11, "__RLIMIT_SIGPENDING",
  12, "__RLIMIT_MSGQUEUE",
  13, "__RLIMIT_NICE",
  14, "__RLIMIT_RTPRIO",
  15, "__RLIMIT_NLIMITS"
};

void print_resrc_limit(unsigned int idx, struct rlimit *limit)
{
  if (limit == NULL)
    return;
  fprintf(stdout, "The limits of %s are: \n", names[idx].rscname);
  fprintf(stdout, "  Soft limit: ");
  if (limit->rlim_cur == RLIM_INFINITY)
    fprintf(stdout, "unlimited.\n");
```

```c
    else
      fprintf(stdout, "%lu\n", limit->rlim_cur);
    fprintf(stdout, "  Hard limit: ");
    if (limit->rlim_max == RLIM_INFINITY)
      fprintf(stdout, "unlimited.\n");
    else
      fprintf(stdout, "%lu\n", limit->rlim_max);
}

int main(int argc, char *argv[])
{
  int    ret = 0;
  struct rlimit  limit;  /* limit of resource */

  /* Get current limit of the RLIMIT_NOFILE resource */
  ret = getrlimit(RLIMIT_NOFILE, &limit);
  if (ret < 0)
  {
    fprintf(stderr, "getrlimit(RLIMIT_NOFILE) failed , errno=%d\n", errno);
    return(1);
  }
  print_resrc_limit(RLIMIT_NOFILE, &limit);

  /* Raise the soft limit of the RLIMIT_NOFILE resource */
  fprintf(stdout, "\nTo raise the soft limit of RLIMIT_NOFILE resource...\n");
  limit.rlim_cur = limit.rlim_cur + 256;
  ret = setrlimit(RLIMIT_NOFILE, &limit);
  if (ret < 0)
  {
    fprintf(stderr, "setrlimit(RLIMIT_NOFILE) failed , errno=%d\n", errno);
    return(2);
  }
  fprintf(stdout, "setrlimit(RLIMIT_NOFILE) succeeded.\n");

  /* Get current limit of the RLIMIT_NOFILE resource */
  ret = getrlimit(RLIMIT_NOFILE, &limit);
  if (ret < 0)
  {
    fprintf(stderr, "getrlimit(RLIMIT_NOFILE) failed , errno=%d\n", errno);
    return(3);
  }
  print_resrc_limit(RLIMIT_NOFILE, &limit);

  /* Raise the hard limit of the RLIMIT_NOFILE resource, and soft limit too */
  fprintf(stdout, "\nTo raise the hard limit of RLIMIT_NOFILE resource...\n");
  limit.rlim_max = limit.rlim_max + (512);
  limit.rlim_cur = limit.rlim_cur + (1024);
  ret = setrlimit(RLIMIT_NOFILE, &limit);
  if (ret < 0)
  {
    fprintf(stderr, "setrlimit(RLIMIT_NOFILE) failed to raise the hard limit,"
```

```
      " errno=%d\n", errno);
    return(4);
  }
  fprintf(stdout, "setrlimit(RLIMIT_NOFILE) succeeded in raising the hard limit.\n");

  /* Get current limit of the RLIMIT_NOFILE resource */
  ret = getrlimit(RLIMIT_NOFILE, &limit);
  if (ret < 0)
  {
    fprintf(stderr, "getrlimit(RLIMIT_NOFILE) failed , errno=%d\n", errno);
    return(5);
  }
  print_resrc_limit(RLIMIT_NOFILE, &limit);

  return(0);
}
```

在叫用 setrlimit() 函數時，若函數所指明的新極限值是 RLIM_INFINITY，則新的極限值就會變成 "無極限"。否則，若函數所指的新極限值是 RLIM_SAVED_MAX，則新極限值就會是這個所存起的硬極限值。不然，若函數所指出的新極限值是 RLIM_SAVED_CUR，那新的極限值就會是這個存起的軟極限。再不然，新極限值就是函數所要求的值。此外，若存起極限值能以 rlim_t 資料型態正確表示，則其值也會被代換成新極限值。

除非前一個 getrlimit() 函數叫用送回的軟極限或硬極限，就是這個值，否則，將一個資源極限設定成 RLIM_SAVED_MAX 或 RLIM_SAVED_CUR，結果如何未定。

決定一個極限值是否可以用 rlim_t 資料型態正確表示，是視作業系統而定的。例如，有些作業系統允許一個超越 RLIM_INFINITY 的極限值，但有些作業系統則不。

值得一提的是，每一作業系統的命令母殼，都有內建的命令，可以列出所有資源的極限值。這個內建在母殼內的子命令，在 Bourne 和 Korn母殼上叫 ulimit，而在 C 母殼上就叫 limit。例如：

```
$ sh
sh-3.2$ ulimit -all
core file size          (blocks, -c) 0
data seg size           (kbytes, -d) unlimited
scheduling priority             (-e) 0
file size               (blocks, -f) unlimited
pending signals                 (-i) 15985
max locked memory       (kbytes, -l) 64
```

```
max memory size          (kbytes, -m) unlimited
open files                       (-n) 1024
pipe size               (512 bytes, -p) 8
POSIX message queues      (bytes, -q) 819200
real-time priority               (-r) 0
stack size               (kbytes, -s) 10240
cpu time               (seconds, -t) unlimited
max user processes               (-u) 2047
virtual memory           (kbytes, -v) unlimited
file locks                       (-x) unlimited

$ csh
$ limit
cputime       unlimited
filesize      unlimited
datasize      unlimited
stacksize     10240 kbytes
coredumpsize  0 kbytes
memoryuse     unlimited
vmemoryuse    unlimited
descriptors   1024
memorylocked  64 kbytes
maxproc       2047
```

此外，每一作業系統典型上都有一全系統通用的登入環境與啟動程式。
對系統所有用戶都適用的資源極限，一般都會在那兒設定。這些檔案在 Linux
上就是 /etc/profile，/etc/csh.login，與 /etc/csh.cshrc。

7-11 其他用戶與群組相關的函數

POSIX 標準還有其他一些與用戶與群組有關的函數，我們也必須在此介
紹。這些大部分和登入用戶名稱與密碼（password）有關。

7-11-1 getlogin() 函數

getlogin() 函數讓你找出登入在一控制終端機之用戶的名字。

```
#include <unistd.h>
char *getlogin(void);
int   getlogin_r(char *buf, size_t bufsize);
```

getlogin() 函數送回登入在現有程序之控制終端機上之用戶的名字。

用戶名字的值以一字串（string）送回。注意，這函數送回原先登入用戶的名字。譬如，假若原先登入在終端機上的用者是 root，但他後來變換成 smith 用戶，則 getlogin() 函數會送回 root，而非 smith。倘若 getlogin() 函數因故無法取得用戶資訊，那它會送回一 NULL（空）指標。

注意到，儲存 getlogin() 函數所送回之字串的記憶，是靜態騰出的。因此，它的值會被下一個 getlogin() 叫用所送回的值所蓋過。為了避免發生這種情形，程式最好使用 getlogin_r() 函數。

getlogin_r() 函數在功能上與 getlogin() 一樣，唯一不同的是，叫用程序必須負責騰出儲存函數送回之用者名稱的記憶空間。而 getlogin_r() 函數必須指明這記憶緩衝器的起始位址，以及其大小（有多少位元組）。

記得，緩衝器必須包括終止一個字串的最後一個空的位元組，其大小也應把這個額外的位元組算在內。

成功時，getlogin_r() 函數送回 0。失敗時，其送回是一個不是零的值。譬如，若騰出的緩衝器太小，存不下用戶名稱時，getlogin_r() 函數會送回 ERANGE(34) 的錯誤。

一個用戶登入名稱的最大長度是定義成 LOGIN_NAME_MAX 可配置參數。這個值通常是 256。欲用到這個極限值符號時，你的程式須包括前頭檔案 limits.h。

```
#include <limits.h>
```

圖 7-20 所示即為一使用 getlogin() 與 getlogin_r() 函數的例子。

圖 7-20 獲得目前程序之登入用戶名（getlogin.c）

```c
/*
 * The getlogin() and getlogin_r() functions.
 * Copyright (c) 2013, 2014 Mr. Jin-Jwei Chen. All rights reserved.
 */

#include <stdio.h>
#include <errno.h>
#include <unistd.h>    /* getlogin() */
#include <limits.h>    /* LOGIN_NAME_MAX */

int main(int argc, char *argv[])
{
  int    ret = 0;
  char   *loginname;
#ifdef SPARC_SOLARIS
```

```
      char   name[_POSIX_LOGIN_NAME_MAX+1];
#elif defined(__APPLE__)
   char   name[_POSIX_LOGIN_NAME_MAX+1];
#else
   char   name[LOGIN_NAME_MAX+1];
#endif

   /* Get the login name using getlogin() */
   loginname = getlogin();
   if (loginname != NULL)
     fprintf(stdout, "My login name returned from getlogin() is %s\n", loginname);
   else
   {
     fprintf(stderr, "getlogin() failed, ret=%d, errno=%d\n", ret, errno);
     ret = 1;
   }


   /* Get the login name using getlogin_r() */
#ifdef SPARC_SOLARIS
   loginname = getlogin_r(name, _POSIX_LOGIN_NAME_MAX);
#elif defined(__APPLE__)
   loginname = getlogin_r(name, _POSIX_LOGIN_NAME_MAX);
#else
   ret = getlogin_r(name, LOGIN_NAME_MAX);
#endif
   if (ret == 0)
     fprintf(stdout, "My login name returned from getlogin_r() is %s\n", name);
   else
   {
     fprintf(stderr, "getlogin_r() failed, ret=%d, errno=%d\n", ret, errno);
     ret = 2;
   }

   return(ret);
}
```

注意到，getlogin() 與 getlogin_r() 兩者都在 POSIX 標準內。但用戶名稱的最大長度在不同作業系統間有些差異。如下所示，有些作業系統（如 Linux 與 AIX）使用 LOGIN_NAME_MAX，但 Oracle/Sun Solaris 與 Apple Darwin 則使用 _POSIX_LOGIN_NAME_MAX：

```
Linux and AIX:

   int   ret;
   char   name[LOGIN_NAME_MAX+1];
   ret = getlogin_r(name, LOGIN_NAME_MAX);

Solaris and Apple Darwin:
   char   *loginname;
   char   name[_POSIX_LOGIN_NAME_MAX+1];
   loginname = getlogin_r(name, _POSIX_LOGIN_NAME_MAX);
```

7-11-2 getpwnam()，getpwuid()，與 getpwent()函數

```
#include <sys/types.h>
#include <pwd.h>

struct passwd *getpwuid(uid_t uid);
struct passwd *getpwnam(const char *name);

int getpwuid_r(uid_t uid, struct passwd *pwbuf,
        char *buf, size_t buflen, struct passwd **pwbufp);
int getpwnam_r(const char *name, struct passwd *pwbuf,
        char *buf, size_t buflen, struct passwd **pwbufp);
```

在順從 POSIX 標準的作業系統裡，系統上的每一用戶的用戶名稱，用戶號碼，群組號碼，住戶檔案夾，與登入母殼等資料，通常都存在一個檔案內（例如：/etc/passwd）。每次系統增加了一個新的用戶，這個檔案就會增加一個代表這用戶的新元素。這檔案之每一元素的格式如下：

```
jsmith:x:1100:500::/home/jsmith:/bin/bash
```

每一欄所代表的分別是，用戶名稱，登入密碼（為了保密，故意顯示成 x），用戶號碼，群組號碼，住戶檔案夾，與登入之既定命令母殼。這些資料，在處理時，一般都放在一個是 "struct passwd" 資料結構上。這個結構，定義在 <pwd.h> 前頭檔案上：

```
/* The passwd structure.  */
struct passwd
{
  char *pw_name;              /* 用戶名稱 Username.  */
  char *pw_passwd;           /* 密碼 Password.  */
  __uid_t pw_uid;            /* 用戶號碼 User ID.  */
  __gid_t pw_gid;            /* 群組號碼 Group ID.  */
  char *pw_gecos;            /* 真正名字 Real name.  */
  char *pw_dir;              /* 住戶檔案夾 Home directory.  */
  char *pw_shell;            /* 登入之命令母殼 Shell program.  */
};
```

getpwuid() 與 getpwnam() 函數，分別讓程式查取 passwd 檔案內，屬於一個用戶的有關資料。叫用這兩個函數時程序必須分別輸入用戶號碼（uid）或登入用戶名。

一樣地，這兩個函數也是有兩種版本，在送回用者資料時，由於 getpwuid() 與 getpwnam() 將資料存在靜態記憶，其結果可能被下一次的同函數叫用蓋過。因此你最好使用第二個版本：getpwuid_r() 與 getpwnam_r()。注意，在這本書出版時（2021 年），並非所有作業系統都有支援第二種版本（程線版）。要

是你所使用的作業系統尚未支援第二版本，那你只能使用第一版本（名稱沒有 _r 的）。只是要記得若回返值即將被蓋過，那就應該先將之拷貝一份，存在其他地方就是了。

　　第二版本有一點差別，因為，它在第五引數使用了一字串指標陣列。首先，函數的前面四個參數都是輸入，而最後一個（第五個）則是輸出。最後一個引數就像 getpwuid() /getpwnam() 一樣，在成功時，它送回一指向結果的指標，而在失敗或元素找不到時，它送回 NULL 指標。在函數叫用之後，假若成功，則送回的指標值應與第二輸入引數 pwbuf 一樣。

　　前四個引數都是輸入。首先，叫用程序必須騰出一 "struct passwd" 資料結構的記憶空間，並將其起始位址由第二引數 pwbuf 輸入。在函數成功回返後，這個資料結構之成員的值，都會被填入。由於這結構中的多個成員本身都是字串的指標，指向長度不一的字串。因此，你的程序必須騰出另一足以儲存所有這些字串值的緩衝器。而你必須將這個緩衝器的起始位址，由第三引數輸入，且將其大小，由第四引數輸入。

　　你一定會問，那我怎知道這緩衝器需要多大的記憶空間呢？問得好！這緩衝器所需的最大容量，可以經由叫用 sysconf() 函數查詢 _SC_GETPW_R_SIZE_MAX 參數得知。

　　成功時，getpwuid_r() 與 getpwnam_r() 函數送回 0。失敗時，它們送回錯誤號碼。例如，若你輸入的是一 NULL 緩衝器，那函數就會送回 ERANGE。

　　雖然 getpwuid()，getpwnam()，getpwuid_r()，與 getpwnam_r() 全部都在 POSIX 標準內，但 Solaris 似乎有一寧靜的差別。Solaris 的 _r 函數版本並不使用第五引數，取而代之的是，"struct passwd" 的指標由函數本身送回。IBM AIX，Apple Darwin 則與 Linux 同。

```
Linux, AIX and Apple Darwin:

    int getpwuid_r(uid_t uid, struct passwd *pwbuf,
            char *buf, size_t buflen, struct passwd **pwbufp);
    int getpwnam_r(const char *name, struct passwd *pwbuf,
            char *buf, size_t buflen, struct passwd **pwbufp);

Solaris:

    struct passwd *getpwuid_r(uid_t uid, struct passwd *pwbuf,
            char *buf, size_t buflen);
    struct passwd *getpwnam_r(const char *name, struct passwd *pwbuf,
            char *buf, size_t buflen);
```

　　圖 7-21 所示即為一使用 getpwuid_r() 函數的例子。這程式先以 sysconf() 函數取得 getpwuid_r() 所需之緩衝器的最大容量。然後以 malloc() 函數將這記憶空間動態地騰出在程序的堆積（heap）裡。緊接，其以 getpwuid() 函數得知現有程序的有效用戶號碼，將那結果放在第一引數傳入，然後叫用了 getpwuid_r() 函數。不論這函數叫用成功或失敗，程式永遠記得釋回其所騰出的動態記憶，因此，沒有記憶流失。

　　不用 getpwuid_r()，而用 getpwnam_r()，並以 getlogin() 取代 geteuid()，程式也可做同樣的事，這我們就留作習題。

圖 7-21 以 getpwuid_r() 讀取 passwd 檔案中的元素（getpwuid_r.c）

```
/*
 * The getpwuid_r() function.
 * Copyright (c) 2013, 2014, 2020 Mr. Jin-Jwei Chen. All rights reserved.
 */

#include <stdio.h>
#include <errno.h>
#include <sys/types.h>
#include <pwd.h>          /* getpwuid_r(), getpwnam_r() */
#include <unistd.h>       /* sysconf() */
#include <stdlib.h>       /* malloc(), free() */
#include <string.h>       /* memset() */

int main(int argc, char *argv[])
{
  int    ret;
  long   buflen;    /* maximum buffer size */
  struct passwd  pwbuf;
  struct passwd  *pwbufp = NULL;
  char           *buf = NULL;    /* pointer to the buffer for string values */

  /* Get the value of the _SC_GETPW_R_SIZE_MAX parameter */
  buflen = sysconf(_SC_GETPW_R_SIZE_MAX);
  if (buflen == -1)
  {
    fprintf(stderr, "sysconf() failed, errno=%d\n", errno);
    return(1);
  }
  fprintf(stdout, "buflen=%ld\n", buflen);

  /* Allocate memory for the buffer */
  buf = (char *)malloc(buflen);
  if (buf == NULL)
  {
    fprintf(stderr, "malloc() failed\n");
```

```
    return(2);
  }
  memset((void *)buf, 0, buflen);

  /* Get the password file entry using getpwuid_r() */
#ifdef SPARC_SOLARIS
  pwbufp = getpwuid_r(geteuid(), &pwbuf, buf, buflen);
#else
  ret = getpwuid_r(geteuid(), &pwbuf, buf, buflen, &pwbufp);
#endif
  if (ret != 0)
  {
    fprintf(stderr, "getpwuid_r() failed, ret=%d\n", ret);
    free(buf);
    return(3);
  }

  /* Print the values of 'struct passwd' */
  fprintf(stdout, "User name = %s\n", pwbuf.pw_name);
  fprintf(stdout, "User id   = %u\n", pwbuf.pw_uid);
  fprintf(stdout, "Group id  = %u\n", pwbuf.pw_gid);
  fprintf(stdout, "Home directory = %s\n", pwbuf.pw_dir);
  fprintf(stdout, "Login shell    = %s\n", pwbuf.pw_shell);

  fprintf(stdout, "&pwbuf=%p pwbufp=%p\n", &pwbuf, pwbufp);

  /* Free the dynamically allocated memory and return */
  free(buf);
  return(0);
}
```

▶ getpwent() 函數

萬一你的程式必須一一檢視 passwd 檔案中的所有元素，在那種情況下，你可應用 getpwent() 函數。這個函數不需任何引數而且送回一指至 "struct passwd" 資料結構的指標或 NULL。

```
#include <sys/types.h>
#include <pwd.h>

struct passwd *getpwent(void);
void setpwent(void);
void endpwent(void);
```

在第一次叫用時，getpwent() 函數打開 passwd 檔案，讀取它的第一個元素（第一行資料），然後送回指至一含有檔案第一個用戶資料之 passwd 資料結構的指標。之後，每次再度叫用此一函數，它就會送回檔案中的下一個元素。因此，只要將這一函數叫用放進一個迴路（loop）中，程序即可搜尋整個

passwd 檔案，每次讀得一行（一個用戶）的資料。在遇到檔案終了或有錯誤時，getpwent() 函數就會送回 NULL。

setpwent() 函數會倒帶，致使下一個 getpwent() 函數執行時，它又會從 passwd 檔案一開始讀起，容許程序作反複地搜尋。

endpwent() 函數則關閉 passwd 檔案。

在成功時，setpwent() 與 endpwent() 函數並不改變 errno 的值。但在出錯時，errno 即會被設定成錯誤的號碼。

7-11-3 getgrnam() 與 getgrgid() 函數

就像 /etc/passwd 檔案儲存系統用戶的資料一樣，另外有個 /etc/group 檔案也儲存著系統中所有群組的資料。這群組檔案中之元素的格式如下：

```
dba:x:501:oracle,ldap,oracle1
```

第一欄是群組的名稱。第二欄是群組的密碼。第三欄是群組的號碼。第四欄則是屬於每一群組之所有用戶的名稱。就以上這個例子而言，群組的名稱是 dba，群組的號碼是 501。目前有 oracle，ldap，與 oracle1 三個用戶屬於 dba 群組。

類似於用戶資料的搜尋，程式可以經由叫用 getgrgid() 或 getgrnam() 函數，搜尋群組資料檔案中，各群組之資料。叫用這兩個函數時，叫用程序必須分別輸入群組號碼或群組名稱。這兩個函數會送回一指至一群組資料結構 "struct group" 之指標。群組資料結構如下所示，定義在前頭檔案 grp.h 中：

```
/* 群組資料結構  */
struct group
  {
    char *gr_name;              /* 群組的名稱 Group name.   */
    char *gr_passwd;            /* 群組的密碼 Password.     */
    __gid_t gr_gid;             /* 群組的號碼 Group ID.     */
    char **gr_mem;              /* 群組的成員名單 Member list. */
  };
```

以下是獲得群組資料之程序界面：

```
#include <sys/types.h>
#include <grp.h>

struct group *getgrgid(gid_t gid);
struct group *getgrnam(const char *name);
```

```
int getgrgid_r(gid_t gid, struct group *gbuf,
        char *buf, size_t buflen, struct group **gbufp);
int getgrnam_r(const char *name, struct group *gbuf,
        char *buf, size_t buflen, struct group **gbufp);
```

類似地，這些程式界面也是有兩個版本。一個是函數的回返結果儲存在系統所騰出的靜態記憶空間，其值會被稍後同一函數叫用的回返結果所蓋過。另一個則是函數的回返結果，儲存在叫用程序自己所騰出的記憶緩衝器內。這兩個版本的四個函數，全部都在 POSIX 標準內。

在成功時，getgrnam() 與 getgrgid() 函數送回一指至群組資料結構的指標。在出錯或找不到有關元素時，這兩個函數則是送回 NULL。若有錯誤發生，errno 會含錯誤的號碼。

成功時，getgrnam_r() 與 getgrgid_r() 函數送回 0。在有錯誤時，這兩個函數送回錯誤號碼。

這些函數和前一節所介紹的函數很類似，讀者可自己寫程式應用它們。

圖 7-22 所示即為一查取用者在執行程式時所提供之群組名稱之群組資料的程式。

圖 7-22　查取群組的資料（getgrnam_r.c）

```
/*
 * The getgrnam_r() function.
 * Look up information about a group.
 * Copyright (c) 2013, 2014, 2019, 2020 Mr. Jin-Jwei Chen. All rights reserved.
 */

#include <stdio.h>
#include <errno.h>
#include <sys/types.h>
#include <grp.h>
#include <unistd.h>        /* sysconf() */
#include <stdlib.h>        /* malloc(), free() */
#include <string.h>        /* memset() */

#define DEFAULTGRP   "bin"

int main(int argc, char *argv[])
{
  int    ret, i;
  int    buflen;    /* maximum buffer size */
```

```
        struct group grpinfo;
        struct group *grpinfop = NULL;
        char       *buf = NULL;     /* pointer to the buffer for string values */
        char       *grpname = NULL;

        /* Get the name of the group from user */
        if (argc > 1)
          grpname = argv[1];
        else
          grpname = DEFAULTGRP;

        /* Get the value of the _SC_GETGR_R_SIZE_MAX parameter */
        buflen = sysconf(_SC_GETGR_R_SIZE_MAX);
        if (buflen == -1)
        {
          fprintf(stderr, "sysconf(_SC_GETGR_R_SIZE_MAX) failed.\n");
          return(1);
        }
        fprintf(stdout, "buflen=%u\n", buflen);

        /* Allocate memory for the buffer */
        buf = (char *)malloc(buflen);
        if (buf == NULL)
        {
          fprintf(stderr, "malloc() failed\n");
          return(2);
        }
        memset((void *)buf, 0, buflen);
        memset((void *)&grpinfo, 0, sizeof(grpinfo));

        /* Get the /etc/group file entry using getgrnam_r() */
#ifdef SPARC_SOLARIS
        ret = getgrnam_r(getlogin(), &grpinfo, buf, buflen);
#else
        ret = getgrnam_r(grpname, &grpinfo, buf, buflen, &grpinfop);
#endif
        if (ret != 0)
        {
          fprintf(stderr, "getgrnam_r() failed, ret=%d\n", ret);
          free(buf);
          return(3);
        }

        /* Print the values of 'struct passwd' */
        if (grpinfo.gr_name != NULL)
          fprintf(stdout, "Group name = %s\n", grpinfo.gr_name);
        fprintf(stdout, "Group id   = %u\n", grpinfo.gr_gid);
        for (i = 0; (grpinfo.gr_mem != NULL) && (grpinfo.gr_mem[i] != NULL); i++)
          fprintf(stdout, " %s ", grpinfo.gr_mem[i]);
```

```
    fprintf(stdout, "\n");

    /* Free the dynamically allocated memory and return */
    free(buf);
    return(0);
}
```

7-11-4　getgroups() 函數

```
#include <unistd.h>
int getgroups(int gidsetsize, gid_t grouplist[]);
```

　　getgroups() 函數查取叫用程序之現有補充群組的號碼。視作業系統而異，這函數也有可能同時送回有效群組號碼。這些群組號碼被存在 grouplist 引數中送回。grouplist 引數的資料型態是一 gid_t（群組號碼）陣列。叫用程序必須騰出足夠的記憶空間，以便 grouplist 能夠儲存所有的群組號碼。否則，函數叫用即會失敗，且 errno 會被設定成 EINVAL(22)。叫用時，第一個引數 gidsetsize 指出 grouplist 陣列有幾個元素（亦即，陣列的大小）。

　　實際的群組號碼數，可以經由叫用第一引數輸入是 0 的 getgroups() 函數得知。這時，getgroups() 函數會送回補充群組的個數，但 grouplist 引數不會送回群組的號碼。

　　執行成功時，getgroups() 函數會送回 grouplist 引數中所送回之補充群組數的數量。失敗時，getgroups() 會送回 -1，且 errno 會存錯誤號碼。

　　若程序的有效群組號碼也與補充群組號碼一起送回，則函數送回的值，應該大於或等於 1，而且小於或等於 {NGROUPS_MAX}+1。

7-11-5　getgid() 與 getegid() 函數

```
#include <unistd.h>
#include <sys/types.h>

gid_t getgid(void);
gid_t getegid(void);
```

　　getgid() 函數送回現有程序之真正群組號碼。getegid() 函數則送回現有程序的有效群組號碼。這兩個函數叫用永遠成功，不會失敗。

💡 問題

1. 一程序的真正用戶號碼為何？有效用戶號碼又是什麼？

2. 何謂程序群組？你如何能改變一個程序的程序群組？

3. 何謂會期（session），它是做什麼用的？

4. 何謂會期領袖？如何產生一會期領袖？

5. 何謂控制終端機？控制終端機之幕前程序群組有何特權？

6. 一個程序如何產生一個新的子程序？那函數送回的值是什麼？

7. 產生一個新程序以執行一新程式有那兩個步驟？

8. fork() 函數成功執行後，會發生什麼事？

9. exec() 函數有那些方法可以找到欲執行的程式？

10. exec() 其中一個函數執行成功後，會發生什麼事？

11. 一個母程序如何等待一個子程序？

12. 何謂導管（pipe）？一母程序如何透過導管和子程序溝通？

13. exit() 函數執行時，會發生什麼事？

14. exit() 與 _exit() 函數有何差別？

15. 比起透過叫用 _exit() 或 _Exit() 函數終止一個程序，叫用 exit() 函數或從 main() 函數叫用 return() 有什麼優點？

16. atexit() 函數做什麼用？

17. 當一個子程序終止時，系統送了什麼信號給其母程序？

18. 若一程序是控制程序，那會送什麼信號給幕前的所有子程序？

19. 終止一個程序會自動殺死它的子程序嗎？何時會？何時不會？

20. 何謂亡魂程序？亡魂程序對系統會有何影響？

21. 何謂孤兒程序？當一個程序變成孤兒時，會發生什麼事？

22. 一個程序能如何獲知可配置參數的極限值。

習題

1. 寫一個程式，產生一個新程序，並以 execvp() 函數執行一個不同的程式。

2. 寫一個程式，產生一個子程序，但母程序不等子程序。讓子程序在母程序之前先結束。以 ps 命令或類似的命令列出系統的所有程序，證實子程序已死，變成亡魂程序。為了能看清楚，你可考慮讓母程序睡覺或繼續執行一陣子。

3. 寫一個程式，產生一子程序與一對導管，以致母程序可以導管和子程序溝通。然後，子程序接受母程序所送來的命令，將之執行，然後再把執行結果，透過導管，送回給母程序。

4. 寫一個能產生一孤兒程序的程式，在母程序終止後，讓子程序繼續再執行個至少十秒鐘以上。以 ps 或類似命令列出系統的所有程序，觀察孤兒子程序之母程序號碼的改變。

5. 更改例題程式 wait.c，不要使用等待任何子程序的 wait() 函數，而採用每次只等待一特定子程序。waitpid() 函數應指出其所欲等待之子程序的程序號碼。

6. 寫一個程式產生兩個子程序，而母程序使用 wait() 函數等候子程序。分別測試 options 引數不設定任何旗號，只設定 WNOHANG 旗號，以及只設定 WUNTRACED 旗號，結果有何不一樣？

7. 寫一個程式，產生一子程序。母程序設定成忽略子程序的終止（可在 sigaction 結構設定 SA_NOCLDWAIT 旗號，或將 SIGCHLD 信號的行動設定成為 SIG_IGN）。母程序不等待子程序，觀察看子程序終止時，發生了什麼事？系統有立即將子程序自系統中刪除嗎？緊接著更改這個程式，讓母程序等待子程序，結果有不同嗎？

8. 寫一個程式，產生一個子程序。之後，該子程序又產生二個孫程序。然後印出每一個程序的程序群組號碼。有三代程序都共用同一個程序群組號碼嗎？

9. 寫一個程式，叫用 system() 函數，並執行一 C 母殼的腳本程式。觀察程式的實際執行情形，結果如何？

10. 寫一個程式，利用 getpwnam_r() 與 getlogin() 函數，取得且印出 passwd 檔案的所有元素之各項資料。（以 getlogin() 函數獲得 getpwnam_r() 函數之第一引數所需的資料。）

11. 寫一個程式，取得且印出程序之用戶所在群組的資料。假若你的作業系統支援 getgrgid_r() 函數，就用它，否則就採用 getgrgid() 函數。

12. 寫一個很簡單的程式，將一個信息寫在標準輸出 stdout（檔案描述為 1）上。取其名叫 pipeprog1.c。再寫另一個小程式，自標準輸入 stdin（檔案描述為 0）讀入一個信息，再將之寫至標準輸出上，稱之為 pipeprog2.c。

    更改圖 7-12b 之例題程式 pipedup.c，將母程序中的 write() 函數叫用，改成以 execlp() 執行 pipeprog1。同時，也將子程序中之 read() 函數叫用，改成以 execlp() 執行 pipeprog2。這個程式的執行結果和 pipedup 一樣嗎？

13. 寫一個程式，試著將某一資源的硬極限降低，然接再試著將之提高至先前之值。先以非超級用戶執行程式，然後再以超級用戶執行。結果有不同嗎？

14. 寫一個能搜尋 passwd 檔案，得知一用戶之登入母殼與住戶檔案夾的程式。

參考資料

1. The Open Group Base Specifications Issue 7, 2018 edition
   IEEE Std 1003.1 -2017 (Revision of IEEE Std 1003.1-2008)
   Copyright © 2001-2018 IEEE and The Open Group
   http://pubs.opengroup.org/onlinepubs/9699919799/

2. AT&T UNIX System V Release 4 Programmer's Guide: System Services
   Prentice-Hall, Inc. 1990

Pthreads
程式設計

這一章探討利用 POSIX 標準所訂定之 pthreads（或 pthread）的多程線程式設計（multithreaded programming）。

這一個 pthreads 標準所訂定之程式界面一開始時是出現在 "POSIX.1C 程線擴充"（IEEE Std 1003.1C-1995）上。它現已變成開放群組基本規格第七版 "The Open Group Base Specification Issue 7，2018." 的一部分。Pthreads 代表 POSIX threads （POSIX 程線）。

8-1 為何使用多程線程式設計

8-1-1 現代伺服程式的類型

現代的程式，不論是用戶端（client）或伺服器（server）端，尤其是伺服器端，都需要是**多工化**（multitask）。亦即，能同時做好幾件事。譬如，以大家所最熟悉的**網際網路伺服器**（web server）為例。網際網路伺服器是真正支撐全世界各大公司之網站（web site）的背後伺服程式。全世界有好幾百萬或千萬個。它的最主要工作，就是隨時聽取來自各地之客戶或用戶的請求（client request），然後服侍這些用戶的請求。

顯然，若伺服器是單工化，每一時間只能做一件事，服侍一個客戶，完了之後才能輪到下一個客戶，則這種伺服器的速度一定是超慢的，慢到令人無法接受。全世界的網際網路用戶，也不會有像現在這樣的滿意度與美好的經驗。

為了能同時服侍多個客戶或用戶，取得能接受的快速度，現代的伺服程式都是多工化的。在同一時間，能同時接受並服侍多個客戶的請求。基本上，伺服程式就是待在一個迴路裡，聆聽用戶的請求。每次只要有一用戶請求進來，它就產生一個新的子程序或子程線，並把這個客戶請求交給它去處理。然後，它就會馬上又立刻回頭，去等待下一個客戶的來到。因此，速度很快。在忙碌時，系統可能會同時有幾拾，幾百，或甚至幾千個子程序或子程線，同時在執行，服侍著那麼多客戶。

圖 8-1 所示即為一現代伺服程式的主要綱領。

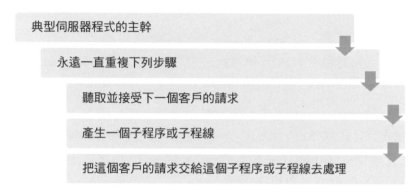

典型伺服器程式的主幹

永遠一直重複下列步驟

聽取並接受下一個客戶的請求

產生一個子程序或子程線

把這個客戶的請求交給這個子程序或子程線去處理

圖 8-1　現代伺服程式的主要綱領

為了求取最快的速度，有些伺服程式可能甚至會選擇事先產生一些子程序或子程線，以省掉每次臨時重新產生所需的時間。使用這種模式時，子程序或子程線用完時就不終止或銷毀，下次可立即使用。每次用完時銷毀然後要用時再重新產生的確也消耗一些時間。但這種做法的代價是，你就得記住，追蹤與管理它們。

8-1-2　程序與程線

誠如你可想像的，多工化可藉著使用多個子程序或子程線達成。

每次一有新的客戶抵達時，伺服程式可以產生一個新的子程序或子程線，來服侍這個新客戶。早年，大家都使用子程序。後來，程線出現也普遍了之後，採用多程線變成是一種趨勢。我們在前一章討論了如何以 fork() 函數開創一個新的子程序。緊接這一章，我們就介紹如何產生一個新的子程線。

　　長久以來，有許多人都一直在問，到底是使用子程序或子程線較好。其實，兩者各有其優、缺點。而且兩者一直都有產品在使用。這一節，我們就討論這兩者各自的優缺點。

　　回顧歷史，程序幾乎一開始就有了。程線一直到 1980 年代後期與 1990 年代才慢慢起步。當程線一出現時，那時毫無標準可言。因此，每一家電腦廠商幾乎都附有其自己的多程線套裝或庫存。譬如，Solaris 作業系統就有其自己的程線軟體。在 1990 年代早期，計算機工業界認知有必要訂出一個多程線的標準，好讓多程線程式能輕易地在不同作業系統之間移植。因此，在 1995 年有了 POSIX 多程線標準，POSIX 1003.1C 標準（IEEE Std 1003.1C-1995）。以下即是此一標準之全名：

IEEE Std 1003.1c -1995 IEEE Standard for Information Technology--

Portable Operating System Interface (POSIX®) - System Application Program

Interface (API) Amendment 2: Threads Extension (C Language)

　　這一章介紹使用 POSIX 程線（簡稱 pthreads 或 pthread）做多程線的程式設計。這是目前世界上唯一的多程線標準。以 pthreads 所寫的多程線程式，在所有順從或支援 POSIX 標準的作業系統上，包括幾乎所有 Unix，Linux 以及 Windows，都可以執行。

　　緊接下面我們就討論程序型態與程線型態，在位址空間觀點上的不同，以及兩者的優缺點。

　　在**程序**模式，每一程序有其自己的程式碼，資料，堆疊（stack）與堆積（heap），完全沒有任何共用。在**程線**模式，程序的程式碼，全面資料，與堆積則是程序內所有的程線共用的。不過，堆疊並不共用。每一程線擁有自己的堆疊。圖 8-2 所示即為一多程線程序的記憶位址分佈圖。注意到，最左邊就是一個單程線程序的樣子，整個程序只有一個堆疊。然後，如右邊所示的，每多出一個程線，就多出一個堆疊。

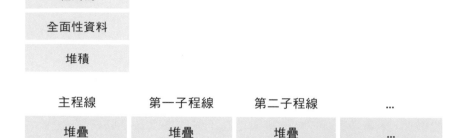

所有程線共用的程序位址空間　不共用的位址空間（堆疊）

圖 8-2　一多程線之程式的記憶位址分佈圖

以下是程序與程線的優缺點。

▶ 程序

優點

- 作業系統提供了保護與隔絕，致程序不致相互侵害。作業系統保證每一程序擁有自己的記憶位址空間，且彼此間相互隔絕。因此，一個程序無法闖入另一個程序，做出任何危害。

缺點

- 稍微重一些，費事一些。

▶ 程線

優點

- 很輕，省事一些。
- 不必依賴作業系統所提供的程序間通訊方法，程線間就能相互溝通。

缺點

- 程線與程線之間的保護較少，不如程序與程序間的保護。
- 程序內的所有程線共用同一記憶位空間。只要有一程線出錯，可能整個程式就全部死掉。

- 程式必須比較小心，防止程線與程線之間不會相互踩到彼此的腳。因此程線間存取共用的資源或資料，就必須加有同步或共時控制。

- 對信號的處置稍微複雜一些。

- 程線不見得到處都有。

8-1-3　何謂程線？

程線是一程序內單一的控制流程。它是計算機安排執行與排班的基本單元。圖 8-3 所示即一單程線程式與一多程線程式的對照。

main()		main()	thrd1()	thrd2()	thrd3()
:		:	:	:	:
:		:	:	:	:

(a) 傳統單程線程序　　　　　　(b) 有三個子程線的程序

圖 8-3　單程線與多程線的程序

傳統的程序是單程線的。它從程式的 main() 函數開始，一個述句（statement）一個述句地逐一執行，從未開闢另一個控制流程。每一時刻，程序中只有一個指令或述句在執行。因此，整個程式的執行過程，就只有一個控制流程。

在一多程線程序裡，程式自 main() 函數執行起時，也是單一程線的。這稱為**主程線**。不過，在某個時刻，主程線會生出額外的子程線。這子程線會是另外的執行單元，它由一起始函數開始執行起。

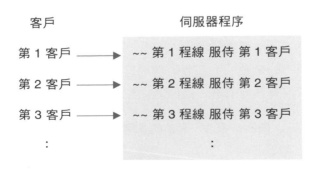

客戶　　　　　　　　伺服器程序

第 1 客戶 ────▶　~~ 第 1 程線 服侍 第 1 客戶

第 2 客戶 ────▶　~~ 第 2 程線 服侍 第 2 客戶

第 3 客戶 ────▶　~~ 第 3 程線 服侍 第 3 客戶

　　:　　　　　　　　　　　:

圖 8-4　一個多程線的伺服程式

假若主程線生出了兩個子程線，那整個程序就變成了三個程線，一起執行。每一程線可以執行一項不同的工作。

誠如自圖 8-4 可看出的，一個多程線的程式每一時刻可以處理多件工作，每一程線一個。在一擁有多處理器的電腦上，這每一個程線就可能在一個不同的處理器上執行，造成多個程線同時一起執行的**並行處理**（parallel processing）。一個設計得很好的程式，就會在程式一開始時，先得知系統究竟有幾個處理器，然後再根據那個數目，產生成比例的子程序或程線，以充份利用硬體處理器的資源。隨著每一系統硬體資源的不同，而自動調整自己的程序數或程線數，達到與硬體**自動量比**（auto scaling）。

8-2 基本的 Pthreads

8-2-1 如何產生與接回程線？

在使用 Pthreads 時，程式以叫用 pthread_create() 函數產生一個新的程線。這函數的格式如下：

```
int pthread_create(pthread_t *restrict thread,
        const pthread_attr_t *restrict attr,
        void *(*start_routine)(void*), void *restrict arg);
```

pthread_create() 函數需要四個引數。第一個引數是輸出。它會送回新產生之程線的號碼，資料型態是 pthread_t。在程序裡，這個號碼就代表這新的程線。主程線稍後可以這個程線號碼，接回（join）這程線。第二引數是輸入，它指出一個 pthread 屬性物件（attribute object）。這個物件包含你可以設定的程線屬性。若這個引數的值是 NULL，亦即，叫用程序不指明任何屬性，那程線的屬性就是既定值（default values）。稍後我們會進一步介紹這屬性物件。

函數的第三個引數也是輸入，它是一定要的，它指出新程線的起始函數，一開始最先執行的函數。第四個引數則是你希望傳給程線起始函數的引數的起始位址。若沒有任何引數，這個值就放 NULL。

圖 8-5 產生一個新的子程線（pt_create.c）

```
/*
 * Creating a child thread.
 * Copyright (c) 2014, 2019 Mr. Jin-Jwei Chen.  All rights reserved.
```

```
    */

#include <stdio.h>
#include <pthread.h>

/*
 * The child thread.
 */
void child_thread(void *args)
{
  fprintf(stdout, "Enter the child thread\n");
  fprintf(stdout, "My thread id is %ul\n", pthread_self());
  fprintf(stdout, "Child thread exiting ...\n");
  pthread_exit((void *)NULL);
}

/*
 * The main program.
 */
int main(int argc, char *argv[])
{
  pthread_t      thrd;
  int            ret;

  /* Create a child thread to run the child_thread() function. */
  ret = pthread_create(&thrd, (pthread_attr_t *)NULL,
        (void *(*)(void *))child_thread, (void *)NULL);
  if (ret != 0)
  {
    fprintf(stderr, "Error: failed to create the child thread, ret=%d\n", ret);
    return(ret);
  }

  /* Wait for the child thread to finish. */
  ret = pthread_join(thrd, (void **)NULL);
  if (ret != 0)
    fprintf(stderr, "Error: failed to join the child thread, ret=%d\n", ret);

  fprintf(stdout, "Main thread exiting ...\n");
  return(ret);
}
```

　　圖 8-5 所示即為一產生一子程線的程式。執行這個程式時,你會發現,在程式中沒有任何地方叫用這子程線,但它卻從頭執行到尾。這是因為一個程線只要產生了,系統就會自動將之排班,自動加以執行。每一子程線的執行,就從其起始函數開始。所以,只要在程式裡叫用 pthread_create() 函數,並指出新程線的起始函數,新的程線就會自動被執行。

請同時注意到，主程線叫用了pthread_join() 函數，等候著子程線的結束。這跟在程序裡，母程序叫用 waitpid() 函數，等候子程序的結束，非常類似。這點很重要，因為，在這個程式的安排，若主程線不叫用 pthread_join()，那主程線就會一路執行到底，結束了整個程序。這會導致子程線可能連執行的機會都沒。

```
int pthread_join(pthread_t thread, void **value_ptr);
```

如以上所示的，主程線以叫用 pthread_join() 函數，等待或**接回**（join）子程線。這函數需要兩個參數。第一引數指出欲等待或接回的子程線。這值是先前 pthread_create() 函數叫用時，它的第一個引數所送回的程線號碼。第二個引數則為輸出，它用以接收子程線所送回的值。注意到，這個引數的資料型態是指標的指標（pointer_to_pointer）。

叫用 pthread_join() 函數時，叫用程式或程線會被阻擋著的（停下來等），一直到被等候的子程線結束執行並回返為止。假若子程線早已終止，那這函數就會立即回返。回返時，**子程線的終止狀態**（exit status）就會經由 pthread_join() 函數的第二個引數送回。一個子程線一旦已被接回，那它所佔用的記憶空間就會被釋回。

記得，一個子程線可以被主程線接回，也可以被同程序內的其他程線所接回。此外，pthread_join() 每次只能接回一個特定的程線。它無法接回任何不指明的程線。換言之，你不能叫它就幫你接回下一個已終止的程線。

▶ 如何結束主程線？

從事多程線程式設計時，第一個要記得的是，主程式或主程線不能像在程序型態時，以叫用 exit() 或 return() 來結束！若你這樣結束主程線，那整個程序就會終止，所有子程線就會跟著立即終止。這樣，有些子程線很可能都還沒機會開始，就已經結束了！

在多程線程式裡，終止程式之主程線的正確方式，是叫用 pthread_exit() 函數，只結束主程線自己。例如，

```
pthread_exit ( (void *) 0 )
```

經由叫用 pthread_exit() 函數來結束主程線，會只終止主程線，而不是終止整個程序。其他尚未完成執行的子程線會繼續執行。

8-2-2　如何傳遞引數給程線？

只要將所有引數資料都擺在單一起始位址上，一個程線可以傳送一個單純的數目（scalar value），**一個集合型的資料**（aggregate）（如一陣列或一資料結構），或完全沒資料，給一子程線。只要叫用程線在產生子程線之前，將所有資料填好，並將這些資料的起始位址傳送給子程線之起始函數，則子程線就可以依序將資料取出。

圖 8-6 所示即為一傳送兩個整數給子程線起始函數的程式例子。在這例子裡，我們送了兩項資訊給每一子程線。一是子程線的編號（程式自己編的），另一則是子程線必須履行的工作量。

圖 8-6　傳送兩個引數給子程線（pt_args_ret.c）

```
/*
 * Passing an array of integers to a child thread and returning one integer.
 * Copyright (c) 2014, Mr. Jin-Jwei Chen.  All rights reserved.
 */

#include <stdio.h>
#include <pthread.h>

#define  NTHREADS    2
#define  NTASKS      3

/*
 * The worker thread.
 */
int worker_thread(void *args)
{
  unsigned int  *argp;
  unsigned int  myid;
  unsigned int  ntasks;
#ifdef SUN64
  int           ret = 0;
#endif

  /* Extract input arguments (two unsigned integers) */
  argp = (unsigned int *)args;
  if (argp != NULL)
  {
    myid = argp[0];
    ntasks = argp[1];
  }
  else
#ifdef SUN64
  {
```

```
        ret = (-1);
        pthread_exit((void *)&ret);
    }
#else
        pthread_exit((void *)(-1));
#endif

    fprintf(stdout, "Worker thread: myid=%u ntasks=%u\n", myid, ntasks);
#ifdef SUN64
    pthread_exit((void *)&ret);
#else
    pthread_exit((void *)0);
#endif
}

/*
 * The main program.
 */
int main(int argc, char *argv[])
{
    pthread_t      thrds[NTHREADS];
    unsigned int   args[NTHREADS][2];
    int            ret, i;
    int            retval = 0;  /* each child thread returns an int */
#ifdef SUN64
    int            *retvalp = &retval;         /* pointer to returned value */
#endif

    /* Load up the input arguments for each child thread */
    for (i = 0; i < NTHREADS; i++)
    {
        args[i][0] = i;
        args[i][1] = NTASKS;
    }

    /* Create new threads to run the worker_thread() function and pass in args */
    for (i = 0; i < NTHREADS; i++)
    {
        ret = pthread_create(&thrds[i], (pthread_attr_t *)NULL,
            (void *(*)(void *))worker_thread, (void *)args[i]);
        if (ret != 0)
        {
            fprintf(stderr, "Failed to create the worker thread, ret=%d\n", ret);
            pthread_exit((void *)-1);
        }
    }

    /*
     * Wait for each of the child threads to finish and retrieve its returned
     * value.
     */
```

```
    for (i = 0; i < NTHREADS; i++)
    {
#ifdef SUN64
    ret = pthread_join(thrds[i], (void **)&retvalp);
#else
    ret = pthread_join(thrds[i], (void **)&retval);
#endif
    fprintf(stdout, "Thread %u exited with return value %d\n", i, retval);
    }

    pthread_exit((void *)0);
}
```

注意，傳送引數給子程線有一些潛在的危險，它與兩件事有關。

第一，由於與作業系統的排班作業有關，所有程線之間的執行順序是無法預測的。這意謂，pthread_create() 執行時，它產生了一個新的子程線。可是，當 pthread_create() 回返時，這新的子程線到底執行了沒，或已執行到那裡，都是完全未知的。

第二，用以儲存傳遞給子程線之引數的記憶空間的壽命也是有關係。

經常，就像例題程式 pt_args_ret.c 所做的一樣，一個程式會利用叫用函數內所定義的局部變數（local variables）來儲存欲傳遞給子程線的引數。因為，這樣最簡單。但是，誠如你所知的，函數之局部變數通常都是儲存在堆疊上的。當一個函數還在執行時，其堆疊存在。但當那個函數結束回返時，其堆疊也跟著消失的。假若被叫用函數（或任何程式碼）在其叫用函數結束回返了之後，還試圖存取儲存在叫用函數之堆疊中的資料，那它會立即得到 Segmentation Fault（非法存取）的錯誤，馬上死掉的。

所以，以函數的局部變數儲存欲送給子程線之引數資料，雖然簡單，但是，它只有在下面兩個條件都成立時，才會成功地動作的：

1.　叫用函數要在子程線都取得所有引數值之後才結束。這確保儲存引數之記憶空間在子程線存取時還是有效的。

2.　這些引數的值，在子程線存取時，或子程線結束之前，都一直保持不變。

倘若上述條件無法成立，則程式就必須改用其他的方法傳遞引數。譬如，將引數儲存在以 malloc() 騰出的動態記憶裡。動態記憶位於程序之堆積，除非它已被釋回（freed），否則，它會一直存在到程序終止為止。唯一的是，程式要記得在用完時，要釋回這些動態記憶，不要造成記憶洩漏（memory leak）。

另外，這裡要特別指出的是，pthread_join() 函數在 64 位元之 Oracle/Sun Solaris 上，有與眾不同的行為。明言之，在子程線中，叫用下面的函數送回一常數時：

```
pthread_exit((void *)0);
```

在 Linux，IBM AIX，HP HP-UX，以及 Apple Darwin，不論 32 或 64 位元時都沒問題，在 Solaris 32位元模式也沒問題。但在 Solaris 64 位元模式時就會死掉。這就是為何我們在 pt_args_ret.c 程式中加上了 SUN64 的符號。若你在 Solaris11 的 64 位元模式下編譯這個程式，請務必記得定義 SUN64。否則，pthread_join() 函數會當掉。

8-2-3 如何從程線送回一個值？

一個子程線以 pthread_exit() 函數將一個值送回給其母程線：

```
void pthread_exit(void *value_ptr);
```

而母程線則以 pthread_join() 函數取得此一回返值。

為了更具彈性，以及能送回比諸如一整數之簡單資料更多的資料，pthread_exit() 函數的參數的資料型態是（void＊），亦即，是一指標或記憶位址。這讓一個程線能送回一個簡單的數目，或是一包含更複雜資料之緩衝器的起始位址。

一個子程線可以很簡單地送回一項單純的值（如一整數），回至母程線。圖 8-6 的程式即是一個例子。欲送回整數時，程線之起始函數的回送資料型態必須宣告成 int。同時，在起始函數內，你以 pthread_exit() 函數結束程線時，把欲送回的值作為此函數的唯一引數，並把它的資料型態轉換（cast）成（void＊）。

欲送回一集合值，譬如，一資料結構時，必須稍微思考與設計一下。

首先，有人可能會想到利用一全面變數（global variable）。由於全面變數是所有程線都共有的，都能存取得到，因此，最方便且簡單。但問題是，你如何防止一個程線不會蓋掉其他程線的值？

其次，你或許也會想說，在主或母程線中騰出一緩衝器，並將其位址傳給子程線。除非每一程線使用一個別的緩衝器，否則，這也會有前一段所述的相同問題。假若母程線為每一子程線騰出且使用一個不同的緩衝器，那就沒問題。

第三種從子程線送回一資料結構至母程線的方法，是由子程線騰出一動態記憶，將回返資料值填入，然後將起始位址送回給母程線。使用這種方式時，母程線一定要記得釋回這動態記憶。

由於動態記憶存在堆積裡，即便子程線結束了，那記憶仍然存在且有效，而且所有程線都拿得到。所以，沒問題。

記得，子程線絕不能直接送回存在函數之局部變數中的值。因為，一旦子程線終止了，這些局部變數的記憶也跟著失效了。因為一個程線的起始函數或任何函數內的局部變數，一般都儲存在堆疊中。一旦那函數回返了，其堆疊資料也跟著解除無效了。

所以，子程線送回其局部變數的值可能是一個程式錯蟲，除非，母程線永遠等著接回子程線。那樣的話，由於子程線的記憶會在子程線被等回或接回之後，才會消失。所以，有時可能還可以。

圖 8-7 所示即為一利用動態記憶，由一子程線回送一個資料結構的例子。動態記憶由子程線騰出。在成功騰出之後，子程線把資料填入，然後將緩衝器的起始位址，送回給母程線。若記憶騰出失敗，子程線會送回一 NULL 指標。

圖 8-7　子程線送回一資料結構（pt_args_ret2.c）

```
/*
 * Passing an array of integers to a child thread and returning a structure
 * from each child thread.
 * Copyright (c) 2014, 2019 Mr. Jin-Jwei Chen.  All rights reserved.
 */

#include <stdio.h>
#include <string.h>
#include <stdlib.h>        /* malloc() */
#include <string.h>        /* memset() */
#include <pthread.h>

#define  NTHREADS    2
#define  NTASKS      3
```

```
struct mydata
{
  char msg[32];
  int  num;
};
typedef struct mydata mydata;

/*
 * The worker thread.
 */
mydata *worker_thread(void *args)
{
  unsigned int  *argp;
  unsigned int  myid=0;
  unsigned int  ntasks=0;
  mydata        *outdata;

  /* Extract input arguments (two unsigned integers) */
  argp = (unsigned int *)args;
  if (argp != NULL)
  {
    myid = argp[0];
    ntasks = argp[1];
  }
  fprintf(stdout, "Worker thread: myid=%u ntasks=%u\n", myid, ntasks);

  /* Do some real work here */

  /* Return a structure of data to caller */
  outdata = (mydata *)malloc(sizeof(mydata));
  if (outdata != NULL)
  {
    memset((void *)outdata, 0, sizeof(mydata));
    outdata->num = (myid *100);
    sprintf(outdata->msg, "%s %u", "From child thread ", myid);
  }

  pthread_exit((void *)outdata);
}

/*
 * The main program.
 */
int main(int argc, char *argv[])
{
  pthread_t     thrds[NTHREADS];
  unsigned int  args[NTHREADS][2];
  int           ret, i;
  mydata        *retval;  /* each child thread returns an int */

  /* Load up the input arguments for each child thread */
```

```
    for (i = 1; i <= NTHREADS; i++)
    {
      args[i-1][0] = i;
      args[i-1][1] = NTASKS;
    }

    /* Create new threads to run the worker_thread() function and pass in args */
    for (i = 0; i < NTHREADS; i++)
    {
      ret = pthread_create(&thrds[i], (pthread_attr_t *)NULL,
            (void *(*)(void *))worker_thread, (void *)args[i]);
      if (ret != 0)
      {
        fprintf(stderr, "Failed to create the worker thread, ret=%d\n", ret);
        pthread_exit((void *)-1);
      }
    }

    /*
     * Wait for each of the child threads to finish and retrieve its returned
     * value.
     */
    for (i = 1; i <= NTHREADS; i++)
    {
      ret = pthread_join(thrds[i-1], (void **)&retval);
      if (retval == NULL)
        fprintf(stdout, "Child thread %u exited with return value NULL\n", i);
      else
      {
        fprintf(stdout, "Child thread %u exited with following return value:\n", i);
        fprintf(stdout, "  msg = %s\n", retval->msg);
        fprintf(stdout, "  num = %d\n", retval->num);
        free(retval);
      }
    }

    pthread_exit((void *)0);
}
```

　　為了接收子程線所送回的資料結構，母程線宣告了一個叫 retval 的指標變數，並將這指標變數的位址，作為 pthread_join() 函數的引數。在這函數等到子程線回返時，retval 變數的值即會是子程線所送回的指標值。這個指標值即指至子程線所騰出之動態記憶。子程線所送回的資料結構，就在那兒！

8-3 Pthreads屬性

Pthreads 的屬性物件內含有下列的屬性：

1. 程線之競爭範圍（contention scope）

2. 程線的分離狀態（detached state）

3. 程線之堆疊容量

4. 程線之堆疊位址

5. 程線的排班資訊，包括其排班政策，排班優先順序，以及 inheritsched 屬性

1. 程線的競爭範圍

程線的競爭範圍屬性用在程線的排班上。在 pthreads，一個程線在一產生時，它的競爭範圍可以是下面兩種之其中一種：

- PTHREAD_SCOPE_SYSTEM
- PTHREAD_SCOPE_PROCESS

一個具有 PTHREAD_SCOPE_SYSTEM 範圍的程線，表示其排班時競爭範圍是全系統的。這意謂，此一程線將與其他系統與核心層的程線，一起競爭，爭取處理器。也就是說，它所得到使用處理器的時間，將是系統層次的，與系統層次的所有程線一樣。

一個競爭範圍是 PTHREAD_SCOPE_PROCESS 的程線，它的排班競爭範圍是程序級的，它與程線所在之程序內的其他程線，一起競爭取得處理器時間。換言之，它與同程序內之其他程線，一起共用分配給現有程序的處理器時間。

此時，在 Linux，AIX，Apple Darwin，與 HPUX 上，一程線產生時，它的既定競爭範圍是系統的。而在 Oracle/Sun Solaris 上，既定競爭範圍是程序級的。

一個程式，分別可叫用下面的 pthread_attr_getscope() 或 pthread_attr_setscope() 函數，取得或設定程線的競爭範圍：

```
int pthread_attr_getscope(const pthread_attr_t *restrict attr,
      int *restrict contentionscope);
int pthread_attr_setscope(pthread_attr_t *attr, int contentionscope);
```

程線競爭範圍屬性，讓你能決定程線應在那一個層次爭取處理器的時間。

注意到，在某些作業系統上，系統層次競爭範圍的程線，是和作業系統核心內的核心程線綁在一起的，以便能做最迅速的即時處理。相對的，程序級的程線就沒有這樣。但這是要看作業系統而定的。

2. 程線的分離狀態

在 pthreads，一個程序在產生時，可以是 PTHREAD_CREATE_JOINABLE（可接回的）或 PTHREAD_CREATE_DETACHED（分離的）狀態。

可接回狀態的程線，代表它可以被其他的程線（通常是其母程線）所接回，而且可以送回一個值。分離狀態的程線是無法接回的，因此，也不能送回一個回返值。假若它送回了一個回返值，這回返值將被忽略。

既定上，一個程線產生時都處於可接回狀態的。為了取得或設定一個程線的分離狀態，程式可叫用 pthread_attr_getdetachstate() 或 pthread_attr_setdetachstate() 函數：

```
int pthread_attr_getdetachstate(const pthread_attr_t *attr,
        int *detachstate);
int pthread_attr_setdetachstate(pthread_attr_t *attr, int detachstate);
```

一般而言，母程線接回子程線並取得它所送回的值是最好的。但若子程線沒回返值，或它們永遠跑個不停，從不回返，則把它們設定成分離的狀態，不可接回的，就完全合理。

3. 程線的堆疊容量

程線的堆疊容量屬性定義著程線的堆疊可以有多大。單位是位元組。這個屬性的既定值是 NULL，代表程線的堆疊容量就是系統的既定值。

欲讀取或改變程線的堆疊容量，程式分別叫用 pthread_attr_getstacksize() 或 pthread_attr_setstacksize() 函數。設定時，函數所指出的堆疊容量大小必須等於或大於 PTHREAD_STACK_MIN。

```
int pthread_attr_getstacksize(const pthread_attr_t *restrict attr,
        size_t *restrict stacksize);
int pthread_attr_setstacksize(pthread_attr_t *attr, size_t stacksize);
```

對某些應用程式而言，既定的堆疊大小通常會太小，所以程式執行時會出現 "stack overflow"（堆疊滿溢）的錯誤。這個堆疊容量屬性，就是用在這時候，讓程式能自己要求提高這極限。

4. 程線之堆疊位址

程線堆疊位址的屬性定義著程線之堆疊的起始位址。（這當然是虛擬的記憶位址）一般程式很少用到這個。

既定上，堆疊位址屬性的值是 NULL，代表程線之堆疊的起始位址由系統指定。

讀取或設定程線的堆疊起始位址，可分別透過 pthread_attr_getstackaddr() 或 pthread_attr_setstackaddr() 函數。

```
int pthread_attr_getstackaddr(const pthread_attr_t *restrict attr,
        void **restrict stackaddr);
int pthread_attr_setstackaddr(pthread_attr_t *attr, void *stackaddr);
```

5. 程線的排班政策

每一程序或程線都有一個排班政策與優先順序。每一排班政策有一個優先順序範圍。每一排班政策界定了它自己的優先順序。不同政策之間的優先順序範圍可以互相重疊。每一作業系統還可以訂定標準規定以外的其他政策。

一作業系統所支援的排班政策定義在 sched.h 前頭檔案內。

pthreads 定義了三種不同的排班政策：

SCHED_FIFO（First-In-First-Out，先進先出)

SCHED_RR　（Round Robin，輪迴)

SCHED_OTHER

一個程線的排班政策值指明在 schedpolicy 屬性上。既定值是 SCHED_OTHER。注意到，有些作業系統把 SCHED_OTHER 對應成其他的政策。例如，Oracle/Sun Solaris 即把 SCHED_OTHER 對應成傳統的分時排班政策。HP HPUX 把它對應成 SCHED_HPUX，這相當於 SCHED_TIMESHARE，也就是傳統分時，非即時的排班政策。

欲讀取或設定程線的排班政策時，程式可分別叫用 pthread_attr_get
schedpolicy() 或 pthread_attr_setschedpolicy() 函數。

```
int pthread_attr_getschedpolicy(const pthread_attr_t *restrict attr,
    int *restrict policy);
int pthread_attr_setschedpolicy(pthread_attr_t *attr, int policy);
```

若執行成功，這兩個函數都送回零。否則它們就送回錯誤號碼。

在此時，尚未有作業系統支援 POSIX 第 7 卷所提到的 SCHED_SPORADIC
排班政策。

6. 程線的排班優先順序

一個程線的排班政策由排班參數指明，這參數的型態是 sched_param 資
料結構，struct sched_param。sched_param 結構通常只有一個資料欄，那就是
sched_priority（排班優先順序）。這個值是一個整數。

欲讀取或設定程線之排班參數，程式可分別用 pthread_attr_getschedparam()
或 pthread_attr_setschedparam() 函數。

```
int pthread_attr_getschedparam(const pthread_attr_t *restrict attr,
    struct sched_param *restrict param);
int pthread_attr_setschedparam(pthread_attr_t *restrict attr,
    const struct sched_param *restrict param);
```

pthread_attr_setschedparam() 函數設定程線之屬性物件中之排班參數的值。
這參數之 sched_priority 的值，必須介於 PRIORITY_MIN 與 PRIORITY_MAX
之間。

成功時，這兩個函數會送回零。否則，它們會送回錯誤號碼。

記得，假若你已在 pthreads 程式界面之外設定了程序或程線的優先順
序，那你可能就不須用到 pthread_attr_setschedparam() 了，以免相互干擾。

圖 8-8 POSIX 排班政策之優先順序範圍

作業系統	排班政策	優先順序最小值	優先順序最大值
Linux	SCHED_FIFO	1	99
	SCHED_RR	1	99
	SCHED_OTHER	0	0
AIX	SCHED_FIFO	1	127
	SCHED_RR	1	127
	SCHED_OTHER	1	127
Solaris	SCHED_FIFO	0	59
	SCHED_RR	0	59
HPUX	SCHED_FIFO	0	31
	SCHED_RR	0	31
Apple Darwin	SCHED_FIFO	15	47
	SCHED_RR	15	47
	SCHED_OTHER	15	47

　　每一排班政策的優先順序範圍，其優先順序最小值與最大值，可經由叫用下列兩個函數得知：

```
int    sched_get_priority_min(int);
int    sched_get_priority_max(int);
```

　　各作業系統上，POSIX 排班政策的有關優先順序範圍如圖 8-8所示。

7. 程線的 inheritsched 屬性

　　程線之 inheritsched 屬性決定所產生之程線的其他排班屬性要如何設定。pthreads 之 inheritsched 屬性的有效值如下：

- PTHREAD_INHERIT_SCHED

　　當你在程式中叫用 pthread_create() 函數時，若你在叫用時指明了一pthreads 的屬性物件，那這個值意指，程序的排班屬性，從母程線繼承得來。這時，attr 引數中所指明的排班屬性，即會被忽略。

　　這個值是既定值。除非有特別指明，否則，程線得到的就是這個值。

- PTHREAD_EXPLICIT_SCHED

　　這個值表示，程線的排班屬性會被設定成這個屬性物件的值。

欲得知或設定程線之 inheritsched 屬性的值，程式可以分別叫用 pthread_attr_getinheritsched() 或 pthread_attr_setinheritsched() 函數：

```
int pthread_attr_getinheritsched(const pthread_attr_t *restrict attr,
    int *restrict inheritsched);
int pthread_attr_setinheritsched(pthread_attr_t *attr,
    int inheritsched);
```

成功時，這兩個函數會送回零。失敗時，它們會送回錯誤號碼。

圖 8-9 即為一印出所有 pthreads 屬性之既定值的程式。

圖 8-9　印出 pthreads 屬性的既定值（pt_prt_thrd_attr.c）

```
/*
 * Print pthread attributes.
 * Copyright (c) 2014, 2019, 2020 Mr. Jin-Jwei Chen.  All rights reserved.
 */
#include <stdio.h>
#include <stdlib.h>
#include <unistd.h>
#include <string.h>
#include <errno.h>
#include <pthread.h>

/* Print pthread attributes */
void print_pthread_attr(pthread_attr_t *attr)
{
  int    ret;
  int    val = 0;
  struct sched_param    pri;  /* scheduling priority */
  void   *stkaddr = NULL;     /* stack address */
  size_t stksz = 0;           /* stack size */
  size_t guardsz = 0;         /* guard size */

  if (attr == NULL)
    return;

  /* Get and print detached state */
  ret = pthread_attr_getdetachstate(attr, &val);
  if (ret == 0)
    fprintf(stdout, "  Detach state = %s\n",
      (val == PTHREAD_CREATE_DETACHED) ? "PTHREAD_CREATE_DETACHED" :
      (val == PTHREAD_CREATE_JOINABLE) ? "PTHREAD_CREATE_JOINABLE" :
      "Unknown");
  else
    fprintf(stderr, "print_pthread_attr(): pthread_attr_getdetachstate() "
      "failed, ret=%d\n", ret);

  /* Get and print contention scope */
```

```
val = 0;
ret = pthread_attr_getscope(attr, &val);
if (ret == 0)
  fprintf(stdout, "  Contention scope = %s\n",
    (val == PTHREAD_SCOPE_SYSTEM) ? "PTHREAD_SCOPE_SYSTEM" :
    (val == PTHREAD_SCOPE_PROCESS) ? "PTHREAD_SCOPE_PROCESS" :
    "Unknown");
else
  fprintf(stderr, "print_pthread_attr(): pthread_attr_getscope() "
    "failed, ret=%d\n", ret);

/* Get and print inherit scheduler */
val = 0;
ret = pthread_attr_getinheritsched(attr, &val);
if (ret == 0)
  fprintf(stdout, "  Inherit scheduler = %s\n",
    (val == PTHREAD_INHERIT_SCHED) ? "PTHREAD_INHERIT_SCHED" :
    (val == PTHREAD_EXPLICIT_SCHED) ? "PTHREAD_EXPLICIT_SCHED" :
    "Unknown");
else
  fprintf(stderr, "print_pthread_attr(): pthread_attr_getinheritsched() "
    "failed, ret=%d\n", ret);

/* Get and print scheduling policy */
val = 0;
ret = pthread_attr_getschedpolicy(attr, &val);
if (ret == 0)
  fprintf(stdout, "  Scheduling policy = %s\n",
    (val == SCHED_RR) ? "SCHED_RR" :
    (val == SCHED_FIFO) ? "SCHED_FIFO" :
    (val == SCHED_OTHER) ? "SCHED_OTHER" :
    "Unknown");
else
  fprintf(stderr, "print_pthread_attr(): pthread_attr_getschedpolicy() "
    "failed, ret=%d\n", ret);

/* Get and print scheduling priority */
memset(&pri, 0, sizeof(pri));
ret = pthread_attr_getschedparam(attr, &pri);
if (ret == 0)
  fprintf(stdout, "  Scheduling priority = %d\n", pri.sched_priority);
else
  fprintf(stderr, "print_pthread_attr(): pthread_attr_getschedparam() "
    "failed, ret=%d\n", ret);

/* Get and print stack address and stack size */
ret = pthread_attr_getstack(attr, &stkaddr, &stksz);
if (ret == 0)
{
  fprintf(stdout, "  Stack address = %p\n", stkaddr);
  fprintf(stdout, "  Stack size = %lu bytes\n", stksz);
```

```
    }
    else
      fprintf(stderr, "print_pthread_attr(): pthread_attr_getstack() "
        "failed, ret=%d\n", ret);

    /* Get and print guard size */
    ret = pthread_attr_getguardsize(attr, &guardsz);
    if (ret == 0)
      fprintf(stdout, "  Guard size = %lu bytes\n", guardsz);
    else
      fprintf(stderr, "print_pthread_attr(): pthread_attr_getguardsize() "
        "failed, ret=%d\n", ret);
}

int main(int argc, char *argv[])
{
  pthread_attr_t   attr1;
  int              ret;

  /* Initialize thread attributes */
  ret = pthread_attr_init(&attr1);
  if (ret != 0)
  {
    fprintf(stderr, "Failed to initialize thread attributes, ret=%d\n", ret);
    return(-1);
  }

  print_pthread_attr(&attr1);

  /* Destroy thread attributes */
  ret = pthread_attr_destroy(&attr1);
  if (ret != 0)
  {
    fprintf(stderr, "Failed to destroy thread attributes, ret=%d\n", ret);
    return(-2);
  }
  return(0);
}
```

8-3-1　分離的程線

基於其可否被其他的程線所接回，程線有兩種：

1. 可接回的（即非分離的）程線

2. 分離的（detached）程線

可接回的程線可由其母程線或其他程線接回，也可以送回一個值。

分離的程線無法被接回，也不能送回一個值。若有程線叫用 pthread_join() 函數，試圖接回一個分離的程線，那將是一個錯誤。

除非特別指明，否則，既定上，一個程線產生時，都會是可接回的（PTHREAD_CREATE_JOINABLE）。這意謂，假若你想要產生一個分離的程線，那你的程式就得先宣告一個 pthread_attr_t 的變數，且叫用 pthread_attr_init() 函數，賦予一個初值。然後再叫用 pthread_attr_setdetachstate() 函數，將分離狀態設定成 PTHREAD_CREATE_DETACHED。最後，在叫用 pthread_create() 函數產生一程線時，再將此一 pthreads 之屬性物件傳入，放在第二個引數位置上。

圖 8-10 所示，即為一以 pthreads 之屬性物件，產生一分離的程線的例子。

圖 8-10　產生一分離的程線（pt_detached.c）

```
/*
 * Creating a detached child thread.
 * Copyright (c) 2014, Mr. Jin-Jwei Chen.  All rights reserved.
 */

#include <stdio.h>
#include <pthread.h>

/*
 * The child thread.
 */
void child_thread(void *args)
{
  fprintf(stdout, "Enter the child thread\n");
  fprintf(stdout, "Child thread exiting ...\n");
  pthread_exit((void *)NULL);
}

/*
 * The main program.
 */
int main(int argc, char *argv[])
{
  pthread_t       thrd;
  int             ret;
  pthread_attr_t  attr;  /* thread attributes */

  /* Initialize the pthread attributes */
  ret = pthread_attr_init(&attr);
  if (ret != 0)
  {
```

```
      fprintf(stderr, "Failed to init thread attributes, ret=%d\n", ret);
      pthread_exit((void *)-1);
   }

   /* Set up to create a detached thread */
   ret = pthread_attr_setdetachstate(&attr, PTHREAD_CREATE_DETACHED);
   if (ret != 0)
   {
      fprintf(stderr, "Failed to set detach state, ret=%d\n", ret);
      pthread_exit((void *)-2);
   }

   /* Create a detached child thread to run the child_thread() function. */
   ret = pthread_create(&thrd, (pthread_attr_t *)&attr,
         (void *(*)(void *))child_thread, (void *)NULL);
   if (ret != 0)
   {
      fprintf(stderr, "Failed to create the child thread\n");
      pthread_exit((void *)-3);
   }

   /* Destroy the pthread attributes */
   ret = pthread_attr_destroy(&attr);
   if (ret != 0)
   {
      fprintf(stderr, "Failed to destroy thread attributes, ret=%d\n", ret);
      pthread_exit((void *)-4);
   }

   fprintf(stdout, "Main thread exiting ...\n");

   /*
    * Make sure you don't call return() or exit() here to terminate the main
    * thread. If you do, it will terminate the entire process including the
    * child thread even if the child thread may not even get a chance to run yet.
    */
   pthread_exit((void *)0);
}
```

　　記得，分離的程線與可接回程線之間的一個差別是，在終止時，一個分離的程線會自動地釋回它擁有的記憶空間並清除一切。相對地，一個可接回的程線，在它被接回前，就不會這樣。因為，它的回返值，還必須在它被接回之時，送回到接回它的程線上。因此，倘若你的程式產生了許多可接回（不分離）的程線，但程式又不接回它們，那程式的記憶用量可能就會一時爆漲許多。

所以,假若程序需要子程線的回返值,而且/或是子程線的終止需要同步,那程序就該產生可接回的程線,並以 pthread_join() 將它們接回。否則,就應產生分離的程線或以 pthread_detach() 函數讓程線的記憶自動被釋回。

8-4 共時控制問題的種類

在計算機程式設計上,共時或同時,彼此競爭或合作的程序或程線間,存在著多種不同的同步問題。這裡我們很快地介紹兩種。因為,pthreads 的程式界面包括解決這兩種問題的界面。

8-4-1 更動遺失問題

稍後在第九章討論共時控制時,我們會深入地討論更動遺失（update loss）的問題。這裡我們先簡短地敘述一下。

在幾乎任何軟體產品都會經常碰到的一個共同問題,那就是有兩個或兩個以上的程序或程線,會試圖更動同一筆共用的資料。為了確保資料與計算結果的正確性,互斥（mutual exclusion）是必須的。亦即,在任何一瞬間,一次只能有一個程序或程線更動這筆共用的資料。絕對不能一次有兩個或兩個以上的程序或程線,同時更動。否則,資料的正確性就得不到保障。

在 pthreads 上,確保共用資料在共時更動情況下仍能永保正確的設施,就是**互斥鎖**（mutual exclusion lock）。所謂互斥鎖就是每次只能有一人拿到鎖,將之上鎖。其他的人都必須等著。

互斥鎖通常是以一個具有兩個值的整數變數來達成。其中一個值代表鎖還沒被拿走,鎖是開的。另一個值代表鎖已被人拿走,鎖是鎖著的。因此,最小它可以只是一個位元（bit）。實際製作互斥鎖,通常都必須處理器有特殊的組合語言指令的支援。這個指令就如測試且設定（test-and-set）指令或比較與交換（compare-and-swap）指令,能在完全無法切割地狀況下（atomically）,完成這個整數變數值的更新或交換。

這個關鍵在於,所有程序或程線共用一個鎖,前述無法切割的組合語言指令,讓所有程序或程線當中,只有一個能最先發現鎖還是開的（沒被任何人拿走）,並把它上鎖。這個能第一個搶到,把一個打開的鎖上鎖（如發現代表鎖的整數數的值是 0，並把它設成 1）的程序或程線，就擁有獨有的權力，可以更動共用的資料。其他發現鎖已被拿走或上鎖的程序或程線，就得等。

看你所使用的作業系統而定，欲在你的程式達到互斥作用，你通常有兩、三種選擇。

首先，你可以自己設計與寫成你自己的組合語言上鎖函數，不必使用作業系統或其他軟體所提供的互斥設施。下一章，我們會介紹這個。

其次，所有作業系統幾乎都提供有讓應用程式達成互斥作用的同步設施。許多工程師可能會選擇這途。原因可能是不想自己寫組合語言上鎖函數或產品的速度不是那麼重要。

在軟體產品可能需要支援多種作業系統，或你希望只寫一種在所有平台上都適用的情況下，有人可能會做第三種選擇。那就是選擇採用諸如 POSIX 標準之 pthreads 所提供，或是諸如 Java 語言所提供的程式界面。

這一章，我們要介紹的是，利用 pthreads 的程式界面，達成共時控制所需的互斥。

更新遺失的問題，事實上就是沒有做到互斥的問題。在程式使用一個能達到互斥作用的鎖（lock）就解決了。在 pthreads 上，這就是 mutex。下一節我們就介紹 mutex 以及如何以之解決更動遺失的問題。

8-4-2　生產消費問題

第二類的共時問題，牽涉多個互相合作或協力的程序或程線，彼此共用同一組資源，有人生產東西，也有人消耗這些東西。這就是著名的**生產消費**（producer-consumer）問題。問題的本質是，有多名生產者是專門製造成品，也有多名消費者負責消費這些產品。產品生產製造好時，就放在所有人都共用，可以拿得到的緩衝器（buffers）裡。重點是，這存放產品的緩衝器數量有限，並非無限制的。

這類問題涉及共用兩項資料。

　　第一項資料是計數器。生產者需要知道還有多少緩衝器可以裝成品。若所有緩衝器都佔滿了，那他們就不能生產了。此外，消耗者也需知道究竟還有沒有產品可以被消費。

　　第二項資料就是共用的緩衝器。為了確保共享資料的正確性，存取計數器與緩衝器都必須用到 mutex，確實做到互斥。任何程序或程線，若欲存取這些資源，都必須先將 mutex 上鎖，並在完成之後，將 mutex 解鎖與釋出。

　　通常有兩種方式解決這類問題。

　　首先，程式可以寫成像 8-11 所示的樣子。

圖 8-11　生產消費問題解答的綱要

```
生產者:

迴路
{
  將互斥鎖上鎖
  if (count < MAXCAPACITY)
  {
    produce();  /* 生產一個產品 */
    count = count + 1;  /* 將可消耗產品數加一 */
  }
  將互斥鎖解鎖
}

消費者:

迴路
{
  將互斥鎖上鎖
  if (count > 0)
  {
    consume();  /* 消費一個產品 */
    count = count - 1;  /* 將可消耗產品數減一 */
  }
  將互斥鎖解鎖
}
```

　　在圖中，MAXCAPACITY 代表系統的最大容量。譬如，可以裝成品的緩衝器的最大數量。整數變數 count 代表目前已生產出來，但尚未被消耗的產品數量。

　　以這種方式解決生產消費問題，唯一需要的就是一個 mutex，別無其他。但是，這並非最佳解決方案。因為，當沒產品可消費或所有緩衝器都佔滿時，會有進一步改善的空間。首先，當緩衝器都佔滿時，生產者會浪費很多時間，拿到 mutex，最後只是發現所有緩衝器都佔滿了，什麼事都不能做，只好再放掉 mutex。同樣地，在沒有任何產品可消費時，消費者也會同樣花很多時間，拿到 mutex，發現沒有任何產品可以消費，只好再釋出 mutex，什麼事都沒做。

因為這原因，許多作業系統與程式語言或軟體，包括 pthreads，都提供了更老練的設施與程式界面，讓應用程式能更有效率地解決這類的問題。

在 Unix 與 Linux 作業系統，這就是**計數旗誌**（counting semaphores）。在 pthreads 與 Java 程式語言，這就是**條件變數**（condition variable）。我們將在下下節介紹條件變數，並舉例說明如何以條件變數解決生產消費問題。

這些解決方案都旨在讓應用程式不必一直迴路，重複檢查緩衝器是否空著或已佔滿的情形。是以，以上圖中所示的迴路就不見了。應用程式只要叫用這些界面，而在生產程線遇上緩衝器都已佔滿，或消費程線碰上緩衝器中空無一物時，系統就會自動讓叫用程線睡覺休息。然後於稍後這相關的條件改變時，再將之叫醒，節省了許多時間。

8-5　互斥鎖

8-5-1　什麼是互斥鎖？

POSIX 程線以**互斥鎖**（mutex）作為達成互斥作用的共時控制的工具。

互斥鎖是一種同步控制的設施，它在同時欲取得同一互斥鎖的競爭程線中，維持了相互排斥，每一時刻只能有一者擁有的特性。pthreads 的互斥鎖比一般單純的互斥鎖稍稍複雜一些，但功能卻是完全一樣的。

在使用 pthreads 時，使用互斥鎖並非是必須的，但卻是很自然。因為它是 pthreads 的一部分。不過，你也可以使用其他的同步設施。譬如，下一章我們會教你的，使用你自己所寫的上鎖函數，速度更快。

mutex 來自英文 mutual exclusion（互斥）。它是一種讓多個程線在存取共用資源時取得同步的物件。在 pthreads 裡，互斥鎖的資料型態是 pthread_mutex_t。譬如，以下的述句即宣告了一個名稱叫 mutex1 的互斥鎖：

    pthread_mutex_t mutex1；

8-5-2 設定互斥鎖的初值

每一互斥鎖在使用之前一定要做初值設定（initialization），而且只正好一次初值設定。

一般的鎖就是一個整數變數，有個名稱與簡單的整數值。互斥鎖稍微不同，它有好幾個屬性。因此，欲設定互斥鎖的初值時，程式必須以叫用 pthread_mutex_init() 函數並提供一個互斥鎖屬性物件為之。這屬性物件包含互斥鎖各種屬性的初值。以下即為這初值設定函數：

```
int pthread_mutex_init(pthread_mutex_t *restrict mutex,
        const pthread_mutexattr_t *restrict attr);
```

這代表欲設定一互斥鎖的初值時，程式必須先宣告一互斥鎖的屬性物件，並以下面的函數設定此一屬性物件的初值：

```
int pthread_mutexattr_init(pthread_mutexattr_t *attr);
```

以 pthread_mutexattr_init() 函數設定一互斥鎖屬性物件的初值，讓你能將一互斥鎖的屬性，最終設定成你所想要的值。首先，在這函數叫用成功回返時，一互斥鎖屬性的值，即為系統所設定的既定值。此時，你的程式即可將某些你想改變的屬性值，進一步更改成你所要的值。然後再用它，以它設定互斥鎖的初值。這種方式是設定一互斥鎖最具彈性與威力的方法。但同時也是最麻煩，需要寫最多行程式碼的方法。

簡言之，使用這種方法，讓你能將互斥鎖的某些屬性，設定成系統的非既定值。你的程式必須宣告一互斥鎖屬性物件，先叫用 pthread_mutexattr_init() 函數，將各種屬性設定成系統的既定值。緊接，再叫用 pthread_mutexattr_setXXX() 函數，將那些你欲設定成與系統既定值不同的屬性的值，改成你自己想要的值。然後再叫用 pthread_mutex_init() 函數，送上這個屬性物件，將互斥鎖的初值，設定成你所想要的樣子。

注意到，一個互斥鎖屬性物件，可以用在多個互斥鎖的初值設定上。在一個互斥鎖已經用了它的屬性物件做過初值設定後，那個屬性物件所做的任何改變，就不再影響這個互斥鎖了。即使那個屬性物件被摧毀了也是一樣。

平常，假若你只想使用系統的既定值，那你就可省略叫用 pthread_mutexattr_init() 函數這步驟。而直接在叫用 pthread_mutex_init() 函數時，並在互斥鎖屬性物件引數上，傳入 NULL 一值即可，可以省了幾行程式碼。

　　事實上，還有第三種更簡單的方法。假若既定的屬性值可以接受（一般都是這樣），那你甚至可以把互斥鎖的初值設定，改成下列的靜態設定方式：

```
pthread_mutex_t mymutex = PTHREAD_MUTEX_INITIALIZER;
```

　　亦即，在你宣告你的互斥鎖變數時，同時以 **PTHREAD_MUTEX_INITIALIZER** 靜態初值，完成了互斥鎖的初值設定工作。那就省了更多行程式碼。

　　總之，互斥鎖的初值設有下列三種方式：

1.　使用動態的互斥鎖初值設定，並將某些屬性改成你所想要的值。

```
pthread_mutex_t  mutex;              /* the mutex */

pthread_mutexattr_t  mutexattr;      /* mutex attributes */

/* Initialize mutex attribute object with system's default values */
ret = pthread_mutexattr_init(&mutexattr);

/* Perhaps setting/changing some mutex attribute values in-between here */

/* Initialize the mutex with the attribute values we just set */
ret = pthread_mutex_init(&mutex, &mutexattr);
```

2.　使用動態的互斥鎖初值設定，但借用系統所設定的屬性既定值。

```
pthread_mutex_t  mutex;              /* the mutex */

/* Passing in a NULL mutex attribute object to get all system default's */
ret = pthread_mutex_init(&mutex, (pthread_mutexattr_t *)NULL);
```

3.　使用靜態的互斥鎖初值（使用系統所設定的屬性既定值）。

```
pthread_mutex_t mymutex = PTHREAD_MUTEX_INITIALIZER;
```

8-5-3 互斥鎖的屬性

　　POSIX 標準訂定了下列的互斥鎖屬性：

1. 類別屬性

　　每一互斥鎖有一個類別屬性，顯示互斥鎖的類別，這些不同種類包括下列：

PTHREAD_MUTEX_NORMAL

PTHREAD_MUTEX_ERRORCHECK

PTHREAD_MUTEX_RECURSIVE

PTHREAD_MUTEX_DEFAULT

PTHREAD_MUTEX_NORMAL 是普通正常的互斥鎖，只能上鎖一次。試圖將一個已上鎖的這種正常互斥鎖再上鎖，將導致鎖死。

PTHREAD_MUTEX_ERRORCHECK 的互斥鎖稍微多做了一點事。假若一互斥鎖已鎖上，而叫用程線又想將之上鎖，則函數叫用會檢查出，且送回一個錯誤。

PTHREAD_MUTEX_RECURSIVE 的互斥鎖容許叫用程線**回歸地反複**（recursively）將同一互斥鎖上鎖多次。既不造成鎖死，也沒錯誤。

PTHREAD_MUTEX_DEFAULT 可以任 pthreads 的實作而定，對應於任一種互斥鎖。

互斥鎖的種類影響上鎖與開鎖（unlock）的行為。

程式可經由分別叫用 pthread_mutexattr_gettype() 與 pthread_mutexattr_settype() 函數，讀取或設定一互斥鎖的類別：

```
int pthread_mutexattr_gettype(const pthread_mutexattr_t *restrict attr,
    int *restrict type);
int pthread_mutexattr_settype(pthread_mutexattr_t *attr, int type);
```

這兩個函數在成功時都送回零，且在失敗時送回錯誤號碼。

2. 多程序共用

多程序共用（process-shared）屬性指出一互斥鎖是只有同一程序內的所有程線所共用或是多個程序的程線所共用。在 POSIX.1C 標準的第一版本，這是當初唯一的屬性。

假若這屬性的值是 PTHREAD_PROCESS_PRIVATE，那就指互斥鎖是叫用程序內的程線所共用而已。若此值是 PTHREAD_PROCESS_SHARED，那就代表此一互斥鎖是多個程序所共用的。POSIX.1C 標準載明，這個屬性的既定值是 PTHREAD_PROCESS_PRIVATE。倘若這屬性的值是 PTHREAD_PROCESS_SHARED，那將這互斥鎖放在多個程序都能存取得到的共有記憶裡，是應用程式的責任。

欲得知或設定這屬性的值，程式可分別叫用 pthread_mutexattr_getpshared() 與 pthread_mutexattr_setpshared() 函數：

```
int pthread_mutexattr_getpshared(const pthread_mutexattr_t
    *restrict attr, int *restrict pshared);
int pthread_mutexattr_setpshared(pthread_mutexattr_t *attr,
    int pshared);
```

成功時，這兩個函數都送回零。失敗時，它們都是送回錯誤號碼。

3. 優先順序極限

優先順序極限（prioceiling）屬性含初值設定過之互斥鎖之優先順序的最高值。這值在 SCHED_FIFO 所定義之優先順序的最大範圍內。

這個值是互斥鎖所保護著之關鍵片段（critical section）執行時最低的優先順序。為了避免發生優先順序倒置（priority inversion）的情形，互斥鎖的優先順序極限應設定成等於或高於，所有可能將此一互斥鎖上鎖之所有程線中最高優先順序的值。

程式分別叫用 pthread_mutexattr_getprioceiling() 或 pthread_mutexattr_setprioceiling() 函數，以讀取或設定互斥鎖屬性物件中，優先順序極限屬性的值：

```
int pthread_mutexattr_getprioceiling(const pthread_mutexattr_t
    *restrict attr, int *restrict prioceiling);
int pthread_mutexattr_setprioceiling(pthread_mutexattr_t *attr,
    int prioceiling);
```

成功時，這兩個函數都送回零。失敗時，它們都送回錯誤號碼。

4. 協定

協定（protocol）屬性定義在使用互斥鎖時所必須遵守的禮儀或協定。它涉及一擁有互斥鎖之程線的優先順序與排班。這個屬性是在 2004 年之開放群組基本規格第六卷（Open Group Base Specification）中新加的。

這個協定屬性的可能值包括下列：

PTHREAD_PRIO_NONE

PTHREAD_PRIO_INHERIT

PTHREAD_PRIO_PROTECT

協定屬性的既定值是 PTHREAD_PRIO_NONE 。 在一協定屬性是 PTHREAD_PRIO_NONE 的程線擁有一互斥鎖時，它的優先順序與排班並不受擁有互斥鎖的影響。

假若一個程線，因為擁有一個或多個協定屬性是 PTHREAD_PRIO_INHERIT 的堅固（robust）互斥鎖，而阻擋著其他優先順序更高的程線時，這個程線的執行優先順序，就會提高至所有在等著這牢固互斥鎖之程線中，協定屬性也是 PTHREAD_PRIO_INHERIT，且優先順序最高的那一個優先順序。

在一個程線擁有一個或多個協定屬性是 PTHREAD_PRIO_PROTECT 的堅固互斥鎖時，不論其他程線是否有被這堅固互斥鎖阻擋著，這程線的執行優先順序都會提升至，這程線所擁有之具有此一屬性的所有堅固互斥鎖的優先順序極限中的最高的那個優先順序。

假若互斥鎖的協定值是 PTHREAD_PRIO_INHERIT，則當一個程線叫用 pthread_mutex_lock() 時，假如因這互斥鎖已被別的程線拿走，因此，此一叫用程線必須停下來等，則那個現在擁有這互斥鎖的程線，將會自動繼承這一叫用程線的優先順序。系統會自動將那個程線的優先順序值，提高至它本身與這些所有繼承之優先順序中最高的那個優先順序。此外，假若那個擁有此一互斥鎖的程線又被協定屬性也是 PTHREAD_PRIO_INHERIT 的另一個互斥鎖所阻擋著，則剛剛所提之優先順序繼承現象，應同樣發生。這樣一直重複下去。

欲讀取或設定一互斥鎖之屬性物件中之協定屬性的值，可分別叫用 pthread_mutexattr_getprotocol() 或 pthread_mutexattr_setprotocol() 函數達成：

```
int pthread_mutexattr_getprotocol(const pthread_mutexattr_t
    *restrict attr, int *restrict protocol);
int pthread_mutexattr_setprotocol(pthread_mutexattr_t *attr,
    int protocol);
```

成功時，這兩個函數會送回零。失敗時，它們會送回錯誤號碼。

5. 堅固屬性

互斥鎖的堅固（robust）屬性，是在 2018 年 POSIX.1 標準的第七卷中新加的。由於還相當新，並非所有作業系統都有支援。例如，在此書撰寫時，AIX，HPUX 與 Apple Darwin 就尚未支援這堅固屬性。

　　增加堅固屬性的目的，是在讓清除因程線中途死亡而產生之吊死互斥鎖容易些。偶而，因為程式錯蟲或其他原因，一個擁有互斥鎖的程序或程線會中途死掉，這會造成那程序或程線所擁有的互斥鎖無法繼續使用，進而導致程序的鎖死或吊死。有了堅固屬性之後，程式可將原先的互斥鎖改成堅固互斥鎖（robust mutex）。然後每當有這種情形發生時，下一個叫用 pthread_mutex_lock() 函數，企圖將此一互斥鎖上鎖的程線，即會獲得 EOWNERDEAD（擁有者已死亡）的錯誤。這時，它就可以經由叫用 pthread_mutex_consistent() 函數，進行清除動作，讓這因擁有程線中途死亡的互斥鎖，又回復正常狀態，可以繼續使用。

　　此一堅固屬性的可能值與意義如下：

- **PTHREAD_MUTEX_STALLED**

  當堅固屬性是這個值時，假若互斥鎖的擁有者擁有這個鎖而且中途死亡，則系統什麼事都不做。因此，假若沒有任何其他程線可以將該互斥鎖打開，則結果就會是鎖死。這個值就是既定值。

- **PTHREAD_MUTEX_ROBUST**

  當互斥鎖的堅固屬性是這個值時，假若此一互斥鎖的擁有者中途死亡，則下一個想獲得此一互斥鎖的程線，就會獲得通知，且其上鎖函數叫用就會得到 EOWNERDEAD 的錯誤。這個企圖上鎖函數送回 EOWNERDEAD 錯誤的程線，可進而叫用 pthread_mutex_consistent() 函數，採取清除的行動。之後，再叫用 pthread_mutex_unlock() 將此一擁有者中途致命的互斥鎖解開，使它恢復正常，可以繼續使用。

　　假若一個擁有者中途死亡的互斥鎖，沒有經過叫用 pthread_mutex_consistent() 函數，即被解鎖了，則它會變成一個永無法再使用的互斥鎖。任何想將之上鎖的程線，都會得到 ENOTRECOVERABLE（無法復原）的錯誤。這樣的互斥鎖，唯一容許的動作，就是將之摧毀的 pthread_mutex_destroy()。

　　讀取或設定互斥鎖之堅固屬性的值，可分別叫用 pthread_mutexattr_getrobust() 或 pthread_mutexattr_setrobust() 函數為之：

```
int pthread_mutexattr_getrobust(const pthread_mutexattr_t *restrict
    attr, int *restrict robust);
int pthread_mutexattr_setrobust(pthread_mutexattr_t *attr,
    int robust);
```

成功時，這兩個函數會送回零。失敗時，它們會送回錯誤號碼。

注意，在此書撰寫時，只有 Linux 與 Solaris 支援堅固屬性。AIX，HPUX，與 Apple Darwin 都還沒有。

pthread_mutexattr_init() 函數會將一互斥鎖之屬性物件，初值設定成一所有屬性都使用系統所訂定之既定值。圖 8-12 所示即一以最一般且最具彈性之方式，為一互斥鎖做初值設定的程式。

圖 8-12 **最具彈性之互斥鎖的初值設定**（pt_mutex_init.c）

```
/*
 * Initialize a mutex with specialized mutex attributes.
 * As of this writing, AIX and HPUX do not support mutex robust attribute.
 * Copyright (c) 2019-2020 Mr. Jin-Jwei Chen.  All rights reserved.
 */

#include <stdio.h>
#include <pthread.h>

void prt_mutex_attrs(pthread_mutexattr_t *attr)
{
  int    type = 0;      /* mutex type attribute */
  int    pshared = 0;   /* mutex pshared attribute */
  int    prot = 0;      /* mutex protocol attribute */
  int    pric = 0;      /* mutex prioceiling attribute */
  int    robust = 0;    /* mutex robust attribute */
  int    ret;

  if (attr == NULL) return;

  ret = pthread_mutexattr_gettype(attr, &type);
  fprintf(stdout, " mutex type attribute = %s\n",
      (type == PTHREAD_MUTEX_NORMAL) ? "PTHREAD_MUTEX_NORMAL" :
      (type == PTHREAD_MUTEX_RECURSIVE) ? "PTHREAD_MUTEX_RECURSIVE" :
      (type == PTHREAD_MUTEX_ERRORCHECK) ? "PTHREAD_MUTEX_ERRORCHECK" :
      (type == PTHREAD_MUTEX_DEFAULT) ? "PTHREAD_MUTEX_DEFAULT" :
      "Unknown");
  ret = pthread_mutexattr_getpshared(attr, &pshared);
  fprintf(stdout, " mutex pshared attribute = %s\n",
      (pshared == PTHREAD_PROCESS_PRIVATE) ? "PTHREAD_PROCESS_PRIVATE" :
      (pshared == PTHREAD_PROCESS_SHARED ) ? "PTHREAD_PROCESS_SHARED " :
      "Unknown");
  ret = pthread_mutexattr_getprotocol(attr, &prot);
```

```
        fprintf(stdout, " mutex protocol attribute = %s\n",
            (prot == PTHREAD_PRIO_NONE) ? "PTHREAD_PRIO_NONE" :
            (prot == PTHREAD_PRIO_INHERIT) ? "PTHREAD_PRIO_INHERIT" :
            (prot == PTHREAD_PRIO_PROTECT ) ? "PTHREAD_PRIO_PROTECT " :
            "Unknown");

        ret = pthread_mutexattr_getprioceiling(attr, &pric);
        fprintf(stdout, " mutex prioceiling attribute = %d\n", pric);

#ifndef NOROBUST
        ret = pthread_mutexattr_getrobust(attr, &robust);
        fprintf(stdout, " mutex robust attribute = %s\n",
            (robust == PTHREAD_MUTEX_STALLED) ? "PTHREAD_MUTEX_STALLED" :
            (robust == PTHREAD_MUTEX_ROBUST) ? "PTHREAD_MUTEX_ROBUST" :
            "Unknown");
#endif
}

pthread_mutex_t      mutex1;      /* global mutex shared by all threads */

/*
 * The main program.
 */
int main(int argc, char *argv[])
{
    int            ret;
    pthread_mutexattr_t  mutexattr1; /* mutex attributes */
    int            pshared;          /* mutex pshared attribute */
    int            prot;             /* mutex protocol attribute */

    /* Initialize mutex attributes */
    ret = pthread_mutexattr_init(&mutexattr1);
    if (ret != 0)
    {
        fprintf(stderr, "Failed to initialize mutex attributes, ret=%d\n", ret);
        pthread_exit((void *)-1);
    }

    /* Set mutex pshared attribute to be PTHREAD_PROCESS_SHARED */
    pshared = PTHREAD_PROCESS_SHARED;
    ret = pthread_mutexattr_setpshared(&mutexattr1, pshared);
    if (ret != 0)
        fprintf(stderr, "failed to set mutex pshared attribute, ret=%d\n", ret);

    /* Set mutex protocol attribute to be PTHREAD_PRIO_INHERIT */
    prot = PTHREAD_PRIO_INHERIT;
    ret = pthread_mutexattr_setprotocol(&mutexattr1, prot);
    if (ret != 0)
        fprintf(stderr, "failed to set mutex protocol attribute, ret=%d\n", ret);

    /* Initialize the mutex */
```

```
    ret = pthread_mutex_init(&mutex1, &mutexattr1);
    if (ret != 0)
    {
      fprintf(stderr, "Failed to initialize mutex, ret=%d\n", ret);
      pthread_exit((void *)-2);
    }
    fprintf(stdout, "The mutex initialization was successful!\n");

    /* Print mutex attributes */
    prt_mutex_attrs(&mutexattr1);

    /* Create the child threads to do the work here */

    /* Join the child threads */

    /* Destroy mutex attributes */
    ret = pthread_mutexattr_destroy(&mutexattr1);
    if (ret != 0)
    {
      fprintf(stderr, "Failed to destroy mutex attributes, ret=%d\n", ret);
      pthread_exit((void *)-3);
    }

    /* Destroy the mutex */
    ret = pthread_mutex_destroy(&mutex1);
    if (ret != 0)
    {
      fprintf(stderr, "Failed to destroy mutex, ret=%d\n", ret);
      pthread_exit((void *)-4);
    }

    pthread_exit((void *)0);
}
```

8-5-4 摧毀互斥鎖

物件的產生與摧毀永遠都是成對的。一個程式在用完一互斥鎖時，必須摧毀這個互斥鎖以及有關的互斥鎖屬性物件。這分別叫用 pthread_mutex_destroy() 與 pthread_mutexattr_destroy() 函數達成。

當然，邏輯上，理應先摧毀屬性物件，然後才互斥鎖。

```
int pthread_mutexattr_destroy(pthread_mutexattr_t *attr);
int pthread_mutex_destroy(pthread_mutex_t *mutex);
```

記得，互斥鎖在摧毀之前，應該都是開鎖的。試圖摧毀一個還上鎖著的互斥鎖，或一個另一個程線正想將之上鎖的互斥鎖，或另一個程線正經由

pthread_cond_timedwait() 或 pthread_cond_wait() 叫用而正在使用中的互斥鎖，其結果都是無法預知的。所以，在摧毀一互斥鎖之前，一定要先確定沒有任何其他程線還在使用它。

值得一提的是，叫用 pthread_mutexattr_destroy() 函數，試圖摧毀一互斥鎖的屬性物件，在其他系統都沒問題，但在 64 位元的 HPUX IA64 作業系統上，卻得到錯誤號碼 22。即令將之與摧毀互斥鎖的順序對調，亦無差別。因此，我們在這個函數叫用加了 #ifndef HPUX64 的條件。

8-5-5　互斥鎖之上鎖與解鎖

在以一互斥鎖控制共用資源的存取時，一程線必須先成功地將這相關的互斥鎖上鎖，才能進而存取或更新這共用資源。然後，在這程線用完這共用資源後，程線必須將此同一互斥鎖解鎖，以便其他的程線可以藉著再將之上鎖，取得存取這共用資源的機會。為了達到確保這共用資源的完整性，所有共用這資源的程線，都必須要這樣做。

換言之，存取共用資源的標準方式是：

1.　將保護著這共用資源的互斥鎖上鎖

2.　存取/更新共用資源（所謂的關鍵段落的執行）

3.　 將互斥鎖解鎖並釋出

一個互斥鎖有兩種狀態：上鎖（鎖著）的，解鎖（開鎖）的。

如下所示地，有三個不同函數叫用可以將一互斥鎖上鎖：

```
#include <pthread.h>
#include <time.h>

int pthread_mutex_lock(pthread_mutex_t *mutex);
int pthread_mutex_trylock(pthread_mutex_t *mutex);
int pthread_mutex_timedlock(pthread_mutex_t *restrict mutex,
    const struct timespec *restrict abstime);
```

pthread_mutex_lock() 函數叫用是同步性的，亦即，若忙就等著的（busy-waiting）。換言之，當一個程線叫用此一函數時，假若相關的互斥鎖已被另一程線拿走（上了鎖），那此一叫用程線就會死等在那兒，一直到該互斥鎖被解開釋放為止。在這函數叫用成功回返時，有關之互斥鎖一定是被此一叫用程線上鎖著的，互斥鎖的擁有者是現有叫用程線。

為了避免浪費時間等待，程線可改成叫用 pthread_mutex_trylock() 函數，而非 pthread_mutex_lock()。這兩個函數的功用完全相同，唯一的不同是，當互斥鎖已被其他程線先上了鎖時，pthread_mutex_trylock() 不會在那兒等著，而會立刻回返。這讓叫用程線有機會決定，它是否願意繼續下去。

除此之外，第三種方式是叫用程序或程線可以指定說，最久它願意等待多久。這個界面是 pthread_mutex_timedlock()。使用時，叫用者可以藉第二個引數指定一個時間。倘若互斥鎖已先被其他人拿走，而且在所指定時間到了時還無法取得，那該函數叫用即會送回 ETIMEDOUT（時間到）的錯誤。在使用這個函數時，程式必須包括前頭檔案 <time.h>。

pthread_mutex_trylock() 與 pthread_mutex_timedlock() 兩個函數都是非同步性的。亦即，它們都不會像 pthread_mutex_lock() 函數那樣，就癡癡地在那邊死等著。無論結果如何，它們都會立即或在時間到時回返。換言之，當這兩個函數回返時，有可能叫用程序或程線成功地將該互斥鎖上鎖了且現在擁有這個鎖，亦有可能該互斥鎖已被其他人先拿走了。所以叫用者必須先檢查確定是那一種情形。

在成功時，所有這三個函數都會送回零。這種情況代表叫用者已成功地將互斥鎖上鎖並擁有這個鎖。否則，函數會送回一錯誤號碼。

記得，在用過之後，一定要將互斥鎖開鎖釋回。這可透過下面的函數達成：

```
int pthread_mutex_unlock(pthread_mutex_t *mutex);
```

當一個互斥鎖被解鎖時，倘若有其他程線在等著，作業系統的排班政策將決定那一等候著的程序或程線，會緊接獲得這個鎖。

成功時，pthread_mutex_lock() 函數送回零。失敗時，它送回錯誤號碼。

圖 8-13 所示即為一應用互斥鎖的例子。這例題程式產生了一些程線（既定值為 4），每一程線更新一共用變數 global_count 若干次。每一程線每次將共用變數的值加 1。更新的作業以將互斥鎖上鎖及解鎖保護著。誠如你可看出的，最後結果是正確的，並無更動遺失的情形。

圖 8-13 應用互斥鎖的例題程式（pt_mutex.c）

```c
/*
 * Update shared data with synchronization using pthread mutex.
 * Copyright (c) 2014, 2019 Mr. Jin-Jwei Chen.  All rights reserved.
 */

#include <stdio.h>
#include <pthread.h>

#define  NTHREADS     4
#define  NTASKS       500000
#define  DELAY_COUNT 1000

unsigned int  global_count=0;    /* global data shared by all threads */

pthread_mutex_t       mutex1;    /* global mutex shared by all threads */

/*
 * The worker thread.
 */

int worker_thread(void *args)
{
  unsigned int  *argp;
  unsigned int  myid;
  unsigned int  ntasks;
  int           i, j, ret=0;

  /* Extract input arguments (two unsigned integers) */
  argp = (unsigned int *)args;
  if (argp != NULL)
  {
    myid = argp[0];
    ntasks = argp[1];
  }
  else
#ifdef SUN64
  {
    ret = (-1);
    pthread_exit((void *)&ret);
  }
#else
    pthread_exit((void *)(-1));
#endif

  fprintf(stdout, "Worker thread: myid=%u ntasks=%u\n", myid, ntasks);

  /* Do my job */
```

```
    for (i = 0; i < ntasks; i++)
    {
      ret = pthread_mutex_lock(&mutex1);
      if (ret != 0)
      {
        fprintf(stderr, "Thread %u failed to lock the mutex, ret=%d\n", myid, ret);
        continue;
      }

      /* Update the shared data */
      global_count = global_count + 1;
      /* insert a bit of delay */
      for (j = 0; j < DELAY_COUNT; j++);

      ret = pthread_mutex_unlock(&mutex1);
      if (ret != 0)
        fprintf(stderr, "Thread %u failed to unlock the mutex, ret=%d\n", myid, ret);
    }

#ifdef SUN64
  pthread_exit((void *)&ret);
#else
  pthread_exit((void *)0);
#endif
}

/*
 * The main program.
 */
int main(int argc, char *argv[])
{
  pthread_t       thrds[NTHREADS];
  unsigned int    args[NTHREADS][2];
  int             ret, i;
  int             retval = 0;          /* each child thread returns an int */
  pthread_mutexattr_t  mutexattr1;  /* mutex attributes */
#ifdef SUN64
  int             *retvalp = &retval; /* pointer to returned value */
#endif

  /* Load up the input arguments for each child thread */
  for (i = 0; i < NTHREADS; i++)
  {
    args[i][0] = i;
    args[i][1] = NTASKS;
  }

  /* Initialize mutex attributes */
  ret = pthread_mutexattr_init(&mutexattr1);
```

```
  if (ret != 0)
  {
    fprintf(stderr, "Failed to initialize mutex attributes, ret=%d\n", ret);
    pthread_exit((void *)-1);
  }

  /* Initialize the mutex */
  ret = pthread_mutex_init(&mutex1, &mutexattr1);
  if (ret != 0)
  {
    fprintf(stderr, "Failed to initialize mutex, ret=%d\n", ret);
    pthread_exit((void *)-2);
  }

  /* Create new threads to run the worker_thread() function and pass in args */
  for (i = 0; i < NTHREADS; i++)
  {
    ret = pthread_create(&thrds[i], (pthread_attr_t *)NULL,
          (void *(*)(void *))worker_thread, (void *)args[i]);
    if (ret != 0)
    {
      fprintf(stderr, "Failed to create the worker thread, ret=%d\n", ret);
      pthread_exit((void *)-3);
    }
  }

  /*
   * Wait for each of the child threads to finish and retrieve its returned
   * value.
   */
  for (i = 0; i < NTHREADS; i++)
  {
#ifdef SUN64
    ret = pthread_join(thrds[i], (void **)&retvalp);
#else
    ret = pthread_join(thrds[i], (void **)&retval);
#endif
    fprintf(stdout, "Thread %u exited with return value %d\n", i, retval);
  }

  /* Destroy mutex attributes */
#ifndef HPUX64
  ret = pthread_mutexattr_destroy(&mutexattr1);
  if (ret != 0)
  {
    fprintf(stderr, "Failed to destroy mutex attributes, ret=%d\n", ret);
    pthread_exit((void *)-4);
  }
#endif
```

```
  /* Destroy the mutex */
  ret = pthread_mutex_destroy(&mutex1);
  if (ret != 0)
  {
    fprintf(stderr, "Failed to destroy mutex, ret=%d\n", ret);
    pthread_exit((void *)-5);
  }

  fprintf(stdout, "global_count = %u\n", global_count);
  pthread_exit((void *)0);
}
```

▶ 附註

　　假若一個程線在等待互斥鎖的過程中收到一個信號，則在信號處置函數回返時，程線等候互斥鎖的作業就會恢復繼續下去，宛如沒有信號發生一樣。

　　誠如我們說過的，pthread_mutex_lock() 函數是同步性的。亦即，叫用者將被阻擋著，一直至取得互斥鎖為止。函數成功回返時，互斥鎖一定是上鎖著的，而擁有者一定是現有叫用者。這是一般正常互斥鎖的行為。

　　在堅固互斥鎖來臨之後，假如互斥鎖是一堅固互斥鎖，則在萬一此一互斥鎖是一吊在半空中的狀態（其原擁有者已半途死亡），pthread_mutex_lock() 即會送回 EOWNERDEAD 錯誤。其他兩個上鎖函數叫用也是。在下下節，我們就會進一步討論這堅固互斥鎖。

8-5-5-1 反複上鎖與錯誤解鎖

　　從定義上而言，互斥鎖就是互斥的，只能上鎖一次。不過，這是一般正常互斥鎖的行為。POSIX 標準後來又增加了其他種類的互斥鎖，行為亦有所不同。圖 8-14 所示即各種不同的互斥鎖及行為。

圖 8-14　不同種類的互斥鎖及其行為

互斥鎖種類	堅固性	重複上鎖	非擁有者加以解鎖
NORMAL	無堅固屬性	鎖死	結果不知
NORMAL	有堅固屬性	鎖死	錯誤回返
ERRORCHECK	都無所謂（兩者皆可）	錯誤回返	錯誤回返
RECURSIVE	都無所謂（兩者皆可）	沒事，可重複上鎖	錯誤回返
DEFAULT	無堅固屬性	結果不知*	結果不知*
DEFAULT	有堅固屬性	結果不知*	錯誤回返

* 若互斥鎖種類是PTHREAD_MUTEX_DEFAULT，則 pthread_mutex_lock()的行為可能與其他 三種型態的互斥鎖相同。否則，結果就是未知。

　　假若一互斥鎖已經上了鎖，然後程線又試圖將之再上鎖，則這個重複上 鎖的 pthread_mutex_lock() 的行為（結果），就如圖 8-14 之 "重複上鎖" 一 欄（第三欄）上所顯示的。

　　假如程線試圖對一個已經解了鎖，或是別的程線所上鎖的互斥解解鎖， 那這個 pthread_mutex_unlock() 函數叫用的結果，就如圖 8-14 之第四欄所 示的。

　　對可重複上鎖（recursive）的互斥鎖而言，互斥鎖本身會有一上鎖計數 器。在一程線第一次將互斥鎖上鎖時，這個計數器的值會設定成 1。之後，每 次程線每重複上鎖一次，計數器的值即加一。每次程線解鎖，計數器之值即 減一。當計數器之值歸零時，這互斥鎖即完全解鎖，可被其他程線再使用。

　　圖 8-15 所示即為一應用可重複上鎖之互斥鎖的程式例子。

　　你可看出，在同一程線將一可重複上鎖的互斥鎖重複上鎖時，完全沒事， 並不會造成鎖死。那只是令互斥鎖內的計數器值加一罷了！

　　記得，除非特別設定成可重複上鎖的互斥鎖，否則，既定的鎖都是一般 的正常鎖，那是無法重複上鎖的。如圖 8-14 所示，試圖將一已上鎖的正常 （NORMAL）互斥鎖再上鎖，會導致鎖死的。產生一可重複上鎖之互斥鎖的 方法，就是叫用 pthread_mutexattr_settype() 函數，將互斥鎖的種類或類別屬 性的值，設定成 PTHREAD_MUTEX_RECURSIVE。

圖 8-15 使用可重複上鎖的互斥鎖（pt_recursive_mutex.c）

```c
/*
 * PTHREAD_MUTEX_RECURSIVE mutex.
 * An attempt to recursively lock a PTHREAD_MUTEX_RECURSIVE type of mutex
 * works just fine rather than deadlocks.
 * Copyright (c) 2019 Mr. Jin-Jwei Chen.  All rights reserved.
 */

#include <stdio.h>
#include <stdlib.h>
#include <pthread.h>
#include <time.h>

#define  MAXNTHREADS   10      /* maximum number of threads */
#define  DEFNTHREADS   2       /* default number of threads */
#define  MAXTASKS      3000    /* maximum number of tasks */
#define  DEFNTASKS     5       /* default number of tasks */

pthread_mutex_t    mutex1;     /* global mutex shared by all threads */

int recursive(unsigned int myid, unsigned int cnt)
{
  struct timespec  slptm;
  int    ret;

  slptm.tv_sec = 0;
  slptm.tv_nsec = 500000000;  /* 5/10 second */

  if (cnt <= 0)
    return(0);

  /* Acquire the mutex lock */
  ret = pthread_mutex_lock(&mutex1);
  if (ret != 0)
  {
    fprintf(stderr, "recursive(): thread %u failed to lock the mutex,"
      " ret=%d\n", myid, ret);
    return(-8);
  }

  /* Do some work. Here we do nothing but sleep and then call ourself. */
  fprintf(stdout, "Thread %u in recursive(), cnt=%u\n", myid, cnt);
  nanosleep(&slptm, (struct timespec *)NULL);
  ret = recursive(myid, --cnt);

  /* Release the lock */
  ret = pthread_mutex_unlock(&mutex1);
  if (ret != 0)
  {
    fprintf(stderr, "recursive(): thread %u failed to unlock the mutex,"
```

```
          " ret=%d\n", myid, ret);
      return(-9);
    }

    return(0);
}

/* The worker thread */
int worker_thread(void *args)
{
  unsigned int  *argp;
  unsigned int  myid;          /* my id */
  unsigned int  ntasks;        /* number of tasks to perform */
  int           i, ret=0;

    /* Extract input arguments (two unsigned integers) */
    argp = (unsigned int *)args;
    if (argp != NULL)
    {
      myid = argp[0];
      ntasks = argp[1];
    }
    else
#ifdef SUN64
    {
      ret = (-1);
      pthread_exit((void *)&ret);
    }
#else
      pthread_exit((void *)(-1));
#endif

    fprintf(stdout, "worker_thread(): myid=%u ntasks=%u\n", myid, ntasks);

    /* Do the work */
    ret = recursive(myid, ntasks);

#ifdef SUN64
  pthread_exit((void *)&ret);
#else
  pthread_exit((void *)ret);
#endif
}

/*
 * The main program.
 */
int main(int argc, char *argv[])
{
  pthread_t      thrds[MAXNTHREADS];
  unsigned int  args[MAXNTHREADS][2];
```

```
    int           ret, i;
    int           retval = 0;   /* each child thread returns an int */
#ifdef SUN64
    int           *retvalp = &retval;        /* pointer to returned value */
#endif
    int           nthreads = DEFNTHREADS;    /* default # of threads */
    int           ntasks = DEFNTASKS;        /* default # of tasks */
    int           mtype = PTHREAD_MUTEX_RECURSIVE;  /* recursive mutex */
    pthread_mutexattr_t  mutexattr1;  /* mutex attributes */

    /* Get number of threads and tasks from user */
    if (argc > 1)
    {
      nthreads = atoi(argv[1]);
      if (nthreads < 0 || nthreads > MAXNTHREADS)
        nthreads = DEFNTHREADS;
    }
    if (argc > 2)
    {
      ntasks = atoi(argv[2]);
      if (ntasks < 0 || ntasks > MAXTASKS)
        ntasks = DEFNTASKS;
    }

    /* Initialize mutex attributes */
    ret = pthread_mutexattr_init(&mutexattr1);
    if (ret != 0)
    {
      fprintf(stderr, "Failed to initialize mutex attributes, ret=%d\n", ret);
      pthread_exit((void *)-1);
    }

    /* Create a recursive type of mutex */
    ret = pthread_mutexattr_settype(&mutexattr1, mtype);
    if (ret != 0)
    {
      fprintf(stderr, "Failed to set mutex type to be recursive, ret=%d\n", ret);
      pthread_exit((void *)-2);
    }

    /* Initialize the mutex */
    ret = pthread_mutex_init(&mutex1, &mutexattr1);
    if (ret != 0)
    {
      fprintf(stderr, "Failed to initialize mutex, ret=%d\n", ret);
      pthread_exit((void *)-3);
    }

    /* Load up the input arguments for each child thread */
    for (i = 0; i < nthreads; i++)
    {
```

```
      args[i][0] = (i + 1);
      args[i][1] = ntasks;
    }

    /* Create new threads to run the worker_thread() function and pass in args */
    for (i = 0; i < nthreads; i++)
    {
      ret = pthread_create(&thrds[i], (pthread_attr_t *)NULL,
           (void *(*)(void *))worker_thread, (void *)args[i]);
      if (ret != 0)
      {
        fprintf(stderr, "Failed to create the worker thread, ret=%d\n", ret);
        pthread_exit((void *)-4);
      }
    }


    /*
     * Wait for each of the child threads to finish and retrieve its returned
     * value.
     */
    for (i = 0; i < nthreads; i++)
    {
#ifdef SUN64
      ret = pthread_join(thrds[i], (void **)&retvalp);
#else
      ret = pthread_join(thrds[i], (void **)&retval);
#endif
      fprintf(stdout, "Thread %u exited with return value %d\n", (i+1), retval);
    }

    /* Destroy mutex attributes */
#ifndef HPUX64
    ret = pthread_mutexattr_destroy(&mutexattr1);
    if (ret != 0)
    {
      fprintf(stderr, "Failed to destroy mutex attributes, ret=%d\n", ret);
      pthread_exit((void *)-5);
    }
#endif

    /* Destroy the mutex */
    ret = pthread_mutex_destroy(&mutex1);
    if (ret != 0)
    {
      fprintf(stderr, "Failed to destroy mutex, ret=%d\n", ret);
      pthread_exit((void *)-6);
    }

    pthread_exit((void *)0);
}
```

8-5-5-2 修復吊死的互斥鎖

通常，就一個正常的互斥鎖而言，假若一個擁有互斥鎖的程線中途死亡，則該互斥鎖即會永遠鎖著。要是有其他的程線試圖獲得此一互斥鎖（亦即，企圖將之上鎖），則那程線就會永遠被鎖死（假設那程線是叫用同步的上鎖函數）。這時，剎掉整個應用程式是唯一能解除這種窘境的方法。這當然很不好。有了所謂堅固（robust）的互斥鎖之後，就不必再這麼麻煩了。

假若一個互斥鎖是堅固的互斥鎖，而擁有它的程線中途死亡，則叫用 pthread_mutex_lock() 函數試圖將之上鎖，就會送回 EOWNERDEAD 的錯誤，而不是永遠鎖死。這讓需要用到這吊死之互斥鎖的程線，可以有辦法進去加以清理，讓它變成又可以再度使用。這是一個非常有用的特色，是在 2018 年的 "開放群組基礎規格七卷" 中新加的。

當一上鎖之互斥鎖的擁有者中途死亡時，互斥鎖的狀態會變成**不一致的**（inconsistent）。應用程式必須將之修復，讓其狀態恢復成**一致的**（consistent），互斥鎖才能再繼續使用。

欲能修復一個吊死在半空中之堅固互斥鎖的方法如下：

1. 在程式中，當你初值設定完互斥鎖之屬性物件後，而在初值設定互斥鎖之前，叫用 pthread_mutexattr_setrobust() 函數，將函數第二引數之值設定成 PTHREAD_MUTEX_ROBUST，將互斥鎖的種類設定成 "堅固" 互斥鎖。

2. 在所有的程線中，記得檢查 pthread_mutex_lock() 函數叫用的回返值。若此一回返值是 EOWNERDEAD（這值定義在 errno.h 內），那緊接就針對此一互斥鎖叫用 pthread_mutex_consistent() 與 pthread_mutex_unlock() 兩個函數。這樣，該吊死在半空中的互斥鎖，就應該又恢復成可以再使用的：

```
ret = pthread_mutex_consistent(&mutex1);
ret = pthread_mutex_unlock(&mutex1);
```

誠如我們所說的，假若你選擇使用堅固的互斥鎖，則在其被吊死（其擁有者中途死亡）時，其他叫用 pthread_mutex_lock() 函數，試圖將這互斥鎖上鎖的程線，即會獲得 EOWNERDEAD 的錯誤。這時，那個程線就可以藉機進去清理現場，讓那互斥鎖恢復正常（自由身），可以再度使用。其中，第一個 pthread_mutex_consistent() 函數，將互斥鎖的狀態，由不一致改成一致。

第二個函數則將互斥鎖解鎖。兩個步驟合在一起，讓互斥鎖變成可以再度使用。這關鍵就在因為它是一個堅固的互斥鎖，所以其他的程線，在企圖將這互斥鎖上鎖時，會得到 EOWNERDEAD 的錯誤。

圖 8-16 即為一示範如何修復一吊死之互斥鎖的程式例子。

程式產生了兩個程線。第一程線是雇員程線，而第二程線則是經理程線。雇員程線擁有互斥鎖，正在做事。經理程線中途把雇員程線給取消了。因此，雇員程線中途終止了，擁有互斥鎖。

在取消了雇員程線後，經理程線自己試圖獲取那雇員程線所擁有的互斥鎖。獲得 EOWNERDEAD 的錯誤。因此，分別叫用了上述的兩個函數，修復了這吊死的堅固互斥鎖。最後，經理程線成功地獲得了這修復的互斥鎖。

在此書撰寫時，這個例題程式在 Linux 3.10 與 Solaris 11.5 版本上都成功地執行了。AIX 7.1，HPUX 11.31，與 Apple Darwin 19.3 則尚未支援這特色。

圖 8-16 清除陣亡程線所擁有的互斥鎖（pt_mutex_cleanup.c）

```c
/*
 * Clean up the state of a dangling mutex whose lock is held by a dead thread
 * using pthread_mutex_consistent() and pthread_mutex_unlock().
 * Copyright (c) 2019, 2020 Mr. Jin-Jwei Chen.  All rights reserved.
 * pthread_mutex_consistent() is not supported in Apple Darwin.
 */

#include <stdio.h>
#include <stdlib.h>
#include <pthread.h>
#include <errno.h>
#include <time.h>
#include <unistd.h>

#define  MAXNTHREADS   10      /* maximum number of threads */
#define  DEFNTHREADS   2       /* default number of threads */
#define  MAXTASKS      9000    /* maximum number of tasks */
#define  DEFNTASKS     500     /* default number of tasks */
#define  LOOPCNT       10000

pthread_mutex_t        mutex1;      /* global mutex shared by all threads */

/* Thread cancellation cleanup handler function */
void cancel_cleanup(char *bufptr)
{
  fprintf(stdout, "Enter thread cancellation cleanup routine.\n");
```

```
    if (bufptr)
    {
      free(bufptr);
      fprintf(stdout, "cancel_cleanup(): memory at address %p was freed.\n",
        bufptr);
    }
}

/* The worker thread */
int worker_thread(void *args)
{
  unsigned int  *argp;
  unsigned int  myid;       /* my id */
  unsigned int  ntasks;     /* number of tasks to perform */
  int           i, j, ret=0;
  unsigned int  count = 0;  /* counter */
  int           curstate;   /* thread's current cancelstate */
  int           oldstate;   /* thread's previous cancelstate */
  int           curtype;    /* thread's current canceltype */
  int           oldtype;    /* thread's previous canceltype */
  char          *bufptr=NULL;  /* address of malloc-ed memory */
  struct timespec  slptm;   /* time to sleep */

  /* Extract input arguments (two unsigned integers) */
  argp = (unsigned int *)args;
  if (argp != NULL)
  {
    myid = argp[0];
    ntasks = argp[1];
  }
  else
#ifdef SUN64
  {
    ret = (-1);
    pthread_exit((void *)&ret);
  }
#else
    pthread_exit((void *)(-1));
#endif

  fprintf(stdout, "worker_thread(): myid=%u ntasks=%u\n", myid, ntasks);

  /* Set thread's cancelstate -- disable cancellation */
  curstate = PTHREAD_CANCEL_DISABLE;
  ret = pthread_setcancelstate(curstate, &oldstate);
  fprintf(stdout, "worker_thread(): thread cancellation is disabled.\n");

  /* Set thread's canceltype */
  curtype = PTHREAD_CANCEL_DEFERRED;
  ret = pthread_setcanceltype(curtype, &oldtype);
```

```
  /* To demo cancellation cleanup, we allocate some memory here. */
  bufptr = malloc(512);
  if (bufptr != NULL)
    fprintf(stdout, "worker_thread(): memory at address %p was allocated.\n",
      bufptr);
  else
    fprintf(stderr, "worker_thread(): failed to allocate memory.\n");

  /* Install the thread cancellation cleanup handler */
  pthread_cleanup_push((void (*)())cancel_cleanup, (void *)bufptr);

  /* Acquire the mutex lock */
  ret = pthread_mutex_lock(&mutex1);
  if (ret != 0)
  {
    fprintf(stderr, "Thread %u failed to lock the mutex, ret=%d\n", myid, ret);
  }

  /* Do the work */
  slptm.tv_sec = 0;
  slptm.tv_nsec = 100000000;  /* 1/10 second */
  for (i = 0; i < ntasks; i++)
  {
    for (j = 0; j < LOOPCNT; j++)
      count++;
    nanosleep(&slptm, (struct timespec *)NULL);
    fprintf(stdout, "worker_thread(): count=%u\n", count);

    if (count == (5*LOOPCNT))
      sleep(1);

    if (count == (10*LOOPCNT))
    {
      /* Set thread's cancelstate -- enable cancellation */
      curstate = PTHREAD_CANCEL_ENABLE;
      ret = pthread_setcancelstate(curstate, &oldstate);
      fprintf(stdout, "worker_thread(): thread cancellation is enabled.\n");
    }
  }

  /* Release the mutex lock */
  ret = pthread_mutex_unlock(&mutex1);
  if (ret != 0)
    fprintf(stderr, "Thread %u failed to unlock the mutex, ret=%d\n", myid, ret);

  /* Remove the thread cancellation cleanup handler */
  pthread_cleanup_pop(0);
  if (bufptr != NULL)
    free(bufptr);

#ifdef SUN64
```

```
    pthread_exit((void *)&ret);
#else
    pthread_exit((void *)ret);
#endif
}

/* The manager thread */
int manager_thread(void *args)
{
    pthread_t   *argp;
    int         ret=0;
    pthread_t   targetThread;   /* thread id of the target thread */

    /* Extract input argument */
    argp = (pthread_t *)args;
    if (argp != NULL)
        targetThread = *(pthread_t *)argp;
    else
#ifdef SUN64
    {
        ret = (-1);
        pthread_exit((void *)&ret);
    }
#else
        pthread_exit((void *)(-1));
#endif

    sleep(1);   /* Let the worker thread run first */

    /* Cancel the worker thread */
    fprintf(stdout, "manager_thread(), canceling worker thread ...\n");
    fflush(stdout);
    ret = pthread_cancel(targetThread);
    if (ret != 0)
        fprintf(stderr, "manager_thread(), pthread_cancel() failed, ret=%d.\n", ret);

    /* Dead worker thread should still hold the lock.  Try to acquire that lock */
    fprintf(stdout, "Manager thread tries to acquire the same mutext lock ...\n");
    fflush(stdout);
    ret = pthread_mutex_lock(&mutex1);
    if (ret == EOWNERDEAD)
    {
        fprintf(stderr, "Manager thread got error EOWNERDEAD from "
            "pthread_mutex_lock(). Try to clean up ...\n");
#ifndef NOROBUST
        /* Make mutex state consistent */
        ret = pthread_mutex_consistent(&mutex1);
        if (ret != 0)
            fprintf(stderr, "Manager thread failed in pthread_mutex_consistent(),"
                " ret=%d.\n", ret);
        else
```

```
            fprintf(stdout, "Manager thread fixed mutex state so it's consistent.\n");
#endif

    /* Release the lock held by the dead thread */
    ret = pthread_mutex_unlock(&mutex1);
    if (ret != 0)
      fprintf(stderr, "Manager thread failed to release the mutex lock, "
        "ret=%d.\n", ret);
    else
      fprintf(stdout, "Manager thread successfully released the mutex lock.\n");

    fprintf(stdout, "Manager thread tries to lock the mutex again.\n");
    ret = pthread_mutex_lock(&mutex1);
    if (ret != 0)
      fprintf(stderr, "Manager thread failed to lock the mutex again, "
        "ret=%d.\n", ret);
    else
      fprintf(stdout, "Manager thread successfully acquired the mutext lock!\n");
  }
  else if (ret != 0)
  {
    fprintf(stderr, "Manager thread failed to lock the mutex, ret=%d.\n", ret);
  }
  else
    fprintf(stdout, "Manager thread successfully acquire the mutext lock.\n");

  ret = pthread_mutex_unlock(&mutex1);
  if (ret != 0)
    fprintf(stderr, "Manager thread failed to unlock the mutex, ret=%d.\n", ret);
  else
    fprintf(stdout, "Manager thread successfully released the mutex lock.\n");

#ifdef SUN64
  ret = (0);
  pthread_exit((void *)&ret);
#else
  pthread_exit((void *)(0));
#endif
}

/*
 * The main program.
 */
int main(int argc, char *argv[])
{
  pthread_t       thrds[MAXNTHREADS];
  unsigned int    args1[2];
  pthread_t       args2;
  int             ret, i;
  int             retval = 0;  /* each child thread returns an int */
#ifdef SUN64
```

```
  int          *retvalp = &retval;        /* pointer to returned value */
#endif
  int          nthreads = DEFNTHREADS;    /* default # of threads */
  int          ntasks = DEFNTASKS;        /* default # of tasks */
  pthread_mutexattr_t  mutexattr1;        /* mutex attributes */

  /* Get number of threads and tasks from user */
  if (argc > 1)
  {
    nthreads = atoi(argv[1]);
    if (nthreads < 0 || nthreads > MAXNTHREADS)
      nthreads = DEFNTHREADS;
  }
  if (argc > 2)
  {
    ntasks = atoi(argv[2]);
    if (ntasks < 0 || ntasks > MAXTASKS)
      ntasks = DEFNTASKS;
  }

  /* Initialize mutex attributes */
  ret = pthread_mutexattr_init(&mutexattr1);
  if (ret != 0)
  {
    fprintf(stderr, "Failed to initialize mutex attributes, ret=%d.\n", ret);
    pthread_exit((void *)-1);
  }

#ifndef NOROBUST
  /* Set robust mutex */
  ret = pthread_mutexattr_setrobust(&mutexattr1, PTHREAD_MUTEX_ROBUST);
  if (ret != 0)
  {
    fprintf(stderr, "pthread_mutexattr_setrobust() failed, ret=%d.\n", ret);
    pthread_exit((void *)-2);
  }
#endif

  /* Initialize the mutex */
  ret = pthread_mutex_init(&mutex1, &mutexattr1);
  if (ret != 0)
  {
    fprintf(stderr, "Failed to initialize mutex, ret=%d.\n", ret);
    pthread_exit((void *)-3);
  }

  /* Load up the input arguments for the worker thread */
  args1[0] = (1);
  args1[1] = ntasks;

  /* Create a worker thread */
```

```
    ret = pthread_create(&thrds[0], (pthread_attr_t *)NULL,
        (void *(*)(void *))worker_thread, (void *)args1);
    if (ret != 0)
    {
      fprintf(stderr, "Failed to create the worker thread, ret=%d.\n", ret);
      pthread_exit((void *)-4);
    }

    /* Create the manager thread */
    args2 = thrds[0];
    ret = pthread_create(&thrds[1], (pthread_attr_t *)NULL,
        (void *(*)(void *))manager_thread, (void *)&args2);
    if (ret != 0)
    {
      fprintf(stderr, "Failed to create the manager thread, ret=%d.\n", ret);
      pthread_exit((void *)-5);
    }

    /*
     * Wait for each of the child threads to finish and retrieve its returned
     * value.
     */
    for (i = 0; i < nthreads; i++)
    {
#ifdef SUN64
        ret = pthread_join(thrds[i], (void **)&retvalp);
#else
        ret = pthread_join(thrds[i], (void **)&retval);
#endif
        fprintf(stdout, "Thread %u exited with return value %d\n", (i+1), retval);
    }

    /* Destroy mutex attributes */
    ret = pthread_mutexattr_destroy(&mutexattr1);
    if (ret != 0)
    {
      fprintf(stderr, "Failed to destroy mutex attributes, ret=%d.\n", ret);
      pthread_exit((void *)-6);
    }

    /* Destroy the mutex */
    ret = pthread_mutex_destroy(&mutex1);
    if (ret != 0)
    {
      fprintf(stderr, "Failed to destroy mutex, ret=%d.\n", ret);
      pthread_exit((void *)-7);
    }

    pthread_exit((void *)0);
}
```

總之，若你使用堅固互斥鎖，則萬一擁有這互斥鎖的程線中途死亡，那互斥鎖的狀態就會變成不一致。下一個企圖將之上鎖的程線，即會獲得 EOWNERDEAD 的錯誤，而非永遠鎖死。這時，這個程線即可透過叫用 pthread_mutex_consistent()，進行清理將互斥鎖的狀態改成一致，然後再叫用 pthread_mutex_unlock()，將之解鎖。這樣，這吊死的堅固互斥鎖，就又恢復正常了。記得，平常既定的正常互斥鎖並無此功能。

8-5-6 避免鎖死

在下一章討論共時控制時，我們會提到，在使用互斥鎖時，倘若不小心沒做對，程式經常會發生鎖死的。

其中一種很普遍發生鎖死的情況，就是一個程線必須獲得多個互斥鎖。在這種情況下，程式一定要記得，將有關的互斥鎖排出順序，並讓所有程線都按同一順序獲取它所要的互斥鎖，才不致造成鎖死的錯誤。

除了上鎖的動作要按所排順序外，解鎖時也要依與上鎖順序完全相反的順序進行。舉個例子而言，假若程線需要獲取三個互斥鎖，那它的上鎖與解釋順序應如下所示：

```
   :
pthread_mutex_lock(&mutex1);
pthread_mutex_lock(&mutex2);
pthread_mutex_lock(&mutex3);
   :
pthread_mutex_unlock(&mutex3);
pthread_mutex_unlock(&mutex2);
pthread_mutex_unlock(&mutex1);
```

8-5-7 互斥鎖的速度考量

注意到，在一互斥鎖已被另一程線拿走的情況下，決定是否一直佔著處理器一直執行下去地等著（spin and busy wait）與否，其中一個因素是要看實際硬體結構而定。譬如，在一單一處理器單核心的系統，整個系統只有一個處理器以及一個執行單元，每一瞬間只能執行一個程線。一直纏著處理器那樣等下去有可能會是徒勞無功，浪費時間而已。因為，互斥鎖已先被另一程線拿走，而處理器只要在執行你的程線，就無法執行另一個目前擁有互斥鎖的那一個程線。因此，互斥鎖也就不可能獲得解鎖。而你這程線，在處理器把你的執行時間片段（time quantum）用盡之前，有可能會是等不到那互斥鎖的。因此，在這種情況下，或許更好的辦法是讓在等著互斥鎖的程線睡覺休息，讓處理器先執行其他的程線，以致有機會讓另一擁有互斥鎖的程線，早日解鎖。

相對地，若是在一多核心或是多處理器的系統，因為系統擁有多個執行單元，所以，在有一程線正在等著互斥鎖被釋開之時，另一個擁有此一互斥鎖的程線，有可能正好在另一核心或處理器上執行。因此，抱著處理器一直執行地等下去，在程線的執行時間片段用盡之前，是很有可能等到的。是以，在這種情況下，不管採用三種不同上鎖函數中的任一個，都是說得通的。那你或許要問，那一種會有最佳結果呢？這答案就要視這互斥鎖平均一次都被鎖住多久，以及處理器每一執行時間片段有多長而定了。例如，假若處理器每次分給每一程線的執行時間是 1ms，而一互斥鎖被鎖住的時間平均是 500us，那即使是抱著處理器一直執行地等，也都值得的。因為，在處理器的執行時間到，把你踢開換手之前，等到互斥鎖的機會是很大的。

8-6 條件變數

8-6-1 什麼是條件變數？

一**條件變數**（condition variable）是讓一程線能等候著某一事件發生的同步設施。POSIX 程線裡有這個。條件變數以及與它相關的程式界面，讓應用程式能解決程線必須等待事件發生後才能往下執行的問題。若某些事件尚未發生，則條件變數就會讓程線一直在那兒等著。

換言之，條件變數提供了條件式的處理。它讓幾個彼此相互依賴的程線，能很自然地彼此相互取得協調與動作。條件變數通常用於幾個彼此協力的程線之間。某些程線必須先完成某些特定作業，滿足了某些條件之後，其它程線才有辦法執行。

每一個條件變數可以有兩個動作：**等候**（wait）與**送出信號**（signal）。某些程線等著條件變數，以等候某一事件的發生。其他的程線，讓事件發生，然後送出信號給等待事件發生的程線，將之叫醒。一點時間也不浪費。程線與程線間，透過條件變數，就是這樣相互協調、合作與溝通的。

值得注意的是，條件變數無法單獨使用。它**必須有互斥鎖一起併用**。

條件變數提供了一種方法，以解決諸如生產消費問題等很特殊的問題。它將幾個元素結合在一起，提供了一簡單且優雅的解決方案。此外，它也改進了效率與速度。

互斥鎖是用以解決需要彼此互斥的共時存取問題（程線間相互競爭以取得獨家的存取權），而條件變數則用以解決等候事件發生（程線間相互依賴）之類的問題。

我們就這樣先簡短地介紹了條件變數。在讀過下面幾節以及看過我們如何以之解決生產消費問題之後，你會更深入地明白它到底是什麼以及你可以如何用它。

在我們正式以之解決生產消費問題之前，首先讓我們看看如何定義與初值設定一個條件變數。

8-6-2 條件變數的屬性

正如每一互斥鎖都有一互斥鎖屬性物件一樣，每一條件變數亦有一條件變數屬性物件，指明它的各項特性。記得，條件變數的屬性物件是可有可無的。倘若你在程式不使用或指明，pthreads 就會自動產生一既定的條件變數的屬性。

欲初值設定或摧毀一條件變數之屬性物件，程式可分別叫用 pthread_condattr_init() 或 pthread_condattr_destroy() 函數為之。

```
int pthread_condattr_init(pthread_condattr_t *attr);
int pthread_condattr_destroy(pthread_condattr_t *attr);
```

初值設定一條件變數之屬性物件，等於賦予系統訂定之所有屬性的既定值。一旦一個屬性物件經初值設定後，程式即可更改個別屬性的既定值，將之設定成你所想要的值。

在你以一條件變數之屬性物件，將一個或多個條件變數初值設定後，這屬性物件的任何改變（包括被摧毀），都不致影響已以它做初值設定過的任何條件變數。

POSIX.1-2017 要求一定要有兩個條件變數屬性：程序共用（process-shared）與時鐘（clock）屬性。

1. 程序共用屬性

   程序共用屬性可以有兩個可能值其中的一個：PTHREAD_PROCESS_SHARED 或 PTHREAD_PROCESS_PRIVATE。若不設定或指明，既定值是 PTHREAD_PROCESS_PRIVATE。這個值意謂這條件變數是現有程序共用而已。相對地，PTHREAD_PROCESS_SHARED 則指出條件變數是多個程序間共用的。這種情況下，條件變數的記憶空間就必須讓所有共用它的多個程序，都能存取到才行。

   程式可透過叫用 pthread_condattr_getpshared() 或 pthread_condattr_setpshared() 函數，讀取或設定這程序共用屬性的值：

   ```
   int pthread_condattr_getpshared(const pthread_condattr_t *restrict attr,
       int *restrict pshared);
   int pthread_condattr_setpshared(pthread_condattr_t *attr, int pshared);
   ```

   這兩個函數在成功時都送回零，且在失敗時都送回錯誤號碼。

2. 時鐘屬性

   時鐘（clock）屬性的值是用以測量 pthread_cond_timedwait() 之時間到的時間之時鐘的號碼。既定值是系統的時鐘。

   欲讀取或設定時鐘屬性的值，可分別叫用 pthread_condattr_getclock() 與 pthread_condattr_setclock() 函數：

   ```
   int pthread_condattr_getclock(const pthread_condattr_t *restrict attr,
       clockid_t *restrict clock_id);
   int pthread_condattr_setclock(pthread_condattr_t *attr,
       clockid_t clock_id);
   ```

   成功時，這兩個函數送回零。失敗時，它們送回錯誤號碼。

   欲摧毀條件變數之屬性物件，程式可叫用 pthread_condattr_destroy() 函數。

成功時，pthread_condattr_init() 與 pthread_condattr_destroy() 兩個函數都送回零。失敗時，它們都送回錯誤號碼。

8-6-3 初值設定與摧毀條件變數

一條件變數在使用之前，必須先設定初值。程式分別叫用 pthread_cond_init() 與 pthread_cond_destroy() 函數，初值設定或摧毀一條件變數：

```
int pthread_cond_init(pthread_cond_t *restrict cond,
    const pthread_condattr_t *restrict attr);
int pthread_cond_destroy(pthread_cond_t *cond);
```

一條件變數一旦經初值設定後，其屬性即無法再改變。

就如互斥鎖初值設定一樣，條件變數的初值設定，有三種不同的方式。

1. 最通用的方式

    最通用的條件變數初值設定方式，就是宣告一個條件變數之屬性物件的變數，設定這物件的初值，然後再以這物件，去設定條件變數的初值。由於這讓你能改變個別屬性的值，因此，最富彈性。

    ```
    pthread_condattr_t   convarattr;      /* 條件變數之屬性物件 */
    pthread_cond_t       convar;          /* 條件變數 */

    /* 設定條件變數之屬性物件的初值 */
    ret = pthread_condattr_init(&convarattr);

    /* 程式在此時可以變更個別條件變數屬性的值 */

    /* 設定條件變數的初值 */
    ret = pthread_cond_init(&convar, &convarattr);
    ```

2. 使用 NULL 值的條件變數屬性物件

    ```
    pthread_cond_t   convar;              /* the condition variable */

    ret = pthread_cond_init(&convar, (pthread_condattr_t  *)NULL);
    ```

3. 使用靜態條件變數初值

    ```
    pthread_cond_t cond = PTHREAD_COND_INITIALIZER;
    ```

    程式叫用 pthread_cond_destroy() 函數，摧毀一條件變數：

    ```
    int pthread_cond_destroy(pthread_cond_t *cond);
    ```

8-6-4　條件變數如何動作？

這裡我們進一步解釋條件變數是如何動作的。

我們提過，條件變數是用以解決生產消費問題之類的問題的。

一個工廠的生產線就是一個例子，生產線第 n+1 步驟的工人，必須等到第 n 步驟的工人完成之後，才能開始他的作業。因此，工人之間，是彼此相互依賴的。

一個更典型且通用的問題則是，每一步驟都有多個（而不只一個）工人。

一個很典型的情況是，在每一時刻，步驟 n 可能會同時輸出多個半成品，而步驟 n+1 也有多個工人準備接受這些半成品。換句話說，這些輸出的半成品是放在一共用的**共有池**（shared pool）。不僅這樣，這個共用的共有池的容量是有限的，而非無限的。這就是典型的生產消費問題。條件變數就是用來專門解決這一類的問題的。

由於多個工人共用一共有池，為了確保其完整性，必須有一互斥鎖加以保護著。任何工人，不管他是要將一半成品放入，或取出一半成品，都得事先取得互斥鎖，才能從這共有池加上或減掉一半成品。

所以，有一互斥鎖是第一要件。

問題是，在一個工人取得互斥鎖，能存取共有池之後，共有池有可能是空的或滿的。假若共有池是空的，那代表沒有任何工人（消耗者）可以取走任何半成品。反之，假若共有池是滿的，那代表沒有任何人（生產者）可以再放入任何半成品。在這兩種情況下，無法放入或取出半成品的工人，就得等。

所以，有個條件。每個工人唯有在他所需的條件成立時，才能做事。倘若條件不成立，他就得等，這是第二項元素。

但是，只要有人擁有互斥鎖，其他人就無法同時使用共有池，因為沒有互斥鎖。所以，在擁有互斥鎖的工人，發現自己條件尚未滿足，必須睡覺等待時，他就必須把他擁有的互斥鎖放掉。好讓其他工人有機會。這就是整個解決辦法中，"放開互斥鎖等著"的那部分。

當有其他的工人進來，增加或取走一個半成品時，它就會送出一信號，喚醒因共用池空空或已佔滿而等著的工人，這就是條件變數送出信號的那部分。

注意到，等待某一條件滿足的，有可能不只一個工人。但是，每一次只能有一個工人可以被喚醒並且繼續。睡覺等著被喚醒的工人，必須要重新拿回互斥鎖，才能進行其作業 ─ 增加或取走一個半成品。此時，它必須再回頭，檢查自己的條件是否真的有滿足，從那兒再執行起。

圖 8-17 所示，即為這一解決方案的程式碼綱要與流程圖。

（a）每一程線的程式碼綱要

```
永遠一直重複下列直至完成為止：
    取得互斥鎖
    當（我的條件尚未滿足時）
    {
        放開互斥鎖
        睡覺等著
        在被喚醒後，重新拿回互斥鎖
    }
    /* 在此，我的條件已滿足，且也已拿到互斥鎖 */
    做我該做的事
    放開互斥鎖
```

（b）每一程線之流程圖

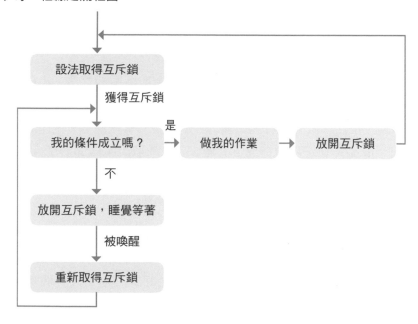

圖 8-17　使用條件變數的典型解決方案

總之，一個應用條件變數的解題方案，通常有下列幾項元素：

1.　一條件變數（好讓程線們可以從事等待與送出信號喚醒的動作）

2.　一互斥鎖（以保護共有池的完整性）

3.　一條件（以確保程線真的有事做）

　　就生產者而言，這條件是共有池不佔滿。

　　就消費者而言，這條件是共有池不是空空的。

4.　發現條件尚未滿足時，就放掉互斥鎖，睡覺等著。

5.　在被喚醒後，要重新取得互斥鎖。

　　所幸，以上的第 4 及第 5 項，都自動包括在條件變數的作業裡，不必你去花心思。程式設計者只需照顧到前三項即可。

　　在下下節實際舉例解決生產消費問題之前，緊接我們先介紹跟條件變數有關的程式界面。

8-6-5　條件變數的主要程式界面

　　在一個應用條件變數的程式內，通常你必須定義一個互斥鎖以及一條件變數。這兩樣通常都定義成全面（global）變數，以便程序中之所有程線，都能共用，存取得到。

　　誠如圖 8-17 所示的，每一程線第一件要做的事，是取得互斥鎖。這以 pthread_mutex_lock() 函數達成。我們在前面已介紹過了。

8-6-5-1　條件等待

　　每一程線第二件要做的事，就是在一旦取得互斥鎖之後，檢查看它自己的條件是否已滿足。若不，則就必須等著。等著條件的成立可經由叫用 pthread_cond_wait() 或 pthread_cond_timedwait() 函數達成。

```
while (我的條件尚未滿足時)
  pthread_cond_wait(&convar, &mutex);
```

這兩個等待條件成立的函數，其格式如下：

```
int pthread_cond_wait(pthread_cond_t *restrict cond,
    pthread_mutex_t *restrict mutex);

int pthread_cond_timedwait(pthread_cond_t *restrict cond,
    pthread_mutex_t *restrict mutex,
    const struct timespec *restrict abstime);
```

pthread_cond_timedwait() 函數的功能與 pthread_cond_wait() 相同。唯一不同的是，它只等一段時間，而不是等到永遠。假若這函數之第三引數所指的時間過了，條件變數還是沒人送出信號，或甚至在函數叫用時，第三引數所指的絕對時間早已過了，則函數即會回返，並送回 ETIMEOUT（時間到了）的錯誤。

這兩個函數的前兩個引數都是一樣的。第一個引數指出條件變數，且第二個引數指出相關的互斥鎖。記得，在叫用這兩個函數的其中任一個時，叫用程線一定要已將互斥鎖上鎖了。亦即，它必須要已擁有互斥鎖。

在條件尚未滿足時，這兩個函數會自動放開互斥鎖，並讓叫用程線被阻擋在條件變數上。

注意到，條件變數等候（兩個函數都一樣）是一取消點（cancellation point）。一個因叫用 pthread_cond_wait() 或 pthread_cond_timedwait() 函數而被阻擋著的程線，倘若因被取消而回返，那它是不會消耗條件變數的信號的。不過，當一個被阻擋在這兩個條件變數等候函數內的程線被取消時，系統在叫用取消清理函數之前，會重新取得條件變數相關的互斥鎖。是以，在取消清理函數內，要永遠記得放開這條件變數的互斥鎖。

兩個條件等候函數在成功時都送回零。它們在失敗時都送回一錯誤號碼。

很重要的是，由於條件等待有可能被虛假地喚醒（譬如，因收到一信號），因此，在自這兩個條件等待函數回返後，程式一定要永遠重新再檢查條件是否真的已滿足。

8-6-5-2　條件信號

在叫用程序或程線的條件滿足時，程式控制就會離開 while 迴路。此時，不僅條件滿足，同時叫用者也擁有互斥鎖，因此，它便可執行它該做的事。在叫用者完成了它所需的作業後，其必須緊接叫用下面兩個函數的其中一個：

```
int pthread_cond_signal(pthread_cond_t *cond);
int pthread_cond_broadcast(pthread_cond_t *cond);
```

以便喚醒正在等著這條件變數的其他程序或程線。

pthread_cond_signal() 函數會喚醒正等著這條件變數之所有程線的其中一個程線。pthread_cond_broadcast() 函數則會喚醒正等著這條件變數之所有程線。若希望喚醒全部程線，就用這個。倘若沒有任何程線在等著這條件變數，則叫用這兩個函數就毫無作用。

倘若有一個以上的程線在等著，那誰被喚醒就由排班政策決定。若是 pthread_cond_wait() 或 pthread_cond_timedwait() 函數叫用是因 pthread_cond_signal() 或 pthread_cond_broadcast() 的執行結果而回返，那回返時，程線會擁有與當初叫用條件變數等待函數時，相同的互斥鎖。

值得一提的是，叫用 pthread_cond_signal() 或 pthread_cond_broadcast() 時，叫用程序或程線不需擁有互斥鎖。不論是否擁有條件變數有關的互斥鎖，叫用者都可叫用這兩個發出信號的函數的。

在成功時，這兩個函數會送回零。在失敗時，它們會送回錯誤號碼。

8-6-6　解決生產消費問題

這一節介紹以條件變數解決生產消費問題的例題程式。圖 8-18 所示即為這樣的一個程式。

圖 8-18　以條件變數解決生產消費問題（pt_produce_consume.c）

```
/*
 * Solving the Producer-Consumer problem using one pthread condition variable
 * (and mutex).
 * Copyright (c) 2014, 2019, 2020 Mr. Jin-Jwei Chen.  All rights reserved.
 */

#include <stdio.h>
```

```
#include <stdlib.h>
#include <pthread.h>

#define  DEFBUFSZ      2    /* Maximum # of buffers to hold resources */
#define  DEFNTHREADS   3    /* default number threads of each type to run */
#define  MAXNTHREADS  12    /* max. number threads of each type allowed */
#define  DEFNTASKS     5    /* number of tasks to perform for each thread */
#define  MILLISECS25  25000 /*  25 milliseconds */

/*
 * Global data structures shared by all threads.
 */
pthread_cond_t    convar = PTHREAD_COND_INITIALIZER;    /* the condition variable */
pthread_mutex_t  mutex;                /* the associated mutex */
unsigned int     product_count=0;  /* the number of resources available */

void random_sleep(unsigned int maxusec);

/*
 * The producer thread.
 */
int producer_thread(void *args)
{
  unsigned int  *argp;
  unsigned int  myid;
  unsigned int  ntasks;
  unsigned int  maxbufs;
  int     ret = 0;

  /* Extract arguments (two unsigned integers) */
  argp = (unsigned int *)args;
  if (argp != NULL)
  {
    myid = argp[0];
    ntasks = argp[1];
    maxbufs = argp[2];
  }
  else
#ifdef SUN64
  {
    ret = (-1);
    pthread_exit((void *)&ret);
  }
#else
    pthread_exit((void *)(-1));
#endif

  fprintf(stdout, "Producer: myid=%u ntasks=%u maxbufs=%u\n",
    myid, ntasks, maxbufs);

  /* Do my job */
```

```
   while (ntasks > 0)
   {
     /* Lock the mutex */
     ret = pthread_mutex_lock(&mutex);
     if (ret != 0)
     {
       fprintf(stderr, "Producer %3u failed to lock the mutex, ret=%u\n",
         myid, ret);
#ifdef SUN64
       ret = (-2);
       pthread_exit((void *)&ret);
#else
       pthread_exit((void *)-2);
#endif
     }
     fprintf(stdout, "Producer %3u locked the mutex\n", myid);

     /* Wait for buffers to become available */
     while (product_count >= maxbufs)
      `pthread_cond_wait(&convar, &mutex);

     /* Do whatever it takes to produce the resource */

     /* Produce and add one resource to the pool */
     random_sleep(MILLISECS25);  /* It takes time to produce. */
     product_count = product_count + 1;
     fprintf(stdout, "Producer %3u added one resource, product_count=%u\n",
       myid, product_count);

     /* Without this, the awaiting consumer threads waiting on the same
      * condition variable won't get waken up even though the mutex
      * is properly released and re-acquired by the system automatically.
      */
     pthread_cond_signal(&convar);

     /* Unlock the mutex */
     ret = pthread_mutex_unlock(&mutex);
     if (ret != 0)
     {
       fprintf(stderr, "Producer %3u failed to unlock the mutex, ret=%u\n",
         myid, ret);
#ifdef SUN64
       ret = (-3);
       pthread_exit((void *)&ret);
#else
       pthread_exit((void *)-3);
#endif
     }
     fprintf(stdout, "Producer %3u unlocked the mutex\n", myid);

     /* Reduce my task count by one */
```

```
      ntasks = ntasks - 1;

  }  /* while */

#ifdef SUN64
  ret = 0;
  pthread_exit((void *)&ret);
#else
  pthread_exit((void *)0);
#endif
}

/*
 * The consumer thread.
 */
int consumer_thread(void *args)
{
  unsigned int  *argp;
  unsigned int  myid;
  unsigned int  ntasks;
  unsigned int  maxbufs;
  int     ret = 0;

  /* Extract arguments (two unsigned integers) */
  argp = (unsigned int *)args;
  if (argp != NULL)
  {
    myid = argp[0];
    ntasks = argp[1];
    maxbufs = argp[2];
  }
  else
#ifdef SUN64
  {
    ret = (-1);
    pthread_exit((void *)&ret);
  }
#else
    pthread_exit((void *)-1);
#endif

  fprintf(stdout, "Consumer: myid=%u ntasks=%u maxbufs=%u\n",
    myid, ntasks, maxbufs);

  /* Do my job */
  while (ntasks > 0)
  {
    /* Lock the mutex */
    ret = pthread_mutex_lock(&mutex);
    if (ret != 0)
    {
```

```
        fprintf(stderr, "Consumer %3u failed to lock the mutex, ret=%u\n",
          myid, ret);
#ifdef SUN64
        ret = (-2);
        pthread_exit((void *)&ret);
#else
        pthread_exit((void *)-2);
#endif
    }
    fprintf(stdout, "Consumer %3u locked the mutex\n", myid);

    /* Wait for resources to become available */
    while (product_count <= 0)
      pthread_cond_wait(&convar, &mutex);

    /* Consume and remove one resource from the pool */
    random_sleep(MILLISECS25);  /* It takes time to consume. */
    product_count = product_count - 1;
    fprintf(stdout, "Consumer %3u removed one resource, product_count=%u\n",
      myid, product_count);

    /* Without this, the awaiting producer threads waiting on the same
     * condition variable won't get waken up even though the mutex
     * is properly released and re-acquired by the system automatically.
     */
    pthread_cond_signal(&convar);

    /* Unlock the mutex */
    ret = pthread_mutex_unlock(&mutex);
    if (ret != 0)
    {
      fprintf(stderr, "Consumer %3u failed to unlock the mutex, ret=%u\n",
        myid, ret);
#ifdef SUN64
        ret = (-3);
        pthread_exit((void *)&ret);
#else
        pthread_exit((void *)-3);
#endif
    }
    fprintf(stdout, "Consumer %3u unlocked the mutex\n", myid);

    /* Decrement my task count by one */
    ntasks = ntasks - 1;

    /* Could actually consume the resource here if it takes long */

  }  /* while */

#ifdef SUN64
  ret = 0;
```

```
   pthread_exit((void *)&ret);
#else
   pthread_exit((void *)0);
#endif
}

int main(int argc, char *argv[])
{
  pthread_t      prthrds[MAXNTHREADS];
  unsigned int   prargs[MAXNTHREADS][3];
  pthread_t      csthrds[MAXNTHREADS];
  unsigned int   csargs[MAXNTHREADS][3];
  int            ret, i;
  int            retval = 0;          /* Each child thread returns an int */
  int            nbufs = DEFBUFSZ;    /* number of total buffers */
  int            nthrds = DEFNTHREADS; /* number of threads */
  int            ntasks = DEFNTASKS;  /* number of tasks per thread */
  pthread_mutexattr_t  mutexattr;       /* mutex attributes */
#ifdef SUN64
  int            *retvalp = &retval;  /* pointer to returned value */
#endif

  /* Get the number of buffers to use from user */
  if (argc > 1)
  {
    nbufs = atoi(argv[1]);
    if (nbufs <= 0)
      nbufs = DEFBUFSZ;
  }

  /* Get the number of threads to run from user */
  if (argc > 2)
  {
    nthrds = atoi(argv[2]);
    if ((nthrds <= 0) || (nthrds > MAXNTHREADS))
      nthrds = DEFNTHREADS;
  }

  /* Get the number of tasks per thread to perform from user */
  if (argc > 3)
  {
    ntasks = atoi(argv[3]);
    if (ntasks <= 0)
      ntasks = DEFNTASKS;
  }

  fprintf(stdout, "Run %d threads, %u tasks per thread using %u buffers\n",
      nthrds, ntasks, nbufs);

  /* Initialize mutex attributes */
  ret = pthread_mutexattr_init(&mutexattr);
```

```c
if (ret != 0)
{
  fprintf(stderr, "Failed to initialize mutex attributes, ret=%d\n", ret);
  pthread_exit((void *)-1);
}

/* Initialize the mutex */
ret = pthread_mutex_init(&mutex, &mutexattr);
if (ret != 0)
{
  fprintf(stderr, "Failed to initialize mutex, ret=%d\n", ret);
  pthread_exit((void *)-2);
}

/* Load up the input arguments to each child thread */
for (i = 0; i < nthrds; i++)
{
  prargs[i][0] = (i + 1);
  csargs[i][0] = (i + 1);
  prargs[i][1] = ntasks;
  csargs[i][1] = ntasks;
  prargs[i][2] = nbufs;
  csargs[i][2] = nbufs;
}

/* Create the consumer threads */
for (i = 0; i < nthrds; i++)
{
  ret = pthread_create(&csthrds[i], (pthread_attr_t *)NULL,
        (void *(*)(void *))consumer_thread, (void *)csargs[i]);
  if (ret != 0)
  {
    fprintf(stderr, "Failed to create the consumer thread %d, ret=%d\n",
      i, ret);
    pthread_exit((void *)-3);
  }
}

/* Create the producer threads */
for (i = 0; i < nthrds; i++)
{
  ret = pthread_create(&prthrds[i], (pthread_attr_t *)NULL,
        (void *(*)(void *))producer_thread, (void *)prargs[i]);
  if (ret != 0)
  {
    fprintf(stderr, "Failed to create the producer thread, ret=%d\n", ret);
    pthread_exit((void *)-4);
  }
}

/* Wait for the child threads to finish. */
```

```
    for (i = 0; i < nthrds; i++)
    {
#ifdef SUN64
    ret = pthread_join(prthrds[i], (void **)&retvalp);
#else
    ret = pthread_join(prthrds[i], (void **)&retval);
#endif
    fprintf(stdout, "Producer thread %u exited with return value %d\n",
        i, retval);
    }
    for (i = 0; i < nthrds; i++)
    {
#ifdef SUN64
    ret = pthread_join(csthrds[i], (void **)&retvalp);
#else
    ret = pthread_join(csthrds[i], (void **)&retval);
#endif
    fprintf(stdout, "Consumer thread %u exited with return value %d\n",
        i, retval);
    }

    fprintf(stdout, "main(), product_count = %d\n", product_count);

    /* Destroy mutex attributes */
#ifndef HPUX64
    ret = pthread_mutexattr_destroy(&mutexattr);
    if (ret != 0)
    {
      fprintf(stderr, "Failed to destroy mutex attributes, ret=%d\n", ret);
      pthread_exit((void *)-5);
    }
#endif

    /* Destroy the mutex */
    ret = pthread_mutex_destroy(&mutex);
    if (ret != 0)
    {
      fprintf(stderr, "Failed to destroy mutex, ret=%d\n", ret);
      pthread_exit((void *)-6);
    }
    pthread_exit((void *)0);
}
```

　　既定上，這個程式使用了三個程線，每一程線生產或消費五個產品。所有程線共用二個裝成品的緩衝器。換言之，總共有三個生產者，每人生產五個產品。同時也有三個消費者，每人消費五個產品。若緩衝器已佔滿，則生產者就必須等著，等到有消費者到來，消費一些產品。假若緩衝器是全空的，那消費者就必須等著，等到有生產者又來到，繼續生產更多的產品。

　　在這兩個情況下，生產者或消費者即叫用 pthread_cond_wait() 函數等著。這個函數叫用會自動放開叫用者所擁有的互斥鎖，以便其他的程線（生產者或消費者）能有機會執行，進而改變佔滿或空空的狀況。若有另外的程線改變了狀態，那它就會經由叫用 pthread_cond_signal()，送出信號，喚醒在條件等待中的其中一個程線。

　　換言之，在生產一個新產品後，該生產者即會叫用 pthread_cond_signal() 函數，送出一個信號，喚醒之前因緩衝器空空而等著的其中一個程線。同樣地，在有消費者消耗了一個產品時，該消費者也會叫用 pthread_cond_signal() 函數，送出一信號，喚醒之前因緩衝器佔滿而等著的其中一個程線（若有的話）。

　　在 互 斥 鎖 之 外 ， 加 上 了 條 件 變 數 以 及 pthread_cond_wait() 與 pthread_cond_signal() 程式界面，去除了原先因緩衝器佔滿或空空時，程線必須佔著處理器的時間，一直忙碌著繼續執行等者，所造成的（處理器）資源浪費。注意到，必須等待的情況，都是因為緩衝器空間有限所造成的。要是緩衝器的空間是無限的，那就沒這個問題了。但世上那有無限的東西？

　　值得一提的是，由於叫用 pthread_cond_signal() 或 pthread_cond_broadcast() 送出信號時，不需擁有互斥鎖。因此，在這例題程式中，我們可以把 pthread_mutex_unlock() 往上移一行，移至 pthread_cond_signal() 之前。這在 producer_thread() 與 consumer_thread() 中都是。這樣，在某些情況下（譬如，程式正好在執行完 pthread_cond_signal() 時，換手去執行另一程式了）或許會速度快一些。但我們並沒有這樣做，主要是因為，現有的作法不論在任何情況下，程式都絕對不會有任何問題（如同步問題，race condition）產生。

　　圖 8-19 所示即為生產消費例題程式的執行輸出結果。由輸出可看出，程式正確執行無誤。每一生產者或消費者都生產或消費了正好是他們所應有的數目。

圖 8-19　pt_produce_consume 程式的輸出結果

```
$ ./pt_produce_consume.lin32
Run 3 threads, 5 tasks per thread using 2 buffers
Producer: myid=2 ntasks=5 maxbufs=2
Consumer: myid=1 ntasks=5 maxbufs=2
Producer: myid=1 ntasks=5 maxbufs=2
```

```
Producer: myid=3 ntasks=5 maxbufs=2
Consumer: myid=2 ntasks=5 maxbufs=2
Producer   2 locked the mutex
Consumer: myid=3 ntasks=5 maxbufs=2
Producer   2 added one resource, product_count=1
Producer   2 unlocked the mutex
Producer   2 locked the mutex
Producer   2 added one resource, product_count=2
Producer   2 unlocked the mutex
Producer   2 locked the mutex
Consumer   1 locked the mutex
Consumer   1 removed one resource, product_count=1
Consumer   1 unlocked the mutex
Consumer   1 locked the mutex
Consumer   1 removed one resource, product_count=0
Consumer   1 unlocked the mutex
Consumer   1 locked the mutex
Consumer   3 locked the mutex
Producer   1 locked the mutex
Producer   1 added one resource, product_count=1
Producer   1 unlocked the mutex
Producer   1 locked the mutex
Producer   1 added one resource, product_count=2
Producer   1 unlocked the mutex
Producer   1 locked the mutex
Consumer   2 locked the mutex
Consumer   2 removed one resource, product_count=1
Consumer   2 unlocked the mutex
Consumer   2 locked the mutex
Consumer   2 removed one resource, product_count=0
Producer   3 locked the mutex
Consumer   2 unlocked the mutex
Producer   3 added one resource, product_count=1
Producer   3 unlocked the mutex
Consumer   3 removed one resource, product_count=0
Consumer   3 unlocked the mutex
Consumer   3 locked the mutex
Producer   2 added one resource, product_count=1
Producer   2 unlocked the mutex
Consumer   3 removed one resource, product_count=0
Consumer   3 unlocked the mutex
Consumer   3 locked the mutex
Consumer   2 locked the mutex
Producer   3 locked the mutex
Producer   3 added one resource, product_count=1
Producer   3 unlocked the mutex
Consumer   3 removed one resource, product_count=0
Consumer   3 unlocked the mutex
Producer   1 added one resource, product_count=1
Producer   1 unlocked the mutex
Producer   1 locked the mutex
```

```
Producer   1 added one resource, product_count=2
Producer   1 unlocked the mutex
Producer   1 locked the mutex
Consumer   3 locked the mutex
Consumer   3 removed one resource, product_count=1
Consumer   3 unlocked the mutex
Consumer   3 locked the mutex
Consumer   3 removed one resource, product_count=0
Consumer   3 unlocked the mutex
Producer   2 locked the mutex
Producer   2 added one resource, product_count=1
Producer   2 unlocked the mutex
Producer   3 locked the mutex
Producer   3 added one resource, product_count=2
Producer   3 unlocked the mutex
Producer   3 locked the mutex
Producer   2 locked the mutex
Consumer   2 removed one resource, product_count=1
Consumer   2 unlocked the mutex
Producer   1 added one resource, product_count=2
Producer   1 unlocked the mutex
Consumer   2 locked the mutex
Producer thread 0 exited with return value 0
Consumer   2 removed one resource, product_count=1
Consumer   2 unlocked the mutex
Consumer   1 removed one resource, product_count=0
Consumer   1 unlocked the mutex
Consumer   1 locked the mutex
Producer   3 added one resource, product_count=1
Producer   3 unlocked the mutex
Consumer   1 removed one resource, product_count=0
Consumer   1 unlocked the mutex
Consumer   1 locked the mutex
Producer   2 added one resource, product_count=1
Producer   2 unlocked the mutex
Producer thread 1 exited with return value 0
Consumer   1 removed one resource, product_count=0
Consumer   1 unlocked the mutex
Consumer   2 locked the mutex
Producer   3 locked the mutex
Producer   3 added one resource, product_count=1
Producer   3 unlocked the mutex
Producer thread 2 exited with return value 0
Consumer thread 0 exited with return value 0
Consumer   2 removed one resource, product_count=0
Consumer   2 unlocked the mutex
Consumer thread 1 exited with return value 0
Consumer thread 2 exited with return value 0
main(), product_count = 0
```

8-7 讀寫鎖

截至目前為止，我們已討論且舉例說明了計算機程式設計上很常見的兩種共時控制問題，那就是更新遺失問題與生產消費問題。這一節，我們將介紹第三種。

有時，共時存取的問題並不完全是更新，而經常是更新與讀取混合在一起。亦即，有些程線會想更新共用的資料，但有些程線會只想讀取資料而已，並不更動。在這種情況下，為了確保共用資料的完整性，更新的作業還是必須互斥，每一時刻只能有一程線從事更動作業。換言之，只要有一更動作業在進行，所有其他的更動以及純讀取作業，都必須等著。但是，由於讀取作業並不涉及更改這些共用的資料。因此，同時有幾個程線一起同時讀取，並無問題，反而會加快速度。是以，若能區分讀取與更動的作業，並讓多個讀取作業同時進行，則對速度的增進，會有所助益。也因為如此，許多系統除了提供給更動作業用的互斥鎖之外，都會同時提供另一種只供純讀取作業使用的**讀取鎖**（read lock）。互斥鎖也因此又叫**寫入鎖**（write lock）。

Pthreads 就提供了**讀寫鎖**（read-write lock）。這種鎖有兩種功能。叫用者可以要求欲取得一讀取鎖，或一寫入鎖。寫入鎖是互斥的，每一時刻最多只能有一個程序或程線獲得並持有一寫入鎖。但讀取鎖則不是互斥的。每一時刻可以有好多個程序或程線，都同時獲取並持有同一讀取鎖。記得，就每一讀寫鎖而言，只要有一程序或程線取得了寫入鎖，所有其他的程序或程線，不論它們是要取得讀取鎖或寫入鎖，就得全部等著，待這第一個程序或程線完成並放開這鎖為止。

在 pthreads 裡，一讀寫鎖的資料型態是 pthread_rwlock_t。譬如，下面的述句就是宣告 rwlock1 是一讀寫鎖的例子：

```
pthread_rwlock_t    rwlock1;
```

一個程序或程線，可分別叫 pthread_rwlock_rdlock() 或 pthread_rwlock_wrlock() 函數，以取得一讀取鎖或寫入（互斥）鎖：

```
#include <pthread.h>
int pthread_rwlock_rdlock(pthread_rwlock_t *rwlock);
int pthread_rwlock_wrlock(pthread_rwlock_t *rwlock);
```

這兩個函數也各自有一個非阻擋式的版本：

```
int pthread_rwlock_tryrdlock(pthread_rwlock_t *rwlock);
int pthread_rwlock_trywrlock(pthread_rwlock_t *rwlock);
```

欲放開一讀寫鎖（亦即，解鎖），程序或程線可叫用下列的解鎖函數：

```
int pthread_rwlock_unlock(pthread_rwlock_t *rwlock);
```

在成功時，以上這些函數全送回零。失敗時，它們都送回一錯誤號碼。在別的程序或程線已早一步拿走這個鎖時，非阻擋式的 pthread_rwlock_trywrlock() 或 pthread_rwlock_tryrdlock() 會送回 EBUSY 的錯誤。

圖 8-20 所示即為一使用一個更新程線以及兩個讀取程線的例子。

圖 8-20　讀寫鎖（pt_rwlock.c）

```c
/*
 * Read-write locks in pthread.
 * Copyright (c) 2014-2020, Mr. Jin-Jwei Chen.  All rights reserved.
 */

#include <stdio.h>
#include <pthread.h>

#define  NREADERS    2        /* number of readers */
#define  NWRITERS    1        /* number of writers */
#define  NTASKS      4
#define  DELAY_COUNT_RD 200000000
#define  DELAY_COUNT_WR 100000000

unsigned int  global_count=0;    /* global data shared by all threads */

/* Global read-write lock shared by all threads */
pthread_rwlock_t    rwlock1 = PTHREAD_RWLOCK_INITIALIZER;

/*
 * The reader thread.
 */
int reader_thread(void *args)
{
  unsigned int  *argp;
  unsigned int  myid;
  unsigned int  ntasks;
  int           i, ret;
  unsigned long long j;

  /* Extract input arguments (two unsigned integers) */
  argp = (unsigned int *)args;
  if (argp != NULL)
```

```
    {
      myid = argp[0];
      ntasks = argp[1];
    }
    else
      pthread_exit((void *)(-1));

    fprintf(stdout, "Reader thread %u started: ntasks=%u\n", myid, ntasks);

    /* Do my job */
    for (i = 0; i < ntasks; i++)
    {
      fprintf(stdout, "Reader thread %u tries to get the read lock\n", myid);
      ret = pthread_rwlock_rdlock(&rwlock1);
      if (ret != 0)
      {
        fprintf(stderr, "Reader thread %u failed to get a read lock, ret=%d\n",
          myid, ret);
        continue;
      }
      fprintf(stdout, "Reader thread %u successfully get the read lock\n", myid);
      fflush(stdout);

      /* Read the shared data */
      fprintf(stdout, "  Reader thread %u read global_count, count = %u\n",
        myid, global_count);
      fflush(stdout);
      /* insert a bit of delay */
      for (j = 0; j < DELAY_COUNT_RD; j++);

      fprintf(stdout, "Reader thread %u successfully released the read lock\n",
          myid);
      fflush(stdout);

      ret = pthread_rwlock_unlock(&rwlock1);
    }

    pthread_exit((void *)0);
}

/*
 * The writer thread.
 */
int writer_thread(void *args)
{
    unsigned int  *argp;
    unsigned int  myid;
    unsigned int  ntasks;
    int           i, ret;
    unsigned long long j;
```

```c
      /* Extract input arguments (two unsigned integers) */
      argp = (unsigned int *)args;
      if (argp != NULL)
      {
        myid = argp[0];
        ntasks = argp[1];
      }
      else
        pthread_exit((void *)(-1));

    fprintf(stdout, "Writer thread %u started: ntasks=%u\n", myid, ntasks);

      /* Do my job */
      for (i = 0; i < ntasks; i++)
      {
        fprintf(stdout, "Writer thread %u tries to get the write lock\n", myid);
        ret = pthread_rwlock_wrlock(&rwlock1);
        if (ret != 0)
        {
          fprintf(stderr, "Writer thread %u failed to get a write lock, ret=%d\n",
            myid, ret);
          continue;
        }
        fprintf(stdout, "Writer thread %u successfully get the write lock\n", myid);
        fflush(stdout);

        /* Update the shared data */
        global_count = global_count + 1;
        fprintf(stdout, "  Writer thread %u updated global_count, count = %u\n",
          myid, global_count);
        /* insert a bit of delay */
        for (j = 0; j < DELAY_COUNT_WR; j++);

        fprintf(stdout, "Writer thread %u successfully released the write lock\n",
            myid);
        fflush(stdout);

        ret = pthread_rwlock_unlock(&rwlock1);
      }

    pthread_exit((void *)0);
}

/*
 * The main program.
 */
int main(int argc, char *argv[])
{
  pthread_t      thrds[NREADERS+NWRITERS];
  unsigned int   args[NREADERS+NWRITERS][2];
  int            ret, i;
```

```
    int         retval;  /* each child thread returns an int */

    /* Load up the input arguments */
    for (i = 0; i < NREADERS; i++)
    {
      args[i][0] = (i+1);
      args[i][1] = NTASKS;
    }
    for (i = NREADERS; i < (NREADERS+NWRITERS); i++)
    {
      args[i][0] = (i+1);
      args[i][1] = NTASKS;
    }

    /* Create the reader threads */
    for (i = 0; i < NREADERS; i++)
    {
      ret = pthread_create(&thrds[i], (pthread_attr_t *)NULL,
            (void *(*)(void *))reader_thread, (void *)args[i]);
      if (ret != 0)
      {
        fprintf(stderr, "Failed to create the reader thread, ret=%d\n", ret);
        pthread_exit((void *)-1);
      }
    }

    /* Create the writer threads */
    for (i = NREADERS; i < (NREADERS+NWRITERS); i++)
    {
      ret = pthread_create(&thrds[i], (pthread_attr_t *)NULL,
            (void *(*)(void *))writer_thread, (void *)args[i]);
      if (ret != 0)
      {
        fprintf(stderr, "Failed to create the writer thread, ret=%d\n", ret);
        pthread_exit((void *)-2);
      }
    }

    /*
     * Wait for each of the child threads to finish and retrieve its returned
     * value.
     */
    for (i = 0; i < (NREADERS+NWRITERS); i++)
    {
      ret = pthread_join(thrds[i], (void **)&retval);
      fprintf(stdout, "Thread %u exited with return value %d\n", (i+1), retval);
    }

    fprintf(stdout, "global_count = %u\n", global_count);
    pthread_exit((void *)0);
}
```

從 pt_rwlock 程式的輸出可看出，一個以上的讀取程線可以同時拿到讀取鎖，同時進行讀取作業。但只要有一讀取程線在，寫入或更新程線就必須等者。同樣地，只要有一寫入程線在內，所有其它程線也必須等在外。

有兩種不同方式可以初值設定一讀寫鎖與其屬性。圖 8-20 的 pt_rwlock.c 使用了簡單的方式，PTHREAD_RWLOCK_INITIALIZER。這省掉了叫用 pthread_rwlockattr_init() 與 pthread_rwlock_init() 兩個函數。只要既定的屬性值可以接受，則程式即可以 PTHREAD_RWLOCK_INITIALIZER，初值設定一個記憶靜態騰出的讀寫鎖。其效用等於叫用 pthread_rwlock_init() 函數，且將引數值設為 NULL 的動態初值設定。唯一不同的是，不做錯誤檢查。

圖 8-21 所示，即是透過叫用 pthread_rwlockattr_init() 與 pthread_rwlock_init() 的第二種讀寫鎖初值設定方式。與靜態的 PTHREAD_RWLOCK_INITIALIZER 相比，這顯然多費了一點工夫。但卻比較通用化。

圖 8-21　通用，較具彈性的讀寫鎖初值設定方式（pt_rwlock_attr.c）

```
/*
 * Read-write locks in pthread with lock attribute init.
 * Copyright (c) 2014-2020, Mr. Jin-Jwei Chen.  All rights reserved.
 */

#include <stdio.h>
#include <pthread.h>

#define   NREADERS      2        /* number of readers */
#define   NWRITERS      1        /* number of writers */
#define   NTASKS        4
#define   DELAY_COUNT_RD 200000000
#define   DELAY_COUNT_WR 100000000

unsigned int  global_count=0;    /* global data shared by all threads */

/* Global read-write lock shared by all threads */
pthread_rwlock_t    rwlock1;

/*
 * The reader thread.
 */
int reader_thread(void *args)
{
  unsigned int  *argp;
  unsigned int  myid;
  unsigned int  ntasks;
  int           i, ret;
```

```
    unsigned long long j;

    /* Extract input arguments (two unsigned integers) */
    argp = (unsigned int *)args;
    if (argp != NULL)
    {
      myid = argp[0];
      ntasks = argp[1];
    }
    else
      pthread_exit((void *)(-1));

    fprintf(stdout, "Reader thread %u started: ntasks=%u\n", myid, ntasks);

    /* Do my job */
    for (i = 0; i < ntasks; i++)
    {
      fprintf(stdout, "Reader thread %u tries to get the read lock\n", myid);
      ret = pthread_rwlock_rdlock(&rwlock1);
      if (ret != 0)
      {
        fprintf(stderr, "Reader thread %u failed to get a read lock, ret=%d\n",
          myid, ret);
        continue;
      }
      fprintf(stdout, "Reader thread %u successfully get the read lock\n", myid);
      fflush(stdout);

      /* Read the shared data */
      fprintf(stdout, "  Reader thread %u read global_count, count = %u\n",
        myid, global_count);
      fflush(stdout);
      /* insert a bit of delay */
      for (j = 0; j < DELAY_COUNT_RD; j++);

      fprintf(stdout, "Reader thread %u successfully released the read lock\n",
          myid);
      fflush(stdout);

      ret = pthread_rwlock_unlock(&rwlock1);
    }

    pthread_exit((void *)0);
}

/*
 * The writer thread.
 */
int writer_thread(void *args)
{
  unsigned int  *argp;
```

```c
    unsigned int   myid;
    unsigned int   ntasks;
    int            i, ret;
    unsigned long long j;

    /* Extract input arguments (two unsigned integers) */
    argp = (unsigned int *)args;
    if (argp != NULL)
    {
      myid = argp[0];
      ntasks = argp[1];
    }
    else
      pthread_exit((void *)(-1));

    fprintf(stdout, "Writer thread %u started: ntasks=%u\n", myid, ntasks);

    /* Do my job */
    for (i = 0; i < ntasks; i++)
    {
      fprintf(stdout, "Writer thread %u tries to get the write lock\n", myid);
      ret = pthread_rwlock_wrlock(&rwlock1);
      if (ret != 0)
      {
        fprintf(stderr, "Writer thread %u failed to get a write lock, ret=%d\n",
          myid, ret);
        continue;
      }
      fprintf(stdout, "Writer thread %u successfully get the write lock\n", myid);
      fflush(stdout);

      /* Update the shared data */
      global_count = global_count + 1;
      fprintf(stdout, "  Writer thread %u updated global_count, count = %u\n",
        myid, global_count);
      /* insert a bit of delay */
      for (j = 0; j < DELAY_COUNT_WR; j++);

      fprintf(stdout, "Writer thread %u successfully released the write lock\n",
          myid);
      fflush(stdout);

      ret = pthread_rwlock_unlock(&rwlock1);
    }

    pthread_exit((void *)0);
}

/*
 * The main program.
 */
```

```c
int main(int argc, char *argv[])
{
  pthread_t      thrds[NREADERS+NWRITERS];
  unsigned int   args[NREADERS+NWRITERS][2];
  int            ret=0, i;
  int            retval;  /* each child thread returns an int */
  pthread_rwlockattr_t   rwlattr;   /* read-write lock attribute */

  /* Initialize a read-write lock attribute */
  ret = pthread_rwlockattr_init(&rwlattr);
  if (ret != 0)
  {
    fprintf(stderr, "pthread_rwlockattr_init() failed, error=%d\n", ret);
    pthread_exit((void *)-1);
  }

  /* Initialize a read-write lock */
  ret = pthread_rwlock_init(&rwlock1, &rwlattr);
  if (ret != 0)
  {
    fprintf(stderr, "pthread_rwlock_init() failed, error=%d\n", ret);
    pthread_exit((void *)-2);
  }

  /* Load up the input arguments */
  for (i = 0; i < NREADERS; i++)
  {
    args[i][0] = (i+1);
    args[i][1] = NTASKS;
  }
  for (i = NREADERS; i < (NREADERS+NWRITERS); i++)
  {
    args[i][0] = (i+1);
    args[i][1] = NTASKS;
  }

  /* Create the reader threads */
  for (i = 0; i < NREADERS; i++)
  {
    ret = pthread_create(&thrds[i], (pthread_attr_t *)NULL,
          (void * (*)(void *))reader_thread, (void *)args[i]);
    if (ret != 0)
    {
      fprintf(stderr, "Failed to create the reader thread\n");
      pthread_exit((void *)-3);
    }
  }

  /* Create the writer threads */
  for (i = NREADERS; i < (NREADERS+NWRITERS); i++)
  {
    ret = pthread_create(&thrds[i], (pthread_attr_t *)NULL,
```

```
                     (void *(*)(void *))writer_thread, (void *)args[i]);
    if (ret != 0)
    {
      fprintf(stderr, "Failed to create the writer thread\n");
      pthread_exit((void *)-4);
    }
  }

  /*
   * Wait for each of the child threads to finish and retrieve its returned
   * value.
   */
  for (i = 0; i < (NREADERS+NWRITERS); i++)
  {
    ret = pthread_join(thrds[i], (void **)&retval);
    fprintf(stdout, "Thread %u exited with return value %d\n", (i+1), retval);
  }

  fprintf(stdout, "global_count = %u\n", global_count);

  /* Destroy the read-write lock attribute */
#ifndef HPUX64
  ret = pthread_rwlockattr_destroy(&rwlattr);
  if (ret != 0)
  {
    fprintf(stderr, "Destroying read-write lock attribute failed, ret=%d\n",
      ret);
    pthread_exit((void *)-5);
  }
#endif

  /* Destroy the read-write lock */
  ret = pthread_rwlock_destroy(&rwlock1);
  if (ret != 0)
  {
    fprintf(stderr, "Destroying read-write lock failed, ret=%d\n", ret);
    pthread_exit((void *)-6);
  }

  pthread_exit((void *)0);
}
```

▶ 讀寫鎖的屬性

注意到，摧毀一讀寫鎖的屬性物件，並不影響已以這屬性物件初值設定
過的讀寫鎖。因此，只要所有讀寫鎖都已初值設定過了，讀寫鎖的屬性物件
就可以銷毀了。一個已經銷毀的屬性物件就不能再使用了。

在讀寫鎖的屬性物件裡，有一個屬性值得一提，那就是程序共用（process-
shared）屬性。這個程序共用屬性可以有下面兩個值其中的一個。

1. PTHREAD_PROCESS_PRIVATE

   這個值是既定值。它意謂著這個讀寫鎖只在叫用程序的程線間共用。

2. PTHREAD_PROCESS_SHARED

   將程序共用屬性的值設定成這個值，代表這讀寫鎖是要多個程序間共用的。在這種情況下，將讀寫鎖的記憶空間，騰出在所有共用它之程序都能存取得到的地方（譬如，在本書稍後第十章所討論的共有記憶內），是應用程式的責任。

   一個程式可經由叫用下面的兩個函數，分別讀取或設定一讀寫鎖之程序共用屬性的值：

```
int pthread_rwlockattr_getpshared(const pthread_rwlockattr_t
   *restrict attr, int *restrict pshared);
int pthread_rwlockattr_setpshared(pthread_rwlockattr_t *attr,
   int pshared);
```

8-8　程線特有的資料

早期，在程線出現之前，只有一種方式可以使用全面變數（global variable），那就是將之宣告在任何函數之外，以致它變成全程式或全面的，可以從程式任何地方加以存取。不過，由於全面變數是整個程序內共用的，為了確保其完整性，存取它（尤其是更動）就必須以加鎖（上鎖）保持同步。在這樣的程式多程線化後，一個全面變數就變成所有程線共用，所有程線都能存取得到。全面變數的另一種變化是，在其前面加個 static 的關鍵字，將一全面變數的有效範圍，由整個程式，縮小至它所在的那一個原始檔案上。

在程線來臨之後，它帶來了另一個特色，那就是一個程序內的所有程線可以共有同一個變數，但每一程線都有自己私有，與其他程線不同的值。

這兩者之間很類似，(a) 它們通常都宣告成全面變數，(b) 它們都是所有程線，在任何地方都能透過同一變數名存取的。可是，這兩者也有不同。(1) 在程線特有資料，每一程線有自己不同的值；但在全面變數則是所有程線都看到相同的值。(2) 程線特有資料，存取時不需加同步設施，全面變數則要。(3) 程線特有資料必須使用特殊的界面加以存取。

8-8-1　什麼是程線特有資料？

程線特有資料（thread-specific data），有時又稱**程線私下記憶**（thread local storage），是一個 pthreads 特色，它讓程式能在一多程線的程式中，能將全面變數當成像私有變數一樣地使用，不需同步設施，就能任意存取。這個特色讓一程序內的所有程線，能使用同一全面變數，而不需擔心踩到彼此的腳。因為，它背後的實作，確保每一程線都有一份屬於程線自己，與其他程線分開的私有值。因為這樣，所以在存取這項全面變數時，就不需使用像上鎖之同步措施。

唯一的就是，存取這程線特有資料的方式，與存取傳統全面變數或任何變數的方式也有不同。欲寫入或設定程線特有資料的值，程式必須經由叫用 pthread_setspecific() 函數為之。而欲讀取或使用一程線特有資料的值時，程式則需以叫用 pthread_getspecific() 函數達成。

程線特有資料，提供了一種能將傳統單程線並使用全面變數的程式，迅速地轉換成一多程線程式，而馬上就可以使用的方式。這種轉換基本上就是將每一現有的全面變數，變成一程線特有資料的**檢索**（key）。

程線特有資料採用的是一個檢索（key）可以有多個不同值（values）的模式。使用時，程式必須為每一項程線特有資料定義一個檢索。這檢索就是一個變數名，是全面性的，以便所有程線都能存取得到。每一檢索都有一個值，每一程線都有。此一特色的實作（implementation）確保，雖然所有程線都使用同一個檢索（亦即，同一變數名），但每一程線卻都有其自己一份私有的值，與其他程線分開。程線特有資料的檢索，必須在資料使用前先產生，這通常在程序的主程線中產生。

所以，重點是，每一程線都有一份與其他程線分開的值。譬如，下面就一個變數名為 key1 的程線特有資料，四個程線都有各自之不同值的例子：

	key1 的值
第 1 程線	10
第 2 程線	5
第 3 程線	0
第 4 程線	190

換言之，在你將一程線特有資料宣告成全面變數時，它就等於一私有的全面變數。它像私有，因為每一程線都有一份它自己與其他程線完全分開的

值。但就有效範圍而言，它是全面性的，因為任何一程線從程式的任何一個地方都能存取得到。它的存活期是與程序相同，超乎任一個函數的。

8-8-2 程線特有資料的應用例子

圖 8-22 所示即為一應用程線特有資料的例子。程式宣告了一全面的程序特有資料檢索，稱 gvar1（代表第一全面變數）。由於它是全面性的，所以，所有程線都可使用稱為 gvar1 的變數，但由於它是程線特有資料（宣告成 pthread_key_t），因此，每一程線有其自己一份與其他程線分開的值。是以，每一程線可以任意改變它自己的值，而絲毫不影響其他程線。同時，更新資料時也不需有任何同步設施。

圖 8-22 程線特有資料（pt_tsd.c）

```
/*
 * Thread-specific data in pthread.
 * Note that all threads share the same key or global variable gvar1, but each
 * thread has a private copy of the data. Changes to the data in one thread is
 * never seen by any other thread.
 * Copyright (c) 2014, 2019, 2020 Mr. Jin-Jwei Chen.  All rights reserved.
 */

#include <stdio.h>
#include <unistd.h>
#include <pthread.h>

#define  NTHREADS    4
#define  NTASKS      3

pthread_key_t       gvar1;          /* thread-specific data (the key) */

/*
 * The worker thread.
 */
int worker_thread(void *args)
{
  unsigned int  *argp;
  unsigned int  myid;          /* my id */
  unsigned int  ntasks;        /* number of tasks to perform */
  int           i, ret=0;
  unsigned int  *valptr;       /* pointer returned by pthread_getspecific() */
  unsigned int  mynewval;      /* value of thread-specific key */

  /* Extract input arguments (two unsigned integers) */
  argp = (unsigned int *)args;
```

```
   if (argp != NULL)
   {
     myid = argp[0];
     ntasks = argp[1];
   }
   else
#ifdef SUN64
   {
     ret = (-1);
     pthread_exit((void *)&ret);
   }
#else
     pthread_exit((void *)(-1));
#endif

   fprintf(stdout, "Worker thread: myid=%u ntasks=%u\n", myid, ntasks);

   ret = pthread_setspecific(gvar1, (void *)&myid);
   if (ret != 0)
     fprintf(stderr, "worker_thread: pthread_setspecific() failed, ret=%d\n",
       ret);

   /* Do my job */
   for (i = 0; i < ntasks; i++)
   {
     /* Get and print the current value of the thread-specific data */
     valptr = pthread_getspecific(gvar1);
     if (valptr == NULL)
     {
       fprintf(stderr, "worker_thread: pthread_getspecific() returned NULL\n");
#ifdef SUN64
       ret = (-2);
       pthread_exit((void *)&ret);
#else
       pthread_exit((void *)(-2));
#endif
     }
     mynewval = (*(unsigned int *)valptr);
     fprintf(stdout, "In thread %u gvar1 = %u \n", myid, mynewval);

     /* Double the value of the thread-specific data */
     mynewval = (2 * mynewval);
     ret = pthread_setspecific(gvar1, (void *)&mynewval);
     if (ret != 0)
     {
       fprintf(stderr, "worker_thread: pthread_setspecific() failed, ret=%d\n",
       ret);
#ifdef SUN64
       ret = (-3);
       pthread_exit((void *)&ret);
#else
```

```
        pthread_exit((void *)(-3));
#endif
    }
    sleep(1);
  }

#ifdef SUN64
  pthread_exit((void *)&ret);
#else
  pthread_exit((void *)0);
#endif
}

/*
 * The main program.
 */
int main(int argc, char *argv[])
{
  pthread_t      thrds[NTHREADS];
  unsigned int   args[NTHREADS][2];
  int            ret, i;
  int            retval = 0;  /* each child thread returns an int */
#ifdef SUN64
  int            *retvalp = &retval;          /* pointer to returned value */
#endif

  /* Load up the input arguments for each child thread */
  for (i = 0; i < NTHREADS; i++)
  {
    args[i][0] = (i + 1);
    args[i][1] = NTASKS;
  }

  /* Create thread-specific data key: gvar1 */
  ret = pthread_key_create(&gvar1, (void *)NULL);
  if (ret != 0)
  {
    fprintf(stderr, "Failed to create thread-specific data key, ret=%d\n", ret);
    pthread_exit((void *)-1);
  }

  /* Create new threads to run the worker_thread() function and pass in args */
  for (i = 0; i < NTHREADS; i++)
  {
    ret = pthread_create(&thrds[i], (pthread_attr_t *)NULL,
          (void *(*)(void *))worker_thread, (void *)args[i]);
    if (ret != 0)
    {
      fprintf(stderr, "Failed to create the worker thread, ret=%d\n", ret);
      pthread_exit((void *)-2);
    }
```

```
  }

  /*
   * Wait for each of the child threads to finish and retrieve its returned
   * value.
   */
  for (i = 0; i < NTHREADS; i++)
  {
#ifdef SUN64
    ret = pthread_join(thrds[i], (void **)&retvalp);
#else
    ret = pthread_join(thrds[i], (void **)&retval);
#endif
    fprintf(stdout, "Thread %u exited with return value %d\n", (i+1), retval);
  }

  /* Delete thread-specific data key: gvar1 */
  ret = pthread_key_delete(gvar1);
  if (ret != 0)
  {
    fprintf(stderr, "Failed to delete thread-specific data key, ret=%d\n", ret);
    pthread_exit((void *)-3);
  }

  pthread_exit((void *)0);
}
```

該程式在 main() 函數中產生了程線特有資料的檢索，然後再產生所有的子程線。在所有程線共用的子程線起始函數的中間，程式將這程線特有資料的初值，設定成每一程線的號碼（myid），每一子程線的號碼都不同。每一子程線就執行迴路 NTASKS 次。每次即印出其程線特有資料的值，並將現有值加一倍。

由程式的輸出可看出，雖然每一程線存取的都是 gvar1，但每一程線的值都不一樣。每一程線將資料的值加倍，改變的是程線自己私下的那一份，完全不影響其他的程線。

▶ 單純數目或指標值

每一程線特有資料可以儲存一個單純的數目（像一整數）或一指標值。假若程式有一每一程線都不一樣的整數值，那便可存在同一程線特有資料檢索之下。譬如：

```
pthread_key_t  someVar;    /* 宣告一程線特有資料 Thread specific data key */
unsigned int  myval=0;     /* 一整數變數的值 */
pthread_setspecific(someVar, (void *)&myval); /*將一整數值存入程線特有資料*/
```

假若程式有一資料結構，而每一程線的資料結構值也都不同，那你即可將這資料結構的指標值宣告成程線特有資料，使每一程線擁有自己一份與其他程線都不同的資料值。例如：

```
static pthread_key_t  somePtr;        /* 宣告一程線特有資料 */
struct xyz  *myptr=0;               /* 一指標變數的值 */
myptr = malloc(sizeof(struct xyz));
pthread_setspecific(somePtr, (void *)myptr);  /* 指標值存入程線特有資料 */
```

圖 8-23 所示，即為一將 malloc() 函數叫用所送回之指標值，存放在一程線特有資料內的例子。程式中，每一子程線都叫用 malloc() 函數，騰出儲存資料結構所需之記憶空間，並將此一指標值都存在稱為 bufptr 之程線特有資料內。每一程線各自填入自己不同的資料值。每一程線叫用 print_buf()，以印出資料結構的值。為了彰顯每一程線之資料結構的值不受其他程線影響，在兩次印出之間，print_buf() 睡覺停了半秒鐘。

圖 8-23 以程線特有資料儲存緩衝器指標（pt_tsd_ptr.c）

```
/*
 * Thread-specific data in pthread.
 * Using thread-specific data to store a pointer to a thread specific buffer.
 * Copyright (c) 2014, 2019 Mr. Jin-Jwei Chen.  All rights reserved.
 */

#include <stdio.h>
#include <stdlib.h>
#include <pthread.h>
#include <time.h>

#define  MAXNTHREADS  10     /* maximum number of threads */
#define  DEFNTHREADS  3      /* default number of threads */
#define  MAXTASKS     3000   /* maximum number of tasks */
#define  DEFNTASKS    2      /* default number of tasks */

pthread_key_t     bufptr;    /* thread-specific data (the key) */
struct mybuf {
  unsigned int    myid;
  char            text[32];
};

/* Print contents of 'struct mybuf' */
int print_buf(unsigned int myid, unsigned int cnt)
{
  struct timespec  slptm;
  int     i;
  char  *valptr;    /* pointer returned by pthread_getspecific() */
  struct mybuf  *mybufptr;   /* value of thread-specific key */
```

```
    slptm.tv_sec = 0;
    slptm.tv_nsec = 500000000;   /* 5/10 second */

    if (cnt <= 0)
      return(-1);

    for (i = 0; i < cnt; i++)
    {
      /* Retrieve thread-specific buffer pointer */
      valptr = pthread_getspecific(bufptr);
      if (valptr == NULL)
      {
        fprintf(stderr, "print_buf(): pthread_getspecific() returned NULL\n");
        return(-2);
      }
      mybufptr = (struct mybuf *)valptr;

      /* Do something */
      fprintf(stdout, "Contents of the thread-specific buffer are:\n");
      fprintf(stdout, "  myid = %u\n", mybufptr->myid);
      fprintf(stdout, "  text = %s\n", mybufptr->text);

      nanosleep(&slptm, (struct timespec *)NULL);
    }

    return(0);
}

/* The worker thread */
int worker_thread(void *args)
{
  unsigned int  *argp;
  unsigned int  myid;         /* my id */
  unsigned int  ntasks;       /* number of tasks to perform */
  int           i, ret=0;
  char          *ptr1;
  struct mybuf  *ptr2;

  /* Extract input arguments (two unsigned integers) */
  argp = (unsigned int *)args;
  if (argp != NULL)
  {
    myid = argp[0];
    ntasks = argp[1];
  }
  else
#ifdef SUN64
  {
    ret = (-1);
    pthread_exit((void *)&ret);
```

```
    }
#else
    pthread_exit((void *)(-1));
#endif

  fprintf(stdout, "Worker thread: myid=%u ntasks=%u\n", myid, ntasks);

  /* Initialize thread specific data. First, allocate buffer memory. */
  ptr1 = (char *)malloc(sizeof(struct mybuf));
  if (ptr1 == NULL)
  {
#ifdef SUN64
    ret = (-2);
    pthread_exit((void *)&ret);
#else
    pthread_exit((void *)(-2));
#endif
  }

  /* Save the pointer in thread-specific data. No & because ptr1 is a pointer */
  ret = pthread_setspecific(bufptr, (void *)ptr1);
  if (ret != 0)
  {
    fprintf(stderr, "worker_thread: pthread_setspecific() failed, ret=%d\n",
      ret);
#ifdef SUN64
    ret = (-3);
    pthread_exit((void *)&ret);
#else
    pthread_exit((void *)(-3));
#endif
  }

  /* Set thread-specific data */
  ptr2 = (struct mybuf *)ptr1;
  ptr2->myid = myid;
  sprintf(ptr2->text, "This is thread %2d.\n", myid);

  /* Do the work -- just print the data. */
  print_buf(myid, ntasks);
  free(ptr1);

  ret = 0;
#ifdef SUN64
  pthread_exit((void *)&ret);
#else
  pthread_exit((void *)0);
#endif
}

/*
```

```c
 * The main program.
 */
int main(int argc, char *argv[])
{
  pthread_t       thrds[MAXNTHREADS];
  unsigned int    args[MAXNTHREADS][2];
  int             ret, i;
  int             retval = 0;   /* each child thread returns an int */
#ifdef SUN64
  int             *retvalp = &retval;        /* pointer to returned value */
#endif
  int             nthreads = DEFNTHREADS;    /* default # of threads */
  int             ntasks = DEFNTASKS;        /* default # of tasks */

  /* Get number of threads and tasks from user */
  if (argc > 1)
  {
    nthreads = atoi(argv[1]);
    if (nthreads < 0 || nthreads > MAXNTHREADS)
      nthreads = DEFNTHREADS;
  }
  if (argc > 2)
  {
    ntasks = atoi(argv[2]);
    if (ntasks < 0 || ntasks > MAXTASKS)
      ntasks = DEFNTASKS;
  }

  /* Load up the input arguments for each child thread */
  for (i = 0; i < nthreads; i++)
  {
    args[i][0] = (i + 1);
    args[i][1] = ntasks;
  }

  /* Create thread-specific data key: bufptr */
  ret = pthread_key_create(&bufptr, (void *)NULL);
  if (ret != 0)
  {
    fprintf(stderr, "Failed to create thread-specific data key, ret=%d\n", ret);
    pthread_exit((void *)-3);
  }

  /* Create new threads to run the worker_thread() function and pass in args */
  for (i = 0; i < nthreads; i++)
  {
    ret = pthread_create(&thrds[i], (pthread_attr_t *)NULL,
          (void *(*)(void *))worker_thread, (void *)args[i]);
    if (ret != 0)
    {
      fprintf(stderr, "Failed to create the worker thread, ret=%d\n", ret);
```

```
        pthread_exit((void *)-4);
    }
}

/*
 * Wait for each of the child threads to finish and retrieve its returned
 * value.
 */
for (i = 0; i < nthreads; i++)
{
#ifdef SUN64
    ret = pthread_join(thrds[i], (void **)&retvalp);
#else
    ret = pthread_join(thrds[i], (void **)&retval);
#endif
    fprintf(stdout, "Thread %u exited with return value %d\n", (i+1), retval);
}

/* Delete thread-specific data key: bufptr */
ret = pthread_key_delete(bufptr);
if (ret != 0)
{
    fprintf(stderr, "Failed to delete thread-specific data key, ret=%d\n", ret);
    pthread_exit((void *)-5);
}

pthread_exit((void *)0);
}
```

▶ 實際的應用例子

這裡，我們舉一個在工作上碰到的實際例子。在某一大公司工作時，我發現某人現有的程式碼會鎖死。因此，我就用程線特有資料，將之修復了。

程線特有資料真是方便好用。經常，有些函數會叫用自己，亦即，它是**回歸式的反複**（recursive）。有時，這種回歸反複的函數內，會有將某一個鎖上鎖的情形。假若程式控制進入該函數時，函數將某一個互斥鎖上鎖，那當這程式執行到一半，鎖還是上鎖著時，函數又叫用自己，重新又再一次的進入同一函數，那第二次欲將同一已鎖著的鎖再上鎖時，它就會鎖死了。

該函數是大家共用的。假若第一次上鎖的程線與後來欲將同一鎖再上鎖的程線是同一程線，那當然鎖死的問題可經由將這個鎖由平常鎖改成是**可反複上鎖的**（recursive）鎖而解決。但假若是兩個不同程線的話，那就不能這樣做了。否則，就會變成同一互斥鎖同時為兩個不同程線所擁有，那就違反了

"互斥"的原則了！是程式錯誤。在這種情況下，唯一的解決辦法就是利用程線特有資料的特色了！

對於同一程線，若不改成可反複上鎖的鎖，或沒這種鎖可用，那也是只有利用程線特有資料去解決了。

應用程線特有資料，解決程線自我鎖死之問題的方法，就是程線可以用一個程線特有資料，記住自己是否已將某一個鎖上鎖了。若不，則就執行平常的程式碼，試圖將一個鎖上鎖。否則，若已上鎖過，那就跳過上鎖的步驟，不執行。因為，自己已擁有那個互斥鎖了，不需再重複上鎖。加上了這個，程線因欲重複將自己已上鎖過的鎖再上鎖而導致鎖死的問題，就圓滿解決了。

圖 8-24 所示即為這樣一個例子。

為了看出有自我鎖死的問題存在，你可定義 SHOWDEADLOCK 符號，先如下地建立這個程式：

```
cc -DSHOWDEADLOCK pt_tsd_reentrant.c -o pt_tsd_reentrant -lpthread
```

在你執行程式時，你會發現，整個程式全部鎖死了。在第一個程線執行時，它叫用了 recursive() 函數。第一次進入 recursive() 函數時，其叫用了 pthread_mutex_lock()，獲取互斥鎖。因此，已擁有互斥鎖。但在第二次叫用 recursive() 時，程式控制又再度叫用了 pthread_mutex_lock()。這一次，它就會被永遠阻擋著，因為，互斥鎖已被人（它自己）拿走了。所以，第一個程線因此永遠自我鎖死。

第二個程線執行時，當它第一次進入 recursive() 函數時，同樣也會叫用 pthread_mutex_lock()，而這個第一次叫用也會被阻擋著，因為互斥鎖早已被第一程線拿走。而因為這時第一程線已自我鎖死，永遠無法有所進展。所以，整個程式就因此全部鎖死，永無進展。

看到了問題之後，再將程式重新編譯一次，這次就不用加 -DSHOWDEADLOCK。這次，你就可看到我們利用程線特有資料的解決方案發生功效。程式正確地執行完畢，結果符合預期。

每個程線將自己是否已將互斥鎖上鎖了，記住在一稱為 haslock 的程線特有資料檢索內，並以那個值決定是否要叫用 pthread_mutex_lock()。因此，自我鎖死的情形就不見了！

圖 8-24　以程線特有資料避免自我鎖死（pt_tsd_reentrant.c）

```c
/*
 * Thread-specific data in pthread.
 * Using thread-specific data to prevent a thread from deadlock itself.
 * Remember if a thread has obtained a lock or not in a thread-specific data
 * and check that so that a thread won't deadlock itself in trying to get same
 * lock and the function becomes reentrantable.
 * To see self-deadlock, recompile with SHOWDEADLOCK defined using
 *   $ cc -DSHOWDEADLOCK pt_tsd_reentrant.c -o pt_tsd_reentrant -lpthread
 * Copyright (c) 2014, 2019-2020 Mr. Jin-Jwei Chen.  All rights reserved.
 */

#include <stdio.h>
#include <stdlib.h>
#include <pthread.h>
#include <time.h>

#define  MAXNTHREADS  10       /* maximum number of threads */
#define  DEFNTHREADS  2        /* default number of threads */
#define  MAXTASKS     3000     /* maximum number of tasks */
#define  DEFNTASKS    5        /* default number of tasks */

pthread_key_t       haslock;   /* thread-specific data (the key) */
pthread_mutex_t     mutex1;    /* global mutex shared by all threads */

int recursive(unsigned int myid, unsigned int cnt)
{
  struct timespec  slptm;
  int      ret;
  unsigned int *valptr;      /* pointer returned by pthread_getspecific() */
  unsigned int  ihaslock;    /* value of thread-specific key */
  unsigned int  myval;

  slptm.tv_sec = 0;
  slptm.tv_nsec = 500000000;  /* 5/10 second */

  if (cnt <= 0)
    return(0);

  /* To avoid deadlocking self, take the lock only if myself has not done so */
  valptr =  pthread_getspecific(haslock);
  if (valptr == NULL)
  {
    fprintf(stderr, "recursive(): pthread_getspecific() returned NULL\n");
    return(-3);
  }
  ihaslock = (*(unsigned int *)valptr);
#ifndef SHOWDEADLOCK
  if (ihaslock == 0)
  {
```

```
#endif
    ret = pthread_mutex_lock(&mutex1);
    if (ret != 0)
    {
      fprintf(stderr, "recursive(): thread %u failed to lock the mutex,"
        " ret=%d\n", myid, ret);
      return(-4);
    }

    /* Remember in thread-specific data that I have the lock already */
    myval = 1;
    ret = pthread_setspecific(haslock, (void *)&myval);
    if (ret != 0)
    {
      fprintf(stderr, "recursive(): thread %u pthread_setspecific() failed,"
        " ret=%d\n", myid, ret);
      return(-5);
    }
#ifndef SHOWDEADLOCK
  }
#endif

  /* Do some work. Here we do nothing but sleep and then call ourselves. */
  fprintf(stdout, "Thread %u in recursive(), cnt=%u\n", myid, cnt);
  nanosleep(&slptm, (struct timespec *)NULL);
  ret = recursive(myid, --cnt);

  /* Release the lock and clear our memory */
#ifndef SHOWDEADLOCK
  if (ihaslock == 0)
  {
#endif
    ret = pthread_mutex_unlock(&mutex1);
    if (ret != 0)
    {
      fprintf(stderr, "recursive(): thread %u failed to unlock the mutex,"
        " ret=%d\n", myid, ret);
      return(-6);
    }
    /* Reset the value in thread specific data */
    myval = 0;
    ret = pthread_setspecific(haslock, (void *)&myval);
    if (ret != 0)
    {
      fprintf(stderr, "recursive(): thread %u pthread_setspecific() failed,"
        " ret=%d\n", myid, ret);
      return(-7);
    }
#ifndef SHOWDEADLOCK
  }
#endif
```

```c
    return(0);
}

/* The worker thread */
int worker_thread(void *args)
{
  unsigned int  *argp;
  unsigned int  myid;          /* my id */
  unsigned int  ntasks;        /* number of tasks to perform */
  int           i, ret=0;
  unsigned int  myval = 0;     /* initial value for thread-specific data */

  /* Extract input arguments (two unsigned integers) */
  argp = (unsigned int *)args;
  if (argp != NULL)
  {
    myid = argp[0];
    ntasks = argp[1];
  }
  else
#ifdef SUN64
  {
    ret = (-1);
    pthread_exit((void *)&ret);
  }
#else
    pthread_exit((void *)(-1));
#endif

  fprintf(stdout, "worker_thread(): myid=%u ntasks=%u\n", myid, ntasks);

  /* Initialize thread specific data */
  ret = pthread_setspecific(haslock, (void *)&myval);
  if (ret != 0)
  {
    fprintf(stderr, "worker_thread(): pthread_setspecific() failed, ret=%d\n",
      ret);
#ifdef SUN64
    ret = (-2);
    pthread_exit((void *)&ret);
#else
    pthread_exit((void *)(-2));
#endif
  }

  /* Do the work */
  ret = recursive(myid, ntasks);

#ifdef SUN64
  pthread_exit((void *)&ret);
#else
```

```
    pthread_exit((void *)ret);
#endif
}


/*
 * The main program.
 */
int main(int argc, char *argv[])
{
  pthread_t      thrds[MAXNTHREADS];
  unsigned int   args[MAXNTHREADS][2];
  int            ret, i;
  int            retval = 0;  /* each child thread returns an int */
#ifdef SUN64
  int            *retvalp = &retval;        /* pointer to returned value */
#endif
  int            nthreads = DEFNTHREADS;    /* default # of threads */
  int            ntasks = DEFNTASKS;        /* default # of tasks */
  pthread_mutexattr_t  mutexattr1;  /* mutex attributes */

  /* Get number of threads and tasks from user */
  if (argc > 1)
  {
    nthreads = atoi(argv[1]);
    if (nthreads < 0 || nthreads > MAXNTHREADS)
      nthreads = DEFNTHREADS;
  }
  if (argc > 2)
  {
    ntasks = atoi(argv[2]);
    if (ntasks < 0 || ntasks > MAXTASKS)
      ntasks = DEFNTASKS;
  }

  /* Initialize mutex attributes */
  ret = pthread_mutexattr_init(&mutexattr1);
  if (ret != 0)
  {
    fprintf(stderr, "Failed to initialize mutex attributes, ret=%d\n", ret);
    pthread_exit((void *)-1);
  }

  /* Initialize the mutex */
  ret = pthread_mutex_init(&mutex1, &mutexattr1);
  if (ret != 0)
  {
    fprintf(stderr, "Failed to initialize mutex, ret=%d\n", ret);
    pthread_exit((void *)-2);
  }

  /* Load up the input arguments for each child thread */
```

```
    for (i = 0; i < nthreads; i++)
    {
      args[i][0] = (i + 1);
      args[i][1] = ntasks;
    }

    /* Create thread-specific data key: haslock */
    ret = pthread_key_create(&haslock, (void *)NULL);
    if (ret != 0)
    {
      fprintf(stderr, "Failed to create thread-specific data key, ret=%d\n", ret);
      pthread_exit((void *)-3);
    }

    /* Create new threads to run the worker_thread() function and pass in args */
    for (i = 0; i < nthreads; i++)
    {
      ret = pthread_create(&thrds[i], (pthread_attr_t *)NULL,
            (void *(*)(void *))worker_thread, (void *)args[i]);
      if (ret != 0)
      {
        fprintf(stderr, "Failed to create the worker thread, ret=%d\n", ret);
        pthread_exit((void *)-4);
      }
    }

    /*
     * Wait for each of the child threads to finish and retrieve its returned
     * value.
     */
    for (i = 0; i < nthreads; i++)
    {
#ifdef SUN64
      ret = pthread_join(thrds[i], (void **)&retvalp);
#else
      ret = pthread_join(thrds[i], (void **)&retval);
#endif
      fprintf(stdout, "Thread %u exited with return value %d\n", (i+1), retval);
    }

    /* Delete thread-specific data key: haslock */
    ret = pthread_key_delete(haslock);
    if (ret != 0)
    {
      fprintf(stderr, "Failed to delete thread-specific data key, ret=%d\n", ret);
      pthread_exit((void *)-5);
    }

    /* Destroy mutex attributes */
#ifndef HPUX64
    ret = pthread_mutexattr_destroy(&mutexattr1);
```

```
  if (ret != 0)
  {
    fprintf(stderr, "Failed to destroy mutex attributes, ret=%d\n", ret);
    pthread_exit((void *)-6);
  }
#endif

  /* Destroy the mutex */
  ret = pthread_mutex_destroy(&mutex1);
  if (ret != 0)
  {
    fprintf(stderr, "Failed to destroy mutex, ret=%d\n", ret);
    pthread_exit((void *)-7);
  }

  pthread_exit((void *)0);
}
```

◑ 程線特有資料與全面變數

注意到，使用程線特有資料與使用傳統的全面變數之間有兩個主要的差異。首先，在生出任何子程線之前，主程線必須先叫用 pthread_key_create() 函數，產生程線特有資料之檢索或項目。第二，存取程線特有資料必須叫用專門的pthreads函數達成，而非直接使用變數名。這兩個函數就是 pthread_getspecific() 與 pthread_setspecific()。

值得一提的是，在一多程線的程序裡，全面變數 errno（定義在 errno.h 裡）本身就是一個程線特有資料最好的例子。當一個程線存取全面變數 errno 的值時，每一個程線存取的是程線自己的拷貝。POSIX 程線標準特地為了 errno 開個特例，讓程線不必經由叫用 pthread_getspecific() 與 pthread_setspecific() 函數，就能存取程線特有資料 errno 的值，因為，這樣可以使舊有使用全面變數 errno 的單程線程式，不須經過任何修改，就可以繼續使用。

8-8-3　程線特有資料檢索的摧毀函數

程線特有資料的設計，允許程式在產生這資料檢索時，可以指明一摧毀函數（destructor function）。若程式有指明，則這摧毀函數在一程線終止時，就會自動被叫用。這摧毀函數典型用來釋放與一程線有關的資源。譬如，若程線有透過叫用 malloc() 函數所騰出的動態記憶，那這函數在程線意外終止時，即可將之釋放，以免造成記憶遺失。

　　圖 8-25 所示，即為一動態騰出程線特有資料所需資料結構的記憶空間，並在摧毀函數中自動釋放這動態記憶的例子。

圖 8-25 應用程線特有資料檢索的摧毀函數（pt_tsd_destroy.c）

```c
/*
 * Providing destructor function for thread-specific data.
 * Note that all threads share the same global variable gvar1, but each thread
 * has a private copy of the data. Changes to the data in one thread is
 * never seen by any other thread.
 * Copyright (c) 2014, 2019 Mr. Jin-Jwei Chen.  All rights reserved.
 */

#include <stdio.h>
#include <stdlib.h>    /* malloc */
#include <string.h>    /* memset() */
#include <unistd.h>    /* sleep() */
#include <pthread.h>

#define   NTHREADS    2
#define   NTASKS      2
#define   MSGSIZE     64

pthread_key_t      gvar1;          /* thread-specific data */

struct mystruct
{
  unsigned int mynum;
  char         mymsg[MSGSIZE];
};
typedef struct mystruct mystruct;

/*
 * Destructor function for thread-specific data key, gvar1.
 */
void destroy_gvar1(void *ptr)
{
  if (ptr != NULL)
  {
    fprintf(stdout, "In destroy_gvar1(), free the memory at address %p\n", ptr);
    free(ptr);
  }
}

/*
 * The worker thread.
 */
int worker_thread(void *args)
{
  unsigned int  *argp;
```

```
  unsigned int  myid;
  unsigned int  ntasks;
  int           i;
  mystruct      *mydata;
#ifdef SUN64
  int           ret = 0;
#endif

  /* Extract input arguments (two unsigned integers) */
  argp = (unsigned int *)args;
  if (argp != NULL)
  {
    myid = argp[0];
    ntasks = argp[1];
  }
  else
#ifdef SUN64
  {
    ret = (-1);
    pthread_exit((void *)&ret);
  }
#else
    pthread_exit((void *)(-1));
#endif

  fprintf(stdout, "Worker thread: myid=%u ntasks=%u\n", myid, ntasks);

  /* Dynamically allocate memory for the thread-specific data key, gvar1 */
  mydata = (mystruct *)malloc(sizeof(mystruct));
  if (mydata == NULL)
  {
    fprintf(stderr, "Thread %u failed to allocate memory\n", myid);
#ifdef SUN64
    ret = (-2);
    pthread_exit((void *)&ret);
#else
    pthread_exit((void *)-2);
#endif
  }
  memset((void *)mydata, 0, sizeof(mystruct));
  fprintf(stdout, "Thread %u, address of thread-specific data %p\n", myid, mydata);

  /* Set the value of the thread-specific data key */
  mydata->mynum = myid;
  sprintf(mydata->mymsg, "This is a message from thread %u.", myid);
  pthread_setspecific(gvar1, (void *)mydata);

  /* Do my job */
  for (i = 0; i < ntasks; i++)
  {
    mydata = pthread_getspecific(gvar1);
```

```
        fprintf(stdout, "In thread %u :\n", myid);
        fprintf(stdout, "  mynum = %u\n", mydata->mynum);
        fprintf(stdout, "  mymsg = %s\n", mydata->mymsg);
        sleep(1);
    }

    /* Note that: We would need to free the memory here if we had not
     * called pthread_key_create() with destroy_gvar1 in its second argument.
     *    free(mydata);
     * Since we did that, pthread will invoke destroy_gvar1() automatically
     * for us when each thread exits.
     */
#ifdef SUN64
    pthread_exit((void *)&ret);
#else
    pthread_exit((void *)0);
#endif
}

/*
 * The main program.
 */
int main(int argc, char *argv[])
{
    pthread_t       thrds[NTHREADS];
    unsigned int    args[NTHREADS][2];
    int             ret, i;
    int             retval = 0;   /* each child thread returns an int */
#ifdef SUN64
    int             *retvalp = &retval;        /* pointer to returned value */
#endif

    /* Load up the input arguments for each child thread */
    for (i = 0; i < NTHREADS; i++)
    {
        args[i][0] = (i + 1);
        args[i][1] = NTASKS;
    }

    /* Create thread-specific data key: gvar1 and specify destructor function */
    ret = pthread_key_create(&gvar1, (void *)destroy_gvar1);
    if (ret != 0)
    {
        fprintf(stderr, "Failed to create thread-specific data key, ret=%d\n", ret);
        pthread_exit((void *)-1);
    }

    /* Create new threads to run the worker_thread() function and pass in args */
    for (i = 0; i < NTHREADS; i++)
    {
        ret = pthread_create(&thrds[i], (pthread_attr_t *)NULL,
```

```
                    (void *(*)(void *))worker_thread, (void *)args[i]);
      if (ret != 0)
      {
         fprintf(stderr, "Failed to create the worker thread, ret=%d\n", ret);
         pthread_exit((void *)-2);
      }
   }

   /*
    * Wait for each of the child threads to finish and retrieve its returned
    * value.
    */
   for (i = 0; i < NTHREADS; i++)
   {
#ifdef SUN64
      ret = pthread_join(thrds[i], (void **)&retvalp);
#else
      ret = pthread_join(thrds[i], (void **)&retval);
#endif
      fprintf(stdout, "Thread %u exited with return value %d\n", (i+1), retval);
   }

   /* Delete thread-specific data key: gvar1 */
   ret = pthread_key_delete(gvar1);
   if (ret != 0)
   {
      fprintf(stderr, "Failed to delete thread-specific data key, ret=%d\n", ret);
      pthread_exit((void *)-3);
   }

   pthread_exit((void *)0);
}
```

誠如這例題程式所示的，程線特有資料除了能儲存一些整數值之外，也可以儲存一資料結構。子程線的起始函數內，有程式碼專門動態地騰出這記憶空間。關於如何釋回動態記憶，程式就有兩種選擇。

首先，程線可以跟平常一樣，用 free() 函數，在一用完時就將之釋回。

另外一個選擇，就是利用程線特有資料檢索的摧毀函數。程式可定義一個這樣的函數，在產生程線特有資料檢索時指明這函數，並在這摧毀函數中釋回那動態記憶。由於每一程線終止時，pthreads 都會自動叫用此一摧毀函數，這動態記憶就保證一定會被釋回。

這例題程式做了三件事。第一，它定義了摧毀函數 destroy_gvar1()。第二，在 main() 函數叫用 pthread_key_create() 函數以產生程線特有資料之檢索時，其第二個引數指出了destroy_gvar1。第三，在程線成功地騰出動態記憶後，它叫用了 pthread_setspecific() 函數，將動態記憶的起始位址，存放在程線特有資料的檢索內，這一步驟等於告知了 pthreads，程線終止時，必須釋回之動態記憶的起始位址。

8-9 取消程線

pthreads 有一個取消程線的界面，那就是 pthread_cancel() 函數。

```
#include <pthread.h>
int pthread_cancel(pthread_t thread);
```

pthread_cancel() 函數讓一個程線，能終止同一程序內的另一個程線。為了使程線的取消能乾淨俐落，pthreads 讓程式可以安裝一個程線取消清除函數，並在被取消之程線終止時，自動叫用這函數。

在一程線被取消時，程線（該程線稱為目標程線）的取消狀態以及類別決定取消何時生效。在取消真正生效時，該程線的取消清除函數就會被叫用。在所有取消清除函數全部執行完，最後一個清除函數回返時，程線特有資料的摧毀函數即會被叫用。在最後一個摧毀函數回返時，程線就會終止。

目標程線的取消作業處理，與 pthread_cancel() 函數的回返是非同步性的。換言之，pthread_cancel() 函數叫用，並不見得一定等到取消作業完全結束時才回返的。

在成功時，pthread_cancel() 函數會送回零。否則，它會送回錯誤號碼。但這錯誤號碼不會是 EINTR。

8-9-1 程線取消屬性

在 pthreads 上，一個程線可以控制自己是否會被取消，以及何時被取消。每一 POSIX 程線有兩個相關的屬性：取消狀態（cancelstate）與取消類別（canceltype）。

1. 取消狀態

程線取消可以被致能（enabled）或失能（disabled）的。換言之，程線可以聲明，它允許或不允許被取消。這可以將程線的可取消狀態值分別設定成 PTHREAD_CANCEL_ENABLE 與 PTHREAD_CANCEL_DISABLE 來達成。前者代表程線允許自己被取消，後者代表不允許。

在程線即將要執行非常重要的作業，不能或不該被取消或終止時，它便可將程線之可取消狀態的值設定成 PTHREAD_CANCEL_DISABLE。禁止自己被取消。在這個不准取消的狀態下，假若有任何程線欲將之取消，那這取消動作就會被暫緩，一直等到程線變成允許取消為止。

欲設定允許或不允許自己被取消時，程線叫用以下函數：

```
#include <pthread.h>
int pthread_setcancelstate(int state, int *oldstate);
```

2. 取消類別

在程線允許自己被取消時，它還可以經由取消類別屬性，控制自己何時被取消。取消類別可以是非同步的或延緩的（deferred）。

這兩種類型，分別以將取消類別屬性的值設定成 PTHREAD_CANCEL_ASYNCHRONOUS 與 PTHREAD_CANCEL_DEFERRED 達成。

非同步取消類別代表一程線在任何時刻都可以被取消。延緩取消類別代表欲取消程線的請求，會稍微延緩到某些特定的取消點上才會實際執行。

設定取消類別可叫用 pthread_setcanceltype() 函數達成：

```
#include <pthread.h>
int pthread_setcanceltype(int type, int *oldtype);
```

圖 8-26 所示即為一取消程線的例子。該程式啟動兩個程線：一經理程線與一工人程線，經理程線中途取消了工人程線。

從程式中你可看出，工人程線在 worker_thread() 裡，將其取消類別設定成 PTHREAD_CANCEL_DEFERRED。一開始時，它也是不允許被取消。因此，經理程線的取消請求一直沒有被執行。一直到稍後，工人程線改成允許被取消時，經理程線的取消請求才真正被執行。然後，工人程線才真正被取消。在處理取消作業的過程中，取消處理函數被叫用執行了。工人程線所騰出的動態記憶被取消處理函數釋回了。最後，工人程線終止了。

這程式定義了取消清除函數 cancel_cleanup()，且工人程線分別以叫用 pthread_cleanup_push() 與 pthread_cleanup_pop() 函數，安裝與剔除這個清理函數。

在程線被取消時，其回返值因作業系統而異，從 0，-1，-3，與 -19 都有。

圖 8-26 取消一程線（pt_cancel.c）

```
/*
 * Thread cancellation.
 * Copyright (c) 2014, 2019, 2020 Mr. Jin-Jwei Chen.  All rights reserved.
 */

#include <stdio.h>
#include <stdlib.h>
#include <pthread.h>
#include <time.h>
#include <unistd.h>

#define  MAXNTHREADS   10      /* maximum number of threads */
#define  DEFNTHREADS   2       /* default number of threads */
#define  MAXTASKS      9000    /* maximum number of tasks */
#define  DEFNTASKS     500     /* default number of tasks */
#define  LOOPCNT       10000

/* Thread cancellation cleanup handler function */
void cancel_cleanup(char *bufptr)
{
  fprintf(stdout, "Enter thread cancellation cleanup routine.\n");
  if (bufptr)
  {
    free(bufptr);
    fprintf(stdout, "cancel_cleanup(): memory at address %p was freed.\n",
      bufptr);
  }
}

/* The worker thread */
int worker_thread(void *args)
{
  unsigned int  *argp;
  unsigned int  myid;        /* my id */
  unsigned int  ntasks;      /* number of tasks to perform */
  int           i, j, ret=0;
  unsigned int  count = 0;   /* counter */
```

```
    int           curstate;     /* thread's current cancelstate */
    int           oldstate;     /* thread's previous cancelstate */
    int           curtype;      /* thread's current canceltype */
    int           oldtype;      /* thread's previous canceltype */
    char          *bufptr=NULL;  /* address of malloc-ed memory */
    struct timespec  slptm;      /* time to sleep */

    /* Extract input arguments (two unsigned integers) */
    argp = (unsigned int *)args;
    if (argp != NULL)
    {
      myid = argp[0];
      ntasks = argp[1];
    }
    else
#ifdef SUN64
    {
      ret = (-1);
      pthread_exit((void *)&ret);
    }
#else
      pthread_exit((void *)(-1));
#endif

    fprintf(stdout, "worker_thread(): myid=%u ntasks=%u\n", myid, ntasks);

    /* Set thread's cancelstate -- disable cancellation */
    curstate = PTHREAD_CANCEL_DISABLE;
    ret = pthread_setcancelstate(curstate, &oldstate);
    fprintf(stdout, "worker_thread(): thread cancellation is disabled.\n");

    /* Set thread's canceltype */
    curtype = PTHREAD_CANCEL_DEFERRED;
    ret = pthread_setcanceltype(curtype, &oldtype);

    /* To demo cancellation cleanup, we allocate some memory here. */
    bufptr = malloc(512);
    if (bufptr != NULL)
      fprintf(stdout, "worker_thread(): memory at address %p was allocated.\n",
        bufptr);
    else
      fprintf(stderr, "worker_thread(): failed to allocate memory.\n");

    /* Install the thread cancellation cleanup handler */
    pthread_cleanup_push((void (*)())cancel_cleanup, (void *)bufptr);

    /* Do the work */
    slptm.tv_sec = 0;
    slptm.tv_nsec = 100000000;  /* 1/10 second */
    for (i = 0; i < ntasks; i++)
    {
```

```
      for (j = 0; j < LOOPCNT; j++)
        count++;
      nanosleep(&slptm, (struct timespec *)NULL);
      fprintf(stdout, "worker_thread(): count=%u\n", count);

      if (count == (5*LOOPCNT))
        sleep(1);

      if (count == (10*LOOPCNT))
      {
        /* Set thread's cancelstate -- enable cancellation */
        curstate = PTHREAD_CANCEL_ENABLE;
        ret = pthread_setcancelstate(curstate, &oldstate);
        fprintf(stdout, "worker_thread(): thread cancellation is enabled.\n");
      }
    }

    /* Remove the thread cancellation cleanup handler */
    pthread_cleanup_pop(0);
    if (bufptr != NULL)
      free(bufptr);

#ifdef SUN64
    pthread_exit((void *)&ret);
#else
    pthread_exit((void *)ret);
#endif
}

/* The manager thread */
int manager_thread(void *args)
{
    pthread_t  *argp;
    int        ret=0;
    pthread_t  targetThread;   /* thread id of the target thread */

    /* Extract input argument */
    argp = (pthread_t *)args;
    if (argp != NULL)
      targetThread = *(pthread_t *)argp;
    else
#ifdef SUN64
    {
      ret = (-1);
      pthread_exit((void *)&ret);
    }
#else
      pthread_exit((void *)(-1));
#endif

    sleep(1);  /* Let the worker thread run first */
```

```c
    /* Cancel the worker thread */
    fprintf(stdout, "manager_thread(), canceling worker thread ...\n");
    fflush(stdout);
    ret = pthread_cancel(targetThread);
    if (ret != 0)
      fprintf(stderr, "manager_thread(), pthread_cancel() failed, ret=%d\n", ret);

#ifdef SUN64
    ret = (0);
    pthread_exit((void *)&ret);
#else
    pthread_exit((void *)(0));
#endif
}

/*
 * The main program.
 */
int main(int argc, char *argv[])
{
  pthread_t      thrds[MAXNTHREADS];
  unsigned int   args1[2];
  pthread_t      args2;
  int            ret, i;
  int            retval = 0;   /* each child thread returns an int */
#ifdef SUN64
  int            *retvalp = &retval;        /* pointer to returned value */
#endif
  int            nthreads = DEFNTHREADS;     /* default # of threads */
  int            ntasks = DEFNTASKS;         /* default # of tasks */

  /* Get number of threads and tasks from user */
  if (argc > 1)
  {
    nthreads = atoi(argv[1]);
    if (nthreads < 0 || nthreads > MAXNTHREADS)
      nthreads = DEFNTHREADS;
  }
  if (argc > 2)
  {
    ntasks = atoi(argv[2]);
    if (ntasks < 0 || ntasks > MAXTASKS)
      ntasks = DEFNTASKS;
  }

  /* Load up the input arguments for the worker thread */
  args1[0] = (1);
  args1[1] = ntasks;

  /* Create a worker thread */
```

```
    ret = pthread_create(&thrds[0], (pthread_attr_t *)NULL,
        (void *(*)(void *))worker_thread, (void *)args1);
    if (ret != 0)
    {
      fprintf(stderr, "Failed to create the worker thread, ret=%d\n", ret);
      pthread_exit((void *)-3);
    }

    /* Create the manager thread */
    args2 = thrds[0];
    ret = pthread_create(&thrds[1], (pthread_attr_t *)NULL,
        (void *(*)(void *))manager_thread, (void *)&args2);
    if (ret != 0)
    {
      fprintf(stderr, "Failed to create the manager thread, ret=%d\n", ret);
      pthread_exit((void *)-4);
    }

    /*
     * Wait for each of the child threads to finish and retrieve its returned
     * value.
     */
    for (i = 0; i < nthreads; i++)
    {
#ifdef SUN64
      ret = pthread_join(thrds[i], (void **)&retvalp);
#else
      ret = pthread_join(thrds[i], (void **)&retval);
#endif
      fprintf(stdout, "Thread %u exited with return value %d\n", (i+1), retval);
    }

    pthread_exit((void *)0);
}
```

在此一提的是，這個例題程式，在測試時，在 Linux，AIX，Solaris，與
Apple Darwin 上，都沒有問題。但在 HP HPUX IA64 時，pthread_join() 就出
了 "bus error" 的錯。有可能是 HPUX 有錯蟲。

8-9-2 程線取消點

前面我們說過，假若一個程線允許自己被取消，而且其取消類別設定成
"延緩的"。那程線的取消，只有在某些特定的取消點上，才會真正發生。

什麼是**取消點**（cancellation point）？所謂程線的取消點，就是程線執行
到這個點時，假若程線允許自己被取消，而且也有一取消請求在，那取消作

業就必須處理的執行點。換言之，取消點就是倘若程線的取消類別是延緩的，那程線就是只有在這些執行點上才可能被取消（亦即，取消請求真正被執行）。

pthreads 裡有少數幾個函數是取消點。但在 pthreads 之外，有很多函數則都是程線的取消點，此章的這後一節列出了這些函數。

是程線取消點的 pthreads 函數包括 pthread_join()，pthread_testcancel()，pthread_cond_wait() 與 pthread_cond_timedwait()。注意到，pthread_mutex_lock() 並不在列。這意謂，一個被阻擋在 pthread_mutex_lock() 函數叫用的程線，是不能被取消的。倘若可以，那程式設計者就得費一番工夫去清理乾淨了。

pthreads 之外，是程線取消點的函數就多了。這些包括幾乎所有的輸入／輸出函數。譬如，open()，creat()，close()，read()，write()，fcntl()，fsync()，recv()，recvfrom()，send()，sendmsg()，sendto()，msgsnd()，msgrcv()，sleep()，nanosleep()，system()，wait()，waitpid()，sigwait()，還有其他許多函數。

諸如 fopen()，fclose()，fget()，fgets()，fputc()，fputs()，fread()，fwrite()，fscanf()，fstat()，fprintf()，printf()，ioctl() 等等許多 C 標準的輸入／輸出函數，也都是程線的取消點。

完整的程線取消點函數清單，請參考下列 POSIX 標準的 "第二節一般資訊"：

The Open Group Base Specifications Issue 7, 2018 edition

IEEE Std 1003.1-2017 (Revision of IEEE Std 1003.1-2008)

URL：https://pubs.opengroup.org/onlinepubs/9699919799/

一般而言，假若函數可能被阻擋著一段時間，或是可能送回 EINTR 錯誤，那它很可能就是一程線取消點。若萬一程線被擋在這其中任一函數，那它就有可能被取消。

記得，任何函數，只要它叫用到這些是可能取消點的其中任一函數，那這函數本身就變成是一程線取消點。因此，假若你所開發的軟體，有安裝自己的庫存函數給客戶使用，那你可能也要載明其中那些函數是程線的取消點。

▶ 產生一取消點

有時，一個程線會想要測試一下它究竟有無尚待處理的取消請求在。若有的話，就加以處理。這可以透過叫用下列函數達成：

```
void pthread_testcancel(void);
```

每次叫用 pthread_testcancel() 時，假若程線是不允許被取消的，則一切沒事。否則，假若程線是允許被取消的，而且有一尚未處理的取消請求在，那系統即會立刻處理這取消請求，將程線終止。所以，在實效上，叫用 pthread_testcancel() 函數，就是實際產生一個取消點。

8-9-3 安全取消

假若你的程式叫用了 pthread_cancel() 函數，那你就必須確保它是一個安全取消（cancel-safe）。

假若一個程線在執行一個函數時被取消了，而取消之後沒有留下任何沒有處理乾淨的東西，那我們就說這個函數是**取消安全的**。

一個函數要成為取消安全的，它就必須安裝並使用取消清除函數。你必須一一檢查程線所叫用過的所有函數，看其是否仍擁有任何資源在手上，若有，則取消清除函數就得將其釋回。這些資源包括，但不限於，互斥鎖，打開的檔案，與騰出的動態記憶等等。記得，在 pthreads 裡，一個程式可以安裝一個以上的取消清除函數。

假若一程線在被取消時持有鎖或互斥鎖，則它就必須被釋放，否則，就可能造成程序鎖死。若程線在被取消時是持有動態記憶，則它就必須被釋回，否則，就可能造成記憶流失。若有打開的檔案沒有關閉，則它就會造成浪費打開檔案資源。

程式安裝取消清理函數的方法，是經由叫用 pthread_cleanup_push() 函數。相反的，叫用 pthread_cleanup_pop() 函數則剔除堆疊最頂端的取消清理函數。你可想見，pthreads 是以堆疊資料結構來處理取消的清理函數的。才剛剛最後被推入堆疊的清理函數放在最頂端。每次剔除的清理函數也來自最頂端。兩個函數的格式如下：

```
#include <pthread.h>
void pthread_cleanup_pop(int execute);
void pthread_cleanup_push(void (*routine)(void*), void *arg);
```

8-10　程線的信號處理

　　從前面信號一章我們學到了，在一單程線的程式裡，除非程序阻擋或忽略所有信號，或安裝了信號處理函數攔接一信號，否則，在收到一信號時，一般的既定行為是，程序會立刻終止的。

　　在一多程線的程式裡，基本上也是一樣的。除非信號被阻擋或忽略，或有安裝信號處置函數加以攔接，否則，收到信號時，也是整個多程線的程序，立即終止的。

　　程序模式與程線模式的主要差別在於：(1) pthreads 有一個函數可以剎掉某一特定程線，而非剎掉整個程序。(2) pthreads 允許程式設定好一個信號程線，專門負責處理所有的信號。

　　明確地說，一多程線程序的信號行為如下。

　　假若一多程線的程序在信號方面什麼事都沒做，那它就是得到既定的行為。亦即，一收到信號，整個程序就終止。

　　假若一多程線的程序，叫用了sigaction()函數指出了某些信號的行動，但行動卻是 SIG_DFL（既定的），則結果和什麼事都不做一樣。一收到信號，整個程序就結束。

　　假若一多程線的程序叫用了 sigaction() 函數，就某些信號安裝了信號處置函數，則在收到這些信號時，程序執行就會暫時被打斷。程式控制會轉而叫用信號處置函數。在從信號處置函數回返後，程式執行會從被中斷處，繼續往下執行。假若程序收到的是其他，程序沒有阻擋，忽略，或攔接的信號，則程序將立刻終止。即令是在多程線的程序裡，信號處置函數也是在程序層級上處理的。

　　假若一多程線的程序產生一專門處理信號的程線，並在其他所有程線中阻擋住所有的信號，那送給這程序的所有信號，就會全部被這信號程線所接收與處理。這信號程線基本上就是待在一個迴路裡，等待著信號的來臨，並加以處理。這是多程線程序處理信號的一個好方法。

　　假若一多程線的程序阻擋了所有信號，但卻沒有建立一信號程線，則除了 SIGKILL（9）信號之外的所有信號，都會被擋住（實際等於忽略）。這種情況下，唯一能終止這程序的方法，就是送給它一個 SIGKILL 信號了（kill -9 pid）！

緊接，我們就立刻介紹如何使用一信號程線。但在這之前，讓我們先很快地了解一下在 pthreads 的環境下，如何發送信號以及如何改變一個信號組（signal set）。

8-10-1　pthread_sigmask() 與 pthread_kill() 函數

還記得，在單程線的程式裡，阻擋或不阻擋信號的方法，是經由叫用 sigprocmask() 函數。這個函數檢視，改變，或既檢視又改變，叫用程序的信號面罩。

在多程線的程序裡，程式叫用 pthread_sigmask() 函數，做同樣的事。這函數與 sigprocmask() 函數完全一樣，唯一的不同是，它只檢視，改變，或既檢視且改變，叫用程線的信號面罩。這兩函數的格式如下。

```
int pthread_sigmask(int how, const sigset_t *restrict set,
    sigset_t *restrict oset);
int sigprocmask(int how, const sigset_t *restrict set,
    sigset_t *restrict oset);
```

pthread_sigmask() 函數的第一引數指出你想如何改變信號組，它的值必須是下列三個的其中一個：

SIG_SETMASK

將程線的信號組設定成函數第二引數所指出的樣子。

SIG_BLOCK

將現有的信號組與第二引數 set 所指明的信號組，兩者聯集（set union）的結果，作為新的信號組。

SIG_UNBLOCK

將現有信號組與第二引數所指出之信號組的顛倒，兩者的交集作為新的信號組。

在成功執行完畢時，pthread_sigmask() 函數送回零。失敗時，其送回錯誤號碼。

在單程線程序時，發送信號是叫用 kill() 函數。相對地，在多程線程序裡，發送信號則是叫用 pthread_kill() 函數。這函數之格式如下：

```
int pthread_kill(pthread_t thread, int sig);
```

pthread_kill() 函數請系統發送一個信號（由第二引數指明）給同程序內，由第一引數所指出的程線。注意，由於程線號碼（第一引數）只有在同一程序內才能與眾不同，不重複，因此，pthread_kill() 只能發送信號給同一程序內的程線。

記得，在以 pthread_kill() 函數發送信號給某一程線時，假若送出的信號導致那程線被繼續，暫停或終止，則整個程序就會跟著繼續，暫停或終止。因此，要小心。它是影響整個程序的，而不是只有單一程線。所以，記得目標程線要安裝好信號處置函數，千萬不要讓收到信號時，整個程序都終止了。

就像 kill() 函數一樣，若 pthread_kill() 函數之第二引數所指出的信號號碼是零，則實際結果應是沒有發送任何信號，而只做錯誤檢查。

pthread_kill() 函數若叫用失敗，則沒有任何信號會發出。

成功時，pthread_kill() 函數送回零。失敗時，它送回錯誤號碼。

8-10-2　信號處置程線

圖 8-27 為一建立與應用一專有信號處置程線的例子。在信號那一章我們學到，一個程序或程線可以經由叫用 sigwait() 函數，同步地接收一個信號。這個程式例題就建立一信號處置程線，封鎖（阻擋）所有信號，然後，就在一個迴路裡，叫用 sigwait() 以一一接收送給程序的所有信號。

圖 8-27　使用信號處置程線（pt_signal_thread.c）

```
/*
 * Create and use a signal handling thread.
 * Update shared data with synchronization using pthread mutex.
 * Copyright (c) 2014, 2019-2020 Mr. Jin-Jwei Chen.  All rights reserved.
 */

#include <stdio.h>
#include <pthread.h>
#include <errno.h>
#include <signal.h>
```

```
#define  NTHREADS     4
#define  NTASKS       5000000
#define  DELAY_COUNT 1000

unsigned int  global_count=0;      /* global data shared by all threads */
pthread_mutex_t       mutex1;      /* global mutex shared by all threads */

/* Signal handling thread */
void signal_handling_thread()
{
  int      signal;    /* signal number */
  sigset_t sigset;    /* signal set */
  int      ret = 0;   /* return code */

  /* Block all signals */
  sigfillset(&sigset);
  pthread_sigmask(SIG_SETMASK, &sigset, (sigset_t *)NULL);
#ifdef AIX
  sigdelset(&sigset, SIGKILL);
  sigdelset(&sigset, SIGSTOP);
  sigdelset(&sigset, SIGWAITING);
#endif
  /* Wait for a signal to arrive and then handle it */
  while (1)
  {
    ret = sigwait((sigset_t *)&sigset, (int *)&signal);
    if (ret != 0)
      fprintf(stderr, "signal_handling_thread(): sigwait() failed, ret=%d\n",
        ret);
    else
      fprintf(stdout, "signal_handling_thread() received signal %d.\n",
        signal);
  }
#ifdef SUN64
  pthread_exit((void *)&ret);
#else
  pthread_exit((void *)0);
#endif
}

/*
 * The worker thread.
 */

int worker_thread(void *args)
{
  unsigned int  *argp;
  unsigned int  myid;
  unsigned int  ntasks;
  int           i, j, ret=0;
```

```c
  /* Extract input arguments (two unsigned integers) */
  argp = (unsigned int *)args;
  if (argp != NULL)
  {
    myid = argp[0];
    ntasks = argp[1];
  }
  else
#ifdef SUN64
  {
    ret = (-1);
    pthread_exit((void *)&ret);
  }
#else
    pthread_exit((void *)(-1));
#endif

  fprintf(stdout, "Worker thread: myid=%u ntasks=%u\n", myid, ntasks);

  /* Do my job */
  for (i = 0; i < ntasks; i++)
  {
    ret = pthread_mutex_lock(&mutex1);
    if (ret != 0)
    {
      fprintf(stderr, "Thread %u failed to lock the mutex, ret=%d\n", myid, ret);
      continue;
    }

    /* Update the shared data */
    global_count = global_count + 1;
    /* insert a bit of delay */
    for (j = 0; j < DELAY_COUNT; j++);

    ret = pthread_mutex_unlock(&mutex1);
    if (ret != 0)
      fprintf(stderr, "Thread %u failed to unlock the mutex, ret=%d\n", myid, ret);
  }

#ifdef SUN64
  pthread_exit((void *)&ret);
#else
  pthread_exit((void *)0);
#endif
}

/*
 * The main program.
 */
int main(int argc, char *argv[])
{
```

```
    pthread_t      thrds[NTHREADS];
    unsigned int   args[NTHREADS][2];
    int            ret, i;
    int            retval = 0;          /* each child thread returns an int
*/
    pthread_mutexattr_t  mutexattr1;  /* mutex attributes */
  #ifdef SUN64
    int            *retvalp = &retval; /* pointer to returned value */
  #endif
    sigset_t       sigset;
    pthread_t      sigthrd;

    /* Block all signals */
    sigfillset(&sigset);
    pthread_sigmask(SIG_SETMASK, &sigset, (sigset_t *)NULL);

    /* Load up the input arguments for each child thread */
    for (i = 0; i < NTHREADS; i++)
    {
      args[i][0] = i;
      args[i][1] = NTASKS;
    }

    /* Initialize mutex attributes */
    ret = pthread_mutexattr_init(&mutexattr1);
    if (ret != 0)
    {
      fprintf(stderr, "Failed to initialize mutex attributes, ret=%d\n", ret);
      pthread_exit((void *)-2);
    }

    /* Initialize the mutex */
    ret = pthread_mutex_init(&mutex1, &mutexattr1);
    if (ret != 0)
    {
      fprintf(stderr, "Failed to initialize mutex, ret=%d\n", ret);
      pthread_exit((void *)-3);
    }

    /* Create new threads to run the worker_thread() function and pass in args */
    for (i = 0; i < NTHREADS; i++)
    {
      ret = pthread_create(&thrds[i], (pthread_attr_t *)NULL,
            (void *(*)(void *))worker_thread, (void *)args[i]);
      if (ret != 0)
      {
        fprintf(stderr, "Failed to create the worker thread, ret=%d\n", ret);
        pthread_exit((void *)-4);
      }
    }
```

```
    /* Create the signal handling thread */
    ret = pthread_create(&sigthrd, (pthread_attr_t *)NULL,
        (void *(*)(void *))signal_handling_thread, NULL);
    if (ret != 0)
      fprintf(stderr, "Failed to create the signal handling thread, ret=%d\n",
        ret);

    /* Send a signal to the worker thread */
    ret = pthread_kill(thrds[0], SIGINT);
    if (ret != 0)
    {
      fprintf(stderr, "Failed to send a signal to first worker thread, ret=%d\n",
        ret);
    }

    /*
     * Wait for each of the child threads to finish and retrieve its returned
     * value.
     */
    for (i = 0; i < NTHREADS; i++)
    {
#ifdef SUN64
      ret = pthread_join(thrds[i], (void **)&retvalp);
#else
      ret = pthread_join(thrds[i], (void **)&retval);
#endif
      fprintf(stdout, "Thread %u exited with return value %d\n", i, retval);
    }

    /* Destroy mutex attributes */
#ifndef HPUX64
    ret = pthread_mutexattr_destroy(&mutexattr1);
    if (ret != 0)
    {
      fprintf(stderr, "Failed to destroy mutex attributes, ret=%d\n", ret);
      pthread_exit((void *)-5);
    }
#endif

    /* Destroy the mutex */
    ret = pthread_mutex_destroy(&mutex1);
    if (ret != 0)
    {
      fprintf(stderr, "Failed to destroy mutex, ret=%d\n", ret);
      pthread_exit((void *)-6);
    }

    fprintf(stdout, "global_count = %u\n", global_count);

    /* Cancel the signal handling thread */
    ret = pthread_cancel(sigthrd);
    if (ret != 0)
    {
```

```
        fprintf(stderr, "Failed to cancel signal handling thread, ret=%d\n",
            ret);
    }

    pthread_exit((void *)0);
}
```

誠如你可看出的，在生出所有子程線之前，主程線首先阻擋了所有有關信號，以便透過遺傳，所有這些信號在所有子程線中，也是被阻擋著的。所有子程線的信號面罩，都由母程線遺傳得來。在信號處置程線一開始，我們也是阻擋了所有的信號。

sigwait() 函數會阻擋住叫用程線，直到信號組引數所指明的其中一個信號，被送達給程序或程線為止。sigtimedwait() 與 sigwaitinfo() 兩個函數也是同樣的。倘若有一個以上的程線都在等著同一信號，那它們當中只有一個會回返。

雖然一信號處置程線可以叫用執行諸如將一互斥鎖上鎖等，一個普通信號處置函數所不能叫用的函數，但要小心它對信號接收所造成的影響。

8-11 進一步參考資料

這一章的主要目的在於介紹多程線的基本概念，以及如何用 pthreads 設計基本的多程線程式。讓讀者有最基本的知識與技能，能自己知道，如何應用多程線技術。pthreads 本身有很多東西。要很詳細的話，必須要一本書加以探討。由於篇幅有限，在此我們無法將所有 pthreads 的所有程式界面都全部介紹。剩下的，就讓讀者在必須用到時，再自己進一步自我學習。

舉例而言，資料型態是 pthread_attr_t 的 pthreads 屬性物件，就有很多屬性在。存取這些屬性也都有各自的程式界面，這些界面都取名叫 pthread_attr_getXXX() 或 pthread_attr_setXXX()，其中 XXX 就是屬性的名稱。同樣地，互斥鎖也有許多屬性。我們無法每一個屬性都討論得很詳細。這些互斥鎖屬性的程式界面都取名叫 pthread_mutexattr_getXXX() 與 pthread_mutexattr_setXXX()。當然，還有一些其他的函數。這些就請讀者參考作業系統的文書（如 man pages），或在以下網址之 pthreads 的界面的文件：

https://pubs.opengroup.org/onlinepubs/9699919799/

8-12 所有的 pthreads 程式界面

我們將 pthreads 之所有程式界面列出如下，以方便讀者隨手參考。在 Unix & Linux 作業系統上，只要執行 man 命令並賦予下列所示的其中一個函數名稱作引數，你即可看到那個函數的文書。譬如：

```
$ man pthread_create


POSIX Threads APIs

int pthread_atfork(void (*prepare)(void), void (*parent)(void),
        void (*child)(void));
int pthread_attr_destroy(pthread_attr_t *attr);
int pthread_attr_init(pthread_attr_t *attr);
int pthread_attr_getdetachstate(const pthread_attr_t *attr,
        int *detachstate);
int pthread_attr_setdetachstate(pthread_attr_t *attr, int detachstate);
int pthread_attr_getguardsize(const pthread_attr_t *restrict attr,
        size_t *restrict guardsize);
int pthread_attr_setguardsize(pthread_attr_t *attr,
        size_t guardsize);
int pthread_attr_getinheritsched(const pthread_attr_t *restrict attr,
        int *restrict inheritsched);
int pthread_attr_setinheritsched(pthread_attr_t *attr,
        int inheritsched); [Option End]
int pthread_attr_getschedparam(const pthread_attr_t *restrict attr,
        struct sched_param *restrict param);
int pthread_attr_setschedparam(pthread_attr_t *restrict attr,
        const struct sched_param *restrict param);
int pthread_attr_getschedpolicy(const pthread_attr_t *restrict attr,
        int *restrict policy);
int pthread_attr_setschedpolicy(pthread_attr_t *attr, int policy);
int pthread_attr_getscope(const pthread_attr_t *restrict attr,
        int *restrict contentionscope);
int pthread_attr_setscope(pthread_attr_t *attr, int contentionscope);
int pthread_attr_getstack(const pthread_attr_t *restrict attr,
        void **restrict stackaddr, size_t *restrict stacksize);
int pthread_attr_setstack(pthread_attr_t *attr, void *stackaddr,
        size_t stacksize);
int pthread_attr_getstacksize(const pthread_attr_t *restrict attr,
        size_t *restrict stacksize);
int pthread_attr_setstacksize(pthread_attr_t *attr, size_t stacksize);
int pthread_attr_destroy(pthread_attr_t *attr);
int pthread_attr_init(pthread_attr_t *attr);
int pthread_barrierattr_destroy(pthread_barrierattr_t *attr);
int pthread_barrierattr_init(pthread_barrierattr_t *attr);
int pthread_barrierattr_getpshared(const pthread_barrierattr_t
```

```
                      *restrict attr, int *restrict pshared);
    int pthread_barrierattr_setpshared(pthread_barrierattr_t *attr,
            int pshared);
    int pthread_barrierattr_destroy(pthread_barrierattr_t *attr);
    int pthread_barrierattr_init(pthread_barrierattr_t *attr);
    int pthread_barrier_destroy(pthread_barrier_t *barrier);
    int pthread_barrier_init(pthread_barrier_t *restrict barrier,
            const pthread_barrierattr_t *restrict attr, unsigned count);
    int pthread_barrier_wait(pthread_barrier_t *barrier);
    int pthread_cancel(pthread_t thread);
    void pthread_cleanup_pop(int execute);
    void pthread_cleanup_push(void (*routine)(void*), void *arg);
    int pthread_condattr_destroy(pthread_condattr_t *attr);
    int pthread_condattr_init(pthread_condattr_t *attr);
    int pthread_condattr_getclock(const pthread_condattr_t *restrict attr,
            clockid_t *restrict clock_id);
    int pthread_condattr_setclock(pthread_condattr_t *attr,
            clockid_t clock_id);
    int pthread_condattr_getpshared(const pthread_condattr_t *restrict attr,
            int *restrict pshared);
    int pthread_condattr_setpshared(pthread_condattr_t *attr,
            int pshared)
    int pthread_cond_broadcast(pthread_cond_t *cond);
    int pthread_cond_signal(pthread_cond_t *cond);
    int pthread_cond_destroy(pthread_cond_t *cond);
    int pthread_cond_init(pthread_cond_t *restrict cond,
            const pthread_condattr_t *restrict attr);
    pthread_cond_t cond = PTHREAD_COND_INITIALIZER;
    int pthread_cond_timedwait(pthread_cond_t *restrict cond,
            pthread_mutex_t *restrict mutex,
            const struct timespec *restrict abstime);
    int pthread_cond_wait(pthread_cond_t *restrict cond,
            pthread_mutex_t *restrict mutex);
    int pthread_create(pthread_t *restrict thread,
            const pthread_attr_t *restrict attr,
            void *(*start_routine)(void*), void *restrict arg);
    int pthread_detach(pthread_t thread);
    int pthread_equal(pthread_t t1, pthread_t t2);
    void pthread_exit(void *value_ptr);
    int pthread_getconcurrency(void);
    int pthread_setconcurrency(int new_level);
    int pthread_getcpuclockid(pthread_t thread_id, clockid_t *clock_id);
    int pthread_getschedparam(pthread_t thread, int *restrict policy,
            struct sched_param *restrict param);
    int pthread_setschedparam(pthread_t thread, int policy,
            const struct sched_param *param);
    void *pthread_getspecific(pthread_key_t key);
    int pthread_setspecific(pthread_key_t key, const void *value);
    int pthread_join(pthread_t thread, void **value_ptr);
```

```
int pthread_key_create(pthread_key_t *key, void (*destructor)(void*));
int pthread_key_delete(pthread_key_t key);
int pthread_kill(pthread_t thread, int sig);
int pthread_mutexattr_destroy(pthread_mutexattr_t *attr);
int pthread_mutexattr_init(pthread_mutexattr_t *attr);
int pthread_mutexattr_getprioceiling(const pthread_mutexattr_t
        *restrict attr, int *restrict prioceiling);
int pthread_mutexattr_setprioceiling(pthread_mutexattr_t *attr,
        int prioceiling);
int pthread_mutexattr_getprotocol(const pthread_mutexattr_t
        *restrict attr, int *restrict protocol);
int pthread_mutexattr_setprotocol(pthread_mutexattr_t *attr,
        int protocol);
int pthread_mutexattr_getpshared(const pthread_mutexattr_t
        *restrict attr, int *restrict pshared);
int pthread_mutexattr_setpshared(pthread_mutexattr_t *attr,
        int pshared);
int pthread_mutexattr_getrobust(const pthread_mutexattr_t *restrict
        attr, int *restrict robust);
int pthread_mutexattr_setrobust(pthread_mutexattr_t *attr,
        int robust);
int pthread_mutexattr_gettype(const pthread_mutexattr_t *restrict attr,
        int *restrict type);
int pthread_mutexattr_settype(pthread_mutexattr_t *attr, int type);
int pthread_mutex_consistent(pthread_mutex_t *mutex);
int pthread_mutex_destroy(pthread_mutex_t *mutex);
int pthread_mutex_init(pthread_mutex_t *restrict mutex,
        const pthread_mutexattr_t *restrict attr);
pthread_mutex_t mutex = PTHREAD_MUTEX_INITIALIZER;
int pthread_mutex_getprioceiling(const pthread_mutex_t *restrict mutex,
        int *restrict prioceiling);
int pthread_mutex_setprioceiling(pthread_mutex_t *restrict mutex,
        int prioceiling, int *restrict old_ceiling);
int pthread_mutex_lock(pthread_mutex_t *mutex);
int pthread_mutex_trylock(pthread_mutex_t *mutex);
int pthread_mutex_unlock(pthread_mutex_t *mutex);
int pthread_mutex_timedlock(pthread_mutex_t *restrict mutex,
        const struct timespec *restrict abstime);
int pthread_once(pthread_once_t *once_control,
        void (*init_routine)(void));
pthread_once_t once_control = PTHREAD_ONCE_INIT;
int pthread_rwlockattr_destroy(pthread_rwlockattr_t *attr);
int pthread_rwlockattr_init(pthread_rwlockattr_t *attr);
int pthread_rwlockattr_getpshared(const pthread_rwlockattr_t
        *restrict attr, int *restrict pshared);
int pthread_rwlockattr_setpshared(pthread_rwlockattr_t *attr,
        int pshared);
int pthread_rwlock_destroy(pthread_rwlock_t *rwlock);
int pthread_rwlock_init(pthread_rwlock_t *restrict rwlock,
```

```
            const pthread_rwlockattr_t *restrict attr);
    pthread_rwlock_t rwlock = PTHREAD_RWLOCK_INITIALIZER;
    int pthread_rwlock_rdlock(pthread_rwlock_t *rwlock);
    int pthread_rwlock_tryrdlock(pthread_rwlock_t *rwlock);
    int pthread_rwlock_timedrdlock(pthread_rwlock_t *restrict rwlock,
            const struct timespec *restrict abstime);
    int pthread_rwlock_timedwrlock(pthread_rwlock_t *restrict rwlock,
            const struct timespec *restrict abstime);
    int pthread_rwlock_trywrlock(pthread_rwlock_t *rwlock);
    int pthread_rwlock_wrlock(pthread_rwlock_t *rwlock);
    int pthread_rwlock_unlock(pthread_rwlock_t *rwlock);
    pthread_t pthread_self(void);
    int pthread_setcancelstate(int state, int *oldstate);
    int pthread_setcanceltype(int type, int *oldtype);
    void pthread_testcancel(void);
    int pthread_sigmask(int how, const sigset_t *restrict set,
            sigset_t *restrict oset);
    int sigprocmask(int how, const sigset_t *restrict set,
            sigset_t *restrict oset);
    int pthread_spin_destroy(pthread_spinlock_t *lock);
    int pthread_spin_init(pthread_spinlock_t *lock, int pshared);
    int pthread_spin_lock(pthread_spinlock_t *lock);
    int pthread_spin_trylock(pthread_spinlock_t *lock);
    int pthread_spin_unlock(pthread_spinlock_t *lock);
```

8-13 含程線取消點的函數

以下所列這些函數，都是程線的取消點：

```
accept()
aio_suspend()
clock_nanosleep()
close()
connect()
creat()
fcntl()
fdatasync()
fsync()
getmsg()
getpmsg()
lockf()
mq_receive()
mq_send()
mq_timedreceive()
mq_timedsend()
msgrcv()
msgsnd()
msync()
```

```
nanosleep()
open()
openat()
pause()
poll()
pread()
pselect()
pthread_cond_timedwait()
pthread_cond_wait()
pthread_join()
pthread_testcancel()
putmsg()
putpmsg()
pwrite()
read()
readv()
recv()
recvfrom()
recvmsg()

select()
sem_timedwait()
sem_wait()
send()
sendmsg()
sendto()
sigsuspend()
sigtimedwait()
sigwait()
sigwaitinfo()
sleep()
tcdrain()
wait()
waitid()
waitpid()
write()
writev()
```

在一程線執行下列函數時，程線取消點可能發生：

```
access()
asctime_r()
catclose()
catopen()
chmod()
chown()
closedir()
closelog()
```

```
ctermid()
ctime_r()
dlclose()
dlopen()
dprintf()
endhostent()
endnetent()
endprotoent()
endservent()
faccessat()
fchmod()
fchmodat()
fchown()
fchownat()
fclose()
fcntl()
fflush()
fgetc()
fgetpos()
fgets()
fgetwc()
fgetws()
fmtmsg()
fopen()
fpathconf()
fprintf()
fputc()
fputs()
fputwc()
fputws()
fread()
freopen()
fscanf()
fseek()
fseeko()
fsetpos()
fstat()

fstatat()
ftell()
ftello()
futimens()
fwprintf()
fwrite()
fwscanf()
getaddrinfo()
getc()
getc_unlocked()
getchar()
```

```
getchar_unlocked()
getcwd()
getdelim()
getgrgid_r()
getgrnam_r()
gethostid()
gethostname()
getline()
getlogin_r()
getnameinfo()
getpwnam_r()
getpwuid_r()
gets()
getwc()
getwchar()
glob()
iconv_close()
iconv_open()
ioctl()
link()
linkat()
lio_listio()
localtime_r()
lockf()
lseek()
lstat()
mkdir()
mkdirat()
mkdtemp()
mkfifo()
mkfifoat()
mknod()
mknodat()

mkstemp()
mktime()
opendir()
openlog()
pathconf()
perror()
popen()
posix_fadvise()
posix_fallocate()
posix_madvise()
posix_openpt()
posix_spawn()
posix_spawnp()
posix_trace_clear()
posix_trace_close()
```

```
posix_trace_create()
posix_trace_create_withlog()
posix_trace_eventtypelist_getnext_id()
posix_trace_eventtypelist_rewind()
posix_trace_flush()
posix_trace_get_attr()
posix_trace_get_filter()
posix_trace_get_status()
posix_trace_getnext_event()
posix_trace_open()
posix_trace_rewind()
posix_trace_set_filter()
posix_trace_shutdown()
posix_trace_timedgetnext_event()
posix_typed_mem_open()
printf()
psiginfo()
psignal()
pthread_rwlock_rdlock()
pthread_rwlock_timedrdlock()
pthread_rwlock_timedwrlock()
pthread_rwlock_wrlock()
putc()
putc_unlocked()
putchar()
putchar_unlocked()
puts()
putwc()
putwchar()
readdir_r()

readlink()
readlinkat()
remove()
rename()
renameat()
rewind()
rewinddir()
scandir()
scanf()
seekdir()
semop()
sethostent()
setnetent()
setprotoent()
setservent()

sigpause()
stat()
```

```
strerror_l()
strerror_r()
strftime()
strftime_l()
symlink()
symlinkat()
sync()
syslog()
tmpfile()
tmpnam()
ttyname_r()
tzset()
ungetc()

ungetwc()
unlink()
unlinkat()
utime()
utimensat()
utimes()
vdprintf()
vfprintf()
vfwprintf()
vprintf()
vwprintf()
wcsftime()
wordexp()
wprintf()
wscanf()
```

問題

1. 何謂程線？

2. 程序與程線，在記憶位址空間上有何差別？

3. 程序與程線各有何優、缺點？

4. 你所使用的作業系統支援程線嗎？若有，它是 pthreads 或私有的程線？

5. 一個像網際網路伺服器的典型伺服程式，其綱要為何？

6. 在一個從事輸入／輸出的伺服程式內，程線能幫什麼忙？

7. 何謂程線特有資料？它能做什麼？一個程線如何存取程線特有資料？

8. pthreads 提供了哪些東西可以用來作共時控制？

9. pthreads 程線的屬性有那些？

10. 何謂分離的程線？

11. 一個主程線可以如何等待其所有子程線？

12. 條件變數是什麼？其適合用以解決那一類的問題？

13. 信號與程線在一起，有什麼麻煩？

14. 什麼是程線取消點？有那些函數是程線取消點？

15. 你所用的系統，有支援所有的互斥鎖屬性嗎？

✎ 程式設計習題

1.　改變例題程式 pt_mutex.c，以 pthread_mutex_trylock() 取代 pthread_mutex_lock()。

2.　更改例題程式 pt_mutex.c，以 pthread_mutex_timedlock() 取代 pthread_mutex_lock()。

3.　將例題程式 pt_mutex.c 改成使用分離程線。你必須要做些什麼才能讓它動作？為什麼？你有碰到在所有子程線都結束之前，互斥鎖就被摧毀的情形嗎？為什麼？

4.　寫一個使用 PTHREAD_MUTEX_ERRORCHECK 型態之互斥鎖的程式。示範回歸式地反複（recursively）將同一個互斥鎖上鎖，是得到錯誤而非鎖死。

5.　寫一個使用 PTHREAD_MUTEX_RECURSIVE 互斥鎖的程式，並回歸式地反複將同一互斥鎖上鎖，結果如何？

6.　更改例題程式 pt_tsd_reentrant.c，以 PTHREAD_MUTEX_RECURSIVE 互斥鎖解決自我鎖死的問題。

7.　寫一個使用兩個寫入程線的程式。顯示每一瞬間只能有一寫入程線能更新共用的資料。

8.　寫一個使用一個寫入程線與一個讀取程線的程式。示範讀取程線會阻擋寫入程線。

9.　寫一個使用多個讀取程線的程式，示範多個讀取程線能同時擁有同一個讀取鎖。

10.　寫一個程式，能讀取與設定一讀寫鎖屬性物件之程序共有屬性的值。

11.　寫一個示範 pthread_testcancel() 函數的程式。

12.　寫一個更改互斥鎖之優先順序極限（prioceiling）屬性值的程式。

13. 研究 sched.h 與下列程式界面。寫一個能印出 POSIX.1c 標準之所有排班政策下之排班優先順序的最小值與最大值的程式。

```
int    sched_get_priority_max(int);
int    sched_get_priority_min(int);
```

14. 寫一個應用牢固互斥鎖（robust mutex）的程式。製造一個情況，讓互斥鎖變成不一致狀態。然後再以 pthread_mutex_consistent() 函數叫用，清除鎖死的狀況。

15. 寫一個程式，將一條件變數之程序共有（pshared）屬性的值，分別改成 PTHREAD_PROCESS_SHARED 或 PTHREAD_PROCESS_PRIVATE。兩種情況都可以嗎？

16. 更改例題程式 pt_produce_consume.c，使用不是 NULL 的條件變數屬性物件。確定你的程式同時叫用 pthread_condattr_init() 與 pthread_cond_init() 函數。而且不要忘了摧毀的部分。

參考資料

1. THREADTIME, by Scott J. Norton and Mark D. Dipasquale, Hewlett-Packard Professional Books, Hewlett-Packard Company 1997

2. The Open Group Base Specifications Issue 7, 2018 edition
IEEE Std 1003.1™-2017 (Revision of IEEE Std 1003.1-2008)
Copyright © 2001-2018 IEEE and The Open Group
http://pubs.opengroup.org/onlinepubs/9699919799/
https://pubs.opengroup.org/onlinepubs/9699919799/

共時控制
與上鎖

9

CHAPTER

9-1 共時控制簡介

計算機速度很快，每秒鐘能執行幾百萬個指令。現代的計算機又是多工的，意謂它們能同時，或至少**共時地**（concurrently），執行好幾個程式。在一個只有單一處理器且單一算術邏輯單元的計算機，處理器可以在多個不同程式間，輪流每一程式執行一小片段時間（稱之為**時間配額**或**時間片段**，time quantum），造成它同時在執行多個程式的錯覺或印象。在這一種情況下，其實計算機是共時地，而非同時地，在執行多個程式。但在較粗的時間單位（如秒）上，人的感覺是同時的。

但是，在一部多處理器，或單一處理器但有多個執行單元（稱之為**多核心**，multi-core）的計算機，這些處理器或執行單元，就能並行地（in parallel）同時執行多個指令或程式。這種情況就可能真正有並行處理存在。多個程式並行地**同時**（simultaneously）執行。

由於計算機速度很快，因此，在兩個或兩個以上的程式，共時或同時地執行時，任何可能的交錯（interleaving）情形，都有可能發生。假若同時或共時執行的程式間沒有共用任何資料，那就沒什麼好擔心。可是，大部分時候，程式間都是相互協力或共用資料或資源的。在這種情況下，就務必非常小心，才能永遠絕對確保不論程式間如何交錯地執行，計算都會產生完全正確的結果。這就是**共時控制**（concurrency control）的課題與目的。

簡言之，共時的情況在計算機上無時無刻都在發生。程式必須隨時都非常小心，做適當的共時控制，才能保證無論如何交錯，永遠都會產生絕對正確的結果。否則，要是結果有時會不正確，那就毫無意義可言了。這就是軟體工程師的責任。永遠做對正確的共時控制，以確保計算結果無論如何，絕對是百分之百正確的！這就是這一章我們所要探討的。

記得，共時控制太重要了。因此，務必要永遠百分之百的做對！它是計算機的最根本基石，是電腦資料處理最重要的鋼柱與核心，要是沒做對，那資料庫與整個資料處理就崩盤了。試想，要是計算機最根本的計算都可能產生不正確的結果，那全部的計算機就等於廢物了。

9-1-1 更新遺失問題

計算機的共時問題有好幾類。這一節，我們先介紹最基本且最常見的第一類。本章稍後，我們再介紹另一類。在前一章討論 pthreads 程式設計時，我們也舉例說明了如何以 pthreads 解決其中三類很特別的共時控制問題。

計算機科學最著名，且最基本的共時控制問題，就是**更新遺失**（update loss）的問題。這個問題的本質是，當二個或二個以上的程序或程線，同時或共時更新同一筆資料時，除非有適當的共時控制，否則，結果很可能會是其中有一個更新會被漏掉，造成錯誤的結果。

舉個簡單的例子，約翰和瑪莉是夫妻，在銀行有個聯合帳戶。有一天，兩個人同時在不同的提存款機，同時存入一些現金。假設這銀行帳戶原有 4000 元，約翰存入 1000 元，且瑪莉存入 500 元。那很有可能他們的存入，會正好被交錯成圖 9-1 所示的樣子。

圖 9-1　更新遺失問題

帳戶原有金額：4000

約翰在一提存款機存入 1000 元	瑪莉由另一提存款機存入 500 元
第一提存款機讀得現有帳戶 4000 元	
	第二提存款機也讀得現有帳戶 4000 元
第一提存款機將帳戶金額增加 1000 元	
	第二提存款機將帳戶金額增加 500 元
帳戶金額變成 5000 元	
	帳戶金額變成 4500 元
結果最後帳戶金額是 4500 元	

你可看出，最後帳戶的金額是 4500，而非 5500。換言之，約翰的存入被覆蓋過，遺失了！假若順序調過來，那就會變成帳戶金額是 5000，瑪莉的存入會因被覆蓋而遺失了！

注意到，圖 9-1 所示的交錯情形造成更新遺失，完全有可能發生在計算機的最底層 — 組合語言指令的層次上！圖 9-2 所示即為這情形。在圖中，變數 balance 代表儲存這銀行帳戶金額的記憶位置。而 A 與 B 則是處理器在做加法運算時所使用的暫存器名字。

圖 9-2　更新遺失問題發生在組合語言指令層次

（a）約翰將 1000 且瑪莉將 500 同時存入同一帳戶（帳戶原有金額是 4000）

約翰在一提存款機存入 1000 元	瑪莉由另一提存款機存入 500 元
load A, balance (A <- 4000)	
	load B, balance (B <- 4000)
addi A, 1000 (A=5000)	
	addi B, 500 (B=4500)
store A, balance (balance=5000)	
	store B, balance (balance=4500)
最後帳戶金額是 4500 而非 5500！	

（b）兩個程序或程線，同時各自將共有變數 X 加一（原先變數值為 5）

X=X+1; **第一程序或程線**	X=X+1; **第二程序或程線**
X=5	
讀取變數 x 的值（得到 5） 將 x 的值加一（得到 6） 將 x 的值寫回記憶器（x=6）	讀取變數 x 的值（得到 5） 將 x 的值加一（得到 6） 將 x 的值寫回記憶器（x=6）
最後結果是 x=6 而非 x=7	

　　以上這樣的執行結果，在計算機上，不論是單一或多處理器，是百分之百完全可能，而且是非常容易發生的，完全不必做任何刻意地安排。在多處理器的計算機上，兩個不同的程序或程線，可分別在不同的處理器上執行。結果造成兩者都同時讀到變數 x 之舊值 5，然後，再各自將之加一。正好如圖 9-2（b）所示的結果。在單一處理器的計算機上，兩個程序或程線交錯的結果，很有可能是第一程序或程線在讀得變數 x 的舊值（是 5）之後，它的執行時間配額正好用完，處理器換手執行第二程序或程線。讀得 x 的值也是 5，將之加一變成 6，結果存回記憶器，x=6。但稍後第一程序或程線又恢復執行時，它以為 x 還是 5，加一以後變 6，並將結果存回。結果，第二程序或程線的更新被覆蓋過，更新完全遺失了。

　　這就是所有計算機系統所面臨的最根本問題，更新遺失以及共用資料正確性（integrity）的問題。由此你可看出，倘若程式沒有做對共時控制，則計算結果很有可能會是錯的。那種情況下，計算機就沒有任何價值了。

　　記得，共用資料的共時更新，在幾乎所有程式都經常發生。因此，你從這章所學到的東西，並不只能應用在像資料庫系統或作業系統等系統軟體上，而是可應用在幾乎任何軟體上的。因為，它事關最基本的資料正確性，因此，絕頂重要！

9-1-2　以上鎖解決共時問題

　　從以上對共時問題的分析，我們知道，唯一能確保沒有更新遺失，共時或同時更新共用資料會保證永遠導致正確結果的方法，就是確保每一時間，只有一個程序或程線能對同一筆共用資料做更新，而絕對不能有兩個或兩個以上同時更新的情形。也就是，同時或共時的多個更新者之間，彼此必須有絕對的互斥性（mutual exclusion），只要已經有一個程序或程線已開始對同一筆共用資料從事更新的作業了，其它的程序或程線就必須等著。亦即，照順序，一個一個來（serialize），絕對不能同時彼此有重疊。

　　換句話說，必須加個鎖，每次更新資料時，必須鎖著：

　　　將共用資料上鎖

　　　　從事資料更新

　　　解鎖

　　誰先拿到資料的鎖，亦即，發現資料的鎖沒有上鎖並首先將之上鎖的人，他就是唯一能更新資料的人。其它所有人都必須等著。等到他完成並解鎖後，其它的人才有機會，再度將資料上鎖，進行另一個更新作業。

　　換言之，將資料加個鎖，上鎖，是一般程式做共時控制最常見的方法。為了確保一個共用資料的正確性，每一共用資料都會有一個個別的鎖控制著。欲更新這項資料的程序或程線，必須先將這相關的鎖上鎖才行。在其完成更新作業之後，也必須記得將鎖解鎖（unlock），致使其它的程序或程線，也能有機會對同一筆資料做更新。這是確保每一時刻，最多只能有一個程序或程線，在更動一筆資料，因此，不致有更新遺失的情形發生。

　　注意到，法令與規則訂出了之後，必須每一個人都守法才行，否則，就會全功盡棄的。換言之，所有欲更新同一筆共用資料的程序或程線，必須百分之百全部都遵守先將資料上鎖才能進行更新的法則，否則，只要有任一個不遵照此規則，資料的正確性就無法確保！

9-1-3 名詞

共時控制領域上所使用的名詞，有時會讓人有點搞迷糊了。因此，在此我們先解釋一下。

首先，有那用來當作鎖，以保護每一筆共用資料的東西，這通常是一個整數變數，或一像互斥鎖之類的資料結構，或是本章稍後我們會介紹的旗誌（semaphore）。這個實體，稱做**鎖**（lock），是名詞。鎖可以用作一通用名詞，泛指那整數變數鎖，互斥鎖，或旗誌。但亦可代表一實際的鎖。pthreads 環境所用的鎖，稱之為互斥鎖（mutex）。當然 pthreads 除互斥鎖之外還有讀寫鎖。旗誌則是 Unix 與 Linux 作業系統上所提供的，AT&T UNIX System V 的一種程序間的溝通設施。其功能與 pthreads 中的互斥鎖相似，同樣具有互斥功能。

對於每一個實體鎖，程序或程線都可以有兩種動作：

1. 獲得這個鎖（亦即，將一尚未上鎖的鎖上鎖）

2. 釋放這個鎖（亦即，將一已上鎖的鎖打開，解鎖）

獲取一個鎖有多種不同的說法，譬如，"將一個鎖鎖上"，或就簡單地說 "上鎖" 或 "鎖上"（lock）。同樣地，"釋放一個鎖" 也經常稱 "將這個鎖解鎖"，或就簡稱 "解鎖"（unlock）。在很多地方，上鎖的函數也直接取名叫 lock() 函數，而負責解鎖的函數就稱 unlock()。

因此，視上下文而定，lock 一詞可能有三種不同意思：

1. 它是個名詞。代表用以保護著一筆共用資料或資源的實體。

2. 它用作動詞。代表將一尚未上鎖的鎖上鎖，以取得存取共用資料或資源的權利。

3. 它是程序或程線可叫用，用以取得共用資料/資源存取權的函數的名稱。

9-1-4　三個要件

在此我們必須明白指出，以鎖作為共時控制的方法，必須同時具備三個條件，才會行得通。

1.　對同一筆共用資料的更新，必須以同一個個別鎖看護著。在實際更新前，每一程序或程線必須將此一鎖上鎖，以確保每一時刻只有一個程序或程線能更新這個共有資料，以防更新遺失。

2.　所有欲更新這共用資料的程序或程線，必須全部都遵守必須先將有關的鎖上鎖後，才能更新共用資料的規則。這包括在更新完後解鎖。只要有任何程序或程線不守規定，那共用資料的正確性就無法擔保。

3.　將一個鎖上鎖或解鎖的動作，必須是不可分割的（atomic），永遠保證一次完成。否則，就無法確保永遠最多只有一個程序或程線擁有這個鎖。若做不到上鎖或解鎖永遠無法切割，那就可能會出現兩個或兩個以上的程序或程線，同時擁有一個鎖（亦即，同時將同一個鎖上鎖）的情形。

9-1-5　有許多共時控制的設施存在

可以用來做共時控制的設施通常不止一個。幾乎每一作業系統都會提供至少一個。有些程式語言（如 Java）也會提供自己語言的共時控制設施。有些套裝軟體也會提供。還有，就如本章稍後我們會實際示範的，你也可以自己提供你自己的。

若你以 pthreads 作多程線的程式設計，那 pthreads 就有自己的互斥鎖。這我們已在前一章介紹過。

假若你使用 C 程式語言，那最常見的就是使用作業系統所提供的共時控制設施。這包括本章稍後我們即將介紹的，UNIX System V 的程序間通信設施，旗誌在內。此外，POSIX 標準也定義了它自已的旗誌，這我們在本章稍後也會介紹。這兩種旗誌都包括在 POSIX 標準內。

若你使用 Java 程式語言，Java 在 java.util. concurrent 包裝（package）裡就提供有它自己的上鎖/解鎖設施。這些包括 java.util. concurrent.locks，

java.util. concurrent.atomic，與 java.util. concurrent.locks.ReentrantReadWriteLock
等類別（classes）。

這一章，我們會教你如何設計與撰寫你自己的上鎖與解鎖函數，以達最
快速度，同時也會討論如何使用旗誌。緊接，我們就先討論旗誌。

9-2 系統五 IPC 資源簡介

作業系統很典型的重要特色之一，就是隔絕與保護，這意指一個作業系
統會將系統上的每一個程序與所有其他程序互相隔離，讓它們不會互相侵犯
或影響。亦即，絕對沒有那種火燒波及隔壁鄰居的情形發生。這是因為每一
程序都有其自己的位址空間，並在自己的位址空間內執行。每一程序在其位
址空間（及記憶器）內所做的是，任何其它程序都看不見的，因此，不會影
響到他人。這個隔離與保護的特色，提供了在同一計算機上執行，共用計算
機之所有記憶器之所有程序間最基本的安全。倘若沒有這層保護，很難想像
程式設計者還要多做多少事。

雖然這層隔離與保護很好，但有時程序與程序之間也需共同協力，彼此
合作且相互溝通。這就是 AT&T UNIX 系統五（System V）之程序間通信
（InterProcess Communication，IPC）資源與設施的主要目的與用途。

系統五 IPC 設施早在 1980 年代就存在 AT&T UNIX 作業系統裡。稍後
被 POSIX 標準採納，也因而存在 Unix，Linux，以及其他符合 POSIX 標準
的作業系統裡。它讓軟體工程師開發很複雜軟體的工作變得稍微簡單些。幾
十年來也因此被用在無數的軟體產品上。

系統五 IPC 主要設計以用在同一系統上執行之程序間的相互通信。這些
程序也有可能來自不同軟體廠商。因此，系統五 IPC 資源的主要特色是，它
們一旦在系統上產生了，就是整個系統都可以用的。其存在就不再與產生它
的程序直接相關。換言之，它就變成像是存在作業系統的核心層內了。

系統五IPC 的設施與資源有三種，它們是

- 信息排隊（message queue）

- 共有記憶（shared memory）

- 旗誌（semaphore）

信息排隊讓程序與程序間能互傳信息。共有記憶讓多個程序能將其一部份位址空間騰出，與其它程序共用，共享存在那上面的資料。旗誌主要則是作為共時控制用，它讓多個共時更新或存取共有記憶器內之資料的程序，能彼此取得同步，而不致踩到彼此的腳，以保護資料的完整與正確性。

這本書在未來的幾章會介紹全部這些系統五的 IPC 資源。這一章先討論旗誌。下一章探討共有記憶，下下章介紹信息排隊。以下我們就立即說明系統五 IPC 資源的一些共同知識，以及如何產生與使用系統五的旗誌。

9-2-1　系統五 IPC 資源的識別

在一個程序內，每一系統五IPC（InterProcess Communication，程序間通信）資源都以一資料型態為 key_t 的**檢索值**（key value）代表。這主要是一個整數。

系統五 IPC 的主要觀念是，在同一個系統上，隨時可能都有多個不同軟體商的應用程式在執行。為了讓它們不致彼此踩到對方的腳，每一軟體商之應用程式照理都應該在系統上選擇一個與眾不同的路徑名，代表著應用程式。這樣可以避免不同程式間所使用的系統五 IPC 資源，彼此撞在一起。換言之，使用系統五 IPC 資源的每一應用程式，都應該在系統上建立一個與眾不同的路徑名，以避免自己和其它應用程式互撞在一起。

為了更富彈性，在每一路徑名下，軟體商又可以進一步指定不同的計劃號碼（project id），以進一步區別同一軟體商之不同應用程式，或同一應用程式下之不同組件，或不同資源。這計劃號碼也是一個整數。

換言之，每一系統五 IPC 資源，都有一對與眾不同的（路徑名，計劃號碼）與它人作區別。為了簡化使用，在程式內，每一程式都可以用 ftok() 函數，

將每一對與眾不同的號碼組，轉換成一獨特的檢索值。然後，程式再以檢索值來代表每一系統五 IPC 的資源，使用或存取這資源。

所以，以下是系統五 IPC 的一般用法：

1.　替你的應用程式選擇一個獨特的檔案路徑名。

2.　替你的軟體計劃選擇一個計劃號碼，代表你的計劃，單元或資源。這也是一個整數。

3.　叫用 ftok() 函數，將獨特的路徑名與計劃號碼，轉換成一獨特的檢索值（key）。

4.　在程式裡，以這獨特的檢索值，代表那系統五 IPC 資源，叫用各種不同函數。

（對應於應用程式的獨特路徑名，與眾不同的計劃號碼）

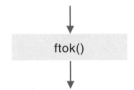

ftok()

系統五 IPC 的檢索值或識別（是一整數）

圖 9-3　如何取得系統五 IPC 資源的識別（檢索）

顯然，ftok() 函數將路徑名與計劃號碼，融在一起，變成一與眾不同的整數值。它所提供的價值，是在程式中使用一檢索值，比使用路徑名與不同的計劃號碼兩樣東西容易多了！記得，有三件事必須做對，才會行得通的。

1.　你所選擇，代表或對應於你的應用程式的路徑名，絕對必須是與眾不同的。它絕對不能與其它軟體商之應用程式所選擇的，或甚至是你自己公司之其它應用程式所選擇的相同。所以，把公司名字和應用程式的名稱都包括在路徑名上，該是個很好的主意。

2.　路徑名選定了之後，在你的應用程式能在系統上正式開創有關的系統五 IPC 資源之前，這檔案路徑名必須實際存在於系統上。亦即，你必須事先建立這檔案夾或檔案，讓它實際存在。在客戶的系統上，最好是應用程式安裝時，就該這樣做。

3.　為了能讓你的應用程式能一直執行，你必須確保這有關的路徑名一直是
存在而且是應用程式隨時存取得到的。因此，將之放在遠方網路上的檔
案系統並不是個好主意。因為，那不見得永遠在。最好是放在一個一定
永遠隨時都存在的檔案系統上，如 / 根部檔案系統。此外，為了安全起
見，千萬不要把它擺在像 /tmp 或 /var/tmp 的檔案夾上。因為，這些檔案
夾通常是任何人都可以改變的。你當然不希望任何人都可以隨意把你的
檔案或路徑名剔除掉的。

9-2-2　系統五 IPC 資源的存取權

系統五 IPC資源是整個系統都看得見的。這有兩個問題。首先，你如何
確保一個應用程式所開創的資源，不致與其它應用程式的資源撞在一起？其
次，你如何確保安全與隱私？亦即，一應用程式所擁有的資源，其它應用程
式不能使用。

誠如前面說過的，第一個問題可透過選擇與眾不同的路徑名解決。只要
小心，選定與其它軟體商絕對不至於相同的路徑名，就沒事了。

第二個問題則須透過資源的權限解決。當一個程式產生或開創一個資源
時，它可以指定這資源的權限（利用 flags 引數的最低九個位元）。資源的開
創者，可以控制擁有者，與其它用戶對這資源的存取權限。

例如，若將資源的存取權限定為八進位數 0600，那就代表除了超級用戶
與這資源的擁有者外，其它的用戶或群組的成員，都無存取權利。假設這資
源是 John 所建立的，則除了 John 與超級用戶外，其它人若企圖存取，就會得
到 EACCESS 的錯誤。

注意，路徑名的權限與是否有權存取資源是無關的。存取一資源的權限
是另外的，與路徑名權限無關。這存取權限，即為資源產生時，函數叫用所
指出的權限值，它只有在你執行 ipcs 命令時才看得出來。

總之，若一個程序想存取系統五 IPC 的資源，那下面兩個條件就得都成立：

1.　程序必須知道那 IPC 資源的路徑名與計劃號碼。因為，有了這兩項資訊，
程序才能算出這資源的檢索值，並以之叫用有關的存取函數。

2.　根據資源在產生時，或產生後，的權限設定，程序之有效用者必須被允
許存取這資源才行。

9-2-3 與系統五 IPC 有關的命令

在 Linux 與 Unix 上，有幾個和系統五 IPC 資源有關的命令非常有用。首先，ipcs 命令列出目前系統上有那些系統五 IPC 資源存在：

```
$ ipcs
```

這個命令列出存在目前系統中的所有系統五 IPC 資源。

舉個實際的例子而言，Oracle 資料庫管理系統（Oracle RDBMS）使用了三個共有記憶器節段以及一含有 120+ 個個別旗誌（semaphore）的系統五旗誌設施。當這個資料庫系統正在執行時，ipcs 命令的輸出就類似如下所示：

```
$ ipcs

------ Shared Memory Segments --------
key        shmid      owner      perms      bytes      nattch     status
0x00000000 327681     root       644        80         2
0x00000000 360450     root       644        16384      2
0x00000000 393219     root       644        280        2
0xe6198994 372375556  jinchen    660        16785408   132
0x00000000 372408325  jinchen    660        1073741824 66
0x00000000 372441094  jinchen    660        167772160  66

------ Semaphore Arrays --------
key        semid      owner      perms      nsems
0x7142075c 4325377    jinchen    660        124

------ Message Queues --------
key        msqid      owner      perms      used-bytes  messages
```

其次，經常程式會中途死亡終止。這種情況下，程式所建立與使用的系統五 IPC 資源即會殘留在系統上。由於這些資源已沒有人在用，因此，應該清除。倘若你有權限，那執行 ipcrm 命令，即可手工式地將之清除。例如，下列命令即將號碼是 32768 的旗誌，自系統中清除：

```
$ ipcs

------ Semaphore Arrays --------
key        semid      owner      perms      nsems
0x4101f745 32768      john       600        2

$ ipcrm -s 32768
```

9-3　系統五旗誌

POSIX 標準包括兩種旗誌。首先，是自標準第二版（Issue 2）起即有的 AT&T Unix System V 的旗誌（semaphore）。其次就是在第五版本（Issue 5）所增加，與 POSIX 即時擴充一起加上的 POSIX 旗誌。觀念上，這兩者非常相近，但卻各自使用不同的程式界面。這節，我們先介紹系統五旗誌。在稍後一節再介紹POSIX 旗誌。

9-3-1　什麼是旗誌？

旗誌是自 1983 年起就存在AT&T Unix作業系統，所有現在的 Unix 與 Linux 系統上都有的一種**程序間通信方法**（interprocess communication mechanism，簡稱IPC）。每一旗誌就是一個整數，其值可以增加或減少。作業系統確保每一旗誌值的增加或減少是一個不可切割的作業。因此，旗誌通常當作鎖用。每一旗誌之值通常是零或正數。就其最簡單的形式而言，一個旗誌就是一個鎖。其旨在讓一共用資料或資源的共時更新，彼此能取得協調同步。譬如，它最常用在許多程序同時存取共有記憶（shared memory）時的同步控制。我們會在下一章介紹共有記憶。

由於絕大多數程式平常都需要用到不止一個旗誌，因此，系統五IPC 的旗誌是以組（set），亦即，陣列形式存在的。程式每次就產生一組旗誌，稱為**旗誌組**（semaphore set）。所以，若程式所需就是只有一個旗誌，那它就是產生一個只有一個旗誌的旗誌組。

就像其它所有的系統五 IPC 資源一樣，每一旗誌組分別以一檢索值代表。這檢索值的資料型態是 key_t，實際上是一個整數(int)。如前面我們說過的，這檢索值由 ftok() 函數，將一路徑名與計劃號碼合併計算求得。旗誌組的檢索值在旗誌產生時，系統會將之轉換成一旗誌組的識別或號碼，在程式中，經常以一稱為 semid 的變數代表。資料型態是整數。

在每一旗誌組內，每一個別旗誌分別又以一號碼（序號，或陣列索引）代表。這旗誌號碼由 0 開始，譬如，若一旗誌組含有五個旗誌，那這些旗誌的號碼就分別是 0，1，2，3，4。換言之，第一個旗誌的號碼是 0。代表一個別旗誌的號碼，在程式中通常以一名稱是 semnum的變數代表。

　　每一旗誌組中的個別旗誌，事實上就是一個整數變數，它的資料型態是 "unsigned short"。事實上，每一旗誌還有附帶著其它的屬性與資料，這稍後我們會介紹。但平常最重要的就是這每一旗誌的整數值。程式可以對這旗誌值做某些運算。譬如，經由semop() 函數，將其加一或減一。這一個別旗誌的值，在程式中，經常是以 semval 變數代表。圖 9-4 所示，即為與每一旗誌有關的三個主要整數值。

圖 9-4　與每一旗誌有關的三個主要整數值

semid — 每一旗誌組的識別號碼。這由 semget() 函數將檢索值轉換送回。

semnum — 旗誌組中，每一個別旗誌的號碼。這號碼從 0 開始。

semval — 每一個別旗誌的現有值。

9-3-2　二進旗誌與計數旗誌

　　由於每一個別的旗誌本身就像是一個整數變數，可以有許多不同的值。因此，它也有多種不同用途。根據它的用途而分，系統五 IPC 旗誌有兩種：

1.　二進旗誌（binary semaphore）

2.　計數旗誌（counting semaphore）

　　用作二進旗誌時，每一旗誌只能有二個位值，譬如，0 與 1。這主要是欲將旗誌當成互斥鎖用的，用以控制必須具有互斥特性的作業。譬如，共時或同時更新共用的資料或資源。舉例而言，若旗誌值是 0，可代表鎖是開的，而旗誌值是 1，則代表鎖已被上鎖。

　　計數旗誌的值就有一個較大的範圍。其主要作為計數器之用，譬如，代表可利用之資源的數目。這主要用於解決像生產消費等另一類的問題。

　　或許由於可用作計數旗誌之用，作業系統並不允許旗誌值為負數。二進旗誌比計數旗誌常用多了。

　　這一節，我們就專注在將一旗誌用作二進旗誌。亦即，將之當成互斥鎖（exclusive lock）使用。稍後，我們再介紹計數旗誌。

9-3-3　產生一旗誌組

在程式能使用旗誌之前，它必須先產生或建立旗誌。前面說過，程式每次必須產生一個旗誌組。一個程式可以透過叫用 semget() 系統叫用，產生一個旗誌組。

假若所指旗誌組尚未存在，則 semget() 函數叫用會產生一旗誌組，並且送回旗誌組的識別號碼 semid。假若該旗誌組已存在，則 semget() 函數叫用就不會再產生旗誌組，而只會送回該旗誌組的號碼。如下所示地，semget() 函數需要三個引數。第一引數指出旗誌組的檢索值。這個值應是 ftok() 函數根據路徑名與計劃號碼所計算出並送回的檢索值。

```
int semget(key_t key, int nsems, int semflg);
```

函數的第二引數指出旗誌組內要有幾個個別的旗誌。它可以是 1或好幾個。第三個引數則指出一些旗號（flags）與權限。在這第三引數上可以指明的旗號與 open() 函數相似，包括下列旗號：

IPC_CREAT：

指明這個旗號代表在旗誌組不存在時，你希望產生旗誌組。只有欲產生旗誌組的叫用者，必須指明此一旗號。

IPC_EXCL：

指明這個旗號代表只有旗誌組不存在時，你才願意產生這旗誌組。假若旗誌組已經存在，那 semget() 函數叫用即會失敗回返，且錯誤號碼會是 errno=EEXIST（17）（檔案已存在）。欲令這函數叫用成功的唯一辦法，就是先將這已存在的舊有旗誌組自系統中先剔除。

在產生旗誌組時，semflg 引數的最低次九個位元可以指出旗誌組的權限。這個值很重要，因為，它事關安全。它指出擁有者，群組成員與其它用戶誰有權利存取這個 IPC 資源（亦即，旗誌組）。譬如，若這權限值是 0640，那就代表擁有者可以讀與寫，同群組成員能讀不能寫，而其它用戶既不能寫也不能讀。

就某種意義而言，以 semgct() 函數產生一旗誌組，就像以 open() 函數建立或打開一個檔案一樣。在任何程序或程線能存取一個共用檔案前，有一程序或程線必須先將之產生。同樣地，在任何程序或程線能使用一旗誌組之前，有一程序或程線必須先將之產生。在一檔案已存在時，程序或程線在能存取它之前，必須事先叫用 open() 函數將之打開，取得打開檔案描述。同樣地，在能存取一旗誌組之前，一程序或程線必須事先叫用semget() 函數，取得該旗誌組的識別號碼（semid），再以之存取旗誌組。

　　注意到，雖然有些作業系統會自動將旗誌的初值設定為 0，但POSIX.1-2001標準上說，旗誌的初值是未定的。因此，為了程式的可移植性以及可靠性，你的程式應該在旗誌組每次一產生之後，立刻將所有旗誌的初值設定好。圖 9-5 的程式示範如何產生一旗誌組。

圖 9-5　產生一旗誌組（semcreate.c）

```
/*
 * Create a semaphore set.
 * Copyright (c) 2013, 2020 Mr. Jin-Jwei Chen.  All rights reserved.
 */

#include <stdio.h>
#include <errno.h>
#include <stdlib.h>
#include <sys/types.h>
#include <sys/ipc.h>
#include <sys/sem.h>

#define  IPCKEYPATH  "/var/xyzinc/app1"  /* this file or directory must exist */
#define  IPCSUBID    'A'          /* project id identifying the semaphore set */
#define  NSEMS       3            /* number of semaphores in our semaphore set */

int main(int argc, char *argv[])
{
  key_t  ipckey;
  int    projid;
  int    semid;
  int    ret;

  if (argc > 1)
  {
    projid = atoi(argv[1]);
  }
  else
    projid = IPCSUBID;

  /* Compute the IPC key value from the pathname and project id */
  /* ftok() got error 2 if the pathname does not exist. */
  if ((ipckey = ftok(IPCKEYPATH, projid)) == (key_t)-1) {
```

```
      fprintf(stderr, "ftok() failed, errno=%d\n", errno);
      return(-1);
    }

    /* Create the semaphore set */
    semid = semget(ipckey, NSEMS, IPC_CREAT|0600);
    if (semid == -1)
    {
      fprintf(stderr, "semget() failed, errno=%d\n", errno);
      return(-2);
    }
    fprintf(stdout, "The semaphore set was successfully created.\n");

    return(0);
  }
```

在 Linux 與 Unix 上，在執行過這例題程式之後，你可以執行 ipcs 命令檢查看看旗誌組是否真的產生了：

```
$ ipcs

------ Semaphore Arrays --------
key          semid      owner       perms      nsems
0x4101f745   32768      john        600        2
```

這命令顯示旗誌真的產生了。緊接，你可以以下的命令，將之自系統中剔除：

```
$ ipcrm -s 32768
```

9-3-4　剔除旗誌組

所有系統五 IPC 的設計都是，每一 IPC 資源由一程序所產生，然後由許多程序所共用。因此，這些資源只要一產生，就一直存在系統上，即令是產生的程序已終止了，也是一樣。它們會一直存在到被剔除或系統關機或重新啟動為止。

一個程式可經由叫用 semctl() 函數剔除一個旗誌組，叫用時，函數第三個引數cmd的值必須是 IPC_RMID：

```
int semctl(int semid, int semnum, int cmd, ...);
```

semctl() 函數可以有三或四個引數，若有四個，則第四個引數的資料型態是 "union semun"。函數的第一個引數是旗誌組識別碼。第二個引數用以自旗誌組中選擇其中一個旗誌。這個旗誌號碼的值可能是 0，1，2，…。第三個引數指出一個程式欲執行的命令或作業。一個 semctl() 函數可以有多種不同的作業或功能，第三引數選擇其中一種。這個引數的可能值包括 IPC_STAT（讀取旗誌組在作業系統核心內之有關資料），IPC_SET（設定旗誌的值），IPC_RMID（剔除旗誌組），IPC_INFO（讀取系統所設定之有關旗誌的極限值），還有其它，請進一步參考系統之文書。

注意到，在執行 semctl() 函數的 IPC_RMID 命令或作業時，函數的第二引數是被忽略的，它是 0 或 1 都一樣。

當一旗誌組自系統被剔除時，所有叫用 semop() 函數，被阻擋在這旗誌組的程序，都會一一被叫醒。

基於安全，欲剔除一旗誌組時，叫用程序的有效用戶號碼，必須與這旗誌組之產生者或擁有者相同才行。否則，它就必須是超級用戶。即使是旗誌組的權限設定成 0660，同一群組內的其它成員還是不能將一旗誌組剔除的。

圖 9-6 所示即為一先產生一旗誌組，然後再將之剔除的程式。

圖 9-6 產生並剔除一旗誌組（semcrerm.c 與 mysemutil.h）

```
（a）semcrerm.c

/*
 * Create and remove a semaphore set.
 * Copyright (c) 2013, Mr. Jin-Jwei Chen.  All rights reserved.
 */

#include "mysemutil.h"

int main(int argc, char *argv[])
{
  key_t   ipckey;
  int     projid;
  int     semid;
  int     ret;

  if (argc > 1)
  {
    projid = atoi(argv[1]);
  }
  else
    projid = IPCSUBID;

  /* Compute the IPC key value from the pathname and project id */
  /* ftok() got error 2 if the pathname does not exist. */
```

```
    if ((ipckey = ftok(IPCKEYPATH, projid)) == (key_t)-1) {
      fprintf(stderr, "ftok() failed, errno=%d\n", errno);
      return(-1);
    }

    /* Create the semaphore set */
    semid = semget(ipckey, NSEMS, IPC_CREAT|0600);
    if (semid == -1)
    {
      fprintf(stderr, "semget() failed, errno=%d\n", errno);
      return(-2);
    }
    fprintf(stdout, "The semaphore set was successfully created.\n");

    /* Wait a few seconds so you can check the semaphore set created. */
    sleep(5);

    /* Remove the semaphore set */
    /* The second argument, semnum, is ignored for removal. */
    ret = semctl(semid, 0, IPC_RMID);
    if (ret == -1)
    {
      fprintf(stderr, "semctl() failed to remove, errno=%d\n", errno);
      return(-3);
    }
    fprintf(stdout, "The semaphore set was successfully removed.\n");

    return(0);
}
```

       (b) mysemutil.h

```
/*
 * Include files, defines and utility functions for semaphore example programs.
 * Copyright (c) 2013, 2020 Mr. Jin-Jwei Chen.  All rights reserved.
 */

#include <stdio.h>
#include <errno.h>
#include <sys/types.h>
#include <sys/stat.h>
#include <fcntl.h>
#include <unistd.h>
#include <stdlib.h>
#include <string.h>  /* memset and strcmp */

#include <sys/ipc.h>
#include <sys/sem.h>

#include <sys/wait.h>
#include <pthread.h>
```

```
/*
 * Defines
 */

#define  IPCKEYPATH  "/var/xyzinc/app1"  /* this file or directory must exist */
#define  IPCSUBID    'A'         /* project id identifying the semaphore set */
#define  NSEMS       3           /* number of semaphores in our semaphore set */
#define  ONESEM      1           /* only one semaphore in the semaphore set */
#define  MAXSEMS     128         /* maximum number of semaphores in our set */

#define  BLKSZ       512         /* block size */
#define  BUFSZ       (2*BLKSZ)   /* buffer size */
#define  INIT_VALUE  '0'         /* initial byte value */

/* Apple Darwin does not define struct seminfo. */
#ifdef __APPLE__
struct seminfo {
    int     semmap,              /* # of entries in semaphore map */
    semmni,                      /* # of semaphore identifiers */
    semmns,                      /* # of semaphores in system */
    semmnu,                      /* # of undo structures in system */
    semmsl,                      /* max # of semaphores per id */
    semopm,                      /* max # of operations per semop call */
    semume,                      /* max # of undo entries per process */
    semusz,                      /* size in bytes of undo structure */
    semvmx,                      /* semaphore maximum value */
    semaem;                      /* adjust on exit max value */
};
#endif

/* Trying to undefine "union semun" does not seem to work. */
#ifdef __APPLE__
#define _POSIX_C_SOURCE
#undef _DARWIN_C_SOURCE
#endif

/* Apple Darwin wrongly defines this in user space, against POSIX standard */
/* Besides, its definition is missing member "struct seminfo *__buf" */
#ifndef __APPLE__
/*
 * The data type for the fourth argument to semctl() function.
 * The type 'union semun'.
 */
union semun {
    int                val;     /* Value for SETVAL */
    struct semid_ds *buf;       /* Buffer for IPC_STAT, IPC_SET */
    unsigned short  *array;     /* Array for GETALL, SETALL */
    struct seminfo  *__buf;     /* Buffer for IPC_INFO
                                   (Linux specific) */
};
```

```
        typedef union semun semun;
        #else
        typedef union semun semun;
        #endif

        /*
         * --------------------------------------------------------------------------
         * Declaration of utility functions.
         * --------------------------------------------------------------------------
         */

        /*
         * This function gets and returns the identifier of the semaphore set specified.
         * It also creates the semaphore set if it does not already exist.
         */
        int get_semaphore_set(char *pathname, int projid, int nsems, size_t perm);

        /* This function sets the value of each semaphore in a semaphore set. */
        int init_semaphore_set(int semid, int nsems, int semval);


        /*
         * This function creates a file of the specified name, size (in bytes) and
         * permission and fills it with the value specified.
         */
        int create_file(char *fname, size_t fsize, unsigned char val, int perm);

        /*
         * This function randomly picks a block from a file and updates the very
         * first byte of it that is not the initial value as specified by the
         * parameter oldval. It replaces the initial byte value with the new byte
         * value specified by the newval parameter.
         */
        int random_file_update(int fd, size_t fsize, unsigned char oldval, unsigned char newval);

        /*
         * This function randomly picks a block from a file and updates the very
         * first byte of it that is not the initial value as specified by the
         * parameter oldval. It replaces the initial byte value with the new byte
         * value specified by the newval parameter.
         * The update repeats for the number of times specified by the updcnt
         * parameter.
         */
        int random_file_update_all(char *fname, size_t fsize, unsigned char oldval, unsigned
        char newval, size_t updcnt);

        /*
         * Count the number of occurrences of each character in '1' ... '9',
         * 'a' ... 'z' in a file.
         */
        int count_char_occurrences(char *fanme);
```

```
/*
 * Semaphore functions.
 */
int lock_semaphore(int semid, int semnum);
int unlock_semaphore(int semid, int semnum);
int print_semaphore_set(int semid, int nsems);
```

在執行過這個例題程式後，你最好執行一次 ipcs 命令，確保程式所產生的旗誌組，有乾淨地被移除了。

9-3-5 如何應用旗誌？

旗誌至少有兩種不同的使用方式。常見的就是將之用成二進旗誌，以控制對共用資料或資源的獨家存取權。在這種用法，每一旗誌就等於一互斥鎖。

旗誌一般都是好幾個程序或程線共用的，使用前，它必須先產生。典型上，一般都是有一經理或最先執行的程序或程線將之產生，然後再由所有程序或程線共用。要能使用一共用的旗誌，程序或程線必須知道它的識別號碼以及擁有使用權限。所以，一旗誌通常有一產生者，但多個使用者。

二進旗誌一般用以控制一個共用資料或資源的存取。身為程式設計者，你必須知道那一個旗誌控制那一筆共用資料。

在將系統五的二進旗誌用作鎖時，一般的習慣是旗誌值是 1 時代表鎖是開的（解鎖的）。而旗誌值是 0 時，代表鎖已上鎖（被拿走了）。這意謂二進旗誌在產生後，它的初值必須設定成 1（鎖是解開的）。誰最先發現旗誌的值是 1，並將之變成 0 的程序或程線，就擁有這個鎖，享有存取它所保護之共用資料或資源的獨有權利。放開這鎖的動作就是將旗誌的值，由 0 改回 1。

改變一旗誌的值可經由叫用 semop() 函數為之。這函數的規格如下：

```
int semop(int semid, struct sembuf *sops, unsigned nsops);
```

第一引數 semid 指出含有程式所要使用之旗誌的旗誌組。這號碼應是之前 semget() 函數叫用所送回的值。第二引數為一指標，指向一個或數個（一個陣列的）資料結構，這每一資料結構載明程式欲對旗誌組中的其中一個旗誌所做的運算，這資料結構的內含如下：

```
unsigned short sem_num;      /* 旗誌號碼 semaphore number */
short          sem_op;       /* 旗誌運算 semaphore operation */
short          sem_flg;      /* 作業旗號 operation flags */
```

　　結構的第一資料項目是旗誌的號碼，指出旗誌組的其中一個旗誌。第二資料項目則是運算。指明一個會被加至該旗誌之現有值的數目。這個值若是正的，代表旗誌之現有值要增加這個數目。若是負的，則代表旗誌之現有值要減掉這個數目。這值要是 0，那就代表欲等待旗誌的現有值變成 0。這種情況下，假若旗誌的現有值是 0，則函數叫用即成功回返。否則，叫用者就是等著。萬一第三項目 sem_flg 有指出 IPC_NOWAIT（不等）旗號，則函數叫用會立即失敗回返，送回 errno=EAGAIN（11）（請再嚐試）的錯誤。

　　前面說過，系統不會讓旗誌的值掉到 0 以下。譬如，假若旗誌的現有值是 1，而你在 sem_op 資料欄傳入 -2。那倘若第三欄的 sem_flg 沒有指明 IP_NOWAIT 旗號，那叫用程式很可能就會一直等下去，或等到有其它的程序將旗誌的值變成 2 或更大為止。倘若 sem_flg 有指明 IPC_NOWAIT 旗號，則 semop() 函數叫用即會立即回返，且錯誤號碼是 EAGAIN。這種情況下，函數叫用就無作用，旗誌值不受影響。若 sem_flg 未指明 IPC_NOWAIT，則等待著這旗號值增加的計數器值就會加一，叫用程序或程線會進入睡覺狀態等著，直至該旗誌的值變成等於或大於 sem_op 欄所指之值的絕對值，或程序或程線收到一個信號，或旗號組被從系統中剔除時為止。

　　根據上面我們就旗誌值所定下的規則（1 代表鎖是開的，0 代表鎖是上鎖的），在旗誌產生後，我們將每一旗誌的初值設定為 1。然後，欲上鎖時，我們將 semop() 函數叫用的第二引數之對應資料結構的 sem_op 資料欄放 -1，以便在旗誌的值變成 1 時，能將之減為 0，將之上鎖。倘若旗誌的現有值是 0（鎖已被人上鎖），而且函數叫用者又不指明 IPC_NOWAIT，那函數叫用者就會等著。相反地，解鎖動作就是在 sem_op 傳入 1 的值，將旗誌的值加 1，由 0 改成 1。

　　記得我們說過，上鎖或解鎖的動作必須是不可切割的（atomic），作業必須是百分之百完成或什麼事都沒做。semop() 函數的實作就會確保這個，確保其第二引數所指明的運算，是百分之百達成或什麼都沒改變。當無法所有 sem_op 的作業都一起完成時，最後結果視 sem_flg 是否指明 IPC_NOWAIT 旗號而定。

"struct sembuf" 結構中的 sem_flg 資料欄可以指出兩個旗號：

IPC_NOWAIT：

這旗號表示叫用者不願意等。假若所要求的作業無法立刻達成，而叫用者又指明這旗號，則 semop() 函數叫用立刻回返，且 errno 的值是 EAGAIN。

SEM_UNDO：

指出這個旗號代表，萬一叫用程式非預期地終止，那叫用者希望作業系統幫忙把一切清理乾淨，將中斷 semop() 的一切作業復原，等於什麼事都沒發生一樣。

一般而言，指出 SEM_UNDO 旗號是非常好的習慣。有了它，萬一叫用程序中途死亡，則系統便會把 semop() 所做的恢復原狀，使旗誌毫不受影響。譬如，將叫用程序所擁有的旗誌完全釋放。

所以，記得在 semop() 函數叫用的第二引數內，在每一資料結構的 sem_flg 資料欄上，永遠指明 SEM_UNDO 旗號。

你或許要問，那萬一作業系統在幫叫用程序清理時，必須要等候其它作業的時候怎麼辦？這個行為因作業系統而定。就 Linux 而言，系統會將旗誌的值做儘可能最大的調整，然後即讓叫用程序終止，不會讓程序的中止作業等著。

總之，一使用旗誌作上鎖作業之程式的綱要如下：

1. 產生旗誌組或取得旗誌組的號碼（semget() 函數）（包括在產生時設定初值）

2. 將旗誌上鎖（semop() 函數）

3. 執行相關的共用資料或資源之存取作業

4. 將旗誌解鎖（semop() 函數）

5. 去除旗誌組（semctl() 函數）（這通常不需這樣做）

圖 9-7 所示亦即為一將一旗誌上鎖與解鎖的程式。

圖 9-7　將一旗誌上鎖與解鎖（semlock.c）

```c
/*
 * Lock and unlock a semaphore.
 * Copyright (c) 2013, Mr. Jin-Jwei Chen.  All rights reserved.
 */

#include "mysemutil.h"

int main(int argc, char *argv[])
{
  key_t  ipckey;
  int    projid;
  int    semid;
  int    ret;
  int    exit_code=0;
  semun  semarg;
  struct sembuf    semoparg;
  int    i;

  if (argc > 1)
  {
    projid = atoi(argv[1]);
  }
  else
    projid = IPCSUBID;

  /* Compute the IPC key value from the pathname and project id */
  if ((ipckey = ftok(IPCKEYPATH, projid)) == (key_t)-1) {
    fprintf(stderr, "ftok() failed, errno=%d\n", errno);
    return(-1);
  }

  /* Create the semaphore */
  semid = semget(ipckey, 1, IPC_CREAT|0600);
  if (semid == -1)
  {
    fprintf(stderr, "semget() failed, errno=%d\n", errno);
    return(-2);
  }
  fprintf(stdout, "The semaphore was successfully created.\n");

  /* Initialize the value of the semaphore */
  semarg.val = 1;
  ret = semctl(semid, 0, SETVAL, semarg);
  if (ret == -1)
  {
    fprintf(stderr, "semctl() failed to set value, errno=%d\n", errno);
    exit_code = (-3);
```

```
      goto exit;
   }
   fprintf(stdout, "Initializing the semaphore value was successful.\n");

   /* Lock the semaphore */
   semoparg.sem_num = 0;    /* select the semaphore */
   semoparg.sem_op  = -1;   /* change its value from 1 to 0 to lock */
   semoparg.sem_flg = (SEM_UNDO);
   if ((ret = semop(semid, &semoparg, 1)) == -1) {
     fprintf(stderr, " semop() failed to lock the semaphore, errno=%d\n",
       errno);
     exit_code = (-errno);
     goto exit;
   }
   fprintf(stdout, "We have successfully acquired the lock!\n");

   fprintf(stdout, "  Updating the shared data ...\n");

   /* Unlock the semaphore */
   semoparg.sem_num = 0;    /* select the semaphore */
   semoparg.sem_op  = 1;    /* increment its value by 1 to unlock */
   semoparg.sem_flg = (SEM_UNDO);
   if ((ret = semop(semid, &semoparg, 1)) == -1) {
     fprintf(stderr, " semop() failed to unlock the semaphore, errno=%d\n",
       errno);
     exit_code = (-errno);
   }
   fprintf(stdout, "We have successfully released the lock!\n");

exit:

   /* Remove the semaphore */
   ret = semctl(semid, 0, IPC_RMID);
   if (ret == -1)
   {
     fprintf(stderr, "semctl() failed to remove, errno=%d\n", errno);
     return(-6);
   }
   fprintf(stdout, "The semaphore set was successfully removed.\n");

   return(exit_code);
}
```

為了管理，以及知道每一旗誌在每一時刻的狀況，一旗誌組中的每一個旗誌都有一些如下所示的相關的屬性或資訊：

```
unsigned short   semval;      /* current value of the semaphore */
pid_t            sempid;      /* pid of the process performed the last op */
unsigned short   semzcnt;     /* # of processes waiting for it to become zero */
unsigned short   semncnt;     /* # of processes waiting for it to increase */
```

換句話說，就每一個旗誌而言，作業系統保存了至少四項資訊：每一旗誌的現有值（semval），最後一個對旗誌有作業之程序的程序號碼（sempid），正等著旗誌的值變成零之程序的個數（semzcnt），以及正等待著旗誌的值增加之程序的個數（semncnt）。舉例而言，假若某一程序正好成功地叫用了 semop() 函數，那該旗誌的 sempid 資料欄的值，即會被設定完成該叫用之程序的程序號碼。

9-3-6　履行旗誌的各項作業

透過叫用 semctl() 函數，一個程式可以對一旗誌進行一些控制作業。這節討論這些控制作業。

semctl() 函數可以對整個旗誌組或每一個別旗誌，進行控制作業。這函數的格式如下：

```
int semctl(int semid, int semnum, int cmd, semun semarg);
```

除了一種情況（IPC_RMID 命令時）外，semctl() 函數一般需要四個引數。第一個引數指明作業的旗誌組。第二個引數在作業若是針對個別旗誌時，指出作業目標的個別旗誌。假若作業是針對整個旗誌組，那第二引數就會被忽略。究竟作業是針對整個旗誌組或個別旗誌，實際由第三引數 cmd 決定。這隨後我們就緊接討論。

函數的第四引數則提供作業所需的輸入資料值或用以儲存作業即將送回之資料的緩衝器。其資料型態必須是 "union semun"。根據 POSIX.1-2001 標準，叫用 semctl() 函數的程式必須將這資料型態定義成如下所示的樣子：

```
/* semctl()函數之第四引數的資料型態 */
union semun {
  int            val;      /* 只作輸入,在 SETVAL 命令時含旗誌的新值 */
  struct semid_ds  *buf;     /* IPC_STAT 時是輸出,IPC_SET 時是輸入 */
  unsigned short   *array;   /* GETALL 時是輸出,SETALL 時是輸入 */
  struct seminfo   *__buf;   /* IPC_INFO 的緩衝器,Linux 特有 */
} semarg;
```

誠如你可看出，第四引數是一多用途的引數。也因此它才會定義成多種資料型態的聯合或合併（union）。視第三引數所指的命令不同而定，第四引數的資料型態也有所不同。

注意到，這合併型態的第一成員是一個整數（int）。它唯一的用途是在當第三引數的命令是 SETVAL 時，用以指出新的旗誌值。由於它的資料型態不是指標，因此它並不能作為輸出變數。

此外，要小心，由於這合併型態若非一整數，就是一指標。因此，假若在進行了 SETVAL 作業，將這合併型態用作一單純整數後，程式欲再做其它的作業。那請記得一定要重新設定 semarg.buf，semarg.array 或 semarg.__buf 這些其它資料型態的值，否則，程式即會將先前 val 的整數值，解釋成指標值（位址），那程式就會死掉！

若第三引數所指的作業命令是 GETVAL，則 semctl() 函數所送回的值，即為旗號的現有值。

"struct semid_ds" 資料型態則定義在 <sys/sem.h> 內。合併型態最後一個成員__buf 則是 Linux 特有的。其資料型態 "struct seminfo" 則定義在 /usr/include/linux/sem.h 與 /usr/include/bits/sem.h 內。在 Linux 上，與旗誌有關之每一作業系統的核心層可調參數（tunable parameter），在這個資料結構上都有一資料欄與之對應。

semctl() 函數的第三個引數指出程式想做的作業命令。它可以是下面的任一個。留意到，下面的這些作業，有些是只針對一個旗誌，有些則是同時針對好幾個旗誌的。

IPC_RMID：

這個作業命令，將旗誌組自系統中剔除。若此時有程序還在 semop() 函數叫用中等待著，它們會全部被喚醒。那些程序會回返，且錯誤號碼（errno）的值會是 EIDRM。

叫用程序的有效用戶號碼必須與旗誌組之開創者或擁有者相同，才有權剔除旗誌組。此一作業時，函數之第二引數被忽略，且第四引數用不到。在前面我們已舉過一個從事 IPC_RMID 作業的例子。

GETVAL：

這個作業命令讀取並送回一旗誌的現有值，這個個別旗誌由函數之第一與第二引數合起來選定。函數叫用者必須有讀取旗誌組的權限。

SETVAL：

　　這個作業命令設定一旗誌的現有值。此一個別旗誌由函數的前兩個引數決定。旗誌的新值必須給在 semun 合併型態的val資料欄上。叫用者必須具有寫入（更改）旗誌組的權限。倘若這個旗誌值的改變，能讓某些等在這旗誌的 semop() 函數叫用上的程序得以醒來，它們就會被喚醒。

GETALL：

　　這個作業命令讀取旗誌組之所有旗誌的現有值。執行此一作業時，函數之第四引數必須提供能儲存所有旗誌之值的緩衝器。叫用程式必須騰出一個 "unsigned short" 陣列（array）所需的記憶空間，並將其起始位址放在 "union semun" 之 array 資料欄上。這個陣列的大小，（元素個數）必須是旗誌組中之個別旗誌的個數。函數的第二引數 semnum 的值用不到會被忽略。叫用者必須有旗誌組的讀取權限。

SETALL：

　　這個命令設定旗誌組中之所有旗誌的現有值。執行這個作業時，第四引數必須提供一個陣列的值，以作為所有旗誌的新值。叫用者必須騰出一 "unsigned short" 之陣列所需的記憶空間，將所有旗誌的新值填入，並將這陣列的起始位址，放在 "union semun" 之 array 成員的資料欄上。該陣列的大小應等於旗誌組中之個別旗誌的個數。這個作業時，函數的第二引數不用。

　　叫用者對旗誌組應有寫入的權限。這個作業會同時更動旗誌組的最後更改時間的值。倘若此一設定作業會造成某些等在這些旗誌之 semop() 叫用的程序應該往下繼續執行，則這些程序都會被叫醒。

GETPID：

　　這個作業送回最後叫用這旗誌之semop() 函數之程序的程序號碼（pid 值）。

　　叫用者對旗誌組應有讀取權限。

GETNCNT：

　　這個作業送回目前正等著旗誌的值增加之程序的個數。

　　叫用者對旗誌組應有讀取的權利。

GETZCNT：

這個作業送回有多少個程序，目前正等著旗誌的值變成零。

叫用者對旗誌組應有讀取的權利。

IPC_STAT：

查詢並送回旗誌組的資訊，這些資訊如 "struct semid_ds" 資料結構所定。它包括旗誌組所含之個別旗誌的數目，擁有者是誰，權限值是什麼，最後一次 semop() 函數叫用的時間，以及最後一次更動的時間，這些值經由第四引數中之 buf 資料欄送回。semctl() 函數的第二引數不用。

IPC_SET：

變更或設定旗誌組定義在 "struct semid_ds" 資料結構中的資訊。這個作業會更新旗誌組之最後變動時間（sem_ctime）的值。輸入值必須存在第四引數之 buf 資料欄上。semctl() 函數的第二引數不用。

　　從此以下的三個作業是 Linux 特有的。欲在 Linux 上使用下面的作業命令時，你必須在程式最前頭，在 <sys/ipc.h> 之前，加上下面的定義：

```
#define _GNU_SOURCE    /* 用以獲得 semctl 在 Linux 特有的作業命令 */
```

IPC_INFO：

這命令是 Linux 特有的。這作業查詢且送回，定義在 "struct seminfo" 資料結構中，與旗誌相關之作業系統參數與極限的現有值。這些值包括 semmni（系統所容許的最多旗誌組的數目），semmsl（每一旗誌組所容許的最高旗誌數），semmns（系統中所有旗誌組全部旗誌數的最高數目），semvmx（一個旗誌值的最大值），與其它。

SEM_INFO：

這作業與 IPC_INFO 相同。唯一的不同是，semusz 資料欄送回系統中現在存在的旗誌組總數，semaem 送回現在存在整個系統中之旗誌的總個數。這作業也是 Linux 所特有的。

SEM_STAT：

這作業與 IPC_STAT 相同，唯一的不同是，semid 並非一旗誌組的識別號碼，而是 Linux 核心層內所維護，有關系統中所有旗誌組之資訊的陣列索引（index）值。

記得，semctl() 函數可用以針對整個旗誌組或只有旗誌組中單一的旗誌作業。若是單一旗誌，則這旗誌就由函數的第二引數 semnum 選定。否則，若是針對整個旗誌組，則這第二個引數就不用。

在這一節，我們舉例說明如何使用上述的一些作業命令。上面我們沒提到的其它作業，請讀者參考作業系統的文書。

圖 9-8 所示即為一如何使用 semctl() 函數之 SETVAL 與 GETVAL 作業的例子，而圖 9-9 所示則為如何使用 semctl() 函數之 SETALL 與 GETALL 作業的例子。

圖 9-8 設定與讀取一旗誌之現有值（semsetone.c）

```
/*
 * Demonstrate the GETVAL and SETVAL operations of the semctl function.
 * Copyright (c) 2013, Mr. Jin-Jwei Chen.  All rights reserved.
 */

#include "mysemutil.h"

int main(int argc, char *argv[])
{
  key_t  ipckey;
  int    projid;
  int    semid;
  int    ret;
  int    exit_code=0;
  semun  semarg;
  struct sembuf    semoparg;
  int    i;

  if (argc > 1)
  {
    projid = atoi(argv[1]);
  }
  else
    projid = IPCSUBID;
```

```
/* Compute the IPC key value from the pathname and project id */
/* ftok() got error 2 if the pathname does not exist. */
if ((ipckey = ftok(IPCKEYPATH, projid)) == (key_t)-1) {
  fprintf(stderr, "ftok() failed, errno=%d\n", errno);
  return(-1);
}

/* Create the semaphore */
semid = semget(ipckey, 1, IPC_CREAT|0600);
if (semid == -1)
{
  fprintf(stderr, "semget() failed, errno=%d\n", errno);
  return(-2);
}
fprintf(stdout, "The semaphore was successfully created.\n");

/* Get and print the initial values of the semaphore. */
ret = semctl(semid, 0, GETVAL, semarg);
if (ret == -1)
{
  fprintf(stderr, "semctl() failed to GETVAL, errno=%d\n", errno);
  exit_code = (-3);
  goto exit;
}
fprintf(stdout, "  The initial semaphore value is:\n");
fprintf(stdout, "    semval=%d\n",  ret);

/* Set the value of the semaphore */
semarg.val = 1;
ret = semctl(semid, 0, SETVAL, semarg);
if (ret == -1)
{
  fprintf(stderr, "semctl() failed to SETVAL, errno=%d\n", errno);
  exit_code = (-4);
  goto exit;
}
fprintf(stdout, "Setting the semaphore value was successful.\n");

/* Get and print the current values of the semaphore. */
ret = semctl(semid, 0, GETVAL, semarg);
if (ret == -1)
{
  fprintf(stderr, "semctl() failed to GETVAL, errno=%d\n", errno);
  exit_code = (-5);
  goto exit;
}
fprintf(stdout, "  The new semaphore value is:\n");
fprintf(stdout, "    semval=%d\n",  ret);
```

```
exit:

  /* Remove the semaphore */
  /* The second argument, semnum, is ignored for removal. */
  ret = semctl(semid, 0, IPC_RMID);
  if (ret == -1)
  {
    fprintf(stderr, "semctl() failed to remove, errno=%d\n", errno);
    return(-6);
  }
  fprintf(stdout, "The semaphore set was successfully removed.\n");

  return(exit_code);
}
```

圖 9-9　設定與讀取旗誌組所有旗誌的現有值（semsetall.c）

```
/*
 * Set and get all semaphore values in a semaphore set.
 * Copyright (c) 2013, Mr. Jin-Jwei Chen.  All rights reserved.
 */

#include "mysemutil.h"

int main(int argc, char *argv[])
{
  key_t  ipckey;
  int    projid;
  int    semid;
  int    ret;
  int    exit_code=0;
  semun  semarg;
  unsigned short semval[NSEMS];
  int    i;

  if (argc > 1)
  {
    projid = atoi(argv[1]);
  }
  else
    projid = IPCSUBID;

  /* Compute the IPC key value from the pathname and project id */
  /* ftok() got error 2 if the pathname does not exist. */
  if ((ipckey = ftok(IPCKEYPATH, projid)) == (key_t)-1) {
    fprintf(stderr, "ftok() failed, errno=%d\n", errno);
    return(-1);
  }
```

```c
/* Create the semaphore set */
semid = semget(ipckey, NSEMS, IPC_CREAT|0600);
if (semid == -1)
{
  fprintf(stderr, "semget() failed, errno=%d\n", errno);
  return(-2);
}
fprintf(stdout, "The semaphore set was successfully created.\n");

/* Get and print the initial values of all semaphores in the semaphore set */
semarg.array = (unsigned short *)semval;
ret = semctl(semid, 0, GETALL, semarg);
if (ret == -1)
{
  fprintf(stderr, "semctl() failed, errno=%d\n", errno);
  exit_code = (-3);
  goto exit;
}
fprintf(stdout, "The initial semaphore values are:\n");
for (i=0; i < NSEMS; i++)
    fprintf(stdout, "  semval[%5u]=%d\n", i, semarg.array[i]);

/* Set the semaphores' values */
for (i=0; i < NSEMS; i++)
  semarg.array[i] = (i + 1);
ret = semctl(semid, 0, SETALL, semarg);
if (ret == -1)
{
  fprintf(stderr, "semctl() failed to set all, errno=%d\n", errno);
  exit_code = (-4);
  goto exit;
}
fprintf(stdout, "Setting semaphore values was successful.\n");

/* Get and print the current values of the semaphores. */
for (i=0; i < NSEMS; i++)
  semarg.array[i] = 0;
ret = semctl(semid, 0, GETALL, semarg);
if (ret == -1)
{
  fprintf(stderr, "semctl() failed to get all, errno=%d\n", errno);
  exit_code = (-5);
  goto exit;
}
fprintf(stdout, "The current semaphore values are:\n");
for (i=0; i < NSEMS; i++)
    fprintf(stdout, "  semval[%5u]=%d\n", i, semarg.array[i]);
```

```
exit:

  /* Remove the semaphore set */
  /* The second argument, semnum, is ignored for removal. */
  ret = semctl(semid, 0, IPC_RMID);
  if (ret == -1)
  {
    fprintf(stderr, "semctl() failed to remove, errno=%d\n", errno);
    return(-6);
  }
  fprintf(stdout, "The semaphore set was successfully removed.\n");

  return(exit_code);
}
```

semctl() 函數的回返值：

semctl() 函數的回返值值得一提。在 Linux/Unix 作業系統上，semctl() 函數在失敗時送回 -1，且 errno 含錯誤號碼，這與 Unix 與 Linux 的習慣相符。

根據不同作業而定，在成功執行時，semctl() 函數送回一非負的值：

GETVAL ― semctl() 送回旗誌的現有值（semval）

GETPID ― semctl() 送回最後一個叫用旗誌之 semop() 函數之程序的程序號碼（sempid）

GETNCNT―semctl() 送回正等待著旗誌的值增加之程序的數目（semncnt）

GETZCNT―semctl() 送回正等待著旗誌的值變成零之程序的數目（semzcnt）

至於其它作業時，semctl() 函數的回返值，與可能的錯誤號碼，為節省篇幅，請讀者閱讀各作業系統的文書（如 "man semctl"）。

9-3-7　一個共時更新的例子

在此，我們舉一個以旗誌控制共時更新共用資料的例子。

這個程式例題以多個程序，同時更動一個共用的檔案。在最後，程式確認沒有更新流失。

程式首先叫用 create_file() 函數，建立一個共用的檔案。為了易於辨認，檔案一開始全部存 "0"。

程式緊接叫用 get_semaphore_set() 函數，產生一用以控制共時檔案更新作業的旗誌，並叫用 init_semaphore_set 函數，將旗誌的初值設定成 1。

緊接程式產生了幾個子程序（既定是四個）。這些子程序將同時試圖更新共用的檔案。母程序緊接則等待著所有子程序結束，並在最後將旗誌組自系統中剔除。

在程式結束之前，它叫用了 count_char_occurrences() 函數，計算所有子程序在共用檔案上所做的更新次數，以檢查是否有更新流失的情形。

在被用 fork() 函數生出後，每一個子程序都從 update_shared_file() 函數開始執行起。從事對共有檔案的更新作業。

同樣地，為了易於識別，在每一子程序更新檔案時，它會把自己的號碼寫入其所選定的檔案區段（file block）上。每一檔案更新基本上就是隨機選定一個檔案區段（或磁區），然後將自己的號碼轉換成一 ASCII 文字，寫在該檔案磁區之下一個尚未更動過的位元組上。這就是為何在程式最後，count_char_occurrence() 函數，能正確算出每一子程序實際所做過之更新數量。每一子程序的號碼以及它所必須做的更新次數，被當成是 update_shared_file() 函數的引數傳入。

記得，由於在 Unix/Linux 系統上，一個經由 fork() 函數叫用所生出的子程序，都遺傳了其母程序的所有資源，因此，所有子程序都擁有在母程序中所產生的檔案與旗誌，並能以相同的旗誌控制對同一共用檔案的共時更新。由於旗誌與檔案在系統上是屬於全面（global）性的系統資源，系統上的所有程序都存取得到，而且只有一份，所以，一切可行。

semupdf 程式所用到的共用函數，都存在 semlib.c 原始程式檔案上。請注意到，我們特別地在 update_shared_file() 函數中加上一點時間延遲，主要是因為我們所使用的共用檔案很小，只有 2MB。就現代系統而言，2MB 的檔案可完全存在記憶器中毫無問題。因此，檔案更新事實上等於是記憶更新了，速度非常快。讀者可以隨意改變這延遲的時間或檔案的大小。

圖 9-10 所示即為一以旗誌控制多個程序對同一共用檔案同時更新的程式例子。

圖 9-10　對共有檔案同時更新（semupdf.c 與 semlib.c）

```
(a) semupdf.c

/*
 * Concurrent updates of a shared file by multiple processes using semaphore.
 * Copyright (c) 2013, 2020 Mr. Jin-Jwei Chen.  All rights reserved.
 */

#include "mysemutil.h"

/* Default values related to the shared file */
#define NMB          2                   /* number of megabytes */
#define ONEMB        (1024*1024)         /* one megabytes */
#define DEFFILESZ    (NMB*ONEMB)         /* default file size in bytes */
#define NPROC        4                   /* number of concurrent processes */
#define DEF_FNAME    "semsharedf1"       /* name of the shared file */
#define DEFUPDCNT    40                  /* default update count */
#define MAXDELAYCNT  100000000           /* delay count */

int update_shared_file(char *fname, size_t fsize, int newval, size_t updcnt, int semid);

int main(int argc, char *argv[])
{
  key_t   ipckey;
  int     nproc;
  int     semid;
  int     ret;
  int     exit_code=0;
  semun   semarg;
  unsigned short semval[ONESEM];
  int     i;
  int     projid = IPCSUBID;
  char    def_fname[64] = DEF_FNAME;
  char    *fname;
  size_t  filesz;
  size_t  updcnt = DEFUPDCNT;
  pid_t   pid;
  int     stat;   /* child's exit value */

  if ((argc > 1) &&
     ((strcmp(argv[1], "-h") == 0) || (strcmp(argv[1], "-help") == 0)))
  {
    fprintf(stdout, "Usage: %s [nproc] [MBs] [updcnt] [fname]\n", argv[0]);
    return(-1);
  }

  /*
   * Get the number of concurrent processes, update count, file size and
   * file name from the user, if any.
   */
```

```
nproc = NPROC;
if (argc > 1)
  nproc = atoi(argv[1]);
if (nproc <= 0)
  nproc = NPROC;

filesz = DEFFILESZ;
if (argc > 2)
{
  filesz = atoi(argv[2]);
  if (filesz > 0)
    filesz = (filesz * ONEMB);
}
if (filesz <= 0)
  filesz = DEFFILESZ;

updcnt = DEFUPDCNT;
if (argc > 3)
  updcnt = atoi(argv[3]);
if (updcnt <= 0)
  updcnt = DEFUPDCNT;

fname = def_fname;
if (argc > 4)
  fname = argv[4];

fprintf(stdout, "Updating file %s of %lu bytes using %u concurrent processes,"
  " %lu updates each.\n" , fname, filesz, nproc, updcnt);

/* Create the shared file */
ret = create_file(fname, filesz, INIT_VALUE, 0644);
if (ret < 0)
{
  fprintf(stderr, "Failed to create the shared file\n");
  return(-2);
}

/* Create the semaphore */
semid = get_semaphore_set(IPCKEYPATH, IPCSUBID, ONESEM, 0600);
if (semid < 0)
{
  fprintf(stderr, "Failed to create the semaphore set, errno=%d\n", semid);
  return(-3);
}

/* Initialize the value of the semaphore (to be 1) */
ret = init_semaphore_set(semid, ONESEM, 1);
ret = print_semaphore_set(semid, ONESEM);


/* Create the worker processes and let them go to work */
```

```
  for (i = 1; i <= nproc; i++)
  {
    pid = fork();

    if (pid == -1)
    {
      fprintf(stderr, "fork() failed, i=%u, errno=%d\n", i, errno);
    }
    else if (pid == 0)
    {
      /* This is the child process. */
      /* Perform the child process' task here */
      ret = update_shared_file(fname, filesz, '0'+i, updcnt, semid);
      return(ret);
    }
    else
    {
      /* This is the parent process. */
      /* Simply continue */
    }
  }

  /* Wait for all worker processes to finish */
  for (i = 0; i < nproc; i++)
  {
    pid = wait(&stat);
  }

  /* Remove the semaphore */
  ret = semctl(semid, 0, IPC_RMID);
  if (ret == -1)
  {
    fprintf(stderr, "semctl() failed to remove the semaphore set, errno=%d\n",
      errno);
    return(-9);
  }
  fprintf(stdout, "The semaphore set was successfully removed.\n");

  /* Report the update counts from all processes */
  ret = count_char_occurrences(fname);
}

/*
 * Code for the worker process to execute.
 * This function updates a shared file, one block at a time.
 */
int update_shared_file(char *fname, size_t fsize, int newval, size_t updcnt, int semid)
{
  int    fd;
  int    i;
  int    ret=0;
```

```
    unsigned long long  j, k=0;
    struct timeval  tm1, tm2, tm3;

    /* Open the file for read and write */
    fd = open(fname, O_RDWR, 0644);
    if (fd == -1)
    {
      fprintf(stderr, "open() failed, errno=%d\n", errno);
      return(-errno);
    }

    /* Do the file update until done */
    for (i = updcnt; i > 0; i--)
    {
      /* Acquire the lock */
      ret = lock_semaphore(semid, 0);
      if (ret != 0)
        break;

      /* Update the file */
      ret = random_file_update(fd, fsize, INIT_VALUE, newval);

      /* Introduce some delay here to be a bit more real */
      for (j = 0; j < MAXDELAYCNT; j++)
        k = k + 2;

      /* Release the lock */
      ret = unlock_semaphore(semid, 0);

      if (ret != 0)
        break;
    }

    /* close the file */
    close(fd);
    return(ret);
}

(b) semlib.c

/*
 * Utility functions for semaphore example programs.
 * Copyright (c) 2013, 2020 Mr. Jin-Jwei Chen.  All rights reserved.
 */

#include "mysemutil.h"
#include <string.h>        /* memset() */

/*
 * This function gets and returns the identifier of the semaphore set specified.
 * It also creates the semaphore set if it does not already exist.
```

```
 * It returns a negative value on failure.
 * Parameters:
 *   pathname (IN) : a pathname identifying the semaphore set
 *   projid   (IN) : combined with pathname to uniquely identifying the
 *                    semaphore set
 *   nsems    (IN) : number of semaphores in the semaphore set
 *   perm     (IN) : permission of the semaphore set
 * Return value:
 *   on success: semaphore id (a non-negative integer)
 *   on failure: negative value of the errno
 */

int get_semaphore_set(char *pathname, int projid, int nsems, size_t perm)
{
  key_t  ipckey;
  int    semid;

  if (pathname == NULL)
    return(-EINVAL);

  /* Compute the IPC key value from the pathname and project id */
  /* ftok() got error 2 if the pathname does not exist. */
  if ((ipckey = ftok(pathname, projid)) == (key_t)-1) {
    fprintf(stderr, "ftok() failed, errno=%d\n", errno);
    return(-errno);
  }

  /* Create the semaphore if it doesn't exist and get the identifier */
  semid = semget(ipckey, nsems, IPC_CREAT|perm);
  if (semid == -1)
  {
    fprintf(stderr, "semget() failed, errno=%d\n", errno);
    return(-errno);
  }

  return(semid);
}

/*
 * This function sets the value of each semaphore in a semaphore set.
 * Parameters:
 *   semid (IN) : identifier of the semaphore set
 *   nsems (IN) : number of semaphores in the semaphore set
 *   semval (IN) : new value of each semaphore
 * Return value:
 *   on success: 0
 *   on failure: the negative value of errno
 */
int init_semaphore_set(int semid, int nsems, int semval)
{
  semun  semarg;
```

```
  int     ret;
  int     i;

  if ((semid < 0) || (nsems <= 0))
    return(-EINVAL);

  semarg.array = (unsigned short *)malloc((size_t) (nsems * sizeof(short)));
  if (semarg.array == NULL)
    return(-ENOMEM);
  memset((void *)semarg.array, 0, (size_t) (nsems * sizeof(short)));

  /* Set the semaphores' values */
  for (i=0; i < nsems; i++)
    semarg.array[i] = semval;

  ret = semctl(semid, 0, SETALL, semarg);
  if (ret == -1)
  {
    fprintf(stderr, "semctl() failed to set all, errno=%d\n", errno);
    free(semarg.array);
    return(-errno);
  }

  free(semarg.array);
  return(0);
}

/*
 * This function prints the value of each semaphore in a semaphore set.
 * Parameters:
 *    semid  (IN) : identifier of the semaphore set
 *    nsems  (IN) : number of semaphores in the semaphore set
 * Return value:
 *    on success: 0
 *    on failure: the negative value of errno
 */
int print_semaphore_set(int semid, int nsems)
{
  semun   semarg;
  int     ret;
  int     i;

  if ((semid < 0) || (nsems <= 0))
    return(-EINVAL);

  semarg.array = (unsigned short *)malloc((size_t) (nsems * sizeof(short)));
  if (semarg.array == NULL)
    return(-ENOMEM);

  /* Get the semaphores' values */
  for (i=0; i < nsems; i++)
```

```
      semarg.array[i] = 0;

  ret = semctl(semid, 0, GETALL, semarg);
  if (ret == -1)
  {
    fprintf(stderr, "semctl() failed to get all, errno=%d\n", errno);
    free(semarg.array);
    return(-errno);
  }

  for (i=0; i < nsems; i++)
    fprintf(stdout, "  semval[%5u]=%d\n", i, semarg.array[i]);

  free(semarg.array);
  return(0);
}

/*
 * This function acquires the lock on a binary semaphore.
 * A semaphore value of 1 means the lock is available.
 * A semaphore value of 0 means the lock is unavailable.
 * This expects the semaphore's value to be initialized to 1 to begin with.
 * This function attempts to decrement the semaphore's value by 1 to obtain
 * the lock.
 */
int lock_semaphore(int semid, int semnum)
{
  struct sembuf    semoparg;
  int              ret;

  /* See if we can decrement the semaphore's value from 1 to 0 */
  semoparg.sem_num = semnum;   /* starting from 0 */
  semoparg.sem_op  = -1;  /* assume semval is 1 when the lock is not taken */
  semoparg.sem_flg = (SEM_UNDO);
  if ((ret = semop(semid, &semoparg, 1)) == -1) {
    fprintf(stderr, "semop() failed to lock, errno=%d\n", errno);
    return(-errno);
  }

  return(0);
}

/*
 * This function releases the lock on a binary semaphore.
 * A semaphore value of 1 means the lock is available.
 * A semaphore value of 0 means the lock is unavailable.
 * This expects the semaphore's value to be initialized to 1 to begin with.
 * This function attempts to increment the semaphore's value by 1 to make
 * it available.
 */
int unlock_semaphore(int semid, int semnum)
```

```
{
  struct sembuf    semoparg;
  int              ret;

  /* Increment the semaphore's value by 1 */
  semoparg.sem_num = semnum;   /* starting from 0 */
  semoparg.sem_op  = 1;  /* assume semval is 1 when the lock is not taken */
  semoparg.sem_flg = (SEM_UNDO);
  if ((ret = semop(semid, &semoparg, 1)) == -1) {
    fprintf(stderr, "semop() failed to unlock, errno=%d\n", errno);
    return(-errno);
  }

  return(0);
}


/*
 * This function creates a file of the specified name, size (in bytes) and
 * permission and fills it with the value specified.
 * Parameters:
 *    fname (IN) - pathname of the file to be created
 *    fsize (IN) - size of the file in bytes
 *    val   (IN) - initial byte value for the entire file
 *    perm  (IN) - permission of the file
 * Return value:
 *    0 if success, or a negative value if failure
 */

int create_file(char *fname, size_t fsize, unsigned char val, int perm)
{
  char   buf[BUFSZ];
  size_t count, chunk;
  ssize_t bytes;
  int     fd;
  int     ret=0;
  char    *bufadr;    /* starting address of the buffer to write */

  if (fname == NULL || (fsize <= 0))
    return(-1);

  /* Open the file for write only. Create it if it does not already exist.
   * Truncate it if it exists already.
   */
  fd = open(fname, O_WRONLY|O_CREAT|O_TRUNC, perm);
  if (fd == -1)
  {
    fprintf(stderr, "open() failed, errno=%d\n", errno);
    return(-2);
  }

  /* Fill the buffer with the value to write */
```

```
    memset(buf, val, BUFSZ);
    count = fsize;

    /* For easy identification, we start each block with a 'A'.
     * Remove this inserted additional step if you want a uniform file.
     */
    buf[0] = buf[BLKSZ] = 'A';

    /* Fill the file with the initial value specified */
    while (count > 0)
    {
      if (count > BUFSZ)
        chunk = BUFSZ;
      else
        chunk = count;
      count = count - chunk;

      bufadr = buf;
      while (chunk > 0)
      {
        bytes = write(fd, bufadr, chunk);
        if (bytes == -1)
        {
          fprintf(stderr, "failed to write to output file, errno=%d\n", errno);
          close(fd);
          return(-3);
        }
        chunk = chunk - bytes;
        bufadr = bufadr + bytes;
      }  /* inner while */
    }  /* outer while */

    /* Close the file */
    close(fd);
    return(ret);
}

/*
 * This function randomly picks a block from a file and updates the very
 * first byte of it that is not the initial value as specified by the
 * parameter oldval. It replaces the initial byte value with the new byte
 * value specified by the newval parameter.
 * The update repeats for the number of times specified by the updcnt
 * parameter.
 * Parameters:
 *    fd     (IN) - file descriptor of the file to be updated
 *    fsize  (IN) - size of the file in bytes
 *    oldval (IN) - initial byte value to be updated
 *    newval (IN) - new byte value to replace the old value
 * Return value:
 *    0 on success or a negative value if failure
```

```
      */

int random_file_update(int fd, size_t fsize, unsigned char oldval, unsigned char newval)
{
   char   buf[BLKSZ];
   size_t   count;          /* number of bytes to read/write */
   ssize_t bytes_done;      /* number of bytes that were read/written */
   size_t   i, j;
   off_t    offset;
   size_t   nblks;
   size_t   blkno;
   char      *bufadr;

   if ((fd <= 0) || (fsize <= 0))
     return(-1);

   /* Compute the total number of full blocks in the file */
   nblks = (fsize / BLKSZ);
   if (nblks < 1)
     return(-1);

   /* Randomly select a block */
   blkno = (size_t) (rand() % nblks);

   /* Seek to the block selected */
   offset = lseek(fd, (blkno * BLKSZ), SEEK_SET);
   if (offset == (off_t)-1)
   {
     fprintf(stderr, "lseek() failed, errno=%d\n", errno);
     close(fd);
     return(-3);
   }

   /* Read the file block */
   count = BLKSZ;
   bufadr = buf;
   while (count > 0)
   {
     bytes_done = read(fd, bufadr, count);
     if (bytes_done == -1)
     {
       fprintf(stderr, "failed to read from file, errno=%d\n", errno);
       close(fd);
       return(-4);
     }
     count = count - bytes_done;
     bufadr = bufadr + bytes_done;
   }  /* while */

   /* Update the block by replacing first original byte with the new byte */
   for (j = 0; j < BLKSZ; j++)
```

```
      if (buf[j] == oldval)
        break;
    if (j < BLKSZ)
      buf[j] = newval;

    /* Seek to the block selected */
    offset = lseek(fd, (blkno * BLKSZ), SEEK_SET);
    if (offset == (off_t)-1)
    {
      fprintf(stderr, "lseek() failed before write, errno=%d\n", errno);
      close(fd);
      return(-5);
    }

    /* Write back the block */
    count = BLKSZ;
    bufadr = buf;
    while (count > 0)
    {
      bytes_done = write(fd, bufadr, count);
      if (bytes_done == -1)
      {
        fprintf(stderr, "failed to write to output file, errno=%d\n", errno);
        close(fd);
        return(-6);
      }
      count = count - bytes_done;
      bufadr = bufadr + bytes_done;
    }  /* while */

    sync();

    return(0);
}


/*
 * This function randomly picks a block from a file and updates the very
 * first byte of it that is not the initial value as specified by the
 * parameter oldval. It replaces the initial byte value with the new byte
 * value specified by the newval parameter.
 * The update repeats for the number of times specified by the updcnt
 * parameter.
 * Parameters:
 *   fname   (IN) - pathname of the file to be updated
 *   fsize   (IN) - size of the file in bytes
 *   oldval  (IN) - initial byte value to be updated
 *   newval  (IN) - new byte value to replace the old value
 *   updcnt  (IN) - number of updates to be performed
 * Return value:
 *   0 on success or a negative value if failure
 */
```

```
    int random_file_update_all(char *fname, size_t fsize, unsigned char
oldval, unsigned char newval, size_t updcnt)
{
    char    buf[BLKSZ];
    size_t  count;          /* number of bytes to read/write */
    ssize_t bytes_done;     /* number of bytes that were read/written */
    int     fd;
    size_t  i, j;
    off_t   offset;
    size_t  nblks;
    size_t  blkno;
    char    *bufadr;

    if ((fname == NULL) || (fsize <= 0))
      return(-1);

    /* Compute the total number of full blocks in the file */
    nblks = (fsize / BLKSZ);
    if (nblks < 1)
      return(-1);

    /* Open the file for read and write */
    fd = open(fname, O_RDWR, 0644);
    if (fd == -1)
    {
      fprintf(stderr, "open() failed, errno=%d\n", errno);
      return(-2);
    }

    /* Do the file update until done */
    for (i = updcnt; i > 0; i--)
    {
      /* Randomly select a block */
      blkno = (size_t) (rand() % nblks);

      /* Seek to the block selected */
      offset = lseek(fd, (blkno * BLKSZ), SEEK_SET);
      if (offset == (off_t)-1)
      {
        fprintf(stderr, "lseek() failed, errno=%d\n", errno);
        close(fd);
        return(-3);
      }

      /* Read the file block */
      count = BLKSZ;
      bufadr = buf;
      while (count > 0)
      {
        bytes_done = read(fd, bufadr, count);
```

```
      if (bytes_done == -1)
      {
        fprintf(stderr, "failed to read from file, errno=%d\n", errno);
        close(fd);
        return(-4);
      }
      count = count - bytes_done;
      bufadr = bufadr + bytes_done;
    }  /* while */

    /* Update the block by replacing first original byte with the new byte */
    for (j = 0; j < BLKSZ; j++)
      if (buf[j] == oldval)
        break;
    if (j < BLKSZ)
      buf[j] = newval;

    /* Seek to the block selected */
    offset = lseek(fd, (blkno * BLKSZ), SEEK_SET);
    if (offset == (off_t)-1)
    {
      fprintf(stderr, "lseek() failed before write, errno=%d\n", errno);
      close(fd);
      return(-5);
    }

    /* Write back the block */
    count = BLKSZ;
    bufadr = buf;
    while (count > 0)
    {
      bytes_done = write(fd, bufadr, count);
      if (bytes_done == -1)
      {
        fprintf(stderr, "failed to write to output file, errno=%d\n", errno);
        close(fd);
        return(-6);
      }
      count = count - bytes_done;
      bufadr = bufadr + bytes_done;
    }  /* while */
  }  /* for */

  close(fd);
  return(0);
}

/*
 * This function counts the number of occurrences of each character among
 * '1' ... '9', 'a' ... 'z'.
 */
```

```
#define  NCHARS  46
int count_char_occurrences(char *fname)
{
  char  buf[BLKSZ];
  unsigned int occurrences[NCHARS];
  size_t    count;       /* number of bytes to read/write */
  ssize_t  bytes;        /* number of bytes that were read */
  ssize_t  bytes_tot;    /* accumulated number of bytes that were read */
  int      fd;
  size_t   i;
  int      done=0, j;
  char     *bufadr;

  if (fname == NULL)
    return(-1);

  /* Open the file for read */
  fd = open(fname, O_RDONLY, 0644);
  if (fd == -1)
  {
    fprintf(stderr, "open() failed, errno=%d\n", errno);
    return(-2);
  }

  /* Reset the counters */
  for (i = 0; i < NCHARS; i++)
    occurrences[i] = 0;

  /* Read the file block by block and count the character occurrences */
  while (!done)
  {
    /* Read the next block */
    count = BLKSZ;
    bufadr = buf;
    bytes_tot = 0;
    while (count > 0)
    {
      bytes = read(fd, bufadr, count);
      if (bytes == -1)
      {
        fprintf(stderr, "failed to read from file, errno=%d\n", errno);
        close(fd);
        return(-3);
      }
      else if (bytes == 0)
      {
        done = 1;
        break;
      }
      count = count - bytes;
      bufadr = bufadr + bytes;
```

```
      bytes_tot = bytes_tot + bytes;
   }  /* while */

   /* Count the characters in the current blocks */
   for (i = 0; i < bytes_tot; i++)
   {
     j = -1;
     if ((buf[i] >= '1') && (buf[i] <= '9'))
       j = buf[i] - '0';
     else if ((buf[i] >= 'a') && (buf[i] <= 'z'))
       j = buf[i] - 'a' + 10;
     if (j >= 0)
       occurrences[j] = occurrences[j] + 1;
   }
 }

 /* Print the count -- starting from index 1 */
 fprintf(stdout, "Process/Thread  Updates\n");
 for (i = 1; i < NCHARS; i++)
  fprintf(stdout, "%8lu %12u\n", i, occurrences[i]);

 close(fd);
 return(0);
```

9-4　不同類型的鎖

以一個鎖，協調或同步共用資料之同時或共時更新，以確保共用資料之正確與完整，即是共時控制最中心且最重要的觀念。在這個觀念下，有幾種不同的應用，需要用到稍稍不同類型的鎖。

這一節，我們就介紹這些不同種類的鎖。

就如以下我們所介紹的，至少有兩種不同的方式，可將所有的鎖分類。

9-4-1　互斥（寫入）鎖與共用（讀取）鎖

鎖的第一種分類方式，是根據擁有鎖的程序或程線，是否有獨家的存取權來劃分的。在這種分類方式下，一個鎖可以是互斥的（exclusive）或共用的（shared）。

在有些應用上（如資料庫），經常有些使用者會想更新資料，但有些用戶卻只想查詢或讀取資料。為了能讓這些用戶一起共存，同時使用，並得到最快的速度，對共用資料所提供的鎖，就必須同時包括互斥鎖與共用鎖。

圖 9-11a 讀取（共用）鎖與寫入（互斥）鎖之間的相容性

第一個程序或程線	第二個程序或程線	彼此相容
共用鎖	共用鎖	是
共用鎖	互斥鎖	不
互斥鎖	共用鎖	不
互斥鎖	互斥鎖	不

　　關鍵是，欲更新共用資料者，必須享有獨家存取的權限，但只欲讀取資料者，由於他們並不改變資料，因此，讓多個讀取者一起同時讀，速度更快。換言之，只要有一寫入（更新）者在，其它所有的寫入者與讀取者，就必須全部被擋在外。但純粹是讀取者，則可以多個一起同時作業。因此，這兩種鎖彼此之間的相容性，就如圖 9-11a 所示。

　　有許多系統更進一步地提供了一種以上的共有鎖與一種以上的互斥鎖。其目的在提高並行或共時處理的程度，進而提高系統的輸出量（throughput）。藉著使用更多種的鎖，將共用的情況極大化。

　　圖 9-11b 所示，即是再增加兩種鎖的情形：半共有（sub-shared）與半互斥（sub-exclusive）。

圖 9-11b 半共有與半互斥鎖間的相容性

	半共有的	半互斥的	共有的	互斥的
半共有的	是	是	是	不
半互斥的	是	是	不	不
共有的	是	不	是	不
互斥的	不	不	不	不

　　互斥鎖有時亦稱寫入鎖，而共有鎖亦稱讀取鎖。一個持有並使用寫入鎖的程序或程線，稱之為寫入者。而一個持有並使用讀取鎖的程序或程線，則稱之為讀取者。

顯然，一個更新共有資料的應用程式，必須擁有互斥或寫入鎖，而一個只做查詢或讀取的應用程式，則須擁有共有或讀取鎖，以防資料在讀取時被改變。

就讀取者應用而言：

- 將共有鎖上鎖
- 進行讀取作業
- 解開並釋放共有鎖

就寫入者應用而言：

- 將互斥鎖上鎖
- 進行更新作業
- 將互斥鎖解鎖並釋放

9-4-2　嘗試鎖，空轉鎖，限時鎖

另一種對鎖的分類方式，是根據當鎖已被別人拿走時，上鎖函數怎麼做來區分。這通常有三種。

1. **在鎖已被拿走時，不要等，立刻回返。**

   萬一鎖已被別人拿走，不要等，就立刻回返，讓叫用者決定下一步要怎麼走。這種上鎖函數叫**嘗試鎖**或**嘗試上鎖**（try lock）。

   嘗試上鎖函數叫用回返時，叫用者有可能拿到鎖，也可能鎖已被別人先拿走，因此，沒拿到。這種上鎖方式的好處是，叫用者從不等著。函數叫用永遠立即回返。在沒拿到鎖的情況下，叫用者可以決定再試，或是睡覺休息一小片刻，或做點其它的事。因此，嘗試鎖給予叫用者最大的彈性。不過，程式的寫法就是要多出"萬一沒拿到鎖時"，做些什麼的處置，以下即是一例：

```
has_lock = FALSE;
while (! has_lcok)
{
    has_lock = try_lock(mylock);
    if (! has_lock)
```

```
        {
            sleep(one_millisecond);
            (或做點別的事)
            /*  在此你可決定你要一直嚐試到何時  */
        }
    }
    進行共時更新作業
    unlock(mylock);
```

2. **持之以恆，若鎖已被拿走，就癡癡空轉等著，直至拿到為止。**

   這種在假若鎖已先被別人拿走，就永不放棄，繼續癡癡地等到有為止，的上鎖方式，就叫**空轉上鎖**或**空轉鎖**（spin lock）。空轉鎖的想法是，鎖應該很快就會拿得到的。就一般鎖上鎖的時間都不長的應用而言，這種想法與假設是合理的。

   空轉鎖的缺點是，當鎖已被其它程序或程線拿走時，還抱著處理器不放，繼續執行，空轉地等著。事實上那些處理器的時間都是浪費掉了，只在做虛功而已。若把處理器讓給其它程序或程線去執行，還可做點事。

   此外，雖然這很少發生，但若是萬一有程式錯誤，造成這個鎖永不會被釋出，那空轉鎖的叫用就等於會吊死在那兒。

   空轉鎖也有一個好處，那就是程式非常簡單。在觀念上，一個叫用空轉上鎖函數的程式片段，永遠就只有三行：

   將鎖上鎖（空轉）

   進行更新作業

   將鎖解開

   程式直接又簡單，只要程式確定沒錯蟲，這種方式最簡單好用。

3. **若鎖已被人先拿走，就稍等一小段時間，若再拿不到，就回返。**

   這種在鎖已先被拿走時，就等一小段有限的時間的上鎖方式，就叫**限時上鎖**或**限時鎖**（timed lock）。限時上鎖最多只等一段時間，不會無限期的一直等下去。萬一所限時間到了，還沒等到鎖，函數叫用就會回返。這算是介乎前面兩者中間的中道方式。一般而言，每次要等多久由叫用者指定。因此，還算具彈性。

使用限時鎖的程式邏輯，就與嘗試鎖頻似：

```
has_lock = FALSE;
while (! has_lcok)
{
   has_lock = timeout_lock(mylock, time_out_period);
   if (! has_lock)
   {
     sleep(one_millisecond);
     (或做點別的事或錯誤回返)
   }
}
進行共時更新作業
unlock(mylock);
```

總之，根據在鎖已先被別人拿走時，要重複試幾次或等多長的時間而分，上鎖的方式總共有三種。圖 9-12 所示即是這個。

> 1. 嘗試鎖　　就試著上鎖一次
> 2. 空轉鎖　　一直反複試到拿到鎖了為止
> 3. 限時鎖　　若拿不到，就試一小段時間，然後回返

圖 9-12　嘗試鎖，空轉鎖，限時鎖

緊接下一節，我們就討論如何以組合語言，撰寫你自己的上鎖與解鎖函數。你會發現，這些我們自己寫的共時控制函數，速度比作業系統所提供的旗誌，快了 25% 至 80%。

9-5　設計與實作自己的上鎖函數

當作業系統（如 Linux 和 Unix），程式語言（如 Java），或套裝軟體（如 pthreads 函數庫存）有提供上鎖與解鎖的程式界面時，真是方便。但是，有幾種情況下，你可能會想或需要設計與撰寫你自己的上鎖與解鎖函數。譬如，想達到更快的速度。為了得到最佳的性能，幾乎所有的資料庫管理系統，都是像我們以下所示範的一樣，自己設計與撰寫自己的上鎖解鎖函數，並把它們寫成組合語言的。

這一節，我們就探討你如何可以設計與實作你自己的上鎖與解鎖函數，並將之寫成組合語言。其不僅讓讀者能真正了解計算機是如何達成並保證最基本的資料的正確性與完整性（即共時控制與上鎖），並以最快速度達成。

同時也讓讀者有能力變成共時控制設施的提供者。幾乎所有資料庫管理系統，在其內部核心，都是這樣做來達成最快速度的。

這一節的探討至少有兩個好處，一是讓讀者真正了解，在最底層，亦即在組合語言指令層次，計算機是如何做共時控制的。另一則是，誠如稍後 9-6-4 一節所示的，這裡我們自己所設計與開發的組合語言上鎖與解釋函數，在速度上比旗誌，互斥鎖，或任何其它共時控制設施都還要快。根據我們的測量，依不同的處理器，作業系統與版本而定，大約快上至少25%至80%。

9-5-1　設計你自己的上鎖函數

在軟體上，一個鎖通常是以一個整數變數代表。雖然就最簡單的形式而言，真正需要的只是一個位元，但一般程式都以一個八、十六、三十二或六十四位元的記憶位置代表，這樣比較容易運算。雖然有些處理器（如 Intel x86）有位元運算指令，但不見得所有處理器全都有。一般而言，運算速度要快，最好是選擇一個跟處理器的字元大小一樣的記憶位置代表。譬如，選擇—32 或 64 位元的記憶位置。不過，這最主要還是要看處理器的指令支援什麼樣大小的字組而定。

在我們的例子裡，我們選擇以—C 語言之整數資料型態 int 的整數變數代表一個鎖。（在一般的 32 或 64 位元計算機，int 通常是 32 位元）。由於真正的鎖只須要一個位元，我們就選擇用最低次的位元（第0 位元）。假如處理器的組合語言有位元運算指令，那我們就用最低位元。否則，我們就用整個字組，並把它的值設定成 0 或 1。

這裡，我們將採用的規則是，若代表鎖之整數變數的值為 0，那就代表鎖是開的，沒人擁有。若整數變數的值是 1，那就代表鎖已上鎖，已被人拿走。

根據這規則，要取得一個鎖，上鎖函數就必須要在這個整數變數的值是 0 時，把它改成 1。若能這樣，那它就等於是將一開著的鎖上鎖，擁有了鎖。

欲解鎖，解鎖的函數就要看整數變數目前的值是否為 1，若是，即將之改為 0。或乾脆每次都直接將其設定為 0。

記得，上鎖或解鎖的動作，一定要是不可切割的。這樣才能確保永遠不會有一個以上的程序或程線同時拿到同一個鎖。要是出現有一個以上的程序或程線同時拿到同一個鎖，那這一切就都垮了，是行不通的。因為，那樣，互斥性就不見了，因此，共用資料的正確完整性也就不保了。

雖然我們將上鎖與解鎖的函數寫成組合語言，但我們的目標是要能從 C 語言程式內叫用它們，我們的例題程式也是這樣做的。

為了與 Unix/Linux 的習慣一致，我們所寫的函數，在成功時將送回 0，並在失敗時送回 -1。對上鎖的函數而言，成功代表函數發現一個鎖是開的，並將之成功地上鎖了。失敗則指其發現鎖已先被別人拿走了。（或許有人會認為成功時送回 1 且失敗時送回 0 比較好，但這是一個偏好的問題。我們的設計選擇與 Unix 及 Linux 的習慣一致。）

這一節，我們會設計與實作下面三個函數：

1.　int spinlock（int *lockvar）

2.　int unlock（int *lockvar）

3.　int trylock（int *lockvar）

這些函數會寫成下列的組合語言程式檔案：

1.　spinlock.s

2.　unlock.s

3.　trylock.s

解鎖函數 unlock() 藉著將代表鎖之整數變數的值設定成 0，將鎖打開並釋放。萬一它發現變數的原有值已是 0，它便會送回 -1，顯示錯誤。否則，它就會送回 0，代表執行成功。

嘗試鎖函數 trylock()，試圖將代表鎖的整數變數值由 0 改成 1，以取得鎖。若它發現變數的原有值是 0，那它就會送回 0，代表它已成功地拿到鎖。若它發現原有值已是 1，那它便會送回 -1，代表沒拿到鎖。不論有無拿到鎖，trylock() 都會只試一次，然後就立即回返。

spinlock() 函數與 trylock() 類似，唯一的不同是，在鎖已被別人先拿走時，它會死心地一直試，試到能拿到鎖為止。

9-5-1-1 需要什麼？

欲將我們以上所設計，超快速度的上鎖與解鎖函數，實際寫成組合語言，需要的是處理器有提供一不可分割的組合語言指令，一次能測試且設定一記憶位置的值，或一次能將一記憶位置的值與一暫存器的值互換。前面的指令一般叫 test-and-set，後面的指令叫 swap。

在最底層，計算機的作業是執行一系列的組合語言指令。因此，更新遺失的問題實際是發生在組合語言的層次，也因此必須在那個層次來解決。這就是為何實現上鎖與解鎖函數，需要處理器有不可分割的測試與設定或互換指令才行。

圖 9-13 上鎖作業所需之不可切割的組合語言指令

處理器	上鎖用的組合語言指令(對)
Intel x86	bts, btr
IBM PowerPC	lwarx 與 stwcx.
Oracle/Sun SPARC	cas
HP PARISC	LDCW 與 CMPIB
HP/DEC Alpha	ldq_l 與 stq_c (或 ldl_l 與 stl_c)

所以，要撰寫上述的上鎖函數，第一件要事就是查看你所使用之電腦的中央處理器的組合語言文書，看看它有沒有提供這種指令。若有，接下來就是研究了解它，看它能做什麼，要怎麼用。

若你採用代表鎖之整數變數的值是 0，代表鎖是開著的，而 1 代表鎖已上鎖或被拿走，則上鎖函數就必須測試該變數的現有值是否為 0，若是，則將之設定為 1。這樣才算上鎖成功。解鎖函數則必須將代表鎖之整數變數的值由 1 改設定成 0。

上鎖與解鎖函數必須送回一個值代表成功，以及另一個值代表失敗。上鎖函數失敗代表它沒拿到鎖。解鎖函數失敗則代表鎖原來是沒鎖的。亦即，變數的值原來已是 0。

圖 9-13 之表格所列即當今最流行的幾個處理器，它們用以支援上鎖動作的組合語言指令或指令對。

你可看出，這組合語言指令在 Intel x86 處理器是位元測試與設定指令 bts，在 Oracle/Sun SPARC 處理器是比較與交換指令 cas，在 IBM PowerPC 處理器是 lwarx 與 stwcx. 兩個指令，在 HP PARISC 處理器是 LDCW 與 CMPIB 指令對，且在 HP/DEC 的 Alpha 處理器上則是 ldq_1 與 stq_c（或 ldl_l 與 stl_c）指令對。

9-5-1-2　切勿將上鎖函數寫成高階程式語言

通常，每一組合語言指令的執行是不可切割的。亦即，它是完全百分之百完成，或是完全未發生。只有這兩種可能。上鎖動作就必須是有這樣的特性，一切才會正常運作。

我們將上鎖與解鎖函數寫成組合語言，主要也是以這"不可分割"性（atomicity）作靠山。記得，並不是任何或很多組合語言指令都可以的。一般，每一處理器都只有一或兩個指令，適合我們採用。早年有少數處理器沒有提供這種指令，因此，上鎖動作就得用模擬（emulation）方式達成。

這裡我們要提的是，千萬絕對不要將上鎖與解鎖函數寫成任何高階程式語言，那是絕對有問題，不會永遠保證正常運作的。在 1980 末期，我的第一個工作就是負責解決一個資料庫偶而就會鎖死的問題。經過分析，我發現那就是因為那資料庫系統的原始程式，將上鎖動作寫成如下所示的高階語言述句所造成的：

```
if (lockvar == 0)     /* 倘若鎖是没上鎖 if the lock is available */
lockvar = 1;     /*   那就將之上鎖 lock it */
```

這裡，lockvar 是代表鎖的整數變數。記得，這述句看來很合理，若鎖是開的（代表鎖之變數的值是 0），則將之上鎖（把代表鎖之變數的值設定成 1）。

但是，由於編譯程式在編譯這述句時，絕對不會想到要將這整個述句，編譯成單一一個不可切割的組合語言指令，所以，問題就來了。圖 9-2 所示的交錯問題就發生了。即令在一個單一處理器且單一執行單元的計算機上執行，上述這個高階語言述句，經常就會造成有二個或二個以上的程序或程線同時獲得鎖，彼此踩到對方的腳，或在解鎖時有人無心錯誤地把鎖給弄丟了的情形。前一種情況會造成更新遺失或資料錯誤。後一種情形則會造成鎖死。

在我將上述高階語言述句，改寫成這一節我們所示的組合語言上鎖函數後，問題就永遠解決了。鎖死情形永不再發生！

所以，記得永遠勿將上鎖動作，就簡單地寫成如上所示的高階語言述句，這是一定會出問題的。很多軟體工程師，尤其是應用程式的開發者，經常有人會犯這種錯誤。只要是上鎖的作業，就一定要叫用像這一節我們所示範的，採用不可分割指令所寫成的組合語言上鎖與解鎖函數，或是叫用像旗誌或互斥鎖的上鎖與解鎖函數才行！因為，除非那最底層的上鎖與解鎖動作是絕對不可分割的，否則，就不可能永保正確動作！

9-5-2 寫出你自己的上鎖函數

欲寫出你自己的組合語言上鎖與解鎖函數，你必須知道幾樣東西。

1. 你可以使用之一般用途暫存器的名稱。

2. 你如何取得叫用者送給函數的引數。

3. 你如何送回一個回返值給叫用者。

4. 履行那不可切割之測試與設定或互換作業之指令（對）的名稱是什麼。

撰寫組合語言函數通常都必須用到處理器內的一些暫存器。因此，你必須知道一些暫存器的名字。

首先，函數叫用時，叫用者傳進給函數的輸入引數，每一處理器都擺在不同的位置。你必須知道它放在那裡。其次函數在回返之前，回返值都必須事先擺在某一特定的暫存器上，這也是每一處理器都不同。你也必須知道那是那一個暫存器。

注意到，代表鎖之整數變數的記憶位置，必須是共用這個鎖的所有程序或程線都存取得到的。在一多程線的程式，將這變數宣告成全面變數，就可以讓所有程線都存取得到。若是多程序共用的鎖，那這變數的記憶位置就得擺在共有記憶區內，才能所有共用它的程序都存取得到。

9-5-2-1　Intel x86 處理器（Linux 與 Unix）

Intel x86 處理器有四個一般用途的暫存器，可供程式運用。它們是暫存器A、B、C 與 D。看你是在這處理器的 8、16、32 或 64 位元版本而定，這四個暫存器的名字如下：

8 位元：	AH	AL	BH	BL	CH	CL	DH	DL

8 位元：　AH　　AL　　BH　　BL　　CH　　CL　　DH　　DL

16 位元：　AX　　BX　　CX　　DX　　BP　　SI　　DI　　SP

32 位元：　EAX　EBX　ECX　EDX　EBP　ESI　EDI　ESP

64 位元：　RAX　RBX　RCX　RDX　RBP　RSI　RDI　RSP

在 Intel x86 處理器上，一進入一組合語言函數時，函數的輸入引數都是存放在堆疊上的。在回返時，回返值則必須存放在 EAX 暫存器上。

在 Intel x86 處理器上，組合語言程式可以用來做上鎖作業的指令如下：

- BTS（位元測試與設定）

- BTR（位元測試與重置（reset））。

BTS 指令把被選定之位元的現有值存入狀態暫存器之進位（carry）旗號內（CF 旗號），並將那位元的值設定成 1。這個作業是不可分割的。所以，在執行過 BTS 指令之後，程式即可測試進位旗號的值，並據之得知是否有拿到鎖。換言之，若進位旗號之值為 0，就代表已取得鎖。

BTR 指令跟 BTS 相反，它執行測試且清除的作業。換言之，BTR 指令將被選定位元的現有值存入進位旗號內，並將那位元的值清除，亦即設定為 0。顯然，程式以 BTR 指令將一個鎖解鎖。

圖 9-14 所示即 Intel x86 處理器的空轉上鎖函數。一進入函數時，ESP 暫存器指在堆疊的頂端位置。因此，函數所做的第一件事就是將 EBP 暫存器的現有值，推入堆疊器中存起。函數緊接將 ESP 的現有值拷貝一份，放在 EBP 內，以便程式可以使用。函數緊接從堆疊中取出送給這函數的第一個引數（其位址是堆疊頂端再加 8），並將之放在 EAX 暫存器內。

緊接 "bts $0, (%eax)" 指令測試，EAX 暫存器內所存之記憶位址所選定之記憶位置的第 0（最低）位元的值，並將其值設定為 1。

在這時候，假若進位旗號的值是 1，那就代表這記憶位元的原有值是 1，鎖早已被別人拿走，沒拿到鎖。所以，程式就跳回前一指令（spin 處），繼續試（即空轉）。否則，若進位旗號值是 0，代表我們已經將鎖上鎖，獲得了鎖。這時，程式就往下繼續執行。在這情況下，我們將回返值 0 放在 EAX 暫存器內，並在將 EBP 暫存器的原有值復原後，成功地回返。

圖 9-14 Intel x86 處理器的 spinlock() 函數

```
# 上鎖函數 - Intel x86 處理器, 32 位元. 空轉上鎖.
# 若其現有值為 0, 則這函數將一代表鎖之記憶位元的值設定為 1, 將之上鎖.
# 函數以鎖之整數變數的最低位元作為鎖. 這整數變數之記憶位址即為這函數
# 的輸入參數.
# 若這記憶位元的原有值為 0, 函數會拿到鎖, 並送回 0. 代表上鎖成功.
#
  spinlock:                        # 空轉上鎖
        pushl    %ebp             # 將 EBP 暫存器的現有內含存起
        movl     %esp, %ebp       # 將堆疊指標器的內含拷貝至 EBP 暫存器
        movl     8(%ebp), %eax    # 將函數第一引數的值放入 EAX 暫存器
  spin:
        lock bts $0, (%eax)       # 將那輸入位址選到之記憶位置的第 0 位元
                                  # 的值設定為 1, 且其原有值放入進位旗號
        jc       spin             # 若進位旗號(即鎖之舊有) 值為 1, 則再重複試
        movl     $0, %eax         # 否則, 若舊有值為 0, 即拿到鎖。回返值設為 0
        popl     %ebp             # 將我們用到之 EBP 暫存器的值恢復原狀
        ret                       # 成功回返
```

圖 9-15 所示則為 Intel X86 處理器的 unlock() 與 trylock() 函數

圖 9-15 Intel X86 處理器的 trylock() 與 unlock() 函數

```
  (a) unlock.s

  (1) 32-bit


# 解鎖函數 - Intel x86 處理器, 32 位元.
# 這函數將一代表鎖之記憶位元的值設定為 0, 將鎖解鎖.
# 函數以代表鎖之整數變數的最低位元作為鎖. 這整數變數之記憶位址
# 即為這函數的輸入參數.
# 若這記憶位元的原有值為 1, 函數會成功解鎖, 並送回 0. 否則,
# 若記憶位元的原有值為 0, 函數會送回-1, 代表解鎖失敗. 鎖根本沒上鎖.
# 回返值是 32 位元(資料型態為 int).
# Authored by Mr. Jin-Jwei Chen.
# Copyright (c) 1989-2016, Mr. Jin-Jwei Chen. All rights reserved.
#
        .file    "unlock.s"
        .text
.globl unlock
        .type    unlock, @function
```

```
unlock:
        pushl    %ebp               # 存起 EBP 暫存器的現有內含
        movl     %esp, %ebp         # 將堆疊指標器的內含拷貝至 EBP 暫存器
        movl     8(%ebp), %eax      # 將叫用者送來的記憶位址取入至 EAX
        lock btr $0, (%eax)         # 將那記憶位置的最低位元設成 0
        jnc      missit             # 若進位旗號(即舊有)值不是 1, 則跳至錯誤段
        movl     $0, %eax           # 若鎖之舊有值是 1, 則回返值設為 0(成功)
        popl     %ebp               # 將我們用過之暫存器的原有內含復原
        ret                         # 成功回返
missit:
        movl     $-1, %eax          # 若舊有值已是 0, 則回返值設為-1(錯誤)
        popl     %ebp               # 將我們用過之暫存器的原有內含復原
        ret                         # 錯誤回返
```

　　(2) 64-bit

```
# 解鎖函數 - Intel x86 處理器, 64 位元.
# 這函數將一代表鎖之記憶位元的值設定為 0, 將鎖解鎖.
# 函數以代表鎖之整數變數的最低位元作為鎖. 這整數變數之記憶位址
# 即為這函數的輸入參數.
# 若這記憶位元的原有值為 1, 函數會成功解鎖, 並送回 0. 否則,
# 若記憶位元的原有值為 0, 函數會送回-1, 代表解鎖失敗. 鎖根本沒上鎖.
# 回返值是 32 位元(資料型態為 int).
# Authored by Mr. Jin-Jwei Chen.
# Copyright (c) 1989-2016, Mr. Jin-Jwei Chen. All rights reserved.
#
        .file    "unlock.s"
        .text
.globl unlock
        .type    unlock, @function
unlock:
        pushq    %rbp
        movq     %rsp, %rbp
        movq     %rdi, -8(%rbp)
        movq     -8(%rbp), %rax     # 將輸入之記憶位址存在 RAX 暫存器
        lock btr $0, (%rax)         # 將那記憶位置的最低位元設成 0
        jnc      missit             # 若進位旗號(即舊有)值不是 1, 則跳至錯誤段
        movl     $0, %eax           # 若鎖之舊有值是 1, 則回返值設為 0(成功)
        leave                       # 將 RBP 暫存器的原有內含復原, 自堆疊器取回
        ret
missit:
        movl     $-1, %eax          # 若鎖之舊有值已是 0, 則回返值設為-1(錯誤)
        leave                       # 將 RBP 暫存器的原有內含復原, 自堆疊器取回
        ret
```

　(b) trylock.s

　　(1) 32-bit

```
# 上鎖函數 - Intel x86 處理器, 32 位元. 嚐試上鎖.
# 若其現有值為 0, 則這函數將一代表鎖之記憶位元的值設定為 1, 將之上鎖.
```

```
# 函數以鎖之整數變數的最低位元作為鎖. 這整數變數之記憶位址即為這函數
# 的輸入參數.
# 若這記憶位元的原有值為 0, 函數會拿到鎖, 並送回 0. 代表上鎖成功.
# 否則, 函數會送回-1, 代表上鎖失敗. 回返值是 32 位元(資料型態為 int)..
# Authored by Mr. Jin-Jwei Chen.
# Copyright (c) 1989-2016, Mr. Jin-Jwei Chen. All rights reserved.
#
        .file    "trylock.s"
        .text
.globl trylock
        .type    trylock, @function
trylock:                            # 嚐試上鎖
        pushl    %ebp               # 存起 EBP 暫存器的現有內含
        movl     %esp, %ebp         # 將堆疊指標器的內含拷貝至 EBP 暫存器
        movl     8(%ebp), %eax      # 將叫用者送來的記憶位址取入至 EAX
        lock bts $0, (%eax)         # 將那記憶位置的最低位元設成 1
        jc       missit             # 若進位旗號(即舊有)值是 1, 則跳至錯誤段
        movl     $0, %eax           # 若鎖之舊有值是 0, 則回返值設為 0(成功)
        popl     %ebp               # 將我們用過之 EBP 暫存器的原有內含復原
        ret                         # 成功回返
missit:
        movl     $-1, %eax          # 若舊有值已是 1, 則回返值設為-1(錯誤)
        popl     %ebp               # 將我們用過之 EBP 暫存器的原有內含復原
        ret                         # 錯誤回返
```

    (2) 64-bit

```
# 上鎖函數 - Intel x86 處理器, 64 位元. 嚐試上鎖.
# 若其現有值為 0, 則這函數將一代表鎖之記憶位元的值設定為 1, 將之上鎖.
# 函數以鎖之整數變數的最低位元作為鎖. 這整數變數之記憶位址即為這函數
# 的輸入參數.
# 若這記憶位元的原有值為 0, 函數會拿到鎖, 並送回 0. 代表上鎖成功.
# 否則, 函數會送回-1, 代表上鎖失敗. 回返值是 32 位元(資料型態為 int)..
# Authored by Mr. Jin-Jwei Chen.
# Copyright (c) 1989-2016, Mr. Jin-Jwei Chen. All rights reserved.
#
        .file    "trylock.s"
        .text
.globl trylock
        .type    trylock, @function
trylock:
        pushq    %rbp
        movq     %rsp, %rbp
        movq     %rdi, -8(%rbp)
        movq     -8(%rbp), %rax     # 將輸入之記憶位址存在 RAX 暫存器
        lock bts $0, (%rax)         # 將那記憶位置的最低位元設成 1
        jc       missit             # 若進位旗號(即舊有)值是 1, 則跳至錯誤段
        movl     $0, %eax           # 若鎖之舊有值是 0, 則回返值設為 0(成功)
        leave                       # 將 RBP 暫存器的原有內含復原, 自堆疊器取回
        ret
missit:
```

```
        movl    $-1, %eax      # 若舊有值已是 1，則回返值設為-1 (錯誤)
        leave                  # 將 RBP 暫存器的原有內含復原，自堆疊器取回
        ret
```

圖 9-16 所示即為一 semupdf.c 的新版本，semupdf _mylock.c。

這新版本與原有的版本相同，唯一不同的是，原先使用旗誌的上鎖與解
鎖函數，現在改成了剛剛上面介紹的組合語言上鎖與解鎖函數。你可看出，
這新版的程式變得簡短了些，但其功用則是完全一樣的。

圖 9-16 以我們自己的上鎖解鎖函數，共時更新檔案（semupdf_mylock.c）

```c
/*
 * Concurrent updates of a shared file by multiple threads using
 * our own locking routines in assembly language.
 * cc -o semupdf_mylock semupdf_mylock.c semlib.o spinlock.o unlock.o -lpthread
 * Copyright (c) 2013, 2020 Mr. Jin-Jwei Chen.  All rights reserved.
 */

#include "mysemutil.h"

/* Default values related to the shared file */
#define  NMB         2                  /* number of megabytes */
#define  ONEMB       (1024*1024)        /* one megabytes */
#define  DEFFILESZ   (NMB*ONEMB)        /* default file size in bytes */
#define  NTHREADS    4                  /* number of concurrent threads */
#define  MAXNTHREADS 12                 /* max. number of concurrent threads */
#define  DEF_FNAME   "semsharedf1"      /* name of the shared file */
#define  DEFUPDCNT   1000               /* default update count */
#define  MAXDELAYCNT 10000              /* delay count */

/* Shared lock variable */
int      lockvar=0;

/* Shared file name and file size */
char    *fname;
size_t  filesz;

/* These are our own locking functions in assembly language. */
int spinlock(int *lockvar);
int unlock(int *lockvar);

int update_shared_file(char *fname, size_t fsize, int newval, size_t updcnt, int *lockvar);

/*
 * The worker thread.
 */
```

```c
int worker_thread(void *args)
{
  unsigned int  *argp;
  unsigned int  myid;
  unsigned int  updcnt;
  int           ret;
  int           newval;

  /* Extract input arguments (two unsigned integers) */
  argp = (unsigned int *)args;
  if (argp != NULL)
  {
    myid = argp[0];
    updcnt = argp[1];
  }
  else
    pthread_exit((void *)(-1));

  fprintf(stdout, "Worker thread: myid=%u updcnt=%u\n", myid, updcnt);

  /* Do my job */
  if (myid < 10)
    newval = '0' + myid;
  else
    newval = 'a' + (myid - 10);

  ret = update_shared_file(fname, filesz, newval, updcnt, &lockvar);
  if (ret != 0)
  {
    fprintf(stderr, "Worker thread: myid=%u, update_shared_file() failed, "
      "ret=%d\n", myid, ret);
    pthread_exit((void *)(-2));
  }

  pthread_exit((void *)0);
}

int main(int argc, char *argv[])
{
  int     nthrd;                        /* actual number of worker threads */
  int     ret, retval;
  int     i;
  char    def_fname[64] = DEF_FNAME;  /* default file name */
  size_t  updcnt = DEFUPDCNT;         /* each thread's file update count */
  pthread_t     thrds[MAXNTHREADS];      /* threads */
  unsigned int  args[MAXNTHREADS][2];    /* arguments for each thread */

  if ((argc > 1) &&
      ((strcmp(argv[1], "-h") == 0) || (strcmp(argv[1], "-help") == 0)))
```

```c
{
  fprintf(stdout, "Usage: %s [nthrd] [MBs] [updcnt] [fname]\n", argv[0]);
  return(-1);
}

/*
 * Get the number of concurrent threads, update count, file size and
 * file name from the user, if any.
 */
nthrd = NTHREADS;
if (argc > 1)
{
  nthrd = atoi(argv[1]);
  if (nthrd <= 0)
    nthrd = NTHREADS;
  if (nthrd > MAXNTHREADS)
    nthrd = MAXNTHREADS;
}

filesz = DEFFILESZ;
if (argc > 2)
{
  filesz = atoi(argv[2]);
  if (filesz > 0)
    filesz = (filesz * ONEMB);
}
if (filesz <= 0)
  filesz = DEFFILESZ;

updcnt = DEFUPDCNT;
if (argc > 3)
  updcnt = atoi(argv[3]);
if (updcnt <= 0)
  updcnt = DEFUPDCNT;

fname = def_fname;
if (argc > 4)
  fname = argv[4];

fprintf(stdout, "Updating file %s of %lu bytes using %u concurrent threads,"
  " %lu updates each.\n" , fname, filesz, nthrd, updcnt);

/* Create the shared file */
ret = create_file(fname, filesz, INIT_VALUE, 0644);
if (ret < 0)
{
  fprintf(stderr, "Failed to create the shared file\n");
  return(-2);
}
```

```
    /* Load up the input arguments for each worker thread */
    for (i = 0; i < nthrd; i++)
    {
      args[i][0] = i+1;        /* worker id starts with 1 */
      args[i][1] = updcnt;
    }

    /* Create the worker threads to concurrently update the shared file */
    for (i = 0; i < nthrd; i++)
    {
      ret = pthread_create(&thrds[i], (pthread_attr_t *)NULL,
            (void *(*)(void *))worker_thread, (void *)args[i]);
      if (ret != 0)
      {
        fprintf(stderr, "Failed to create the worker thread\n");
        return(3);
      }
    }

    /*
     * Wait for each of the child threads to finish and retrieve its returned
     * value.
     */
    for (i = 0; i < nthrd; i++)
    {
      ret = pthread_join(thrds[i], (void **)&retval);
      fprintf(stdout, "Thread %u exited with return value %d\n", i, retval);
    }

    /* Report the update counts from all threads */
    ret = count_char_occurrences(fname);
}

/*
 * Code for the worker process to execute.
 * This function updates a shared file, one block at a time.
 */
int update_shared_file(char *fname, size_t fsize, int newval, size_t updcnt, int *lockvar)
{
    int    fd;
    int    i;
    int    ret=0;
    unsigned long long  j, k=0;
    struct timeval  tm1, tm2, tm3;

    /* Open the file for read and write */
    fd = open(fname, O_RDWR, 0644);
    if (fd == -1)
```

```
{
  fprintf(stderr, "open() failed, errno=%d\n", errno);
  return(-errno);
}

/* Do the file update until done */
for (i = updcnt; i > 0; i--)
{
  /* Acquire the lock */
  ret = spinlock(lockvar);
  if (ret != 0)
    break;

  /* Update the file */
  ret = random_file_update(fd, fsize, INIT_VALUE, newval);

  /* Introduce some delay here to create more overlap and contention */
  for (j = 0; j < MAXDELAYCNT; j++)
    k = k + 2;

  /* Release the lock */
  ret = unlock(lockvar);

  if (ret != 0)
    break;
}

/* close the file */
close(fd);
return(ret);
}
```

這個例題程式說明了你可用我們自己所寫的上鎖與解鎖函數，完全取代旗誌的上鎖及解鎖函數，從事共時控制。

緊接下面幾節，我們將介紹，如何將上述的三個上鎖與解鎖函數，分別寫成 IBM PowerPC，Oracle/Sun SPARC，HP PARISC，HP/DEC Alpha 與 Apple Mac Pro 上之 Intel X86 處理器。

9-5-2-2　Apple Mac Pro 上的 Intel x86 處理器

在這本書出版時，Apple Mac Pro 使用的是 Intel x86 處理器。因此，在 Apple Mac Darwin 上，這三個上鎖與解鎖的函數，與前一小節相同。唯一的差異是，Apple Darwin 的組合語言文法，與 Linux 和 Unix 略有不同。如圖 9-17 所示的，在 Apple Darwin 上，每一組合語言函數的名稱必須以 "_"（底線）開頭，如 _spinlock，而非 spinlock。此外，每一組合語言函數，必須以一如下所示的指引（directive）定義：

- globl _spinlock

圖 9-17　Apple Darwin 之 Intel x86 處理器的上鎖與解鎖函數

```
    (a) spinlock.s

        .file    "spinlock.s"
        .text
.globl _spinlock
#       .type   spinlock, @function
_spinlock:
        pushq    %rbp
        movq     %rsp, %rbp
        movq     %rdi, -8(%rbp)
        movq     -8(%rbp), %rax    # 將輸入之記憶位址存在 RAX 暫存器
spin:
        lock bts $0, (%rax)        # 將那記憶位置的最低位元設成 1
        jc       spin              # 若進位旗號(即鎖之舊有)值是 1，則繼續試
        movl     $0, %eax          # 若鎖之舊有值是 0，則回返值設為 0(成功)
        leave
        ret


    (b) unlock.s

        .file    "unlock.s"
        .text
.globl _unlock
#       .type   unlock, @function
_unlock:
        pushq    %rbp
        movq     %rsp, %rbp
        movq     %rdi, -8(%rbp)
        movq     -8(%rbp), %rax    # 將輸入之記憶位址存在 RAX 暫存器
        lock btr $0, (%rax)        # 將那記憶位置的最低位元設成 0
        jnc      missit            # 若進位旗號(即舊有)值不是 1，則跳至錯誤段
        movl     $0, %eax          # 若鎖之舊有值是 1，則回返值設為 0(成功)
        leave                      # 將 RBP 暫存器的原有內含復原，自堆疊器取回
        ret
missit:
        movl     $-1, %eax         # 若舊有值已是 0，則回返值設為 -1(錯誤)
        leave                      # 將 RBP 暫存器的原有內含復原，自堆疊器取回
        ret


    (c) trylock.s

        .file    "trylock.s"
        .text
```

```
        .globl  _trylock
#       .type   trylock, @function
_trylock:
        pushq   %rbp
        movq    %rsp, %rbp
        movq    %rdi, -8(%rbp)
        movq    -8(%rbp), %rax      # 將輸入之記憶位址存在 RAX 暫存器
        lock bts $0, (%rax)         # 將那記憶位置的最低位元設成 1
        jc      missit              # 若進位旗號(即舊有)值是 1，則跳至錯誤段
        movl    $0, %eax            # 若鎖之舊有值是 0，則回返值設為 0(成功)
        leave
        ret
missit:
        movl    $-1, %eax           # 若舊有值已是 1，則回返值設為-1(錯誤)
        leave
        ret
```

9-5-2-3　IBM PowerPC 處理器（AIX）

IBM PowerPC 處理器有三十二個一般用途的暫存器，分別叫 r0 … r31。

在進入一被叫用的函數時，暫存器 r3 存著要給被叫用函數的第一個輸入引數。在函數回返時，用以儲存函數回返值的，也是 r3 暫存器。

IBM PowerPC 的 AIX 電腦，並無像 Intel x86 的測試與設定指令，單一指令可以做上鎖用。它所有的則是一對指令，lwarx 與 stwcx.。兩個一起使用。

lwarx 指令將一記憶位置的現有值，取入一處理器的暫存器內，並產生一個保留，給稍後的 stwcx. 指令使用。假若一個上鎖函數，能從代表鎖的記憶位置上讀取一個是 0 的現有值，然後隨後以 stwcx. 指令，將新的值 1 成功地存入同一記憶位置上，那它就算成功地拿到鎖。

圖 9-18 所示即為 IBM PowerPC 處理器的 spinlock() 函數。

圖 9-18　IBM PowerPC 處理器的 spinlock() 函數

```
spinlock:                       # 叫用者傳入之鎖變數的記憶位址放在 r3 暫存器
        addi    r4,r0,1         # 把 r4 暫存器的內含設定為 1
loop:   lwarx   r5,0,r3         # 將鎖變數的值取入 r5 暫存器
        cmpwi   r5,0            # 將 r5 暫存器的內含與 0 作比較
        bc      4,2,loop        # 若鎖已被拿走(值不是 0)，則繼續再試
        stwcx.  r4,0,r3         # 否則，試著在鎖變數的記憶位置存入 1
        bc      4,2,loop        # 若保留不見了，則重新再來過
        isync                   # 取得鎖了！
        li      r3, 0           # 將回返值 0 存入 r3，代表成功
        blr                     # 回返
```

一進入這 spinlock() 函數時，暫存器 r3 含函數之輸入引數的值，這個值即為代表鎖之整數變數的記憶位址。

addi 指令將 1 放入 r4 暫存器，"lwarx r5，0，r3" 指令將 r3 暫存器內含所選定之記憶位置的現有值取入 r5 暫存器內。

"cmpwi r5，0" 指令檢查存在 r5 暫存器內之鎖變數的值是否為 0。若不，程式控制就緊接跳回至 loop 處，繼續空轉嘗試。倘若鎖變數的值是 0，則緊接的 "stwcx. r4，0，r3" 指令即試圖將 r4 暫存器所含的值（是 1），存入代表鎖的記憶位置上。若先前的保留還在，那就代表程式成功地將記憶位置的值由 0 改成 1，拿到了鎖。這種情況下，程式即將 0 存入暫存器 r3 內，並回返。假若先前的保留不見了，那代表鎖已先被人拿走，程式同樣跳回 loop 處，繼續嘗試下去。

圖 9-19 所示即為 IBM PowerPC 的 trylock() 與 unlock() 函數。

圖 9-19 IBM PowerPC 處理器的 trylock() 與 unlock() 函數

```
   (a) unlock.s

 # IBM AIX 解鎖函數 unlock.s
 # 將函數第一輸入引數所選到之記憶位置的值設定成 0, 以解鎖.
 # 若記憶位置之原有值為 1, 則送回 0, 表示成功解鎖. 否則, 送回 -1.
 # Authored by Mr. Jin-Jwei Chen
 # Copyright (c) 2002-2016 Mr. Jin-Jwei Chen. All rights reserved.
 #
             .machine   "ppc"
             .globl     .unlock[PR];
             .csect     .unlock[PR]

             .set       r0, 0
             .set       r6, 6
             .set       r3, 3
             .set       r4, 4
                                  # 叫用者傳入之鎖變數的記憶位址放在 r3 暫存器
 unlock: dcs                      # dcs or sync, supposed to be msync
         addi    r6,r0,0          # r6 暫存器放 0
         l       r4,0(r3)         # 將鎖變數的原有值存在 r4 暫存器
         stw     r6,0(r3)         # 將鎖變數的值清除為 0
         cmpwi   r4,1             # 將 r4 暫存器的內含與 1 作比較
         bc      4,2,notone       # 若鎖變數的原有值不是 1, 則錯誤回返
         addi    r3,r0,0          # 否則, 即送回 0, 代表成功地解鎖
         blr                      # 回返
 notone:
```

```
            addi    r3,r0,-1    # 送回 -1
            blr                 # 回返


    (b) trylock.s

# IBM AIX 上鎖函數 trylock.s
# 試著將代表鎖之整數變數的值設定為 1, 將鎖上鎖.
# 函數的輸入參數指出鎖變數的記憶位址.
# 不管有無拿到鎖, 都立即回返. 倘若上鎖成功, 則送回 0.
# 否則, 則送回-1.
# Authored by Mr. Jin-Jwei Chen
# Copyright (c) 2002-2016 Mr. Jin-Jwei Chen. All rights reserved.
#
            .machine  "ppc"
            .globl    .trylock[PR];
            .csect    .trylock[PR]

            .set    r0, 0
            .set    r3, 3
            .set    r4, 4
            .set    r5, 5
            .set    r6, 6
            .set    LR, 6

trylock:                        # 叫用者傳入之鎖變數的記憶位址放在 r3 暫存器
            addi    r4,r0,1     # 把 r4 暫存器的內含設定為 1
loop:       lwarx   r5,0,r3     # 將鎖變數的值取入 r5 暫存器
            cmpwi   r5,0        # 將 r5 暫存器的內含與 0 作比較
            bc      4,2,done    # 若鎖已被拿走(值不是 0), 則回返
            stwcx.  r4,0,r3     # 否則, 試著在鎖變數的記憶位置存入 1
            bc      4,2,loop    # 若保留不見了, 則重新再來過
                                # 成功地存入, 拿到鎖了!
            isync               # 取得同步
            li      r3, 0       # r3 暫存器放 0, 準備成功回返
            blr                 # 回返
done:                           # 若 r5 的值是 0, 則成功. 若 r5 是 1, 則失敗
            li      r3,-1       # r3 暫存器放-1, 準備錯誤回返
            blr
```

9-5-2-4 Oracle/Sun SPARC 處理器（Solaris）

不可切割指令─CAS（比較與互換）

在 Oracle/Sun SPARC 處理器上，用以從事上鎖作業的不可切割組合語言指令是 cas（compare and swap，比較與互換）指令。這個指令用到三個引數：兩個暫存器以及一個記憶位置。

　　cas 指令首先將記憶位置的內容與第一暫存器的內含相比。假若兩者相同，則緊接將記憶位置的內含與第二暫存器的內含互換（亦即，對調）。換言之，它首先測試代表鎖之記憶位置的現有內含，是否等於第一暫存器中所存放的值。若是，則緊接將這記憶位置的值，設定成存放在第二暫存器中的值。所以，單獨的一個指令，就做了比較與對調的處理，是做了不少。重點是，這一切都是不可切割的。顯然，在這個指令的執行過程中，系統絕對不能允許有任何其它同時測試此一相同記憶位置的作業！

　　SPARC 的 cas 指令與 Intel x86 的 bts 指令相似。假若我們是先把 0 存入第一暫存器內，並把 1 存入第二暫存器，則 cas 指令所為，即為測試代表鎖之變數的記憶位置的值是否為 0，若是，則將之設定為 1。完美的上鎖動作！

　　這就是一個測試且設定的指令！而且是整個字組，而非是一個位元。

　　注意，早期的 SPARC 處理器，有些使用 ldstub（Load Store Unsigned Byte）指令，這指令將一個記憶位置的單一的位元組存入暫存器內，然後將 0xFF 存入同一記憶位置。然後，程式可檢查看這暫存器的值，看是否是 0xFF。若不是，那程式就拿到了鎖。有些舊的 SPARC 處理器則使用互換（或對調）指令 swap，將一暫存器的值與一記憶位置的值對調。這些全都是可用來做上鎖作業的指令。

CPU暫存器

　　Oracle/Sun SPARC 處理器有 32 個（0-31）一般用途暫存器。

　　一進入一被叫用函數時，o0 暫存器含送給函數的第一個引數。回返時，同一暫存器（o0）含回返值。

　　圖 9-20 所示即為 SPARC 處理器的 spinlock() 函數。

圖 9-20　SPARC 處理器的 spinlock() 函數

```
spinlock:
                                ! %g0 永遠是 0. 暫存器 %o0 含輸入引數
                                ! 輸入引數值是鎖之變數的記憶位址
                                ! 假設鎖之變數初值設定成 0
spin: mov     0,%r1             ! 在暫存器 %r1 存 0
      mov     1,%r4             ! 在暫存器 %r4 存 1
      cas     [%o0],%r1,%r4     ! 將[%o0]所選定之記憶位置的內含與暫存器 %r1
                                ! 相比，若相等，則將記憶位置與%r4 的內含
```

```
                               ! 互換. 亦即, 測試記憶位置的內含是否為 0.
                               ! 若是, 則將之改成 1.
        cmp        %r4,0       ! 將記憶位置的原有值與 0 相比.
        bne,a,pn   %icc,spin   ! 若不相等, 則表示鎖已被別人拿走.
                               ! 否則, 我們就拿到了鎖.
        nop                    ! 我們需要這指令.
        retl                   ! 回返
        mov        0,%o0       ! 成功時送回 0.
```

一進入這上鎖函數時，暫存器 o0 含送給函數的第一引數，這個值就是代表鎖之變數的記憶位址。

一開始的兩個 mov 指令，一將 0 放入暫存器 r1，另一則將 1 上放入暫存器 r4。然後 cas 指令將存在 o0 之記憶位址所選定的記憶位置的內含，與暫存器 r1 的內含相比較。若兩者相同，則指令即將 r4 暫存器內含與記憶位置的內含互換。這等於是測試代表鎖之變數的值是否為 0，若是，則將之設定為 1，以將這個鎖上鎖並取得這個鎖。

在執行完這 cas 指令後，cmp 指令檢查看 r4 暫存器的值是否為 0。若是，代表程式拿到了鎖。這種情況下，程式將 0 存入暫存器 o0 內，然後控制回返。否則，控制即跳回函數開頭，繼續嘗試。

圖 9-21 所示即為 SPARC 處理器之 trylock() 與 unlock() 函數。注意，若是 32 位元的 SPARC，則請將 casa 指令，改成 cas 指令。

圖 9-21　Oracle/Sun SPARC 處理器之 trylock() 與 unlock() 函數

```
(a) unlock.s

! Oracle/Sun SPARC 解鎖函數 unlock.s
! 這函數將代表鎖之整數變數的值設定為 0, 將鎖解鎖.
! 鎖之整數變數的記憶位址即為函數之輸入引數.
! 若鎖變數之原有值為 1, 則函數會送回 0. 否則, 則送回 -1.
! Authored by Mr. Jin-Jwei Chen
! Copyright (c) 2002 Mr. Jin-Jwei Chen
! All rights reserved.

        .section   ".text"
        .proc      0           ! r0 含回返值
        .global    unlock
        .align     8
unlock:
                               ! %g0 永遠是 0. 暫存器 %o0 含輸入引數
        ld         [%o0],%g1   ! 鎖變數的舊有值存入 %g1
```

```
        st      %g0,[%o0]       ! 將鎖變數的值改成 0
        cmp     %g1,1           ! 其原有值是 1 嗎?
        bne     errexit         ! 若不是，則跳至錯誤回返
        nop                     ! 我們需要這個
        retl                    ! 回返
        mov     0,%o0           ! 成功時送回 0.
errexit:
        mov     -1,%o0          ! 失敗時送回 -1
        retl                    ! 回返
        nop
```

(b) trylock.s

```
! Oracle/Sun SPARC 上鎖函數 trylock.s
! 這函數測試一代表鎖之整數變數的值是否為 0，若是，則以 V9 CAS 指令
! 將之設定為 1，將鎖上鎖. 成功時，函數送回 0. 否則，則送回-1.
! 在鎖已被別人拿走時，函數立刻回返.
! Authored by Mr. Jin-Jwei Chen
! Copyright (c) 2002-2016, 2019 Mr. Jin-Jwei Chen. All rights reserved.

        .section  ".text"
        .proc     0             ! r0 含回返值
        .global   trylock
        .align    8
trylock:
                                ! %g0 永遠是 0. 暫存器 %o0 含輸入引數
                                ! 輸入引數值是代表鎖之變數的記憶位址
                                ! 假設鎖之變數初值設定成 0
        mov     0,%r1           ! 在暫存器 %r1 存 0
        mov     1,%r4           ! 在暫存器 %r4 存 1
        casa    [%o0],%r1,%r4   ! 將[%o0]所選定之記憶位置的內含與暫存器 %r1
                                ! 相比，若相等，則將記憶位置與%r4 的內含
                                ! 互換. 亦即，測試記憶位置的內含是否為 0.
                                ! 若是，則將之改成1.
        cmp     %r4,0           ! 將記憶位置的原有值與 0 相比.
        bne,a,pn %icc,missit    ! 若不相等，則表示鎖已被別人拿走.錯誤回返.
                                ! 否則，我們就拿到了鎖.
        nop                     ! 我們需要這指令.
        retl                    ! 回返
        mov     0,%o0           ! 成功時送回 0.
missit:
        retl                    ! 回返
        mov     -1,%o0          ! 失敗時送回 -1
```

9-5-2-5　HP PARISC 處理器（HP-UX）

在 HP 的 PARISC 處理器上，可以用做上鎖動作的不可切割指令，是一對取入時鎖住然後比較的一對指令：LDCW 與 CMPIB。

圖 9-22 所示即為 HP PARISC 處理器的 spinlock()，unlock()，與 trylock() 組合語言函數。

圖 9-22　HP PARISC 的 spinlock()，unlock() 與 trylock() 函數

```
(a) spinlock.s

                    ; 上鎖函數 spinlock.s (spin lock) for HPUX PARISC 2
                    ; 若鎖是開著, 則 lockvar 之值為 1. 若鎖已被拿走, 其值為 0.
                    ; 若上鎖成功, 函數送回 SUCCESS. 否則, 則送回 FAILURE.
                    ;
success   .EQU   0   ; 宣告一符號常數, 成功
failure   .EQU   1   ; 宣告一符號常數, 失敗
inuse     .EQU   0   ; 鎖已被拿走
free      .EQU   1   ; 鎖是沒人在用


          .CODE                      ; 程式碼開始
          .EXPORT   lock
          .PROC                      ; 函數開始
          .CALLINFO ENTRY_GR=4       ; 自動存起一直至%r4 暫存器的值
spinlock  .ENTER                     ;
spin      LDW       0(%arg0),%r3     ; 鎖變數之記憶位置的值取入 r3 暫存器
          CMPIB,=   inuse,%r3,spin   ; 若鎖已被拿走, 則繼續試
          STBY,e    %r0,0(%arg0)     ; 註記快捷記憶內含已改變 (魔術)
          LDCW,co   0(%arg0),%r3     ; 鎖住取入鎖變數 lockvar 的值
          CMPIB,=,n inuse,%r3,spin   ; 將之與 r3 的內含相比.若鎖已被拿走,則繼續試
                                     ; 若沒跳走, 就是拿到鎖了.
          LDI       success,%ret0    ; 將回返值設為成功
exit      .LEAVE                     ; 自動將暫存器的值恢復原狀
          .PROCEND                   ; 函數結束
          .END

(b) unlock.s

                    ; 解鎖函數 unlock.s for HPUX PARISC 2
success   .EQU   0   ; 宣告一符號常數, 成功
failure   .EQU   1   ; 宣告一符號常數, 失敗
inuse     .EQU   0   ; 鎖已被拿走
free      .EQU   1   ; 鎖是沒人在用


          .CODE
          .EXPORT   unlock
          .PROC
          .CALLINFO ENTRY_GR=4
```

```
unlock   .ENTER
         LDI       free,%r3        ;
         STW       %r3,0(%arg0)    ; 將鎖釋放 (解鎖)
         SYNC                      ;
         LDI       success,%ret0   ; 將回返值設為成功
exit     .LEAVE
         .PROCEND
         .END


(c) trylock.s

                        ; 嘗試上鎖函數 trylock.s for HPUX PARISC 2
                        ;
success  .EQU    0  ; 宣告一符號常數，成功
failure  .EQU    1  ; 宣告一符號常數，失敗
inuse    .EQU    0  ; 鎖已被拿走
free     .EQU    1  ; 鎖是没人在用

         .CODE                        ; 程式碼開始
         .EXPORT    trylock
         .PROC                        ; 函數開始
         .CALLINFO ENTRY_GR=4         ; 自動存起一直至%r4 暫存器的值
trylock  .ENTER                       ;
         LDI       failure,%ret0      ; 回返值先設定成失敗

         LDW       0(%arg0),%r3       ; 鎖變數之記憶位置的值取入 r3 暫存器
         CMPIB,=   inuse,%r3,exit     ; 鎖已被別人拿走，跳去回返處
         STBY,e    %r0,0(%arg0)       ; 註記快捷記憶內含已改變 (魔術)
         LDCW,co   0(%arg0),%r3       ; 鎖住取入鎖變數 lockvar 的值
         CMPIB,=,n inuse,%r3,exit     ; 將之與 r3 的內含相比.若鎖已被拿走,
                                      ; 則跳去回返處
                                      ; 執行這裡代表已拿到鎖

         LDI        success,%ret0     ; 回返值設定成成功
exit     .LEAVE                       ; 自動將暫存器的值恢復原狀
         .PROCEND                     ; 函數結束
         .END
```

9-5-2-6 HP/DEC Alpha 處理器（Tru64 Unix 或 Digital Unix）

在一開始由 DEC（Digital）公司所開發的全世界第一個 64 位元的處理器 Alpha 上（DEC 後來被 Compaq 買走，然後 Compaq 又被 HP 買走），上鎖動作由一對指令達成。它是鎖住取入（Load Locked）與條件式儲存（Store Conditional）。在 32 位元模式時，它們分別是 ldl_l 與 stl_c 指令。在 64 位元時，它們則分別是 ldq_l 與 stq_c 指令。Alpha 處理器稱一 32 位元的整數為 "長字"（longword），且稱一 64 位元的整數為**四倍字**（quadword）。這就是為什麼指令上會有 l 與 q。

　　鎖住取入指令（ldl_l 或 ldq_l）鎖住指令所指的記憶位置，將其記憶內含取入指令所指的 CPU 暫存器內，將 1 存入鎖住旗號（lock_flag）CPU 暫存器內，且將被鎖住之記憶位置的實際位址，存入鎖住實際位址（locked_physical）暫存器內。

　　假若鎖住旗號暫存器的值是 1，則條件式存入指令即將指令上所指之暫存器的內含，存入指令上所指的記憶位置上。緊接，鎖住旗號的值被拷貝至指令上所指暫存器，然後，鎖住旗號暫存器的值被設定成 0。否則，若鎖住旗號暫存器的值不是 1，則存入指令即什麼事都不做。

　　因此，執行鎖住取入與條件式儲存之指令對，事實上即將一記憶位置的內含讀入一 CPU 暫存器內，查看它的值，改變那個值，然後將之存回。

　　假若這之間沒有其它的程序或程線也存入或改變同一記憶位置或記憶範圍，則條件式存入指令即會被執行，且成功地將改變過的值存回記憶位置，這等於叫用程序或程線拿到了鎖。否則，條件式存入指令即不執行，等於完全沒有任何影響。換言之，假若沒有任何衝突，亦即，在此一指令對執行的同時，沒有任何其它的程序或程線存入同一記憶位置，則這一指令對事實上是針對代表鎖的記憶位置，執行了一個 "讀取-更改-再存回" 的作業。

　　注意，在一多處理器的系統，假若某一處理器 A 鎖住取入一個記憶位置，然後另一處理器 B 成功地條件式存入那同一記憶位置，則處理器 A 的鎖住旗號就會被清除（為 0），以致其隨後的條件式存入指令就會什麼事都不做。換言之，假若兩個處理器之間有了衝突，試圖同時獲取同一個鎖，那誰先成功地存入那個記憶位置，那個處理器就贏！另一個處理器就輸了，它的條件式存入即不做存入。這確保每一時刻，只有一個處理器能不可分割地改變某一記憶位置。記得，在一多處理器的計算機，主記憶器是所有處理器共用的。因此，確保每一時刻最多只能有一個處理器能改變一個記憶位置（彼此互斥），很重要！

　　圖 9-23 所示即為 HP/DEC Alpha 處理器的 spinlock()，unlock() 與 trylock() 組合語言函數。

圖 9-23　HP/DEC Alpha 處理器的上鎖與解鎖函數

```
(a) trylock.s


        # Alpha 處理器之嚐試上鎖函數
        # 一進入這函數時，R16 暫存器含函數之第一引數. 即代表鎖之變數
        # 的記憶位址. 鎖變數的初值設定成 0.
        # 回返時，r0 暫存器含回返值. 若 0，則表示已成功拿到鎖.
        .text
        .align    4
        .globl    trylock
        .ent      trylock
trylock:
        ldgp    $gp, 0($27)
        ldq_l   $1, 0($16)       # 將代表鎖之變數的值取入 r1 暫存器.
        blbs    $1, taken        # 若鎖已被拿走(最低位元是 1)，則跳走.
        ldiq    $2, 1            # 將 r2 暫存器的值設為 1.
        stq_c   $2, 0($16)       # 試著將鎖之變數的值存成 1.
        beq     $2, taken        # 若儲存失敗，則跳走. 原因可能是另一 CPU
                                 # 已先寫入或碰上有插斷或有出錯.
        mb                       # 確保記憶的一致性.
                                 # 執行這裡就代表已拿到鎖. 準備回返.
        ldil    $0, 0            # 將 r0 暫存器的值設為 0，代表成功.
        ret     $31, ($26), 1    # 成功回返
taken:                           # 鎖已被拿走或 stq_c 指令執行失敗.
        ldil    $0, 1            # 將 r0 暫存器的值設為 1，代表失敗.
        ret     $31, ($26), 1    # 失敗回返
        .end      trylock


(b) unlock.s


        .text
        .align    4
        .globl    unlock
        .ent      unlock
unlock:
        ldgp    $gp, 0($27)
        #.frame  $sp, 0, $26, 0  #  $26 含回返位址
        mb
        stq     $31, 0($16)
        ldil    $0, 0            # 將 r0 暫存器的值設為 0，代表成功.
        ret     $31, ($26), 1
        .end      unlock


(c) spinlock.s


        # Alpha 處理器之空轉上鎖函數
        # 一進入這函數時，R16 暫存器含函數之第一引數. 即代表鎖之變數
        # 的記憶位址. 鎖變數的初值設定成 0.
        # 回返時，r0 暫存器含回返值. 若 0，則表示已成功拿到鎖.
        .text
```

```
          .align    4
          .globl    lock
          .ent      lock
spinlock:
          ldgp      $gp, 0($27)


spinloop:
          ldq_l     $1, 0($16)       # 將代表鎖之變數的值取入 r1 暫存器
          blbs      $1, taken        # 若鎖已被拿走(最低位元是 1)，則跳走
          ldiq      $2, 1            # 將 r2 暫存器的值設為 1
          stq_c     $2, 0($16)       # 試著將鎖之變數的值存成 1
          beq       $2, taken        # 若儲存失敗，則跳走。原因可能是另一 CPU
                                     # 已先寫入或碰上有插斷或有出錯。
          mb                         # 確保記憶的一致性。
                                     # 執行這裡就代表已拿到鎖。準備回返。
          ldil      $0, 0            # 將 r0 暫存器的值設為 0，代表成功。
          ret       $31, ($26), 1    # 成功回返
taken:                               # 鎖已被拿走或 stq_c 指令執行失敗
          br        spinloop         # 繼續再試
          .end      lock
```

注意到，Alpha 處理器的 LDx_L，改變，STx_C 與 BEQ xyz 的指令系列在 BEQ 跳躍指令沒有產生跳躍，而直接往下繼續執行時，等於針對代表鎖之變數的記憶位置做了一個讀取 - 改變 - 又寫入的作業。若 BEQ 指令產生跳躍，則代表條件式存入指令實際沒有發生，因此，叫用程序或程線沒拿到鎖。在那種情況下，若是 spinlock() 的話，函數就重新來過，直至拿到鎖為止。

同時注意，如程式所示的，為了提高速度，在 stl_c/stq_c 指令之後，假若沒拿到鎖，則跳躍指令最好是寫成往前（下）跳。這是因為，Alpha 處理器的設計是，它的預測是平常跳躍大部份會是往前跳的。若程式執行時，控制實際往後跳了，那就會與處理器本身的預測相反，打斷了指令順暢的流動方向，延緩了執行的速度。

9-5-2-7　使用我們自己的函數做共時更新

圖 9-24 所示即為一示範如何使用我們自己所寫的組合語言上鎖與解鎖函數，從事共時更新的程式例子。該程式同時也可用以示範更新遺失的情形。這個程式以多個程線，共時更新一個共用的變數的值。每一程線試圖更新兩個共用的全面變數的值若干次。

圖 9-24 以我們自己的上鎖與解鎖函數進行共時更新

(a) semupd_mylock.c

```
/*
 * Concurrent updates of two shared variables by multiple threads using
 * our own locking routines in assembly language.
 * Copyright (c) 2013, 2019, 2020 Mr. Jin-Jwei Chen.  All rights reserved.
 */

#include "mysemutil.h"

/* Default values related to the shared file */
#define  NTHREADS    4              /* number of concurrent threads */
#define  MAXNTHREADS 12             /* max. number of concurrent threads */
#define  DEFUPDCNT   10000000       /* default update count */
#define  MAXDELAYCNT 1000           /* delay count */

/* Shared lock variable */
int      lockvar=0;

/* Shared data */
unsigned int globalcnt = 0;
unsigned int globalcnt2 = 0;

/* These are our own locking functions in assembly language. */
int spinlock(int *lockvar);
int unlock(int *lockvar);

/*
 * The worker thread.
 */

int worker_thread(void *args)
{
  unsigned int  *argp;
  unsigned int  myid;
  unsigned int  updcnt;
  int           ret = 0;
  int           i, j;
  int           uselock=1;

  /* Extract input arguments (two unsigned integers and one signed) */
  argp = (unsigned int *)args;
  if (argp != NULL)
  {
    myid = argp[0];
    updcnt = argp[1];
    uselock = argp[2];
  }
  else
```

```
#ifdef SUN64
  {
    ret = (-1);
    pthread_exit((void *)&ret);
  }
#else
    pthread_exit((void *)(-1));
#endif

  fprintf(stdout, "Worker thread: myid=%u updcnt=%u\n", myid, updcnt);

  /* Do my job */
  for (i = 0; i < updcnt; i++)
  {
    if (uselock)
      spinlock(&lockvar);
    globalcnt = globalcnt + 1;          /* update shared variable 1 */
    for (j=0; j < MAXDELAYCNT; j++);     /* create a bit of delay */
    globalcnt2 = globalcnt2 + 1;         /* update shared variable 2 */
    if (uselock)
      unlock(&lockvar);
  }

#ifdef SUN64
  pthread_exit((void *)&ret);
#else
  pthread_exit((void *)0);
#endif
}

int main(int argc, char *argv[])
{
  int     nthrd;                      /* actual number of worker threads */
  int     ret, retval;
#ifdef SUN64
  int     *retvalp = &retval;          /* pointer to returned value */
#endif
  int     i;
  size_t  updcnt = DEFUPDCNT;          /* each thread's file update count */
  pthread_t     thrds[MAXNTHREADS];    /* threads */
  unsigned int  args[MAXNTHREADS][3];  /* arguments for each thread */
  int           uselock;               /* use locking for update or not */
  pthread_attr_t attr;                 /* pthread attributes */

  if ((argc > 1) &&
      ((strcmp(argv[1], "-h") == 0) || (strcmp(argv[1], "-help") == 0)))
  {
    fprintf(stdout, "Usage: %s [uselock] [nthrd] [updcnt]\n", argv[0]);
    return(-1);
  }
```

```
/*
 * Get the lock switch, number of concurrent threads and update count
 * from the user, if any.
 */
uselock = 1;
if (argc > 1)
{
  uselock = atoi(argv[1]);
  if (uselock != 0)
    uselock = 1;
}

nthrd = NTHREADS;
if (argc > 2)
  nthrd = atoi(argv[2]);
if (nthrd <= 0 || nthrd > MAXNTHREADS)
  nthrd = NTHREADS;

updcnt = DEFUPDCNT;
if (argc > 3)
  updcnt = atoi(argv[3]);
if (updcnt <= 0)
  updcnt = DEFUPDCNT;

fprintf(stdout, "Increment the values of two shared variables using %u "
  "threads, with each doing it %lu times.\n", nthrd, updcnt);
if (uselock)
  fprintf(stdout, "Locking is used during the updates.\n");
else
  fprintf(stdout, "Locking is not used during the updates.\n");
printf("At start, globalcnt=%d globalcnt2=%d\n", globalcnt, globalcnt2);

/* Load up the input arguments for each worker thread */
for (i = 0; i < nthrd; i++)
{
  args[i][0] = i+1;        /* worker id starts with 1 */
  args[i][1] = updcnt;
  args[i][2] = uselock;
}

/* Initialize the pthread attributes */
ret = pthread_attr_init(&attr);
if (ret != 0)
{
  fprintf(stderr, "pthread_attr_init() function failed, ret=%d\n", ret);
  return(-2);
}

/* Create the worker threads to concurrently update the shared variables */
for (i = 0; i < nthrd; i++)
{
```

```
        ret = pthread_create(&thrds[i], (pthread_attr_t *)&attr,
            (void *(*)(void *))worker_thread, (void *)args[i]);
        if (ret != 0)
        {
          fprintf(stderr, "Failed to create the worker thread\n");
          return(-3);
        }
    }

    /*
     * Wait for each of the child threads to finish and retrieve its returned
     * value.
     */
    for (i = 0; i < nthrd; i++)
    {
#ifdef SUN64
        ret = pthread_join(thrds[i], (void **)&retvalp);
#else
        ret = pthread_join(thrds[i], (void **)&retval);
#endif
        fprintf(stdout, "Thread %u exited with return value %d\n", i, retval);
    }

    /* Report the end results */
    printf("At end, globalcnt=%d globalcnt2=%d\n", globalcnt, globalcnt2);

    return(0);
}
```

(b) semupd_mylock_sun64.c

```
/*
 * Concurrent updates of two shared variables by multiple threads using
 * our own locking routines in assembly language.
 * Copyright (c) 2013, 2019-2020 Mr. Jin-Jwei Chen.  All rights reserved.
 */

#include "mysemutil.h"

/* Default values related to the shared file */
#define  NTHREADS     4              /* number of concurrent threads */
#define  MAXNTHREADS 12              /* number of concurrent threads */
#define  DEFUPDCNT   10000000        /* default update count */
#define  MAXDELAYCNT 1000            /* delay count */

/* Shared lock variable */
int      lockvar=0;

/* Shared data */
unsigned int globalcnt = 0;
unsigned int globalcnt2 = 0;
```

```c
/* These are our own locking functions in assembly language. */
int spinlock(int *lockvar);
int unlock(int *lockvar);

/*
 * The worker thread.
 */

int worker_thread(void *args)
{
  unsigned int  *argp;
  unsigned int  myid;
  unsigned int  updcnt;
  int           ret = 0;
  int           i, j;
  int           uselock=1;

  /* Extract input arguments (two unsigned integers) */
  argp = (unsigned int *)args;
  if (argp != NULL)
  {
    myid = argp[0];
    updcnt = argp[1];
    uselock = argp[2];
  }
  else
  {
    ret = (-1);
    pthread_exit((void *)&ret);
  }

  fprintf(stdout, "Worker thread: myid=%u updcnt=%u\n", myid, updcnt);

  /* Do my job */
  for (i = 0; i < updcnt; i++)
  {
    if (uselock)
      spinlock(&lockvar);
    globalcnt = globalcnt + 1;          /* update shared variable 1 */
    for (j=0; j < MAXDELAYCNT; j++);    /* create a bit of delay */
    globalcnt2 = globalcnt2 + 1;        /* update shared variable 2 */
    if (uselock)
      unlock(&lockvar);
  }

  pthread_exit((void *)&ret);
}

int main(int argc, char *argv[])
{
```

```c
int     nthrd;                      /* actual number of worker threads */
int     ret, retval;
int     *retvalp = &retval;         /* pointer to returned value */
int     i;
size_t  updcnt = DEFUPDCNT;         /* each thread's file update count */
pthread_t     thrds[MAXNTHREADS];   /* threads */
unsigned int  args[MAXNTHREADS][3]; /* arguments for each thread */
int           uselock;              /* use locking for update or not */
pthread_attr_t  attr;               /* pthread attributes */

if ((argc > 1) &&
    ((strcmp(argv[1], "-h") == 0) || (strcmp(argv[1], "-help") == 0)))
{
  fprintf(stdout, "Usage: %s [uselock] [nthrd] [updcnt]\n", argv[0]);
  return(-1);
}

/*
 * Get the number of concurrent threads, update count and lock switch
 * from the user, if any.
 */
uselock = 1;
if (argc > 1)
{
  uselock = atoi(argv[1]);
  if (uselock != 0)
    uselock = 1;
}

nthrd = NTHREADS;
if (argc > 2)
  nthrd = atoi(argv[2]);
if (nthrd <= 0 || nthrd > MAXNTHREADS)
  nthrd = NTHREADS;

updcnt = DEFUPDCNT;
if (argc > 3)
  updcnt = atoi(argv[3]);
if (updcnt <= 0)
  updcnt = DEFUPDCNT;

fprintf(stdout, "Increment the values of two shared variables using %u "
  "threads, with each doing it %u times.\n", nthrd, updcnt);
if (uselock)
  fprintf(stdout, "Locking is used during the updates.\n");
else
  fprintf(stdout, "Locking is not used during the updates.\n");
printf("At start, globalcnt=%d globalcnt2=%d\n", globalcnt, globalcnt2);

/* Load up the input arguments for each worker thread */
for (i = 0; i < nthrd; i++)
```

```
  {
    args[i][0] = i+1;         /* worker id starts with 1 */
    args[i][1] = updcnt;
    args[i][2] = uselock;
  }

  /* Initialize the pthread attributes */
  ret = pthread_attr_init(&attr);
  if (ret != 0)
  {
    fprintf(stderr, "pthread_attr_init() function failed, ret=%d\n", ret);
    return(-2);
  }

  /* Create the worker threads to concurrently update the shared file */
  for (i = 0; i < nthrd; i++)
  {
    ret = pthread_create(&thrds[i], (pthread_attr_t *)&attr,
          (void *(*)(void *))worker_thread, (void *)args[i]);
    if (ret != 0)
    {
      fprintf(stderr, "Failed to create the worker thread\n");
      return(-3);
    }
  }

  /*
   * Wait for each of the child threads to finish and retrieve its returned
   * value.
   */
  for (i = 0; i < nthrd; i++)
  {
    ret = pthread_join(thrds[i], (void **)&retvalp);
    fprintf(stdout, "Thread %u exited with return value %d\n", i, retval);
  }

  /* Report the update counts from all threads */
  printf("At end, globalcnt=%d globalcnt2=%d\n", globalcnt, globalcnt2);

  return(0);
}
```

　　這程式可接受三個輸入引數。第一個引數指出在共時更新時你是否願意使用上鎖的作業。1 代表上鎖，0 代表不上鎖，這主要目的是讓讀者看看，共時更新時要是不上鎖，會怎麼樣。第二引數則指出你希望程式使用幾個程線做共時更新。第三引數則指出你希望每一程線做多少次的更新。若你不指明，則既定情況是，程式使用 4 個程線，每一程線更新兩個共用變數各 10000000 次，且以上鎖保護著共時更新，以確保計算結果永遠正確！

假若程式正確無誤，則結束時，最後每一變數的值應是程線數乘以
10000000。例如，4×10000000=40000000，若最後結果不是這樣，那就是
發生了更新遺失。圖 9-25 所示即程式執行時不加鎖，程式的輸出的結果。
圖 9-26 所示則為在更新時加鎖的情況下，程式的執行結果。

圖 9-25　更新時不加鎖，程式的執行結果

```
$ ./semupd_mylock.lin64 0
Increment the values of two shared variables using 4 threads, with
each doing it 10000000 times.
Locking is not used during the updates.
At start, globalcnt=0 globalcnt2=0
Worker thread: myid=2 updcnt=10000000
Worker thread: myid=1 updcnt=10000000
Worker thread: myid=3 updcnt=10000000
Worker thread: myid=4 updcnt=10000000
Thread 0 exited with return value 0
Thread 1 exited with return value 0
Thread 2 exited with return value 0
Thread 3 exited with return value 0
At end, globalcnt=37244611 globalcnt2=37223599

$ ./semupd_mylock.aix64 0
Increment the values of two shared variables using 4 threads, with
each doing it 10000000 times.
Locking is not used during the updates.
At start, globalcnt=0 globalcnt2=0
Worker thread: myid=1 updcnt=10000000
Worker thread: myid=4 updcnt=10000000
Worker thread: myid=3 updcnt=10000000
Worker thread: myid=2 updcnt=10000000
Thread 0 exited with return value 0
Thread 0 exited with return value 0
Thread 1 exited with return value 0
Thread 0 exited with return value 0
Thread 1 exited with return value 0
Thread 2 exited with return value 0
Thread 0 exited with return value 0
Thread 1 exited with return value 0
Thread 2 exited with return value 0
Thread 3 exited with return value 0
At end, globalcnt=39973602 globalcnt2=39961776

$ ./semupd_mylock.sun32 0
Increment the values of two shared variables using 4 threads, with
each doing it 10000000 times.
Locking is not used during the updates.
At start, globalcnt=0 globalcnt2=0
Worker thread: myid=1 updcnt=10000000
```

```
Worker thread: myid=2 updcnt=10000000
Worker thread: myid=3 updcnt=10000000
Worker thread: myid=4 updcnt=10000000
Thread 0 exited with return value 0
Thread 1 exited with return value 0
Thread 2 exited with return value 0
Thread 3 exited with return value 0
At end, globalcnt=39800851 globalcnt2=39756173

$ ./semupd_mylock.sun64 0 4 10000000 Increment the values of two
shared variables using 4 threads, with each doing it 10000000 times.
Locking is not used during the updates.
At start, globalcnt=0 globalcnt2=0
Worker thread: myid=1 updcnt=10000000
Worker thread: myid=2 updcnt=10000000
Worker thread: myid=3 updcnt=10000000
Worker thread: myid=4 updcnt=10000000
Thread 0 exited with return value 0
Thread 1 exited with return value 0
Thread 2 exited with return value 0
Thread 3 exited with return value 0
At end, globalcnt=39732575 globalcnt2=39681540
```

圖 9-26 更新時加鎖，程式的執行結果

```
$ ./semupd_mylock.lin64 1
Increment the values of two shared variables using 4 threads, with
each doing it 10000000 times.
Locking is used during the updates.
At start, globalcnt=0 globalcnt2=0
Worker thread: myid=1 updcnt=10000000
Worker thread: myid=2 updcnt=10000000
Worker thread: myid=3 updcnt=10000000
Worker thread: myid=4 updcnt=10000000
Thread 0 exited with return value 0
Thread 1 exited with return value 0
Thread 2 exited with return value 0
Thread 3 exited with return value 0
At end, globalcnt=40000000 globalcnt2=40000000

$ ./semupd_mylock.aix64 1
Increment the values of two shared variables using 4 threads, with
each doing it 10000000 times.
Locking is used during the updates.
At start, globalcnt=0 globalcnt2=0
Worker thread: myid=1 updcnt=10000000
Worker thread: myid=4 updcnt=10000000
Worker thread: myid=3 updcnt=10000000
Worker thread: myid=2 updcnt=10000000
Thread 0 exited with return value 0
Thread 0 exited with return value 0
```

```
      Thread 1 exited with return value 0
      Thread 0 exited with return value 0
      Thread 1 exited with return value 0
      Thread 2 exited with return value 0
      Thread 0 exited with return value 0
      Thread 1 exited with return value 0
      Thread 2 exited with return value 0
      Thread 3 exited with return value 0
      At end, globalcnt=40000000 globalcnt2=40000000

      $ ./semupd_mylock.sun32
      Increment the values of two shared variables using 4 threads, with
each doing it 10000000 times.
      Locking is used during the updates.
      At start, globalcnt=0 globalcnt2=0
      Worker thread: myid=1 updcnt=10000000
      Worker thread: myid=2 updcnt=10000000
      Worker thread: myid=3 updcnt=10000000
      Worker thread: myid=4 updcnt=10000000
      Thread 0 exited with return value 0
      Thread 1 exited with return value 0
      Thread 2 exited with return value 0
      Thread 3 exited with return value 0
      At end, globalcnt=40000000 globalcnt2=40000000

      $ ./semupd_mylock.sun64
      Increment the values of two shared variables using 4 threads, with
each doing it 10000000 times.
      Locking is used during the updates.
      At start, globalcnt=0 globalcnt2=0
      Worker thread: myid=1 updcnt=10000000
      Worker thread: myid=2 updcnt=10000000
      Worker thread: myid=3 updcnt=10000000
      Worker thread: myid=4 updcnt=10000000
      Thread 0 exited with return value 0
      Thread 1 exited with return value 0
      Thread 2 exited with return value 0
      Thread 3 exited with return value 0
      At end, globalcnt=40000000 globalcnt2=40000000
```

　　由圖 9-25 可看出，在共時更新時不加鎖，則所得結果都不到 40000000，
因為，有更新遺失的情形發生。由於沒加鎖，不同程線可能會同時讀到相同
的值，各自將之加一後，其中有些程線的增加，就被蓋過了。圖 9-2 所示的
情形發生了！

　　不過，如圖 9-26 所示地，假若每一程式或程線永遠遵照我們所說的三步
規則：

上鎖

從事更新作業

解鎖

那結果就會是永遠正確的。誠如你可看出的，程式總共做了 40000000 次的共時更新，最後結果連一次都不少！圖中所示是程式在 Intel x86 Linux，IBM PowerPC AIX，與 Oracle/Sun SPARC Solaris 三個不同處理器上的執行結果。

記得，在這個例子，我們是以程線作範例。同一程序內的所有程線，共同更新兩個全面變數。若你使用的是多程序，則這共用的變數就必須存放在諸如共有記憶（這我們在下一章會介紹）上，才能讓所有共用它們的程序，都同時存取得到。

9-5-2-8 我們自己的上鎖函數與旗誌的速度比較

圖 9-27 所示即為一使用系統五 IPC 的旗誌做上鎖解鎖動作的共時更新程式，semupd_sema.c。除了上鎖與解鎖函數外，這程式與圖 9-24 所示的 semupd_mylock.c 完全相同。

在以下四個不同系統上：Intel Linux，IBM Power AIX，Oracle/Sun SPARC Solaris，與 Apple x86 Darwin 19.3，分別執行 semupd_mylock 與 semupd_sema 兩個程式，我們發現兩者的速度有相當的差異。使用我們自己寫的組合語言上鎖與解鎖函數時，程式快了 25% 至 80+%，速度提升的數據分別如下：

29-33% on IBM Power AIX

85-88% on Oracle/Sun SPARC Solaris

25-80+% on Intel Linux.

25-80+% in Apple x86 Darwin 19.3

圖 9-27 使用旗誌的共時更新程式（semupd_sema.c）

```
/*
 * Concurrent updates of two shared variables by multiple threads using
 * System V semaphore as locking facility.
 * Create the path "/var/xyzinc/app1" before running the program.
 * Copyright (c) 2013, 2019, 2020 Mr. Jin-Jwei Chen.  All rights reserved.
 */
```

```
#include "mysemutil.h"

/* Default values related to the shared file */
#define  NTHREADS    4              /* number of concurrent threads */
#define  MAXNTHREADS 12             /* number of concurrent threads */
#define  DEFUPDCNT   10000000       /* default update count */
#define  MAXDELAYCNT 1000           /* delay count */

/* Shared data */
unsigned int globalcnt = 0;
unsigned int globalcnt2 = 0;

/* These are our own locking functions in assembly language. */
int spinlock(int *lockvar);
int unlock(int *lockvar);

/*
 * The worker thread.
 */

int worker_thread(void *args)
{
  unsigned int  *argp;
  unsigned int  myid;
  unsigned int  updcnt;
  int           ret;
  int           i, j;
  int           uselock=1;
  int           semid;

  /* Extract input arguments (two unsigned integers and one signed) */
  argp = (unsigned int *)args;
  if (argp != NULL)
  {
    myid = argp[0];
    updcnt = argp[1];
    uselock = argp[2];
    semid = argp[3];
  }
  else
    pthread_exit((void *)(-1));

  fprintf(stdout, "Worker thread: myid=%u updcnt=%u semid=%u\n",
    myid, updcnt, semid);

  /* Do my job */
  for (i = 0; i < updcnt; i++)
  {
    if (uselock)
    {
      ret = lock_semaphore(semid, 0);
```

```
      if (ret == -1)
      {
          fprintf(stderr, "semop() failed to lock, errno=%d\n", errno);
          pthread_exit((void *)-1);
      }
  }
  globalcnt = globalcnt + 1;        /* update shared variable 1 */
  for (j=0; j < MAXDELAYCNT; j++);  /* create a bit of delay */
  globalcnt2 = globalcnt2 + 1;      /* update shared variable 2 */
  if (uselock)
  {
    ret = unlock_semaphore(semid, 0);
    if (ret == -1)
    {
        fprintf(stderr, "semop() failed to unlock, errno=%d\n", errno);
        pthread_exit((void *)-1);
    }
  }
  }
}

  pthread_exit((void *)0);
}

int main(int argc, char *argv[])
{
  int     nthrd;                      /* actual number of worker threads */
  int     ret, retval;
  int     i;
  size_t  updcnt = DEFUPDCNT;        /* each thread's file update count */
  pthread_t       thrds[MAXNTHREADS];  /* threads */
  unsigned int  args[MAXNTHREADS][4]; /* arguments for each thread */
  int             uselock;            /* use locking for update or not */
  key_t   ipckey;
  int     semid;
  semun   semarg;

  if ((argc > 1) &&
      ((strcmp(argv[1], "-h") == 0) || (strcmp(argv[1], "-help") == 0)))
  {
    fprintf(stdout, "Usage: %s [uselock] [nthrd] [updcnt]\n", argv[0]);
    return(-1);
  }

  /*
   * Get the lock switch, number of concurrent threads and update count
   * from the user, if any.
   */
  uselock = 1;
  if (argc > 1)
  {
    uselock = atoi(argv[1]);
```

```
   if (uselock != 0)
     uselock = 1;
}

nthrd = NTHREADS;
if (argc > 2)
  nthrd = atoi(argv[2]);
if (nthrd <= 0 || nthrd > MAXNTHREADS)
  nthrd = NTHREADS;

updcnt = DEFUPDCNT;
if (argc > 3)
  updcnt = atoi(argv[3]);
if (updcnt <= 0)
  updcnt = DEFUPDCNT;

fprintf(stdout, "Increment the values of two shared variables using %u "
  "threads, with each doing it %lu times.\n", nthrd, updcnt);
if (uselock)
  fprintf(stdout, "Locking is used during the updates.\n");
else
  fprintf(stdout, "Locking is not used during the updates.\n");
printf("At start, globalcnt=%d globalcnt2=%d\n", globalcnt, globalcnt2);

/* Create the semaphore */
semid = get_semaphore_set(IPCKEYPATH, IPCSUBID, ONESEM, 0600);
if (semid == -1)
{
  fprintf(stderr, "get_semaphore_set() failed\n");
  return(-2);
}
fprintf(stdout, "The semaphore was successfully created, semid=%d.\n", semid);

/* Initialize the value of the semaphore -- value 1 means available */
ret = init_semaphore_set(semid, ONESEM, 1);
if (ret == -1)
{
  fprintf(stderr, "init_semaphore_set() failed\n");
  ret = (-3);
  goto exit;
}
fprintf(stdout, "Initializing the semaphore value was successful.\n");

/* Load up the input arguments for each worker thread */
for (i = 0; i < nthrd; i++)
{
  args[i][0] = i+1;        /* worker id starts with 1 */
  args[i][1] = updcnt;
  args[i][2] = uselock;
  args[i][3] = semid;
}

/* Create the worker threads to concurrently update the shared variables */
for (i = 0; i < nthrd; i++)
```

```
{
    ret = pthread_create(&thrds[i], (pthread_attr_t *)NULL,
        (void *(*)(void *))worker_thread, (void *)args[i]);
    if (ret != 0)
    {
        fprintf(stderr, "Failed to create the worker thread\n");
        ret = (-4);
        goto exit;
    }
}

/*
 * Wait for each of the child threads to finish and retrieve its returned
 * value.
 */
for (i = 0; i < nthrd; i++)
{
    ret = pthread_join(thrds[i], (void **)&retval);
    fprintf(stdout, "Thread %u exited with return value %d\n", i, retval);
}

exit:
/* Remove the semaphore */
ret = semctl(semid, 0, IPC_RMID);
if (ret == -1)
{
    fprintf(stderr, "semctl() failed to remove, errno=%d\n", errno);
}
fprintf(stdout, "The semaphore set was successfully removed.\n");

/* Report the end results */
printf("At end, globalcnt=%d globalcnt2=%d\n", globalcnt, globalcnt2);

return(ret);
}
```

9-6 POSIX 旗誌

除了系統五旗誌之外，POSIX 標準在第五版/冊加上了 POSIX 旗誌，以便能和 POSIX 程線一起使用。POSIX 旗誌同樣可以用於程序間或同一程序內多個程線之間的同步之用。比起系統五旗誌，它稍微易於使用一些，在速度上也快一些。

POSIX 旗誌的程式界面都稱作 sem_xxx()。在絕大多數系統上，這些程式界面函數都存在即時庫存 librt.so 內。因此，在使用 POSIX 旗誌時，程式必須與 librt.so 連結。亦即，在連結命令上，你必須加上 -lrt。

就像系統五旗誌一樣，每一 POSIX 旗誌就是一個整數，其值是零或正數。每一旗誌可以有兩種不同作業，將旗誌值減一（就二進旗誌而言，此即相當於試圖將鎖上鎖），以及將旗誌值加一（就一二進旗誌而言，此即相當於將鎖解開或釋放）。

POSIX 旗誌與系統五旗誌的不同之一，就是在系統五旗誌，semop() 函數能讓叫用程序或程線將旗誌值增加或減少一或大於一的一個整數，但在 POSIX 旗誌，每次就是增加或減少一而已。POSIX 旗誌並沒有程式界面，讓叫用者能一次將旗誌值增加或減少一個大於一的整數。

POSIX 旗誌有兩種：無名旗誌與有名或具名旗誌。基本上，**無名旗誌**是用作同一程序內之多程線間的同步的，而**具名旗誌**是用作程序間之同步用的。但程式若能將無名旗誌安排放在共有記憶上，讓所有相關的程序都能存取得到，那它也可以作為程序間同步之用。

下面我們分別介紹有名與無名旗誌。

9-6-1 **無名的 POSIX 旗誌**

無名的 POSIX 旗誌並無一個通用的名稱，若在同一程序內，則每一無名旗誌就是一個全面變數（global variable），所有程線可以共用。若無名旗誌欲在多個程序間共用，那它就必須被放在像以 shmget() 所產生之系統五共有記憶（這我們在下一章討論）上，或以 shm_open() 所產生的 POSIX 共有記憶物件上。

在能使用之前，每一無名的 POSIX 旗誌必須先經由sem_init() 函數產生與初值設定。然後，程序或程線即可以 sem_wait() 與 sem_post() 函數加以運用。在使用完時，程序或程線則必須叫用 sem_destroy() 加以摧毀。

使用一無名POSIX 旗誌涉及下列四個步驟：

```
#include <semaphore.h>

int sem_init(sem_t *sem, int pshared, unsigned value);
int sem_wait(sem_t *sem);
int sem_post(sem_t *sem);
int sem_destroy(sem_t *sem);
```

緊接下面我們即介紹這些函數。

1.　**sem_init() 函數**

sem_init() 函數為其第一引數所指的無名旗誌設定初值，將其初值設定成函數第三引數所指的值。函數的第二引數則指出這旗誌是多程線或多程序所共用，零值表示旗誌為程序內之所有程線所共用，非零之值表示旗誌為多程序所共用。

成功時，sem_init() 函數送回零，失敗時，其送回 -1 且 errno 含錯誤號碼。

注意到，就像 sem_open() 僅用於取名的 POSIX 旗誌一樣，sem_init() 也僅用於無名的 POSIX 旗誌。

2.　**sem_wait() 函數**

sem_wait() 函數試圖將旗誌的值減一。若旗誌原來的值大於零，則減一作業即會發生，且叫用程序與程線即拿到了鎖。倘若旗誌原來的值為零，則代表鎖已被別的程序或程線先拿走，這時 sem_wait() 的叫用者即必須被阻擋且等著，一直等到鎖已被釋放或收到信號為止。

成功時，sem_wait() 送回零，且旗誌的狀態是鎖著的。這個狀態一直維持到有人叫用 sem_post()，將此一旗誌開鎖或釋放為止。叫用失敗時，函數會送回 -1，且 errno 會含錯誤號碼。在這情況下，旗誌的狀態並未改變。

3.　**sem_trywait() 函數**

sem_trywait() 函數與 sem_wait() 函數一樣，唯一的差別是倘若函數無法將旗誌上鎖，則函數會立即回返，不會在那兒等著。

4.　**sem_timedwait() 函數**

```
#include <semaphore.h>
#include <time.h>
int sem_timedwait(sem_t *restrict sem,
    const struct timespec *restrict abstime);
```

sem_timedwait() 函數試圖將其第一引數所指的旗誌上鎖。該函數等到其已成功地將旗誌上鎖，或其第二引數所指的時間值過去了之後，即回返。這等待時間是根據 CLOCK_REALTIME 時鐘而定，其解析度即為該時鐘之解析度。假若函數能立刻將旗誌上鎖，則函數會立即成功地回返，與第二引數所指的時間值無關。

成功時，sem_timedwait() 函數是送回零。失敗時，其送回 -1 且 errno 會含錯誤號碼。

5. **sem_post() 函數**

sem_post() 函數將旗誌的值加一。實值上等於將旗誌解鎖。倘若此一叫用讓旗誌值變成大於零，而且有其它的程序或程線正等在該旗誌的 sem_wait() 函數叫用，則其中一個程序或程線即會被喚醒，且獲得該旗誌的鎖。

6. **sem_destroy() 函數**

sem_destroy() 函數摧毀函數之引數所指的旗誌。記得，只有經由 sem_init() 函數所產生的無名 POSIX 旗誌，才能以 sem_destroy() 加以摧毀。若程式企圖以 sem_destroy() 函數摧毀一有名的 POSIX 旗誌，結果如何則未定。摧毀一個其它程線正在等著的旗誌，結果如何也是未定。

成功時，sem_destroy() 送回零。失敗時，其送回 -1 且 errno 會含錯誤號碼。

▶ 程式例題

圖 9-28 所示即為一以無名 POSIX 旗誌，讓共時更新共有資料之程線取得同步的程式例子。

圖 9-28 以無名 POSIX 旗誌同步程線的共時更新（semupd_posix_sema.c）

```
/*
 * Concurrent updates of shared variables by multiple threads using
 * POSIX unnamed semaphore as synchronization facility.
 * Copyright (c) 2013, 2019, 2021 Mr. Jin-Jwei Chen.  All rights reserved.
 */

#include <stdio.h>
#include <errno.h>
#include <stdlib.h>
#include <pthread.h>
#include <semaphore.h>    /* for POSIX semaphore */

/* Default values related to the shared file */
#define   NTHREADS    4            /* number of concurrent threads */
#define   MAXNTHREADS 12           /* max. number of concurrent threads */
#define   DEFUPDCNT   100000000    /* default update count */
#define   MAXDELAYCNT 1000         /* delay count */
```

```
/* Shared data */
unsigned int globalcnt = 0;
unsigned int globalcnt2 = 0;

/*
 * This function acquires the lock on a binary semaphore.
 * A semaphore value of 1 means the lock is available.
 * A semaphore value of 0 means the lock is unavailable.
 * This expects the semaphore's value to be initialized to 1 to begin with.
 * This function attempts to decrement the semaphore's value by 1 to obtain
 * the lock.
 */
int lock_posix_semaphore(sem_t *mysem)
{
  int    ret;

  if (mysem == NULL)
    return(EINVAL);
  ret = sem_wait(mysem);

  return(ret);
}


/*
 * This function releases the lock on a binary semaphore.
 * A semaphore value of 1 means the lock is available.
 * A semaphore value of 0 means the lock is unavailable.
 * This expects the semaphore's value to be initialized to 1 to begin with.
 * This function attempts to increment the semaphore's value by 1 to make
 * it available.
 */
int unlock_posix_semaphore(sem_t *mysem)
{
  int    ret;

  if (mysem == NULL)
    return(EINVAL);
  ret = sem_post(mysem);

  return(ret);
}

/*
 * The worker thread.
 */

int worker_thread(void *args)
{
  unsigned long  *argp;
  unsigned long  myid;
  unsigned long  updcnt;
```

```
    int         ret;
    int         i, j;
    long        uselock=1;
    sem_t       *mysemptr;      /* address of POSIX semaphore */

    /* Extract input arguments (two unsigned long integers and one signed) */
    argp = (unsigned long *)args;
    if (argp != NULL)
    {
      myid = argp[0];
      updcnt = argp[1];
      uselock = argp[2];
      mysemptr = (sem_t *)argp[3];
    }
    else
      pthread_exit((void *)(-1));

    fprintf(stdout, "Worker thread: myid=%u updcnt=%u \n", myid, updcnt);

    /* Do my job */
    for (i = 0; i < updcnt; i++)
    {
      if (uselock)
      {
        ret = lock_posix_semaphore(mysemptr);
        if (ret == -1)
        {
          fprintf(stderr, "lock_posix_semaphore() failed, ret=%d\n", ret);
          pthread_exit((void *)-1);
        }
      }
      globalcnt = globalcnt + 1;          /* update shared variable 1 */
      globalcnt2 = globalcnt2 + 1;        /* update shared variable 2 */
      if (uselock)
      {
        ret = unlock_posix_semaphore(mysemptr);
        if (ret == -1)
        {
          fprintf(stderr, "unlock_posix_semaphore() failed, ret=%d\n", ret);
          pthread_exit((void *)-1);
        }
      }
    }

    pthread_exit((void *)0);
}

int main(int argc, char *argv[])
{
    int     nthrd;                      /* actual number of worker threads */
    int     ret, retval;
```

```c
int      i;
size_t   updcnt = DEFUPDCNT;        /* each thread's file update count */
pthread_t      thrds[MAXNTHREADS];  /* threads */
unsigned long args[MAXNTHREADS][4]; /* arguments for each thread */
int            uselock;             /* use locking for update or not */
sem_t          mysem;               /* my POSIX semaphore */

if ((argc > 1) &&
    ((strcmp(argv[1], "-h") == 0) || (strcmp(argv[1], "-help") == 0)))
{
  fprintf(stdout, "Usage: %s [uselock] [nthrd] [updcnt]\n", argv[0]);
  return(-1);
}

/*
 * Get the lock switch, number of concurrent threads and update count
 * from the user, if any.
 */
uselock = 1;
if (argc > 1)
{
  uselock = atoi(argv[1]);
  if (uselock != 0)
    uselock = 1;
}

nthrd = NTHREADS;
if (argc > 2)
  nthrd = atoi(argv[2]);
if (nthrd <= 0 || nthrd > MAXNTHREADS)
  nthrd = NTHREADS;

updcnt = DEFUPDCNT;
if (argc > 3)
  updcnt = atoi(argv[3]);
if (updcnt <= 0)
  updcnt = DEFUPDCNT;

fprintf(stdout, "Increment the values of two shared variables using %u "
  "threads, with each doing it %u times.\n", nthrd, updcnt);
if (uselock)
  fprintf(stdout, "Locking is used during the updates.\n");
else
  fprintf(stdout, "Locking is not used during the updates.\n");
printf("At start, globalcnt=%d globalcnt2=%d\n", globalcnt, globalcnt2);

/* Initialize the value of the semaphore -- value 1 means available */
/* To be shared between threads and initial value is 1. */
ret = sem_init(&mysem, 0, 1); // initialize POSIX semaphore
if (ret == -1)
{
```

```c
      fprintf(stderr, "sem_init() failed, errno=%d\n", errno);
      ret = (-3);
      goto exit;
    }
    fprintf(stdout, "Initializing the semaphore value was successful.\n");

    /* Load up the input arguments for each worker thread */
    for (i = 0; i < nthrd; i++)
    {
      args[i][0] = i+1;          /* worker id starts with 1 */
      args[i][1] = updcnt;
      args[i][2] = uselock;
      args[i][3] = (unsigned long)&mysem;
    }

    /* Create the worker threads to concurrently update the shared variables */
    for (i = 0; i < nthrd; i++)
    {
      ret = pthread_create(&thrds[i], (pthread_attr_t *)NULL,
            (void *(*)(void *))worker_thread, (void *)args[i]);
      if (ret != 0)
      {
        fprintf(stderr, "Failed to create the worker thread\n");
        ret = (-4);
        goto exit;
      }
    }

    /*
     * Wait for each of the child threads to finish and retrieve its returned
     * value. Using a for loop tends to terminate after the first thread exits.
     */
    ret = pthread_join(thrds[0], (void **)&retval);
      fprintf(stdout, "Thread %u exited with return value %d\n", 0, retval);
    ret = pthread_join(thrds[1], (void **)&retval);
      fprintf(stdout, "Thread %u exited with return value %d\n", 1, retval);
    ret = pthread_join(thrds[2], (void **)&retval);
      fprintf(stdout, "Thread %u exited with return value %d\n", 2, retval);
    ret = pthread_join(thrds[3], (void **)&retval);
      fprintf(stdout, "Thread %u exited with return value %d\n", 3, retval);

exit:
  /* Remove the semaphore */
  ret = sem_destroy(&mysem);
  if (ret == -1)
  {
    fprintf(stderr, "sem_destroy() failed to remove, errno=%d\n", errno);
  }
  fprintf(stdout, "The semaphore set was successfully removed.\n");

  /* Report the end results */
```

```
    printf("At end, globalcnt=%d globalcnt2=%d\n", globalcnt, globalcnt2);

    return(ret);
}
```

▶ 摘要

從以上的程式例題，我們可將使用一無名的 POSIX 旗誌的步驟摘要如下：

使用一無名的 POSIX 二進旗誌的步驟如下：

1. 包含前頭檔案

   ```
   #include <semaphore.h>
   ```

2. 宣告旗誌的變數

   ```
   sem_t  mysem;     /* my POSIX semaphore */
   ```

   若旗誌欲讓多程序共用，則其記憶位置就必須放置於所有有關程序都能存取得到的共有記憶內。

3. 設定初值

   ```
   /* Initialize the value of the semaphore -- value 1 means available */
   /* To be shared between threads and initial value is 1. */
   ret = sem_init(&mysem, 0, 1);  // initialize POSIX semaphore
   ```

   此一步驟只須做一次，通常是在主程線內。

4. 將旗誌上鎖與解鎖

   上鎖：

   ```
   ret = sem_wait(&mysem);
   ```

   解鎖：

   ```
   ret = sem_post(&mysem);
   ```

   當然，這兩個步驟之間就是共時更新。

5. 摧毀旗誌

   ```
   ret = sem_destroy(&mysem);
   ```

通常，步驟 1，2，3，5 在主程線內做，上鎖與解鎖則在從事共時更新的子程線內進行。

9-6-2　具名的 POSIX 旗誌

　　每一個具名的 POSIX 旗誌都有一獨特的通用名稱，讓程式得以將之打開，它通常都實作成一虛擬檔案系統的物件。兩個或多個在同一系統上執行的程序，可經由叫用 sem_open() 函數並指明相同的旗誌名稱，進而共用同一旗誌。

　　POSIX 具名旗誌名稱的格式是 /NameOfMySemaphore。換言之，名稱必須以/文字開頭，緊接的是旗誌的名稱，名稱本身不能再有/文字。名稱由你自選。每一旗誌的名稱必須不同。名稱最長為 NAME_MAX-4 個文字。因為，系統必須使用四個文字。例如，某一作業系統會在你所選擇的名字，加上 "sem." 的字首，作為虛擬檔案系統中之物件的名稱。

　　舉例而言，在 Linux 上，代表一具名之 POSIX 旗誌的虛擬檔案在 /dev/shm 檔案夾下可看見：

```
[root@srv4 ~]# ls -l /dev/shm/
-rw-r-----. 1 jim oinstall   32 Feb 23 11:16 sem.emupdf2_posix_named_sem
```

　　不過，這是隨作業系統之不同而異的。譬如，在 Apple Darwin 上，這個名稱在系統上是看不見的。

　　此外，雖然具名之 POSIX 旗誌所對應的檔案名在某些作業系統上看得見，但它是無法以正規之檔業系統的函數或程式界面去存取的。譬如說，假若你試圖以 access() 函數，想測試看一個 POSIX 旗誌是否已經存在系統上，那是行不通的。access() 函數永遠都說這檔案不存在。但 POSIX 旗誌程式界面中的 sem_open() 函數就看得見！

　　一個具名的 POSIX 旗誌能以 sem_open() 函數產生或打開。之後，程式即可經由叫用 sem_wait() 與 sem_post() 函數將該旗誌上鎖與解鎖。在程式用完具名旗誌時，程式必須叫用 sem_close() 函數將之關閉。而在所有程線或程序都用完這旗誌時，其中一個程序或程線則可透過叫用 sem_unlink() 函數，將之自系統中剔除。

　　使用一具名之 POSIX 旗誌涉及下列五個步驟：

```
#include <semaphore.h>

sem_t *sem_open(const char *name, int oflag, ...);
int sem_wait(sem_t *sem);
int sem_post(sem_t *sem);
```

```
int sem_close(sem_t *sem);
int sem_unlink(const char *name);
```

其中，sem_wait() 與 sem_post() 我們之前已介紹過。因此，以下我們介紹
另外三個函數。

1. sem_open() 函數

sem_open() 函數產生或打開函數所指的具名旗誌。它在叫用程序與一具
名旗誌間建立了關係。

函數的第二引數 oflag 可以是下列旗號彼此 OR 在一起：

O_CREAT

指明這個旗號代表在旗誌不存在時，叫用者要產生這旗誌。假若叫用者
指明 O_CREAT 旗號，而該旗誌已經存在，則這旗號等於沒作用，除非，
叫用者同時又指明了 O_EXCL 旗號。

記得，平常 sem_open() 函數只需兩個引數，但在有指明 O_CREAT 旗號
時，sem_open() 函數則需要四個引數。其中，第三個引數 mode，資料型
態為 mode_t。它指明旗誌的權限。第四個引數是 value，其資料型態是
正整數，它指出旗誌所應設定的初值。

O_EXCL

倘若叫用者同時指明了 O_CREAT 與 O_EXCL 兩個旗號，而且旗誌已經
存在，則 sem_open() 函數叫用即會失敗回返。倘若該旗誌尚未存在，則
針對其它也叫用 sem_open() 函數並同時指名這兩個旗號的其它程序而
言，檢查旗誌是否已存在以及產生旗誌的作業，是不可切割的。因此，
不會發生兩個或多個程序同時產生同一旗誌的情形。

假若 sem_open() 函數叫用只指明 O_EXCL 旗號，但未指明 O_CREAT
旗號，則結果未知（未定）。

POSIX 標準並未硬性規定 POSIX 具名旗誌的名稱，是否一定要出現在檔
案系統上，或是否一定要讓有以路徑名為引數的函數看得見。這也就是為何
在 Linux 上，POSIX 具名旗誌的名稱有出現在檔案系統上，但一般檔案的程

式界面卻看不見的原故。在 Apple Darwin 上則不僅檔案函數看不見，就連旗誌名稱也未出現在檔案系統上，兩者都看不見。

POSIX 具名旗誌一旦產生，它就會一直存在系統上，直至有程式叫用 sem_unlink() 函數，將之剔除為止。

每一 sem_open() 叫用，都必須有一相對應的 sem_close() 函數叫用。對某同一旗誌而言，假若一個程序反覆叫用 sem_open() 函數多次，則在成功時，每一次函數叫用都會送回相同的旗誌位址，假設在這中間沒有其它程式叫用 sem_unlink() 函數將旗誌剔除的話。

舉例而言，欲共用同一具名旗誌的所有程序，可全部都叫用下面同一 sem_open() 函數，以產生或打開同一具名旗誌：

```
mysemptr = sem_open(pathname, O_CREAT, 0660, 1);
```

在旗誌尚未產生時，此一函數叫用會產生該旗誌，並將其初值設定為 1。若旗誌已存在，則此一函數叫用即不會再產生該旗誌，也不會做初值設定，而只會送回該旗誌之位址。

2. sem_close() 函數

在用完一具名的 POSIX 旗誌後，程序必須叫用 sem_close() 函數，將自己與該旗誌分離。該函數叫用會釋放系統在該具名旗誌上，為程序所騰出的所有系統資源。因此，記得，每一 sem_open() 函數叫用，都要有一對應的 sem_close() 叫用。

在成功時，sem_close() 送回零。否則，送回 -1 且 errno 含錯誤號碼。

3. sem_unlink() 函數

sem_unlink() 函數將其引數所指的具名 POSIX 旗誌，自系統中剔除。若 sem_unlink() 函數叫用執行時，還有其它程序還打開著這旗誌，則此一函數叫用會先回返。實際的旗誌剔除會等到這些所有其它程序，都執行過 sem_close() 函數，或 _exit() 函數後，才正式發生。在 sem_unlink() 函數叫用執行過後，再度用 sem_open() 就會變成產生或打開另一個新的旗誌了。

在成功執行時，sem_unlink() 函數會送回零。在失敗時，它會送回 -1，且 errno 會含錯誤號碼。

圖 9-29 所示即為一應用具名 POSIX 旗誌的程式。這程式產生多個（既
定是四個）程序，同時更新一共用檔案所存的一個整數。共時更新則以一具
名的 POSIX 旗誌，彼此取得同步。

圖 9-29 以具名 POSIX 旗誌，讓多個程序取得同步
（semupdf2_posix_named_sem.c）

```
/*
 * Concurrent updates of a shared file by multiple processes using
 * POSIX named semaphore as synchronization facility.
 * Read a number in ASCII form from a file, increment its value by one and
 * then write it back.
 * Copyright (c) 2019, 2021 Mr. Jin-Jwei Chen.  All rights reserved.
 */

#include <stdio.h>
#include <errno.h>
#include <sys/types.h>    /* sem_open() */
#include <sys/stat.h>
#include <fcntl.h>
#include <unistd.h>       /* read(), write(), getpid() */
#include <stdlib.h>       /* atoi(), atol(), atoll() */
#include <string.h>
#include <semaphore.h>    /* for POSIX semaphore */

#define MYSEMNAME  "/emupdf2_posix_named_sem"  /* name of POSIX semaphore */
#define MYDATAFILE "semupf2_datafile"  /* name of shared file */
#define BUFSZ 128           /* maximum length of shared data in file */
#define NPROC   4           /* number of concurrent processes */
#define UPDCNT 1000000      /* default update count */

/* Lock POSIX semaphore */
int acquire_lock(sem_t *mysemptr)
{
  if (mysemptr == NULL)
    return(EINVAL);
  return(sem_wait(mysemptr));
}

/* Unlock POSIX semaphore */
int release_lock(sem_t *mysemptr)
{
  if (mysemptr == NULL)
    return(EINVAL);
  return(sem_post(mysemptr));
}
```

```
/* Update shared data value in a file */
int update_shared_file_data(int fd, long updcnt, sem_t *mysemptr)
{
  ssize_t     bytes;
  char        indata[BUFSZ];
  char        outdata[BUFSZ];
  long        dataval, i;
  int         ret;
  size_t      len;

  if (fd <= 0)
    return(EINVAL);

  for (i = 0; i < updcnt; i++)
  {
    /* Acquire the lock */
    ret = acquire_lock(mysemptr);
    if (ret != 0)
    {
      fprintf(stderr, "In update_shared_file_data(), acquire_lock() failed, "
        "ret=%d\n", ret);
      return(ret);
    }

    /* Read the data from the file */
    ret = lseek(fd, 0, SEEK_SET);
    bytes = read(fd, indata, BUFSZ);
    if (bytes < 0)
    {
      fprintf(stderr, "In update_shared_file_data(), read() failed, errno=%d\n",
        errno);
      release_lock(mysemptr);
      return(errno);
    }

    /* Update the data */
    indata[bytes] = '\0';
    dataval = atol(indata);
    dataval++;

    /* Write the data back into the file */
    sprintf(outdata, "%ld", dataval);
    len = strlen(outdata);
    outdata[len] = '\0';
    ret = lseek(fd, 0, SEEK_SET);
    bytes = write(fd, outdata, (len+1));
    if (bytes < 0)
    {
      fprintf(stderr, "In update_shared_file_data(), write() failed, errno=%d\n",
```

```
                    errno);
          release_lock(mysemptr);
          return(errno);
        }

        /* Release the lock */
        release_lock(mysemptr);
    }

    return(0);
}

int main(int argc, char *argv[])
{
    int     ret = 0;
    int     fd = 0;
    int     nproc;
    long    updcnt = UPDCNT, i;
    char    *pathname = MYSEMNAME;    /* name od POSIX named semaphore */
    sem_t   *mysemptr=SEM_FAILED;     /* pointer to my POSIX semaphore */
    pid_t   pid;
    int     stat;   /* child's exit value */

    /* Get command-line arguments */
    nproc = NPROC;
    if (argc > 1)
      nproc = atoi(argv[1]);
    if (nproc <= 0)
      nproc = NPROC;

    updcnt = UPDCNT;
    if (argc > 2)
      updcnt = atol(argv[2]);
    if (updcnt <= 0)
      updcnt = UPDCNT;

    fprintf(stdout, "Update shared data in a file for %d times each with %d "
      " processes using POSIX named semaphore.\n", updcnt, nproc);

    /* Create a named POSIX semaphore for synchronization between processes */
    mysemptr = sem_open(pathname, O_CREAT, 0660, 1);
    if (mysemptr == SEM_FAILED)
    {
      fprintf(stderr, "sem_open() failed, errno=%d\n", errno);
      return(-1);
    }
    fprintf(stdout, "Creating/Opening POSIX named semaphore was successful.\n");

    /* Open the file */
```

```
       fd = open(MYDATAFILE, (O_CREAT|O_RDWR), 0600);
    if (fd < 0)
    {
      fprintf(stderr, "open('%s') failed, errno=%d\n", MYDATAFILE, errno);
      ret = -2;
      goto exit;
    }

    /* Create the worker processes and let them go to work */
    for (i = 1; i <= nproc; i++)
    {
      pid = fork();

      if (pid == -1)
      {
        fprintf(stderr, "fork() failed, i=%u, errno=%d\n", i, errno);
      }
      else if (pid == 0)
      {
        /* This is the child process. */
        /* Perform the child process' task here */
        /* Update the file */
        ret = update_shared_file_data(fd, updcnt, mysemptr);
        if (ret != 0)
        {
          fprintf(stderr, "update_shared_file_data() failed, ret=%d\n", ret);
          close(fd);
          return(ret);
        }
        return(0);
      }
      else
      {
        /* This is the parent process. */
        /* Simply return */
        return(0);
      }
    }

    /* Wait for all worker processes to finish */
    for (i = 0; i < nproc; i++)
    {
      pid = wait(&stat);
    }

exit:

    sem_close(mysemptr);
```

```
    /* Close the file */
    if (fd > 0) close(fd);
    return(ret);
}
```

9-6-3 系統五與 POSIX 旗誌之比較

▶ 容易使用

有些人說 POSIX 旗誌比系統五旗誌較易於使用一些，但也有人說兩者在伯仲之間。

系統五旗誌的優點是，不論程式要做程序間或程線間的同步控制，兩種情況下，作法與用法是完全一模一樣，完全沒有絲毫的差別。相對地，POSIX旗誌的無名與具名旗誌，卻各自使用各自的程式界面，完全不同。

▶ 可得性

雖然 POSIX 無名旗誌的使用似乎直接了當，速度也蠻快的，但並非所有作業系統都支援。例如，在 Apple Darwin 19.3 版本，一直到了 2020 年十二月，它都還尚未支援 POSIX 無名旗誌的。在我試圖編譯一個使用 POSIX 無名旗誌的程式時，編譯程式說 sem_init() 函數已經榮退了。當我執行那程式時，程式的錯誤是：

```
    sem_init() failed, errno=78 (ENOSYS)
```

意指系統並不支援。相對地，系統五旗誌是在任何順從 POSIX 標準的作業系統上都有。包括 Apple Darwin 19.3 版本在內。

9-6-4 互斥技術的比較

這裡，我們將截至目前為止，本書所介紹過的不同互斥技術作個摘要性的性能比較，這些技術包括下列幾項：

1. 自己寫的上鎖與解鎖函數
2. Pthreads 互斥鎖
3. 系統五旗誌
4. POSIX 旗誌（具名的與無名的）

▶ 性能比較

以下圖 9-30 所示，即為以一四程線的程式，每一程線更新共有變數一億次（100m），每次將共用變數之值加一，所測得的程式作業時間。從表中你可發現，我們自己寫的組合語言上鎖與解鎖函數，速度最快，比其它的技術至少都快 25% 以上。POSIX 無名旗誌居次。Pthreads 之互斥鎖位居第三，再來是 POSIX 的具名旗誌，排行最後則是系統五旗誌。值得一提的是，在某些 Intel Linux 的版本上，系統五旗誌的實作似乎有點問題。測試結果發現，它慢了 8 至 32 倍。不應該慢這麼多。

圖 9-30　以四程線，更新共有變數一億次所耗的時間

用以取得同步的技術	更新共用變數一億次所需的時間
我們自己寫的上鎖與解鎖函數	37.0 秒（基準線）
POSIX 無名旗誌	47.0 秒（慢了 27%）
Pthreads 互斥鎖	61.4 秒（慢了 66%）
POSIX 具名旗誌	94.0 秒（慢了 254%）
系統五旗誌	1209 秒（慢了 3267%）*

*在某些 Intel Linux 版本上，系統五旗誌的實作，在迴路重複極高次數時，似乎有些問題。照理不應慢這麼多。

▶ 摘要

圖 9-31 所示則為各種互斥技術，在程序及程線支援及速度上的摘要對照。

圖 9-31　不同互斥技術之對照

互斥技術	支援程線	支援多程序	速度
自己的上鎖/解鎖函數	是	是（若放在共有記憶上）	最快
POSIX 無名旗誌	是	是（若放在共有記憶上）	
Pthreads 互斥鎖	是	是（若放在共有記憶上）	
POSIX 具名旗誌	是	是	
系統五旗誌	是	是	最慢

9-7 微軟視窗的旗誌與互斥鎖

美國微軟（Microsoft）公司的視窗（Windows）作業系統，其核心層設施及服務，都透過 Win32 程式界面，供給應用程式使用。這一節很簡要的介紹視窗作業系統的共時控制設施。由於這一節是 Windows 特有的，對視窗作業系統沒興趣的讀者，請直接跳過。

視窗作業系統的程式界面提供了旗誌（semaphores）與互斥鎖（mutex）。互斥鎖就像二進旗誌，它用在讓程序/程線間的互斥。旗誌則是互斥鎖的母集（superset）。每一旗誌的值可以是零至一在產生時設定的最大值。這就是計數旗誌。一個最大值是 1 的旗誌，就是二進旗誌，它可用在取代互斥鎖。

9-7-1 微軟視窗的互斥鎖

互斥鎖主要用於多個程序或程線間的互斥，一個互斥鎖可以有名字或沒有名字。若它是用在一個程序內，則可以沒有名字。但若它是用在幾個程序之間，那它就必須有個名字，以便程序可以藉著名稱存取使用它。

Win32 程式界面有下列函數，讓程式產生，打開，釋放，或等待一互斥鎖。

1. HANDLE CreateMutex(LPSECURITY_ATTRIBUTES SecurityAttr, BOOL initialOwner, LPCTSTR mutexName)

    假若互斥鎖尚未存在，則 CreateMutex() 函數產生一個互斥鎖，並送回它的把手（handle）。倘若互斥鎖已存在，則這函數打開這互斥鎖。函數之第三個引數指出這互斥鎖的名字。假若其值為 0，那互斥鎖就是無名的。

2. HANDLE OpenMutex (DWORD access, BOOL inherit, LPCTSTR mutexName)

    假若互斥鎖已存在，那 OpenMutex() 函數打開名稱是函數之第三引數所指出的互斥鎖。

3. BOOL ReleaseMutex(HANDLE mutex)

    ReleaseMutex() 函數釋放一個互斥鎖。其功用等於解鎖（unlock）函數。

4.　DWORD WaitForSingleObject (HANDLE obj, DWORD time)

WaitForSingleObject() 函數等待其第一引數所指明的物件（object），又閒著可用，亦即，等到這物件已被信號告知（signaled）（釋放之意）。這等待叫用會等到這物件被釋放了，或函數之第二引數所指的時間過去了為止。等候時間的單位是千分之一秒（milliseconds），若欲等到物件被釋放為止，那第二引數的值是 INFINITE。

一互斥鎖的初值是它閒著可用，或是已被信號告知，除非是它在產生時，產生它的 CreateMutex() 函數在第二引數（initialOwner）的值是 TRUE。在那種情況下，互斥鎖將歸其產生者所擁有或佔用。WaitForSingleObject() 函數事實上就像上鎖函數。

值得注意的是，WaitForSingleObject() 函數是可以連著反複巢串（nested）叫用的。亦即，在一個程序或程線已擁有了一個互斥鎖之後，再度針對這同一互斥鎖，叫用 WaitForSingleObject() 函數是可以的。程序或程線可以繼續執行，不會被擋著或鎖死。不過，記得，程式實際釋放一個互斥鎖的次數，必須等於其叫用等待上鎖的次數。

▶ 鎖住與釋放互斥鎖的例子

```
MyMutexFunc()
{
  HANDLW mutex;
  mutex = CreateMutex(0, FALSE, "mymutx");

  /* 關鍵作業 Critical section */

  /* 取得互斥鎖 Acquire the mutex */
  WaitForSingleObject(mutex, INFINITE);

    /* 更新共用資料或共用資源 */

  /* 釋放互斥鎖 Release the mutex */
  ReleaseMutex(mutex);

  CloseHandle(mutex);
}
```

9-7-2 微軟視窗的旗誌

在微軟視窗上，一個旗誌的值可以從零到一個在旗誌產生時所設定的一個最大值。一個最大值為 1 的旗誌，就像一個互斥鎖。

當一個旗誌的值是零時，旗誌就是被拿走或佔有的。換言之，它是沒有被信號通知的，或是正忙著的。在這種狀態下，任何等待這旗誌的程序或程線，都是會被擋著（等著）的，一直到有其它程序或程線釋放這旗誌，將這旗誌的值提高至零以上為止。有人釋放旗誌時，該旗誌的值就會加一。

就像互斥鎖一樣，微軟視窗上的旗誌，可以是有名或無名的，微軟視窗所提供的旗誌程式界面如下：

1. CreateSemaphore (LPSECURITY_ATTRIBUTES securityAttribute,
   LONG initialValue, LONG maxValue, LPCTSTR semaphoreName)
   倘若旗誌尚未存在，則 CreateSemaphore() 函數會產生一旗誌，並送回它的把手值。若旗誌已存在，則函數會打開該旗誌，並送回它的把手值。

2. OpenSemaphore (DWORD access, BOOL inherit, LPCTSTR semaphoreName)
   在旗誌已存在時 OpenSemaphore() 函數會將旗誌打開，並送回其把手的值。若旗誌不存在，則函數會送回 NULL。

3. ReleaseSemaphore (HANDLE semaphoreHandle, LONG valueToAdd,
   LPLONG oldValue)
   ReleaseSemaphore() 函數將其第二引數的值，加至旗誌的現有值，然後釋放旗誌。旗誌的原有值（在增加之前）會經由這函數的第三引數送回。

▶ 旗誌運算的程式例子

```
MySemaphoreFunc()
{
  HANDLE  mySemaphore;
  LONG oldSemVal;  /* for holding returned semaphore's old value */

  mySemaphore = CreateSemaphore(0, 1, 1, 0);

  /* 關鍵作業 Critical section */
  WaitForSingleObject(mySemaphore, INFINITE);

    /* 更新共用資料或共用資源 */
```

```
    ReleaseSemaphore(mySemaphore, 1, &oldSemVal);

    CloseHandle(mySemaphore);
}
```

9-8　鎖死

　　上鎖解鎖解決了共時更新時，更新遺失的問題，並確保了共用資料的正確及完整性，價值連城。它在程式計算只牽涉到一個鎖時，運作無瑕。不過，在牽涉兩個或兩個以上的鎖，較複雜的情況下，若程式沒做對，會有問題產生的。

　　這種比較複雜的情況，指的是，程式首先取得第一個鎖，做了一些運算，然後在繼續持有第一個鎖的狀態下，又試圖取得第二個鎖，以便進行其它的運算。或甚至在 擁有第一及第二個鎖時，試圖再取得第三個鎖。

　　若沒做對，這種擁有一些鎖，然後又試圖再取得其它鎖的情況，有可能會導致**鎖死**（deadlock）的情形。譬如，舉個例子而言，假若幾個程序或程線間共用兩個資源，其中每一個資源都有其自己相關的鎖看守著。假設有兩個程序或程線，每一個都需要同時用到兩個資源，才能辦得了事，那鎖死的情形，是可能發生的。

圖 9-32　鎖死

第一個程序或程線	第二個程序或程線
取得 A 鎖	
	取得 B 鎖
試著取得 B 鎖（等著）	
	試著取得 A 鎖（等著）
（永不會有進展）	（永不會有進展）
➞ 鎖死	➞ 鎖死

9-8-1 何謂鎖死？

鎖死是兩個或兩個以上的程序或程線，彼此在等著對方，以致彼此都永遠無法取得進展的情況。

舉個最簡單的例子而言，假若有兩個程序或程線，共用兩個資源，每一程序/程線都同時需要兩個資源，才能達成它們所要的作業。假設資源 A 有 A 鎖管著，資源 B 有 B 鎖管著，則如圖 9-32 所示的，兩個程序/程線交錯執行的結果，很可能會造成第一程序/程線取得A 鎖，並在等著 B 鎖，而第二程序/程線則取得 B 鎖，並正等著 A 鎖的情形。由於第一程序/程線在等著第二程序/程線放開 B鎖，同時，第二程序/程線也在等著第一程序/程線放開 A鎖，因此，兩者都永遠不可能有任何進展。這就是典型的鎖死！

9-8-2 鎖死的必要條件

E.G. Coffman，M.J. Elphick 與 A. Shoshani 在 1971 年六月於 Computing Surveys 雜誌上所發表，取名為 "系統鎖死" 的論文，指出了發生鎖死有下列四個必要條件：

1. **持有並等待**

   牽涉在鎖死情況中的程序/程線，其中至少有一個一定是持有至少一個鎖，然後又同時在等另外一個鎖。

2. **圓形的等待**

   若你將彼此的等待情形畫成一個圖，你會發現，鎖死時，這些等待的情形一定是形成一個圓。例如，第一程序/程線等著第二程序/程線，第二程序/程線等待著第三程序/程線，第三程序/程線等著第四程序/程線，而第四程序/程線等著第一程序/程線，就形成了一個圓。我們所舉的例子，雖然只有二個程序/程線，但也是形成一個圓。

3. **互斥性**

   程序/程線們所等候著的鎖或資源，一定是具有互斥性的。換言之，它們都是在同一時間最多只能有一程序/程線擁有，無法共享的。

4. **無法強權奪取的**

已經有人擁有的鎖或資源是無法強權奪取的（preempted），只能由持有者自願釋放。譬如，在圖 9-32 所示的鎖死中，倘若有人可以自第一程序/程線手中拿走 A 鎖，或自第二程序/程線手中取走 B 鎖，那鎖死的情形就可以解開了。

9-8-3 鎖死的三種解決方法

鎖死的問題，一般有三種解決之道。

1. **測知（或偵測）鎖死**

鎖死測知最消極，它是讓鎖死發生，並在發生後偵測之，並設法解決。

2. **預防鎖死**

預防鎖死最積極有效。這一般涉及訂出某些特定程序或限制，讓所有程序/程線遵守，以致於前述四個必要條件中，有一個不致發生，進而防止鎖死的情形發生。

3. **避免鎖死**

這涉及應用避免鎖死的演算法。這演算法不停地檢視著系統，以確保不致有圓狀等待的情形發生。這依賴著演算法隨時記錄下系統的狀態，存在狀態表格裡，並以之決定是否批准每一欲獲得鎖的請求，以避免鎖死情形發生。

9-8-4 鎖死的測知與復原

鎖死可藉著建構異動（transaction）的等待圖形（wait-for graph）而偵測出。在圖中，每一節點代表一筆異動，而邊線代表一個異動等待著另一個異動釋放它所持有的鎖/資源。若圖形中有任何圓圈存在，就表示有鎖死。

實作時，鎖死偵測可以是一直持續的或週期性的。持續性的鎖死測知會比較快，但同時也比較消耗系統的資源。相對的，週期性的鎖死測知會比較慢測得鎖死的情況，但也使用了較少的資源。

▶ 鎖死復原

　　一旦偵測到鎖死，那將之復原就涉及選擇一個或多個被鎖死的程序或程線，將之終止，或是倒回（rollback）再終止。鎖死復原的演算法必須確保不致產生以下的潛在問題。

　　首先，在選擇一程序/程線加以終止時，選擇那成本最低者似乎說得通。不過，倘若成本是唯一的考量因素，那可能會造成一成本最低的程序/程線，在因鎖死被選擇終止後並重新啟動後，很有可能會再度因鎖死而再度被終止。最後造成這個程序/程線永遠得不到機會，被餓死。

　　其次，在實際做倒回並終止一個受害程序/程線時，復原演算法必須非常小心，它必須確保被終止之程序/程線所持有的鎖或共用資源，不會變成不一致或不正確的狀態。譬如，你當然不希望這被選定的程序/程線所擁有的鎖，在它被終止後，造成遺失，不見了，或它正在更改的資料，出錯了。實際的復原必須確保不致發生這些狀況！

　　鎖死偵測的演算法有多種：集中式、分散式、與階級式。其中有些會有諸如費勁（overhead）或幽靈（假的）鎖死的問題。這非本書之範圍，有興趣的讀者請進一步參考相關的書籍或論文。或許可以從由 Benjamin/Cummings 出版公司所出版，由 Mamoru Maekawa 等人所著作的"作業系統—高等觀念"一書開始。

9-8-5 預防鎖死

　　避免鎖死實際上很難做。因此，絕大多數軟體產品都採用預防鎖死。有幾個技巧可以用來預防鎖死。這裡，我們介紹兩個最常用的。

9-8-5-1 一次同時取得所有所需資源

　　第一個預防鎖死的技巧，是去除造成鎖死的第一個必要條件─持有並等待。換言之，假若所有程序/程線能事先知道，完成它們的作業總共需要那些鎖或資源，並一次同時取得，那就不致有持有並等待的情況，也不致於發生鎖死了。

這個解決辦法的問題在於，絕大多數的程序或程線，無法事先知道它們所需的所有鎖或資源。典型上，它們所需要的是非常動態的，隨著許多不同變數的值的不同，而有變化，不是固定的。是的，程式或許可以每次都做最悲觀的預期，每次都獲取最壞情況下所需的所有鎖或資源，但這很明顯會造成很多資源的浪費，而程序/程線間的並行處理程度變得相當低，造成共用資源使用率低與性能不佳。

9-8-5-2　將所有資源排序

一個比較好的鎖死預防方法，是去除圓型等待的必要條件。其中一個方式，就是將系統中的所有鎖或資源，排出一個順序，並嚴格要求所有程式，在獲取這些鎖或資源時，一定要遵照這順序。如此，圓型等待的情形就不會出現，也因此不會有鎖死的情形發生。作者個人開發過的兩個 Unix 作業系統核心，就都是這樣做的。使用這種預防鎖死的方法時，軟體工程師必須徹底分析整個系統，將系統內的所有鎖或資源，排出一個讓所有應用程式都可以遵照的順序。

譬如，假若整個系統全部需要用到 100 個鎖，那在排出它們的順序後，就將它們定義成以下的順序：

第 　1　個共用資源——第 　1　 號鎖

第 　2　個共用資源——第 　2　 號鎖

　　　　:

第 99　個共用資源——第 99　 號鎖

第 100 個共用資源——第 100 號鎖

假若某一項作業，需要用到第 3，5，與 20 號三個共用資源，則執行時，取得這些鎖的唯一順序是，程式必須先取得 3 號鎖，之後再取得 5 號鎖，最後再獲取第 20 號鎖，只要所有程式或核心層單元取得鎖的順序，一定是按照以上所規定的順序，那就不致於有鎖死的情形發生。

再舉個例子。假設第 1 程序/程線需要 5 號與 7 號鎖，而第 2 程序/程線需要 5，7，與 12 號鎖，則第 1 程序/程線必須依以下的順序獲得它所需要的鎖：

```
第 1 程序/程線
        :
獲取 5 號鎖
        :
獲取 7 號鎖
        :
```

且第二程序/程線必須依下列順序獲取它所需要的鎖：

```
第 2 程序/程線
        :
獲取 5 號鎖
        :
獲取 7 號鎖
        :
獲取 12 號鎖
        :
```

　　倘若這兩個程序/程線都這樣做，則這兩者一定只有其中一個能先獲得 5 號鎖，另一個必須等著。之後，那個先獲得 5 號鎖的，一定也會比另一程序/程線先獲得 7 號鎖。到此你可看出，先前我們在圖 9-32 所顯示的鎖死情形（我等你，你也在等我）的情形，就永遠不會發生了。

　　你或許會問，那什麼樣的順序才算是正確的順序呢？這要看每一系統或應用而定。有時也要經過嘗試了之後，才能找出最好的順序的。在分析時，你通常可看出，有那些資源一定要在那些資源之前先取得，那就給了一些答案了。此外，檢視所有的現有應用程式，也可以獲得一些資訊。在某些情況下，也有可能必須更改少數幾個無法順從之應用程式的寫法，也是有可能的。

9-8-5-3 強制拿走

　　造成鎖死的其中一個要件，是不能強制取走一程序/程線已獲得的鎖或資源，只能讓它們自願地釋放。所以，預防鎖死的其中一個技巧，即是讓這個情況不要發生。換言之，系統可以強制地將鎖或資源，從其現有的擁有者拿走，給別人。這至少有兩種方式可以做到。

首先，假若一個程序/程線已經擁有某些鎖或資源，而它正想獲得下一個鎖或資源，目前已先被別人拿走了，系統可以將該程序/程線所擁有的所有鎖/資源，全部拿走。亦即，將之全部釋放，致使其它的程序/程線可以獲取它們。

其次，另一種做法則是，假設程序/程線 A 正想獲取某個鎖/資源，而那個鎖/資源現正為程序/程線 B 所擁有，而程序/程線 B 也在等著另一個鎖/資源，則系統就可以將 A 所要的，自 B 手中奪取，然後送給 A。

9-8-6　活鎖

雖然這幾乎從未發生，但使用忙時空轉等待（空轉上鎖）的上鎖函數，有個潛在的風險。那就是假若程序有錯誤，造成鎖被遺失了，則空轉上鎖就會一直無限期等下去，永遠拿不到那個鎖。這種情況叫作活鎖（livelock）。程式還是一直在執行，但是就是永遠等不到它所要的鎖。亦即，程式一直在迴路裡測試一個永遠不會成立的條件。程式並不是被阻擋著，或等著，但卻永遠無法進展。

不過，這是只有程式有錯誤時，才會造成的。假若上鎖的函數都正確，而且應用程式的邏輯也沒錯誤，這種情況是不會發生的。

9-8-7　餓死

在系統裡，多項作業同時等著一池的資源是常有的事。為了達到最大的輸出量，把資源先讓給對資源需求量較低的作業，有時會發生。不過，這也有可能對資源需求較多的作業會一直被延緩，永遠得不到機會，導致被餓死（starvation）的危險。這種情形有時也叫活鎖。因此，系統對資源的分配政策，要小心，注意公平性，最好勿實際造成其中某一類程式會被餓死的副作用。這種現象雖不是鎖死，但看起來會像鎖死。

9-8-8　防止在重新進入情況鎖死

這一節舉一個因巢串叫用（nested call）造成鎖死的例子，並說明如何將之化解。

　　程式經常會用到自己叫用自己的**自我遞歸**或**自我循環**（recursive）函數。假若那函數有上鎖或獲取鎖的作業，則鎖死可能會發生，因為，在第一次進入時，程式已拿到鎖，第二次進入欲再對同一個鎖上鎖時，程式可能就會鎖死在那兒。

　　巢串叫用（nested call）也可能會導致一樣的鎖死。譬如，資源 XYZ 必須獨家使用。程式有兩個函數 A 與 B，兩者都需要用到此一資源。因此，兩者分別都將之上鎖。一個程式可能叫用函數 A 之後，半途又叫用了 B。由於 A 與 B 都將資源 XYZ 上鎖，因此，同一資源上鎖了後，又再度企圖將之上鎖。這就可能會鎖死。

　　圖 9-33 所示即為一顯示因巢串叫用而鎖死的例子。

圖 9-33　因巢串叫用而造成的鎖死（semupd_mylock_deadlock.c）

```
/*
 * Demonstration of deadlocks
 * Copyright (c) 2013, 2019-2020 Mr. Jin-Jwei Chen.  All rights reserved.
 */

#include "mysemutil.h"

/* Default values related to the shared file */
#define  NTHREADS    2              /* number of concurrent threads */
#define  MAXNTHREADS 12             /* max. number of concurrent threads */
#define  NTASKS      5              /* number of tasks */
#define  MAXDELAYCNT 1000000        /* delay count */

/* Shared lock variable */
int      lockvar=0;

/* These are our own locking functions in assembly language. */
int spinlock(int *lockvar);
int unlock(int *lockvar);

int funcA(unsigned int  myid, int nestedcall);
int funcB(unsigned int  myid);

void lockXYZ()
{
    spinlock(&lockvar);
}

void unlockXYZ()
{
    unlock(&lockvar);
```

```c
}

int funcA(unsigned int  myid, int nestedcall)
{
  fprintf(stdout, "Thread %2d execute part 1 in function A\n", myid);
  lockXYZ();
  /* Do some funcA specific processing */
  fprintf(stdout, "Thread %2d execute part 2 in function A\n", myid);
  if (nestedcall)
    funcB(myid);
  unlockXYZ();
  fprintf(stdout, "Thread %2d return from function A\n", myid);
  return(0);
}

int funcB(unsigned int  myid)
{
  fprintf(stdout, "Thread %2d execute part 1 in function B\n", myid);
  lockXYZ();
  /* Do some funcB specific processing */
  fprintf(stdout, "Thread %2d execute part 2 in function B\n", myid);
  unlockXYZ();
  fprintf(stdout, "Thread %2d return from function B\n", myid);
  return(0);
}

/*
 * The worker thread.
 */

int worker_thread(void *args)
{
  unsigned int  *argp;
  unsigned int  myid;
  unsigned int  ntasks;
  int           ret;
  int           i, j;
  int           nestedcall=1;

  /* Extract input arguments (two unsigned integers) */
  argp = (unsigned int *)args;
  if (argp != NULL)
  {
    myid = argp[0];
    ntasks = argp[1];
    nestedcall = argp[2];
  }
  else
    pthread_exit((void *)(-1));

  fprintf(stdout, "Worker thread: myid=%u ntasks=%u\n", myid, ntasks);
```

```
    /* Do my job */
    for (i = 0; i < NTASKS; i++)
    {
      funcA(myid, nestedcall);
      for (j=0; j < MAXDELAYCNT; j++);    /* create a bit of delay */
    }

    pthread_exit((void *)0);
}

int main(int argc, char *argv[])
{
    int     nthrd;                        /* actual number of worker threads */
    int     ret, retval;
    int     i;
    size_t  ntasks = NTASKS;              /* each thread's task count */
    pthread_t     thrds[MAXNTHREADS];     /* threads */
    unsigned int  args[MAXNTHREADS][3];   /* arguments for each thread */
    int           nestedcall;             /* use locking for update or not */

    if ((argc > 1) &&
        ((strcmp(argv[1], "-h") == 0) || (strcmp(argv[1], "-help") == 0)))
    {
      fprintf(stdout, "Usage: %s [nestedcall] [nthrd] [ntasks]\n", argv[0]);
      return(-1);
    }

    /*
     * Get the number of concurrent threads, number of tasks and nested call
     * switch from the user, if any.
     */
    nestedcall = 1;
    if (argc > 1)
    {
      nestedcall = atoi(argv[1]);
      if (nestedcall != 0)
        nestedcall = 1;
    }

    nthrd = NTHREADS;
    if (argc > 2)
      nthrd = atoi(argv[2]);
    if (nthrd <= 0 || nthrd > MAXNTHREADS)
      nthrd = NTHREADS;

    ntasks = NTASKS;
    if (argc > 3)
      ntasks = atoi(argv[3]);
    if (ntasks <= 0)
      ntasks = NTASKS;
```

```
    fprintf(stdout, "Demonstrating deadlock from nested calls of trying to "
      "acquire the same lock using %u threads, with each doing it %lu times.\n",
      nthrd, ntasks);
    if (nestedcall)
      fprintf(stdout, "Nested call is used in the demo.\n");
    else
      fprintf(stdout, "Nested call is not used in the demo.\n");

    /* Load up the input arguments for each worker thread */
    for (i = 0; i < nthrd; i++)
    {
      args[i][0] = i+1;        /* worker id starts with 1 */
      args[i][1] = ntasks;
      args[i][2] = nestedcall;
    }

    /* Create the worker threads to concurrently update the shared file */
    for (i = 0; i < nthrd; i++)
    {
      ret = pthread_create(&thrds[i], (pthread_attr_t *)NULL,
            (void *(*)(void *))worker_thread, (void *)args[i]);
      if (ret != 0)
      {
        fprintf(stderr, "Failed to create the worker thread\n");
        return(-2);
      }
    }

    /*
     * Wait for each of the child threads to finish and retrieve its returned
     * value.
     */
    for (i = 0; i < nthrd; i++)
    {
      ret = pthread_join(thrds[i], (void **)&retval);
      fprintf(stdout, "Thread %u exited with return value %d\n", i, retval);
    }

    return(0);
}
```

這兩種情況所造成的鎖死，都是可以解決的。由於同一程序或程線，對每一個鎖只要上鎖一次就夠了。因此，假若它在拿到鎖之後，又遇上欲再度對同一個鎖上鎖的情形，就可跳過。記得，由於每一程序或程線對同一個鎖上鎖與解鎖的次數必須完全相同，因此，在碰上解鎖函數時，第二次以上的叫用也必須略過。圖 9-34 所示即為一個這樣的例子。

圖 9-34 防止因巢串叫用所造成的鎖死（semupd_mylock_reentrant.c）

```c
/*
 * Making functions taking and releasing locks reentrantly.
 * Copyright (c) 2013, 2019, 2020 Mr. Jin-Jwei Chen.  All rights reserved.
 */

#include "mysemutil.h"

/* Default values related to the shared file */
#define  NTHREADS    2              /* number of concurrent threads */
#define  MAXNTHREADS 12             /* max. number of concurrent threads */
#define  NTASKS      5              /* number of tasks */
#define  MAXDELAYCNT 10000000       /* delay count */

/* Shared lock variable */
int      lockvar=0;

/* Shared data for making locking functions thread reentrant */
static pthread_key_t   has_lock;      /* Thread specific data */

/* These are our own locking functions in assembly language. */
int spinlock(int *lockvar);
int unlock(int *lockvar);

int funcA(unsigned int  myid, int nestedcall);
int funcB(unsigned int  myid);

/* Routine used to lock resource XYZ */
void lockXYZ()
{
    spinlock(&lockvar);
}

/* Routine used to unlock resource XYZ */
void unlockXYZ()
{
    unlock(&lockvar);
}

/* Function A updates resource XYZ and also calls function B which
 * updates resource XYZ. too. */
int funcA(unsigned int  myid, int nestedcall)
{
  unsigned int  islocked=0;
  unsigned int  mylock=0;  /* remember if this invocation gets the lock */

  fprintf(stdout, "Thread %2d execute part 1 in function A\n", myid);

  /* Get information about if this thread has the lockXYZ or not */
  islocked = pthread_getspecific(has_lock);

  /* Try to acquire the lock only if this thread does not have the lock */
  if (islocked <= 0)
```

```
  {
    lockXYZ();
    islocked = 1;
    pthread_setspecific(has_lock, (void *)islocked);
    mylock++;
  }

  /* Do some funcA specific processing */
  fprintf(stdout, "Thread %2d execute part 2 in function A\n", myid);
  if (nestedcall)
    funcB(myid);

  /* Try to release the lock only if this thread has the lock AND
   * it's this invocation that actually acquired the lock */
  if (islocked > 0 && mylock > 0)
  {
    unlockXYZ();
    islocked = 0;
    pthread_setspecific(has_lock, (void *)islocked);
    mylock--;
  }
  fprintf(stdout, "Thread %2d return from function A\n", myid);
  return(0);
}

/* Function B updates resource XYZ, too. */
int funcB(unsigned int  myid)
{
  unsigned int  islocked=0;
  unsigned int  mylock=0;  /* remember if this invocation gets the lock */

  fprintf(stdout, "Thread %2d execute part 1 in function B\n", myid);

  /* Get information about if this thread has the lockXYZ or not */
  islocked = pthread_getspecific(has_lock);

  /* Try to acquire the lock only if this thread does not have the lock */
  if (islocked <= 0)
  {
    lockXYZ();
    islocked = 1;
    pthread_setspecific(has_lock, (void *)islocked);
    mylock++;
  }

  /* Do some funcB specific processing */
  fprintf(stdout, "Thread %2d execute part 2 in function B\n", myid);

  /* Try to release the lock only if this thread has the lock AND
   * it's this invocation that actually acquired the lock */
  if (islocked > 0 && mylock > 0)
  {
    unlockXYZ();
    islocked = 0;
```

```
    pthread_setspecific(has_lock, (void *)islocked);
    mylock--;
  }
  fprintf(stdout, "Thread %2d return from function B\n", myid);
  return(0);
}


/*
 * The worker thread.
 */

int worker_thread(void *args)
{
  unsigned int  *argp;
  unsigned int  myid;
  unsigned int  ntasks;
  int           ret = 0;
  int           i, j;
  int           nestedcall=1;
  unsigned int  islocked=0;      /* initial value of thread-specific data */

  /* Extract input arguments (two unsigned integers) */
  argp = (unsigned int *)args;
  if (argp != NULL)
  {
    myid = argp[0];
    ntasks = argp[1];
    nestedcall = argp[2];
  }
  else
#ifdef SUN64
  {
    ret = (-1);
    pthread_exit((void *)&ret);
  }
#else
    pthread_exit((void *)(-1));
#endif

  fprintf(stdout, "Worker thread: myid=%u ntasks=%u\n", myid, ntasks);

  /* Initialize thread-specific data */
  ret = pthread_setspecific(has_lock, (void *)islocked);
  if (ret != 0)
  {
    fprintf(stderr, "worker_thread(): pthread_setspecific() failed, ret=%d\n",
      ret);
#ifdef SUN64
    ret = (-2);
    pthread_exit((void *)&ret);
#else
    pthread_exit((void *)(-2));
#endif
  }
```

```
  /* Do my job */
  for (i = 0; i < NTASKS; i++)
  {
    funcA(myid, nestedcall);
    for (j=0; j < MAXDELAYCNT; j++);   /* create a bit of delay */
  }

#ifdef SUN64
  pthread_exit((void *)&ret);
#else
  pthread_exit((void *)0);
#endif
}

int main(int argc, char *argv[])
{
  int    nthrd;                    /* actual number of worker threads */
  int    ret, retval;
#ifdef SUN64
  int    *retvalp = &retval;       /* pointer to returned value */
#endif
  int    i;
  size_t ntasks = NTASKS;          /* each thread's task count */
  pthread_t    thrds[MAXNTHREADS]; /* threads */
  unsigned int args[MAXNTHREADS][3]; /* arguments for each thread */
  int          nestedcall;         /* use locking for update or not */

  if ((argc > 1) &&
      ((strcmp(argv[1], "-h") == 0) || (strcmp(argv[1], "-help") == 0)))
  {
    fprintf(stdout, "Usage: %s [nestedcall] [nthrd] [ntasks]\n", argv[0]);
    return(-1);
  }

  /*
   * Get the number of concurrent threads, number of tasks to perform for
   * each thread and doing nested calls or not from the user, if any.
   */
  nestedcall = 1;
  if (argc > 1)
  {
    nestedcall = atoi(argv[1]);
    if (nestedcall != 0)
      nestedcall = 1;
  }

  nthrd = NTHREADS;
  if (argc > 2)
    nthrd = atoi(argv[2]);
  if (nthrd <= 0 || nthrd > MAXNTHREADS)
    nthrd = NTHREADS;

  ntasks = NTASKS;
```

```
    if (argc > 3)
      ntasks = atoi(argv[3]);
    if (ntasks <= 0)
      ntasks = NTASKS;

    fprintf(stdout, "Demonstration of making functions reentrant to prevent "
      "deadlock using %u threads, with each doing it %lu times.\n",
      nthrd, ntasks);
    if (nestedcall)
      fprintf(stdout, "Nested call is used in the demo.\n");
    else
      fprintf(stdout, "Nested call is not used in the demo.\n");

    /* Create the thread-specific data key and initialize its value to 0 */
    ret = pthread_key_create(&has_lock, (void *)NULL);
    if (ret != 0)
    {
      fprintf(stderr, "pthread_key_create() failed, ret=%d\n", ret);
      return(ret);
    }

    /* Load up the input arguments for each worker thread */
    for (i = 0; i < nthrd; i++)
    {
      args[i][0] = i+1;          /* worker id starts with 1 */
      args[i][1] = ntasks;
      args[i][2] = nestedcall;
    }

    /* Create the worker threads to concurrently update the shared file */
    for (i = 0; i < nthrd; i++)
    {
      ret = pthread_create(&thrds[i], (pthread_attr_t *)NULL,
            (void *(*)(void *))worker_thread, (void *)args[i]);
      if (ret != 0)
      {
        fprintf(stderr, "Failed to create the worker thread\n");
        return(-2);
      }
    }

    /*
     * Wait for each of the child threads to finish and retrieve its returned
     * value.
     */
    for (i = 0; i < nthrd; i++)
    {
#ifdef SUN64
      ret = pthread_join(thrds[i], (void **)&retvalp);
#else
      ret = pthread_join(thrds[i], (void **)&retval);
#endif
      fprintf(stdout, "Thread %u exited with return value %d\n", i, retval);
    }
```

```
    /* Destroy the thread-specific data key */
    ret = pthread_key_delete(has_lock);
    if (ret != 0)
    {
      fprintf(stderr, "pthread_key_delete() failed, ret=%d\n", ret);
      return(ret);
    }

    return(0);
}
```

在圖 9-34 的程式中，我們宣告且使用了全面變數 lockvar，作為代表看護著 XYZ 資源之鎖的變數。函數 lockXYZ() 與 unlockXYZ() 則分別是對這個鎖上鎖與解鎖的函數。

為了讓函數 A 與 B 能針對鎖而言都變成是可重進入的，我們用了另一個資料型態是 pthread_key_t 的全面變數，叫 has_lock。這是我們用以記住，每一個程線是否已取得代表資源 XYZ 之鎖的程線特有資料的檢索（key）。其值為 1 代表程線已擁有這個鎖，0 代表尚未。由於每一個程線都有它自己不同的狀態，因此，我們以程線特有資料代表最合適。

程式的 main() 函數在一開始叫用 pthread_key_create() 函數，產生程線特有資料之檢索，以便所有子程線都擁有它。它同時也在最後結束前，叫用了 pthread_key_delete() 函數將這檢索剔除。每一個程線，在正式開始使用這程線特有資料之前，在 worker_thread() 函數的一開始，都把它的初值設定成 0。

在函數 A 與 B 的最頂端，程線叫用了 pthread_getspecific（has_lock）函數，取出 has_lock 的現有值。若這值為 0，程線即試圖獲取資源 XYZ 的鎖。否則，即跳過該步驟，以免自己鎖死。在程線尚未取得資源 XYZ 的鎖，即 has_lock 的值為 0 時，程線會實際叫用 lockXYZ() 函數，以取得這個鎖。在取得了鎖時，lockXYZ() 函數會立即叫用 pthread_setspecific() 函數，將 has_lock 的值設定為 1，記住程線已經擁有這個鎖了。

在解鎖上，程式引用了第二個稱為 mylock 的局部變數來解決這問題。在我們的設計，一個程線最後可能叫用函數 A 與 B 很多次，但只有一開始第一次，會實際叫用 lockXYZ()。由於 lockXYZ() 與 unlockXYZ() 必須成雙成對，因此，我們必須確保解鎖也只有在第一次函數叫用時被執行一次，其它次也都一律被跳過。由於這是每一次叫用情況都不同，因此，我們以一個局部變數代表。這樣的變數正好是每一回叫用都有它自己不同的值！這個局部變數值，都初值設定成 0。唯有在第一次，函數有實際叫用 lockXYZ() 時，它的值才會被設定為 1。也因此，程式只有在該 mylock 之值為 1 時，才會叫用解鎖函數 unlockXYZ()。換言之，一個程線，只有在 has_lock 的值（存在 islocked 變數內）是 1，而且 mylock 的值也是 1 時，才會叫用解鎖函數。

簡言之，這個例題程式示範了如何以程線特有資料，讓一個含有上鎖叫用的函數變得可重新進入，而不致造成鎖死。實際做法是，每一程線以一程線特有資料記住它是否已取得某一個鎖。若是，則在巢串叫用或自我循環叫用再度進入同一函數時，即應跳過上鎖函數，以免自己鎖死。在解鎖方面也是一樣，唯有在第一次有實際叫用上鎖函數時，才需叫用解鎖函數，其它次都不必。

9-9 和旗誌有關的系統可調參數

在每一個 Linux 與 Unix 作業系統上，系統都有一些和系統五 IPC 資源有關的可調核心參數（configurable kernel parameters）。一般而言，這些參數為每一項資源訂定了一個系統最多可以擁有的極限。

舉例而言，在某些 Linux 作業系統上，每一旗誌組可以含有的最多旗誌數既定值是 128。在那種情況下，萬一有程式試圖產生一個含有 200 個旗誌的旗誌組，semget() 函數即會失敗，錯誤回返，且錯誤號碼是 EINVAL。

許多軟體產品都使用系統五 IPC 資源。它們對這些資源都有不同的要求。就這些資源而言，通常有兩種系統調整（tuning）需要做。首先，光是要讓某些軟體產品有辦法安裝在系統上，你就必須調整（通常是提高）某些資源的極限值。其次，在安裝好後，為了達到最佳性能，你可能又必須再調整某些資源的值。這一節討論跟這有關的系統調整。

Linux 跟系統五 IPC 旗誌資源有關的作業系統核心可調參數如下所列，這些參數絕大部份（若非全部的話）也存在 Unix 上。它們全部是整數。

semmni：系統可以擁有的最高旗誌組數。這極限可能影響 semget()。

semmsl：每一旗誌組可以含有的最高旗誌數。這極限可能影響 semget()。

semmns：系統所有旗誌組加起來的旗誌總數，這可能影響 semget()。

semvmx：旗誌之值的最高上限。這極限可能影響 semctl() 函數。

semopm：semop() 函數可以執行的最高作業數目。

semaem：旗誌調整（SEM_UNDO）可以記載的最大值。

semmnu：整個系統可以擁有之 undo 資料結構的最高數目。

semume：每一個程序可以擁有之 undo 元素的最高數目。

semusz：sem_undo 資料結構的大小。

semmap：旗誌地圖（map）內的元素數目。

9-9-1　查詢系統核心參數

查詢系統核心之可調參數的值並不在 POSIX 標準內。有些系統提供有命令讓使用者使用，有些你則必須寫程式。這一節列出在現有流行的各作業系統上，你如何做。

Linux

在 Linux，查詢所有核心層的參數值，可以執行以下命令：

```
$ /sbin/sysctl -a
```

查詢旗誌的核心層參數值可以用：

```
$ cat /proc/sys/kernel/sem
```

查詢其中某一個核心層參數（如 shmmni）可以用：

```
$ cat /proc/sys/kernel/shmmni
```

Oracle/Sun Solaris

在 Solaris 上，下列命令顯示現在在核心層內的所有設備驅動程式以及模組和一些核心層參數值：

```
# sysdef -i
```

IBM AIX

在 AIX 上，下面 lsattr 命令可以查詢所有可配置之核心參數的現有值：

```
# /etc/lsattr -E -l sys0
```

下面的命令則查詢某一核心層參數的現有值：

```
# /etc/lsattr -E -l sys0 -a semmni
```

HP-UX

在 HP-UX 上，核心層參數的值，可以由叫做 SAM 的系統管理公共程式
去查詢。

Linux上的程式例子

圖 9-35 所示，即為一顯示 Linux 上所有與旗誌有關之核心層參數的現有
值的程式。

圖 9-35　顯示 Linux 之旗誌核心層參數（semipcinfo.c）

```c
/*
 * Demonstrate the IPCINFO command of the semctl function.
 * Note: The semctl() IPC_INFO command is not supported in AIX or Solaris.
 * Copyright (c) 2013, Mr. Jin-Jwei Chen.  All rights reserved.
 */

#define  _GNU_SOURCE    /* to get IPC_INFO, which is Linux specific */

#include "mysemutil.h"

void print_seminfo(struct seminfo *p);

int main(int argc, char *argv[])
{
  key_t  ipckey;
  int    projid;
  int    semid;
  int    ret;
  int    exit_code=0;
  semun  semarg;
  struct seminfo  seminfo;
  int    i;

  if (argc > 1)
    projid = atoi(argv[1]);
  else
    projid = IPCSUBID;

  /* Compute the IPC key value from the pathname and project id */
  /* ftok() got error 2 if the pathname does not exist. */
  if ((ipckey = ftok(IPCKEYPATH, projid)) == (key_t)-1) {
    fprintf(stderr, "ftok() failed, errno=%d\n", errno);
    return(-1);
```

```
  }

  /* Create the semaphore */
  semid = semget(ipckey, 1, IPC_CREAT|0600);
  if (semid == -1)
  {
    fprintf(stderr, "semget() failed, errno=%d\n", errno);
    return(-2);
  }
  fprintf(stdout, "The semaphore was successfully created.\n");

  /* Get the system-wide semaphore limits and parameters */
  semarg.__buf = &seminfo;
  ret = semctl(semid, 0, IPC_INFO, semarg);
  if (ret == -1)
  {
    fprintf(stderr, "semctl() failed to do IPC_INFO, errno=%d\n", errno);
    exit_code = (-3);
  }
  else
    print_seminfo(&seminfo);

  /* Remove the semaphore */
  /* The second argument, semnum, is ignored for removal. */
  ret = semctl(semid, 0, IPC_RMID);
  if (ret == -1)
  {
    fprintf(stderr, "semctl() failed to remove, errno=%d\n", errno);
    return(-4);
  }
  fprintf(stdout, "The semaphore set was successfully removed.\n");

  return(exit_code);
}

void print_seminfo(struct seminfo *p)
{
  if (p == NULL)
    return;
  fprintf(stdout, "semmap = %d\n", p->semmap);
  fprintf(stdout, "semmni = %d\n", p->semmni);
  fprintf(stdout, "semmns = %d\n", p->semmns);
  fprintf(stdout, "semmnu = %d\n", p->semmnu);
  fprintf(stdout, "semmsl = %d\n", p->semmsl);
  fprintf(stdout, "semopm = %d\n", p->semopm);
  fprintf(stdout, "semume = %d\n", p->semume);
  fprintf(stdout, "semusz = %d\n", p->semusz);
  fprintf(stdout, "semvmx = %d\n", p->semvmx);
  fprintf(stdout, "semaem = %d\n", p->semaem);
}
```

以下所示即為 semipcinfo 程式的輸出

```
$ ./semipcinfo
```

```
semmap = 32000
semmni = 128
semmns = 32000
semmnu = 32000
semmsl = 250
semopm = 100
semume = 32
semusz = 20
semvmx = 32767
semaem = 32767
```

注意，這個 semipcinfo 程式，並非所有作業系統都有支援。

例如，在 Apple Darwin 上，有兩個理由這程式無法編譯成功。

（1）semctl() 函數的 IPC_INFO 功能在 Apple Darwin 上沒有支援。

（2）在 Apple Darwin 上，"union semun" 資料型態沒有支援 __buf 資料
欄成員。

在 IBM AIX 與 Oracle/Sun Solaris，這程式也無法編譯。因為其 semctl()
函數也是不支援 IPC_INFO 功能。

9-9-2　更改核心層參數

倘若某些核心層參數的現有值，導致你的應用程式無法啟動，或可以啟
動但性能不佳，則你可能必須調整或改變這些核心層參數的值。只有超級用
戶有權改變核心層參數的值。一般的用者必須擁有超級用戶權限才行。

以下所示即為在各種不同的作業系統上，你如何調整核心層參數的值。

Linux

在 Linux 上，欲改變核心層參數的值時，你可以直接以文書編輯程式更
改 /etc/sysctl.conf 檔案，在檔案內設定或變更有關核心層參數的值。然後
再執行 "sysctl -p" 命令，讓改變生效。例如：

```
# vi /etc/sysctl.conf

然後打入
 kernel.semmni = 256

# /sbin/sysctl -p /etc/sysctl.conf
```

這命令最後的檔案名可有可無，

Oracle/Sun Solaris

在 Solaris 上，更改核心層參數的值，可以文書編輯程式直接更改 /etc/system 檔案的內含。譬如，加上下列一行，把 semmni 的值改成 256：

```
set  semmni=256
```

為了使你的改變立即生效，你必須重啟（reboot）整個系統，命令是

```
# /sbin/shutdown -r now
```

IBM AIX

IBM AIX 有兩個方式可以更改核心層參數的值，一個是使用 chdev 命令，另一個則是使用系統管理命令 SMIT。SMIT 是菜單選擇式的系統管理程式。

譬如，下面命令即將 semmni 參數的值改成 256。

```
# /etc/chdev -l sys0 -a semmni = 256
```

值得一提的是，IBM AIX 平時會自動動態地調整大多數核心層參數的值，所以用者不必用手工重新調整，也不需重啟系統。

HP HP-UX

在 HP 的 HPUX 上，系統核心層參數可經由系統管理命令 SAM 達成。SAM 是一菜單式的系統管理工具。

9-10　共時控制問題與解決辦法摘要

9-10-1　上鎖設施

9-10-1-1　更新遺失問題

（a）使用你自己的上鎖函數

這在任何作業系統上都可以做。唯一的條件是處理器必須具有可以支援不可切割之測試且設定或對調的組合語言指令。幾乎所有現代的處理器都有。

這在同一程序內永遠沒問題。若有多個程序要共用，則代表鎖的變數就
必須存放在共有記憶器（shared memory）內。這我們在下一章會立即
介紹。

（b）使用作業系統核心所提供的設施

Unix/Linux：使用二進旗誌。同樣地，這在單一程序內或多個程序間都可。

Windows：使用旗誌或互斥鎖（mutex）

（c）使用套裝軟體

Unix/Linux：使用 pthreads 的互斥鎖。

Windows：pthreads 的互斥鎖。

圖 9-36 解決更新遺失問題的上鎖設施

使用	環境	上鎖設施	應用在程線	應用在程序間
自己的上鎖函數	任何	不可切割指令	是	可（若變數放在共有記憶）
作業系統服務	Unix/Linux Windows	二進旗誌 二進旗誌，互斥鎖	是 是	是 不
套裝軟體	pthreads	互斥鎖	是	不

9-10-1-2 生產消費問題

圖 9-37 解決生產消費問題的不同上鎖設施

使用	環境	上鎖設施	應用在程線	應用在程序間
自己的上鎖函數	任何	不可切割的指令	是	可（若變數放在共有記憶）
作業系統服務	Unix/Linux Windows	旗誌 旗誌	是 是	是 不
套裝軟體	pthreads	條件變數+互斥鎖	是	不

9-10-2　重點摘要

　　在同時或共時更新共用資料時，為了確保沒有更新遺失以及資料的正確與完整性，互斥是必要的。亦即，在兩個或兩個以上的程序或程線，同時或共時存取相同的共用資料時，倘若有人更動資料，則每一時刻只能有一個程序或程線，享有獨家的更新權利。這互斥性是保障資料正確所不可或缺的。

　　互斥以上鎖達成。每一筆共時或同時更新的資料，都必須有一個別的鎖看管並保護著。任何欲更新這共用資料的程序或程線，都必須事先取得其有關的鎖，才有權並可以更動資料。其它所有欲存取同一筆資料的程序或程線，都必須等著，等到鎖被釋放。

　　每一個鎖在程式內通常以一整數變數代表。上鎖或獲取鎖的作業，必須測試這變數的值，以得知鎖是否沒人佔有。若是，藉著改變這變數的值，將之上鎖。這測試與設定的動作，必須不可切割地達成。

　　千萬記得絕對不能把上鎖的動作，寫成如下所示的高階語言述句：

```
if (lockvar == 0)
  lockvar = 1;
```

　　這述句雖然也執行測試與設定的作業，但問題是，沒有編譯程式會將之翻譯成一不可分割指令的。因此，它會造成鎖死，更新遺失，與資料不正確的問題。

　　誠如本章所展示的，將上鎖與解鎖函數寫成使用處理器特別提供的不可切割指令，確保了互斥性以及共用資料的正確性。不僅如此，它還能比旗誌與互斥鎖的速度快上許多。所以幾乎所有的資料庫管理系統都是這樣做的。

💡 問題

1. 描述什麼是更新遺失問題。為什麼會有這樣的問題？程式要如何預防更新遺失？

2. 上鎖有何用？上鎖要可行必須要有什麼條件？

3. 說明嘗試上鎖，空轉上鎖，與限時上鎖之間的不同。它們的優缺點各為何？

4. 說明讀取鎖與寫入鎖的不同。

5. 旗誌是什麼？旗誌有幾種？它們做何用？

6. 什麼是互斥鎖? 那裡有提供？

7. 何謂鎖死？

8. 鎖死有幾種方式可以對付？

9. 一般程式有那些方式可以預防鎖死？

10. 系統五 IPC 有哪些資源？

11. 系統五 IPC 的資源要如何個別辨認？

12. 在你所使用的系統上，有關旗誌的作業系統核心層參數有那些？

✏️ 習題

1. 寫一個程式，印出在系統上，有幾個程序正在等著某一個旗誌，同時印出這些程序的號碼。為了測試這程式，你可能需要再寫並執行另一個程式，製造好幾個程序都在等著同一族誌的情景。

2. 寫一個程式，找出並顯示出，對一個旗誌最後執行了 semop() 函數叫用的程序的程序號碼。

3. 寫一個程式，顯示出定義在 "struct semid_ds" 資料結構中之旗誌組的資訊。

4. 寫一個程式，顯示出所有有關旗誌之系統參數的現有值與極限。

5. 針對你所使用的電腦，用組合語言寫出上鎖與解鎖函數。

6. 針對你所使用的電腦，用組合語言寫出限時上鎖函數。函數應該接受另一個引數，指出在鎖已被別人拿走時，程式必須等多久或重複試多少次。在那之後，假若仍是拿不到鎖，函數應回返並送回 -1。

7. 寫兩個程式，分別測量使用你自己用組合語言寫的上鎖與解鎖函數，以及使用作業系統所提供之上鎖與解鎖設施，兩者之間的速度差異。

8. 改變update_shared_file() 函數中之時間延遲的值，觀察它有何效應，並解釋你所觀察到的現象。

9. 執行 semupdf 例題程式，變換程序數目，程式行為有何差異？

10. 執行 semupdf 例題程式，變換檔案的大小，程式行為有何差異？

11. 修改 semupd_posix_sema.c，改成使用具名的 POSIX 旗誌。

12. 在唸完共有記憶一章之後，將 semupd_posix_sema.c 改成使用多個程序的形式。

📖 開發計畫

1. 針對你所使用的電腦，設計且開發讀取鎖與寫入鎖的組合語言函數。寫入鎖必須是互斥的，讀取鎖則可以共有。

   然後，再寫另一個應用這讀取鎖與寫入鎖的程式。

2. 設計與開發寫成組合語言的計數旗誌。之後，寫一個應用這計數旗誌的應用程式。

參考資料

1. The Open Group Base Specifications Issue 7, 2018 edition
    IEEE Std 1003.1 -2017 (Revision of IEEE Std 1003.1-2008)
    Copyright © 2001-2018 IEEE and The Open Group
    http://pubs.opengroup.org/onlinepubs/9699919799/
    "Portable Operating System Interface (POSIX) -- Part 1: System Application
    Program Interface (API)" by the Institute of Electrical and Electronics
    Engineers, Inc. (IEEE Std 1003.1)(ISO/IEC 9945-1)

2. AT&T UNIX System V Release 4 Programmer's Guide: System Services
    Prentice-Hall, Inc. 1990

3. C. J. Dates "An Introduction to Database Systems Volume II"
    Addison-Wesley Publishing Company, Inc.

4. Maurice J. Bach "The Design of the UNIX Operating System", Prentice-
    Hall, Inc.

5. A. Silberschatz, J. Peterson, P. Galvin "Operating System Concepts",
    Third Edition, by Addison-Wesley Publishing Company, Inc. 1992

6. Andrew S. Tanenbaum "Modern Operating Systems", Prentice Hall

7. Andrew S. Tanenbaum "Operating Systems Design and Implementation",
    Prentice-Hall, Inc.

8. Intel 80386 System Software Writer's Guide

9. Intel i486 Microprocessor Programmer's Reference Manual

10. Intel i486 Microprocessor Hardware Reference Manual

11. DEC Alpha Architecture Handbook 1992

12. Oracle/Sun The SPARC Architecture Manual

13. IBM AIX 6.1 Assembly Language Reference Manual

14. https://en.wikipedia.org/wiki/Deadlock, Wikipedia.

共有記憶 10

10-1 共有記憶簡介

何謂共有記憶（shared memory）？它是做什麼用的？它是怎麼動作的？你或許要問。

▶ 程序隔離是作業系統的主要特色

就誠如您所知道的，在一計算機系統上所裝的所有處理器與記憶器硬體，是在系統上執行的所有程序共用的。同時，我們也知道，程序之間彼此隔離，互不干擾，也是每一作業系統提供的特色。這個特色保證每一程序不管在它的記憶空間做出任何事，都不致影響其它程序的。這一點非常重要，因為，假若一個程序損壞它自己的記憶空間的內容會影響其他的程序，那就是天大的災難了！記得，這層保護只是止於記憶空間而已。倘若有程序將錯誤或不良的資料寫進磁碟，那當然會影響到稍後使用那資料的其他程序。

程序彼此互相隔離的特色有辦法達成，主要是因為虛擬記憶空間與位址翻譯。程式在其程式碼內做的任何事，都是針對虛擬空間的。在程式執行時，計算機之記憶器管理的硬體，會將每一虛擬記憶空間之每一記憶區段（segment）或記憶頁（page），實際分配在一不同的實體記憶區段或記憶頁上。因此，無論如何，在程序 A 之任何虛擬記憶位址，經翻譯後，絕對是永遠落在屬於它自己的實體記憶頁上，而不會變成落在任何其它程序所屬的實體記憶頁上的。

　　這就是為何所有的作業系統，都能做到程序間彼此的隔離，靠的就是硬體記憶器管理的虛擬空間至實體空間的轉換與翻譯。

　　換言之，記憶器硬體管理與作業系統所提供的程序間隔離，在程序間築了一道牆，以防止程序意外地傷害到其它程序。不過，反過來看，它也讓程序與程序之間，無法經由共用記憶空間，達成非常高速的資訊交流，這也就是後來會有共有記憶的原故。

第 1 程序	第 2 程序	第 3 程序	第 4 程序	⋯

圖 10-1　作業系統與記憶器硬體管理所提供的程序間隔離

▶ 共有記憶正好與程序間隔離相反

　　換句話說，雖然作業系統之虛擬記憶單元所提供的程序隔離與保護特色極度重要，但若要在同一系統上執行的幾個程序，能彼此存取到對方的某一部分記憶空間，並藉之互通大量的資料，那就非常方便了！這就是共有記憶的觀念。

　　有些應用程式（如資料庫管理系統），是由幾個互相協力的程序所組成。這些程序彼此合作，共同管理很大量的資料（如資料庫）。要是這些程序能彼此共用儲存這筆大量資料的記憶空間，那就能達成極高的效率。因為，能直接讀寫記憶器，存取到這些資料，遠比必須經由磁碟，網路傳送或使用其它的通信方式，簡單迅速多了！

　　圖 10-2 所示即為一說明共有記憶之觀念的圖形。觀念是，每一程序還是有屬於自己，與其它程序完全隔離的記憶空間。但是，每一程序之資料節段的記憶空間，有一部分會對映到幾個程序之間共有的實體記憶節段上。這個共有記憶部分的內容，是所有程序都可以立即看得到的，只有單獨一份實體資料，但卻立即同時呈現在共用這共有記憶空間的所有程序上，只要有一個程序，在共有記憶的任何一個記憶位置做任何的改變，共用這記憶空間的所有程序，就全部馬上都看得到。如圖 10-2 所示的，共有記憶讓多個程序，能共用每一程序的一部分資料節段的記憶空間。

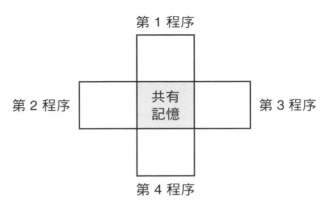

圖 10-2　共有記憶的概念

　　換言之，程序隔離是程序間完全沒有共有任何的記憶空間，而共有記憶則是有一部分記憶空間與其它有關的程序彼此共用。

▶ 共有記憶如何達成？

　　共有記憶是在計算機將一虛擬位址轉換或翻譯成一實際位址的位址翻譯過程中達成的。明確地說，程序間的共有記憶，是藉著將每一程序之資料節段的某一部分虛擬記憶空間，都對應至同一組實際的記憶頁或記憶節後達成的。所以，當每一程序存取到這一虛擬記憶空間時，它實際所存取到的，卻是這一與其它程序所共有的實體記憶空間。（記得，平常沒有共有記憶時，不同程序的虛擬記憶位址絕對是對映或翻譯成完全不同，不互相重疊的實際記憶位址的。）也就是這樣，當有其中一個程序更改了某一共有記憶的其中一個記憶位置時，其它所有共用這記憶區的程序都立刻看得到。

　　注意到，雖然共有記憶之每一記憶位置都只有一實際位址，對所有共用的程序都一樣，但每一程序在存取到這個位置時，它們所使用的虛擬位址，在每一個程序可能都是不一樣的。

　　邏輯上，共有記憶都是以記憶節段為單位的。每一記憶節段相當於一個或多個實際記憶頁。每一不同處理器的記憶硬體管理都略有不同，有些將整個記憶器分成若干記憶節段來管理，有些則將之分成若干記憶頁，而有些則先分成若干記憶節段，然後每一節段再分成若干記憶頁。每一記憶節段或記憶頁的大小，也是因處理器而異。因此，共有記憶的實際做法，在細節上，隨處理器之不同略有差異，但在觀念上則都是一樣的。對軟體工程師而言，你只要知道怎麼使用共有記憶就行，不必知道實際的硬體細節。這章我們所要討論的，也正是如何應用。

▶ 所有共用的程序必須有完全一樣的看法

顯然，共有記憶要行得通，必須所有共用這記憶區的所有程序，對記憶區內的所有資料的擺設，看法都完全一樣才行，否則，若有程序看法不一，整個共有記憶的資料，就會被它弄亂了。

由於這緣故，在設計使用共有記憶的程式時，一定要異常小心。因為，只要一不小心弄錯了，它就會立即影響到所有共用這記憶區的所有程序的。

▶ 存取共有記憶務必使用共時控制

此外，存取共有記憶的內容時，使用共時控制幾乎是永遠不可免的。

這主要是因為典型上，一般都會有一個或多個程序或程線會更改資料。前面說過，只要有程序或程線會更改資料，為了確保資料的正確與完整性，共時控制是絕對不能免的。換言之，每一時刻，最多只能有一個程序或程線可以更改資料，否則，資料正確與完整性即可能不保。互斥保護資料的正確。

當然，為了提高速度與性能，共有記憶的存取設計應該儘可能地提高並行處理的程度。從這觀點而言，每一個鎖所保護的資料量愈小，並行處理的可能性就會愈大。但若資料量太細，鎖的數量也跟著增加，因此，必須有個平衡，也不能走極端。

▶ 共有記憶是讓程序間共用大量資料用的

至此，你知道共有記憶讓在同一系統上，多個彼此合作且協力的程序，彼此能非常高效率地共用大筆的資料。它的觀念正好與程序間的隔離背道而馳。可是，在許多常用的軟體上，如資料庫管理系統，都非常有用。Oracle 資料庫管理系統，經常簡稱 Oracle 資料庫，就是以共有記憶作資料庫管理的。

▶ 共有記憶僅止於單一系統

注意，共有記憶是只用於單一系統上的程序間通信方式，它無法超出一個系統。若欲彼此通信的程序位於二個或二個系統以上，共有記憶是行不通的。跟其它的程序間通信方式相比，這或許是共有記憶的唯一缺點。位於不同系統上的程序，若要彼此通信，就必須採用網路通信，這我們會在第 12 章討論。

▶ 速度快是共有記憶的最主要優點

有人或許會問，為何要使用共有記憶？答案是，共有記憶的最大優點是速度最快，且簡單。

共有記憶是所有程序間通信方式速度最快的，因為，它涉及直接存取記憶器。在電腦上，再也沒有什麼會比存取記憶器更快的其它程序間通信方法了！這絕對比網路通信或存取磁碟快的。尤其牽涉大量資料時更是明顯。

共有記憶速度之快，是無法擊敗的。只要有一程序或程線將資料寫入共有記憶，其它所有共用這記憶區的程序或程線，就立即看得見。

此外，共有記憶也非常簡單。因為，程式唯一要做的，就是讀取或寫入記憶器罷了！完全不牽涉到存取網路或硬碟。

▶ 使用共有記憶時如何達到最高速度

共有記憶牽涉程序直接讀寫記憶器，所以，速度無其它程序間通信方式可及。若有的話，唯一會減緩其速度的，就是共時控制了！前面提過，為了確保共有記憶內容的正確，只要有一程序或程線會更改資料，共時控制絕對必要。因此，在實際應用共有記憶時，儘量降低共時控制所帶來的延緩，就是重要的課題之一。

就僅作讀取，或絕大多數只讀取的應用上，這並非是很大的問題，程式只要使用讀取鎖與寫入鎖就行了。讀取鎖可以共用，所以，有多個程序或程線可同時讀取，毫無問題。就大多數是更新的應用而言，共時控制的效率可能就會影響整個軟體的速度。

就共時控制的效率而言，上鎖函數的速度與每一個鎖所保護之資料量的大小，是該關注的項目。

就上鎖函數的速度而言，你可選擇作業系統所提供的設施。譬如，系統五 IPC 的旗誌（semaphore），當初就是設計來保護共有記憶用的。此外，就如我們在前一章所提的，你也可以使用你自己所寫的組合語言上鎖函數，速度比旗誌更快。這就是為何幾乎所有的資料庫管理系統都是這樣做的。

至於每一鎖所保護的資料量，它主要涉及能並行處理的速度。當然，並行處理的程度愈高，速度會更快。這通常是要減少每一鎖所保護的資料量。但也需要顧及實際的應用，看那些資料必須一起被同一個鎖保護著才合理。太多鎖也會造成額外的處理。所以，必須看情況且要取得平衡。每一個鎖鎖住全部資料是一極端，並行處理程度幾乎是零。每一個鎖只保護一個位元組的資料也是另一極端。實際的解決辦法應是介乎兩者之間。

▶ 共有記憶的典型應用

總之，共有記憶讓在同一系統上執行的多個程序，能共享儲在記憶器中的大量資料，速度非常快，有些程序產生資料，有些程序取用之，或好幾個程序同時或共時更新這些資料。當然，共時控制藉著上鎖，確保了資料的正確及完整。

許多資料庫管理系統都把它們最常用的資料存在快捷記憶內。這快捷記憶就做成共有記憶，使得多個程序能同時一起存取，這減少了資料必須寫入磁碟或自磁碟讀取的次數。因此，提高了性能。譬如，Oracle 資料庫管理系統就是把它最常用的資料，存放在共有記憶內，稱之 SGA（System Global Area, 系統全面資料區），讓 Oracle 資料庫的眾多幕後伺服器，一起共用。

共有記憶也是 1980 年代就存在 AT&T UNIX System V（系統五）上的，與旗誌一起提供了很重要的功能，許多很重要的軟體都使用。

注意，我在一家世界聞名的公司做事時，公司內很多年輕與年老的工程師，連什麼是共有記憶都不懂，他們都把我們下一章要介紹的映入記憶器的檔案（memory-mapped file）當成是共有記憶，這是完全錯誤的觀念。

▶ 可得性

系統五的共有記憶特色，是系統五 IPC 的一部分，它在很多作業系統上，都是跟著系統一起來的，包括所有的 Linux，Unix 以及 Apple Darwin。在 Free BSD 上，你的作業系統核心要有 SYSVSHM 的選項，才會有共有記憶。

下一節，我們就介紹如何在程式中使用系統五的共有記憶。

10-2　共有記憶的程式界面

誠如上面所說的，共有記憶讓在同一系統上執行的多個程序，能共用某一實際記憶空間以及其所儲存的資料，它讓多個程序，能很迅速地交換或共享資料。

最常用的共有記憶就是系統五 IPC 的共有記憶，它是 POSIX 標準的一部分。這一節，我們就介紹如何使用它。這個系統五共有記憶，是源自 1983 年出版的 AT&T UNIX System V 的第一版。在現代的所有 Unix 與 Linux，以及所有支援 POSIX 標準的其它作業系統上都有。

緊接我們就介紹如何在一 C 語言的程式內，產生一 POSIX 標準所定義的共有記憶。

10-2-1　如何使用共有記憶？

在程式內使用 System V（系統五）IPC 共有記憶的步驟如下：

1. 產生共有記憶

2. 與共有記憶相連（attach）

3. 讀取或寫入共有記憶

4. 與共有記憶分離（detach）

5. 摧毀共有記憶（這並非每一程序都這樣做）

前面說過，共有記憶一般都以節段為單位存在，在程式能使用一共有記憶節段之前，必須有人將之產生。一共有記憶節段一旦產生後，一個程序必須先連上（attach）它，才能使用它。一旦連上了，要是有適當的權限，程序就可以讀取或寫入這共有記憶節段。然後，在使用完共有記憶節段後，程序必須將自己與之分離（就像打開檔案，用完後要關閉一樣）。

共有記憶除非有程序或有人將之剔除，否則，它一旦產生後，就會一直存在系統上，讓其它程序一直使用的，一直到系統關機為止。

緊接，我們就介紹這些步驟。

10-2-2　產生共有記憶—shmget()

共有記憶必須有人將之產生或建立，才能被共用。通常，這多由應用軟體中第一個先執行的程序來做。

產生一共有記憶節段可經由叫用 shmget() 函數達成。這函數可產生或連上，或既產生又連上，一共同記憶節段：

```
#include <sys/ipc.h>
#include <sys/shm.h>

int shmget(key_t key, size_t size, int shmflg);
```

函數的第一個引數 key，指出程序欲產生或連上的共同記憶節段，其資料型態是 key_t，是一整數。這檢索值如何來，我們下面就會討論。第二個引數 size，則指出這共同記憶節段的大小，以位元組數計。第三引數 shmflg 則指出一些彼此 OR 在一起的旗號。

首先，旗號引數可以指出共有記憶節段欲賦予擁有者，群組成員，與其它用戶的權限。這值就放在最低次的九個位元。這個值的既定值是 0，代表沒有任何用戶可以使用。系統五 IPC 的權限跟一般檔案的權限完全類似。

除權限外，shmflg 引數也可以指出一些其他旗號（欲得知所有的旗號，請查看 shmget 的文書）。其中兩個很重要的旗號是 IPC_CREAT 與 IPC_EXCL，指出 IPC_CREAT 旗號代表叫用者欲產生共有記憶節段。IPC_EXCL 則代表若共有記憶節段已存在，就錯誤回返。

在執行 shmget()函數叫用時，假若引數 key 所代表的共有記憶節段尚未存在，且這引數的值不是 IPC_PRIVATE, shmflg 引數有指名 IPC_CREAT 旗號，而且不會超出核心層之任一可調參數的極限，則這共有記憶節段即會產生。同時，作業系統也會在核心層裡建立一有關的 shmid_ds 資料結構，產生此一共有記憶節段的號碼（shmid），並送回此一號碼。否則，若該共有記憶節段已存在，則函數就會直接送回此一共有記憶節段的號碼。

但是，若共有記憶節段已存在，而函數叫用又同時指出了 IPC_CREAT 與 IPC_EXCL 兩個旗號，則函數叫用即會錯誤回返。在這種情況下，函數會送回 -1，且 errno 會存 EEXIST（已存在）。

換言之，（IPC_CREAT|IPC_EXCL）的旗號值代表只有在不存在時才產生，只要它存在，就錯誤回返。

在成功時，shmget() 送回共有記憶節段的號碼（shmid）。這個值實際是一個整數。失敗時，它會送回 -1，且 errno 會存錯誤號碼。

10-2-2-1　系統五 IPC 資源的號碼與檢索

欲存取共有記憶節段的程序，必須知道兩樣東西：

1. **檢索（key）**

   每一共有記憶檢索獨一無二地讓作業系統辨認系統中的一個共有記憶節段。一個需要產生或連上一個共有記憶節段的程序，必須知道而且提供此一檢索。程序在第一次連上一個共有記憶節段時提供此一檢索，系統緊接即會送回該共有記憶節段的號碼，讓程序使用。

2. **共有記憶節段號碼**

   共有記憶節段號碼（shmid）是作業系統根據檢索產生，好讓程序能獨一無二地辨認與使用一共有記憶節段的號碼。程序緊接即利用此一號碼，存取共有記憶節段與進行一切作業。

   共有記憶檢索由用者提供。由於其資料型態為 key_t，事實上是一整數 (int)。因此，為了避免兩個不同應用程式，意外地選擇了相同的整數，彼此互撞，系統五 IPC 提供了 ftok() 函數，將一路徑名轉換成一檢索。

   是以，不同的資源即透過選定自己與眾不同的路徑名，來彼此區分。

   首先，每一應用程式選擇一獨特路徑名代表應用程式，或共有記憶節段。緊接程式叫用 ftok() 函數，將此一路徑名轉換成一檢索時，ftok() 函數保證，假若輸入的路徑名是獨一無二的，那它所輸出的檢索，也會是獨一無二的。是以，一檢索是否是獨一無二的，就完全看它所對應的路徑名是否是獨一無二的。程式必須知道共有記憶節段的檢索，並在產生或連結作業時提供它，作業系統才會據之產生一獨特的共有記憶節段號碼，送回給程式使用。

假若程式不想自己選擇檢索，那它便可使用一事先定義好，稱為 IPC_PRIVATE 的檢索值，該值事實上是零。倘若程式選擇 IPC_PRIVATE 作為資源的檢索，那作業系統即會自動產生一獨特的檢索，作為資源的檢索。

以上我們所說的，對所有系統五 IPC 的資源，包括共有記憶，旗誌，與信息排隊（message queue），都是一樣的。

在產生一共有記憶節段時，作業系統首先會根據叫用程式所指明的檢索值，產生一獨特的**共有記憶號碼**（shmid），它同時也會在作業系統核心層內，建立一代表該共有記憶節段的資料結構（倘若這資料結構尚未存在的話），這資料結構的型態是 "struct shmid_ds"，它包括很多資料欄，佔用少量的記憶，其中一欄（稱 shm_nattch），記載著目前已有多少程序連在這共有記憶節段上。該資料結構定義在（sys/shm.h）前頭檔案內，POSIX 標準規定它至少必須含有下列資料欄：

```
struct shmid_ds {
    struct ipc_perm shm_perm;      /* 擁有權及權限 */
    size_t          shm_segsz;     /* 記憶節段的大小(位元組數) */
    shmatt_t        shm_nattch;    /* 目前連上的程序數目 */
    pid_t           shm_cpid;      /* 產生者/建立者的 pid */
    pid_t           shm_lpid;      /* 最後叫用 shmat()/shmdt() 的 pid */
    time_t          shm_atime;     /* 最後連上的時間 */
    time_t          shm_dtime;     /* 最後分離的時間 */
    time_t          shm_ctime;     /* 最後改變的時間 */
    ...
};

struct ipc_perm {
    uid_t uid;                 /* 擁有者的有效 UID */
    gid_t gid;                 /* 擁有者的有效 GID */
    uid_t cuid;                /* 建立者的有效 UID */
    gid_t cgid;                /* 建立者的有效 GID */
    mode_t mode;               /* 讀寫權限 */
};
```

你可看出，在此一資料結構上，作業系統記錄了有關每一共有記憶節段的資訊包括：權限、大小，目前有多少程序連在這共有記憶上，誰產生了這個資源，它的程序號碼（shm_cpid）為何，最後在這共有記憶節段上執行了 shmat()/shmdt() 作業的程序的程序號碼，最後一次 shmat() 叫用的執行時間，最後一次 shmdt() 函數叫用的時間，以及最後一次更改的時間。

10-2-2-2　將共有記憶的檢索轉換成識別號碼

就每一共有記憶節段而言，在不同時間與場合下，共有兩個獨特的識別，對有些人而言，這有時會把人給搞迷糊了。它的設計是這樣的。

首先，程式或資源的設計者，必須選擇一個獨特的檢索，代表一個共有記憶節段。由於這檢索只是個數目，為了避免不同應用程式意外地選擇了相同的數目，彼此撞在一起，最好的辦法是選擇一獨特的路徑名，然後再利用 ftok()函數，將這獨特的路徑名，轉換成一獨特的檢索。

記得，切勿將你所選定的路徑名，建立在一像 /tmp 或 /var/tmp 的檔案夾內。由於這些檔案夾平常是任何人都可以寫入或剔除檔案的。倘若你把代表你的資源的獨特路徑名放在那兒，讓任何人都可將之剔除，那就變成一個安全漏洞了。

有了獨特的檢索後，程式緊接以之叫用 shmget() 函數，這時，作業系統即會根據檢索，產生一獨特的共有記憶識別號碼送回，之後，在整個程式中，此一識別號碼即代表此一共有記憶節段。

因此，這整個三層的對應與轉換過程，可摘要如下：

獨特的路徑名 → ftok() → 獨特的檢索 → shmget() → 獨特的識別號碼

1. 叫用 ftok() 函數，將獨特的路徑名，轉換成檢索值。

2. 叫用 shmget() 函數，將檢索值轉換成資源之獨特識別號碼。若共有記憶節段不存在且函數指明 IPC_CREAT 旗號，則此叫用即會產生共有記憶節段。

3. 自此以後，程式叫用任何其它有關函數（如 shmat() , shmdt() 與 shmctl()）都以此一識別號碼代表該共有記憶節段。

10-2-2-3 特殊檢索值 IPC_PRIVATE

若程式不想自己產生檢索值，則在叫用 shmget() 函數時，它可使用特殊的檢索值 IPC_PRIVATE。這個值等於教系統幫忙產生一獨特的識別號碼。所以，在程式使用自己所產生的檢索值（不是 IPC_PRIVATE）時，shmget() 函數會每次都送回對應於叫用所指明之檢索值的獨特識別號碼。若程式指明 IPC_PRIVATE 檢索，則該函數每次叫用都會送回一個沒人用的不同識別號碼。

此外，若 shmget() 函數的第三引數指明 IPC_CREAT 旗號，則在檢索值所對應的共有記憶節段尚未存在時，函數會產生該共有記憶節段。

以 IPC_PRIVATE 產生共有記憶節段實際並不見得那麼好用，因為，程序又如何能將該函數所送回的識別號碼送給其它程序並與之分享呢？這些其它程序無法經由叫用使用 IPC_PRIVATE 旗號的 shmget() 函數，取得相同的共有記憶節段的識別號碼的，所以，無法達成共用。不過，它在你想很快且很簡單地試驗一些東西時，倒蠻方便的就是了。

相對地，若程式產生自己的檢索，則每次或其它不同程序只要用同一檢索叫用 shmget() 函數，就能獲得同一共有記憶節段的識別號碼與同一節段，讓共用簡化多了。

10-2-2-4 例題程式

這裡我們舉一個產生一共有記憶節段的例子。

圖 10-3a 所示即為一產生共有記憶節段的程式。

圖 10-3b 所示則為該程式所用到的前頭檔案 myshm.h。它含有這一章之例題程式所用到的常數與共同函數之定義。

圖 10-3c 所示則為共有記憶之例題程式所用到的共用庫存函數（shmlib.c）。

圖 10-3a 產生一共有記憶節段（shmget.c）

```
/*
 * Create shared memory segment.
 * Authored by Mr. Jin-Jwei Chen
 * Copyright (c) 2015, Mr. Jin-Jwei Chen. All rights reserved.
 */

#include <stdio.h>
```

```c
#include <sys/types.h>
#include <sys/ipc.h>
#include <sys/shm.h>
#include <errno.h>

#include "myshm.h"

int main (int argc, char *argv[])
{
  int      shmid = 0;

  /* Create the shared memory segment. Note: The file specified by
     MYSHMKEY must already exist. */
  shmid = do_shmget(MYSHMKEY, MYSHMSIZE, 0);

  if (shmid == -1)
  {
    fprintf(stderr, "shmget() failed. Exiting ...\n");
    return(shmid);
  }

  fprintf(stdout, "Shared memory segment was created, shmid = %d.\n", shmid);

  /* Note that at this point the shared memory segment just created
     remains in the system. */

  return(0);
}
```

圖 10-3b　常數與共用庫存函數之定義（myshm.h）

```c
/*
 * Header file for shared memory example programs
 * Authored by Mr. Jin-Jwei Chen
 * Copyright (c) 2015, 2019, 2020 Mr. Jin-Jwei Chen. All rights reserved.
 */

/*
 * Types
 */
#define  uint unsigned int

/*
 * Constants
 */

/* The pathname used to uniquely identify the shared memory segment */
#define MYSHMKEY "/var/tmp/AppXyzShmAbc"
/* Default size for the shared memory segment (in bytes) */
#define MYSHMSIZE  2048000
/* Default permissions and flags for the shared memory segment */
```

```
#define MYDEFFLAGS (00660 | IPC_CREAT)

/*
 * Contents of shared memory
 */
#define  SHMMAGIC    75432018
#define  BANNER_LEN  64
#define  MANNER_STR  "This is shared memory for application XYZ."
#define  TASKNAME_LEN  64
#define  NTASKS        2
#define  SHMDEFUPDCNT  500

/* Update counts for different tasks */
#define  LOOPCNT1  1000
#define  LOOPCNT2  1000
#define  LOOPCNT3  1000

#define  DELAYCNT  8000000  /* loop count for introducing some delay */

/* A simple data structure for shared memory updates */
struct task
{
  uint  taskid;  /* id of the task */
  char  taskname[TASKNAME_LEN];  /* name of the task */
  uint  count;   /* a local counter */
  int   lock;    /* a lock meant to protect concurrent updates of this data */
};

/*
 * Utility functions
 */

/* Create or get a shared memory segment */
int do_shmget(char *pathname, size_t size, int shmflag);

/* Get and print the status of a shared memory segment */
int do_shmstat(int shmid);

/* Get, print and return the status of a shared memory segment */
int do_shmstat2(int shmid, struct shmid_ds *buf);

/* Initialize shared memory contents */
int init_shm(char *shmaddr, int force);

/* Initialize shared memory contents without initializing task data */
int init_shm1(char *shmaddr, int force);

/* Read and print the contents of shared memory by taking a lock */
int read_shm(char *shmaddr);

/* Read and print the contents of shared memory without taking a lock */
```

```
int read_shm1(char *shmaddr);

/* Update (write to) shared memory */
int update_shm(char *shmaddr, int updcnt, unsigned int delaycnt, int uselock);

/* Our own lock/unlock routines */
int spinlock (int *lockvar);
int trylock (int *lockvar);
int unlock (int *lockvar);
```

圖 10-3c　共有記憶之共用庫存函數（shmlib.c）

```
/*
 * Utility functions for shared memory example programs.
 * Authored by Mr. Jin-Jwei Chen
 * Copyright (c) 2015, 2019, 2020 Mr. Jin-Jwei Chen. All rights reserved.
 */

#include <stdio.h>
#include <sys/types.h>
#include <sys/ipc.h>
#include <sys/shm.h>
#include <errno.h>
#include <string.h>

#include "myshm.h"

/*
 * This function creates a shared memory segment corresponding to the pathname
 * provided if it does not already exist.
 * In either case it returns the id (shmid) of the shared memory segment.
 * INPUT parameters:
 *   pathname: A pathname used to uniquely identify the shared memory segment.
 *             This value is converted into a key of type key_t.
 *             If this input is NULL then IPC_PRIVATE is used as key.
 *   size: The size of the shared memory segment in bytes.
 *   shmflag: Flags used to create the shared memory segment.
 * OUTPUT:
 *   Return shmid on success and -1 on failure.
 */
int do_shmget(char *pathname, size_t size, int shmflag)
{
  key_t  key = 0;
  int    shmid = 0;
  int    projid = 1;  /* This cannot be 0 on AIX. */

  /* Always create the shared memory segment if it does not already exist. */
  if (shmflag == 0)
    shmflag = MYDEFFLAGS;
  shmflag = (shmflag | IPC_CREAT);
```

```c
  /* Set the size to default size if it is not provided */
  if (size == 0)
    size = MYSHMSIZE;

  /* Convert the unique pathname provided to a System V IPC key */
  if (pathname == (char *)NULL)
    key = IPC_PRIVATE;
  else
  {
    errno = 0;
    key = ftok(pathname, projid);
    if (key == -1)
    {
      fprintf(stderr, "do_shmget(): ftok() failed, errno=%d\n", errno);
      return(key);
    }
  }

  /* Create/get the shared memory segment */
  errno = 0;
  shmid = shmget(key, size, shmflag);
  if (shmid == -1)
  {
    /* Unable to create/get the shared memory segment */
    fprintf(stderr, "do_shmget(): shmget() failed, errno=%d\n", errno);
    return(shmid);
  }

  return(shmid);
}

/*
 * This function gets and prints some (not all) of the status information
 * of a shared memory segment.
 */
int do_shmstat(int shmid)
{
  int            cmd = IPC_STAT;
  struct shmid_ds buf;
  int            ret = 0;

  ret = shmctl(shmid, cmd, &buf);
  if (ret == -1)
  {
    fprintf(stderr, "do_shmstat(): shmctl() failed, errno=%d\n", errno);
    return(crrno);
  }

  fprintf(stdout, "Current status of the shared memory of shmid %d:\n", shmid);
  fprintf(stdout, "  shm_perm.uid = %d\n", buf.shm_perm.uid);
```

```c
      fprintf(stdout, "   shm_perm.gid = %d\n", buf.shm_perm.gid);
      fprintf(stdout, "   shm_perm.mode = 0%o\n", buf.shm_perm.mode);
      fprintf(stdout, "   shm_segsz = %lu\n", buf.shm_segsz);
      fprintf(stdout, "   shm_nattch = %d\n", buf.shm_nattch);
      fprintf(stdout, "   shm_cpid = %d\n", buf.shm_cpid);
      fprintf(stdout, "   shm_lpid = %d\n", buf.shm_lpid);
      return(0);
}


/*
 * Get, print and return the status of a shared memory segment.
 */
int do_shmstat2(int shmid, struct shmid_ds *buf)
{
   int              cmd = IPC_STAT;
   int              ret = 0;

   if (buf == (struct shmid_ds *)NULL)
   {
     fprintf(stderr, "do_shmstat(): error, input buffer pointer is NULL\n");
     return(EINVAL);
   }

   /* Get the status */
   ret = shmctl(shmid, cmd, buf);
   if (ret == -1)
   {
     fprintf(stderr, "do_shmstat(): shmctl() failed, errno=%d\n", errno);
     return(errno);
   }

   fprintf(stdout, "Current status of the shared memory of shmid %d:\n", shmid);
   fprintf(stdout, "   shm_perm.uid = %d\n", buf->shm_perm.uid);
   fprintf(stdout, "   shm_perm.gid = %d\n", buf->shm_perm.gid);
   fprintf(stdout, "   shm_perm.mode = 0%o\n", buf->shm_perm.mode);
   fprintf(stdout, "   shm_segsz = %lu\n", buf->shm_segsz);
   fprintf(stdout, "   shm_nattch = %d\n", buf->shm_nattch);
   fprintf(stdout, "   shm_cpid = %d\n", buf->shm_cpid);
   fprintf(stdout, "   shm_lpid = %d\n", buf->shm_lpid);
   return(0);
}


/*
 * Initialize shared memory contents
 * This function does nothing and returns right away if the contents of the
 * shared memory have already been initialized (i.e. its magic number has
 * already been set) unless the force argument has a non-zero value
 * in which case the shared memory will be re-initialized again..
 * Parameters:
 *   shmaddr (input): starting address of the shared memory.
 *   force (input): flag indicating whether to re-initialize it or not
```

```
 *                if it has been initialized before.
 */
int init_shm(char *shmaddr, int force)
{
  char   *shmptr = shmaddr;
  uint   *magic = (uint *)shmaddr;
  uint   *gcount;
  int    *glock;
  struct task *ptask;
  uint   i;

  if (shmaddr == NULL)
    return(EINVAL);

  /* If it has been initialized before, return unless force is true. */
  if ((*magic == (uint)SHMMAGIC) && (!force))
    return(0);

  /* Set the magic number and advance the pointer */
  fprintf(stdout, "Initialize the shared memory contents...\n");
  *magic = (uint)SHMMAGIC;
  shmptr = shmptr + sizeof(uint);

  /* Set the banner string */
  strcpy(shmptr, MANNER_STR);
  shmptr = shmptr + BANNER_LEN;

  /* Initialize the global count and global lock */
  gcount = (uint *)shmptr;
  *gcount = (uint)0;
  shmptr = shmptr + sizeof(uint);
  glock  = (int *)shmptr;
  *glock = (int)0;
  shmptr = shmptr + sizeof(int);

  /* Initialize the task data structures */
  ptask = (struct task *)shmptr;
  for (i = 0; i < NTASKS; i++)
  {
    ptask->taskid = (i + 1);
    sprintf(ptask->taskname, "%s%2d", "Task #", (i+1));
    ptask->count = 0;
    ptask->lock = 0;
    ptask = ptask + 1;
  }

  return(0);
}

/*
 * Read and print the contents of shared memory.
```

```c
  */
int read_shm(char *shmaddr)
{
  char  *shmptr = shmaddr;
  uint  *magic = (uint *)shmaddr;
  uint  *gcount;
  int   *glock;
  struct task  *ptask;
  int   i;

  /* Print the header portion */
  if (shmaddr == NULL)
    return(EINVAL);
  glock  = (int *)(shmptr + (2*sizeof(uint)) + BANNER_LEN);
  fprintf(stdout, "Contents of the shared memory are:\n");
  spinlock(glock);  /* lock */
  fprintf(stdout, "  magic = %u\n", *magic);
  shmptr = shmptr + sizeof(uint);
  fprintf(stdout, "  banner = %s\n", shmptr);
  shmptr = shmptr + BANNER_LEN;
  gcount = (uint *)shmptr;
  fprintf(stdout, "  gcount = %u\n", *gcount);
  shmptr = shmptr + sizeof(uint);
  fprintf(stdout, "  glock = %u\n", *glock);
  unlock(glock);  /* unlock */
  shmptr = shmptr + sizeof(int);

  /* Print the task data structures */
  ptask = (struct task *)shmptr;
  for (i = 0; i < NTASKS; i++)
  {
    spinlock(&ptask->lock);  /* lock */
    fprintf(stdout, "  taskid[%2d]   = %u\n", i, ptask->taskid);
    fprintf(stdout, "  taskname[%2d] = %s\n", i, ptask->taskname);
    fprintf(stdout, "  count[%2d] = %u\n", i, ptask->count);
    fprintf(stdout, "  lock[%2d]  = %u\n", i, ptask->lock);
    unlock(&ptask->lock);  /* unlock */
    ptask = ptask + 1;
  }

  return(0);
}

/*
 * Initialize shared memory contents -- a simple, shorter version.
 * This version does not initialize the task data structures.
 * This function does nothing and returns right away if the contents of the
 * shared memory have already been initialized (i.e. its magic number has
 * already been set) unless the force argument has a non-zero value
 * in which case the shared memory will be re-initialized again..
 * Parameters:
```

```
 *     shmaddr (input): starting address of the shared memory.
 *     force (input): flag indicating whether to re-initialize it or not
 *                 if it has been initialized before.
 */
int init_shm1(char *shmaddr, int force)
{
  char  *shmptr = shmaddr;
  uint  *magic = (uint *)shmaddr;
  uint  *gcount;
  int   *glock;

  if (shmaddr == NULL)
    return(EINVAL);

  /* If it has been initialized before, return unless force is true */
  if ((*magic == (uint)SHMMAGIC) && (!force))
    return(0);

  /* Set the magic number and advance the pointer */
  fprintf(stdout, "Initialize the shared memory contents...\n");
  *magic = (uint)SHMMAGIC;
  shmptr = shmptr + sizeof(uint);

  /* Set the banner string */
  strcpy(shmptr, MANNER_STR);
  shmptr = shmptr + BANNER_LEN;

  /* Initialize the global count and global lock */
  gcount = (uint *)shmptr;
  *gcount = (uint)0;
  shmptr = shmptr + sizeof(uint);
  glock  = (int *)shmptr;
  *glock = (int)0;

  return(0);
}

/*
 * Read and print the contents of shared memory -- a simple, shorter version
 * and without concurrency control.
 */
int read_shm1(char *shmaddr)
{
  char  *shmptr = shmaddr;
  uint  *magic = (uint *)shmaddr;
  uint  *gcount;
  int   *glock;

  if (shmaddr == NULL)
    return(EINVAL);
  fprintf(stdout, "Contents of the shared memory are:\n");
```

```
        fprintf(stdout, "  magic = %u\n", *magic);
        shmptr = shmptr + sizeof(uint);
        fprintf(stdout, "  banner = %s\n", shmptr);
        shmptr = shmptr + BANNER_LEN;
        gcount = (uint *)shmptr;
        fprintf(stdout, "  gcount = %u\n", *gcount);
        shmptr = shmptr + sizeof(uint);
        shmptr = shmptr + sizeof(uint);
        glock  = (int *)shmptr;
        fprintf(stdout, "  glock = %u\n", *glock);

        return(0);
}


/*
 * Update (write to) shared memory
 * Each process updates a few data items within the shared memory.
 * It increments the counter in task1 by one, the counter in task2 by 2,
 * the counter of in task3 by 3, and so on.
 * And then it increments the global counter gcount by 1.
 */
int update_shm(char *shmaddr, int updcnt, unsigned int delaycnt, int uselock)
{
    uint  n, i;
    uint  loopcnt;  /* number of updates to be performed */
    uint  *gcount;
    struct task  *ptask_start, *ptask;
    int      *glock;
    void some_delay(unsigned int);  /* remove this in real code */

    /* Get the offset of the data items to be updated */
    gcount = (uint *)(shmaddr + sizeof(uint) + BANNER_LEN);
    glock = (int *)(shmaddr + (2*sizeof(uint)) + BANNER_LEN);
    ptask_start = (struct task *)((shmaddr + (3*sizeof(uint)) + BANNER_LEN));

    /* Update the local counter of corresponding task structure */
    for (n = 0; n < updcnt; n++)
    {
        /* Update the local counters in task areas */
        /* Note: Make locking optional is only for demo purpose! */
        ptask = ptask_start;
        for (i = 0; i < NTASKS; i++)
        {
            if (uselock)
                spinlock(&ptask->lock);  /* lock */
            some_delay(delaycnt);        /* remove this in real code */
            ptask->count = ptask->count + (i + 1);
            if (uselock)
                unlock(&ptask->lock);    /* unlock */
            ptask = ptask + 1;           /* advance to next task */
        }
```

```
    /* Increment the global counter */
    if (uselock)
      spinlock(glock);      /* lock */
    some_delay(delaycnt);   /* remove this in real code */
    *gcount = (*gcount + 1);
    if (uselock)
      unlock(glock);        /* unlock */
  }

  return(0);
}

/*
 * Introduce some delay.
 */
void some_delay(unsigned int count)
{
  uint  i, x, y=2;

  for (i = 0; i < count; i++)
    x = (y-1);
}
```

這個例題程式中，shmget 產生一由 /var/tmp/AppXyzShmAbc 之獨特路徑名所代表的共有記憶節段，這檔案名代表應用程式 Xyz 之 Abc 共有記憶節段。程式叫用 ftok() 函數將此一路徑名轉換成一檢索值，再以之叫用 shmget() 函數，取得共有記憶節段的識別號碼。在執行程式之前，這檔案必須先存在，在 Linux/Unix 系統上，你可以如下的命令產生這檔案：

```
$ touch /var/tmp/AppXyzShmAbc
```

請記住，在你實際開發軟體時，切勿將任何系統五 IPC 資源的獨特路徑名，擺在像 /tmp 或 /var/tmp 檔案夾內。因為，系統的任何用者都有權剔除這些檔案夾內的檔案。因此，將代表你的程式所用到之資源的路徑名擺在此，就變成了一個安全漏洞。我們將之放在此，唯一的理由是因為這樣任何讀者都可以成功地執行與測試這例題程式。在正式開發應用軟體時，請建立你自己的檔案夾，將代表獨特路徑名的檔案擺在那兒，且設好檔案夾與檔案的權限，防止任何人能隨意剔除你的檔案。

記得，在執行完 shmget 程式後，程式所產生的共有記憶節段是繼續存在系統上的。它會一直存在到系統關閉，有程式將之剔除，或有人執行 "ipcrm -m" 命令，將之剔除為止。要以手工剔除一共有記憶節段時，先執行一 ipcs 命令，查出其識別號碼，然後再執行 "ipcrm -m xxx" 命令將之自系統中剔除，其中，xxx 就是該共有記憶節段的識別號碼。譬如，下面即剔除識別號碼為 2031616 之共有記憶節段的命令：

```
$ ipcs
$ ipcrm -m 2031616
```

這裡，我們欲指出與我們所寫之 do_shmget() 函數有關的三件事。

第一，在叫用程式傳入的 shmflg 的值是 0 時，我們將這個值變成了（00660 | IPC_CREAT），代表要產生共有記憶節段，且擁有者與同群組成員都有讀取與寫入權限。

第二，在叫用者傳入共有記憶節段的大小是 0 時，我們將其設定成 2MB。

第三，若叫用者傳入的路徑名不是 NULL，則我們就以那路徑名獲得識別號碼，否則，若叫用程式傳入的值是 NULL，我們就把檢索值設定成 IPC_PRIVATE，讓系統自動產生一沒人使用的識別號碼。

10-2-3　連上共有記憶節段—shmat()

在一程式能正式使用一共有記憶節段之前，它必須將自己與該共有記憶節段連上（attach）。連上共有記憶節段等於將這共有記憶節段映入（map）叫用程式的虛擬記憶空間裡，以便叫用程式能看見它，知道它的起始位址。

shmat() 函數即履行此一連上功能，它送回共有記憶節段的起始位址，讓程式能以這起始位址實際存取它。

簡言之，shmat() 函數將一共有記憶節段引入一程序的虛擬記憶位址空間內，讓程序能開始讀寫這共用記憶：

```
#include <sys/types.h>
#include <sys/shm.h>
void *shmat(int shmid, const void *shmaddr, int shmflg);
```

函數的第一引數 shmid 是輸入，它指出共有記憶節段，這個值應該是先前叫用 shmget() 時所送回的值。

一個程式可以選擇它所連上之共有記憶節段的虛擬起始位址，或選擇由作業系統產生並指定此一虛擬記憶位址。

假若 shmat() 函數的第二引數 shmaddr 是 NULL，則共有記憶節段在叫用程序內的位址，即由作業系統選定。這通常是第一個可用的位址。

若第二引數 shmaddr 不是 NULL，而且第三引數 shmflg 有指出 SHM_RND 旗號，則實際的連上位址即等於 shmaddr 所指的值，往下截至最接近的 SHMLBA 的整數倍數。SHMLBA 是系統之每一記憶頁的大小。換言之，這共有記憶的起始位址即為 (shmaddr-((uintptr_t)shmaddr % SHMLBA))。

若第二引數 shmaddr 不是 NULL，而 shmflg 也沒指明 SHM_RND 旗號（亦即，該旗號之值為 0），則共有記憶節段就連在 shmaddr 引數所指的位址上。這種情況下，叫用程式就必須確保此一記憶位址正好是一記憶頁的起始位址，正好與一記憶頁對齊的。

程序連上共有記憶節段的權限可以是同時讀與寫，或僅讀取，分別以 0 或 SHM_RDONLY 代表。換言之，若 shmflg 指明 SHM_RDONLY 旗號，那程序連上後就只能讀取。否則，就是能既讀取又寫入。

▶ 回返值

成功時，shmat() 函數送回所連上之共有記憶節段的起始位址。

它同時會將核心層內，共有記憶節段之資料結構的 shm_nattch 資料欄的值加一，顯示現在又多了一個程序連在節段上了。同時這資料結構之 shm_atime 資料欄的值，也會被設定成目前的時間。

失敗時，shmat() 函數會送回 -1，且 errno 會含錯誤號碼。可能的錯誤包括下列：

- EINVAL：這錯誤代表函數第一引數 shmid 所傳入的識別號碼不對，或第二引數所指明的位址是非法的記憶位址。

- EACCES：叫用程序沒有使用該共有記憶節段的權限。

- ENOMEM：叫用程序所剩下的資料位址空間，容納不下這個共有記憶節段。

- EMFILE：叫用程序所連上的共有記憶節段的數量，超出系統所設定的極限。在絕大多數系統（Linux 與 Unix）上，這個極限是由 SHMSEG 核心層可調參數所控制。因此，你可能要調高這極限值。

在 Linux 上，SHMSEG 參數的值，是繼承 SHMMNI 得來的。

注意到，在最原始的 Unix 文書，shmat() 與 shmdt() 是共同列在 shmop() 名下的。

10-2-4　脫離共有記憶節段—shmdt()

當一程序用完一共有記憶節段後，其必須叫用 shmdt() 函數，將自己與共有記憶節段分離。

```
#include <sys/types.h>
#include <sys/shm.h>

int shmdt (const void *shmaddr);
```

程序在與一共有記憶節段分離後，即無法再存取該共有記憶。這一步驟很重要，因為，除非一共有記憶節段被剔除或系統關閉，否則，它會一直存在系統中。而除非一程序正式地與之分離了，否則，系統會以為它還是一直繼續在使用著該共有記憶節段的。

當有程序叫用 shmctl() 函數，以其 **IPC_RMID** 命令想剔除一共有記憶節段時，系統會等到已連上該共有記憶節段的所有程序，都叫用過 shmdt() 函數，正式的分離之後，才會真正將之剔除的。換言之，即使有程序已剔除了一共有記憶節段，只要有程序還連著，亦即，核心層資料結構之 **shm_nattch** 的值還不是零，它即會繼續存在的。

此外，並非所有程序都必須剔除一共有記憶節段，只要其中有一個程序做了就可以。在所有連上的程序都分離了之後，這剔除就會立即生效。

10-2-5　控制共有記憶—shmctl()

```
#include <sys/types.h>
#include <sys/shm.h>
int shmctl(int shmid, int cmd, struct shmid_ds *buf);
```

shmctl() 函數讓程序能對一共有記憶節段，執行一些控制功能。這些作業如下所列，它們都規定在 POSIX 標準上。注意，只有一有效用戶號碼與該資源之產生者/擁有者相同的程序，或一超級用戶，才有權執行 IPC_SET 或 IPC_RMID 命令。

- IPC_STAT：查詢共有記憶節段的狀態資訊。這個命令讀取與送回作業系統核心層內之 shmid_ds 資料結構之各資料欄的現有值。

- IPC_SET：設定或改變共有記憶節段之擁有者與權限。這命令可以設定或改變共有記憶節段之擁有者與群組的號碼，以及讀取/寫入/執行的權限。這命令同時會改變 shmid_ds 核心層資料結構中，下面資料欄的值：

shm_perm.uid

shm_perm.gid

shm_perm.mode（低次九位元的值）

- IPC_RMID：將函數所指之共有記憶節段，其識別號碼，與其所對應之核心層 shmid_ds 資料，全部自系統中剔除。在成功執行後，該共有記憶節段，即會自系統消失。

有些作業系統還支援其它的命令。詳情請參閱 shmctl 的文書。

圖 10-4 所示即為一產生共有記憶節段，連上該記憶節段，讀取它的狀態值，然後與之分離，並將之自系統剔除的程式。這涵蓋了共有記憶的所有使用步驟。

圖 10-4　使用共有記憶節段的所有步驟（shmapi.c）

```
/*
 * Full-range shared memory operations -- this does it all.
 * Authored by Mr. Jin-Jwei Chen
 * Copyright (c) 2015, Mr. Jin-Jwei Chen. All rights reserved.
 */

#include <stdio.h>
#include <sys/types.h>
#include <sys/ipc.h>
#include <sys/shm.h>
#include <errno.h>
```

```
#include "myshm.h"

int main (int argc, char *argv[])
{
  int       shmid = 0;
  key_t     key=5;
  size_t    size = 1;
  int       ret;
  void      *shmaddr = (void *)0;

  /* Create/get the shared memory segment */
  shmid = do_shmget(MYSHMKEY, MYSHMSIZE, 0);
  if (shmid == -1)
  {
    fprintf(stderr, "do_shmget() failed. Exiting ...\n");
    return(shmid);
  }
  fprintf(stdout, "Successfully created the shared memory segment, shmid=%d\n",
    shmid);

  /* Attach to the shared memory segment */
  errno = 0;
  shmaddr = shmat(shmid, (void *)NULL, 0);
  if (shmaddr == (void *)-1)
    fprintf(stderr, "shmat() failed, errno=%d\n", errno);
  else
    fprintf(stdout, "Attached to shared memory at address %p\n", shmaddr);

  /* Get status of the shared memory segment */
  ret = do_shmstat(shmid);
  if (ret != 0)
    fprintf(stderr, "do_shmstat() failed, ret=%d\n", ret);

  /* Typically you do some shared memory read/write operations here. */

  /* Detach from the shared memory segment */
  errno = 0;
  ret = shmdt(shmaddr);
  if (ret == -1)
    fprintf(stderr, "shmdt() failed, errno=%d\n", errno);
  else
    fprintf(stdout, "Detached from shared memory at address %p\n", shmaddr);

  /* Get status of the shared memory segment */
  ret = do_shmstat(shmid);
  if (ret != 0)
    fprintf(stderr, "do_shmstat() failed, ret=%d\n", ret);

  /* Remove the shared memory segment */
  errno = 0;
```

```
ret = shmctl(shmid, IPC_RMID, 0);
if (ret == -1)
  fprintf(stderr, "shmctl() failed, errno=%d\n", errno);
else
  fprintf(stdout, "Successfully removed the shared memory segment of "
    "shmid %d\n", shmid);

return(0);
}
```

從這程式的輸出你可看出，在 shmat() 函數叫用後，連在共有記憶節段的程序個數多了一個。而在程式執行過後，若你以 ipcs 命令檢查，你會發現，該共有記憶節段已不存在系統上。所以，乾淨俐落。

在這程式中，我們在 do_shmstat() 函數中加上了兩個函數叫用，讀取與印出該共有記憶節段的狀態資訊，藉以示範 shmctl() 函數如何使用。一般典型的程式不見得會做這些。此外，真正的程式在 shmat() 與 shmdt() 之間，應會做一些實際資料讀取與寫入的動作，這裡我們就省略了。

10-2-6　改變共有記憶節段的擁有者與權限

共有記憶節段一產生時，它的開創者就是擁有者。之後，所有權是可以轉移的。權限也是事後可以改變的。這一切都可以 shmctl() 函數達成。

圖 10-5 所示即為舉例說明如何改變一共有記憶節段之擁有者與權限的程式例子。

圖 10-5　改變共有記憶之擁有者與權限（shmowner.c）

```
/*
 * Change ownership and permissions of shared memory segment.
 * Authored by Mr. Jin-Jwei Chen
 * Copyright (c) 2015, 2020 Mr. Jin-Jwei Chen. All rights reserved.
 */

#include <stdio.h>
#include <sys/types.h>
#include <sys/ipc.h>
#include <sys/shm.h>
#include <errno.h>
#include <string.h>
#include "myshm.h"

int main (int argc, char *argv[])
{
```

```
int      shmid = 0;
key_t    key=5;
size_t   size = 1;
int      ret;
struct shmid_ds  buf;

/* Create/get the shared memory segment */
shmid = do_shmget(MYSHMKEY, MYSHMSIZE, 0);
if (shmid == -1)
{
  fprintf(stderr, "do_shmget() failed. Exiting ...\n");
  return(shmid);
}
fprintf(stdout, "The shared memory segment was successfully created."
  " shmid=%d\n", shmid);

/* Get status of the shared memory segment */
memset((void *)&buf, 0, sizeof(struct shmid_ds));
ret = do_shmstat2(shmid, &buf);
if (ret != 0)
  fprintf(stderr, "do_shmstat2() failed, ret=%d\n", ret);

/* Change the ownership and permissions of the shared memory segment */
buf.shm_perm.uid = 1100;
buf.shm_perm.mode = 00600;

errno = 0;
ret = shmctl(shmid, IPC_SET, &buf);
if (ret == -1)
  fprintf(stderr, "shmctl() failed, errno=%d\n", errno);
else
  fprintf(stdout, "Ownership and permissions were successfully changed.\n");

/* Get status of the shared memory segment */
ret = do_shmstat2(shmid, &buf);
if (ret != 0)
  fprintf(stderr, "do_shmstat2() failed, ret=%d\n", ret);

/* Remove the shared memory segment */
errno = 0;
ret = shmctl(shmid, IPC_RMID, 0);
if (ret == -1)
  fprintf(stderr, "shmctl() failed, errno=%d\n", errno);
else
  fprintf(stdout, "The shared memory segment of shmid %d was successfully"
    " removed.\n", shmid);

return(0);
}
```

注意，確定你只改變了你想改的資料欄的值，而沒有動到其它的值。

最好的辦法是先讀取整個 shmid_ds 資料結構的值（利用 shmctl() 的 IPC_STAT 命令），在緩衝器中改變你想改變之資料欄的值，然後將同一緩衝器的內容，再送給 shmctl() 函數的 IPC_SET 命令。那樣，你就不致於意外地改變了其它資料欄的值。

執行這項作業時，叫用程序的有效用戶號碼，必須與共有記憶節段的擁有者（shm_perm.uid）或原創者（shm_perm.cuid）相同，或是超級用戶。

10-2-7 作業系統的可調參數

Linux 與 Unix 作業系統，有五個與共有記憶相關的可調參數。它們如下所列：

- shmmni：整個系統可以擁有的共有記憶節段的最高數量。
- shmmax：每一共有記憶節段的最大容量（以位元組計）。
- shmall：全部共有記憶的最大容量（以位元組或記憶頁為單位）。
- shmseg：每一程序可以使用的最高共有記憶節段數目。
- shmmin：每一共有記憶節段的最小容量（以位元組計）。

在某些情況下，shmget() 函數叫用會失敗。這些情況包括系統中存在的共有記憶節段數目超越 shmmni 的值，或函數所要求的共有記憶節段的大小，超出 shmmax 極限的值。例如，假若 shmmax 參數的現有值是 1024000，而 shmget() 函數叫用時，第二引數的值是 8192000，則該函數叫用即會失敗回返，且錯誤號碼是 EINVAL（在 Linux 是 22），意指 "所提供之引數值不對"。

另外，假若你所使用的系統有安裝或執行 Oracle 資料庫系統，那你有可能需要提高某些共有記憶之可調參數的值。Oracle 資料庫系統一般使用了三個共有記憶節段。因此，它對這些可調參數都有其特殊的要求，該軟體在安裝時會檢查這些可調參數的值是否符合規定。若不，安裝作業就無法進行。以下所示是其中一個設定例子：

```
kernel.shmmni = 4096
kernel.shmmax = 2147483648
kernel.shmall = 4294967296
kernel.shmseg = 1024
```

10-3　共有記憶實例

這一節，我們提供兩個共有記憶的實際例子。一個是讀取共有記憶的內容。另一則是更新其內容。

10-3-1　共有記憶內含的設計

在實際應用共有記憶時，儲存什麼資料以及它們在共有記憶中的實際擺設，必須經過設計且以文書闡明，以便所有共用這資料的程序，能一清二楚，加以正確運用。

如圖 10-6 所示的，我們所舉的共用記憶例子，資料內含並不是很複雜。它包括了暗號碼（magic number），標題（banner）字串，全面計數器，全面的鎖，以及幾個作業（task）資料結構。

共有記憶內容

```
暗號碼（unsigned int）
標題字串（char[BANNER_LEN]）
全面計數器（unsigned int）
全面鎖（unsigned int）
struct task[0]
struct task[1]
...
```

圖 10-6　例題程式之共有記憶內容的擺設

這每一項個別資料分別說明如下：

- magic：暗號碼。作辨別用。這個值存在時，代表共有記憶節段已初值設定過。

- banner：標題。一代表這共有記憶的字串。預留 BANNER_LEN（64）位元組。

- gcount：全面計數器，讓所有程序更新用的。

- glock：全面鎖，保護著 gcount 資料。確保更新 gcount 時，必須有互斥。

- struct task：幾個資料結構，可記載與顯示不同程序的作業與型態。

每一 task 資料結構的內容如下：

```
struct task
{
  uint  taskid;     /* 作業的號碼 id of the task */
  char  taskname[TASKNAME_LEN];  /* 作業的名稱 name of the task */
  uint  count;      /* 局部的計數器 a local counter */
  int   lock;       /* 保護這結構之資料的鎖 */
};
```

每一 task 有一號碼，名稱，局部計數器，與保護著局部計數器的局部鎖。資料欄 count 是要讓所有程序更新的，lock 資料欄則保護著資料結構內的 count 資料欄的共時或同時更新。一開始，lock 的初值會設定為 0，代表鎖是開著的。誰想更新 count 的值，就得先取得這個鎖，在一不可分割的指令下，發現這個值是 0，並將之改成 1，以取得這個鎖。

在 shmlib.c，有一叫 init_shm() 的函數，可用以在共有記憶產生後，第一次設定它的初值。這檔案內也有一個叫 read_shm() 的函數，可用以讀取共有記憶的內容。do_shmstat() 函數則可用以讀取並印出共有記憶的現有狀態資訊。

10-3-2 讀取共有記憶

圖 10-7 所示即為一產生一共有記憶並讀取其內含的程式。

注意到，這程式故意不剔除共有記憶，用以提醒讀者，共有記憶在產生後，是會一直存在系統裡，一直到有人將之剔除或系統關機或重新啟動為止。因此，即使其產生者終止了，其它程序還是可以一直使用下去的。

圖 10-7 讀取共有記憶的內容（shmread.c）

```
/*
 * Read shared memory.
 * Authored by Mr. Jin-Jwei Chen
 * Copyright (c) 2015, Mr. Jin-Jwei Chen. All rights reserved.
 */

#include <stdio.h>
#include <sys/types.h>
#include <sys/ipc.h>
#include <sys/shm.h>
#include <errno.h>
#include <string.h>
```

```
#include "myshm.h"

int main (int argc, char *argv[])
{
  int      shmid = 0;
  key_t    key=5;
  size_t   size = 1;
  int      ret;
  void     *shmaddr = (void *)0;  /* starting address of shared memory */
  int      force = 0;  /* force initialization or not */

  /* Create/get the shared memory segment */
  shmid = do_shmget(MYSHMKEY, MYSHMSIZE, 0);
  if (shmid == -1)
  {
    fprintf(stderr, "do_shmget() failed. Exiting ...\n");
    return(shmid);
  }
  fprintf(stdout, "Successfully created the shared memory segment, shmid=%d\n",
    shmid);

  /* Attach to the shared memory segment */
  errno = 0;
  shmaddr = shmat(shmid, (void *)NULL, 0);
  if (shmaddr == (void *)-1)
    fprintf(stderr, "shmat() failed, errno=%d\n", errno);
  else
    fprintf(stdout, "Attached to shared memory at address %p\n", shmaddr);

  /* Read shared memory contents */
  ret = read_shm(shmaddr);

  /* Detach from the shared memory segment */
  errno = 0;
  ret = shmdt(shmaddr);
  if (ret == -1)
    fprintf(stderr, "shmdt() failed, errno=%d\n", errno);
  else
    fprintf(stdout, "Detached from shared memory at address %p\n", shmaddr);

  return(0);
}
```

　　請留意我們在程式中如何存取共有記憶的資料。這與一般平常非共有記憶的程式是完全不一樣的。在一使用共有記憶的程式裡，程式不再直接使用變數名了，取而代之的是位移（offset）。這是因為程式不再直接將共有記憶中所存的資料項目，直接宣告成變數名稱了。全部資料只有一份，而且是所有有關的程序共用的。一程序所知道的，就是只有共有記憶的起始位址。其內容有一定的設計與擺設，其初值也是全部只執行一次的初值設定函數所設定好的，而初值設定好後，所有欲存取共有記憶內容的程序，必須知道所有資料項目的擺設，以及每一項個別資料所在位置的位移 — 由共有記憶開始算起的位元組數。

共有記憶節段的起始位址存在 shmaddr 內。欲存取共有記憶內的每一項資料，程序必須知道它的位移，然後再以共有記憶的起始位址，加上位移，取得每項資料的記憶位址，去存取每項個別資料。因此，共有記憶的程式，有許多的指標算術—位址的加減。當然，程序也應該知道每一項個別資料的型態。

記得，在程式內，所有的位址都是虛擬的位址。因此，它是每一程序都不一樣的。這些虛擬位址在實際執行時會被翻譯轉換成實際記憶位址。就共有記憶中的某一項資料而言，它的虛擬位址在每一程序內幾乎都是不一樣的，但在執行時，它們都會被翻譯轉換成相同的實際位址，指至同一筆資料。

在下一節的共有記憶共時更新程式執行時，你可以同時執行此一共同記憶讀取程式 shmread，以監視著共時更新程式的執行狀況。

圖 10-8 所示即為另一個讀取共有記憶之狀態資訊的程式。

圖 10-8　讀取共有記憶之狀態資訊的程式（shmstat.c）

```
/*
 * Example program of reading shared memory status information.
 * Authored by Mr. Jin-Jwei Chen
 * Copyright (c) 2015, Mr. Jin-Jwei Chen. All rights reserved.
 */

#include <stdio.h>
#include <sys/types.h>
#include <sys/ipc.h>
#include <sys/shm.h>
#include <errno.h>
#include <string.h>

#include "myshm.h"

int main (int argc, char *argv[])
{
  int      shmid = 0;
  key_t    key=5;
```

```
size_t   size = 1;
int      ret;
void     *shmaddr = (void *)0;  /* starting address of shared memory */
int      force = 0;  /* force initialization or not */

/* Create/get the shared memory segment */
shmid = do_shmget(MYSHMKEY, MYSHMSIZE, 0);
if (shmid == -1)
{
  fprintf(stderr, "do_shmget() failed. Exiting ...\n");
  return(shmid);
}
fprintf(stdout, "Successfully created the shared memory segment, shmid=%d\n",
  shmid);

/* Attach to the shared memory segment */
errno = 0;
shmaddr = shmat(shmid, (void *)NULL, 0);
if (shmaddr == (void *)-1)
  fprintf(stderr, "shmat() failed, errno=%d\n", errno);
else
  fprintf(stdout, "Attached to shared memory at address %p\n", shmaddr);

/* Get status of the shared memory segment */
ret = do_shmstat(shmid);
if (ret != 0)
  fprintf(stderr, "do_shmstat() failed, ret=%d\n", ret);

/* Read shared memory contents */
ret = read_shm1(shmaddr);
if (ret != 0)
  fprintf(stderr, "read_shm1() failed, ret=%d\n", ret);

/* Initialize shared memory contents */
ret = init_shm1(shmaddr, force);
if (ret != 0)
  fprintf(stderr, "init_shm1() failed, ret=%d\n", ret);

/* Read shared memory contents */
ret = read_shm1(shmaddr);
if (ret != 0)
  fprintf(stderr, "read_shm1() failed, ret=%d\n", ret);

/* Detach from the shared memory segment */
errno = 0;
ret = shmdt(shmaddr);
if (ret == -1)
  fprintf(stderr, "shmdt() failed, errno=%d\n", errno);
else
```

```
        fprintf(stdout, "Detached from shared memory at address %p\n", shmaddr);

    return(0);
}
```

10-3-3 更新共有記憶

如圖 10-9 所示，這一節我們舉一個多個程序同時更新共有記憶中之共用
資料的例子。

圖 10-9 更新共有記憶中之共用資料（shmupd.c）

```
/*
 * Update shared memory.
 * Authored by Mr. Jin-Jwei Chen
 * Copyright (c) 2015, 2019, 2020 Mr. Jin-Jwei Chen. All rights reserved.
 */

#include <stdio.h>
#include <sys/types.h>
#include <sys/ipc.h>
#include <sys/shm.h>
#include <errno.h>
#include <string.h>
#include <stdlib.h>

#include "myshm.h"

int main (int argc, char *argv[])
{
  int       shmid = 0;
  key_t     key=5;
  size_t    size = 1;
  int       ret;
  void      *shmaddr = (void *)0;  /* starting address of shared memory */
  int       force = 0;             /* force initialization or not */
  int       taskid = 0;
  int       uselock = 1;               /* use locking for update or not */
  int       delaycnt = DELAYCNT;       /* delay loop count */
  size_t    updcnt = SHMDEFUPDCNT;     /* each thread's file update count */

  if ((argc > 1) &&
      ((strcmp(argv[1], "-h") == 0) || (strcmp(argv[1], "-help") == 0)))
  {
    fprintf(stdout, "Usage: %s [uselock] [updcnt] [delaycnt]\n", argv[0]);
    return(-1);
  }

  /* Get command line arguments */
```

```
    if (argc > 1)
    {
      uselock = atoi(argv[1]);
      if (uselock != 0)
        uselock = 1;
    }

    if (argc > 2)
      updcnt = atoi(argv[2]);
    if (updcnt <= 0)
      updcnt = SHMDEFUPDCNT;

    if (argc > 3)
      delaycnt = atoi(argv[3]);
    if (delaycnt <= 0)
      delaycnt = DELAYCNT;

    /* Create/get the shared memory segment */
    shmid = do_shmget(MYSHMKEY, MYSHMSIZE, 0);
    if (shmid == -1)
    {
      fprintf(stderr, "do_shmget() failed. Exiting ...\n");
      return(shmid);
    }
    fprintf(stdout, "\nThe shared memory segment was successfully created/got. "
      "shmid=%d\n", shmid);

    /* Attach to the shared memory segment */
    errno = 0;
    shmaddr = shmat(shmid, (void *)NULL, 0);
    if (shmaddr == (void *)-1)
      fprintf(stderr, "shmat() failed, errno=%d\n", errno);
    else
      fprintf(stdout, "Attached to shared memory at address %p\n", shmaddr);

    /* Get status of the shared memory segment */
    ret = do_shmstat(shmid);
    if (ret != 0)
      fprintf(stderr, "do_shmstat() failed, ret=%d\n", ret);

    /* Initialize shared memory contents if it's not done yet */
    ret = init_shm(shmaddr, force);
    if (ret != 0)
      fprintf(stderr, "init_shm() failed, ret=%d\n", ret);

    /* Update shared memory contents */
    if (uselock)
      fprintf(stdout, "\nTo update shared variables in shared memory %lu times "
        "with locking and delaycnt=%u.\n", updcnt, delaycnt);
    else
      fprintf(stdout, "\nTo update shared variables in shared memory %lu times "
```

```
         "without locking and delaycnt=%u.\n", updcnt, delaycnt);
  ret = update_shm(shmaddr, updcnt, delaycnt, uselock);
  if (ret != 0)
    fprintf(stderr, "update_shm() failed, ret=%d\n", ret);

  /* Read shared memory contents */
  ret = read_shm(shmaddr);
  if (ret != 0)
    fprintf(stderr, "read_shm() failed, ret=%d\n", ret);

  /* Detach from the shared memory segment */
  errno = 0;
  ret = shmdt(shmaddr);
  if (ret == -1)
    fprintf(stderr, "shmdt() failed, errno=%d\n", errno);
  else
    fprintf(stdout, "Detached from shared memory at address %p\n\n", shmaddr);

  return(0);
}
```

這個例子跟很多實際的應用類似。它所做的事實上就是許多現實生活中之軟體在其核心所做的，同時更新共有記憶中之共用變數的值。在這例子中，被同時更新的共用資料包括一個全面的計數器以及兩個局部的計數器 — gcount 全面變數以及兩個 task 資料結構中的局部變數 count。

每一程序更新所有這些共用的變數若干次。每一次，程序都將全面計數器的值加一，將第一 task 資料結構中之 count 的值加一，並將第二 task 資料結構中之局部計數器 count 的值加 2。共有記憶的更新寫成庫存函數，叫 update_shm()。

假若你同時執行四個 shmupd 程序，那每一程序會將全面變數 gcount 的值增加 500 次,每次加一，將第一 task 資料結構中之 count 的值也增加 500 次，每次加一，且將第二 task 資料結構中之 count 的值也增加 500 次，每次加 2。所以，最後 gcount 的值會是 4x500=2000，第一 task 之 count 的值也是 2000，而第二 task 之 count 的值則是 4000。

我們故意讓程式有兩個引數。第一引數的值是 1 或 0，分別代表用鎖保護著被同時更新的共用資料，或不。第二個引數則指出每一程序應該反覆更新共用資料幾次。執行程式時，你會發現，若使用上鎖，結果永遠正確。但若不使用上鎖作共時控制，則結果永遠錯誤。這裡程式使用的是我們自己寫

的組合語言上鎖與解鎖函數。這個程式再一次的證明，實施上鎖與解鎖的共
時控制是絕對必要的。

記得，我們讓程式可以不上鎖，唯一的目的是在彰顯會有更新遺失產生。
在你實際開發軟體時，千萬不能這樣做。

作者分別使用了我們在前一章自己所寫的組合語言上鎖與解釋函數，測
試過了這個 shmupd 程式，一切都沒問題，結果全部是正確的。注意到，這些
組合語言的上鎖與解鎖函數，有 32 位元與 64 位元的版本，千萬不要搞混了。

在讀取與更新同時都有的應用情境，為了得到更好的性能，程式可以進
一步使用讀取鎖與寫入鎖，這我們就留作開發計畫，讓讀者做練習。

圖 10-10 所示即例題程式 shmupd 執行時的輸出結果。

注意到，正確的結果是 gcount 是 2000，count〔0〕=2000，且 count〔1〕
=4000。

圖 10-10　shmupd 例題程式的輸出結果

```
1. Intel x86 Linux

$ cat testupd
./shmupd &
./shmupd &
./shmupd &
./shmupd &

$ ./testupd

Successfully created/got the shared memory segment, shmid=1867776
Attached to shared memory at address 0xf75de000
Current status of the shared memory of shmid 1867776:
  shm_perm.uid = 1000
  shm_perm.gid = 500
  shm_perm.mode = 0660
  shm_segsz = 2048000
  shm_nattch = 1
  shm_cpid = 5801
  shm_lpid = 5801
Initialize the shared memory contents...
To update shared variables in shared memory 500 times with locking.
  :
  : (omitting outputs from second and third processes)
  :
Successfully created/got the shared memory segment, shmid=1867776
```

```
Attached to shared memory at address 0xf7590000
Current status of the shared memory of shmid 1867776:
  shm_perm.uid = 1000
  shm_perm.gid = 500
  shm_perm.mode = 0660
  shm_segsz = 2048000
  shm_nattch = 2
  shm_cpid = 5801
  shm_lpid = 5803
To update shared variables in shared memory 500 times with locking.

Contents of the shared memory are:
  magic = 75432018
  banner = This is shared memory for application XYZ.
  gcount = 1995
  glock = 1
  taskid[ 0]   = 1
  taskname[ 0] = Task # 1
  count[ 0] = 1998
  lock[ 0]  = 1
  taskid[ 1]   = 2
  taskname[ 1] = Task # 2
  count[ 1] = 3994
  lock[ 1]  = 1
Detached from shared memory at address 0xf7594000
    :
    : (omitting the outputs by processes finished second and third)
    :
Contents of the shared memory are:
  magic = 75432018
  banner = This is shared memory for application XYZ.
  gcount = 2000
  glock = 1
  taskid[ 0]   = 1
  taskname[ 0] = Task # 1
  count[ 0] = 2000
  lock[ 0]  = 1
  taskid[ 1]   = 2
  taskname[ 1] = Task # 2
  count[ 1] = 4000
  lock[ 1]  = 1
Detached from shared memory at address 0xf7590000
```

2. IBM Power AIX

```
bash-4.2$ cat testshmupd.aix64
./shmupd.aix64 &
./shmupd.aix64 &
./shmupd.aix64 &
./shmupd.aix64 &
bash-4.2$ ./testshmupd.aix64
```

```
Successfully created/got the shared memory segment, shmid=919601154
Attached to shared memory at address 700000000000000
Current status of the shared memory of shmid 919601154:
  shm_perm.uid = 505921
  shm_perm.gid = 8500
  shm_perm.mode = 0100660
  shm_segsz = 2048000
  shm_nattch = 1
  shm_cpid = 12583054
  shm_lpid = 12583054
Initialize the shared memory contents...
To update shared variables in shared memory 500 times with locking.
  :
  :  (omitting outputs by second and third processes)
  :
Successfully created/got the shared memory segment, shmid=919601154
Attached to shared memory at address 700000000000000
Current status of the shared memory of shmid 919601154:
  shm_perm.uid = 505921
  shm_perm.gid = 8500
  shm_perm.mode = 0100660
  shm_segsz = 2048000
  shm_nattch = 4
  shm_cpid = 12583054
  shm_lpid = 11075608
To update shared variables in shared memory 500 times with locking.
  :
  : (omitting outputs from processes finished first, second and third)
  :
Contents of the shared memory are:
  magic = 75432018
  banner = This is shared memory for application XYZ.
  gcount = 2000
  glock = 1
  taskid[ 0]   = 1
  taskname[ 0] = Task # 1
  count[ 0] = 2000
  lock[ 0]   = 1
  taskid[ 1]   = 2
  taskname[ 1] = Task # 2
  count[ 1] = 4000
  lock[ 1]   = 1
Detached from shared memory at address 700000000000000
```

3. Oracle/Sun SPARC Solaris

```
bash-4.1$ cat testshmupd.sun64
./shmupd.sun64 &
./shmupd.sun64 &
./shmupd.sun64 &
```

```
./shmupd.sun64 &
bash-4.1$ ./testshmupd.sun64

Successfully created/got the shared memory segment, shmid=6
Attached to shared memory at address ffffffff7e800000
Current status of the shared memory of shmid 6:
  shm_perm.uid = 505921
  shm_perm.gid = 8500
  shm_perm.mode = 0100660
  shm_segsz = 2048000
  shm_nattch = 1
  shm_cpid = 4235
  shm_lpid = 4235
Initialize the shared memory contents...
To update shared variables in shared memory 500 times with locking.
  :
  : (omitting outputs from second and third processes)
  :
Successfully created/got the shared memory segment, shmid=6
Attached to shared memory at address ffffffff7e800000
Current status of the shared memory of shmid 6:
  shm_perm.uid = 505921
  shm_perm.gid = 8500
  shm_perm.mode = 0100660
  shm_segsz = 2048000
  shm_nattch = 4
  shm_cpid = 4235
  shm_lpid = 4237
To update shared variables in shared memory 500 times with locking.
  :
  : (omitting outputs from processes finished first, second and third)
  :
Contents of the shared memory are:
  magic = 75432018
  banner = This is shared memory for application XYZ.
  gcount = 2000
  glock = 1
  taskid[ 0]   = 1
  taskname[ 0] = Task # 1
  count[ 0] = 2000
  lock[ 0]   = 1
  taskid[ 1]   = 2
  taskname[ 1] = Task # 2
  count[ 1] = 4000
  lock[ 1]   = 1
Detached from shared memory at address ffffffff7e800000
```

4. Apple Darwin on MacBook

```
jim@Jims-MacBook-Air mac % cat testupd
#!/bin/sh
```

```
./shmupd &
./shmupd &
./shmupd &
./shmupd &
jim@Jims-MacBook-Air mac % ./testupd

The shared memory segment was successfully created/got. shmid=65536
Attached to shared memory at address 0x1024f0000
Current status of the shared memory of shmid 65536:
  shm_perm.uid = 501
  shm_perm.gid = 20
  shm_perm.mode = 04660
  shm_segsz = 2048000
  shm_nattch = 1
  shm_cpid = 479
  shm_lpid = 479
Initialize the shared memory contents...

The shared memory segment was successfully created/got. shmid=65536
The shared memory segment was successfully created/got. shmid=65536
Attached to shared memory at address 0x10174c000
Attached to shared memory at address 0x1058c4000

The shared memory segment was successfully created/got. shmid=65536
Attached to shared memory at address 0x10defa000

    :
    : (omitting outputs from processes finished first, second and third)
    :
Contents of the shared memory are:
  magic = 75432018
  banner = This is shared memory for application XYZ.
  gcount = 2000
  glock = 1
  taskid[ 0]   = 1
  taskname[ 0] = Task # 1
  count[ 0] = 2000
  lock[ 0]   = 1
  taskid[ 1]   = 2
  taskname[ 1] = Task # 2
  count[ 1] = 4000
  lock[ 1]   = 1
Detached from shared memory at address 0x10defa000
```

10-3-4 摘要

系統五之共有記憶，是最重要的程序間通信方式之一。

POSIX 標準定義了以下的程式界面，用以產生，連上，分離，與控制一個共有記憶：

- shmget()：獲取一共有記憶的識別號碼。若共有記憶尚未存在，則產生之
- shmat()：將程序連上共有記憶
- shmdt()：將程序與共有記憶分離
- shmctl()：執行共有記憶的一些控制功能

共有記憶為在同一系統上執行的多個程序，提供了一個共用或交換大量資料最迅速的方法。它設置了一個實際的記憶位址空間（一共有記憶節段），讓多個程序彼此共用。

共有記憶的單元通常是一個或多個記憶節段。存取共有記憶等於直接存取記憶器。那就是為何它速度非常快。

一共有記憶一旦由一個程序產生，就能被有權限且知曉其檢索的任何程序所共用。共有記憶的內容，會一直存在至共有記憶正式被剔除，或系統關閉為止。

每一共有記憶的內含，在系統中只有一份。只要任何程序做了任何更改，所有共用的程序立即看見。

每一共有記憶都有獨一無二的識別號碼（shmid）代表。為了不與其它應用程式重複，每一應用軟體應為它所使用的每一共有記憶節段選擇一獨特的路徑名，以 ftok() 函數將這路徑名轉換成一檢索值，再以之叫用 shmget() 函數，取得一獨特的共有記憶識別號碼。為了安全計，千萬記得勿將此一路徑名選在 /tmp 或 /var/tmp 檔案夾之下。

原先產生一共有記憶的用戶，即為它的產生者（或稱建立者）及最初擁有者。

經由叫用 semctl() 函數，一共有記憶的擁有者，可將所有權轉移給其它的用戶以及/或群組。但產生者則保持不變。共有記憶的權限也可經由叫用 semctl() 函數加以改變。

讀取或寫入共有記憶時，加有共時控制是必要的。共時控制的效率影響性能（速度）。為確保共用資料的正確與完整，更新共有記憶中之資料，一定要以上鎖達成互斥作用。程式可以使用系統五 IPC 旗誌或 POSIX 所提供的旗誌，亦可使用前一章所介紹的，你自己寫的組合語言上鎖與解鎖函數，速度甚至比旗誌快上 25-80％。

從程式中存取共有記憶中之資料的方法，與平常一般的程式不同。程式不再能直接使用變數名，而是必須運用共有記憶的起始位址以及個別資料項目的位移。亦即，改成使用指標算術，做位址的加減。

儲存在共有記憶之某一特定位置上的資料，經常會是某一資料結構。且許多不同資料結構的資料，會儲存在不同的位置上。共用共有記憶的程序必須知道，每一資料結構的起始位址或位移，以及其資料型態，方能正確地存取到每一所要的資料項目。有了起始位址後，將之轉換成（cast）其資料型態的指標，即能以之存取每一資料項目。

注意到共有記憶的威力，多個程序能經由輕易地存取或更新共用的記憶器資料，彼此互相合作與協力，達成最有效率且最快速的資料分享與共用。

在某些程序完成了作業之後，共有記憶的資料一直存在那兒，稍後再有其它程序到來時，資料就在那兒，立即可用。資料並不會因前面作業的程序終止了，就跟著不見了。許多威力強大的資料庫系統，都使用共有記憶。其中，Oracle 資料庫管理系統，就把它的最常用資料庫資料，儲存在共有記憶裡，稱為 SGA（System Global Area），讓整個軟體的多個幕後伺服程式，如資料寫入磁碟程式（database writer），更新日記寫入程式（log writer）等，共同使用。

💡 問題

1. 何謂共有記憶？

2. 共有記憶作何用途？

3. 共有記憶如何達成？

4. 共有記憶有那些特性？

5. 為何共有記憶需要共時控制？

6. 將共有記憶的速度最佳化，通常的挑戰是什麼？

7. 程式如何改變一共有記憶節段的擁有者與權限？

8. 使用系統五共有記憶有那些步驟？其程式界面為何？

9. 程式每次叫用 shmget()，都會產生共有記憶節段嗎？若不，在何時會？

10. 如何確保使用共有記憶之多個應用程式，在識別上不會彼此撞在一起？

✏️ 習題

1. 同時執行多個 shmupd 程式，但給相同的作業號碼（taskid），解釋你所看見的行為。

2. 同時執行多個 shmupd 程式，但給予不同的作業號碼（taskid），解釋結果。

3. 同時執行幾個 shmupd 程式，並同時以 shmread 程式觀察其進展情形。

4. 改變 some_delay() 函數的延遲時間，然後同時執行多個 shmupd 程式。觀察它是否對程序的排班有影響，結果又有影響嗎？

5. 將程式對 some_delay() 函數的叫用，以 sleep（1）取代之。並執行多個 shmupd 程式。你有發現任何影響嗎？

6. 將對 some_delay() 函數的叫用，替換成 nanosleep()，睡覺少於一秒的時間。然後同時執行多個 shmupd 程式，變換不同的睡覺時間，看到任何變化嗎？

✎ 程式設計習題

1. 寫兩個程式，示範一共有記憶節段，一經產生後，就會一直存在到有人將之剔除為止。

2. 寫一個程式，以多個程序同時一起更新一個小資料庫。資料庫含有一家小公司之所有員工的資料。每一員工資料應至少包括員工號碼，身份證字號，名字，住址，生日，電話，部門，及薪水。程式必須使用共有記憶。

3. 設計與實作讀取鎖與寫入鎖。然後設計與寫出一應用程式，以幾個寫入程序與讀取程序，同時更新與讀取存在共有記憶中的共用資料。

☝ 參考資料

1. The Open Group Base Specifications Issue 7, 2018 edition

   IEEE Std 1003.1 -2017 (Revision of IEEE Std 1003.1-2008)

   Copyright © 2001-2018 IEEE and The Open Group

   http://pubs.opengroup.org/onlinepubs/9699919799/

2. AT&T UNIX System V Release 4 Programmer's Guide: System Services

   Prentice-Hall, Inc. 1990

筆記

再談程序間通信方式

11

這一章討論**程序間通信方法**（interprocess communication, IPC, mechanisms）。程序間通信方法有很多種。截至目前為止，我們已介紹了一些，包括信號、旗誌、共有記憶、與導管。這章，我們介紹剩下的。這包括系統五信息排隊，有名稱的導管，與映入記憶器檔案。

典型上，一個大型軟體產品，通常會包括許多程式或程序，彼此互相協力與合作。這些程序為了協力合作，彼此之間保持同步，就需要互相通信。因此，幾乎每一項軟體的核心，都有用到程序通信。

不同的程序間通信方法，用在不同的場合，解決不一樣的問題。這裡，我們會先將各程序間不同的通信方法做個簡短的摘要與對照，然後，再更進一步詳細介紹那些尚未介紹過的。

就像今天 Linux 是「開放性」（open）的系統一樣，從 1980 年代起，Unix 也是。在 Unix 世界裡，AT&T UNIX 系統五是事實標準。系統五 Unix 很早在 1980 年代就有了一些程序間的通信方法，並一值被廣泛應用。這裡我們所討論的是 POSIX 標準所定義的程序間通信方法。它們在一般的 Linux 與 Unix 上都有。

對一個軟體產品而言，程序間的通信方法（IPC）就像是一個房子的管線和國家裡的高速公路一樣，是主要的溝通幹道。因此，角色非常重要。用對或用錯了，對整個軟體產品的結構與品質會有重大的影響。因此，確定你確實了解每一項技術，並在設計與開發軟體時，選用正確與最佳的技術，以讓你所設計的軟體，有最佳的大環境結構（infrastructure），品質及性能。

11-1 程序間通信摘要

11-1-1 信號

只要知道目標程序的程序號碼，以及有所需的權限，一個程序可以發送一個它選擇的信號（signal），給在同一系統上執行的另一個程序。這個動作與目標程序目前正在做什麼毫不相干，是完全獨立的。因此，是完全不同步的。同步的信號並非作程序間通信用的。

每一個信號有一個不同的信號號碼與意義。根據意義而分，信號有兩大類。絕大多數的信號，它的意義是 POSIX 標準或作業系統事先定義好的。信號的行為也是事先做好，固定在作業系統裡面的，無法改變。程式只能將之用在與其意義相符的場合上。此外，另外有少數的信號，其意義是留給使用它們的程式自己去界定的。這些信號的意義與用途沒有界定，任應用程式自己去定義。

信號讓在同一系統中執行的任意程序，能互相溝通。兩個程序間不須有任何關係。彼此溝通的信息就是簡單一個信號，一個號碼。它很像事件，每一信號代表一種不同的事件，送某一個特定信號給另一個程序，就好像通知它某一特定事件發生了一樣。

程序以叫用 kill() 函數發送出信號。信號是尚未有程線的年代就設計的。因此，將其與程線一起使用必須小心。當然，一個程序必須有適當的權限，才能發送信號給另一個程序。既定上，程序收到一個信號的結果是死亡。

11-1-2 旗誌

旗誌（semaphore）主要是讓在同一系統中執行的程序，彼此能取得同步用的。它無法超出一個系統。但亦可用於同一程序內不同程線間的同步。

依用途而分，有兩種旗誌：二進旗誌與計數旗誌。每一旗誌事實上就是一整數變數，可以擁有一整數值。二進旗誌的值可為 0 或 1。計數旗誌的值可以從 0 到某一系統所設定的極限。

　　二進旗誌用在達成彼此相互競爭之程序間的互斥作用。它們的功用就像是鎖。用在確保多個程序或程線，同時或共時更新共用資料時，每一次只能有一個能得逞，以確保沒更新遺失以及共用資料的正確與完整。

　　計數旗誌則用以協調幾個相互協力，共用有限資源的程序或程線間的彼此同步。計數旗誌可用以代表現有的可用資源。這通常用於解決像生產消費之類的問題。

　　POSIX 標準定義了兩種旗誌：系統五旗誌與 POSIX 旗誌。它們分別使用自己不同的程式界面。

　　系統五的旗誌都以組為單位存在。程式每次產生一個旗誌組，每一旗誌組可含一個或多個旗誌，每一旗誌組可含的最高旗誌數是由一作業系統可調參數限制著，程式可以產生僅含一個旗號的旗號組。

　　每一個旗誌組一經產生，即一直存在系統中，直至被剔除或系統關閉為止。程序透過使用相同的檢索（key），共用同一個旗誌組。這檢索由 ftok() 函數，從叫用者所傳入的路徑名與計畫代號算出。詳情請參閱 9-2-1 節。

　　誠如我們在 9-6 一節所介紹的，POSIX 旗誌稍微好用一些，速度也快些。它包括無名旗誌與有名旗誌，且不以組的形式存在。

　　系統五旗誌自 1983 年 AT&T Unix 系統的第一版就存在了。POSIX 旗誌是 POSIX 標準後來加上的。就像我們在共時控制一章所介紹的，你也可以選擇設計你自己的組合語言上鎖與解鎖函數，取代旗誌，速度通常會比旗誌快上 25% 或更多。

11-1-3　共有記憶

　　共有記憶用以儲存在同一系統上執行之多個程序間所共用的大量資料。它也是超越一個程序，但無法超越一個系統的。

　　共有記憶以記憶節段為單位存在，一個程式可以產生一或多個共有記憶節段，並選用每一節段的大小。每一共有記憶節段的最大容量，由一核心層的可調參數控制著。

與系統五旗誌相同，一共有記憶一旦產生了，它會一直存在系統上，直至被剔除或關機為止。任何對共有記憶內含的改變，所有共用這共有記憶的程序，都是立即看見的。不論有人改變與否，共有記憶之內含是一直存在記憶器裡，供有權限的程序使用的。

藉著使用相同的檢索，不同的程序可以存取相同的共有記憶節段。系統五 IPC 資源的檢索是經由叫用 ftok() 函數，輸入一獨特的路徑名與一計劃號碼求得的，詳情請看 9-2-1 一節。

共有記憶是幾個程序間交換資訊最快的方式，它廣泛應用於資料庫系統與其它軟體上，價值連城。共有記憶自 1983 年，AT&T UNIX 的第一版本即存在了。

典型的現代軟體產品都包括多個互相協力的程序一起運作，其中每一程序亦可能是多程線的。多程序間共用與交換大量資料，幾乎都以共有記憶達成。多程序或程線更新共有記憶所存之共用資料時，則以儲存在共有記憶中的旗誌或鎖達成同步，確保共用資料的正確與完整。

11-1-4 網路插口

計算機網路插口（socket），幾乎是唯一可用於不同系統之程序間的通信方式。不過，它當然也可以用於同一系統上之不同程序間的通信。神奇的是，不管彼此通信的程序是在相同或不同系統上，程式的寫法並無差異。同一程式可用於這兩種不同的情況。因此，威力強大無比。事實上，網際網路在今日的生活幾乎是不可或缺的，整個網際網路（Internet）就是建立在使用插口通信的許多程式上。換言之，網路插口通信是撐起整個網際網路的核心，我們將在下一章，專門討論這個非凡的技術！

11-1-5 導管

POSIX 標準定義了兩種導管（pipes）：導管（或稱無名導管）與有名稱導管（或稱 FIFO 檔案）。

導管或無名導管是用在母程序與子程序間的通信方式。使用導管通信的程序，不僅必須位於同一系統上，同時也必須有母子關係，或是經由 dup() 函數彼此連結在一起的程序。除這之外，沒有任何關係的程序，是無法以導管相互通信的。

在一母程序生出一個子程序之前，假若其產生導管，那子程序在出生之後，就會獲得遺傳，擁有相同的導管。因此，母程序與子程序就能以共有的導管，相互溝通。

就像水管裡面的水只能單向流動一樣，計算機軟體導管中的資訊，也是祇能單向流動。一個程序可以把資訊寫入導管的其中一端，另一程序則可由導管的另一端讀取該資訊，因此，兩程序間通常使用兩個導管，以達成雙向的溝通。我們已在 7-5 節討論過導管了。

11-1-6 有名稱導管

在 Linux/Unix 上，有名稱導管（named pipes）是一種特殊的檔案，稱之為 FIFO（First-In-First-Out，先進先出）檔案。只要彼此知道有名稱導管的路徑名，程序即可打開這有名稱的導管，寫入或讀取資料，以之相互通信。資訊由有名稱導管中讀取的順序，就和它們被寫入的順序完全一樣，這也是為何它們稱作先進先出檔案。

彼此沒有任何關係的程序，可以經由有名稱的導管彼此互相通信，這些程序必須都在同一系統上。可是，由於任何有權限的程序都能讀取或寫入，因此，使用有名稱導管的通信較無隱私可言。

Linux/Unix 系統與微軟的視窗系統都有「有名稱導管」。雖然他們名稱相同，但實際並不一樣。Linux/Unix 上的有名稱導管是單向的，但微軟視窗上的有名稱導管則是雙向的，比較像下一章我們會介紹的 Unix 領域插口（Domain socket）。

注意，在使用有名稱導管的通信裡，倘若資料寫入或發送者只是隨意寫入或送出一些信息，那信息與信息之間是沒有分明的界線的。

我們將在下一節介紹有名稱導管。

11-1-7　信息排隊

系統五的信息排隊（message queue）是作為同一系統上之程序間發送與接收信息用的，它只能用在同一系統上。這個技術也是 1983 AT&T Unix 第一版本就有了的。

信息排隊讓程序能發送格式化的資料信息，給同一系統上的任意程序。利用同一個信息排隊，多個發送者可以與多個接收者彼此通信。發送者可以利用信息的型態分出不同的接收者。藉之通信的程序不必彼此有任何關係。只要它們都知道信息排隊的號碼（經由 IPCKEYPATH 與 PROJID，即路徑名與計劃號碼，得來）就夠了。誰有權讀取或寫入這訊息排隊，即由它的權限來控制。

一信息排隊只要一產生，它就一直存在系統上，直至它被剔除或系統關機為止。其生命期超越它的產生者或任一程序。

我們會在 11-3 節討論這信息排隊。

11-1-8　映入記憶器的檔案

映入記憶器的檔案（memory-mapped files）主要用於改善速度，尤其是讀取或寫入大檔案時，它簡化了應用程式。因為，它把檔案的輸入／輸出，變成了記憶器讀寫。一旦一個檔案在映入一個程序的虛擬記憶空間後，讀入檔案內含即等於讀取記憶器，而寫入檔案即等於寫入記憶器。

在有多個程序都同時映入且共用一個檔案時，一個映入記憶器的檔案即可變成程序間的通信工具。藉此溝通的程序間不需有任何關係。

注意到，有許多軟體工程師都誤將映入記憶器檔案，當成是共有記憶，這是錯誤的。就誠如我們在下面 11-4 節所解釋的，這兩者是不同的，它們在 POSIX 標準上是兩種完全不同的技術。

11-1-9　摘要

誠如你可看出的，有許多不同的程序間通訊方式。每一種都有其不同的功能與應用場合。所以，當你在設計軟體時，你的職責之一，就是選用最適當的程序間通信方式，解決你手上的問題，並以之建構你的軟體之基本構造方塊。

緊接，我們即介紹三種至目前為止我們尚未討論過的程序間通訊方式：有名稱的導管、信息排隊與映入記憶器檔案。

11-2　具名的導管（FIFOs）

11-2-1　mkfifo() 函數

上面說過，在 Linux/Unix 系統上，一個有名稱的導管就是一個 FIFO 特殊檔案。是的，FIFO 是一種檔案型態，如果你還記得的話。

欲以一個具名的導管作為程序間的通訊工具時，有一個程序就必須先叫用 mkfifo() 函數，產生這個導管：

```
#include <sys/types.h>
#include <sys/stat.h>
int mkfifo(const char *path, mode_t mode);
```

mkfifo() 函數在檔案系統上產生一 FIFO 特殊檔案。一 FIFO 特殊檔案與一導管相似。差別是，導管是無名的，而有名稱導管是有名字的。

每一有名稱導管都有一路徑名。mkfifo() 函數的第一個引數即指出這路徑名，由於它是一個實際的檔案，所以也有權限。函數的第二個引數即指出這檔案的權限。這檔案的擁有者，會被設定成叫用 mkfifo() 函數之程序的有效用戶號碼。檔案的擁有群組，即為叫用程序的有效群組號碼，或母檔案夾的群組號碼。

具名的導管一旦產生後，它就可以像一般正常檔案般地使用。程序可以打開它，將資料寫入，或讀取其資料，因而以之相互通信。

導管是一母程序與一子程序之間，或兩個經由 dup() 函數連接在一起的兩個程序間的通信管道。相對地，FIFO（即具名的導管）可作為兩個毫無關係之兩個程序間的溝通管道。因為它有名字，存在檔案系統，而且任何程序只要有權限就可以存取到。當然，經由 FIFO 彼此通信的程序，必須全部都在同一個系統上。

注意，誠如下面圖 11-1 之程式所展示的，平常，在平常的阻擋式輸入／輸出模式下，亦即，在 open() 函數叫用沒有指出 O_NONBLOCK 旗號時，一個欲打開一個 FIFO 只做寫入的函數叫用，會被阻擋著（亦即，等著），一直到有其它某個程序打開這同一 FIFO 作讀入時為止。同樣的，一打開一個 FIFO 僅作讀取的函數叫用，也一樣會一直等到有其它程序打開同一 FIFO 僅作寫入為止。

在一程序叫用 mkfifo() 函數以產生一 FIFO 檔案時，若這檔案已存在，則函數叫用會失敗回返，且錯誤號碼為 EEXIST，代表檔案已存在。

圖 11-1 所示，即為舉例說明如何在兩個不相關的程序間，以一 FIFO 作為彼此通信管道的一對程式。程式的寫法是不管你先執行那一個程式都無所謂，每一個程式都會先檢查 FIFO 是否存在，若不，則產生它。所以，不管那個程式先執行，它就會發現這 FIFO 不存在，並產生之。程式以叫用 file_exists() 函數檢查 FIFO 是否已存在。若是，則函數會送回 0，若不，函數會送回 ENOENT。

此外，其中的寫入程式會送出一個資料結構，而非只一文字信息，試圖製造信息界限。假若它只送出文字信息，則讀取程式可能會一次就讀取一個以上的信息。

一有名稱的導管在使用完後，必須被關閉與剔除。FIFO 寫入程式在寫完所有信息時即將之關閉且剔除。這確保同樣程式下次再執行時，一切重新（什麼都沒有）開始。

圖 11-1 兩個不相關程式，以 FIFO 相互通信（fifowriter.c 與 fiforeader.c）

```
    (a) fifowriter.c

/*
 * A FIFO writer
 * This program creates a FIFO and writes messages to it.
 * Copyright (c) 2013, 2014, 2019 Mr. Jin-Jwei Chen. All rights reserved.
 */
```

```
#include <stdio.h>
#include <errno.h>
#include <sys/types.h>
#include <sys/stat.h>
#include <fcntl.h>
#include <unistd.h>
#include <string.h>

#define  FIFO_PATH  "/tmp/myfifo1"
#define  MSGLEN  64
struct fifobuf
{
  int    pid;            /* pid of sender */
  char   msg[MSGLEN];   /* text message from sender */
};

int file_exists(char *pathname)
{
  int    ret;
  struct stat  finfo;       /* information about a file or directory */

  if (pathname == NULL)
    return(EINVAL);
  ret = stat(pathname, &finfo);
  if (ret == 0)  /* file exists */
    return(0);
  return(errno);  /* errno is ENOENT if the file doesn't exist */
}

int main(int argc, char *argv[])
{
  int    ret;
  int    fd;
  mode_t  mode=0644;
  struct fifobuf  buf;
  ssize_t  bytes;

  /* Check if the FIFO already exists */
  ret = file_exists(FIFO_PATH);

  /* Create the FIFO if it does not already exist */
  if (ret == ENOENT)
  {
    /* Create the FIFO */
    ret = mkfifo(FIFO_PATH, mode);
    if (ret == -1)
    {
      fprintf(stderr, "FIFO writer: mkfifo() failed, errno=%d\n", errno);
      return(-1);
```

```
      }
   }

   /* This is the writer process. It writes to the FIFO. */
   fd = open(FIFO_PATH, O_WRONLY, mode);
   if (fd == -1)
   {
     fprintf(stderr, "FIFO writer: open() for write failed, errno=%d\n", errno);
     return(errno);
   }

   /* Write some messages to the FIFO */
   sprintf(buf.msg, "%s", "This is a message 1 from writer.");
   buf.pid = (int) getpid();
   bytes = write(fd, &buf, sizeof(buf));
   fprintf(stdout, "FIFO writer: just wrote pid=%d msg='%s'\n", buf.pid, buf.msg);
   sprintf(buf.msg, "%s", "This is a message 2 from writer.");
   bytes = write(fd, &buf, sizeof(buf));
   fprintf(stdout, "FIFO writer: just wrote pid=%d msg='%s'\n", buf.pid, buf.msg);

   sprintf(buf.msg, "%s", "Bye!");
   bytes = write(fd, &buf, sizeof(buf));
   fprintf(stdout, "FIFO writer: just wrote pid=%d msg='%s'\n", buf.pid, buf.msg);

   close(fd);
   /* Remove the FIFO */
   unlink(FIFO_PATH);
   return(0);
}

    (b) fiforeader.c

/*
 * A FIFO reader.
 * This program creates a FIFO and reads from it.
 * Copyright (c) 2013, 2014, 2019 Mr. Jin-Jwei Chen. All rights reserved.
 */

#include <stdio.h>
#include <errno.h>
#include <sys/types.h>
#include <sys/stat.h>
#include <fcntl.h>
#include <unistd.h>
#include <string.h>

#define  FIFO_PATH  "/tmp/myfifo1"
#define  MSGLEN  64
struct fifobuf
```

```
{
  int    pid;          /* pid of sender */
  char   msg[MSGLEN];  /* text message from sender */
};

int file_exists(char *pathname)
{
  int    ret;
  struct stat  finfo;      /* information about a file or directory */

  if (pathname == NULL)
    return(EINVAL);
  errno = 0;
  ret = stat(pathname, &finfo);
  if (ret == 0)  /* file exists */
    return(0);
  return(errno);  /* errno is ENOENT if the file doesn't exist */
}

int main(int argc, char *argv[])
{
  int    ret;
  int    fd;
  mode_t  mode=0644;
  struct fifobuf  buf;
  ssize_t  bytes;

  /* Check if the FIFO already exists */
  ret = file_exists(FIFO_PATH);

  /* Create the FIFO if it does not already exist */
  if (ret == ENOENT)
  {
    /* Create the FIFO */
    ret = mkfifo(FIFO_PATH, mode);
    if (ret == -1)
    {
      fprintf(stderr, "mkfifo() failed, errno=%d\n", errno);
      return(-1);
    }
  }

  /* This is the FIFO reader. It reads from the FIFO. */

  /* Open the FIFO for read only */
  fd = open(FIFO_PATH, O_RDONLY, 0644);
  if (fd == -1)
  {
    fprintf(stderr, "FIFO reader: open() for read failed, errno=%d\n", errno);
```

```
      return(errno);
    }

    /* Read from the FIFO until it's done */
    do
    {
      bytes = read(fd, (char *)&buf, sizeof(struct fifobuf));
      if (bytes < 0)
      {
        fprintf(stderr, "FIFO reader: read() failed, errno=%d\n", errno);
        close(fd);
        return(errno);
      }
      buf.msg[strlen(buf.msg)] = '\0';
      if (bytes > 0)
        fprintf(stdout, "FIFO reader: just read pid=%d msg='%s'\n", buf.pid,
          buf.msg);
    } while (bytes > 0);

    close(fd);
    return(0);
}
```

以下即為 fifowriter 與 fiforeader 兩個程式的執行輸出結果：

```
$ ./fifowriter
FIFO writer: just wrote pid=3000 msg='This is a message 1 from writer.'
FIFO writer: just wrote pid=3000 msg='This is a message 2 from writer.'
FIFO writer: just wrote pid=3000 msg='Bye!'

$ ./fiforeader
FIFO reader: just read pid=3000 msg='This is a message 1 from writer.'
FIFO reader: just read pid=3000 msg='This is a message 2 from writer.'
FIFO reader: just read pid=3000 msg='Bye!'
```

注意到，假如 FIFO 寫入程式打開檔案時指明 O_NONBLOCK 旗號，則由於那是非阻擋式 I/O，在寫入程式打開時，若沒有其他程序打開要讀取，那寫入程式就不會再等著。在那種情況下，寫入程式的打開作業，即會錯誤回返，且錯誤是 ENXIO。

在有多個寫入程式同時寫入同一 FIFO 時，能自動寫至 FIFO 的最高資訊量，則由 PIPE_BUF 可調參數限制著。這個值可由叫用我們在 5-6 節介紹過的 pathconf() 函數得知。

11-2-2 mkfifoat() 函數

mkfifo() 函數有另一個變型：

```
int mkfifoat(int fd, const char *path, mode_t mode);
```

mkfifoat() 函數與 mkfifo() 一樣，唯一的不同是在 path 引數指出的是一相對路徑名時。在這種情況下，FIFO 檔案實際所產生的檔案夾位置，是相對於 fd 引數所代表的檔案夾，而非現有工作檔案夾。

假若檔案描述 fd 所代表的打開檔案描述的存取權限不是 O_SEARCH，則此一函數即會檢查在檔案描述下之檔案夾的現有權限是否允許檔案夾搜尋。倘若存取權限是 O_SEARCH，則函數即不會做此檢查。

倘若 mkfifoat() 函數之 fd 引數的值是特殊值 AT_FDCWD，那函數即與 mkfifo() 完全一樣，以現有工作檔案夾為準。

11-3 信息排隊

在程序能使用信息排隊之前，它必須已存在，因此，某一程序必須先叫用 msgget() 系統叫用，將之產生。該最先產生信息排隊的程序，即為它的開創者與擁有者，信息的權限可在產生時同時設定。若有必要，信息排隊的開創/擁有者可經由叫用 msgctl() 函數移轉所有權。

發送信息至信息排隊的動作是同步性阻擋的，發送的程序可能會等著，直到信息被放在信息排隊上為止。同樣地，接收信息的程序，也可能必須等到有收到信息為止。

在 1980 年代由 AT&T 貝爾實驗室所開發的 Tuxedo 交易處理軟體，即完全建構在系統五的訊息排隊上。

11-3-1 產生信息排隊－msgget()

程式經由叫用 msgget() 函數產生或取得一信息排隊：

```
int msgget(key_t key, int msgqflags);
```

msgget() 函數送回引數 key 所指之檢索值相對應的信息排隊的識別號碼。若此一信息排隊已存在，則函數叫用即送回其識別號碼。否則，假若第二引數有指明 IPC_CREAT 旗號，函數叫用即產生此一信息排隊，以及與這信息排隊相關的「struct msgid_ds」資料結構。

注意，假若函數叫用在第二引數同時指明 IPC_CREAT 與 IPC_EXCL 旗號，而且信息排隊已經存在，則 msgget() 函數就會錯誤回返，且錯誤號碼是 EEXIST。指明 IPC_EXCL 旗號是指明你只有在信息排隊不存在時，才要產生。

第一引數 key 的值必須是下面其中之一。

1.　IPC_PRIVATE

若檢索值是 IPC_PRIVATE，則它代表這個信息排隊將是私有的，沒有任何其它程式可以使用。假若第二引數指出了 IPC_CREAT 旗號，則作業系統將會產生一帶有私有檢索的信息排隊。在你執行 ipcs 命令時，命令所顯示的檢索會是 0。

2.　一 ftok() 函數所送回的值。

這意謂其它程序，只要它們有權限就可以使用這個信息排隊。

每一作業系統可以產生的信息排隊的最高數量，由作業系統的核心層可調參數 MSGMNI 限制著。

圖 11-2 所示即為一產生一信息排隊的例子。在執行這程式之前，請記得先執行已下的命令，產生代表此一信息排隊的路徑名：

```
$ touch mymsgq
```

圖 11-2　產生並連上一信息排隊（msgget.c）

```
/*
 * Create a System V message queue.
 * Create the unique file pathname (IPCKEYPATH) before running this program.
 * Authored by Mr. Jin-Jwei Chen
 * Copyright (c) 2019, Mr. Jin-Jwei Chen. All rights reserved.
 */

#include <stdio.h>
#include <errno.h>
#include <sys/types.h>
#include <sys/ipc.h>
#include <sys/msg.h>

#define  IPCKEYPATH   "./mymsgq"  /* pick an unique pathname */
```

```
#define   PROJID        'q'            /* project id to make the key */

int main (int argc, char *argv[])
{
  int      msgqid = 0;
  int      key;
  int      msgflags = (IPC_CREAT | 0660);

  /* Compute the IPC key value from the pathname and project id */
  /* ftok() got error 2 if the pathname (IPCKEYPATH) does not exist. */
  if ((key = ftok(IPCKEYPATH, PROJID)) == (key_t)-1) {
    fprintf(stderr, "ftok() failed, errno=%d\n", errno);
    return(-errno);
  }

  /* Create or attach to a message queue using the derived key. */
  msgqid = msgget(key, msgflags);
  if (msgqid == (-1))
  {
    fprintf(stderr, "msgget() failed, errno=%d\n", errno);
    return(-errno);
  }
  fprintf(stdout, "msgget() succeeded, msgqid=%d\n", msgqid);

  return(0);
}
```

11-3-2　發送與接收信息

　　記得，多個程序可以共用同一個信息排隊，發送與接收不同的信息。因此，信息的發送與接收是根據信息型態或種類為之。

　　一信息排隊中的每一信息，都有一個信息型態或種類。一信息的發送者設定每一信息的種類，而訊息的接收者則指明它想接收的信息種類。

　　程式分別以叫用 msgsnd() 或 msgrcv()，發送或接收一個信息。

```
int msgsnd(int msgqid, const void *msgbufp, size_t msgsz, int msgflg);
ssize_t  msgrcv(int msgqid, void *msgbufp, size_t msgsz, long msgtype,
    int msgflg);
```

　　函數的第一引數 msgqid 指出每一信息排隊的識別號碼。第二引數 msgbufp 則指出含有輸出信息或用以接收輸入信息之緩衝器的位址。第三引數 msgsz 指出信息的最大長度，這是 msgbuf.mtext 資料欄的長度。第四引數 msgflg 則指出作業的旗號。它的值可以是 0 或是下面的值彼此 OR 在一起：

- **IPC_NOWAIT**：假若信息排隊中沒有我所要的信息種類，就立刻回返，不要等。這種情況下，函數會送回 -1，且錯誤號碼是 ENOMSG。

- **MSG_EXCEPT**：與信息種類大於 0 一起使用，用以讀取信息排隊中，除了 msgtype 引數所指出的那一種類以外的所有信息種類的第一個信息。

- **MSG_NOERROR**：倘若實際的信息長度大於 msgsz 引數所指，那就將信息截短，尾巴去掉。

msgrcv() 函數比 msgsnd() 多出一個引數，就是 msgtype（信息種類）。這個引數指出信息接收者有興趣接收之信息的種類。它讓接收者能接收此一特定種類之信息的第一個信息。我們緊接下面會進一步說明如何使用這個引數。

一個信息一旦送出了，它就會被拷貝一份並存在信息排隊內。你可以執行 ipcs 命令，隨時查看每一信息排隊中現有多少信息存在，以及其總位元組數是多少。信息一旦被接收了，它就會從信息排隊中消失。

圖 11-3 所示即為一發送幾個信息至信息排隊上的程式例子。圖 11-4 所示則為一自信息排隊接收某一種類之信息的程式。純粹為了示範，我們讓 msgsnd 程式送出兩個同一種類的信息，同時也讓 msgrcv 程式執行一個接收的迴路。

圖 11-3 發送信息至信息排隊（msgsnd.c）

```
/*
 * Create a System V message queue and send messages.
 * Create the unique file pathname (IPCKEYPATH) before running this program.
 * Authored by Mr. Jin-Jwei Chen
 * Copyright (c) 2019, 2020 Mr. Jin-Jwei Chen. All rights reserved.
 */

#include <stdio.h>
#include <errno.h>
#include <sys/types.h>
#include <sys/ipc.h>
#include <sys/msg.h>
#include <string.h>
#include <stdlib.h>

#define  IPCKEYPATH   "./mymsgq"   /* pick an unique pathname */
#define  PROJID       'q'          /* project id to make the key */
#define  MSGSZ        1024         /* size of messages */
#define  MSGTYPE1     1            /* first type of messages */
```

```c
#define   MSGTYPE2      2              /* second type of messages */
#define   NMSGS         2              /* number of messages to send for each type */

/* General format of messages for System V message queue.
 * "struct msgbuf" is already defined in sys/msg.h in Solaris, AIX, HPUX
 * except Linux. Therefore, make sure to use a different name here.
 */
struct mymsgbuf {
  long mtype;            /* message type, must be > 0 */
  char mtext[MSGSZ];     /* message data */
};

int main (int argc, char *argv[])
{
    int     msgqid = 0;
    int     key;
    int     msgflags = (IPC_CREAT | 0660);
    int     msgsndflg = 0;
    int     ret, i;
    int     msgtype = MSGTYPE1;
    struct  mymsgbuf   obuf;           /* buffer for outgoing message */

    /* Get the message type from user */
    if (argc > 1)
    {
      msgtype = atoi(argv[1]);
    }

    /* Compute the IPC key value from the pathname and project id */
    /* ftok() got error 2 if the pathname (IPCKEYPATH) does not exist. */
    if ((key = ftok(IPCKEYPATH, PROJID)) == (key_t)-1) {
      fprintf(stderr, "ftok() failed, errno=%d\n", errno);
      return(-errno);
    }

    /* Create or attach to a message queue using the derived key. */
    msgqid = msgget(key, msgflags);
    if (msgqid == (-1))
    {
      fprintf(stderr, "msgget() failed, errno=%d\n", errno);
      return(-errno);
    }
    fprintf(stdout, "msgget() succeeded, msgqid=%d\n", msgqid);

    /* Send  a couple of messages of the same type */
    obuf.mtype = (long)msgtype;
    for (i = 1; i <= NMSGS; i++)
    {
      sprintf(obuf.mtext, "This is message #%2d of type %2d from the message "
        "sender.", i, msgtype);
      ret = msgsnd(msgqid, (void *)&obuf, (size_t)strlen(obuf.mtext), msgsndflg);
```

```
      if (ret == (-1))
      {
        fprintf(stderr, "msgsnd() failed, errno=%d\n", errno);
        return(-errno);
      }
      fprintf(stdout, "A message of type %2d was successfully sent.\n", msgtype);
  }

  return(0);
}
```

圖 11-4　自信息排隊接收信息（msgrcv.c）

```
/*
 * Create a System V message queue and receive messages.
 * Create the unique file pathname (IPCKEYPATH) before running this program.
 * Authored by Mr. Jin-Jwei Chen
 * Copyright (c) 2019, 2020 Mr. Jin-Jwei Chen. All rights reserved.
 */

#include <stdio.h>
#include <errno.h>
#include <sys/types.h>
#include <sys/ipc.h>
#include <sys/msg.h>
#include <string.h>
#include <stdlib.h>

#define   IPCKEYPATH   "./mymsgq"   /* pick an unique pathname */
#define   PROJID       'q'          /* project id to make the key */
#define   MSGSZ        1024         /* size of messages */
#define   MSGTYPE1     1            /* first type of message */

/* General format of messages for System V message queue.
 * "struct msgbuf" is already defined in sys/msg.h in Solaris, AIX, HPUX
 * except Linux.
 */
struct mymsgbuf {
  long mtype;              /* message type, must be > 0 */
  char mtext[MSGSZ];  /* message data */
};

int main (int argc, char *argv[])
{
  int      msgqid = 0;
  int      key;
  int      msgflags = (IPC_CREAT | 0660);
  int      msgrcvflg = 0;
  int      ret;
  int      msgtype = MSGTYPE1;
```

```
    struct    mymsgbuf    inbuf;            /* buffer for outgoing message */
    int       msgcnt = 0;                   /* number of messages received */

    /* Get the message type from the user */
    if (argc > 1)
      msgtype = atoi(argv[1]);

    /* Compute the IPC key value from the pathname and project id */
    /* ftok() got error 2 if the pathname (IPCKEYPATH) does not exist. */
    if ((key = ftok(IPCKEYPATH, PROJID)) == (key_t)-1) {
      fprintf(stderr, "ftok() failed, errno=%d\n", errno);
      return(-errno);
    }

    /* Create or attach to a message queue using the derived key. */
    msgqid = msgget(key, msgflags);
    if (msgqid == (-1))
    {
      fprintf(stderr, "msgget() failed, errno=%d\n", errno);
      return(-errno);
    }
    fprintf(stdout, "msgget() succeeded, msgqid=%d\n", msgqid);

    /* Receive messages */
    while (msgcnt < 2)
    {
      ret = msgrcv(msgqid, (void *)&inbuf, (size_t)MSGSZ, (long)msgtype, msgrcvflg);
      if (ret == (-1))
      {
        fprintf(stderr, "msgrcv() failed, errno=%d\n", errno);
        return(-errno);
      }
      /* Remember to terminate the string */
      inbuf.mtext[ret] = '\0';
      fprintf(stdout, "The following message of %d bytes was received.\n", ret);
      fprintf(stdout, "msgtype=%ld\n", inbuf.mtype);
      fprintf(stdout, "%s\n", inbuf.mtext);
      msgcnt++;
    }

    return(0);
}
```

▶ 回返值與行為細節

　　成功時，msgsnd() 函數送回 0，而 msgrcv() 函數送回接收在 msgbuf.mtext
資料欄內之資料的總位元組數。失敗時，這兩個函數都送回 -1，且 errno 含
錯誤號碼。

　　倘若信息排隊還有足夠的記憶空間以容納此一新的信息，則 msgsnd() 函數會成功且立即回返。否則，它就會等著，等到有足夠的空間為止。在這種情況下，倘若 msgflg 引數有指明 IPC_NOWAIT 旗號，則函數叫用即會立即回返，回返值為 -1，且 errno 是 EAGAIN。

　　假若在 msgsnd() 等著時，程序收到了信號，則函數叫用會錯誤回返，且 errno 的值是 EINTR。假若在等著時，整個信息排隊被自系統中剔除了，那函數叫用也是會錯誤回返，且 errno 是 EIDRM。

　　值得注意的是，信息排隊中的信息是有界限的。一個程序每次接收的就是一整個信息，不多也不少，而不是部分的或彼此混在一起的。

▶ 其它接收選項

　　截至目前為止，我們所看到的是，msgrcv() 函數接收了信息排隊中，某一種類之訊息中的第一個信息。而那是因為我們在函數的 msgtype 引數裡，指明了一個正的信息種類值。

　　事實上，另外還有兩種指明欲接收之訊息的方法。

　　假若 msgrcv() 函數叫用，在 msgtype 引數中所指出的信息種類是 0，而不是一個正整數，則函數將接收信息排隊中的第一個訊息。此外，假若 msgtype 引數的值是負數，則函數所接收的，將是小於或等於這引數值的絕對值中，信息種類值最低的訊息。

　　舉例而言，假若信息排隊中有三個信息，種類分別是 5、4、3。它們的發送順序是 5、4、3。那一個指明 msgtype 是 -4 的 msgrcv() 函數將會收到 3 號的信息。因為它是小於或等於 4（-4 的絕對值）中最小的。然後，下一個信息種類也是指明 -4 的 msgrcv() 函數，將會收到 4 號的信息，因為，它是信息排隊中，小於或等於 4 當中最小的。圖 11-5 所示就是這樣的情形。

圖 11-5　接收最低種類的信息

```
$ ./msgsnd 5
msgget() succeeded, msgqid=196614
A message of type  5 was successfully sent.
A message of type  5 was successfully sent.

$ ./msgsnd 4
msgget() succeeded, msgqid=196614
A message of type  4 was successfully sent.
A message of type  4 was successfully sent.

$ ./msgsnd 3
msgget() succeeded, msgqid=196614
A message of type  3 was successfully sent.
A message of type  3 was successfully sent.

$ ./msgrcv -4
msgget() succeeded, msgqid=196614
The following message of 55 bytes was received.
msgtype=3
This is message # 1 of type  3 from the message sender.
The following message of 55 bytes was received.
msgtype=3
This is message # 2 of type  3 from the message sender.
The following message of 55 bytes was received.
msgtype=4
This is message # 1 of type  4 from the message sender.
The following message of 55 bytes was received.
msgtype=4
This is message # 2 of type  4 from the message sender.
```

11-3-3　信息排隊之控制─msgctl()

信息排隊有少數幾個控制命令。這些可由叫用 msgctl() 函數達成。

```
int msgctl(int msgqid, int cmd, struct msqid_ds *buf);
```

有些作業系統有加了其它的命令，這可由每一作業系統的文書得知。不過，下面是 POSIX 標準規定一定要有的：

1.　IPC_STAT

這個作業命令讀取一信息排隊之現有統計資料。它等於將作業系統核心內，對應於此一信息排隊之 msqid_ds 資料結構的值，拷貝一份，放入函數第三引數所指的緩衝器內。

msqid_ds 資料結構定義在 <sys/msg.h> 內，其內容如下所示：

```
struct msqid_ds {
    struct ipc_perm msg_perm;       /* 擁有及權限 */
    time_t          msg_stime;      /* 最後 msgsnd() 的時間*/
    time_t          msg_rtime;      /* 最後 msgrcv() 的時間 */
    time_t          msg_ctime;      /* 最後改變的時間 */
    unsigned long   __msg_cbytes;   /* 信息排隊現有的位元組數 */
    msgqnum_t       msg_qnum;       /* 信息排隊現有的信息個數 */
    msglen_t        msg_qbytes;     /* 信息排隊所容許的最高位元組數 */
    pid_t           msg_lspid;      /* 最後叫用 msgsnd()之程序的 PID */
    pid_t           msg_lrpid;      /* 最後叫用 msgrcv()之程序的 PID */
};
```

2.   **IPC_SET**

這個命令讓叫用程序執行諸如改變信息排隊之所有權與權限等作業。叫用程序的有效用戶號碼必須等於信息排隊之 msqid_ds 資料結構中之 msg_perm.cuid 或 msg_perm.uid 資料欄的值，或是超級用戶。換言之，他必須是這信息排隊的產生者或擁有者，或是超級用戶。這個作業命令可以設定或改變 msqid_ds 資料結構中，下列資料欄的值：

msg_perm.uid：信息排隊擁有者的用戶號碼

msg_perm.gid：信息排隊擁有者的群組號碼

msg_perm.mode：信息排隊的讀寫權限

msg_qbytes：信息排隊所能容納的最高位元組數

整個 ipc_perm 資料結構的內容如下：

```
struct ipc_perm {
    key_t key;                  /* msgget()所提供的檢索 */
    uid_t uid;                  /* 擁有者的有效用戶號碼 */
    gid_t gid;                  /* 擁有者的有效群組號碼 */
    uid_t cuid;                 /* 產生者的有效用戶號碼 */
    gid_t cgid;                 /* 產生者的有效群組號碼 */
    unsigned short mode;        /* 權限 Permissions */
    unsigned short seq;         /* 循序號碼 Sequence number */
};
```

這個作業會讓信息排隊的 msg_ctime（最後改變時間）的值，被更改設定成目前函數執行時的時間。

3. **IPC_RMID**

這個作業命令將函數之 msgqid 引數所指之信息排隊，自系統中剔除。它會同時剔除此一信息排隊以及這排隊所對應的 msqid_ds 資料結構。執行這命令時，叫用程序的有效用戶號碼必須等於 msqid_ds 資料結構中之 msg_perm.cuid 或 msg_perm.uid 的值，或是超級用戶。

成功時，msgctl() 函數會送回 0。否則，它會送回 -1，且 errno 會含錯誤號碼。圖 11-6 所列即為一執行一信息排隊之 IPC_STAT 命令的程式。

圖 11-6 印出信息排隊的統計數字（msgstat.c）

```
/*
 * Print current state (IPC_STAT) of a message queue.
 * Create the unique file pathname (IPCKEYPATH) before running this program.
 * Authored by Mr. Jin-Jwei Chen
 * Copyright (c) 2019, 2020 Mr. Jin-Jwei Chen. All rights reserved.
 */

#include <stdio.h>
#include <errno.h>
#include <sys/types.h>
#include <sys/ipc.h>
#include <sys/msg.h>
#include <string.h>

#define  IPCKEYPATH  "./mymsgq"  /* pick an unique pathname */
#define  PROJID      'q'         /* project id to make the key */

int main (int argc, char *argv[])
{
  int      msgqid = 0;
  int      key;
  int      msgflags = (IPC_CREAT | 0660);
  int      ret;
  struct msqid_ds  buf;      /* buffer for IPC_STAT operation */

  /* Compute the IPC key value from the pathname and project id */
  /* ftok() got error 2 if the pathname (IPCKEYPATH) does not exist. */
  if ((key = ftok(IPCKEYPATH, PROJID)) == (key_t)-1) {
    fprintf(stderr, "ftok() failed, errno=%d\n", errno);
    return(-errno);
  }

  /* Create or attach to a message queue using the derived key. */
  msgqid = msgget(key, msgflags);
```

```
    if (msgqid == (-1))
    {
      fprintf(stderr, "msgget() failed, errno=%d\n", errno);
      return(-errno);
    }
    fprintf(stdout, "msgget() succeeded, msgqid=%d\n", msgqid);

    /* Perform an IPC_STAT operation on the message queue */
    ret = msgctl(msgqid, IPC_STAT, &buf);
    if (ret == (-1))
    {
      fprintf(stderr, "msgctl() failed, errno=%d\n", errno);
      return(-errno);
    }
    fprintf(stdout, "Number of messages in queue = %lu\n", buf.msg_qnum);
    fprintf(stdout, "Max. # of bytes allowed in queue = %lu\n", buf.msg_qbytes);
    fprintf(stdout, "Pid of last msgsnd() = %u\n", buf.msg_lspid);
    fprintf(stdout, "Time of last msgsnd() = %lu\n", buf.msg_stime);
    fprintf(stdout, "Pid of last msgrcv() = %u\n", buf.msg_lrpid);
    fprintf(stdout, "Time of last msgrcv() = %lu\n", buf.msg_rtime);

    return(0);
}
```

11-3-4　剔除信息排隊

　　跟其它系統五 IPC 的資源一樣的，信息排隊在被產生之後，會一直存在於系統中，直至被剔除或系統關機為止。在尚未被剔除之前，他會繼續存在且佔用系統的資源。

　　誠如上面所說的，程式以叫用 msgctl() 函數的 IPC_RMID 命令，剔除一信息排隊。圖 11-7 所示即是一個這樣的程式。

圖 11-7　剔除一信息排隊（msgrm.c）

```
/*
 * Remove a System V message queue.
 * Create the unique file pathname (IPCKEYPATH) before running this program.
 * Authored by Mr. Jin-Jwei Chen
 * Copyright (c) 2019, Mr. Jin-Jwei Chen. All rights reserved.
 */

#include <stdio.h>
#include <errno.h>
#include <sys/types.h>
#include <sys/ipc.h>
```

```c
#include <sys/msg.h>
#include <string.h>

#define  IPCKEYPATH  "./mymsgq"  /* pick an unique pathname */
#define  PROJID      'q'         /* project id to make the key */

int main (int argc, char *argv[])
{
  int     msgqid = 0;
  int     key;
  int     msgflags = (IPC_CREAT | 0660);
  int     ret;

  /* Compute the IPC key value from the pathname and project id */
  /* ftok() got error 2 if the pathname (IPCKEYPATH) does not exist. */
  if ((key = ftok(IPCKEYPATH, PROJID)) == (key_t)-1) {
    fprintf(stderr, "ftok() failed, errno=%d\n", errno);
    return(-errno);
  }

  /* Create or attach to a message queue using the derived key. */
  msgqid = msgget(key, msgflags);
  if (msgqid == (-1))
  {
    fprintf(stderr, "msgget() failed, errno=%d\n", errno);
    return(-errno);
  }
  fprintf(stdout, "msgget() succeeded, msgqid=%d\n", msgqid);

  /* Remove the message queue */
  ret = msgctl(msgqid, IPC_RMID, (struct msqid_ds *)NULL);
  if (ret == (-1))
  {
    fprintf(stderr, "msgctl(IPC_RMID) failed, errno=%d\n", errno);
    return(-errno);
  }
  fprintf(stdout, "The message queue (id=%d) was successfully removed.\n",
    msgqid);

  return(0);
}
```

11-4 映入記憶器檔案

映入記憶器檔案（memory-mapped file）是將一個磁碟檔案的某一部份，或某一像檔案的資源，映入一個程序的虛擬記憶空間，使得兩者之間有一對一的對應關係，而程序存取檔案的內容變成直接存取記憶器的內容。它讓應用程式能將檔案被映入的那一部份，看待成是在記憶器內一樣。亦即，讀取映入的記憶部份即等於讀取檔案的相對應部份，而寫入這映入的記憶部份，即等於寫入這相對應的檔案部份。換言之，映入記憶檔案讓程式可以不必叫用 read() 或 write() 函數，即能進行輸入／輸出作業。

11-4-1 mmap() 與 munmap() 函數

POSIX.1 標準定義了兩個做映入記憶器檔案的程式界面：

```
#include <sys/mman.h>
void *mmap(void *addr, size_t len, int prot, int flags,
           int fd, off_t offs);
int munmap(void *addr, size_t len);
```

mmap() 函數讓你能將一檔案或設備映入記憶器內，以致程式能藉著讀寫記憶器，進行輸入／輸出作業，讀取檔案或設備的資料，或將資料寫入檔案或設備內。對程式而言，讀寫記憶器方便且容易多了。

mmap() 函數將叫用引數 fd 所指檔案的第 offs 位元組起的連續 len 個位元組，與叫用程式之虛擬位址空間的位址 pa 起的連續 len 個位元組，兩者之間建立了一對一的對應關係。起始位址 pa 的值因系統而異，但依 mmap() 函數之第一引數 addr 的值與第四引數 flags 而定。這緊接我們會進一步討論。在成功回返時，mmap() 函數會送回這起始位址 pa。換言之，mmap() 函數會將引數 fd 所指之檔案的某一連續區段（從位移數 offs 起連續 len 個位元組），對應至叫用程式由 addr 引數所指的記憶位址開始起的區段上。

addr 引數指出你希望這對應之記憶區開始的起始位址。若這值是 0，則起始位址由作業系統選定。通常一般人都這樣做。mmap() 函數成功回返時所送回的值，即為此一起始位址。

函數之第三引數 prot 指出你想要的記憶保護。它的值可以是 PROT_NONE 或是下面旗號中，一個或多個其它三個旗號彼此 OR 在一起。

PROT_NONE：映入記憶區的資料不能存取

PROT_READ：映入記憶區的資料可以讀取

PROT_WRITE：映入記憶區的資料可以寫入（亦即，更改）

PROT_EXEC：映入記憶區的資料可以執行

記得，這個引數所指出的保護，不能與檔案打開時所指明的存取模式互相衝突。

函數的第四引數 flags 所能指明的旗號及其意義如下：

- MAP_FIXED：不要映入至 addr 引數所指以外的記憶位址。

  指明這旗號有可能讓 mmap() 函數失敗回返，送回 MAP_FAILED 的值且 errno 的值是 EINVAL。

  倘若 addr 與 len 兩個引數所指的記憶區域與某些現有的映入相互重疊，則先前的映入在重疊區域的整個記憶頁，就會被移除，就像 munmap() 函數叫用把它移除一樣。

  倘若函數叫用未指明 MAP_FIXED 旗號，則作業系統有可能會將之映入至不同於 addr 引數所指的位址上。若 addr 引數的值是 0，則作業系統有完全的自由，選擇映入至合適的起始位址。

- MAP_SHARED：將叫用程序寫入映入檔案或設備的資料內容，與所有其它也映入此一相同檔案或設備的程序分享。指明這個旗號時，程序寫入映入記憶區即等於寫入映入的檔案。亦即，叫用程序實際改變了被映入的檔案。由於檔案系統的快捷記憶作用，實際的檔案內容有可能並未立即更新。而必須等到有 msync() 或 munmap() 函數叫用時，才會真正更新。

- MAP_PRIVATE：將叫用程序的寫入作業變成私有的，不要讓其它程序看見。亦即，一旦叫用程序有了寫入或更改，即立即將檔案私下拷貝一份，只供叫用程序自己使用。

  在 mmap() 函數叫用之後，映入檔案在映入區段內含的變動，是否在映入檔案的程序內看得見，標準並沒明文規定。

注意，MAP_SHARED 與 MAP_PRIVATE 兩個旗號，每次只能有其中一個出現，不能兩者同時出現。因為，它們是彼此衝突的。

函數引數 fd 是程序想映入記憶器之檔案的檔案描述。程序必須先將檔案打開，取得 fd 之值後，才能叫用 mmap() 函數。

成功時，mmap() 函數送回映入區域的起始位址。在叫用程序內，從這記憶位址開始起的 len 位元組數內，都算是有效的記憶位址。同樣地，在被映入的檔案或設備上，映入記憶區所對應的檔案範圍，也應該都是合法的。若程序存取的位址超出此一映入範圍， 它就會得到位址無效（Segmentation Fault）的錯誤。

在錯誤時，mmap() 函數送回 MAP_FAILED，這個值實際是 ((void *) -1)。這時，errno 會存錯誤號碼。

雖然映入區域的大小，亦即，引數 len 的值不需要正好是記憶頁大小的整數倍數，但作業系統在做實際的映入時，都是以記憶頁為單位，一整個記憶頁做的。

munmap() 函數剔除所指記憶空間的映入。在這之後，程序若又存取到這映入區段，那就是違法的，因為那些記憶位址已經失效了。

一程序在終止後，記憶映入也會自動剔除的。不過，記得，光把所涉及的檔案關閉，並不等於剔除現有的記憶映入。

munmap() 函數在成功時送回 0。它在出錯時送回 -1，且 errno 會含錯誤號碼。

圖 11-8 所示即為兩個使用映入記憶器檔案的程式。其中，mmap_writer 寫入映入記憶器檔案，而 mmap_reader 讀取同一檔案。萬一 mmap_reader 程式先開始，它會在那一直等著，等 mmap_writer 的到來。

圖 11-8 映入記憶器檔案（mmap_writer.c 與 mmap_reader.c）

```
    (a) mmap_writer.c

/*
 * Create a file and write messages to it using mmap().
 * Authored by Mr. Jin-Jwei Chen
 * Copyright (c) 2019, 2020 Mr. Jin-Jwei Chen. All rights reserved.
```

```c
*/

#include <stdio.h>
#include <errno.h>
#include <sys/types.h>
#include <sys/stat.h>
#include <fcntl.h>            /* open() */
#include <unistd.h>          /* lseek(), write() */
#include <string.h>
#include <sys/mman.h>        /* mmap(), munmap() */
#include <stdlib.h>

#define DEFAULT_FNAME   "./mymmap_file1"  /* default file name */
#define DEFAULT_KBS     1024  /* default file size in KB */
#define NMSGS           2000  /* number of messages to write */

/* Create a file of the specified size and return the file descriptor */
int create_file(char *fname, unsigned int fsize, int flags, mode_t mode)
{
  int     fd;       /* file descriptor */
  int     ret;

  if (fname == NULL)
    return(EINVAL);

  /* Create the file */
  fd = open(fname, flags, mode);
  if (fd == -1)
  {
    fprintf(stderr, "create_file(): open() failed, errno=%d\n", errno);
    return(-1);
  }

  /* Stretch the file size to the size specified. */
  ret = lseek(fd, fsize, SEEK_SET);
  if (ret == -1)
  {
    fprintf(stderr, "create_file(): lseek() failed, errno=%d\n", errno);
    close(fd);
    return(-2);
  }

  /* Write a null byte at end of file */
  ret = write(fd, "", 1);
  if (ret == -1)
  {
    fprintf(stderr, "create_file(): write() failed, errno=%d\n", errno);
    close(fd);
    return(-3);
  }
```

```
    return(fd);
}

int main (int argc, char *argv[])
{
  int    ret;
  int    fd;                         /* file descriptor */
  char   *fname = DEFAULT_FNAME;     /* default file name */
  int    kbs = DEFAULT_KBS;          /* default file size in KBs */
  int    fsize = (DEFAULT_KBS*1024); /* default file size in bytes */
  char   *mapstart;                  /* starting address of the mmap */
  char   *curptr;                    /* current pointer to memory map */
  int    bytes;                      /* number of bytes written */
  int    i;                          /* loop counter */

  /* Print usage */
  if ((argc > 1) &&
      ((strcmp(argv[1], "-h") == 0) || (strcmp(argv[1], "-help") == 0)))
  {
    fprintf(stdout, "Usage: %s [KBs] [fname]\n", argv[0]);
    return(-1);
  }

  /* Get file size and file name, if any */
  if (argc > 1)
  {
    kbs = atoi(argv[1]);
    if (kbs <= 0)
      kbs = DEFAULT_KBS;
  }

  if (argc > 2)
    fname = argv[2];

  /* Create the file */
  fsize = (kbs * 1024);
  fd = create_file(fname, fsize, (O_RDWR|O_CREAT|O_TRUNC), (mode_t)0664);

  /* Map the file into memory */
  mapstart = mmap(0, fsize, (PROT_READ|PROT_WRITE), MAP_SHARED , fd, 0);
  if (mapstart == MAP_FAILED)
  {
    fprintf(stderr, "mmap() failed, errno=%d\n", errno);
    close(fd);
    return(errno);
  }

  /* Write to the file by writing to the mapped memory */
  curptr = mapstart;
  for (i = 0; i < NMSGS; i++)
  {
```

```
      bytes = sprintf(curptr, "%s%u%s", "This is message #", i, " from sender.\n");
      curptr = curptr + bytes;
    }

    /* Unmap it */
    ret = munmap(mapstart, fsize);
    if (ret == -1)
    {
      fprintf(stderr, "munmap() failed, errno=%d\n", errno);
      close(fd);
      return(errno);
    }

    /* Close the file */
    close(fd);
    return(0);
}
```

　　(b) mmap_reader.c

```
/*
 * Read a file using mmap() and print its contents.
 * Authored by Mr. Jin-Jwei Chen
 * Copyright (c) 2019, 2020 Mr. Jin-Jwei Chen. All rights reserved.
 */

#include <stdio.h>
#include <errno.h>
#include <sys/types.h>
#include <sys/stat.h>
#include <fcntl.h>            /* open() */
#include <unistd.h>           /* lseek(), write() */
#include <string.h>
#include <sys/mman.h>         /* mmap(), munmap() */
#include <stdlib.h>

#define DEFAULT_FNAME   "./mymmap_file1"  /* default file name */
#define DEFAULT_KBS     1024  /* default file size in KB */
#define NMSGS           2000  /* number of messages to write */

int main (int argc, char *argv[])
{
  int     ret = 0;
  int     fd;                      /* file descriptor */
  char    *fname = DEFAULT_FNAME;    /* default file name */
  int     kbs = DEFAULT_KBS;         /* default file size in KBs */
  int     fsize = (DEFAULT_KBS*1024); /* default file size in bytes */
  char    *mapstart;                 /* starting address of the mmap */
  char    *curptr;                   /* current pointer to memory map */
  int     bytes;                     /* number of bytes written */
  int     i;                         /* loop counter */
```

```
/* Print usage */
if ((argc > 1) &&
    ((strcmp(argv[1], "-h") == 0) || (strcmp(argv[1], "-help") == 0)))
{
  fprintf(stdout, "Usage: %s [KBs] [fname]\n", argv[0]);
  return(-1);
}

/* Get file size and file name, if any */
if (argc > 1)
{
  kbs = atoi(argv[1]);
  if (kbs <= 0)
    kbs = DEFAULT_KBS;
}

if (argc > 2)
  fname = argv[2];

/* Open the file. Wait until the writer starts. */
fd = -1;
while (fd < 0)
{
  fd = open(fname, O_RDONLY);
  if (fd == -1)
    fprintf(stderr, "open() failed, errno=%d\n", errno);
}

/* Map the file into memory */
mapstart = mmap(0, fsize, (PROT_READ), MAP_SHARED , fd, 0);
if (mapstart == MAP_FAILED)
{
  fprintf(stderr, "mmap() failed, errno=%d\n", errno);
  close(fd);
  return(errno);
}

/* Read from the file and dump its contents on stdout */
ret = write(1, mapstart, fsize);
if (ret == -1)
  fprintf(stderr, "Reading mapped file failed, errno=%d\n", errno);
else
  fprintf(stdout, "%d bytes were read and printed.\n", ret);

/* Unmap it */
ret = munmap(mapstart, fsize);
if (ret == -1)
{
  fprintf(stderr, "munmap() failed, errno=%d\n", errno);
  close(fd);
```

```
        return(errno);
    }

    /* Close the file */
    close(fd);
    return(ret);
}
```

　　注意到，使用映入記憶器檔案時，當程式讀取映入記憶區，事實上作業系統在幕後是實際讀取磁碟檔案的資料的。同樣地，當程式寫入映入記憶區時，作業系統在幕後是將資料寫入檔案的。

▶ 母程序與子程序間的通信

　　你知道，一母程序在產生一子程序時，子程序繼承了母程序的位址空間。由於映入記憶區是母程序位址空間的一部份，因此，在母程序產生出子程序時，子程序也是繼承了母程序所擁有的映入記憶區。所以，映入記憶器檔案，可以做為母程序與子程序之間的通信方式之一。

▶ 平台支援

　　絕大多數作業系統都支援 POSIX 標準所界定的映入記憶器檔案。此外，有許多程式語言，包括 Java，Perl，Python 與 Ruby，也都有庫存函數，支援某種型式的映入記憶器檔案。

11-4-2　映入記憶器檔案的優缺點

　　使用映入記憶器檔案的優點是方便，程式簡單。在映入步驟完成後，程式不必叫用任何輸入／輸出函數，只要讀取或寫入記憶器，就能實際讀取或寫入檔案的內含。

　　在實際做映入記憶區的輸入／輸出作業時，作業系統核心可以選擇直接對映入記憶的緩衝器做輸入／輸出。這樣做速度會比較快，因為少了一次資料拷貝作業。這是第二個優點。平常在執行一般的輸入／輸出函數（如 read() 與 write()）時，作業系統通常會將輸入／輸出資料，存在核心層內檔案系統的快捷記憶內。因此，這樣就會多了一次資料在核心層快捷記憶與應用程式之緩衝器之間的拷貝作業。亦即，在輸入時，先將資料由磁碟讀入核心層的快捷記憶內，再拷貝一份至應用程式的緩衝器上。在輸出時，資料先從應用程式的緩衝器拷貝一份，存入核心層內的快捷記憶上，再從那兒實際寫出至磁碟上。

映入記憶永遠都是與記憶頁對齊的。這意謂即使程式只需要用到映入記憶區的幾個位元組的資料，作業系統還是會讀取一整記憶頁的檔案內含的。一個記憶頁的大小，通常是 2KB 至 4KB 左右，等於是好幾個磁區。

雖然在資料量很小時，映入記憶器檔案可能會浪費一點時間，但在大的檔案時，它可能會有速度上的優點。記得，兩者間的差別在於，平常正常的磁碟輸入／輸出時，檔案讀寫是以一個或多個磁區為單位進行的，而在映入記憶器檔案的輸入／輸出，則是以記憶頁為單位的。

倘若程式映入的是一輸入／輸出設備，則實際的輸入／輸出作業可能會出現輸入／輸出錯誤，但存取記憶器時則不可能發生。

萬一被映入記憶器之檔案，實際大於處理器所能處理的最大位址空間極限，那每一時刻就只能映入檔案的一部份了！

11-4-3　映入記憶器檔案並非共有記憶

值得指出的是，在計算機軟體工業界，有許多從業多年的軟體工程師，都認為映入記憶器檔案就是共有記憶。這是錯誤的。這兩者完全不同，以下是它們之間的差異。

第一，共有記憶並無（也不需）涉及檔案。映入記憶器檔案一定涉及檔案。

第二，它們的應用目的是不一樣的。共有記憶旨在讓多個程序間能共用或共享存在記憶器中的資料，而映入記憶器檔案則旨在讓程序能不必叫用輸入／輸出函數，就能存取檔案的內含。它不必一定要共用或共享。事實上，在使用映入記憶器檔案時，一個程序可以選擇檔案的映入是完全私有的，以致所有其它也映入同一檔案的程序，全都看不見該程序所做的檔案內含更動。這是與共有記憶的目的完全背道而馳的。

第三，共有記憶主要是用在多個程序，同時對共有資料做隨機更新用的，而映入記憶器檔案主要則用在循序讀取或寫入大型檔案用的。

第四，使用共有記憶時，共有的資料在整個系統只有一份。只要有任何程序更動了共有記憶的任何內含，所有相關的程序，全部立即看見的。映入記憶器檔案就不見得是這樣了。依照作業系統的實做不同而定，檔案系統的快捷記憶效應並不見得將某一程序對檔案內含的更動，立即讓映入同一檔案的所有程序，全都立即看見這異動的。

第五，程式對共有記憶以及對映入記憶器檔案內容的存取方式，也是不同的。共有記憶的內含，通常是有結構與經特別設計的。

最後，在 POSIX 標準上，共有記憶與映入記憶器檔案，是兩種完全不同的技術與特色的。

💡 問題

1. 簡短敘述各種不同的程序通信方式，以及它們的涵蓋範圍與目的。

2. 無名導管與有名稱導管之間的差異何在？

3. 比較信息排隊與網路插口在程序間信息交換的差異。各有何優缺點？

4. 解釋映入記憶器檔案是什麼。它是如何動作的？

✏️ 程式設計習題

1. 寫一個程式，產生一信息排隊，然後以 IPC_SET 控制命令，變更其擁有者與權限。

2. 寫一個信息發送程式與兩個信息接收程式，讓信息發送程式透過同一信息排隊，同時與兩個信息接收程式通信。

3. 寫一個程式，讓母程序與子程序透過一個有名稱的導管（FIFO），相互通信。

4. 寫一個應用 mkfifoat() 函數的程式。

5. 寫一個客戶程式以及一伺服者程式，讓兩者透過一雙有名稱導管相互通信。客戶利用其中一導管，將其要求送給伺服者。然後，伺服者以另一導管，將其回覆送給客戶。

6. 寫一個伺服者程式，利用有名稱導管，與兩個客戶程式通信。

7. 更改 fifowriter.c，並在其 open() 函數叫用加上 **O_NONBLOCK** 旗號：

```
fd = open(FIFO_PATH, O_WRONLY|O_NONBLOCK, mode);
```

   編譯這個程式。然後不要啟動 fiforeader 程式，就僅執行這程式。解釋你所看到的程式行為。

8. 寫一個以映入記憶器檔案技術，拷貝一個檔案的程式。程式應將原始檔案與目的檔案，同時映入記憶器內。

9. 更改例題程式 mmap_reader.c 與 mmap_writer.c，讓它們一直不停地執行。將它們分別當作行事記錄（log）的寫入者與讀取者。若碰到檔案滿了或已到盡頭，就再從檔案開頭從新開始。

   說明你如何控制兩者之間的同步，以致讀取者還尚未讀取的內容，不會被寫入者的寫入蓋過。若是將讀取者與寫入者各自的檔案位移數，記錄在檔案的某個特殊地方，這樣可以達成兩者之間的同步嗎？

10. 改進 mmap_reader.c 與 mmap_writer.c，讓多個寫入程式能以單一個檔案，和單一個讀取程式相互通信。這多個寫入程式能都分別寫至同一檔案的不同區域，以致它們不會蓋掉彼此所寫的東西嗎？

參考資料

1. The Open Group Base Specifications Issue 7, 2018 edition
   IEEE Std 1003.1 -2017 (Revision of IEEE Std 1003.1-2008)
   Copyright © 2001-2018 IEEE and The Open Group
   http://pubs.opengroup.org/onlinepubs/9699919799/

2. AT&T UNIX System V Release 4 Programmer's Guide: System Services
   Prentice-Hall, Inc. 1990

3. https://en.wikipedia.org/wiki/Memory-mapped_file

本書例題程式　附錄 A

Appendix

例題程式請至 http://books.gotop.com.tw/download/ACL064100 下載。
其內容僅供合法持有本書的讀者使用，未經授權不得抄襲、轉載或任意散佈。

第 6 章

第 7 章

第 8 章

中英文名詞對照表　附錄 B

A

API 程式界面
absolute pathname 絕對路徑名
aggregate 集合，聚集
allocate 分配，騰出，安置
alternate 替代的，交替的
architect 總設計師
argument 引數
array 陣列
asymmetric cryptography 不對稱密碼術
asynchronous 非同步的
attach 附上，相連，附屬，附帶
attribute 屬性，特性
authentication 確認
authenticity 確實性，真實性
availability 可用性，可得性

B

backward compatible 往後相容
banner 標題
big-endian: 大印地（位元組由大到小，大端的）
binary 二進，二進制
binary semaphore 二進旗誌
bit 位元

bit map 位元圖
block cipher 區塊密碼術
blocking 阻擋式/著
bootstrap 接力啟（起）動
Bourne shell 邦氏母殼
bug 錯蟲
build 建立
bundle 束
byte 位元組

C

cache coherence 快捷記憶內含一致性
call 叫用
catch signal 攔接信號，接住信號
caveat 警訊
centralized 集中式
certificate 憑證
certificate authority 憑證官方
chaining 連鎖
checksum 檢驗和
child process 子程序
cipher, ciphertext 密文
cipher suite 密碼套組
classes 類別，種類
cleartext 明文，白文，平文

client 客戶
client request 客（用）戶請求
client-server 客戶伺服
cluster 群集
collaborating 互相協力的
compiler 編譯程式
computer process 電腦程序
concurrency 共時
concurrency control 共時控制
condition variable 條件變數
confidential 保密的，秘密的
configuration 配置
connection 連線，網路連線
contention scope 競爭範圍
connection-oriented 連線式的，連線的
context swith 換手
continuous 連續的，一直持續的
core 核心
corrupted 出錯了
counting semaphore 計數旗誌
create 產生，建立
crypto 密碼
cryptography 密碼術，密碼學
current file offset 現有檔案位置或位移
cylinder 圓柱

denial-of-service attack 癱瘓攻擊，使不能動作攻擊
dependent 依賴，依靠
detach 分開，分離
detached state 分離狀態
detached thread 分離的程線
digest 紋摘，指紋摘要，信息摘要
digital certificate 數位憑證
directive 指引
directory 檔案夾，目錄
disable 使失能，禁止，關閉
disk arm 磁臂
disk sector 磁段
documentation 文件，文書，說明
dynamic library 動態庫存

E

enable 致能，允許，打開
Euclidean algorithm 歐幾里得演算法
endian 印地
endianness 印地
encryption, encrypt 加密
encryption key 加密暗碼
Ethernet 乙太網

D

daemon 幕後程式，背景伺服器
datagram 郵包，資料郵包
deadlock 死鎖，鎖死
decryption, decrypt 解密
decryption key 解密暗碼
deferred 延緩的
defunct 亡魂的
demand paging 需求取頁

F

factor 求出因子
file descriptor 檔案描述，文件描述符
file directory 檔案夾，文件目錄
file handle 檔案把手
file offset 檔案位移，文件偏移
file permission 檔案權限（許可），文件權限
firmware 膠體

flags 旗號

flip-flop 搖擺器

fork 複製

forward compatible 往前相容

free 釋回，釋放

function 函數

function call 函數叫用

G

global 全面的

H

hacker 駭客

hard disk 磁碟，硬碟（牒）

hash 雜數，亂數，紋摘

hash function 雜數函數，亂數函數

header files 前頭檔案

heap 堆積

home directory 住所檔案夾，用戶檔案夾

host 主持，支撐，主機

I

implement 實現，做成

inode　索引節點

inode list - inode 清單

inode table - indoe 表格

install, installation 安裝

instance 實例

integrity 完整，正確

Internet 網際網路

interpreter 解譯程式

interprocess communication（IPC）程序
間通信

interprocess communication mechanism
程序間通信方式（法）

I/O redirection 輸入輸出轉向

J

join thread 接回程線

K

kernel 核心，核心層

kernel mode 核心模式

key 暗碼（加密或解密用）（公開或私
有），檢索（IPC）

knob 旋鈕

L

layout 佈置，擺設

library 庫存

load 載入

lock 鎖，上鎖

logical block 邏輯磁段，邏輯區段

login 登入，登錄

logarithm 對數

loop 廻路

M

macro 代號，巨集

magic number 暗號碼

mapped file 映入檔案

memory leak 記憶流失

message 信息

message digest 信息紋摘，信息指紋摘要

message authentication 信息確認

R

read-write heads 讀寫頭

reboot 重新啟動，重啟

rebuild 重建

recipient authenticaion 接收者確認

recovery 復原

recursion 回歸式反複

recursive 回歸式反複的

redundancy 重複，多餘備用

register 暫存器

reinvent the wheel 另起爐炷

relocatable 可移位的

return 回返

return value 回返值

robust 健全牢固的，堅固的

rollback 回復，捲回，倒回

root partition 根部區分

rounds 輪迴

router 尋路器，找路器，路由器

routine 例行公事，常用公事，常用函數

S

sandbox 玩沙盒

scalability 可伸展性，可擴展性

scalar value 單純數目，單純值

scheduling 排班

script 劇本

secrecy 保密，秘密

sector 磁段，磁區

segmentation 記憶器分段化

semaphore 旗誌

sender authentication 發送者確認

session 會期，互動期開

session leader 會期領袖

shared memory 共有記憶器

shell 命令母殼，母殼

signal 信號

simultaneous 同時

socket 網路插口，插口

software release 軟體釋出

source control system 原始程式控制系統

specification 規格（書）

spindle 主軸，軸承

spin lock 空轉鎖

stack 堆疊（器）

static library 靜態庫存

stream 源流

stream cipher 連串密碼術

stream socket 連播插口

sub-exclusive 半互斥的

subnet 子網，副網

sub-shared 半共用的

super user 超級用戶

supplementary group 補充群組

symbolic link 象徵連結

symmetric cryptography 對稱密碼術

synchronization 同步

synchronous 同步的

system call 系統叫用

T

target 目標，目的

thread 程線

thread cancellation 程線取消

thread-specific data 程線私（特）有資料

timeout lock 限時鎖

time quantum 時間配額，時間片段

token bus 令牌巴士

token ring 令牌環

topology 脫普結構

totient 質數因子

track 磁軌

transaction 交易，異動

transport layer 傳輸層

truncate 截去，截掉

try lock 嚐試鎖

U

Unicode 世通碼，統一碼

unlock 解鎖，開鎖

unmount 下架

user mode 用者模式

utility 公用程式

V

vectored I/O 向量式 I/O

view 視野

virtual memory 虛擬記憶器

update loss 更新遺失

vulnerable 容易被攻陷的

W

web server 網際網路伺服器

wildcard address 通配位址，通配符位址

word size 字元大小

World Wide Web 網際網路

Z

zombie 亡魂的

系統程式設計(上冊)

作　　　者：陳金追
企劃編輯：江佳慧
文字編輯：江雅鈴
設計裝幀：張寶莉
發　行　人：廖文良

發　行　所：碁峰資訊股份有限公司
地　　　址：台北市南港區三重路 66 號 7 樓之 6
電　　　話：(02)2788-2408
傳　　　真：(02)8192-4433
網　　　站：www.gotop.com.tw
書　　　號：ACL064100
版　　　次：2022 年 03 月初版
建議售價：NT$880

國家圖書館出版品預行編目資料

系統程式設計 / 陳金追著. -- 初版. -- 臺北市：碁峰資訊，
　2022.03
　　面；　公分
　　ISBN 978-626-324-077-3(上冊：平裝)
　　1.CST：系統程式
312.5　　　　　　　　　　　　　　　　　111000142

讀者服務

- 感謝您購買碁峰圖書，如果您對本書的內容或表達上有不清楚的地方或其他建議，請至碁峰網站：「聯絡我們」\「圖書問題」留下您所購買之書籍及問題。(請註明購買書籍之書號及書名，以及問題頁數，以便能儘快為您處理)
  http://www.gotop.com.tw

- 售後服務僅限書籍本身內容，若是軟、硬體問題，請您直接與軟體廠商聯絡。

- 若於購買書籍後發現有破損、缺頁、裝訂錯誤之問題，請直接將書寄回更換，並註明您的姓名、連絡電話及地址，將有專人與您連絡補寄商品。